Intermediate Technical Japanese

Volume 1:
Readings and Grammatical Patterns

Intermediate Technical Japanese

Volume 1: Readings and Grammatical Patterns

James L. Davis

University of Wisconsin-Madison

The University of Wisconsin Press

The University of Wisconsin Press
1930 Monroe Street
Madison, Wisconsin 53711

www.wisc.edu/wisconsinpress/

1   3   5   4   2

Printed in the United States of America

Cataloging-in-Publication data is available from the Library of Congress

ISBN 0-299-18554-0

Table of Contents—Volume 1

Preface

This two-volume set is designed to prepare scientists, engineers and translators to read Japanese technical documents. The reader is presumed to have already studied Japanese for at least one year. These volumes were prepared for use in a two-semester sequence of technical Japanese courses at the intermediate level, but they are also well suited for use as self-study materials. The primary objectives are to help the reader build a technical vocabulary in Japanese, to reinforce the reader's understanding of important grammatical constructions, to improve the reader's reading-comprehension ability, and to provide practice in translating technical passages from Japanese into English. Authentic materials have been incorporated, so that the reader will gain exposure to realistic examples that include frequently used grammatical patterns and essential vocabulary items. The disciplines covered in these volumes are mathematics, computer science, physics, mechanical engineering, electrical and computer engineering, and advanced materials.

Volume 1 contains a review of verb forms and forty field-specific lessons, which have been grouped into fourteen units. Each of the forty lessons features fifteen KANJI that are important in the field that is the focus of that lesson. In addition to ON and KUN readings and the various meanings for the KANJI, each entry includes two important terms that contain the KANJI in question. Experience has shown that memorizing KANJI in the context of specific terms (rather than attempting to memorize the KANJI in isolation) increases the likelihood that the learner will remember both the KANJI and the terms. All of the readings listed in the current Japanese government document, 常用漢字表・現代仮名遣い (1987) (ISBN 4-17-214500-0), are included for each of the six hundred KANJI featured in this volume. A complete KANJI index (with entries arranged in あいうえお order) may be found at the end of this volume.

Each of the first nine field-specific lessons also introduces a number of grammatical patterns that the reader should master in order to understand Japanese technical documents. At least three example sentences accompany each grammatical pattern, so that the reader can understand the usage of the grammatical pattern in context. To ensure that the reader will gain the maximum amount of reinforcement in vocabulary building, each example sentence has been taken from an essay that is included in one of the lessons. A complete listing (in a combination of alphabetical order and あいうえお order) of the one hundred grammatical patterns appears after Lesson 40.

The major portion of each lesson is devoted to reading selections on topics related to the theme of the lesson. The essays within a lesson have been arranged so that the reader may apply knowledge and vocabulary from earlier essays when reading subsequent essays. More fundamental topics are presented early in the lesson; applications and more specialized topics appear later. A list of the sources from which the reading selections were taken is included in the Explanatory Notes. Volume 1 contains seven hundred twenty-one technical essays of various lengths. Lesson 0 and the first nine field-specific lessons should be studied by all readers. The reader may then select topics of interest from the remaining thirty-one lessons to produce a customized course of study.

Volume 2 contains a complete glossary for the example sentences and the essays that appear in Volume 1. Each individual vocabulary list is keyed by number to a specific grammatical pattern or essay. Each word that appears for the first time in an example sentence is listed in the glossary under the number of that grammatical pattern. Each word that appears for the first time in an essay is listed in the glossary under the number of that reading selection. Since all example sentences have been taken from essays, some items appear in the glossary twice.

Japanese is a fascinating language, but it is a language that requires many hours of study in order for a native speaker of English (or any other Indo-European language) to read comfortably about topics in his/her field of interest. It is my hope that these volumes will ease the reader along the path to enhanced reading ability and a clearer understanding of Japanese texts.

Numerous individuals have patiently answered questions and graciously reviewed drafts of these volumes. In particular, I wish to thank R. Byron Bird, Professor Emeritus at the University of Wisconsin-Madison, Edward E. Daub, Professor Emeritus at the University of Wisconsin-Madison, David O. Mills, Associate Professor at the University of Pittsburgh, Michio Tsutsui, Associate Professor at the University of Washington, Junko Mori, Associate Professor at the University of Wisconsin-Madison, Dr. Ken Lunde of Adobe Systems and Mr. Mitsuo Fujita of Daicel Chemical Industries for their assistance. Any errors that remain are entirely my own. Financial support from the Department of Engineering Professional Development at the University of Wisconsin-Madison for the preparation and publication of these volumes is gratefully acknowledged.

The reader who has questions or comments about anything that appears in either volume, or who wishes to be advised of any revisions, is encouraged to contact me at the email address that appears below. These volumes are dedicated to my wife, Zhen, and to our daughter, Ruth, without whose support I could not have completed this project.

James L. Davis   jdavis@engr.wisc.edu
Madison, Wisconsin   August 2002

Explanatory Notes

1. All ON readings are written in KATAKANA; all KUN readings are written in HIRAGANA.

2. When introducing new KANJI at the start of a lesson, OKURIGANA are enclosed within parentheses.

3. When more than one verb can be created from a single KANJI, an intransitive verb is identified as {vi} and a transitive verb is identified as {vt}.

4. In the presentation of new KANJI multiple ON readings or multiple KUN readings for a single KANJI are separated by semicolons. Multiple meanings associated with a single ON or KUN reading are separated by commas. Throughout both volumes multiple meanings associated with a single Japanese word or phrase are separated by commas.

5. The readings for KANJI that appear in grammatical patterns are enclosed within brackets.

6. Grammatical patterns are numbered by lesson as follows:

    Lesson 0   0.1, 0.2, ..., 0.10
    Lesson 1   1.1, 1.2, ..., 1.15

7. Reading selections are numbered by lesson as follows:

    Lesson 1   1-1, 1-2, ... 1-8
    Lesson 2   2-1, 2-2, ... 2-9

8. In the glossary (Volume 2) each vocabulary list is identified by the number and name of the grammatical pattern or by the number and title of the reading selection to which the list corresponds. The vocabulary lists for example sentences that illustrate a single grammatical pattern are separated by blank lines.

9. When an item in a vocabulary list is used in one specific field, or when there exists a special restriction on usage of the term, the field or the restriction is enclosed within braces. Special notes to the reader also appear within braces.

10. The appearance of a hyphen before or after a specific KANJI (or KANJI compound) indicates that the KANJI (or KANJI compound) in question is used primarily as a suffix or a prefix, respectively.

11. The source for each reading selection that appears in Volume 1 is identified by the abbreviation and page number(s) that follow the title of the essay. The abbreviation and complete information for each source follow:

数	数学辞典第３版; 岩波; ISBN 4-00-080016-7; 1985
物理	物理学辞典; 培風館; ISBN 4-563-02093-1; 1994
情報	情報科学辞典; 岩波; ISBN 4-00-080074-4; 1990
化学	化学辞典; 東京化学同人; ISBN 4-8079-0411-6; 1994
セラ	セラミックス辞典; 丸善; ISBN 4-621-03041-8; 1986
理化	理化学辞典第４版; 岩波; ISBN 4-00-080015-9; 1987
先端	先端電子材料事典; シーエムシー; 1991

12. Information for the glossary was gathered from many sources, including the books listed above and the following:

Kenkyusha's New Japanese-English Dictionary (Fourth Edition);
    Kenkyusha; ISBN 4-7674-2025-3; 1974

The Modern Reader's Japanese-English Character Dictionary (Second Revised Edition);
    Tuttle; ISBN 0-8048-0408-7; 1974

インタープレス版：科学技術３５万語大辞典（和英編）；
    IPC; ISBN 4-87198-224-6; 1990

エレクトロニクス用語事典;
    オーム社; ISBN 4-274-03324-4; 1991

学術用語集：化学編（増訂２版）；
    日本化学会; ISBN 4-524-40821-5; 1986

学術用語集：機械工学編（増訂版）；
    日本機械学会; ISBN 4-88898-030-6; 1985

学術用語集：電気工学編（増訂２版）；
    電気学会; ISBN 4-339-00581-9; 1991

学術用語集：物理学編（増訂版）；
    日本物理学会; ISBN 4-563-02195-4; 1990

自動車用語和英辞典;
    自動車技術会; ISBN 4-915219-07-0; 1997

電気情報和英辞典;
    オーム社; ISBN 4-274-03369-4; 1991

電気電子用語事典;
    オーム社; ISBN 4-274-03287-6; 1991

標準化学用語辞典;
    丸善; ISBN 4-621-03546-0; 1991

Lesson 0: Review of Verbs and Verb Forms

In this lesson we review the major verbs and verb forms that are frequently encountered in Japanese technical documents. Since this lesson is intended to serve as a review, the explanation provided for each verb or verb form is brief. The reader who would like more information is encouraged to consult the following reference books:

Basic Technical Japanese
E. E. Daub, R. B. Bird and N. Inoue
The University of Wisconsin Press; 1990
ISBN 0-299-12730-3

Dictionary of Basic Japanese Grammar
S. Makino and M. Tsutsui
The Japan Times; 1986
ISBN 4-7890-0299-3

Dictionary of Intermediate Japanese Grammar
S. Makino and M. Tsutsui
The Japan Times; 1995
ISBN 4-7890-0775-8

Note 1: In principle, there are three ways to end a clause or a sentence in Japanese: with an い -adjective (for which the present/future affirmative form ends in い), with a verb (for which the present/future affirmative form ends either with る—denoted as "ru"— or with some other syllable that contains the vowel "u"—denoted as "xu"), or with the copula (which is usually expressed in technical Japanese as some variation of である [in the affirmative] or で (は) ない [in the negative]). In this book the term "predicate" will be used collectively to include all three options.

Note 2: All Japanese verbs can be thought to belong to either the "ru" category (also known as "-ru" verbs) or the "xu" category (also known as "-u" verbs). However, some verbs in each category are irregular in certain forms. Thus, ある and 行く can be considered "xu" verbs that are irregular in some forms. Similarly, くる and する can be considered "ru" verbs that are irregular in some forms. In the discussions of verb forms in this book, only the specific forms of these four verbs that are irregular will be mentioned. Thus, unless it is indicated otherwise, the reader may assume that all other forms of these four verbs are conjugated as might be expected based on the category to which each verb belongs.

Grammatical Patterns

0.1) connective form of a verb

The connective affirmative form (also known as the gerund) is created by replacing the final た or だ of the past affirmative form with て or で, respectively. The connective negative form is made by replacing the final ない of the present negative form with なくて. This verb form can be used to link clauses, and it appears in other special patterns that are discussed later. By way of analogy, the connective affirmative form of である is expressed as either であって or simply で; the connective negative form of である becomes で (は) なくて.

1. 特別の数 0 が存在して，任意の数 x に対して $x + 0 = x$ が成り立つ.

2. $\alpha = a + ib = (a + i0) + (b + i0)(0 + i1)$ であるから，$a + ib$ は単なる記号でなくて，算法とみてよい.

3. 集合 A の元が a, b, c, … であるとき，$A = \{a, b, c, \cdots\}$ と書いて，集合 A は元 a, b, c, … からなるという.

0.2) conjunctive form of a verb

The conjunctive affirmative form (also known as the infinitive) is created by dropping the final る from the present/future affirmative form of an ru-verb (見る → 見) or by replacing the xu with xi for an xu-verb (示す → 示し). Irregular verbs are treated as follows: くる → き; する → し. The conjunctive negative form is made by replacing the final ない of the present negative form with なく. This verb form can be used to link clauses, and it appears in other special patterns that are discussed later. By way of analogy, the conjunctive affirmative form of である is expressed as であり; the conjunctive negative form of である becomes でなく. (Note: When linking clauses, the conjunctive form often indicates a greater degree of independence between the clauses than would be the case if the connective form were to be used.)

1. x, $y \in R$ に対して，それらの和 $x + y$ と称する数 $w \in R$ がただ 1 つ定まり，$x + y = y + x$ (可換法則)，$(x + y) + z = x + (y + z)$ (結合法則) が成り立つ.

2. 特に多次元一様性の検定で計算が容易であり，擬似乱数の欠点を明らかにするものが望まれる.

3. 加法と乗法について可換法則，結合法則，分配法則が成り立ち，$0 = 0 + i0$ を加法の零元，$1 = 1 + i0$ を乗法の単位元として可換体を作る.

0.3) passive verb

The present/future affirmative form of a passive verb is created by replacing the final る with られる for an ru-verb (得る → 得られる) or by replacing the xu with xa + れる for an xu-verb (動く → 動かれる). Irregular verbs are treated as follows: くる → こられる; する → される. All passive verbs are classified as ru-verbs, so the present negative form of any passive verb is made by replacing the final る of the present/future affirmative form (of the passive verb) with ない. A passive verb in Japanese is most commonly used to express passive voice, but it can also be used (generally in conversation) to raise the level of politeness.

1. 以上から，0による除法を除いて，加，減，乗，除の4則算法が行われる．

2. 大規模には熱電子雑音，放射能などの物理現象に基づく乱数が予測不能な乱数列として利用される．

3. すなわち実数全体の作る体 *R* は，複素数全体の体 *C* の中に同形に写像される．

0.4) potential verb

The present/future affirmative form of a potential verb is created by replacing the final る with られる for an ru-verb (得る → 得られる) or by replacing the xu with xe + る for an xu-verb (動く → 動ける). Irregular verbs are treated as follows: くる → こられる；する → できる. All potential verbs are classified as ru-verbs, so the present negative form of any potential verb is made by replacing the final る of the present/future affirmative form (of the potential verb) with ない. A potential verb indicates that a certain action is (or is not) possible. (Note: For an ru-verb the potential verb and the passive verb are identical.)

1. 小規模な乱数表はルーレットのような確率的な機構によって作れる．

2. 他の確率諸量はすべて，これから適当な変換によって生成できる．

3. 集合 *A*，*B* において，*A* の元がすべて *B* に属するとき，*A* は *B* の部分集合であるといえる．

0.5) connective form + いる

A verb in the connective affirmative form followed by いる usually indicates a continuing action or a continuing state. Examples that describe a continuing state that has resulted from a change include 行っている, which means "has gone (somewhere) and is still there," きている, which means "has come (from somewhere else) and is still here," and 成っている, which means "has become." (Note: In written Japanese the connective form of a passive verb is frequently combined with いる. Such a combination is usually translated "is + verb [past participle]." For example, the verb 書かれている means "is written" and 呼ばれている means "is called" or "is known as.") (Note: The combination of a verb in the connective form and おり is described in pattern 4.6.)

1. これは，統計手法のサンプリングとランダム化，確率的諸現象のシミュレーション，多重積分や多変数関数の最適値の計算，計算機算法の効率測定などに用いられている．

2. 乱数を用い，確率的誤差を含む近似計算は一般にモンテ・カルロ法とよばれている．

3. 一般に，ある集合 X の元を代入することが許されている文字 x を変数といい，X をその変域という．

0.6) provisional form of a verb

The provisional affirmative form is created by replacing the final る from the present/future affirmative form of an ru-verb with れば (見る → 見れば) or by replacing the xu with xe + ば for an xu-verb (示す → 示せば). The provisional negative form is made by replacing the final ない of the present negative form with なければ. This verb form is used to express an "if" statement when the desired goal is clearly understood and will be realized "provided that" a certain state is attained or a certain action occurs. It also appears in other special patterns that are discussed later. By way of analogy, the provisional affirmative form of である is expressed as であれば; the provisional negative form of である becomes でなければ.

1. A の逆行列はもし存在すれば，一意に定まる．

2. とくに K が体をなせば，$|A| \neq 0$ であることである．

3. K が可換で $AB = C$ であれば，${}^t B {}^t A = {}^t C$ である．

0.7) causative verb

The present/future affirmative form of a causative verb is created by replacing the final る with させる for an ru-verb (得る → 得させる) or by replacing the xu with xa + せる for an xu-verb (動く → 動かせる). Irregular verbs are treated as follows: くる → こさせる; する → させる. All causative verbs are classified as ru-verbs, so the present negative form of any causative verb is made by replacing the final る of the present/future affirmative form (of the causative verb) with ない. A causative verb indicates that someone (or something) is causing someone (or something) else to carry out a certain action or is allowing someone to carry out a certain action.

1. 実数 a に対して，複素数 $a + i0$ を対応させれば，実数の算法と複素数の算法とは一致する．

2. 一般に，ある数学的対象の集合において，その各元に数量的なものを対応させて表す仕組みを，この集合上の座標系という．

3. x の値に y の値を対応させる具体的な方式が示されているときには，'y は x の陽関数である' ともいう．

0.8) representative form of a verb

The representative form (also known as the frequentative) is created by adding り to the past affirmative form. This form most frequently appears in the pattern whereby two different verbs are used in succession, followed by する: V1たりV2たりする or V1たりV2たりした. On occasion, only one verb or three different verbs may be used in this way. This form serves to express representative actions or states, which are selected from a potentially longer list of actions or states. The two examples give above could be translated "(I) (will) do such things as V1 or V2," or "(I) did such things as V1 or V2," respectively.

1. このことは，現実のものについて実験するのに，多大の費用や長い時間がかかったり，測定それ自身が困難であったり，または条件変化の影響が甚大であったりするなどの理由から，それが不可能または困難である場合に用いられている．

2. たとえば，力学的振動の問題をそれと等価な電気回路で扱ったり，熱伝導の問題を力学系でおきかえたりする．

3. たとえば，漸化式は昇順に用いるか降順に用いるかで安定になったり不安定になったりする．

0.9) tentative form of a verb

The tentative form (also known as the volitional) is created by replacing the final る with よう for an ru-verb (見る → 見よう) or by replacing the xu with xo + う for an xu-verb (示す → 示そう). Irregular verbs are treated as follows: くる → こよう; する → しよう. When used at the end of a sentence that involves human action, this verb form can be used to express the writer's volition or will, thus saying, "Let's ..." or "We shall ..." In all other instances, this form indicates the writer's hesitation or uncertainty regarding the content of the sentence. In these instances, a word such as "probably," "perhaps" or "may(be)" can be added to the content of the sentence to convey the tentative nature of the statement. The combination of the tentative form of a verb and と する indicates either that an attempt is being made to carry out the action indicated by the verb, often with the suggestion that this attempt is not successful, or that the action indicated by the verb is about to occur. In each instance, the reader must determine from the context which meaning is intended.

1. この品質特性を標準化しようとするとき，人間の官能によって評価されるものまで含む．

2. 簡単な場合として，いま均一と想定される条件の下で繰り返し行われた観測ないし実験によって，いくつかの観測値が得られたものとしよう．

3. われわれがデータをとるのは，それから何らかの情報を得ることが目的であるから，われわれはいまそれを何らかの未知の量 θ について判断を下すことであると想定しよう．

0.10) desiderative form of a verb

The desiderative affirmative form of a verb is created by adding たい to the conjunctive affirmative form. This form is used to express the writer's (or speaker's) wish to carry out a certain action, and could be translated as "(I/we) wish to ..." or "(I/we) would like to ..." The desiderative affirmative form can be converted into many other forms. In such conversions the desiderative is conjugated as an い-adjective. Thus, the desiderative negative form is made by replacing the final い of the desiderative affirmative form with くない. This form indicates that the writer (or speaker) does <u>not</u> wish to carry out a certain action.

1. 漢字入力方式は，入力したい漢字を直接指定する方式と，かなや英字など字種の少ない文字を介して入力する方式の2つに分けられる．

2. 秘密を守りたい通信文すなわち平文は鍵 K_1 を用いて暗号化され，暗号文となる．

3. さらに人間-機械系において，究極的にはプログラムを組む代りに自然言語で機能を指示したいという強い要望がある．

Lesson 1: Mathematics I
(numbers and sets)

学 ガク learning, scholarship
まな(ぶ) to learn, to study

数学	スウガク	mathematics
論理学	ロンリガク	logic

合 ガツ combine; ゴウ fit, suit
あ(う) to fit, to suit {vi}; あ(わせる) to join together {vt}

集合	シュウゴウ	set, collection
場合	ばあい	instance, case

限 ゲン limit, restriction
かぎ(る) to limit, to restrict

無限集合	ムゲンシュウゴウ	infinite set
有限集合	ユウゲンシュウゴウ	finite set

質 シチ hostage, pawn; シツ matter, substance

性質	セイシツ	property, characteristic
品質	ヒンシツ	quality

実 ジツ substance, truth
み fruit; みの(る) to bear fruit

実験	ジッケン	experiment, trial
実数	ジッスウ	real number

集 シュウ collection, gathering
あつ(まる) to assemble, to meet {vi}; あつ(める) to collect, to gather {vt}

空集合	クウシュウゴウ	empty set
集団	シュウダン	group, collection

性 ショウ disposition, nature; セイ attribute, gender, nature

安定性	アンテイセイ	stability
特性	トクセイ	characteristic

素	ス; ソ simple, uncovered; element, principle		
	素子	ソシ	element, device
	複素数	フクソスウ	complex number

数	スウ number, several		
	かず count, number; かぞ(える) to count		
	実数	ジッスウ	real number
	対数	タイスウ	logarithm

大	タイ grand, great, huge, large; ダイ grand, great, huge, large		
	おお(きい) grand, great, large; おお(きさ) size; おお(きな) grand, great, large		
	拡大	カクダイ	enlargement, magnification
	最大値	サイダイチ	maximum value

対	タイ opposite, versus; ツイ pair		
	絶対値	ゼッタイチ	absolute value
	対象	タイショウ	subject, object, target

法	ホウ law, principle, rule		
	法則	ホウソク	law (of science), rule
	方法	ホウホウ	method, manner, technique

理	リ principle, reason		
	定理	テイリ	theorem
	理由	リユウ	reason

立	リツ standing		
	た(つ) to stand {vi}; た(てる) to build, to set up {vt}		
	対立	タイリツ	confrontation, opposition
	独立変数	ドクリツヘンスウ	independent variable

論	ロン argument, discourse		
	理論	リロン	theory
	論理	ロンリ	logic

Grammatical Patterns

1.1) ... という   to name ..., to call ..., to know as ...
　　　 ... と呼 [よ] ぶ   to name ..., to call ..., to know as ...
　　　 ... と称 [ショウ] する   to name ..., to call ..., to know as ...

(Note: The phrase "noun という" is often used simply to focus the reader's attention on a particular concept or technical term. In such cases という is not translated.)

1. 特に $x > 0$ のとき x を正の数，$x < 0$ のとき x を負の数という．

2. 行列を構成する元 a_{ik} をその (i, k) 成分と呼ぶ．

3. $x, y \in \mathbf{R}$ に対して，それらの積 xy と称する数 $w \in \mathbf{R}$ がただ 1 つ定まる．

1.2) 又 [また] and 又 [また] は

The word また is frequently used at the beginning of a sentence to introduce additional information, which may support or reinforce a previous statement. It is often translated as "furthermore," "moreover" or "in addition." The expression または occurs between two nouns (or noun phrases) and corresponds very closely to a logical "or" operator. It may be translated as "and" or as "or," depending upon the context.

1. また特別の数 1 が存在して，すべての $x \in \mathbf{R}$ に対して $1x = x$ が成り立つ．

2. $x < y$ または $x = y$ のとき $x \leq y$ と書く．

3. また $x \leq y$，$0 \leq z$ ならば $xz \leq yz$ である．

1.3) ... に対 [タイ] する   with respect to ..., with regard to ..., for ...
　　　 ... に対 [タイ] して   with respect to ..., with regard to ..., for ...
　　　 ... に対 [タイ] し   with respect to ..., with regard to ..., for ...

(Note: The phrase ... に対する modifies a noun that appears later in the sentence; the phrases ... に対して and ... に対し modify a verb that appears later in the sentence.)

1. また $x \geq 0$ に対しては $|x| = x$，$x < 0$ に対しては $|x| = -x$ と表し，$|x|$ を x の絶対値という．

2. 任意の正の 2 数 a, b に対して，必ず或る自然数 n が存在して $a < nb$ となる．

3. 常微分方程式の初期値問題に対する解の存在と一意性の定理は (1) に対し成り立つ．

1.4) 成 [な] り立 [た] つ and 成立 [セイリツ] する

These verbs exemplify a situation in which two different verbs can be made using the same two kanji. As might be expected, the verb that carries the ON readings and する is more formal in tone, while the verb that is expressed with the KUN readings tends to be more colloquial. Both of these verbs can be applied to four general situations. The first meaning is associated with organization; it can be translated variously as "to be formed," "to be organized" or "to be composed." The second meaning is associated with an abstract concept taking on definite form; translations include "to be realized," "to materialize" and "to come into being." The third meaning is associated with the action of concluding or signing an agreement. The final meaning, "to be valid" or "to hold true," was formerly associated only with 成り立つ, but these days it can be associated with both verbs. This meaning is particularly common in technical Japanese.

1. $x,\ y \in R$ に対して，$x < y,\ x = y,\ x > y$ の内の 1 つだけが必ず成り立つ．

2. 数学においては，$A \vee B$ は A および B の少なくとも一方が成立するということを意味する．

3. また行列の積については結合法則，分配法則が成立する．

1.5) ... による   depending upon ..., due to ..., by means of ...
     ... によって   depending upon ..., due to ..., by means of ...
     ... により   depending upon ..., due to ..., by means of ...
  (Note: The phrase ... による modifies a noun that appears later in the sentence; the phrases ... によって and ... により modify a verb that appears later in the sentence.)

1. 行列の和 $A + B$ は両者が同じ型の場合にだけ $A + B = (a_{ik} + b_{ik})$ によって定義される．

2. これらを基準の尺度として測ることにより，E^2 の各点の座標が定まる．

3. 与えられた集合 C に対し，C を値域とし変数 t を独立変数とする関数を，C の t による助変数表示ということがある．

1.6) ... における   in ..., for ..., regarding ...
     ... において   in ..., for ..., regarding ...
  (Note: The phrase ... における modifies a noun; the phrase ... において modifies a verb. The expression においては in written Japanese is essentially equivalent in meaning to the double particle では, but carries a more formal tone.)

1. $\alpha = a + ib$ において，a を α の実部，b を α の虚部という．

2. 集合 A，B において，A に属する元はすべて B に属し，B に属する元はすべて A に属するときに，$A = B$ とする．

3. 数学の一般論において，関数を写像と全く同じ意味に用いることが多い．

1.7) 或 [ある] いは

The expression あるいは occurs between two nouns (or noun phrases) and indicates that the two nouns (or noun phrases) may be treated as alternatives. No emphasis or preference is placed on either alternative. This expression is almost always translated as "or."

1. a が集合 A の元であることを，a が A に含まれる，あるいは A が a を含む (包含する) という．

2. 性質 $C(x)$ を持つ対象 x の全体からなる集合を $\{x|C(x)\}$ あるいは $\{x;C(x)\}$ と表す．

3. 記号論理学は，数学のあらゆる分野に共通に用いられる論理的な推論を研究する数学あるいは論理学の 1 部門である．

1.8) すべて and すべての

The word すべて can be used as a noun, meaning "all," "everything" or "the whole." Thus, when すべて is followed by の and then by a noun, the expression すべての can be reliably thought to mean "all (of)," "every" or "the entire," as this expression modifies the noun that follows すべての. However, the word すべて can also be used as an adverb, meaning "entirely," "wholly" or "completely." Thus, when the word すべて appears by itself, the reader is cautioned to ascertain from the context whether すべて is intended to function as a noun or as an adverb.

1. すべての x に対して命題 $F(x)$ が成立する．

2. $a_{ik} = 0$ (i ≠ k) である正方行列で，すべての a_{ii} が等しいものをスカラー行列という．

3. すべての成分が 0 であるような行列を零行列という．

1.9) ただ and ただし

The word ただ can appear as part of the expression ただの, which means "ordinary" or "hardly worthy of mention," or it can be used alone. In some easily recognizable situations ただ means "free" or "without charge," but in most instances ただ is used as an adverb to convey meanings such as "only," "solely," "but," "however," "merely," or "simply." The word ただし can mean "however" or "provided that," but in many instances a translation such as "here" or "in this case" is more appropriate. These instances tend to be situations in which the writer is providing supplementary information that is pertinent to the situation under consideration or is providing information that is contrary to the reader's expectation.

1. 更に $x \in \mathbf{R}$ に対して $x + (-x) = 0$ となる $-x \in \mathbf{R}$ がただ 1 つ存在する．

2. ただ，この初期の機械翻訳研究は自然言語の複雑さ，言語翻訳の難しさを過小評価しており，多くの困難に直面した．

3. ただし E_x は x が $p(x)$ に従って分布するものとしたときの平均値を示す．

4. ただし B は，空白とよばれる入力には含まれない特定の記号である．

1.10) ... からなる　　　　　　　　　　is composed of ..., consists of ...

1. 例えば $\{a\}$ は元 a ただ 1 つからなる集合であり，$a \neq b$ のとき $\{a, b\}$ は 2 つの元 a, b からなる集合である．

2. 集合 A が有限個の元からなるとき A を有限集合といい，A が無限個の元を含むとき A を無限集合という．

3. 特にただ 1 行からなる行列 $(a_1 \cdots a_n)$ を K 上の n 次の行ベクトルまたは横ベクトルという．

1.11) ならば
The word ならば is a shortened form of the provisional form of のである. When it follows a predicate, it simply means "if." When it follows a noun, it means "if it is" or "if they are."

1. $A \subset B$ および $B \subset C$ ならば $A \subset C$ である．

2. K が可換ならば，行列 A が正則行列であるための条件は行列式 $|A|$ が K の可逆元であることである．

3. また実数の順序関係を保つ関数，すなわち $t_1 < t_2$ ならば $f(t_1) \leq f(t_2)$ である関数は単調増加関数とよばれる．

1.12) 必 [かなら] ず and 必 [かなら] ずしも
The word かならず is used with an affirmative predicate to mean "always" or "necessarily." The expression かならずしも is used with a negative predicate to mean "not always" or "not necessarily."

1. R の上に有界 (または下に有界) な部分集合 A に対して，必ず上限 $a = \sup A$ (または下限 $b = \inf A$) が存在する．

2. 実数の基本数列は必ず極限をもつ．

3. 方程式 (必ずしも '代数方程式' とはかぎらない) $f(x) = 0$ の根 α を数値計算で求める方法は，大別すると次の 2 種類になる．

1.13) かつ
The word かつ is comparable in meaning to また, but it always occurs between two nouns (or noun phrases). かつ corresponds very closely to a logical "and" operator, and is often translated as "furthermore," "moreover" or "in addition."

1. 順序 ≤ については，$x \leq y$ かつ $y \leq z$ ならば $x \leq z$ (推移法則) が成り立つ.

2. すなわち $\alpha = a + ib$, $\beta = c + id$ において，$\alpha = \beta \Leftrightarrow a = c$ かつ $b = d$ とする.

3. 自動制御の古典理論は，ほとんどの場合単入力かつ単出力の線形フィードバック制御システムを取り扱う.

1.14) 及 [およ] び

The word 及び links two nouns or two symbols, either of which may be modified by an adjective or a modifying clause. Although 及び carries the meaning "and," its usage is quite limited. 及び cannot be used as a conjunction to link two clauses.

1. $A \subset B$ および $B \subset A$ ならば $A = B$ である.

2. (m, n) 型行列 A の各行または各列の作る m 個の行ベクトルおよび n 個の列ベクトルを A の行ベクトルおよび列ベクトルという.

3. そうすると X_i の分布は，θ および実験や観測の特性を表す母数 η によってきまるであろう.

1.15) いかなる　　　　　　　　　　　　**no mattter what/which, any**

1. 数列 $\{a_n\}$ において，いかなる正の数 c を取っても，或る項から先のすべての項 a_n, a_m に対して $|a_n - a_m| < c$ が成り立つとき，$\{a_n\}$ を基本数列または Cauchy 数列という.

2. 元を 1 つも含まない集合 (すなわち，いかなる対象 a に対しても $a \notin A$ となる集合 A) を空集合といい，記号 Ø で表す.

3. しかし，クエットの流れおよび円管内のポアズイユの流れでは線形理論の範囲でいかなる Re についても安定という結果が得られている.

Reading Selections

1-1: **実数の公理系** (数417)

実数全体の集合を R で表すとき，R は次に述べる諸性質をもつ.

I) 4則算法に関する性質. i) x, $y \in R$ に対して，それらの和 $x + y$ と称する数 $w \in R$ がただ 1 つ定まり，$x + y = y + x$ (可換法則)，$(x + y) + z = x + (y + z)$ (結合法則) が成り立つ. また特別の数 0 が存在して，任意の数 x に対して $x + 0 = x$ が成り立つ (0 の存在). 更に $x \in R$ に対して $x + (-x) = 0$ となる $-x \in R$ がただ 1 つ存在する. ii) x, $y \in R$ に対して，それらの積 xy と称する数 $w \in R$ がただ 1 つ定まり，$xy = yx$ (可換法則)，$(xy)z = x(yz)$ (結合法則)，$(x + y)z = xz + yz$ (分配法則) が成り立つ. また特別の数 1 が存在して，すべての $x \in R$ に対して $1x = x$ が成り立つ (1 の存在). さらに，$x \neq 0$ $(x \in R)$ に対して $x \bullet x^{-1} = 1$ となる $x^{-1} \in R$ がただ 1 つ存在する. 以上から，0 による除法を除いて，加，減，乗，除の 4 則算法が行われる.

II) 順序に関する性質. i) x, $y \in R$ に対して，$x < y$，$x = y$，$x > y$ の内の 1 つだけが必ず成り立つ (全順序性). $x < y$ または $x = y$ のとき $x \leq y$ と書く. 順序 $\leq$ については，$x \leq y$ かつ $y \leq z$ ならば $x \leq z$ (推移法則) が成り立つ. ii) 順序と算法. $x \leq y$ ならば $x + z \leq y + z$ である. また $x \leq y$，$0 \leq z$ ならば $xz \leq yz$ である.

特に $x > 0$ のとき x を正の数，$x < 0$ のとき x を負の数という. また $x \geq 0$ に対しては $|x| = x$，$x < 0$ に対しては $|x| = -x$ と表し，$|x|$ を x の絶対値という.

1-2: **実数の性質** (数417-418)

1) 任意の正の 2 数 a, b に対して，必ず或る自然数 n が存在して $a < nb$ となる (Archimedes の公理).

2) $a < b$ となる任意の 2 数 a, b に対して，$a < x < b$ となる有理数 x が存在する (有理数の稠密性).

3) R の上に有界 (または下に有界) な部分集合 A に対して，必ず上限 $a = \sup A$ (または下限 $b = \inf A$) が存在する.

4) 2 組の数列 $\{a_n\}$, $\{b_n\}$ において，$a_1 \leq a_2 \leq \cdots \leq a_n \leq \cdots \leq b_n \leq \cdots \leq b_2 \leq b_1$ かつ $\lim (b_n - a_n) = 0$ であれば，$\lim a_n = \lim b_n = c$ となる $c \in R$ が (ただ 1 つ) 存在する (区間縮小法の原理).

5) 数列 $\{a_n\}$ において，いかなる正の数 c を取っても，或る項から先のすべての項 a_n, a_m に対して $|a_n - a_m| < c$ が成り立つとき，$\{a_n\}$ を基本数列または Cauchy 数列という. 実数の基本数列は必ず極限をもつ (実数の完備性).

1-3: **乱数** (数1255)

独立で同一分布に従う確率変数の実現値を記録した有限数列，というのが乱数列あるいは乱数表の素朴な定義である. これは，統計手法のサンプリングとランダム化，確率的諸現象のシミュレーション，多重積分や多変数関数の最適値の計算，計算機算法の効率測定などに用いられている. 乱数を用い，確率的誤差を含む近似計算は一般にモンテ・

カルロ法とよばれている．誤差を含まぬ解を決定的算法よりも少ない手間で求める確率的算法の可能性が追求されている．実用上しばしば，乱数とは次の擬似乱数を指す．

1-4:　　　　　　　　　　　　**擬似乱数** (数1255)

小規模な乱数表はルーレットのような確率的な機構によって作れる．大規模には熱電子雑音，放射能などの物理現象に基づく乱数が予測不能な乱数列として利用される．しかし計算機利用のためには，比較的単純な演算で生成される周期列で，使用する数に比べて周期が十分に長く，1周期上でも部分的にも明らかな規則性がなく，分布法則と独立性に関する統計的諸検定に合格する疑似乱数が有用である．擬似乱数列 $\{u_k\}$ は $\{0, 1, \cdots, N\text{-}1\}$ (ただし $N = n^s \gg 1$, n は機械語1語の大きさ) 上の離散一様分布に従い，$v_k = u_k/N$ は近似的に $(0, 1)$ 上の連続一様分布に従う．他の確率諸量はすべて，これから適当な変換によって生成できる．単調な連続分布関数 $F(\cdot)$ をもつ乱数は $F^{-1}(v_k)$ を計算すればよいが，例えば採択棄却法などの確率的な技巧により計算効率を高められることが1950年代に J. von Neumann により示され，その後多くの工夫がなされている．

1-5:　　　　　　　　　　　　**乱数の検定** (数1255)

乱数の良さを経験的に調べるには1標本検定と独立性検定とよばれる統計的諸検定を適用する．$0 < v_k < 1$ を扱うか $w_k = [mv_k] \in \{0, 1, \cdots, m\text{-}1\}$ を扱うか，$\{u_k\}$ の有限列を1変数標本とみなすか多変数標本とみなすか，あるいは系列のまま扱うかにより分類される多くの変種がある．特に多次元一様性の検定で計算が容易であり，擬似乱数の欠点を明らかにするものが望まれる．

1-6:　　　　　　　　　　　　**複素数の代数的性質** (数1020-1021)

任意の実数 a, b と虚数単位 i を用いた $a + ib$ という表現を複素数という．すなわち $\alpha = a + ib$, $\beta = c + id$ において，$\alpha = \beta \Leftrightarrow a = c$ かつ $b = d$ とする．複素数の算法は，$\alpha + \beta = (a + c) + i(b + d)$, $\alpha - \beta = (a - c) + i(b - d)$, $\alpha\beta = (ac - bd) + i(ad + bc)$, $\alpha/\beta = (ac + bd)/(c^2 + d^2) + i((bc - ad)/(c^2 + d^2))$ (ただし $c^2 + d^2 \neq 0$) によって定める．加法と乗法について可換法則，結合法則，分配法則が成り立ち，$0 = 0 + i0$ を加法の零元，$1 = 1 + i0$ を乗法の単位元として可換体を作る．複素数の全体を通常 C で表す．

実数 a に対して，複素数 $a + i0$ を対応させれば，実数の算法と複素数の算法とは一致する．すなわち実数全体の作る体 R は，複素数全体の体 C の中に同形に写像される．今後は a と $a + i0$ とを同一視し，R は C の部分集合 (部分体) とみなす．同様に今後は $0 + i1$ を単に i と表す．上の定義により $i^2 = -1$ である．また $\alpha = a + ib = (a + i0) + (b + i0)(0 + i1)$ であるから，$a + ib$ は単なる記号でなくて，C における算法とみてよい．$\alpha = a + ib$ において，a を α の実部，b を α の虚部といい，$a = \mathrm{Re}\,\alpha$, $b = \mathrm{Im}\,\alpha$ で表す．実数でない複素数を虚数といい，特に $\mathrm{Re}\,\alpha = 0$ である虚数 α を純虚数という．複素数 $\alpha = a + ib$ に対して，$a - ib$ を α の共役複素数という．

1-7: **集合** (数428-429)

　直観または思考の対象のうちで一定範囲にあるものを 1 つの全体として考えたとき，それを (それらの対象の) 集合といい，その範囲内の個々の対象をその集合の元または要素という． a が集合 A の元であることを，a が A に含まれる，あるいは A が a を含む (包含する) といい，記号 $a \in A$ で表す．その否定を $a \notin A$ で表す．元を 1 つも含まない集合 (すなわち，いかなる対象 a に対しても $a \notin A$ となる集合 A) を空集合といい，記号 $\emptyset$ で表す．集合 A, B において，A に属する元はすべて B に属し，B に属する元はすべて A に属するときに，$A = B$ とする．集合 A の元が a, b, c, $\cdots$ であるとき，$A = \{a, b, c, \cdots\}$ と書いて，集合 A は元 a, b, c, $\cdots$ からなるという．性質 $\alpha(x)$ を持つ対象 x の全体からなる集合を $\{x | \alpha(x)\}$ あるいは $\{x; \alpha(x)\}$ と表す．例えば $\{a\}$ は元 a ただ 1 つからなる集合であり，$a \neq b$ のとき $\{a, b\}$ は 2 つの元 a, b からなる集合である．集合 A が有限個の元からなるとき A を有限集合といい，A が無限個の元を含むとき A を無限集合という．

　集合 A, B において，A の元がすべて B に属するとき，A は B の部分集合であるといい，また A は B に含まれる，あるいは B は A を含むという．このとき記号 $A \subset B$ を用いる．その否定を $A \not\subset B$ と表す．任意の集合 A に対して $\emptyset \subset A$ である．$A \subset B$ および $B \subset C$ ならば $A \subset C$ である．$A \subset B$ および $B \subset A$ ならば $A = B$ である．$A \subset B$ で $A \neq B$ のとき，A は B の真部分集合であるという．

1-8: **記号論理** (数188-189)

　記号論理学は，数学のあらゆる分野に共通に用いられる論理的な推論を数学的記号法を用いて研究する数学あるいは論理学の 1 部門であって，数理論理学 (数学的論理学) または理論的論理学ともよばれる．ここで研究される‘論理的’な推論に，おのおのの理論に特有の公理や推論をつけ加えることによって，個々の数学的理論が得られるのである．

　‘A または B’‘A かつ B’‘A ならば B’‘A でない’という命題を，それぞれ，
$$A \vee B, \quad A \wedge B, \quad A \to B, \quad \neg A$$
という記号で表す．$A \vee B$ を命題 A, B の論理和または離接，$A \wedge B$ を論理積または合接，$A \to B$ を含意，$\neg A$ を命題 A の否定とよぶ．$(A \to B) \wedge (B \to A)$ という命題を $A \Leftrightarrow B$ と書き，‘A と B とは同等または同値である’と読む．数学においては，$A \vee B$ は A および B の少なくとも一方が成立するということを意味する．また，‘すべての x に対して命題 $F(x)$ が成立する’および‘命題 $F(x)$ が成立するような x が存在する’という命題を，それぞれ，
$$\forall x\, F(x), \quad \exists x\, F(x)$$
とあらわす．$\forall x\, F(x)$ という形の命題を全称命題，$\exists x\, F(x)$ を存在命題といい，あわせて超限的命題という．以上で用いた記号
$$\vee, \quad \wedge, \quad \to, \quad \Leftrightarrow, \quad \neg, \quad \forall, \quad \exists$$
を論理記号とよぶ．

Lesson 2: Mathematics II
(matrices, variables and functions)

意　イ idea, thought, will
　　　意味　　　　　　　イミ　　　　　　　　meaning
　　　任意の　　　　　　ニンイの　　　　　　arbitrary

関　カン barrier, gateway
　　せき barrier, checking station
　　　関係　　　　　　　カンケイ　　　　　　relation
　　　関数　　　　　　　カンスウ　　　　　　function

義　ギ honor, in-law, loyalty, justice, significance
　　　意義　　　　　　　イギ　　　　　　　　significance, meaning
　　　定義　　　　　　　テイギ　　　　　　　definition

級　キュウ class, grade, rank
　　　級数　　　　　　　キュウスウ　　　　　series
　　　高級　　　　　　　コウキュウ　　　　　high grade/class

行　ギョウ row, line; コウ journey, line
　　い(く) to go; おこな(う) to conduct, to perform
　　　行列　　　　　　　ギョウレツ　　　　　matrix
　　　正方行列　　　　　セイホウギョウレツ　square matrix

座　ザ constellation, platform, seat, theater
　　すわ(る) to sit down
　　　座標系　　　　　　ザヒョウケイ　　　　coordinate system
　　　座標軸　　　　　　ザヒョウジク　　　　coordinate axis

式　シキ ceremony, formula, style, type
　　　方式　　　　　　　ホウシキ　　　　　　mode, method, form, system
　　　方程式　　　　　　ホウテイシキ　　　　equation

常 ジョウ normal, regular
つね always, normal, ordinary

| 通常 | ツウジョウ | usually, generally, ordinarily |
| 定常な | テイジョウな | regular, stationary, steady |

程 テイ degree, formula
ほど amount, degree, extent

| 運動方程式 | ウンドウホウテイシキ | equation of motion |
| 波動方程式 | ハドウホウテイシキ | wave equation |

微 ビ minute, tiny, vague

| 数値微分 | スウチビブン | numerical differentiation |
| 微分方程式 | ビブンホウテイシキ | differential equation |

標 ヒョウ mark, signpost, target

| 標準化 | ヒョウジュンカ | standardization |
| 標本 | ヒョウホン | sample |

分 ブ part, percentage; フン minute; ブン dividing, part, segment
わ(かる) to understand {vi}; わ(ける) to divide {vt}

| 部分集合 | ブブンシュウゴウ | subset |
| 分類 | ブンルイ | classification |

変 ヘン change, strange
か(える) to change, to revise {vt}; か(わる) to change, to differ{vi}

| 従属変数 | ジュウゾクヘンスウ | dependent variable |
| 変動 | ヘンドウ | fluctuation, variation |

方 ホウ direction, side, way
かた direction, manner, person {honorific}, type

| 代数方程式 | ダイスウホウテイシキ | algebraic equation |
| 長方形 | チョウホウケイ | rectangle |

列 レツ column, line, rank, procession

| 逆行列 | ギャクギョウレツ | inverse matrix |
| 零行列 | レイギョウレツ | zero matrix |

Grammatical Patterns

2.1) ... ことが多 [おお] い   it often happens that ..., often ...

     ... 場合 [ばあい] が多 [おお] い   it often happens that ..., often ...

     ... ときが多 [おお] い   it often happens that ..., often ...

1. 従ってこれを K 上の n 次全行列環といい，$M_n(k)$ または K_n であらわすことが多い.

2. 一般に，ある空間上に座標系を導入するとき，その空間内に 1 つの基礎図形を指定すれば，それによって座標系が一意に定まる場合が多い.

3. 数学の各専門分野では，その歴史に基づいて，それぞれの狭い意味で関数という語を用いることが多い.

2.2) それぞれ   respectively, individually

     それぞれの   respective, individual, each

1. $'A = A$, $'A = -A$ となる (正方) 行列をそれぞれ対称行列，交代行列または歪対称行列，反対称行列と呼ぶ.

2. とくに，定義域も実数あるいは複素数の集合である場合には，それぞれ実関数または複素関数とよぶこともある.

3. 解析的な分野では，値が実数または複素数のことが多く，詳しくはそれぞれ実数値関数または複素数値関数とよぶ.

2.3) 任意 [ニンイ] の   arbitrary ..., any ...

1. $a < b$ となる任意の 2 数 a, b に対して，$a < x < b$ となる有理数 x が存在する.

2. 任意の実数 a, b と虚数単位 i を用いた $a + ib$ という表現を複素数という.

3. 変数 x の変域の元は x の値とよばれるが，x 自身がその任意の値を表すとみなされることが多い.

2.4) ... に関 [カン] する   concerning ..., related to ..., for ...

     ... に関 [カン] して   concerning ..., related to ..., for ...

     ... に関 [カン] し   concerning ..., related to ..., for ...

     (Note: The phrase ... に関する modifies a noun; the phrases ... に関して and ... に関し modify a verb.)

1. そうすると，K 上の同じ型の行列の全体は加法に関して K 加群をなす.

2. y の x に関する第 n 階までの導関数を y', y'', $\cdots$, $y^{(n)}$ とする.

3. 級数の収束に関するおもな性質をあげる.

2.5) ような

This adjective indicates a similarity or other relationship between the noun that it modifies and the word or phrase that precedes it. If ような is preceded by a demonstrative adjective (see example 1), it is usually translated "... kind" or "... type." However, when ような is preceded by a noun and the particle の (see example 2), it is usually translated "like ..." or "such as ..." If ような is preceded by an affirmative predicate (see example 3) or a negative predicate (see example 4), it may be translated "that ...," "such that ...," "for which ..." or "of the type that ..." The choice among these four possibilities is influenced by whether the subject of the predicate is the noun modified by ような or whether the subject appears along with the predicate in the modifying clause that precedes ような.

1. また, 地図投影法, 図式計算法, 画法幾何学などもこのような座標概念の応用と見られる.

2. K 上の行列とは, K に属する mn 個の元 a_{ik} ($i = 1$, $\cdots$, m ; $k = 1$, $\cdots$, n) の次のような長方形の配置をいう.

3. 命題 $F(x)$ が成立するような x が存在する.

4. 計算の途中で誤差が拡大しないようなアルゴリズムを安定なアルゴリズムという.

2.6) ように

This adverb indicates a similarity or other relationship between the verb that it modifies and the word or phrase that precedes it. If ように is preceded by a demonstrative adjective (see example 1), it is usually translated "in ... manner" or "in ... way." However, when ように is preceded by a noun and the particle の (see example 2), it is usually translated "like ..." or "as (with) ..." If ように is preceded by an affirmative verb (see example 3) or a negative verb, it indicates that the action described by the verb that follows ように is being carried out to achieve or to avoid, respectively, the action or state described by the verb that precedes ように. In this case ように is most commonly translated "so that ...," "in such a way that ..." or "in order that ..."

1. 列車のダイアグラムや計算図表などは, 座標系がこのように用いられる実例といえる.

2. 行列の横 (左右) の並びを行, 縦 (上下) の並びを列と呼び, 上記行列を (a_{ik}) のように略記することもある.

3. 対数方眼紙，確率方眼紙，推計紙などは，このような便宜のため，それぞれの用途に適するようにつくられたものである．

2.7) だけ and さえ

The particle だけ usually carries the meaning "only" or "solely." When だけ refers to a specific numerical value it may be translated "only," but it may also mean "exactly" or "just this amount—no more, no less." The particle さえ means "if only" or "so long as" when combined with a verb in the conditional form, but means "even" when used after a noun. In some cases the particle で is inserted after the noun and before さえ.

1. 積 AB は A の列数と B の行数が一致する場合にだけ $AB = (c_{ik})$ $(c_{ik} = \sum_j a_{ij}b_{jk})$ によって定義される．

2. 本項目では常微分方程式だけを扱うから，以下'常'の字を略する．

3. どんな問題でも，数学的構造が捉えられ，そのアルゴリズムがはっきりしさえすれば，それを処理するための計算機用プログラムを作成することができる．

2.8)

... ことがある	it sometimes happens that ..., sometimes ...
... 場合 [ばあい] がある	it sometimes happens that ..., sometimes ...
... ときがある	it sometimes happens that ..., sometimes ...

1. 数量的な概念を図形的にあらわして見やすくするために座標系を導入することがある．

2. 用途によっては，E^2 の座標軸を普通の実数直線としないで，適当な関数尺の目盛をつけたものを用いることがある．

3. この方法は第 1 近似値が適当でないと根 α に収束しない場合がある．

2.9)

即 [すなわ] ち	in other words, namely, that is (to say)
言 [い] い換 [か] えると	in other words, namely, that is (to say)

1. すなわち，2 直線 $X'X$，$Y'Y$ をどちらも点 O を 0 とする実数直線 R と見なす．

2. 方程式の左辺が実際 $y^{(n)}$ を含むとき，すなわち $\partial f/\partial y^{(n)} \neq 0$ であるとき，この方程式の階数は n であるという．

3. このことをいいかえると，X_1，X_2，… は，仮に観測や実験を無限に繰り返したときに得られるであろうと想定される観測値の仮説的無限母集団から，ランダムにとられた標本であると想定することになる．

2.10) noun1 を/は noun2 とする   (we) let noun1 be noun2,
                                          (we) denote noun1 by noun2,
                                          (we) take noun1 as noun2
    clause + とする   (we) suppose (clause)

1. K は任意の環または (非可換)体とする.

2. 関数 f の定義域と値域とをそれぞれ X, Y とするとき, X を変域とする変数 x を f の独立変数, Y を変域とする変数 y を f の従属変数とよぶ.

3. G. Galilei が落体の運動を研究して, 自由落下する物体が時間 t のうちに距離 x だけ落下するとすれば, 加速度 $x''(t)$ が一定であることを発見した.

2.11) connective form + おく

A verb in the connective affirmative form followed by おく indicates that a certain action is being carried out for some future purpose. (Note: It is seldom necessary to actually translate the verb おく.)

1. Euclid 平面 E^2 上に, 1点 O で直交する 2 直線 $X'X$, $Y'Y$ をとり, 単位の長さ 1 を定めておけば, E^2 の直交座標系が得られる.

2. 代数的な分野では, 一般に体や環などを 1 つ定めておいて, それに値をとるものを関数とよぶことがある.

3. 目的計算機として一般性のある仮想計算機を設計しておけば, そのシミュレーターは多くの実計算機で簡単に実現できる.

2.12) もし and もしくは

The word もし is used at the beginning of a clause or a sentence and carries the meaning "if." もしくは links two nouns or two symbols, either of which may be modified by an adjective or a modifying clause. Although もしくは carries the meaning "or," its usage is quite limited. もしくは cannot be used as a conjunction to link two clauses.

1. もし $p_k(x)$, $q(x)$ が D で正則ならば, (2) を満たし D で正則 (必ずしも 1 価でない) な解 $y(x)$ がただ 1 つ存在する.

2. もしそこには一定の系統的な偏りや傾向が含まれていないとすれば, 繰り返し行われた観測の変動は偶然的な要因にのみもとづくものと考えられる.

3. 関係データベースシステムはデータ構造として関係もしくは関係の表現である表を利用する点で階層データベースシステム, 網データベースシステムと区別される.

2.13)　しかも　　　　　　　　　**moreover, furthermore, in addition, not only that**

1. D 内で $y(x)$, $y'(x)$, $\cdots$, $y^{(n)}(x)$ がすべて連続であるような (1) の解 $y(x)$ が 1 つしかもただ 1 つ存在する.

2. また彼はこれら場の方程式を変形すると波動方程式の形になり，しかもこの波動，電磁波は横波であることを示した.

3. 弾性散乱とは，入射粒子と散乱体粒子の内部状態に変化を起こさず，しかも新たに粒子や光などを発生しない散乱のことである.

2.14)　... ことがわかる　　　　　　**we know that ..., it is known that ..., we find that ..., we have learned that ...**

1. このことから，(1) の解の不連続点または特異点は係数 $p_k(x)$, $q(x)$ の不連続点または特異点であることがわかる.

2. ボルツマンの関係式を援用するとエントロピーが一定となることがわかる.

3. 光線の向きを逆にして考えると，正のレンズでは前側の空間，負のレンズでは後側の空間に，もうひとつの焦点が存在することがわかる.

Reading Selections

2-1: 行列 (数219-220)

　K は任意の環または (非可換)体とする (K として実数体 R または複素数体 C を考える場合が多い). K 上の行列とは, K に属する mn 個の元 a_{ik} ($i = 1,\ \cdots,\ m$; $k = 1,\ \cdots,\ n$) の次のような長方形の配置をいい, 行列を構成する元 a_{ik} をその $(i,\ k)$ 成分と呼ぶ.

$$
\begin{array}{cccc}
a_{11} & a_{12} & \cdots & a_{1n} \\
a_{21} & a_{22} & \cdots & a_{2n} \\
\cdots & \cdots & & \cdots \\
a_{m1} & a_{m2} & \cdots & a_{mn}
\end{array}
$$

上記行列をくわしくは $(m,\ n)$ 型行列という. 特に $(n,\ n)$ 型行列を n 次の正方行列という. 一般のものを矩形行列ということもある. 行列の横 (左右) の並びを行, 縦 (上下) の並びを列と呼び, 上記行列を (a_{ik}) のように略記することもある. $a_{ik} = 0$ $(i \neq k)$ である正方行列を対角行列, 対角行列ですべての a_{ii} が等しいものをスカラー行列という.

　特にただ 1 行からなる行列 $(a_1 \cdots a_n)$ を K 上の n 次の行ベクトルまたは横ベクトル, ただ 1 列からなる行列 $\begin{matrix} b_1 \\ \vdots \\ b_m \end{matrix}$

を m 次の列ベクトルまたは縦ベクトルという. $(m,\ n)$ 型行列 A の各行または各列の作る m 個の行ベクトルおよび n 個の列ベクトルを A の行ベクトルおよび列ベクトルという.

2-2: 行列の算法 (数220)

　2 つの行列 $A = (a_{ik})$, $B = (b_{ik})$ が相等しいというのは, 両者が形式的に全く一致すること, すなわち両方の型が一致しかつ $a_{ik} = b_{ik}$ ($i = 1,\ \cdots,\ m$; $k = 1,\ \cdots,\ n$) である場合をいう. 行列の和 $A + B$ は両者が同じ型の場合にだけ $A + B = (a_{ik} + b_{ik})$ によって定義され, 積 AB は A の列数と B の行数が一致する場合にだけ $AB = (c_{ik})$ $(c_{ik} = \sum_j a_{ij} b_{jk})$ によって定義される.

　また K の元と行列との積を $a(a_{ik}) = (aa_{ik})$, $(a_{ik})a = (a_{ik}a)$ によって定義する. そうすると, K 上の同じ型の行列の全体は加法に関して K 加群をなす. また行列の積については結合法則, 分配法則が成立する. 従って K 上の n 次全行列環といい, $M_n(k)$ または K_n であらわすことが多い. K が単位元 1 をもつ環の場合には, 単位行列 I が $M_n(K)$ の単位元となる. すべての成分が 0 であるような行列を零行列といって, 同じく 0 で表す. また $(i,\ k)$ 成分だけが 1 で他の成分がことごとく 0 である行列を E_{ik} とすれば,

$M_n(K)$ の任意の行列 A は $A = (a_{ik}) = \sum_{i,k=1}^{n} a_{ik} E_{ik}$ のように E_{ik} の線形結合として一意にあらわされ, かつ $E_{ij} E_{kl} = 0$ $(j \neq k)$; $I_{ik} E_{kl} = E_{il}$; $a E_{ik} = E_{ik} a$ $(a \in K)$ という関係が成立する. E_{ik}

を行列単位という.

また $M_n(K)$ の行列 A に対して $AA^{-1} = A^{-1}A = I$ となる行列 A^{-1} が存在するとき，A^{-1} を A の逆行列といい，逆行列を有する行列を (K における) 正則行列または可逆行列と称する．A の逆行列はもし存在すれば，一意に定まる．K が可換ならば，行列 A が正則行列であるための条件は行列式 $|A|$ が K の可逆元であることであり，とくに K が体をなせば，$|A| \neq 0$ であることである．

(m, n) 型行列 $A = (a_{ik})$ の行と列とを入れ換えてできる (n, m) 型行列 $A' = (b_{ik})$ ($b_{ik} = a_{ki}$) を A の転置行列といい，$'A$ で示すことが多い．K が可換で $AB = C$ であれば，$'B'A = 'C$ である．$'A = A$，$'A = -A$ となる (正方) 行列をそれぞれ対称行列，交代行列または歪対称行列，反対称行列と呼ぶ．正方行列 $A = (a_{ik})$ で $a_{ik} = 0$ ($i < k$) であるものを下三角行列，$a_{ik} = 0$ ($i > k$) であるものを上三角行列，両者合わせて単に三角行列という．

2-3: 座標 (数360-361)

Euclid 平面 E^2 上に，1点 O で直交する2直線 $X'X$，$Y'Y$ をとり，単位の長さ 1 を定めておけば，E^2 の直交座標系が得られる．すなわち，2直線 $X'X$，$Y'Y$ をどちらも点 O を 0 とする実数直線 R と見なして，E^2 の1点 P からこの2直線におろした垂線の足をそれぞれ x，y とすれば，点 $P \in E^2$ は，その座標とよばれる実数の組 $(x, y) \in R^2$ によって 1-1 に表される．

一般に，ある数学的対象の集合において，その各元に数量的なものを対応させて表す仕組みを，この集合上の座標系といい，各元に対応する数量をその元の座標という．逆に，数量的な概念を図形的にあらわして見やすくするために座標系を導入することがある．列車のダイアグラムや計算図表などは，座標系がこのように用いられる実例といえる．また，地図投影法，図式計算法，画法幾何学などもこのような座標概念の応用と見られる．

一般に，ある空間上に座標系を導入するとき，その空間内に1つの基礎図形を指定すれば，それによって座標系が一意に定まる場合が多い．平面 E^2 上の直交座標系では，原点 O で直交する座標軸 $X'X$，$Y'Y$ が基礎図形となるもので，これらを基準の尺度として測ることにより，E^2 の各点の座標が定まる．なお，用途によっては，E^2 の座標軸を普通の実数直線としないで，適当な関数尺の目盛をつけたものを用いることがある．対数方眼紙，確率方眼紙，推計紙などは，このような便宜のため，それぞれの用途に適するようにつくられたものである．

2-4: 関数 (数157-158)

数学の一般論において，関数を写像と全く同じ意味に用いることが多い．その場合は，一意対応と同じものである．しかし，もっと広い意味に用いて，とくに一意対応のことを 1 価関数，(一意でない) 一般の対応のことを多価関数ということもある．

数学の各専門分野では，その歴史に基づいて，それぞれの狭い意味で関数という語を用いることが多い．解析的な分野では，値が実数または複素数のことが多く，詳しくはそれぞれ実数値関数または複素数値関数とよぶ．とくに，定義域も実数あるいは複素数の集合である場合には，それぞれ実関数または複素関数とよぶこともある．また，定義域が関数空間に含まれるような実数 (または複素数) 値関数は汎関数とよばれることも

あり，その1種として超関数も定義される．代数的な分野では，一般に体や環などを1つ定めておいて，それに値をとるものを関数とよぶことがある．その場合は，定義域の構造に応じて適当な条件が課され，条件に応じて特別な名がつけられる．たとえば，定義域，値域がともに実数の集合であるとき，$f(t) = f(-t)$ である関数 f を偶関数，$f(t) = -f(-t)$ である関数 f を奇関数という．また実数の順序関係を保つ関数，すなわち $t_1 < t_2$ ならば $f(t_1) \leq f(t_2)$ である関数は単調増加関数とよばれる．

関数の集合を関数族とよぶ．一般に集合 I から関係の集合 F への写像 $\varphi : I \to F$ を I を添数集合とする関数の族または単に関数の族といい，$\varphi(\lambda)$ を f_λ の形に表して $\{f_\lambda\}$ $(\lambda \in I)$，$\{f_\lambda\}_{\lambda \in I}$ などと書く．とくに I が自然数の集合であるときは，関数列という．

2-5: 変数 (数158)

一般に，ある集合 X の元を代入することが許されている文字 x を変数といい，X をその変域という．変数 x の変域の元は x の値とよばれるが，x 自身がその任意の値を表すとみなされることが多い．とくに変域が実数または複素数の集合であるとき，その変数はそれぞれ実変数または複素変数といわれる．それに対して，特定の1つの元を表す文字を定数という．

関数 f の定義域と値域とをそれぞれ X, Y とするとき，X を変域とする変数 x を f の独立変数，Y を変域とする変数 y を f の従属変数とよぶ．このとき ‘y は x の関数である’といい，$y = f(x)$ と書き表すこともある．x の値に y の値を対応させる具体的な方式が示されているときには，‘y は x の陽関数である’ともいうが，関数 $y = f(x)$ が $R(x, y) = 0$ のような二項関係として定められているだけのときには，‘y は x の陰関数である’という．

t を独立変数とする関数 f, g が与えられたとき，$x = f(t)$, $y = g(t)$ という関係によって y が x の関数とみなされたとする．このとき ‘変数 t を助変数または媒介変数として y は x の関数である’という．また，与えられた集合 C に対し，C を値域とし変数 t を独立変数とする関数を，C の t による助変数表示ということがある．

関数 f の定義域がある直積集合 $X_1 \times X_2 \times \cdots \times X_n$ に含まれているとき，f の独立変数を $(x_1, x_2, \cdots, x_n)$ で表し，f を n 変数 $x_1, x_2, \cdots, x_n$ の関数あるいは単に多変数関数ということもある．

2-6: 微分方程式 (数987)

G. Galilei が落体の運動を研究して，自由落下する物体が時間 t のうちに距離 x だけ落下するとすれば，加速度 $x''(t)$ が一定であることを発見し，微分方程式 $x''(t) = g$ の解として落体の法則 $x(t) = gt^2/2$ を得たのは，微分方程式が解かれた最初であったとともに，微分積分学への先駆的業績でもあった．Newton の運動方程式も2階の微分方程式である．このように自然法則は，微分方程式の形に書かれるとき，簡単に表されることが多い．微分方程式の形に書かれた自然法則を微分法則という．微分方程式論は，このように，微分積分学と同時に創始された．

2-7: 　　　　　　　　　　　　**常微分方程式** (数449-450)

　x は実数値または複素数値をとる変数，y は x と同じく実数値または複素数値をとる x の関数で，y は x について n 回微分可能とし，y の x に関する第 n 階までの導関数を y'，y''，$\cdots$，$y^{(n)}$ とする．そのとき x，y，y'，$\cdots$，$y^{(n)}$ の間に (x に関して恒等的に) 成り立つ関係式

$$f(x,\ y,\ y',\ \cdots,\ y^{(n)}) = 0 \tag{1}$$

を，関数 $y(x)$ に関する常微分方程式という．(1) の左辺の f は，$n+2$ 個の実変数または複素変数の関数で，考える範囲の x，y，y'，$\cdots$，$y^{(n)}$ の値に対して定義されているものとし，通常，各変数についての連続性，C^r 級 ($r = 0$, 1, $\cdots$, ∞) または (実) 解析性など，'或る程度の正則的性質' を仮定する．(1) を満足する関数 $y(x)$ を (1) の解といい，(1) の解を見出すことを (1) を解くという．'常' 微分方程式とは偏微分方程式に対していうので，y が 2 つ以上の変数 x_1，x_2，$\cdots$ の関数であるとき，偏導関数 $\partial y/\partial x_1$，$\partial y/\partial x_2$，$\cdots$ を含む (1) と同様の等式を偏微分方程式と称する．常微分方程式と偏微分方程式とを総称して，単に微分方程式とよぶ．本項目では常微分方程式だけを扱うから，以下 '常' の字を略することとする．(1) の左辺が実際 $y^{(n)}$ を含むとき，すなわち $\partial f/\partial y^{(n)} \neq 0$ であるとき，(1) の階数は n であるといい，f が y，y'，$\cdots$，$y^{(n)}$ に関する有理整式で $y^{(n)}$ に関して m 次であれば，(1) の次数が m であるという．特に f が y，y'，$\cdots$，$y^{(n)}$ の 1 次式であれば，(1) は線形であるといい，線形でないもを非線形という．

2-8: 　　　　　　　　　　**線形常微分方程式** (数588)

　$p_1(x)$，$\cdots$，$p_n(x)$，$q(x)$ を実変数 (または複素変数) x の既知関数とし，未知関数 y とその n 次までの導関数 y'，$\cdots$，$y^{(n)}$ に対する常微分方程式

$$y^{(n)} + p_1(x)y^{(n-1)} + \cdots + p_n(x)y = q(x) \tag{1}$$

を n 階線形常微分方程式という．特に $q(x) \equiv 0$ である線形常微分方程式

$$y^{(n)} + p_1(x)y^{(n-1)} + \cdots + p_n(x)y = 0 \tag{1'}$$

を同次，また $q(x) \neq 0$ である (1) を非同次であるという．

　常微分方程式の初期値問題に対する解の存在と一意性の定理は (1) に対し成り立つが，さらに次の定理が成立する．D で区間または複素平面内の領域を表す．係数 $p_k(x)$，$q(x)$ が区間 D で連続ならば，(1) の任意の解は区間 D で存在する．係数 $p_k(x)$，$q(x)$ が領域 D で正則ならば，(1) の任意の解は D 内の任意の道に沿って解析接続可能である．この定理と解の存在，一意性の定理を合わせると次の定理となる：係数 $p_k(x)$，$q(x)$ が区間 D で連続であれば，D 内の任意の 1 点 x_0 および n 個の任意の数の組 η，η'，$\cdots$，$\eta^{(n-1)}$ に対して，初期条件

$$y(x_0) = \eta,\ y'(x_0) = \eta',\ \cdots,\ y^{(n-1)}(x_0) = \eta^{(n-1)} \tag{2}$$

を満足し，D 内で $y(x)$，$y'(x)$，$\cdots$，$y^{(n)}(x)$ がすべて連続であるような (1) の解 $y(x)$ が 1 つしかもただ 1 つ存在する．もし $p_k(x)$，$q(x)$ が D で正則ならば，(2) を満たし D で正則 (必ずしも 1 価でない) な解 $y(x)$ がただ 1 つ存在する．

　このことから，(1) の解の不連続点または特異点は係数 $p_k(x)$，$q(x)$ の不連続点または特異点であることがわかる．

$\{a_n\}$ ($n = 1, 2, 3, \cdots$) を与えられた実または複素数列とし，$a_1 + a_2 + a_3 + \cdots$ と書いたものを級数といい，$\sum\limits_{n=1}^{\infty} a_n$ または単に $\sum a_n$ で表す．a_n を級数 $\sum a_n$ の第 n 項または項，

$s_n = a_1 + a_2 + \cdots + a_n$ を第 n 部分和または部分和とよぶ．有限数列 a_1, a_2, $\cdots$, a_n についても，その和 $a_1 + a_2 + \cdots + a_n$ を級数ということがある．区別するためには，これを有限級数，前述の無限数列でつくった級数を無限級数という．以下本項目で扱うのは主として無限級数である．部分和の列 $\{s_n\}$ が極限値 s に収束するとき，級数 $\sum a_n$ は，収束して和 s をもつ，または収束する，収束であるなどといい，s を和といって，

$\sum\limits_{n=1}^{\infty} a_n = s$ または $\sum a_n = s$ と書く．記号 $\sum a_n$ は，形式的な級数と，その和と両様の意味に慣用されている．他の種類の和と区別するときには，Cauchy 和ともいう．$\{s_n\}$ が収束でないとき，この級数は発散するまたは発散であるといい，特に $\{s_n\}$ が振動するまたは $+\infty$ (または $-\infty$) に (定) 発散するに従って，級数も振動するまたは $+\infty$ (または $-\infty$) に (定) 発散するという．

級数の収束に関するおもな性質をあげる．

1) 級数 $\sum a_n$, $\sum b_n$ がそれぞれ a, b に収束するならば，$\sum(a_n + b_n)$ は $a + b$ に収束する．

2) $\sum a_n$ が a に収束するならば，c を定数とするとき $\sum(c a_n)$ は ca に収束する．

3) 級数から有限値の項を取り除きまたはそれに有限値の項を挿入しても，収束性は変化しない．

4) 級数 $\sum a_n$ が収束すれば，引き続く項をいくつかずつ括弧でくくって得られる級数ももとの和に収束する．しかし逆に括弧でくくった級数が収束しても，原級数が収束するとは限らない (例：$1 - 1 + 1 - 1 + \cdots$ は振動するが，$(1 - 1) + (1 - 1) + \cdots = 0$).

Lesson 3: Mathematics III
(solutions, statistics and models)

解 カイ explanation, understanding; ゲ explanation, understanding
と(く) to undo, to solve {vt}; と(ける) to come undone, to be solved {vi}

数値解法	スウチカイホウ	numerical solution
分解	ブンカイ	decomposition, degradation

確 カク firm, solid, tight
たし(かな) genuine, positive, reliable; たし(かめる) to confirm, to verify

確率論	カクリツロン	theory of probability
正確な	セイカクな	accurate, precise, exact

御 ギョ control; ゴ {honorific prefix}
お {honorific prefix}

数値制御	スウチセイギョ	numerical control
制御理論	セイギョリロン	control theory

計 ケイ meter, plan, total
はか(る) to calculate, to measure

計算	ケイサン	calculation, computation
統計手法	トウケイシュホウ	statistical method/technique

算 サン abacus, calculation, number

計算機算法	ケイサンキサンポウ	computer algorithm
電子計算機	デンシケイサンキ	(electronic) computer

制 セイ regulation, system

自動制御	ジドウセイギョ	automatic control
最適制御	サイテキセイギョ	optimal control

代 タイ converting, replacing; ダイ fee, period, age
か(える) to convert, to replace {vt}; か(わる) to be replaced {vi}

代数方程式	ダイスウホウテイシキ	algebraic equation
代入	ダイニュウ	substitution

題	ダイ problem, subject, title		
	課題	カダイ	subject, theme, task
	問題	モンダイ	problem, issue

団	ダン body, group		
	原子団	ゲンシダン	(atomic) group
	母集団	ボシュウダン	(statistical) population

値	チ cost, price, value		
	あたい cost, price, value; ね cost, price, value		
	観測値	カンソクチ	observed value
	平均値	ヘイキンチ	average value

定	テイ determining; ジョウ determining		
	さだ(まる) to be determined {vi}; さだ(める) to determine {vt}		
	一定の	イッテイの	fixed, constant
	測定	ソクテイ	measurement

的	テキ object, target, {adjectival suffix}		
	まと object, target		
	数量的な	スウリョウテキな	quantitative
	目的	モクテキ	purpose, goal, target

統	トウ lineage, relationship		
	す(べる) to control, to govern		
	系統的な	ケイトウテキな	systematic
	統計学	トウケイガク	statistics

問	モン problem, question, subject		
	と(う) to ask, to question		
	学問的な	ガクモンテキな	academic
	問題解決	モンダイカイケツ	problem solving

用	ヨウ business, expenses, function, use		
	もち(いる) to employ, to use		
	使用	シヨウ	use, usage, employment
	利用	リヨウ	utilization, making use of

Grammatical Patterns

3.1) ため, ために and ための

The word ため is actually a noun, meaning "sake" or "benefit," but both ため and ために can be used to join two clauses or phrases. In this context ため indicates that the first phrase provides a reason or a cause for the action that is expressed in the second phrase. In contrast, ために usually indicates that the first phrase is the purpose or goal for which the action in the second phrase is carried out. There are significant exceptions. If the first phrase ends with an い-adjective, a な/の-adjective, a verb in past tense or a negative predicate, or if the situation expressed by the first phrase indicates a situation that is beyond the control of the writer, ために indicates that the first phrase provides a reason or a cause for the action that is expressed in the second phrase. The phrase ための modifies a noun and indicates that the noun or verb that precedes ための is the purpose or goal of the noun that ための modifies.

1. 収束するための条件と，その速さは次のとおりである．

2. シミュレーション (訳して模擬ともいう) とは，広義には現実のもののもつ性質を調べるため，類似物またはモデルを用いて実験または観測を行うことである．

3. システムの応答特性を議論するために Laplace 変換に基づいた演算子法を用いた．

3.2) ... について and ... についての

When the expression について is not followed by の, this expression (along with the noun that appears before it) modifies a predicate that appears later in the sentence. In contrast, the expression についての (along with the noun that appears before it) modifies the noun that appears immediately after についての. Each expression carries the meaning "concerning ...," "regarding ... " or "for ..."

1. また，実計算における丸め誤差を考慮した収束の判定と誤差の評価については，占部実の研究がある．

2. 振動論は元来機械的な振動から起こったが，同じ方程式で記述される電気回路などについても同じ用語が使用される．

3. 観測値の分布についての未知母数を含んだ一連の仮定を確率モデルと呼ぶ．

3.3) ... ようになる, ... ようになった, ... ようになっている and ... ようになってきた

This idiom indicates that the action (or state) described by the verb that precedes it occurs (or is achieved) gradually over some period of time. The use of ようになる or ようになった, rather than ことになる or ことになった, emphasizes the fact that the action is finally completed (or the state is finally attained) after a significant amount of time or a significant amount of effort.

Translations vary depending upon the context, but the meaning generally takes the form "to come to be that ...", "came to be that ...," "to reach the point that ...," or "reached the point that ..." The special forms ようになっている and ようになってきた emphasize that the current state has been achieved through a gradual process that began in the past and has continued down to the present. These forms are often translated "it has come to be that ..." or "we have reached the point that ..."

1. なお最近では計算機の発達とともに，大局的な収束性をもつ解法が重視されるようになってきた．

2. このような品質までを考慮するようになると，従来のように製造工程における QC 活動だけでは不十分になる．

3. 限られたデータに基づいて科学的な仮説を構築あるいは検証しようとする場合，数理統計学的知識が不可欠とみなされるようになった．

3.4) しかし，しかしながら and したがって
All three are introductory words used at the beginning of a sentence. The words しかし and しかしながら mean "however"; the word したがって means "therefore" or "consequently."

1. しかし，これらは観測データの取り扱いとは直接関係しない，むしろ集団の特性理解のための純粋に確率論的な議論であった．

2. しかしながら，ここでは現在まで主要テーマとしてずっと研究され続けてきた重要な理論だけに限って述べよう．

3. したがって，NC では通常フィードバック制御ではなくフィードフォワード制御が用いられる．

3.5) より
The particle より can follow a noun or a pronoun to indicate the starting point either for a range of values on a numerical scale or for a change that extends over time or space. In this context より can be considered equivalent to から and is commonly translated "from." The same word can also modify an adjective, an adverb or a verb to form a comparative expression. In this case the translation might include "more ... (than)," or "...er (than)" or "rather ...," depending upon the context. This usage of より is distinct from the pattern により, which was discussed in Lesson 1. The particle より is also used to indicate the reference or standard when making an affirmative comparison. (This usage will be presented in pattern 3.6.) In some cases the combination よりも appears at the end of one clause and carries the meaning "rather (than)." In such instances the clause that follows よりも is understood to be in some way more appropriate or more closely related to the action described by the predicate than is the clause that precedes よりも.

1. これより，シンプソン則は三次多項式まで正確になることがわかる．

2. しかしここではより厳密に，データに対して確率モデルを想定し，データを母集団からの確率標本と見なして，標本から母集団の未知母数について判断を下すという形で行われる推論の過程を指すものとする．

3. 道路や飛行場でのトラフィック，ダムの運用，機械工場での機械の設置・運転，より広く企業活動を捉えた経営シミュレーションがこの例である．

4. 一般にアナログ・シミュレーションよりもさらに大きな複雑なものが対象となることが多い．

3.6) affirmative comparison using より

The basic pattern for an affirmative comparison between two nouns is "noun1 は (or が) noun2 より adjective [affirmative]." Many variations are possible, including the insertion of the particle も after より, the replacement of "noun1" by "noun1 の方," and the replacement of "noun2" by "noun2 の方." For any of these options the translation would be "noun1 is more ... than noun2" or "noun1 is ...er than noun2." The same basic structure is employed when comparing two actions, but two clauses take the place of the two nouns: "clause1 方は (or が) clause2 より adjective [affirmative]." This pattern would convey the meaning "doing clause1 is more ... than doing clause2" or "doing clause1 is ...er than doing clause2." Portions of these patterns may be omitted at the discretion of the writer when the context makes the intended meaning apparent.

1. 根 α の適当な第 i 近似値を x_i とすると，$x_{i+1} = x_i - f(x_i)/f'(x_i)$ は x_i よりも真の解に近くなる．

2. 物理学や工学などの問題では，結果を数式の形で得るよりも数値を算出することの方が重要なことが多い．

3. VMCP は計算機システム全体の資源を管理し，オペレーティングシステムより上位に位置している．

3.7) ... に従 [したが] う   in accordance with ..., according to ...
     ... に従 [したが] って   in accordance with ..., according to ...
     ... に従 [したが] い   in accordance with ..., according to ...

(Note: The phrase ... に従う modifies a noun; the phrases ... に従って and ... に従い modify a verb.)

1. 従って観測値 X_1, X_2, … は互いに独立に同一分布に従う確率変数であると見なすことができる．

2. NC では，あらかじめ紙テープや磁気テープにディジタル的に記録された内容に従って，機械の可動部の位置や移動経路が直接的に制御される．

3. 絶対測定法では，圧力はその定義に従い，ある面積に働く力の大きさを求めてこれらの量から間接的に決定される．

3.8) のに

The use of のに at the end of one clause indicates that the action stated in the following clause is being taken "in order to" carry out the action stated in the first clause. (See examples 1 and 2 below.) When のに at the end of a clause is followed directly by a な or の adjective and a noun, it usually means that the noun possesses the characteristic stated by the adjective "in order to do" the action stated in the clause that precedes のに. (See example 3 below.) In some cases のに takes on the meaning "although" or "in spite of (the fact that)." (Note: The occurrence of the kana pair のに between a predicate and a verb can also be an alternative to the use of ことに.)

1. 方程式 $f(x) = 0$ の実根 α を求めるのに，$f'(x) \neq 0$ が計算できるときは，収束の速い Newton-Raphson 法が使われる．

2. 実物大のものを設計する前に，小型のもので実験し，設計のもととなる理論を検証または修正するのに使われる．

3. これを 2 パスアセンブラーという．1 回目のパスは，記号アドレスの表すアドレスを求めるのに必要な処理だけを行う．

3.9) noun ＋ とともに   with ..., along with ...
verb ＋ とともに   in addition to ...ing, along with ...ing

1. Q の概念も時代とともに変化し，その生産・使用が社会 (第三者) に与える影響まで含むようになり，これを '社会的品質' と呼ぶ．

2. これとともに，数理統計学が統計学の主流となった．

3. 構造メモリーによってメモリーバンド幅の減少が図られるとともに，データの共用化や同時アクセスなどによる高速化が達成できる．

3.10) conjunctive form of an い-adjective (or negative verb) ＋ なる

The conjunctive form of an い-adjective is created by replacing the final い in the present/future affirmative form by く. The combination of the conjunctive form of an い-adjective and なる indicates that the subject of the clause "becomes" whatever attribute is conveyed by the adjective. In general, negative verbs are conjugated in the same manner as い-adjectives. Thus, the conjunctive form of a negative verb is created by replacing the final ない by なく. The combination of the conjunctive form of a negative verb and なる indicates that the subject of the clause becomes unable to do whatever meaning is conveyed by the affirmative verb. (Note: The verb ending -なければならない means "(we) must ...," so the combination -なければならなくなる means "come to the point where (we) must ...")

1. このような工夫の結果，VLSI 上の制御部の占める面積はデータ操作を行う部分に対し相対的に小さくなる.

2. これを繰り返して $|x_{i+1} - x_i|$ が十分に小さくなれば，収束したものと見なす.

3. このような品質までを考慮するようになると，従来のように製造工程における QC 活動だけでは不十分になり，新製品の開発・設計という初期段階から Q を保証する活動を始めなければならなくなった.

3.11) negative provisional + ならない

A verb in the negative provisional form followed by ならない indicates that the subject of that verb "must do" whatever meaning the verb carries. In some cases the final なければならない is shortened to ねばならない. Occasionally, ならない is replaced by いけない.

1. これらの活動はトップマネージメントから労働者に至るまで全社的に実行されねばならないから，このような QC を，わが国では，総合的品質管理 (TQC) と呼んでいる.

2. 数値計算を行うためには，いろいろな問題に対する数値計算法を知らなければならない.

3. 仮想計算機のコードで書かれたプログラムを実行するには，それを実計算機のプログラムに変換するか，仮想計算機のシミュレーターを用意するかしなければならない.

3.12) ... ようにする

This idiom indicates that efforts are made to make sure that the action (or state) described by the verb that precedes it occurs (or is achieved). Translations vary depending upon the context, but the meaning generally takes the form "to do in such a way that ..." or "to ensure that ..." The special form ... ようにしている emphasizes that the writer/speaker repeatedly takes this action. This form is often translated "(we) make it a habit to ..."

1. ニュートン・コーツ公式は区間 $[a, b]$ を N 等分し，両端を含めた $N + 1$ 個の分点を固定したうえで，重み A_i を適当に選んで N 次多項式まで正確な積分値を与えるようにしたものである.

2. ガウスの公式は重み A_i と分点 x_i を両方とも自由に選んで $2n - 1$ 次多項式まで正確になるようにしたものである.

3. その目的は，1 台の計算機を複数の人々が同時に利用してオペレーティングシステムの研究や応用プログラムの開発，レポート作成などを行えるようにするという点にあった.

3.13) ばかり

Among the many uses for the particle ばかり there are several that deserve special note. When ばかり follows a noun or a verb in present tense it could mean "only ..." or "nothing but ..." In this regard ばかり is analogous to だけ. The pattern ... ばかりでなく， ...... ("not only ..., but also ......") is a particularly common example of this usage. When ばかり appears immediately after a numerical value ばかり can mean "about" or "approximately." When ばかり appears after a verb in past tense it generally carries the meaning "have/has just ...ed" or "only recently ...ed."

1. 現代の制御理論は，今や工業プロセスの制御ばかりでなく，環境プロセスや経済学モデルの制御にも応用を見るに到っている．

2. 問題の条件がよい場合でも不安定なアルゴリズムを用いると結果が誤差ばかりになることがある．

3. 漢字ばかりでなく，ひらがな，カタカナ，英数字，記号のすべてを同じ方式で認識できる光学的文字読取装置 (OCR) を漢字 OCR という．

Reading Selections

3-1: <h2 align="center">代数方程式の数値解法 (数706)</h2>

　方程式 (必ずしも'代数方程式'とはかぎらない) $f(x) = 0$ の根 α を数値計算で求める方法は，大別すると次の2種類になる．i) 根 α の第1近似値を適当に与えてから，根の精度を逐次改良していく方法．たとえば Newton-Raphson 法など．ii) 根 α のよい近似値を発見する方法．第1近似値を必要としない方法で，例えば高次代数方程式の場合には Graeffe 法，Bernoulli 法などがある．一般にグラフを描くのは有用である．i) と ii) に属する方法は単独で用いてよいが，i) の方法は第1近似値が適当でないと根 α に収束しない場合があり，ii) の方法は収束しても速度が遅く，解に近づくと十分な桁数の計算をしないと精度がでにくい場合がある．したがって電子計算機による場合には両者を併用するのが得である．なお最近では計算機の発達とともに，大局的な収束性をもつ解法が重視されるようになってきた．

3-2: <h2 align="center">Newton-Raphson 法 (数707)</h2>

　方程式 $f(x) = 0$ の実根 α を求めるのに，$f'(x) \neq 0$ が計算できるときは，収束の速い Newton-Raphson 法 (または Newton の反復法) が使われる．根 α の適当な第 i 近似値を x_i とすると，$x_{i+1} = x_i - f(x_i)/f'(x_i)$ は x_i よりも真の解に近くなる．これを繰り返して $|x_{i+1} - x_i|$ が十分に小さくなれば，収束したものと見なす．収束するための条件と，その速さは次のとおりである．$F(x) = x - f(x)/f'(x)$ とすると，$F'(x) = f(x)f''(x)/[f'(x)]^2$，$F'(\alpha) = 0$ である．したがって $f'(\alpha) \neq 0$，$f''(\alpha) \neq 0$ ならば，$F''(\alpha) \neq 0$ で，α の近くの x で $|F'(x)| < 1$ となるような近似値 x_i を適用に決めることができると，2位の速さで収束する．とくに $f(x_0)f'(x_0) \neq 0$，$h_0 = -f(x_0)/f'(x_0)$，$|f''(x)| \leq M$，$|f'(x_0)| \geq 2|h_0|M$ が成り立てば，x_0 から始めた Newton 近似値 x_i はすべて区間 $I = [x_1 - |h_0|, x_1 + |h_0|]$ に含まれ，方程式は I 内にただ1つの根 α をもち，$x_i \to \alpha$ となる．しかも $|\alpha - x_{i+1}| \leq M|x_i - x_{i-1}|^2 / 2|f'(x_i)|$ $(i = 1, 2, \cdots)$ である．また，実計算における丸め誤差を考慮した収束の判定と誤差の評価については，占部実の研究がある．なお一般に $f'(x)$ のほかに $f''(x)$ まで用いた Newton-Raphson 法は，収束の速さが3位となる．

3-3: <h2 align="center">振動 (数472-473)</h2>

　振動とは，一般に周期的 (近似的な場合も含めて) に繰り返される現象をいう．完全に周期的な振動は，微分方程式の周期解の理論として研究されている．解 $f(t)$ の周期を振動の周期といい，周期の逆数を振動数または周波数という．また $f(t)$ の最大値と最小値との差 (大域疫あるいは1区間での) を振幅という．振動論は元来機械的な振動から起こったが，同じ方程式で記述される電気回路などについても同じ用語が使用される．

　工学上では振動を防止することや，持続的な振動を安定に発生させることが問題であるが，振動論には，近年その実在が確認された地球の自由振動のような雄大な問題も含まれる．

3-4: 線形振動 (数473)

　線形常微分方程式の周期解は古くから詳しく研究されている．最も簡単なものは，平均の位置からの距離に比例する複元力 (戻す力) が働く微分方程式

$$d^2x/dt^2 + n^2x = 0 \qquad\qquad (1)$$

で表される現象である．振幅のきわめて小さい自由な単振り子や，自己誘導と電気容量とを結んだ (抵抗のない) 電気回路がその典型例である．この解は $x = A \cos(nt + \alpha)$ で表される．これを調和振動または単振動という．このときは振幅は A，周期は $2\pi/n$ であり，n を角振動数，α を初期位相という．

3-5: 調和解析 (数787)

　'調和解析' という語は，歴史的には，具体的に与えられた周期関数を Fourier 級数に分解する技術 (調和解析法) を意味したが，その後実数 *R* 上の関数の Fourier 解析の理論ができて，それが調和解析と呼ばれるようになり，さらにその理論は位相 Abel 群の上の Fourier 解析に拡張され，種々の形に一般化された．

3-6: シミュレーション (数418-419)

　シミュレーション (訳して模擬ともいう) とは，広義には現実のもののもつ性質を調べるため，類似物またはモデルを用いて実験または観測を行うことである．このことは，現実のものについて実験するのに，多大の費用や長い時間がかかったり，測定それ自身が困難であったり，または条件変化の影響が甚大であったりするなどの理由から，それが不可能または困難である場合に用いられている．

　現在広くシミュレーションと呼ばれるものには，大別して次の4種のものがある．もちろん，これは一応の分類にすぎず，実際にはこれらの混在した形でシミュレーションを行うのが普通である．

　第1は，モデル実験であって，船舶，航空機などでの水槽実験または風洞実験，あるいは化学工業におけるパイロット・プラントなどがある．実物大のものを設計する前に，小型のもので実験し，設計のもととなる理論を検証または修正するのに使われる．

　第2は，アナログ・シミュレーションあるいは実験的解析法とよばれる種類のものである．これは，あるものの性質を支配する法則を表すのと同じ微分方程式が導かれる (近似的に同じ微分方程式になる場合を含まれる) 別の現象を探し，それについて実験を行って，目的とするものの性質について研究するものである．たとえば，力学的振動の問題をそれと等価な電気回路で扱ったり，熱伝導の問題を力学系でおきかえたりする．

　第3は，ディジタル計算機 (以下単に計算機と記す) の進歩に伴って注目をあびるようになってきたものである．シミュレーションという語は，狭義には主としてこれをさす．一般にアナログ・シミュレーションよりもさらに大きな複雑なものが対象となることが多い．どんな問題でも，数学的構造が捉えられ，そのアルゴリズムがはっきりしさえすれば，それを処理するための計算機用プログラムを作成することにより，容易に計算機上でシミュレートすることができる．道路や飛行場でのトラフィック，ダムの運用，機械工場での機械の設置・運転，化学工程での各種のバランス，在庫・需要を考慮した生産計画，より広く企業活動を捉えた経営シミュレーション，あるいは計算機システム

のシミュレーションなどがこの例である。

　第4は，人間を含む系のシミュレーションである。軍隊での作戦の訓練に使われる机上演習，企業活動での訓練用のビジネス・ゲーム，または航空機の操縦士や，原子力発電所の運転員の訓練用シミュレータなどがある。人間の意思決定が途中に介在することが特徴である。

3-7: 制御理論 (数494)

　自動制御の古典理論は，ほとんどの場合単入力かつ単出力の線形フィードバック制御システムを取り扱う。このようなシステムの数学的構造は定数係数をもつ線形常微分方程式で表される。したがって，制御技術者はシステムを表すのにブロック・ダイヤグラムを用い，システムの応答特性を議論するために Laplace 変換に基づいた演算子法を用いた。こうして，システムの入出力関係は伝達関数によって記述された。制御の主要は，第1にシステムの安定性を保証することであり，第2により良いフィードバックを選んで閉ループの応答特性を改良することであり，最後に，インパルス入力やステップ入力に対する過渡応答特性を改良することである。古典的自動制御理論の著しい業績の1つは，線形フィードバック・システムの安定性をテストする Nyquist の判別法である。この判別法は，伝達関数を周波数領域 (複素平面) で Nyquist 軌跡として描くことから成り，定数係数の線形常微分方程式に対する Routh-Hurwitz の安定判別法とは根本的に異なる。古典的制御理論は第2次世界大戦中にほぼ完成した。

　ところで，第2次世界大戦後，エレクトロニクスとコンピューターの技術革新，並びに新しい計測制御機器とシステムの発明は驚異的であり，そのことが近代制御理論への道を開いた。近代制御理論は，通信と制御の科学といわれるサイバネティックスの発展を強く刺激した。制御理論は情報科学の重要な今日的トピックである。実際，現代の制御理論は多彩なテーマに取り組み，それらのいくつかは，たとえば数理計画法，オペレーションズ・リサーチ，ゲーム理論，予測とフィルターの理論，ディジタル信号処理，回路理論，計算機やマイクロプロセッサー技術等の関連分野に属するものである。こうして，現代の制御理論は，新しい計装法や計算機周辺技術に支えられて，広い応用分野をもち，今や工業プロセスの制御ばかりでなく，環境プロセスや経済学モデルの制御にも応用を見るに到っている。

3-8: 統計的品質管理 (数849)

　日本工業規格 JIS Z8101 によれば，'品質管理 QC とは，買手の要求に合った品質をもつ品質またはサービスを経済的に作り出すための手段の体系であって，近代的 QC は統計的手法を活用するので，この点を強調するときは，統計的品質管理 (SQC) と呼ぶこたがある。'QC を効果的に実施するには，要求品質を保証するための研究・開発，市場調査，設計，調達，製造，検査，監査，販売などのあらゆる活動において，統計的考え方と手法を応用し，計画 (Plan) — 実施 (Do) — 確認 (Check) — 処置 (Act) (PDCA) のサイクルを合理的にまわすことが必要である。これらの活動はトップマネージメントから労働者に至るまで全社的に実行されねばならないから，このような QC を，わが国では，全社的品質管理 (CWQC) または総合的品質管理 (TQC) と呼んでいる。

　ここでいう品質 Q とは，品物やサービスの'良さ'という抽象的概念であって，こ

れをいろいろの要素に分けて認識するときは，各要素を品質特性と呼ぶ．この品質特性を標準化しようとするとき，それらは，製品の強度や純度のような物理的・化学的に計測可能なものから，色や肌ざわりのように人間の官能によって評価されるものまで含む．これらの特性は‘買手の品質’と呼ばれる．Qの概念も時代とともに変化し，その生産・使用が社会 (第三者) に与える影響まで含むようになり，これを‘社会的品質’と呼ぶ．工場からの固形廃棄物や廃水による汚染，使用中の品質の劣化，保全性や安全性などがその例である．このような品質までを考慮するようになると，従来のように製造工程におけるQC活動だけでは不十分になり，新製品の開発・設計という初期段階からQを保証する活動を始めなければならなくなった．

3-9: 　　　　　　　　　　　確率モデル (数836)

　統計的推測ということばを広く解釈すれば，統計データにもとづく判断一般を指すものと考えられるが，しかしここではより厳密に，データに対して確率モデルを想定し，データを母集団からの確率標本と見なして，標本から母集団の未知母数について判断を下すという形で行われる推論の過程を指すものとする．
　簡単な場合として，いま均一と想定される条件の下で繰り返し行われた観測ないし実験によって，いくつかの観測値が得られたものとしよう．もしそこには一定の系統的な偏りや傾向が含まれていないとすれば，繰り返し行われた観測の変動は偶然的な要因にのみもとづくものと考えられ，従って観測値 X_1，X_2，… は互いに独立に同一分布に従う確率変数であると見なすことができる．われわれがデータをとるのは，それから何らかの情報を得ることが目的であるから，われわれはいまそれを何らかの未知の量 θ について判断を下すことであると想定しよう．そうすると X_i の分布は，θ および実験や観測の特性を表す母数 η によってきまるであろう．そこでその分布が $f(x; \theta, \eta)$ と表される密度関数を持つと仮定しよう．このことをいいかえると，X_1，X_2，… は，仮に観測や実験を無限に繰り返したときに得られるであろうと想定される観測値の仮説的無限母集団から，ランダムにとられた標本であると想定することになる．統計的推測の目的はこのような標本から母集団について判断を下すことであると定式化される．観測値の分布についての未知母数を含んだ一連の仮定を確率モデルと呼ぶ．

3-10: 　　　　　　　　　　　数値解析 (物理1012)

　数値計算法に関する理論を研究する学問の一分野．数値解析の目的は，与えられた問題に対するよい計算法 (アルゴリズム) を見いだすこと，および数値計算に伴う誤差の評価をすることである．電子計算機を用いて計算することを念頭において，よいアルゴリズムの条件を考えると次のようになる．(1) 実行速度が速いこと (計算量が少ないこと)．(2) 記憶容量が小さいこと (プログラムが短く，中間結果の格納に必要な記憶容量が小さいこと)．(3) 精度がよく安定であること (誤差が小さいこと)．(4) 一般性があること (適用範囲が広いこと)．これらの条件は互いに競合することが多いので，どの点に重点をおくかで，同じ問題に対しても種々の異なる解法が考えられる．
　誤差解析に関しては，まず問題に与えられたデータをほんの少し変えたときに解がどのくらい変化するかを調べることが大切である．これを感度解析という．感度は問題自体の性質であり解法にはよらない．データの変化に対して解の変化の激しい問題を条件

の悪い問題という．問題の条件が悪いときには，問題の起源にさかのぼって考え直した方がよい．たとえば，対称行列の固有値問題は条件のよい問題であるが，固有値を特性方程式を解いて求めようとすると条件の悪い問題になってしまう．次に，アルゴリズムの安定性の問題がある．計算の途中で誤差が拡大しないようなアルゴリズムを安定なアルゴリズムという．問題の条件がよい場合でも不安定なアルゴリズムを用いると結果が誤差ばかりになることがある．たとえば，漸化式は昇順に用いるか降順に用いるかで安定になったり不安定になったりする．また，ピボット選択をしないガウス消去法は不安定になることがある．

3-11: 数値解法 (物理1012-1013)

　微分方程式や非線形方程式などの方程式の解を数値計算によって近似的に求めること，またそのための方法．解が既知の関数を用いて数式の形で表現できない場合はもちろん，厳密解が知られている場合でも，誤差の小さい解を少ない計算時間で求めることが数値解法の課題である．

3-12: 数値計算 (物理1013)

　方程式などの数学的な問題の答を，具体的な数値の形で与えること．物理学や工学などの問題では，結果を数式の形で得るよりも数値を算出することの方が重要なことが多い．そのために数値計算をすることが必要になる．現在では電子計算機によって大規模な計算が可能になっている．数値計算を行うためには，いろいろな問題に対する数値計算法を知らなければならない．数値計算の問題をおおまかに分類すると次のようになる．(1) 線形代数 (連立一次方程式，行列の固有値問題)，(2) 補間，補外および関数近似，(3) 数値微分および数値積分，(4) 非線形方程式，代数方程式，(5) 常微分方程式および偏微分方程式，(6) 極値問題 (多変数関数の極大，極小を求める問題)．

3-13: 数値制御 (物理1013)

　工作機械などを自動的に制御する方式．NC とよばれることが多い．当初，金属切削加工用の工作機械に適用されたが，その後，溶接や組み立て加工，検査などでも利用されている．NC では，あらかじめ紙テープや磁気テープにディジタル的に記録された内容に従って，機械の可動部の位置や移動経路が直接的に制御される．したがって，NC では通常フィードバック制御ではなくフィードフォワード制御が用いられる．NC のための制御情報を記録したテープは NC テープとよばれる．NC テープの作成の方法には，(1) 人間が工具の経路や工作物の送りの速度などを計算して作成するマニュアルプログラミング，(2) 工具の運動を加工手順に従って記述し，あとは，計算機によって自動的に NC テープを作成する自動プログラミング，の2通りの方法が用いられている．自動プログラミングのための言語は NC 言語とよばれ，APT (automatic programming tool) が最も普及している．

　与えられた関数 $f(x)$ の定積分，$I = \int_a^b f(x)dx$ を数値的に計算する方法．多くの数値積分公式は補間法に基づいており，区間 $[a, b]$ 内の n 個の分点 x_i $(i = 1, 2, \cdots, n)$ における

関数値の線形結合によって，$I_\mathrm{n} = \sum_{i=1}^{n}[A_i f(x_i)]$ と表される．A_i は分点 x_i に対する重みである．

　(1) ニュートン・コーツ公式：区間 $[a, b]$ を N 等分し，両端を含めた $N + 1$ 個の分点を固定したうえで，重み A_i を適当に選んで N 次多項式まで正確な積分値を与えるようにしたもの．ニュートン・コーツ公式は，$N + 1$ 個の等間隔な分点を補間点とするラグランジュの補間多項式を積分したものになっている．代表的な公式と誤差項を次に示す．$N = 1$ としたものが，台形則

$$I = h/2\{f(a) + f(b)\} - h^3\{f''(\xi)\}/12$$
$$h = b - a, \quad a < \xi < b$$

$N = 2$ がシンプソン則

$$I = h/3\{f(a) + 4f([a + b]/2) + f(b)\} - h^5\{f^{(4)}(\xi)\}/90$$
$$h = (b - a)/2, \quad a < \xi < b$$

である．これより，シンプソン則は三次多項式まで正確になることがわかる．一般に N が偶数のときには $N + 1$ 次多項式まで正確になるので有利である．ニュートン・コーツ公式を実際に使用するときには，積分区間をいくつかの小区間に分割し，それぞれの区間に上記の公式を適用するのが普通である．これを複合則とよぶ．

　(2) ガウスの公式：重み A_i と分点 x_i を両方とも自由に選んで $2n - 1$ 次多項式まで正確になるようにしたもの．

　(3) 二重指数関数型公式：積分区間 $[-1, 1]$ の積分に対して，変数変換 $x = \tanh((\pi/2) \sinh t)$ を行い，得られた無限区間の積分にきざみ幅一定の台形則を適用したものを二重指数関数型公式という．これによって，端点に特異性をもつ積分が精度よく計算できる．積分区間 $(0, \infty)$ の積分に対しては，変換 $x = \exp(\pi \sinh t)$ を，積分区間 $(-\infty, \infty)$ で $|x|$ が大きいときの $f(x)$ の減衰が緩やかな場合には，変換 $x = \sinh((\pi/2) \sinh t)$ を行うことによって効率のよい公式が導かれる．

　(4) ロンバーグ積分法：台形則のきざみ幅 h を次々に $1/2$ にした積分値を用いてリチャードソンの補外を行う方法．積分区間を 2^k 等分して台形則を適用した積分値を $T_0^{(k)}$ とする．台形則の誤差 ΔI は，

$$\Delta I = c_1 h^2 + c_2 h^4 + \cdots$$

であることを用いて，リチャードソンの補外を行うと

$$T_m^{(k)} = T_{m-1}^{(k+1)} + \{T_{m-1}^{(k+1)} - T_{m-1}^{(k)}\}/(4^m - 1) \qquad (m = 1, 2, \cdots)$$

となり，$f(x)$ の性質がよければ $\mathrm{m} \to \infty$ としたとき $T_\mathrm{m}^{(0)}$ は真の積分値に収束する．

　(5) 適応的自動積分ルーチン：$f(x)$ の変化が激しいところでは細かく，変化が緩やかなところでは粗くというように，$f(x)$ の振舞いに応じてきざみ幅を調節して，ある与えられた許容誤差の範囲で近似値を計算するようにつくられた積分ルーチン．有名なものに CADRE，SQUANK などがある．

3-15:   **数理計画法** (物理1014)

　通常の場合，有限次元ユークリッド空間 R^n の部分集合 S で定義された関数 $f(x)$ を最大化 (または最小化) する，数理計画問題 (MP) に関する理論をさす．f を目的関数，S を可能領域といい，S の点 x を可能解という．また $f(x^*) \geq f(x)$ $(\forall x \in S)$ を満たす $x^* \in S$ を最適解という．数理計画法はシステム最適化法の中心をなす分野であって，第二次大戦後間もなく開発された線形計画法の成功を土台として，非線形計画法，整数計画法，組み合わせ最適化法，グラフネットワークマトロイド上での最適化法，相補性と不動点問題，動的計画法などさまざまな方向に発展した．この分野の目ざすところは，実用上重要な最適化問題の数理的構造を解明し，最適解を計算するためのアルゴリズムを構築しそれを解析することであって，数理経済学，最適制御，ゲーム理論，多目的最適化，方程式系の解法などとも密接な関連をもっている．

3-16:   **数理統計学** (物理1014-1015)

　一定の確率的構造を想定して観測データの収集あるいは分析を行うことにより，必要な情報を効率よく獲得する方法を研究するのが数理統計学である．

　はじめに社会集団の数量的特性を記述し研究する学問として統計学が誕生し，一方では，天文学，測地学などにおける観測値の処理のために，一定の確率的な分布を示す誤差を含むものと考えて観測データを取り扱う方法が導入された (C. F. Gauss による最小二乗法の研究)．やがて社会集団に関するデータについても確率論の適用が考えられるようになり，一般に集団現象の特性の解明に確率論的考察を適用することが統計学的研究方法として定着した．この方法は，J. C. Maxwell により気体分子運動論に適用され，L. Boltzmann は熱力学的エントロピーに対し，分子集団上のエネルギー分布で確率が最大となるものの確率の対数に比例する，との解釈を提示した．J. W. Gibbs による統計力学の展開もあった．しかし，これらは観測データの取り扱いとは直接関係しない，むしろ集団の特性理解のための純粋に確率論的な議論であった．確率的な構造を想定して観測データを収集解析する方法は，19 世紀末に遺伝学，心理学，生物学，経済学などの分野に広まり，20 世紀の前半に R. A. Fisher (1889-1962，ケンブリッジ大学で数学と物理学 (統計力学，量子論，誤差論など) を学んだ) らが，仮説の有意性の検定，未知パラメーターの推定，実験計画法などの数学的理論を組織的に展開し，数理統計学の骨格ができ上がった．その後の発達に伴い，分野を問わず，限られたデータに基づいて科学的な仮説を構築あるいは検証しようとする場合，数理統計学的知識が不可欠とみなされるようになった．これとともに，数理統計学が統計学の主流となった．

　数理統計学において用いられる基本的な手順は，データ x を，未知パラメーター θ を含む確率分布 $p(\bullet|\theta)$ に従って生じたものとみなす (x のようなデータが得られる確率あるいは確率密度が $p(x|\theta)$ で与えられるとする) 統計モデルの採用である．統計モデル $p(\bullet|\theta)$ を，推論あるいは予測などのそれぞれの目的に応じ，現有の知識を用いて適切に構成することが，統計的方法の有効利用の鍵である．x の真の分布が $p(x)$ であるときは，$E_x \ln p(x) \geq E_x \ln p(x|\theta)$ が成立する．ただし E_x は x が $p(x)$ に従って分布するものとしたときの平均値を示す．上式の左辺と右辺の差は，真の分布 $p(\bullet)$ の $p(\bullet|\theta)$ からの離れ方の程度を示す量 (Kullback-Leibler 情報量) を与える．$E_x \ln p(x|\theta)$ が大きいほど $p(\bullet|\theta)$ は $p(\bullet)$ のよい近似であり，これを用いて統計モデルの比較が可能になる．Kullback-Leibler 情報

量の原形は，Boltzmann によるエントロピーの研究の中で与えられている．

　データ x が与えられたとき，$p(x|\theta)$ を θ のデータ x に関する尤度とよぶ．データ x による θ の最尤推定値は，$p(x|\theta)$ を最大にする θ の値として定義される．対数尤度 $\ln p(x|\theta)$ は，$E_x \ln p(x|\theta)$ の偏りのない推定値であり，最尤推定値はこれを最大にする θ の値と理解できる．このような推定値の誤差を論じるのが，数理統計学における推定論である．同一のデータを用い最尤法で推定されたパラメーターを含むいくつかの統計モデルの比較には，推定されたパラメーターの誤差を考慮して情報量規準 AIC = (-2) (最大対数尤度) +2 (パラメーター数) が用いられ，AIC が小さい方がよいモデルと評価される．

　未知パラメーター θ についてさらにその確率分布 (先験分布) を想定するモデル (ベイズ・モデル) を利用し，θ に関する推論を行うことができる．これにより，二次元画像情報の処理あるいは非定常時系列データの平滑化など，$p(\bullet|\theta)$ だけを用いる場合に比して適応性のある統計的データ処理法が実用化される．ベイズ・モデルに関する理論を一括してベイズ統計学とよぶこともある．

Lesson 4: Computer Science I
(fundamentals; part I)

化 　カ influence, {suffix indicating change}; ケ changing
ば(かす) to bewitch {vt}; ば(ける) to appear in disguise {vi}
化学	カガク	chemistry
変化	ヘンカ	change

械 　カイ instrument, machine
機械語	キカイゴ	machine language
機械工場	キカイコウジョウ	machine shop

機 　キ airplane, machine, opportunity
はた loom
機構	キコウ	mechanism, unit, organization
機能	キノウ	function

権 　ケン authority, power, right; ゴン authority, power, right
権利	ケンリ	right, privilege
特権命令	トッケンメイレイ	privileged instruction

誤 　ゴ error, mistake
あやま(る) to be mistaken {vi}, to make a mistake {vt}
確率的誤差	カクリツテキゴサ	random error
丸め誤差	まるめゴサ	rounding error

構 　コウ building, posture
かま(う) to care about, to mind {vt}; かま(える) to assume an attitude, to build {vt}
構成	コウセイ	configuration, composition
データ構造	データコウゾウ	data structure

号 　ゴウ number, title
暗号化	アンゴウカ	encryption, encipherment
記号	キゴウ	symbol

次	シ next, order, sequence; ジ next, order, sequence		
	つぎ(の) next; つ(ぐ) to come after, to rank next		
	一次方程式	イチジホウテイシキ	linear/first-order equation
	逐次的な	チクジテキな	successive, sequential

処	ショ behavior, conduct, dealing with		
	情報処理	ジョウホウショリ	information processing
	処置	ショチ	measure, step, action

設	セツ enacting, establishing, preparing		
	もう(ける) to enact, to establish, to prepare		
	設計	セッケイ	design
	設定	セッテイ	establishment, creation

逐	チク chasing, pursuing		
	逐次アクセス型	チクジアクセスがた	sequential access type
	逐次制御	チクジセイギョ	sequential control

符	フ mark, sign		
	情報源符号化	ジョウホウゲンフゴウカ	source coding
	符号理論	フゴウリロン	coding theory

並	ヘイ in a row		
	なら(びに) in addition; なら(ぶ) to be in a line, to rank with {vi};		
	なら(べる) to enumerate, to place in order {vt}		
	並進	ヘイシン	translation(al motion in space)
	並列計算機	ヘイレツケイサンキ	parallel computer

命	ミョウ command, destiny, life; メイ command, destiny, life		
	いのち life		
	命題	メイダイ	proposition
	命令	メイレイ	instruction

令	レイ command, law, order		
	高機能命令	コウキノウメイレイ	high level instruction
	制御命令	セイギョメイレイ	control instruction

Grammatical Patterns

4.1) connective form + くる

A verb in the connective affirmative form followed by くる indicates that a certain action continues in time from the past toward the present or that a certain action takes place in a direction toward the writer (or speaker). When きた or きている is used in place of くる, it means that a certain action or state "has come to do" or "has come to be" whatever meaning is associated with the verb preceding きた or きている. When a verb in the connective affirmative form followed by きた is followed in turn by が, the writer is often hinting that the state or action described by the verb "has continued" or "has been carried out" down to the present moment, but will no longer be so in the future. (Note: The reader is urged to contrast the use of the connective form + くる with the use of the connective form + いく, as described in pattern 4.5).

1. フォン・ノイマンらによってその基本アーキテクチャーが定められた第 1 世代の計算機以来，計算機アーキテクチャーは基本的に高速化と高機能化の方向に進歩してきた.

2. 今後もその方向で進むと考えられるが，素子から応用までを総合的に考慮してアーキテクチャーを決定することがますます重要になってきている.

3. 初期にはほとんどのプログラムをアセンブリー言語で書いたが，高水準言語の発展に伴ってしだいに使われなくなってきている.

4.2)
... に基 [もと] づく	based (up)on ...
... に基 [もと] づいて	based (up)on ...
... に基 [もと] づき	based (up)on ...

(Note: The phrase ... に基づく modifies a noun; the phrases ... に基づいて and ... に基づき modify a predicate.)

1. フォン・ノイマン自身の構想に基づいて構築された最初の計算機は EDVAC である.

2. これは有限体における線形代数に基づく理論であるが，ハミング距離など誤りに対応した距離が重要な役割を演じる点に特徴がある.

3. 画像認識では，計測された特徴に基づき，統計的決定理論に基づくパターン認識や構造解析によって，画像に写された対象を認識する.

4.3) interrogative word + (noun +) か

The combination of an interrogative word and the particle か makes an expression indefinite. For example, だれ means "who," but だれか means "someone." Similarly, いくつ means "how many," but いくつか means "some number." In some instances a noun or noun phrase can be inserted between the interrogative word and か. For example, 何点か means "some (number of) point(s)." (Note: The reader is urged to contrast the use of an interrogative word + か with the use of an interrogative word + も, as described in pattern 6.6.)

1. これらの条件が 1 つでもみたされなければノイマン型計算機でないとはいえないが，非ノイマン型計算機といわれる計算機はこれらの特徴のいくつかをもたないものである.

2. いくつかの定義が試みられているが，一般的に広く合意が得られている定義はまだない.

3. 見かけの接触面積の内部の何点かで分子間の接触が起こり凝着する.

4.4) ... に伴 [ともな] う   as ..., accompanying ..., together with ...
     ... に伴 [ともな] って   as ..., accompanying ..., together with ...
     ... に伴 [ともな] い   as ..., accompanying ..., together with ...

1. シミュレーションはディジタル計算機 (以下単に計算機と記す) の進歩に伴って注目をあびるようになってきたものである.

2. 数値解析の目的は，与えられた問題に対するよい計算法を見いだすこと，および数値計算に伴う誤差の評価をすることである.

3. 応用分野の多様化に伴い，応用と命令セットアーキテクチャー間のセマンティックギャップが著しく増大し，処理効率が低くなる.

4.5) connective form + いく
     A verb in the connective affirmative form followed by いく indicates that a certain action continues indefinitely from the present out into the future or that a certain action takes place in a direction away from the writer (or speaker). (Note: The reader is urged to contrast the use of the connective form + いく with the use of the connective form + くる, as described in pattern 4.1).

1. 主記憶装置は 0 から 1 ずつ増していく整数による線形なアドレスをもつ.

2. 第 1 世代以降，命令セットアーキテクチャーは複雑になっていく傾向がある.

3. 代表的なものは，与えられた問題をより簡単な同種の問題に分割していく分割統治法，与えられた問題の部分問題すべてを簡単なものから解いていく動的計画法などである.

4.6) connective form + おり
     A verb in the connective affirmative form followed by おり is equivalent in meaning to the same verb in the connective affirmative form followed by the conjunctive affirmative form of いる. However, the conjunctive affirmative form of いる would simply be い, and this is thought to be awkward. Hence, いる is replaced by おる (the humble equivalent of いる), which is then converted to its conjunctive affirmative form (おり). This device is used to loosely link a clause

that would normally end with ...ている to the clause that follows.

1. テープは左右両方向に無限に伸びており，無限個のます目に区切られている．

2. 並列プログラミング環境の構築が高度並列計算機の実現に向けての鍵を握っており，逐次処理とは質的に異なった問題解決のアプローチが要求される．

3. これは，主として機械の命令を直接記述する記号命令を備えており，通常の命令のほかに，入出力などの制御命令も記述できる．

4.7) できるだけ

The adverbial phrase できるだけ means "as much as possible" or "to the greatest degree possible."

1. パイプライン処理の高速化などコンパイル時にできるだけの工夫をする．

2. 遅延分岐方式により挿入される無操作命令をできるだけ除く．

3. 通常，1つの問題を解くためのアルゴリズムにはいろいろのものがあり，アルゴリズムの設計者はその状況に適したできるだけ良いアルゴリズムを設計する必要がある．

4.8) ... を元 [もと] に (して)　　　　　　　　　based (up)on ..., on the basis of ...

1. この解析結果をもとに新たな高機能命令を追加することにより実行効率を向上できる．

2. 1974 年にコワルスキーがホーン節集合の手続き的解釈と効率良い証明手続きをもとに論理型プログラミングを提唱して注目を集めた．

3. 十分温度の高い所での気体の分配関数は分光学的な実験データをもとにして計算することができる．

4.9) connective form + しまう

A verb in the connective affirmative form followed by しまう indicates that a certain action is taken to completion or that an action is taken and the results of that action are irreversible.

1. 対称行列の固有値問題は条件のよい問題であるが，固有値を特性方程式を解いて求めようとすると条件の悪い問題になってしまう．

2. この特権命令シミュレーションをソフトウェアで行うと，多大の計算時間を使用し，効率の悪い計算機となってしまう．

3. 気体の逆流量は，ロータリーポンプやルーツポンプでは，ローターとポンプケーシングのすき間などによっておおよそ決まってしまう．

4.10) し

The use of the conjunction し at the end of one clause indicates that the information expressed in this clause is supported or reinforced by the information presented in the following clause. Depending upon the context, し may be translated simply as "and," "besides" or "in addition."

1. ある時点では有効であったアーキテクチャーも不適切なものになることもあるし，逆に合理的とは思われないようなアーキテクチャーも，有効なものともなりうる．

2. しかし，温度は，単位によってでなく目盛によって表されるべきだという考えも可能であるし，歴史的には，温度は高低の「順位」で表されるべきだという考えが強かった．

3. りん光は刺激を続けている間でも発せられるし，りん光と蛍光を同時に発する物質もあるので，刺激中の発光が蛍光かりん光かを区別することはきわめて困難な場合がある．

4.11) べき

Use of the particle べき following the present/future affirmative form of a verb (or simply す for する) conveys a sense that a certain action "should" be done, either because that action is proper or because it is desirable for some particular reason. With べき the emphasis lies in doing what is necessary to achieve an intended result, rather than concern for what is likely to happen. (Note: The reader is urged to contrast the use of べき with the use of はず, as described in pattern 9.6.)

1. 計算機で解くべき問題に対し，動的にその命令セットアーキテクチャーを適合させる計算機アーキテクチャーをダイナミックアーキテクチャーという．

2. 命令セットアーキテクチャーはハードウェアとソフトウェアのインターフェースを定義するので，ハードウェア技術とソフトウェア技術のレベルにあわせて総合的に最も効率的なレベルに設定されるべきである．

3. 仮想記憶管理の役割は，アクティブジョブに割り当てる主記憶と主記憶内に保持すべきページの集合を，その時々のページ要求特性に合わせて適切に制御すると同時に，多重度を適正な範囲に保つための情報を記憶管理の立場から，より高位のレベルに提供することである．

4.12) あらかじめ　　　　　　　　　　in advance, beforehand, ahead of time

1. それぞれのます目には，テープ記号とよばれるあらかじめ決められた有限種類の記号の1つが記入される．

2. 制御部は常に，あらかじめ決められた有限個の状態の1つにある．

3. 機械によるパターン認識は対象をあらかじめ設定されたいくつかの有限個のカテゴリーのいずれかに対応させる識別の段階にある．

Reading Selections

4-1:   ノイマン型計算機 (情報563)

　フォン・ノイマンが考案した基本構造をもつ計算機．現在の一般の計算機はすべてこの型である．厳密な定義が存在するわけではないが，演算装置，主記憶装置，入出力装置，制御装置の4部分から構成され，実行されるプログラムが主記憶装置内にデータとして格納されているプログラム内蔵方式を採用していることを最大の特徴とする．その他の特徴としては，

1) 命令の実行は制御信号の到達による (コントロール駆動)，

2) 命令語はデータに対し完全な制御権をもちデータ語に種別はない，すなわちデータ語の意味はそれを取り扱う命令の内容によって定まる，

3) 主記憶装置は0から1ずつ増していく整数による線形なアドレスをもつ，

4) 命令セットアーキテクチャーは固定されている，

5) 命令は逐次的に実行される，

6) 決定性論理を用いている，

などがあげられる．これらの条件が1つでもみたされなければノイマン型でないとはいえないが，非ノイマン型計算機といわれる計算機はこれらの特徴のいくつかをもたないものである．フォン・ノイマン自身の構想に基づいて構築された最初の計算機はEDVACであるが，プログラム内蔵方式を用いた世界最初の計算機はイギリスのケンブリッジ大学で完成したEDSACである．

4-2:   チューリング機械 (情報466-467)

　ある関数を計算するアルゴリズムが存在するか否か，という形の問題を数学的に厳密に議論するために，チューリングが考案した仮想的な計算機械．概念的にはきわめて単純な機構であるが，アルゴリズムによって計算できる関数はすべて原理的にはチューリング機械によって計算することができる．チューリング機械は，テープ，ヘッド，制御部の3つの部分で構成される．テープは左右両方向に無限に伸びており，無限個のます目に区切られている．それぞれのます目には，テープ記号とよばれるあらかじめ決められた有限種類の記号の1つが記入される．ヘッドは常にます目の1つを見ている．制御部は常に，あらかじめ決められた有限個の状態の1つにある．ある時刻のチューリング機械の動作は，制御部の状態qとヘッドが見ているます目の記号aの組み合わせ(q, a)によって完全に決まり，そのます目の記号を記号a'に変え，ヘッドを1ます目分右 (または左) に動かし，状態をq'に変えるという形の動きか，そこで停止するという動きで

—52—

ある．これを

$$(q, a) \to (a', \text{R (または L)}, q'),$$

$$(q, a) \to \text{halt}$$

と書く．この動作指定の集合がチューリング機械のアルゴリズムを規定するものである．入力が記号列 $a_1 a_2 \cdots a_n$ であるとき，チューリング機械が動き始めるときのテープのます目の内容は $\cdots BB a_1 a_2 \cdots a_n BB \cdots$，ヘッドの位置は a_1 のます目，制御部の状態は初期状態とよぶある特定の状態である．ただし B は，空白とよばれる入力には含まれない特定の記号である．停止したときのテープのます目の内容（左右両方向に無限に続く空白の部分は無視する）が，与えられた入力 $a_1 a_2 \cdots a_n$ に対するチューリング機械の出力である．計算複雑さの理論においては，チューリング機械を一般化した非決定性チューリング機械とよぶ計算機械も使用する．

4-3: データフローマシン (情報497)

データフローアーキテクチャーを実現した計算機をいう．循環パイプライン方式が多く用いられている．必要なトークンがそろい実行開始可能となった命令は命令パケットに構成され，演算装置に送られる．演算結果はトークンとして整合記憶に渡される．整合記憶では，トークンの宛先の命令に色（タグ）で示される環境のトークンがすべてそろったかどうかをチェックする．すべてそろった場合には，その宛先で指定された命令記憶内の命令を発火する．整合記憶はハッシュ法などを用いた連想記憶方式などで実現される．また，多くのデータフローマシンは構造メモリーを用意している．配列やリストなどの構造体をトークンとして直接的にデータフローグラフ上を流すことは物理的には不可能である．したがって配列やリストなどを構造メモリーに格納してデータフローグラフ上にはそのポインターを流す．構造メモリーによってメモリーバンド幅の減少が図られるとともに，データの共用化や同時アクセスなどによる高速化が達成できる．演算装置の機能レベルに関して細粒度のものと粗粒度のものがある．後者をとくにマクロデータフローとよぶことがある．データフローマシンは単一のデータフロープロセッサーから構成されるもののほか，多数のデータフロープロセッサーを相互結合網で結合した多重プロセッサー構成をとるものも多い．

4-4: 高度並列計算機 (情報229)

大規模並列マシンともいう．非常に多くの演算装置やプロセッサーなどの構成要素を相互結合網で結合した並列処理システムをいう．超高速処理の実現を主目的としている．現状では数百台以上の構成要素からなるシステムを指す．大規模システムの例として，超立方体網に 65536 台の 1 ビット演算器を結合した Connection Machine などがある．VLSI 時代の進展によってさらに大規模なシステムが構築されようとしている．並列アルゴリズム，並列処理用言語，デバッグなどの並列プログラミング環境の構築が高度並列計算機の実現に向けての鍵を握っており，逐次処理とは質的に異なった問題解決のアプローチが要求される．

[1] VM と略記する．仮想機械，バーチャルマシン，ゲストマシンともいう．複数の
オペレーティングシステム (OS) が 1 つの実在する計算機のもとで同時に動作するよう
に制御された計算機システムをいう．実現のためには仮想計算機制御プログラム
(VMCP と略記) が必要で，仮想計算機は VMCP によってシミュレートされた論理的な
計算機システムである．これに対して，現実の計算機システムのことを実計算機，ホス
トマシン，ベアマシンなどとよぶ．仮想計算機の基本原理は，同一のあるいは同種の計
算機アーキテクチャーのもとで，VMCP が各オペレーティングシステムを非特権状態 (
利用者状態) で実行させることにより，オペレーティングシステムの多重実行を可能と
することにある．VMCP は計算機システム全体の資源を管理し，オペレーティングシス
テムより上位に位置している．したがって，VMCP 下で，オペレーティングシステムが
特権命令を実行すると割込みが発生する．たとえば，入出力命令，記憶領域の属性変更
などの際に生じる．このとき，VMCP は仮想計算機の状態を調べ，オペレーティングシ
ステムの中から特権命令が正当に発行されていることを確認し，特権命令をシミュレー
トする．この特権命令シミュレーションをソフトウェアで行うと，多大の計算時間を使
用し，効率の悪い計算機となってしまう．この問題を解決するために，特権命令シミュ
レーションをファームウェアによって高速化する手段が考案され，これを仮想計算機ア
シスト機構とよんでいる．また，VMCP は仮想記憶方式により，現実の主記憶 (これを
第 1 階層記憶とよぶ) 以上の容量を提供し，複数の仮想計算機の要求する記憶領域 (第 2
階層記憶) に対処する．仮想計算機が仮想記憶 (第 3 階層記憶) を実現しているときは，
第 3 階層記憶のアドレスを第 1 階層記憶のアドレスに直接変換する表であるシャドウテー
ブルを VMCP が作り，処理の高速化をはかっている．仮想計算機は複数のオペレーティ
ングシステムを同時に動作させることができるために，オペレーティングシステムの開
発，他のオペレーティングシステムへの移行，オンラインシステムの開発などに用いら
れる．仮想計算機は第 2 世代の実験的な時分割処理システム CP/CMS として IBM 社が
1964 年から開発を始めた．その目的は，1 台の計算機を複数の人々が同時に利用してオ
ペレーティングシステムの研究や応用プログラムの開発，レポート作成などを行えるよ
うにするという点にあった．また，既存のプログラムをいっさい変更せずに一括処理用
オペレーティングシステムと対話処理を統合するという目的もあった．CP/CMS は
1966 年に CP-40 ならびに CMS として IBM システム 360 モデル 40 の改造機において完
成した．CP/CMS は，第 1 世代の時分割処理システムであるマサチューセッツ工科大学
の CTSS から重大な影響を受けた．

[2] コンパイラーにおける目的計算機として，仮想的に考えられた計算機をいう．仮
想計算機のコードで書かれたプログラムを実行するには，それを実計算機のプログラム
に変換するか，仮想計算機のシミュレーターを用意するかしなければならない．仮想計
算機の論理的な構成は，実際の計算機と同じで，記憶装置，演算および制御レジス
ター，スタック機構などからなる．命令セット，命令語の形式，アドレス指定およびデー
タの内部表現は，原始言語の静的意味と動的性質，コード生成および実計算機の特徴を
考慮して設計される．目的計算機として一般性のある仮想計算機を設計しておけば，そ
のシミュレーターは多くの実計算機で簡単に実現できるので，目的プログラムは異種の
実計算機で実行可能となる．さらに，そのコンパイラーを自分の原始言語を用いて記述

し，コンパイルすれば，目的プログラムとして仮想計算機のコードで書かれたプログラムが得られるので，コンパイラー自身も他の計算機に移植できる．移植のあとで，実計算機のコードを生成するようにコンパイラーの原始プログラムを書き改め，再コンパイルすれば，性能の良いコンパイラーが得られる．

[3] マイクロプログラムによる実現の対象となる計算機．配線論理によって作られた計算機 (CPU) は命令セットが固定的であるのに対し，ダイナミックマイクロプログラミング技術を用い制御記憶を書き換えることによって種々の応用向けの命令セットを問題ごとに用意することが可能となる．ユニバーサルホストプロセッサーは多数の計算後のエミュレーションを目的として専用に設計された計算機である．また，商用計算機では自社の前世代の計算機のエミュレーターを備え，新機種への移行を容易にすることが多い．このように，マイクロプログラムによって実現される計算機は仮想的な存在であり，仮想計算機とよばれることがある．

4-6: 計算機アーキテクチャー (情報196)

コンピューターアーキテクチャーともいう．広義には，計算機内部の論理構造，すなわち計算機の構成単位となる論理的機能ユニットとその組み立て方，ならびにそれを実現している手段や方式を指す．いくつかの定義が試みられているが，一般的に広く合意が得られている定義はまだない．通常は，ある機能レベルで抽象化した計算機の論理的構造を指す言葉と考えられている．すなわち，機械命令のレベルで抽象化したときは命令セットアーキテクチャーとよび，プロセッサー (P)，メモリー (M)，結合スイッチ (S) を単位に考えるときは PMS アーキテクチャーとよぶなどして区別する．単に計算機アーキテクチャーというときは，命令セットアーキテクチャーを指すことが多い．しかし実際はこのように明確なレベルを設定するくとなく，計算機の論理構造とその実現方式を含めて漠然と計算機アーキテクチャーという言葉を使用している．ただし，使用素子のレベルやソフトウェアのレベルまでは立ち入らないのが普通である．計算機アーキテクチャーは，部品技術と応用側からの要請のバランスの下に定まる．したがって，ある時点では有効であったアーキテクチャーも時とともに不適切なものになることもあるし，逆に合理的とは思われないようなアーキテクチャーも，時代の進行とともに有効なものともなりうる．フォン・ノイマンらによってその基本アーキテクチャーが定められた第 1 世代の計算機以来，計算機アーキテクチャーは基本的に高速化 (並列化) と高機能化の方向に進歩してきた．今後もその方向で進むと考えられるが，素子から応用までを総合的に考慮してアーキテクチャーを決定することがますます重要になってきている．

4-7: ダイナミックアーキテクチャー (情報429-430)

計算機で解くべき問題に対し，動的にその命令セットアーキテクチャーを適合させる計算機アーキテクチャーをいう．一般に計算機の命令セットは高い汎用性をもつように設定されるが，応用分野の多様化に伴い，応用と命令セットアーキテクチャー間のセマンティックギャップが著しく増大し，処理効率が低くなる．この問題に対処するために，ダイナミックアーキテクチャーが開発された．問題適合性をアーキテクチャーレベルで計算機に与える場合，主としてマイクロプログラム技術を利用する．すなわち対象とする問題に適した命令セットをマイクルプログラムを用いて実現し，問題ごとに命令セッ

トを動的に変えることによってアーキテクチャーに動的適合性を付加することが可能になる．このため，マイクロプログラムを格納するメモリーは書換え可能となっている．適合化は問題解決の前に対象とする問題を静的に解析して行う場合が多いが，さらに押しすすめ，処理実行中に問題の性質を示すデータを収集する，すなわちプロセッサーの動作特性をハードウェアモニターなどを用いて収集，解析する方法もある．動作特性をとると，プログラムの一部に実行時間が集中する場合が多く，この解析結果をもとに新たな高機能命令を追加することにより実行効率を向上できる．この手法はアーキテクチャーチューニングとよばれる．

4-8: **データフローアーキテクチャー** (情報495-496)

非ノイマン型計算機の代表的なシステム構成方式の一つ．データフロー制御方式によって制御されるアーキテクチャーをいう．プログラムカウンターがなく，オペランドデータがそろった機械命令は原理的にプログラムのどこにあっても実行可能となり，演算装置が空いていれば演算が実行される．したがって，プログラムに内在するすべての並列性を実行時に引き出すことができる．また，機械命令の実行結果は入力データだけによって決められるので，関数型言語を実現する上で親和性がよい．さらに制御が分散されるので，VLSI構成に適している．しかしデータフローマシンとして実用化するためには，効率の良い命令発火機構，構造体メモリーの高速化，並列言語，デバッグ方式など数多くの問題が未決定のまま残されている．

4-9: **命令セットアーキテクチャー** (情報740)

計算機の機能を命令セットのレベルで抽象化したときの計算機アーキテクチャーをいう．単に計算機アーキテクチャーというときはこのアーキテクチャーを指すことが多い．具体的には，命令セットの内容，データの表現形式，割込み機構，記憶保護機能など，機械命令を使用してプログラミングを行うときに必要な計算機の属性を指す．このレベル以下の構造，すなわち演算器の構成，内部制御方式，使用素子なども命令セットアーキテクチャーの設計に少なからぬ影響を与えるが，直接的には含まれない．命令セットアーキテクチャーはハードウェアとソフトウェアのインターフェースを定義するので，ハードウェア技術とソフトウェア技術のレベルにあわせて総合的に最も効率的なレベルに設定されるべきであるが，ソフトウェアの互換性保持のために急激な変更は行われない．第1~4世代の計算機では，一般的にハードウェアの低コスト化にともない，命令セットアーキテクチャーの機能レベルが高まる方向であったが，最近は単純な構造の命令セットも見直されている．

4-10: CISC (情報288)

complex instruction set computer の略称．複雑で高機能な命令セットをもつ計算機をいう．第1世代以降，命令セットアーキテクチャーは複雑になっていく傾向があるが，その主な原因としては，

1) ある1つの計算機ファミリーにおいては上位方向への互換性が求められるため，機

能の拡張は新しい命令の追加につながる．

2) プログラム言語において要求される機能と命令セットの間のセマンティックギャップを解消するために，新たな高機能の命令が付け加えられる，

などがある．CISC は，命令セットの簡単化を主張する RISC の提唱者によって，対立する概念として唱えられた呼称であるが，RISC の定義を厳密に解釈すると，商用機の多くは CISC に分類される．CISC の傾向を支える技術としては，計算機設計を支援する CAD システム技術の発展や，機械命令セットの機能の追加や変更を制御記憶の内容の変更だけで可能とするマイクロプログラミング技術があった．

4-11: RISC (情報776)

reduced instruction set computer の略称．命令セットを簡単にしてコンパイラーが出力する目的プログラムの高速実行を目指す計算機をいう．一般に命令の実行においては，

1) 複雑な命令セットのうち実際に使用される命令はそれほど多くないことが経験的に示されている，

2) 高機能の命令は要求される機能とぴったり一致することが少なくあまり使用されない，

3) 命令セットを複雑にすると制御回路部が複雑になり命令の解読に時間がかかる，

などが指摘できる．これらの点について RISC の優位性が認められる．RISC 型の計算機に共通的な特徴として

1) 1 つの命令は 1 サイクル時間で実行される (単一サイクル操作)，

2) フォン・ノイマン・ボトルネックを避けるためメモリーの読み書きはロード / ストア命令だけで行いほかの命令はレジスターを用いる (ロード / ストア設計)，

3) 単一サイクル時間内で 1 命令を実行するため配線論理による制御を行う (配線論理方式)，

4) 命令数やアドレス指定法の数を少なくして命令の解釈に要する時間を短縮する (少数命令)，

5) 命令形式を固定し解読の簡単化を図る (固定命令形式)，

6) パイプライン処理の高速化などコンパイル時にできるだけの工夫をする (コンパイル時の工夫)，

などが挙げられる．このような工夫の結果，VLSI 上の制御部の占める面積はデータ操作を行う部分に対し相対的に小さくなり，その分を命令キャッシュや手続きの実行環境を保持する大容量のレジスターウィンドウに用いることができる．RISC 型の計算機の例としては，IBM 社の 801 ミニコンピューター (商用機は IBM RT PC ワークステーション)，カリフォルニア大学バークレー校において開発された RISC I とその後継機 RISC II，スタンフォード大学の MIPS などが知られている．全体としては RISC は，機械命令のレベルを下げてマイクロ命令に近づけ，逆にコンパイラーの役割を大きくしたものと位置づけることができる．したがって，コンパイラーの最適化によって効率の良い目的コードを得ることが重要となる．具体的には，パイプラインを効率良く機能させるため，

1) 命令の並べ換えによりインターロックを避ける，

2) 遅延分岐方式により挿入される無操作命令をできるだけ除く，

などを行う．CISC が長い歴史をもった商用機のアーキテクチャーの到達点とすれば，RISC は VLSI の発展を背景に新たに提案されたアーキテクチャーといえる．

4-12:　　　　　　　　　　　**並列処理** (情報687-688)

　多数の演算装置やプロセッサー，記憶装置を相互結合網を用いて結合して，高速性，信頼性および拡張性の向上を図ることを主目的とした処理方式．逐次処理に対立する用語である．汎用計算機の高速化が，論理構成方式やハードウェア技術 (デバイス技術や実装技術) の改善ではしだいに困難になり，並列処理による高速化が求められるようになっている．高速処理を必要とする応用分野として，流体力学，原子物理学，天気予報，構造解析，資源探査，VLSI 回路シミュレーションなどの科学技術計算分野，画像処理，図形処理，信号処理などの実時間処理やマンマシン対話処理分野，パターン認識，自然言語理解，推論といった人工知能応用分野などがある．スタンフォード大学のフリンは，命令 (I) 流とデータ (D) 流が単一 (S) か複数 (M) かによって計算機の方式を大きく 4 つの形態，SISD，SIMD，MISD，MIMD に分類している．本格的な並列計算機として 1970 年頃には 64 台の演算装置を格子網で結合した SIMD 計算機 Illiac IV が完成した．1970年代後半にはパイプライン制御方式を取り入れた Cray-1 が商用化され，以後数値計算分野でパイプライン制御方式が主流となっている．1980 年代には VLSI 時代を迎え，また，人工知能などの非数値処理など多様な応用が拡がるに伴い，パイプライン制御方式以外の並列処理システムの開発研究・商用化が進められた．並列処理の実用化を進めるには，高水準の並列処理用言語とプログラミングの支援および並列算法の開発などが重要な課題である．

4-13:　　　　　　　　　　**(画像の) 逐次処理** (情報456)

　画像の局所処理において，画素 $f(i, j)$ の近傍を $N(i, j)$ としたとき，入力画像中の近傍データ $N_I(i, j)$ と，すでに計算された出力画像中の近傍データ $N_0(i, j)$ を用いて演算 O を行い，
$$g(i, j) = O(N_I(i, j), N_0(i, j))$$

によって出力画素 $g(i, j)$ の値を求める処理をいう．これに対し，$N_1(i, j)$ だけを用いて演算を行う処理を並列処理という．並列処理では，処理結果は画像の走査法に依存しないが，逐次処理では，処理対象となる画素を逐次的に選択する必要がある．この画素選択法には，規則的に画像を走査するラスター走査法と，処理結果に応じて次に処理をする画素を決定する追跡法がある．ラスター走査法は距離変換や細線化で用いられ，追跡法はエッジ検出，線抽出，境界線追跡に利用される．

4-14:　　　　　　　　　　　　　　**符号理論** (情報641-642)

　誤り訂正符号，誤り検出符号の構成法，符号化および復号法，符号の各種パラメターの限界式に関する理論をいう．まれには，情報源符号化の理論を含むことがある．符号理論の基礎となっているのは線形符号の理論である．これは有限体における線形代数に基づく理論であるが，ハミング距離など誤りに対応した距離が重要な役割を演じる点に特徴がある．線形符号の中には，BCH 符号，リード・ソロモン符号，ゴッパ符号などのように，代数的に構成され，誤り訂正能力などに対する限界式がその代数的構造を利用して導かれる一連の符号がある．このような符号を代数的符号とよぶ．代数的符号に関する理論は，符号理論の中で最も美しい理論体系をもち，その中心的位置を占めている．符号理論の中で，もう1つ重要な位置を占めるのはたたみ込み符号の理論である．これは，符号の表現，復号法などの理論が中心となっている．符号理論は，このほか，バースト誤り，一方向性誤り，同期誤り，演算装置で発生する誤りなどさまざまな誤りに対し，それぞれに適した誤り訂正符号を構成する理論や，符号化，復号の装置化の理論，最適な符号に関する組み合わせ数学的理論など幅広い裾野をもっている．符号理論は 1970 年代からディジタル通信，電子計算機，ディジタルオーディオ・ビデオの各分野において，信頼性向上のため広く用いられている．

Lesson 5: Computer Science II
(fundamentals; part II)

憶　　オク thinking, remembering

記憶装置	キオクソウチ	storage, memory
主記憶	シュキオク	main memory/storage

仮　　カ temporary, ephemeral
　　　かり(の) temporary, provisional

仮想記憶	カソウキオク	virtual memory/storage
仮想計算機	カソウケイサンキ	virtual machine {comp. sci.}

記　　キ account, narrative
　　　しる(す) to give an account of, to write down

記憶	キオク	memory, storage
記録	キロク	record, document, recording

使　　シ use
　　　つか(う) to consume, to employ, to use

再使用	サイシヨウ	reuse
未使用の	ミシヨウの	unused

指　　シ finger
　　　さ(す) to indicate, to measure, to point to; ゆび finger

指示	シジ	indicating, designating
指摘	シテキ	indication, pointing out

手　　シュ arm, hand, handwriting, help, skill
　　　て arm, hand, handwriting, help

手順	シュジュン	procedure, process, protocol
手段	シュダン	means, measure, way

主　　シュ main, master, principal
　　　おも(な) main, principal; ぬし owner

主要な	シュヨウな	main, principal, major, chief
主流	シュリュウ	mainstream, *de facto* standard

従　ジュウ following, secondary
したが(う) to accompany, to comply with, to obey {vi};
したが(える) to be accompanied by, to be attended by {vt}

| 従属変数 | ジュウゾクヘンスウ | dependent variable |
| 従来の | ジュウライの | up to now, conventional |

情　ジョウ circumstances, emotion, facts, feeling, human nature;
セイ circumstances, emotion, facts, feeling, human nature

| 事情 | ジジョウ | circumstances, situation |
| 情報 | ジョウホウ | information |

想　ソウ concept, idea, thought

| 仮想アドレス | カソウアドレス | virtual address |
| 構想 | コウソウ | conception, idea, plan |

能　ノウ ability, classical drama, skill, talent

| 可能性 | カノウセイ | possibility |
| 機能 | キノウ | function |

表　ヒョウ chart, diagram, table
あらわ(す) to express, to show {vt}; あらわ(れる) to appear, to be revealed{vi};
おもて front, outside

| 表現 | ヒョウゲン | expression, representation |
| 乱数表 | ランスウヒョウ | random number table |

浮　フ floating
う(かぶ) to flit across (the face), to float {vi};
う(かべる) to show (feelings), to set afloat {vt};
う(く) to flash across one's mind, to float, to rise to the surface

| 磁気浮上 | ジキフジョウ | magnetic levitation |
| 浮遊容量 | フユウヨウリョウ | floating capacitance |

報　ホウ news, report, reward
むく(いる) to repay, to revenge, to reward

| 情報科学 | ジョウホウカガク | computer/information science |
| 天気予報 | テンキヨホウ | weather forecast |

来　ライ coming
く(る) to be derived from, to come

| 元来 | ガンライ | originally |
| 近い将来 | ちかいショウライ | the near future |

Grammatical Patterns

5.1) 主 [おも] な principal, main, chief
主 [おも] に principally, mainly, chiefly
主 [シュ] として principally, mainly, chiefly

1. 問題適合性をアーキテクチャーレベルで計算機に与える場合，主としてマイクロプログラム技術を利用する.

2. ジョブとプロセスの実行の制御，ジョブ，プロセスが利用する主記憶装置の管理，入出力装置の管理，ネットワーク環境の提供などがオペレーティングシステムの主な機能である.

3. 関係は本来数学の概念であるが，数学では主に 2 項関係が用いられるのに対し関係モデルでは 2 項に限らず一般に n 項関係を用いるところが異なる.

5.2) 一方 [イッポウ] and 他方 [タホウ]

These terms are generally used to indicate some kind of contrast. When both 一方 and 他方 appear in the same sentence or in adjacent sentences they are commonly translated "one" and "the other" or "on the one hand" and "on the other hand," respectively. When one term appears without the other at the beginning of a sentence it simply means "however." If 一方 appears without 他方 somewhere in a sentence other than at the beginning, it usually means "one way," "one side," "one (of them)" or "only," depending upon the context. When 一方 appears in the role of a conjunction between two clauses of a single sentence, it normally means "although."

1. 一方，DOD プロトコル (TCP/IP) では，いくつかのレベルをもつ階層アドレス体系が採用されている.

2. 他方，データ系列の 1 秒当たりの情報量はその冗長な部分を取り去ってできるだけ短い 2 進系列で変換したときの長さに相当するビット数に等しい.

3. 2 つの物体を接触させたときに，第一法則は一方の失った熱量が他方の吸収した熱量に等しいことだけを要求する.

5.3) ず-form of a verb

The ず-form of an ru-verb or an xu-verb is created by replacing the final ない of the present negative form with ず. Irregular verbs are treated as follows: ある → あらず; くる → こず; する → せず. This form is used as a literary equivalent to the negative conjunctive form, and often carries the meaning "without ...ing."

1. データの書き込みは行わず，読み出しだけを行うメモリーを読み出し専用メモリーという.

2. もう1つは，個々のジョブの局所参照性は考慮せず，多重度はページフォールトの頻度があまり多くならないように適当に設定する方法である．

3. 特定の指定をせず操作符号の内容によって暗黙のうちにオペランドの存在場所が定まるアドレス指定をインプリシットアドレス指定という．

5.4)

いずれにおいても	either way, in any case {quite formal}
いずれにせよ	either way, in any case {quite formal}
いずれの場合 [ばあい] も	either way, in any case {moderately formal}
いずれにしても	either way, in any case {not very formal}
いずれか	one or the other
いずれの ...	either ...
いずれも	all, both

1. いずれの場合も，仮想アドレスから実アドレスへ変換するためにかなり高度なハードウェアと制御用ソフトウェアが必要である．

2. 多重度が m_U 以上になると，いずれのアクティブジョブも十分な主記憶量を得ることができない．

3. 局所参照性を考慮した方法，考慮しない方法のいずれも現実のシステムで用いられている．

5.5) conjunctive form of an い-adjective (or negative verb) + する

The conjunctive form of an い-adjective can be combined with する to indicate that the subject of the clause (or sentence) is carrying out some action in order to cause the object to acquire whatever characteristic or attribute is expressed by that particular adjective. (Note: The reader is urged to contrast this pattern with the combination of the conjunctive form of an い-adjective (or negative verb) + なる (pattern 3.10).)

1. 初期の計算機ではアドレス生成ハードウェアを少なくするために簡単なアドレス指定しか用いられなかった．

2. しかし，ある時点では1命令の実行サイクルを短くするために簡単なアドレス指定だけとした RISC 型の命令セットを備えた計算機も増加していた．

3. また，主記憶との命令やデータの転送を行いやすくするため，そのビット長は主記憶装置の語長またはその倍長とすることが多い．

5.6) connective form + から

The combination of a verb in the connective affirmative form and から indicates that the action (or state) described by the predicate following から takes place after the action (or state) described by this verb.

1. IBM 機が仮想記憶方式を採用したのは，システム 370 が最初で，1972 年になってからである．

2. 商用計算機で時分割処理システムの普及が始まったのは，1970 年代にはいってからである．

3. これに対して，プログラム言語で記述したプログラムの場合は，コンパイラーまたはアセンブラーを使って機械語プログラムに変換してからでなければ実行できない．

5.7) ほど

The fundamental meaning of ほど is "extent" or "degree." If ほど is preceded by a demonstrative adjective, the phrase literally carries the meaning "to this/that extent," but it can frequently be translated simply "this/that." When ほど is preceded by a modifying clause, it can be translated "to the extent that (modifying clause)" or "provided that (modifying clause)." In some instances ほど is preceded by a noun or a simple adjective. In these instances the translation becomes "to the extent/degree that it is (noun/adjective)."

1. 複雑な命令セットのうち実際に使用される命令はそれほど多くないことが経験的に示されている．

2. このアドレス変換に伴うオーバーヘッドは，アドレスの局所参照性を利用してアドレス変換バッファーなどのハードウェアを組み込むことによって問題とする必要がないほど小さくできる．

3. これは r が小さいほど最良条件と最悪条件での丸め誤差の比が小さくなるためである．

5.8)
... に対応 [タイオウ] する	corresponding to ...
... に対応 [タイオウ] して	corresponding to ...
... に対応 [タイオウ] し	corresponding to ...

(Note: The phrase .. に対応する modifies a noun; the phrases ... に対応して and ... に対応し modify a verb.)

1. 半導体メモリーの RAM にはダイナミック RAM と，フリップフロップなどの双安定回路をメモリーセルに用いて，双安定状態のそれぞれを 2 進情報値のそれぞれに対応させて記憶するスタティック RAM とがある．

2. 複数のレコードを 1 ブロックに対応させることにより，物理的な入出力の回数が減り，効率が上がる．

3. アセンブリー言語は原始プログラムの命令と出力する目的コードがほぼ 1 対 1 に対応するので，変換の処理そのものは簡単である．

5.9) ... をはじめ (とする)　　　　　　　　**starting with (noun), not to mention (noun)**

1. 多重度がある水準 m_L になるまでは，主記憶装置をはじめとするハードウェア資源に
まだ余裕がある領域である．

2. これにより，ルーチングをはじめとして，ネットワーク管理責任が局所化される．

3. System R は IBM 社で開発されたプロトタイプで，関係データベース言語 SQL をはじ
め関係データベースに関する種々の手法がこの開発中に考案された．

5.10) ... ことになる　　　　　　　　**it turns out that ..., it is decided that ...**

1. 計算機の効率的な運用が必要になり，計算機の操作は専門のオペレーターにゆだね
られることになった．

2. この場合には，第 2 項は値をもたないような式であっても意味をもつ論理式を表す
ことになる．

3. その目的とするエネルギーのみに着目すれば，変換の前後でのエネルギー量に差が
生じることになる．

Reading Selections

5-1: ランダムアクセスメモリー (情報773)

RAM と略記する．随時読み出し書き込み可能メモリーともいう．アドレス信号を与えることにより，希望する任意のアドレスのメモリーセルに選択的にアクセスして，選択セルの情報を読み出したり，情報を書き込んだりすることができるメモリーをいう．逐次アクセス型の逐次アクセスメモリーや，読み出し専用メモリー (ROM) などと機能的に区別される．半導体メモリーの RAM にはメモリーセル中のキャパシターに電荷の形で情報を蓄えるダイナミック RAM と，フリップフロップなどの双安定回路をメモリーセルに用いて，双安定状態のそれぞれを2進情報値のそれぞれに対応させて記憶するスタティック RAM とがある．半導体 RAM LSI は 1971 年に1キロビットのダイナミックRAM が開発されて以来，3年に4倍の割合で容量が増大し続けている．

5-2: 読み出し専用メモリー (情報766)

ROMと略記する．リードオンリーメモリーともよぶ．データの書き込みは行わず，読み出しだけを行うメモリーをいう．半導体メモリーに属する ROM，コンパクトディスク ROM (CD-ROM) などの光ディスク ROM，磁気媒体による ROM などがある．半導体に属する ROM には，製造段階で情報の書き込みを行うデータの変更の不可能なマスク ROM，利用者がプログラムできるプログラム可能型 ROM (PROM)，電気的にプログラムができて紫外線の照射により消去もできる消去可能型 ROM (EPROM)，プログラムも消去も電気的にできる電気的消去書き込み可能型 ROM (EEPROM) などがある．

5-3: ブロック (情報668)

[1] プログラム内で使用する名前の有効範囲を定めるための概念．ブロックは，ブロックの範囲を区切るための括弧と，ブロックの内側でだけ有効な名前 (局所名) の宣言と，実行文の集合とからなる．プログラム単位をブロックとしで宣言すること，繰り返しや分岐文の実行部をブロックとして扱うこと，実行文の一つとしてブロックを記述すること，などができる．ブロックを宣言や実行文として入れ子構造にすることはできるが，部分的な重なりをもたせることはできない．ブロックによって名前の有効範囲を規制する機能をもった言語をブロック構造をもった言語とよぶ．ブロックの概念を最初に導入したのは，Algol 60 である．Ada の実行文の一つにブロック文があり，ブロックを記述できる．Ada のブロック文は，副プログラムやパッケージと同様に，宣言部と実行部および例外処理部をもつことができる．副プログラムの実行部は自分自身あるいは他のプログラムから名前によって呼び出されたときに実行されるのに対し，ブロック文の実行部はブロック文に実行の制御が到達したときに実行される．Pascal など多くの言語は副プログラムによるブロック構造をもっている．副プログラムによるもの以外にブロックを明示的に構成できる言語は，Ada のほかに Algol 60，PL/1 などがある．
[2] 物理レコードともいう．オペレーティングシステムが入出力装置または2次記憶装置との間で入出力する単位のデータをいう．記憶媒体 (ボリューム) 上での物理的な

記憶の単位がブロックとなる．ブロックは1個または複数個のレコードを含む．複数の
レコードを1ブロックに対応させること (ブロッキングという) により，物理的な入出
力の回数が減り，効率が上がる．利用者プログラムとオペレーティングシステムとの間
にとられる入出力用のバッファーの大きさ (複数個のバッファーがとられる場合はその
1つの大きさ) はブロックの大きさとなる．

5-4: 仮想記憶 (情報115-116)

　計算機の記憶系の，情報の存在する場所に関して，命令が生成するアドレスと実際に
情報が存在する物理的位置のアドレスを分離独立させる記憶方式をいう．命令側のアド
レスを仮想アドレスまたは論理アドレスといい，装置側のアドレスを実アドレスまたは
物理アドレスという．計算機に仮想記憶機構を導入すると，プログラムに対する主記憶
の物理的制約 (大きさやアドレスの連続性など) が著しく緩和されるために，

1) 仮想アドレス空間だけ考えてプログラムできる，

2) プログラムの動的再配置が容易になる，

3) 物理的主記憶の大きさを変更してもプログラムの変更を必要としない，

などのよい特徴が生じる．反面，主記憶には常に利用される可能性が高い情報だけを保
持しておくことが必要になり，オペレーティングシステムの記憶管理の方法が問題にな
る．この機構を実現する方法としては，ページングとセグメンテーションの2種類があ
るが，両者が併用されることも多い．いずれの場合も，仮想アドレスから実アドレスへ
変換するためにかなり高度なハードウェアと制御用ソフトウェアが必要である．このア
ドレス変換に伴うオーバーヘッドは，アドレスの局所参照性を利用してアドレス変換バ
ッファーなどのハードウェアを組み込むことによって問題とする必要がないほど小さく
できる．仮想記憶機構はキルバーン (T. M. Kilburn) が考案し，1962 年頃 ATLAS 計算機
に導入したページングが初めとされている．その後 1965 年頃にマサチューセッツ工科
大学 (MIT) の MULTICS システムに本格的に採用され，現在では，低価格パーソナルコ
ンピューターなどを除いたほとんどの計算機で広く採用されている．

5-5: 仮想記憶管理 (情報115-116)

　仮想記憶システムにおける主記憶管理のことをいう．仮想記憶管理の役割は，個々の
アクティブジョブに割り当てる主記憶と主記憶内に保持すべきページの集合を，その時
々のページ要求特性に合わせて適切に制御すると同時に，多重度を適正な範囲に保つた
めの情報を記憶管理の立場から，より高位のレベルに提供することである．ここで，ア
クティブジョブとは，中央処理装置，主記憶装置の割当ての対象となっているジョブを
指す．アクティブジョブの個数が多重度となる．記憶管理は，これらの制御を行うため
に必要な情報を稼動中のシステムと個々のジョブを構成するプログラムの動作の中から
収集しなければならない．特に，多重の仮想アドレス空間からなる仮想記憶システムで
は，多重度を稼動時に自由に制御することができる．一般に，多重度と処理能力の間に

は関係がある．多重度がある水準 m_L になるまでは，主記憶装置をはじめとするハードウェア資源にまだ余裕がある領域である．多重度が m_U 以上になると，いずれのアクティブジョブも十分な主記憶量を得ることができず，いわゆるスラッシング現象が発生する領域となる．多重度を適正な範囲に保つ制御が重要である．多重プログラミング環境での仮想記憶管理は，2 通りに分類することができる．1 つは，個々のジョブの局所参照性を考慮して，各時点でアクティブジョブについてはそれぞれが局所参照しているページ集合の推定量を主記憶内に格納することを試みる方法であり，代表的な記憶管理法としてワーキングセット法がある．もう 1 つは，個々のジョブの局所参照性は考慮せず，多重度はページフォールトの頻度があまり多くならないように適当に設定する方法である．実行中のジョブによってページフォールトが発生しページ置換えの必要が生した際には，主記憶内の全ページが置換えの候補となりうる．代表的な記憶管理法として，グローバル LRU 法，グローバル FINUFO 法がある．局所参照性を考慮した方法，考慮しない方法のいずれも現実のシステムで用いられており，システムの処理能力，応答性の面でいずれの方法がすぐれているかは，解析的にも実験的にも明らかではない．

5-6:　　　　　　　　　　　　**アドレス** (情報12-13)

　一般に，通信や情報処理において，その対象となるもの (オブジェクト) が存在する場所を規定する文字列などをいう．対象とするレベルに応じてさまざまな定義がなされている．

　[1] 記憶装置において，記憶位置の特定のために付加される番号をいう．主記憶装置の中にある命令語やデータの位置を識別するためのアドレスは，メモリーアドレスともよばれる．ビットごとの個別素子による記憶装置の場合は単なる数値による番号であり，語，バイト，文字，ビットなどを単位とした位置を，0 から始まる連続した正整数によって表す．とくに，語やバイトを単位としたアドレスを，それぞれワードアドレス，バイトアドレスとよぶ．磁気ディスクや磁気テープなどの場合には，トラック番号およびトラック内のセクター番号をアドレスとする．セクターには通常 128 バイト以上のデータが含まれている．

　[2] 計算機ネットワークにおいては，指定すべき通信相手の存在する場所をいう．たとえば，OSI 参照モデルではアプリケーション層のエンティティ (実体) の位置はプレゼンテーションアドレスで指定する．このプレゼンテーションアドレスは，ネットワークアドレス，トランスポートセレクター，セッションセレクターおよびプレゼンテーションセレクターからなる．ネットワークアドレスの具体例としては，CCITT が規定している各種公衆網番号計画 (たとえば，勧告 E.164 ISDN 番号計画，勧告 X.121 データ網番号計画) がある．そこでは端末番号がすべて同一レベルにあり，フラットアドレス体系になっている．一方，DOD プロトコル (TCP/IP) では，いくつかのレベルをもつ階層アドレス体系が採用されている．これにより，ルーチングをはじめとして，ネットワーク管理責任が局所化され，たとえばネットワークの一部の変更が全体に波及しないようにでき，拡張性に富むネットワークの構築・運用が可能となる．

5-7:　　　　　　　　　　　　**アドレス指定** (情報13)

　[1] アドレシング，アドレス方式などともいう．計算機の機械命令において，主記憶

内のオペランドが存在する位置のアドレスを指定すること，またはその方法を指す．主記憶以外のレジスターやスタック，命令語そのものの中などにオペランドが存在することもあり，それらの場合も含めて広くオペランドの存在場所の指定方法をアドレス指定ということも多い．アドレス指定の種別のことをアドレス指定モードといい，主記憶内にオペランドがある場合のアドレス指定モードには，直接アドレス指定，間接アドレス指定，インデックスアドレス指定，ベースレジスターアドレス指定などがある．また，レジスター内にオペランドがある場合はレジスターアドレス指定，スタック内はスタックアドレス指定，命令語内のときは即値アドレス指定などとよばれる．特定の指定をせず操作符号の内容によって暗黙のうちにオペランドの存在場所が定まるアドレス指定をインプリシットアドレス指定という．そのほか，オペランドをアクセスする際に使用したレジスターの増減など副次効果をともなうアドレス指定が用いられることもある．命令に強力なアドレス指定機能を与えると複雑なデータ構造をアクセスするときのアドレス計算に要する命令数を減らせるが，実効アドレスの生成機構が複雑になり，1命令の実行時間が長くなる．一方，直接アドレス指定やレジスターアドレス指定のような簡単なものに限定すると，1命令の実行サイクルは短縮されるが，アドレス計算用の命令数が増加する．初期の計算機ではアドレス生成ハードウェアを少なくするために簡単なアドレス指定しか用いられなかったが，ハードウェアの低価格化にともない，ソフトウェアを支援する目的で，しだいに複雑なアドレス指定が用意されるようになった．しかし，ある時点では1命令の実行サイクルを短くするために簡単なアドレス指定だけとしたRISC型の命令セットを備えた計算機も増加している．

[2] 分散システムが計算機ネットワーク内にもつ資源に物理的な位置を示す表現 (アドレス) を与えることをいう．フラットアドレス，階層型アドレスなどの実現法がある．対象物を区別するための識別子 (名前) を与える名前付けとは，一般に区別される．

5-8: **キャッシュ記憶** (情報161)

単にキャッシュまたはスレーブ記憶ともいう．バッファー記憶ということもあるが，通常バッファー記憶の方がより広い概念を指す．キャッシュは本来，探険隊などが一時的に資材をしまっておく場所を意味する．計算機の分野では，最近アクセスされたより低速の記憶内の情報を一時的に格納しておく高速記憶を指す．最近は意味を拡張して用いることもあるが，通常は計算機の記憶階層において，プロセッサー内に配置され，アクセスされた主記憶内の情報のコピーを一時的に格納しておく高速記憶をいう．一度アクセスされた情報は近い将来にふたたびアクセスされる確率が高いので，次にアクセスされたときキャッシュ記憶から情報を取り出せば，見かけ上主記憶のアクセス速度を高速化することができる．その基本的な考え方は，1960年代初めからウィルクスらによって示されていたが，現実の計算機には1969年IBM360モデル85に初めて採用された．以来広く使用されている．キャッシュ記憶を備えた計算機では，主記憶内情報へのアクセスが要求されるとまずキャッシュを参照し，要求されたデータが存在すれば直ちにそのデータをプロセッサーに転送する．もし存在しなければ，要求された語を含む適当な大きさのブロックを主記憶から読み出しキャッシュへ格納する．このとき，未使用のブロックがなければ適当なブロック置換アルゴリズムを用いて，再使用の可能性の小さいブロックを選び出して新しい情報に割当て換えをする．主記憶からキャッシュへのデータ転送において，ブロック内の語をアドレスの順でなく要求された語を最初に主記憶か

ら取り出してプロセッサーに送る方式をロードスルーという. 一方, プロセッサーの要求が書き込みの場合には, キャッシュにその語があればキャッシュの内容を書き換えるが, 主記憶の方も必ず書換えを行って常に最新の情報が格納されているようにする方式と, 当面はキャッシュだけを書き換え, キャッシュのブロックの割当て換えの際に主記憶へもどす方式がある. 前者は, ストアスルーまたはライトスルー, ストアイミディエイトといい, 後者はストアバックまたはライトバック, スワップ方式という. ストアバック方式の方が性能的にはよいが制御は複雑である. ストアバック方式を採用した場合, 一時的に主記憶内のデータが書き込み以前のままとなり, キャッシュ内のデータと主記憶内のデータが一致しなくなることがある. この状態をコヒーレンシーが失われたといい, 多重プロセッサーシステムでは, コヒーレンシーを保つための制御が複雑になる.

5-9:   ビット (情報611)

[1] 1桁の2進数字 (0または1) を意味する binary digit の略. 転じて, 2進数1桁に相当するデータ量を表す情報の単位に使用される. b で表すこともある. たとえば, 容量32ビット (b) のレジスター, 転送速度が1メガビット/秒 (Mbps), といった使い方をする. このままでは単位として小さい場合には, 何ビットかをひとまとめにして使用する. たとえば, 8ビットは1バイトとよばれる. また, キロビット (Kb), メガビット (Mb) のような呼び方をすることがあるが, この場合, 通常 $1 \mathrm{Kb} = 2^{10} (= 1024)$ ビット, $1 \mathrm{Mb} = 2^{10} \mathrm{Kb} = 2^{20} \mathrm{b}$ である.

[2] 情報量を表すときの単位. すなわち, データ系列の単位時間当たりに生成される情報量として定義されるエントロピーの単位として用いられる. これは物理的には情報の伝送速度に相当し, 'ビット/秒' を単位とする. 2進数の1桁分のデータ量を1ビットとする定義に従えば, データ系列のデータ量はこれを2進系列に変換して得られる長さのビット数に相当する. 他方, データ系列の1秒当たりの情報量はその冗長な部分を取り去ってできるだけ短い2進系列で変換したときの長さに相当するビット数に等しい. なおシャノンの情報量をエントロピーによって定義するとき, 底を2にとった対数関数が用いられる. この対数関数の底を e でとった自然対数で情報量を定義したときの単位をナットとよぶ. ビット単位とナット単位の違いは, 後者で表した量が前者で表した量の定数倍 ($\log_e 2 = 0.6931$) になることだけである.

5-10:   バイト (情報568)

ひとまとまりの情報として扱われる8ビットのビット列をいう. 第2世代までは8ビット以外のものをバイトとよんだこともあるが, 現在では必ず8ビットである. 英数字1文字は通常1バイトで表示される. また, 計算機内部での演算のビット長や主記憶の語長などはバイトの整数倍 (1, 2, 4 など) とすることが多い. 主記憶や周辺記憶の容量を表すのにもバイトを使用する. 記号 B で表す. 容量が大きくなるにつれて 2^{10} (= 1024), 2^{20} (= 1024^2), 2^{30} (= 1024^3) バイトをそれぞれ KB (キロバイトあるいはケーバイトと読む), MB (メガバイト), GB (ギガバイト) と表して用いるのが一般的である.

5-11: 浮動小数点表現 (情報644-645)

　計算機内部における実数の表現法の一つ．この方法で表現された数を浮動小数点数という．2進固定小数点数 f と2進整数 e との組み合わせによって，数 x を $x = f \times r^e$ として表す方法である．r は基数で，f を仮数，e を指数という．数表現に当って小数点の位置が固定されないのでこの名がある．固定して表す方式は固定小数点表現という．

符号 ＋ 指数部 ＋ 仮数部

通常，f に対しては符号と絶対値表現や2の補数表現が用いられ，符号と仮数部に分けて表現される．e の表現は指数部で行われるが，指数の値をそのまま符号と絶対値や2の補数で表現する方法と，一定の数を加えて非負の整数になるようにして表現するゲタばき表現とよぶ方法とがある．後者の方法では，たとえば，指数部が7ビットのとき，e の値の範囲

$$-64 \leq e \leq 63$$

に対して $k = e + 64$ として

$$0 \leq k \leq 127$$

を表現する．ゲタばき表現を用いると，後述する正規表現において浮動小数点表現の数値としての順序関係と，この表示全体を固定小数点表現とみなしたときの数値の順序関係とが一致する．基数 r については，IBM システム360などの16やバローズ社の計算機の8を除けば，2を用いるのが一般的である．これは r が小さいほど最良条件と最悪条件での丸め誤差の比が小さくなることなどのためである．表現する数値 $f \times r^e$ の式の形から，f と e の組み合わせは一意に決まらないが，f の最上位桁に0が立たないようにできるだけ左詰めにすると有効桁数が最大となる．この条件をみたすように f と e を調整することを正規化，その表現を正規表現とよぶ．ただし，値0に対する一意の表現は別に定義する．$r = 2$ の場合には，正規化を行うと仮数の最上位ビット (MSB) は常に1となるため，これを省き有効桁数を1ビット増やすことができる．これをけち表現とよび，省かれたビットをインプリシット MSB とよぶ．浮動小数点形式で表示できる数の範囲を越えた場合には，オーバーフロー (あふれ) あるいはアンダーフロー (下位桁あふれ) となる．したがって，浮動小数点表現の選択に当っては，あふれや下位桁あふれがおこりにくいことや誤差の少ないことなどが要点となる．標準化規格としては，IEEE 規格がよく知られており，また，わが国では指数部の長さを可変としてあふれや下位桁あふれがおきることを事実上防いだ伊理 - 松井方式や，さらにデータの長さに依存しない定義とした URR (浜田方式) が考案されている．

5-12: 浮動小数点レジスター (情報645)

　浮動数点数を格納するための専用のレジスター．固定小数点数よりも語長が長い場合にもうける．汎用レジスターを連結して使用する場合もある．通常，浮動小数点レジスターに置かれたデータは，浮動小数点数専用の演算装置に送って高速に演算が行えるようになっていることが多い．

5-13: オペレーティングシステム (情報87-88)

　OS と略記する．計算機ハードウェアと利用者の間に存在し，利用者に高度で豊富な

機能をもつ仮想的な計算機を提供すると同時に，複数個のジョブ，プロセスへのハードウェア資源の割当てを制御し，その有効利用をはかるソフトウェアをいう．ジョブとプロセスの実行の制御，ジョブ，プロセスが利用する主記憶装置の管理，入出力装置の管理，ネットワーク環境の提供が主な機能である．

歴史的に見ると，オペレーティングシステムの芽生えは1950年代後半である．IBM 704に対して開発されたFortranコンパイラーの出現によって計算機の利用者が大幅に増加した結果，計算機の効率的な運用が必要になり，計算機の操作は専門のオペレーターにゆだねられることになった．1959年にノースアメリカン航空会社で開発されたFortran IIモニターは，ジョブとジョブの間のオペレーターの介入を最小限にとどめ，計算機システムの操作の自動化を目指した，広範囲に利用された最初のオペレーティングシステムである．また，低速の周辺入出力装置に対する入出力により主計算機の利用効率が低下するのを避けるために，衛星計算機を配置して，主計算機の入出力は高速の磁気テープ装置を利用するようなシステム構成がとられていた．衛星計算機の役割は，周辺装置から入力した情報を磁気テープ装置に出力すること，および磁気テープ上の主計算機の出力結果を周辺装置に出力することである．これらのシステムにおいて，入出力装置の取り扱いは入出力制御プログラムとして開発されたIOCSが行っていた．1960年代にはいると，処理能力の向上を目指して，多重プログラミングの技術が開発された．多重プログラミングを実現するには，アーキテクチャー的には，入出力チャネル，チャネルからの割込みを含めた各種の割込みの機能，記憶保護の機能，直接アクセス可能な2次記憶装置(ディスクその他)などが必要になる．

1964年IBM社はシステム360を発表し，1966年にはOS/360の最初の版が使用可能となった．OS/360は，システム360ファミリー全体をカバーすることを意図した一括処理用のオペレーティングシステムで，オペレーティングシステムの概念の明確化，機能の体系化を行った．その規模の大きさ，開発コストの巨大さはソフトウェア危機という言葉を生み，ソフトウェア工学を誕生させる契機となった．OS/360は，その後のIBM社の最上位オペレーティングシステムMVSの原型である．OS/360とほぼ同時期に，マサチューセッツ工科大学では時分割処理システム(TSS)の研究・開発を進め，CTSSの実験システムについで，1965年に計算機ユーティリティという思想のもとにMULTICS構想を発表した．技術的には，セグメンテーション，ページングによる仮想記憶方式の導入，階層的ディレクトリー構造をもったファイルシステムなどが特徴である．IBM機が仮想記憶方式を採用したのは，システム370が最初で，1972年になってからである．OS/360およびMULTICSシステムによって，オペレーティングシステムの基本的な技術が確立された．商用計算機で時分割処理システムの普及が始まったのは，1970年代にはいってからである．

半導体の集積化技術の急激な進歩により，1970年代の半ばすぎになると，高性能のスーパーミニコンピューターが出現し，さらにマイクロプロセッサーの出現と高機能化により，計算能力の分散化が急速に進行し始めた．1980年代にはいるとパーソナールコンピューター，さらには個人利用の高機能ワークステーションが普及した．オペレーティングシステムとしては，パーソナルコンピューター用にはCP/M，MS-DOSなどが用いられ，スーパーミニコンピューター，ワークステーション用にはソフトウェア技術者のための環境としてすぐれた機能を提供しているUNIXシステムが普及している．また，DEC社のVMSやマイクロソフト社・IBM社のOS/2などの新しい商用オペレーティングシステムの動きもある．計算能力の分散化に伴い，計算機間を接続するネット

ワークの管理もオペレーティングシステムの重要な機能になっている．ファイル転送だけでなく，他計算機のファイルシステムやファイル領域を許されている範囲で自由に操作できる機能，ネットワークに接続されている計算機間にまたがったプロセス間通信機能，遠隔ログイン機能などを備えたネットワークオペレーティングシステムは，すでに商用化されている．さらに進んで，ネットワーク内の資源を統一的に管理するために，システム全体を1つのオペレーティングシステムで管理し，利用者にはネットワークの存在を意識させない分散型のオペレーティングシステムも研究から実用化の段階にある．将来を見ると，異なった計算機の異なったオペレーティングシステム間をどのように高水準で接続するかということが大きな研究課題である．

　このように，オペレーティングシステムの歴史は，オペレーティングシステム自身の技術の進歩の歴史というより，そのときどきのハードウェア技術とハードウェアの価格に大きな影響を受けた歴史ということができる．ハードウェアがきわめて高価であった1970年代半ばまでは，計算能力を集中化し，その性能を十分に発揮させることがオペレーティングシステムの最も重要な課題であった．それ以降，ハードウェア価格の低下に伴う計算能力の分散化という新しい流れが発生した環境では，いかに利用者に使い勝手のよい計算機環境を提供するかが，最大の技術課題となっている．

5-14: レジスター (情報795)

　中央処理装置 (CPU) 内に置かれる高速の一時記憶装置をいう．特定の目的をもつ専用レジスターと，種々の処理に使用される汎用レジスターとに分けられる．専用レジスターとしては，命令のアドレス指定を行うプログラムカウンター，命令を保持する命令レジスター，主記憶のアクセスに使用する主記憶アドレスレジスター (MAR)，主記憶データレジスター (MDR)，アドレス計算に使用するインデックスレジスター，ベースレジスター，演算に使用するアキュムレーター，レジスターファイル，浮動小数点レジスター，シフトレジスター，スタック機能をもつスタックレジスターなどがある．通常，レジスターはフリップフロップまたは高速メモリーチップから構成され，その CPU での最高速の記憶装置として機能する．また，主記憶との命令やデータの転送を行いやすくするため，そのビット長は主記憶装置の語長またはその倍長とすることが多い．

Lesson 6: Computer Science III
(applications; part I)

演 エン performing, acting

演算	エンザン	mathematical operation
演算器	エンザンキ	arithmetic unit

漢 カン Han dynasty (China), (old name for) China

漢字	カンジ	Chinese character, kanji
漢字認識	カンジニンシキ	kanji recognition

言 ゲン phrase, speech, word; ゴン phrase, speech, word
い(う) to say, to speak, to tell; こと word

言語	ゲンゴ	language
高水準言語	コウスイジュンゲンゴ	high-level language

語 ゴ language, speech, (technical) term, word
かた(る) to recite, to narrate

自然言語	シゼンゲンゴ	natural language
機械語	キカイゴ	machine language

高 コウ high
たか(い) expensive, high, tall; たか(まる) to rise, to be elevated {vi};
たか(める) to raise, to elevate {vt}

高機能命令	コウキノウメイレイ	high level instruction
高速化	コウソクカ	increase in speed/throughput

作 サ making, producing, working; サク making, producing, working
つく(る) to build, to create, to prepare (food), to produce

工作機械	コウサクキカイ	machine tool
データ操作	データソウサ	data manipulation

字 ジ character, letter, word

英字	エイジ	Roman letter
文字	モジ	character

出	シュツ appearing, going out		
	だ(す) to put out, to take out {vt}; で(る) to come out, to emerge, to be published {vi}		
	出力	シュツリョク	output
	エッジ検出	エッジケンシュツ	edge detection

述	ジュツ relating, speaking, stating		
	の(べる) to relate, to speak, to state		
	記述	キジュツ	description
	上述	ジョウジュツ	stated above/previously

低	テイ low		
	ひく(い) low, short		
	高低	コウテイ	height, degree, extent
	低価格	テイカカク	low price

入	ニュウ going in		
	い(れる) to put in, to take in {vt}; い(る) to come in, to go in {vi};		
	はい(る) to contain, to enter, to join {vi}		
	代入	ダイニュウ	substitution
	入力	ニュウリョク	input

必	ヒツ certainly		
	かなら(ず) certainly, positively; かなら(ずしも ... ない) not always, not necessarily		
	必須の	ヒッスの	essential, required
	必要な	ヒツヨウな	necessary

文	ブン composition, sentence, text; モン crest		
	ふみ letter, note		
	暗号文	アンゴウブン	ciphertext
	平文	ヘイブン	plaintext

味	ミ flavor, taste, tinge		
	あじ flavor, taste, tinge; あじ(わう) to appreciate, to experience, to taste		
	意味	イミ	meaning
	興味	キョウミ	interest

力	リキ force, power, strength; リョク force, power, strength		
	ちから force, power, strength		
	圧力	アツリョク	pressure
	力学系	リキガクケイ	mechanical system

Grammatical Patterns

6.1) あげる, 上 [あ] げる and 挙 [あ] げる

The verb あげる can carry many different meanings and can be represented by several different kanji, depending upon the context. Only those items that are particularly likely to appear in a technical context are mentioned here. In most cases あげる carries meanings such as "to raise," "to lift," "to give" or "to complete" and can also be written 上げる. However, in some instances あげる means "to cite (examples)" or "to mention (items from a list)." In such instances あげる can also be written 挙げる. For a complete explanation of the uses of あげる, please refer to a good Japanese-English dictionary.

1. 言語としての規則を挙げれば，計算機の命令語，レジスターの構成，アドレス指定方式などがこれに相当する．

2. 最近は性能をさらに上げるため，パイプライン演算器を複数個設けて並列動作させる傾向が進んでいる．

3. プロダクションシステムマシンとしてはDADO，意味ネットワークマシンとしてはNETL などがあげられる．

6.2) ほぼ, ほとんど and ほとんどの

Both ほぼ and ほとんど are adverbs. Depending upon the context, either word could mean "almost," "nearly" or "practically." When offering estimates, the word ほとんど can also indicate an approximate number. In such instances it could be translated "about" or "in the vicinity of." However, the expression ほとんどの is used as an adjective. It means "almost all (of)" or "nearly all (of)" whatever noun follows ほとんどの in the sentence.

1. 現在では，仮想記憶が低価格パーソナルコンピューターなどを除いたほとんどの計算機で広く採用されている．

2. OS/360 とほぼ同時期に，マサチューセッツ工科大学では時分割処理システム (TSS) の研究・開発を進めていた．

3. アルゴリズムとプログラムはほぼ同じ意味で使われるが，プログラムが，あるプログラム言語で書かれた，ただちに計算機で実行できるものを意味することが多い．

4. 他の言語と違って，構文規則や意味規則はほとんど存在しない．

6.3) verb [conjunctive form] + 得 [う] る and
verb [conjunctive form] + 得 [え] ない

When the conjunctive form of a verb is combined with 得る (read うる in this case) or 得ない (read えない) to make a compound verb, the new verb indicates that it is possible or it is not possible, respectively, to carry out the action or to achieve the state described by the original verb. Such a compound verb is an alternative to the potential verb, and is particularly useful with the verb ある, for which no potential verb exists.

1. 論理型言語における計算の結果には，成功と失敗という2つの状態がありうる．

2. こうして求めた h の値は黒体放射のスペクトルから定めた h の値とよく一致し，光量子仮説はもはや疑い得ない事実となったのである．

3. 比較的簡単な物質について精密構造解析が行われており，結晶を構成する原子の結合電子分布を測定し得る段階に達している．

6.4) **connective negative + も + よい**　　　(you) need not ...
　　　　connective affirmative + も + よい　　　(you) may ...
　　　　provisional affirmative + よい　　　all (you) need to do is ...
　　　　present affirmative + 方 [ホウ] がよい　　it's desirable to have ...
　　　　past affirmative + 方 [ホウ] がよい　　(you) should ...
(Note: The adjective よい may be replaced by the adjective いい.)

1. 単調な連続分布関数 $F(\cdot)$ をもつ乱数は $F^{-1}(v_k)$ を計算すればよい．

2. 問題の条件が悪いときには，問題の起源にさかのぼって考え直した方がよい．

3. 記号アドレスが定義より先に参照されてもよいようにしなければならない．

4. コレクター遮断電流は小さい方がよい．

6.5) **connective form + ある**
　A transitive verb in the connective affirmative form followed by ある indicates that an ongoing state has been established for a specific purpose. Because this pattern describes a state, the direct object marker を is never used. The pattern is often translated "... has been ...ed."

1. それぞれの欄を1行の中のどの桁から始めるかまで規定してある固定形式のアセンブリー言語もある．

2. 多くの排気機構を組み合わせてあるものが多く，別の分類法もある．

3. その様子をファン・デル・ワールス気体について図に示してある．

6.6) **interrogative word + (particle +) も**
　The combination of an interrogative word and the particle も (sometimes with another particle inserted before the も) makes the expression comprehensive. If the predicate that follows this combination is affirmative, the expression is completely inclusive. However, if the predicate that

follows this combination is negative, the expression is completely exclusive. For example, だれでも with an affirmative predicate means that "anyone" does (or is) whatever the predicate describes. However, だれでも with a negative predicate means that "no one" does (or is) whatever the (affirmative) predicate describes. (Note: The reader is urged to contrast the use of an interrogative word + も with the use of an interrogative word + か, as described in pattern 4.3.)

1. 局所参照性を考慮した方法，考慮しない方法のいずれも現実のシステムで用いられており，システムの処理能力，応答性の面でいずれの方法がすぐれているかは，解析的にも実験的にも明らかではない．

2. 特に論理積と否定を組み合わせた NAND はシェファーの縦棒，また論理和と否定を組み合わせた NOR はピアース演算とよばれ，いずれもそれだけで論理積，論理和，否定の3種類の論理を実現できる．

3. なお，記号として，M_w および $\overline{M}_w$ のどちらも使われている．

6.7) ... を通 [とお] して

The phrase を通して usually means "through" in the physical sense of traveling through a place or passing through a three-dimensional object. Occasionally, を通して carries the meaning of "through" in the figurative sense of an intermediary by whose agency or assistance an action is carried out. (Note: There is considerable overlap between the use of ... を通して and the use of ... を通 [ツウ] じて, as described in pattern 9.5.)

1. オブジェクトの内部表現や実装情報は利用者には見えず，そのアクセスはあらかじめ用意された命令を通してのみ可能となる．

2. ポンプを通しての気体流量が 0 の場合，ポンプによって排出される気体量と，ポンプ換気口側から吸気口側へ圧力差によって逆流してくる気体量とがちょうどつり合っている．

3. 気体を圧縮するとき，容器の壁を通して熱エネルギーが出入りすることなく圧縮する過程を断熱圧縮という．

Reading Selections

6-1: アルゴリズム (情報19-20)

[1] 一般的な用語としては，問題を解くための計算法を意味する．たとえば，1次方程式を解くためのガウス消去法や，フーリェ変換を求めるための高速フーリェ変換法などは，この意味でのアルゴリズムの例である．アルゴリズムという言葉のこの使い方はかなり曖昧であって，数学的に厳密に定義することは困難である．アルゴリズムとプログラムはほぼ同じ意味で使われるが，プログラムが，あるプログラム言語で書かれた，ただちに計算機で実行できるものを意味することが多いのに比べ，アルゴリズムのほうは，どちらかといえば特定のプログラム言語までは意識しない計算手順や計算の方法を意味することが多い．具体的なアルゴリズムは，グラフ理論，オペレーションズリサーチ，最適化，数値計算，データ構造の操作，整列，数式処理，オペレーティングシステムなどの諸分野に現われる．アルゴリズムの設計のための一般的な手法として分割統治法などがある．アルゴリズムの良否の判定基準としては効率が重要である．効率は，問題の入力データが大きいときの漸近的時間計算量によって測ることが多い．しかし実用上は，入力データの小さいときの効率が重要なことも多い．また，解の安定性，誤差，プログラムの簡単さなども重要である．

[2] 論理学，数学基礎論，計算の理論などの分野においては，アルゴリズムという言葉は，機械的に実行でき，有限時間内に必ず答を出して終了する計算規則という，かなり狭く明確な概念を意味することが多い．この意味でのアルゴリズムは，以下に示す条件を満足しなければならない．1) 入力 (アルゴリズムに与える問題) と出力 (問題の答) を含め，計算で取り扱うデータはすべて，有限の長さの記号列で記述できるものでなければならない．たとえば，整数や有理数，整数の有限列，有限グラフ，計算機のプログラムなどはデータとして使用してよい．しかし実数や複素数などは，完全な記述には一般に無限の長さの記号列を必要とするので，データとしては使用できない．2) アルゴリズムのどのステップにおいても，実行すべき操作は全く機械的に実行でき，その実行は有限時間内に終り，その結果も一義的に決まるものでなければならない．したがって，実行に何らかのアイデアを必要とするような操作であってはならない．また，'コインを投げ，表が出たら……をする' というような，確率的な操作であってもならない．3) どのような入力に対しても，アルゴリズムの実行は有限時間内に出力を出して終了しなければならない．このような意味でのアルゴリズムの概念を数学的に定義する試みとしては，抽象プログラム機械，チューリング機械などいろいろなものがある．しかし，アルゴリズムの定義としてこれらのどれを用いても，アルゴリズムが存在する問題のクラスとしては全く同じものが得られることがわかっている．問題を解くアルゴリズムが存在するか否かを研究する研究分野は，計算可能性の理論あるいは帰納的関数の理論とよばれる．

上記 [1]，[2] のいずれの意味のアルゴリズムにおいても，それらを実際に計算機で実行する場合には，実行時間や使用記憶領域量など，効率が重要になる．効率の立場からアルゴリズムを研究する研究分野は，計算複雑さの理論とよばれる．

6-2: **アルゴリズム設計法** (情報20)

　問題を解くためのアルゴリズムを設計する方法をいう．通常，1つの問題を解くためのアルゴリズムにはいろいろのものがあり，アルゴリズムの設計者はその状況に適したできるだけ良いアルゴリズムを設計する必要がある．アルゴリズムの設計は創造性を必要とする知的作業であるが，そのために有効な基本的な考え方がいくつかある．代表的なものは，与えられた問題をより簡単な同種の問題に分割していく分割統治法 (プログラムとしては，手続きの再帰呼出しという形をとる)，与えられた問題の部分問題すべてを簡単なものから解いていく動的計画法などである．情報をどのように表現しておくかも，良いアルゴリズムを設計するうえで重要である．たとえば，線形リストの表現法には，連続表現法，一方向リストによる表現法，双方向リストによる表現法などがあり，それぞれに特徴がある．アルゴリズムの評価には，最悪計算量，平均計算量などのほかに，アルゴリズムの理解のしやすさ，状況によってはプログラムそのものの長さなどの要素をも考慮する必要がある．

6-3: **コンパイラー** (情報245)

　トランスレーターの一形態．原始言語が高水準言語で目的言語が目的計算機の機械語に近い低水準の言語である場合のトランスレーターをいう．コンパイラーにより原始プログラムを変換することをコンパイルするという．コンパイラーを起動するには，入力である原始プログラムを指定する．このほかに，任意選択機能を指定できる．これには，原始プログラムや目的プログラムの印刷の指定，相互参照表の出力の指定，目的プログラムの最適化の程度の指定などがある．コンパイルの方式には，一括コンパイル方式と分割コンパイル方式の2つがある．コンパイラーの種類としては，目的プログラムの大きさを小さくしたり実行速度を速くするなどの最適化を行う最適化コンパイラーや，目的プログラムの実行に入るまでの処理時間を短くするコンパイル即実行方式のコンパイラー，コンパイラーが動作している計算機とは種類の異なる計算機を目的計算機とするクロスコンパイラーがある．

6-4: **機械語** (情報148)

　機械語プログラムの集合を言語とみなしたものをいう．プログラムがそれぞれ何らかの言語で記述されるものとして議論することをしばしば行うが，そのようなときにハードウェアで直接実行できる形になったプログラム (目的コードなど) が属する言語を指すために使う言葉である．他の言語と違って，構文規則や意味規則はほとんど存在しない．しいて言語としての規則を挙げれば，計算機の命令語，レジスターの構成，アドレス指定方式など，アーキテクチャー上の約束がこれに相当する．

6-5: **機械語プログラム** (情報148)

　命令語やデータをビット列またはそれと等価な数値表現によって指定し，計算機で直接実行できるようにしたプログラムをいう．プログラム言語を使って記述したプログラムに対比して使う言葉である．広義にはアセンブリー言語プログラムを含めるが，多く

の場合は含めない．記憶装置内にビット列として蓄えられたものと，数直表現によって文字表示されたものの2つの形態があるが，普通これらを区別しない．数値表現の形式としては16進数または8進数を用いることが多い．命令語やデータを表すビット列は，その計算機固有の約束に従ったものでなければならない．

機械語プログラムは，主記憶装置にそのまま置くことによってただちに実行できる．これに対して，プログラム言語で記述したプログラムの場合は，コンパイラーまたはアセンブラーを使って機械語プログラムに変換してからでなければ実行できない(インタープリターによって解釈実行する場合を除く)．機械語プログラムを直接人間が書くのは，ごく限られた場合だけである．プログラムの中に意味に関する手がかりがまったくなく，プログラミングは低水準のものとならざるをえない．すなわち，命令やデータをすべてビット列として指定しなければならないうえに，個々のプログラム要素がどのアドレスにあるかを管理しなければならない．人間にとっては負担の重い作業である．プログラムの変更もきわめて困難である．機械語によるプログラミングを必要とするのは，計算機の開発当初や補助記憶装置がないときなど，コンパイラーを始めとするソフトウェアが使えない特別な場合である．これらの場合，計算機のパネルのスイッチまたはファームウェアのデバック用プログラムを使ってプログラムを入力することが行われる．

6-6: アセンブラー (情報9)

アセンブリー言語で記述されたプログラムを目的コードに変換するソフトウェア (処理系) をいう．言語処理系のうちでは最も単純なものである．広義にはコンパイラーの一種であるが，普通はこれと区別して扱う．出力する目的コードは多くの場合，再配置可能コードの形をとる．目的コードのほかに，原始プログラムと目的コードを対応させて表示したアセンブルリストや記号アドレスの定義・参照を一覧にした相互参照表を出力することが多い．アセンブリー言語は原始プログラムの命令と出力する目的コードがほぼ1対1に対応するので，変換の処理そのものは簡単である．命令の構文を解析して，命令ごとに決まられたコードを生成すればよい．記号アドレスとその実アドレスを管理するために記号表とよぶ表を用いる．記号命令にはこれとは別の表を用意する．アセンブラーの処理で考慮を要するのは，記号アドレスの定義と参照の順序関係である．記号アドレスが定義より先に参照されてもよいようにしなければならない．これに対処するために，プログラムを2回読み込んで処理するアセンブラーが多い．これを2パスアセンブラーという．1回目のパスは，記号アドレスの表すアドレスを求めるのに必要な処理だけを行う．すなわち，各命令の占める記憶領域の大きさだけに注目し，これに無関係な部分は単に読み飛ばす．2回目のパスでプログラムの完全な解析を行い，コードを生成する．この際に1回目のパスで作った記号表を参照する．ほかに，1パスアセンブラーと称して，プログラムを1回読み込むだけで処理する方式もある．この場合，記号アドレスの定義よりも先に参照が現われた場合には，その記号アドレスを参照している場所同士をリンクでつなぐ方式をとる．その記号アドレスのアドレスが決まったら，これらの場所にそのアドレスを埋め込む．なお，俗には，アセンブリー言語そのものをアセンブラーとよぶこともある．

6-7: アセンブリー言語 (情報9)

　アセンブリー語．アセンブラー言語ともいう．機械語プログラムの命令語，アドレス，データなどに，名前を始めとする人間向きの表記法を与えた一種のプログラム言語．ビット列を直接指定する機械語でのプログラミングに対し，プログラムの作成や変更を容易にすることを目的とする．機械語と同様に，計算機の命令を1つ1つ指定してプログラムを記述するために用いる．原始プログラムの文(命令)と，これを翻訳して得られる機械語の命令語とは，ほぼ1対1に対応する．1行に1つずつ命令とよばれる構文単位を書くだけの単純な構文をもつ．命令には，計算機の命令語1つずつを表すものと，記憶領域の確保などの各種の指示を記述するアセンブラー命令とがある．1つの命令の記述は，命令の種類を表す記号命令と，その命令の操作の対象を表すオペランドからなる．さらに，記号命令の前に記号を書いて，その命令のアドレスを表す記号アドレスを定義することもできる．これを名札(ラベル)という．命令の構文すなわち，名札，記号命令，オペランド，注釈(これらを欄とよぶ)の記述の順序，区切り記号などは，アセンブリー言語ごとに定められる．構文上の制約が一般に強く，固定した書き方しか許さないものが多い．なかには，それぞれの欄を1行の中のどの桁から始めるかまで規定してある固定形式のアセンブリー言語もある．

　プログラム言語の中では最も低水準のものとみなされる．高水準言語に比べて，プログラムの作成や変更に要する労力が大きい．初期にはほとんどのプログラムをアセンブリー言語で書いたが，高水準言語の発展に伴ってしだいに使われなくなってきている．しかし，効率を重視する場合や，レジスター，入出力，割込み，特殊な命令語などハードウェアの機能を活用しようとする場合にはアセンブリー言語の使用が必須である．システムによっては高水準言語のコンパイラーを用意できないため，アセンブリー言語を唯一の言語とすることもある．アセンブリー言語は，計算機のハードウェアの提供するすべての機能を記述できるように設計される．したがって，機種ごとに独自のものが用意される．機種が違えばプログラムを移植することはほとんど期待できない．なお，応用に適した記法を提供する言語と区別して，計算機の機能の表現に重点を置いた言語という意味でアセンブリー言語という言葉を使うことがある．

6-8: ベクトルプロセッサー (情報691)

　科学技術計算で多用されるすベクトル演算を高速に実行するアレイプロセッサーの一種．ベクトルを構成する多数のデータ要素に対する同一の繰り返し操作(Fortranでいえば DO ループ内の処理)を高速に実行するため，一般にパイプライン処理方式が使われる．最近のスーパーコンピューターはほとんどこのタイプで占められており，アメリカの Cray-1 がその代表例である．日本でも同タイプのプロセッサーが盛んに開発されている．最近は性能をさらに上げるため，パイプライン演算器を複数個設けて並列動作させたり，ベクトルプロセッサーを複数台結合して多重プロセッサー化を図る傾向が進んでいる．

6-9: 高級言語マシン (情報221-222)

　高水準言語によって記述されたプログラムを効率良く処理，実行する計算機．とくに，

高水準言語によって記述されたプログラムを高速に実行するための専用の命令セットをもつ計算機を指すこともある．高水準言語によるプログラム開発の急増に対し，従来の計算機上でのコンパイラー作成はきわめて複雑であること，また得られたコードの実行効率も必ずしも十分なものではないことから，計算機と言語のセマンティックギャップを縮めるために高水準言語がもつ諸機能を命令セットレベルで支援する高級言語マシンが Fortran, Cobol, Pascal, Lisp, Prolog, Smalltalk など種々の言語に対して考案されている．高水準言語をいったん中間語に翻訳し，中間語を実行する間接実行型高級言語マシンと，高水準言語自身を直接実行する直接実行型高級言語マシンとがある．

6-10: 　　　　　　　　　　**高水準言語** (情報223)

　高級言語ともいう．計算機システムの機能や構造に基づくよりも，人間が使う言語や概念に近い要素に基づいて設定されたプログラム言語の総称．プログラムは本来，対象となる問題を解決するためのアルゴリズムを記述し，それを計算機の命令の集合として与えるものである．アルゴリズムの記述においては，計算の手順，具体的な対象物を表現するデータ，およびそれら相互間の関係や構造などが基本的に必要になる．高水準言語では，これらの記述が容易になるような要素を提供する．手順の記述を計算の流れの明示的な記述で行う手続き型言語，データなどの関係を記述し，それに基づく計算の流れを自動的に決める非手続き型言語がある．また，計算機上で実行させる場合に，その命令群に一括して変換する一括型言語，その命令群への変換を逐次的に行う会話型言語がある．

6-11: 　　　　　　　　　　**低水準言語** (情報482)

　機械のもつ命令の水準に近い言語要素をもったプログラム言語の総称．アセンブリー言語がその代表である．これは，主として機械の命令を直接記述する記号命令を備えており，通常の命令のほかに，入出力などの制御命令も記述できる．高水準言語では記述できないような部分，たとえばオペレーティングシステムにおいてアドレス指定の根幹にかかわるところの記述などには必須の言語である．

6-12: 　　　　　　　　　　**論理演算子** (情報805)

　演算子の一つ．論理型の演算数とともに論理式を構成する構文上の要素をいう．論理値に対する否定 (NOT)，論理積 (AND)，論理和 (OR) が一般的である．論理積の演算においては第1項の値が偽であれば第2項の値によらず論理式の値は偽となるが，実際，このような場合には第2項を評価しないという規則に従う言語もある．この場合には，第2項は値をもたないような式であっても意味をもつ論理式を表すことになる．論理和に対して第1項の値が真の場合も同様である．

6-13: 　　　　　　　　　　**論理回路** (情報805)

　論理機能を実現する電子回路をいう．論理には2値論理と3値以上の多値論理がある．2値論理はブール代数ともよばれて，広く用いられている．論理は論理関数で記述され

る．論理関数は論理変数とその間の論理関係で定義する．基本の論理関係は論理積 (AND)，論理和 (OR)，否定 (NOT) の3種類である．すべての論理関係は，この3種類の組み合わせで実現できる．特に論理積と否定を組み合わせた NAND はシェファーの縦棒，また論理和と否定を組み合わせた NOR はピアース演算とよばれ，いずれもそれだけで論理積，論理和，否定の3種類の論理を実現できる．論理回路では，基本論理関係はゲートで実現される．すなわち，論理変数は入力で，論理関数は出力で実現される．論理回路は組み合わせ論理回路と順序回路に分けられ，前者はゲートによって，後者はゲートとフリップフロップとによって構成される．したがって論理回路はゲートとフリップフロップの組み合わせで構成される．論理回路はディジタル回路を実現する主要な構成要素である．論理回路の設計を論理設計という．

6-14: 論理型アーキテクチャー (情報805)

論理型言語処理系用に特殊化されたアーキテクチャーをいう．論理型アーキテクチャーの代表例は Prolog マシンのアーキテクチャーである．論理型アーキテクチャーの主な特徴は，タグアーキテクチャーの採用，スタック操作命令の提供，ごみ集め機構の提供などである．タグの採用は項を整数，アトム，未定義論理変数などに細かく分類し，それらをタグで識別することにより単一化の高速化を可能にする．

6-15: 論理型言語 (情報806)

論理プログラミング言語，論理型プログラミング言語ともいう．プログラムがある論理体系の論理式になっており，計算が証明と等価である言語の総称．論理型言語の計算モデルとしての証明は基本的に健全性および完全性をもつ証明であるが，論理型言語の中には完全性をもたないものもある．論理体系としては1階述語論理，様相論理，高階論理，等式論理，時相論理などがある．論理型言語の扱うデータ型は項に等しく，数，アトムなどの定数，構造体，論理変数からなる．論理型言語の特徴は，項の間の単一化を基本演算とすることである．実際の言語では組み込み述語を用意して数の加減乗除などを可能にしている．論理型言語における計算の結果には，成功と失敗という2つの状態がありうる．成功の場合，計算の過程で行われた単一化で変化した論理変数の値が得られる．通常これが計算結果とみなされる．計算を制御する方法は大きく分けて2つある．1つは逐次制御であり，この場合は逐次型プログラミング言語を得る．この代表例は Prolog である．他は並列制御であり，この場合は並列プログラミング言語を得る．論理式およびその上での演繹的推論は，知識と推論を形式的に表現する一方法である．この意味で論理型言語は人工知能向き言語の一つと考えられる．論理型言語はコルメラウアーが 1970 年代初期に自然言語処理用に Prolog を設計したときに生まれ，その後 1974 年にコワルスキーがホーン節集合の手続き的解釈と効率良い証明手続きをもとに論理型プログラミングを提唱して注目を集めた．現在はさまざまな論理体系に基づく論理型言語が研究されており，また Prolog の種々の拡張についても研究されている．

6-16: 論理型言語処理系 (情報806)

論理型言語によるプログラムを実行する機構をいう．インタープリター方式とコンパ

イラー方式がある．論理型言語処理系は実行をつかさどる制御プログラムのほかにプログラムを格納するヒープ領域と実行時に各種の情報を格納するスタックからなる．スタックには実行過程を記録する制御スタック，単一化子を記録するスタック，後戻り情報用のスタックなどがある．実行時には同じ論理式が何度も用いられて証明が構成される．このため論理式やその中の項を表現するデータ構造に関し，記憶装置の使用効率やアクセス速度を考慮した方式が必要になる．このための代表的方式としては，コピー方式と共有方式がある．コピー方式は，必要に応じてもとの構造をコピーして新しい構造を生成する．共有方式ではもとの構造の骨組みを共有し，新しい構造が必要になるとそれをもとの構造の骨組みとその中にある論理変数の単一化子情報との組として生成する．コピー方式は毎回構造を生成するため記憶装置の使用効率は悪いが，構造内部の論理変数の値のアクセスは速い．一方，共有方式は記憶装置の使用効率は良いが，構造内部の論理変数の値のアクセスのたびに単一化子情報を調べなくてはならないため，アクセス速度がコピー方式に比べ遅い．近年は記憶装置の大容量化に伴い，コピー方式を採用する処理系が増えている．

6-17: **オブジェクト指向アーキテクチャー** (情報85)

　ソフトウェア指向アーキテクチャーの一つ．オブジェクト指向言語のようなオブジェクトを基礎としたシステムの処理を効率化するためのアーキテクチャーをいう．オブジェクトのアドレス指定，アクセス制御，オブジェクト操作などオブジェクト指向モデルのハードウェア支援を行う．オブジェクトの内部表現や実装情報は利用者には見えず，そのアクセスはあらかじめ用意された命令を通してのみ可能となるので，きわめて高い信頼性が期待できる．また，オブジェクトのアドレス指定は通常ケイパビリティを利用したアクセス制御がなされる．

6-18: **オブジェクト指向言語** (情報85)

　オブジェクト指向プログラミングの考え方に従ったプログラムが作成しやすいように設計されたプログラム言語の総称．通常，オブジェクト，メッセージのやりとり，クラス，継承などを定義指定する言語機構をもつ．この種の言語の歴史は比較的古く，1960年代後半のシミュレーション言語 Simula にはじまり，ケイ (A. Kay) の Smalltalk，ヒューイット (C. Hewitt) の Plasma などを経て，今日，Smalltalk-80，C++，Flavors，ESPなどが代表的である．ESP は近山隆らが設計し，わが国の第5世代計算機プロジェクトのソフトウェア記述に用いられた．このほか，抽象データ型の定義機構を中心に設計されている Clu や Ada などの言語を，この種の言語に含める考え方もある．また，並列プログラミングのためのオブジェクト指向言語も設計・開発されている．

6-19: **オブジェクト指向プログラミング** (情報85-86)

　対象指向プログラミングともいう．プログラミングパラダイムの一つ．オブジェクトとよばれる機能上の単位を中心にして，プログラムやソフトウェアシステムを設計・実現するプログラミングをいう．また，このような方法で記述されたプログラムをオブジェクト指向プログラムとよぶ．プログラミング方法論の発展に伴って，手続きの抽象化，

データの抽象化などの概念が考案され定着したが，オブジェクトはこれらの抽象化を発展させ，より広範囲の対象物をモデル化・抽象化するために導入された．関連する概念としてメッセージのやりとりによるオブジェクトの活性化，オブジェクトのクラスの階層とその継承などがある．オブジェクト指向プログラミングの基本的な考え方は，1960年代後半から70年代前半にかけて，ニガード (K. Nygaard) らによる離散事象のシミュレーション用の言語 Simula の開発，ケイ (A. Kay) によるパーソナルコンピューター Dynabook とその利用者のための言語 Smalltalk の構想・開発，ヒューイット (C. Hewitt) らによる並列処理のためのアクターモデルの研究，リスコフ (B. Liskov) らによる抽象データ型言語 Clu の設計・開発，ミンスキー (M. Minsky) による人工知能のための知識表現形式フレームの提案，デニス (Denis) らによるオペレーテイングシステムにおける資源保護のためのケイパビリティの概念の導入などの中から発展してきた．現在では，データベース，CAD/CAM などの技術の中でも，モデル化の重要な考え方としてオブジェクトの概念が導入されている．オブジェクト指向プログラミシグに適したプログラム言語として，C++, Smalltalk-80, Flavors, Clos などが代表的である．また，並列処理のための並列オブジェクト指向言語も設計・開発されている．

6-20: 　　　　　　　　　　**光学的文字読取装置** (情報221)

　OCRと略称する．紙面からの反射光を観測して文字を読取る装置．現在の文字読取装置のほとんどがこれに属する．観測，前処理，正規化，特徴抽出，識別，後処理の各部分から構成される．観測部分に関しては，読取用紙の紙質が問題となるが，現在は上質紙や普通紙が扱えるようになっている．前処理で最も難しい問題は，個々の文字の切出しである．不定ピッチで書かれた文字や，'Tokyo' のような入り組み文字の切出しが可能になっている．

6-21: 　　　　　　　　　　**漢字 OCR** (情報136)

　漢字ばかりでなく，ひらがな，カタカナ，英数字，記号のすべてを同じ方式で認識できる光学的文字読取装置 (OCR) をいう．観測，前処理，正規化，大分類，個別認識，後処理の各部分から構成されている．漢字は構造が複雑なため，観測部は 16 本/mm 以上の解像度を必要とする．これは，英数字かな文字用 OCR の倍以上の解像度である．漢字 OCR は，腰の弱い普通紙を扱えること，製本された書籍を扱えること，図表が存在している文書を扱えることなどの要請から，ページメモリーを備えて，文書 1 枚を一度に入力するようになっている．漢字認識の方式は種々あり，印字された漢字の OCR は商品となっている．手書き漢字の OCR は開発・商品化の段階にある．

6-22: 　　　　　　　　　　**漢字入力** (情報136)

　日本語入力のうち特に漢字の入力に係わる部分をいう．計算機の分野では，1 バイト系の英数字やかな文字に対して 2 バイト系の文字の入力を意昧することがある．漢字入力方式は，入力したい漢字を直接指定する方式と，かなや英字など字種の少ない文字を介して入力する方式の 2 つに分けられる．漢字を直接指定する方式の代表例としては，漢字テレタイプ方式とペンタッチ方式がある．漢字テレタイプ方式は，複数の漢字が割

り当てられたキーとその中の特定の漢字を指定する多数シフトキーの両者を同時に打鍵することによって特定の漢字を入力する方式で，多段シフト方式ともよばれる．ペンタッチ方式では，漢字を1枚のタブレット上に配置し，目的の漢字をペン状の装置で指定することで漢字を入力する．いずれの方式でもすべての漢字を配置することは困難であり，配置されていない文字を入力する場合は，別の入力手段を用いる必要がある．漢字を直接指定しない方式の代表例として，タッチタイプ方式とかな漢字変換方式がある．タッチタイプ方式は，各漢字をかな2，3文字に対応させ，対応するかな文字のキーを打鍵する方式である．漢字とかな文字の対応を覚えればキーや表示画面を見ずに入力できるため，高速入力が可能であるが，初期学習を多く必要とする．この方式の一種で，対応させるかな文字として漢字の意味や形を連想させるものを用いる方式を連想入力方式という．かな漢字変換方式は，漢字，文節，文章などの単位で読みを入力する方式で，読み入力の効率を高めるために工夫された，親指シフトキーボードやM式キーボードが開発されている．

6-23: 漢字認識 (情報136)

　漢字の文字認識をいうが，漢字ばかりでなく，ひらがな，カタカナ，英数字，記号のすべてを同じ方式で認識することを指す．通常，大分類，個別認識，後処理の3段階に分けて行う．大分類には文字を構成している線素の方向別密度を使う方法，周辺分布など文字の周囲の特徴を使う方法，ぼかしたパターンを使う方法などがある．個別認識では，パターン整合法や，文字の背景に着目したセル特徴を使う方法，ストローク解析法，位相特徴を用いた構造解析など，数多くの方法が試みられている．後処理には，文字，単語，文節，構文，意味の各レベルの後処理が考えられるが，現在は性能対価格比の関係から文節レベルまでの後処理が行われている．

Lesson 7: Computer Science IV
(applications; part II)

暗　アン dark
くら(い) dark, dim, gloomy, somber
　　暗号　　　　　　　アンゴウ　　　　　　　cryptography
　　暗示　　　　　　　アンジ　　　　　　　　hint, suggestion, implication

画　ガ picture; カク stroke (in a character)
えが(く) to describe, to draw, to sketch
　　画像認識　　　　　ガゾウニンシキ　　　　image recognition
　　計画　　　　　　　ケイカク　　　　　　　plan

究　キュウ investigating thoroughly
きわ(める) to investigate thoroughly
　　究極的な　　　　　キュウキョクテキな　　ultimate, eventual
　　研究　　　　　　　ケンキュウ　　　　　　research

工　ク artisan, manufacture, mechanic; コウ artisan, manufacture, mechanic
　　工学　　　　　　　コウガク　　　　　　　engineering
　　化学工程　　　　　カガクコウテイ　　　　chemical process

係　ケイ connection, influence
かかり person in charge; かか(る) to cost, to depend on, to be suspended from
　　関係　　　　　　　カンケイ　　　　　　　relation
　　係数　　　　　　　ケイスウ　　　　　　　coefficient

研　ケン grinding, polishing, scouring
と(ぐ) to grind, to polish, to scour
　　研究手法　　　　　ケンキュウシュホウ　　research method/technique
　　研磨　　　　　　　ケンマ　　　　　　　　grinding, polishing

鍵　ケン (piano/typewriter) key
かぎ key
　　鍵管理　　　　　　かぎカンリ　　　　　　key management
　　公開鍵方式　　　　コウカイかぎホウシキ　public key system

識 シキ discriminating, knowing, writing
| 知識 | チシキ | knowledge |
| 認識 | ニンシキ | recognition, cognition |

人 ジン people, person; ニン person
ひと human being, people, person
| 人工知能 | ジンコウチノウ | artificial intelligence |
| 人間 | ニンゲン | human being, person |

像 ゾウ figure, image, picture, statue
| 画像処理 | ガゾウショリ | image processing, imaging |
| 画像認識 | ガゾウニンシキ | image recognition |

知 チ acquaintance, knowledge
し(る) to appreciate, to know, to realize
| 既知の | キチの | already known, well known |
| 未知の | ミチの | unknown |

徴 チョウ omen, sign, symptom
| 特徴 | トクチョウ | characteristic, feature |
| 特徴抽出 | トクチョウチュウシュツ | feature extraction |

認 ニン approving, discerning, recognizing
みと(める) to authorize, to recognize, to witness
| 確認 | カクニン | confirmation, verification |
| パターン認識 | パターンニンシキ | pattern recognition |

翻 ホン turning over, fluttering
ひるがえ(す) to change (one's mind), to wave {vt};
ひるがえ(る) to turn over, to wave {vi}
| 機械翻訳 | キカイホンヤク | machine translation |
| 自動翻訳 | ジドウホンヤク | machine translation |

訳 ヤク translation
わけ circumstance, meaning, situation
| 言語翻訳 | ゲンゴホンヤク | translation of language |
| 多言語間翻訳 | タゲンゴカンホンヤク | multi-lingual translation |

Grammatical Patterns

7.1) ながら

The particle ながら is usually used following the conjunctive affirmative form of a predicate to indicate simultaneous actions (if the predicate is a verb that describes an action) or to provide the meaning "(even) though" (if the predicate describes a state).

1. 機械翻訳の直接方式では原言語を解析しながら相手言語を生成していく.

2. しかし実在の物質のほとんどすべては，弾性的でありながら粘性的にふるまい，粘性的でありながら弾性的にふるまう.

3. 燃焼は被酸化性物質が熱と光を発しながら激しく酸化される現象である.

7.2) つつ

When used as a suffix appended to the conjunctive affirmative form of a verb the particle つつ carries the same meanings and serves the same uses as ながら. However, the special combination つつある following the conjunctive affirmative form of a verb indicates a continuing action, and may be considered equivalent to the connective affirmative form followed by いる.

1. これに対し，鍵の配送を必要としない公開鍵方式が実用化されつつある.

2. 暗号理論は特にネットワークにおける情報の安全性を守る有力な武器として応用されつつある.

3. ただし，等量のカロリックを吸収しても，これによって生じる温度上昇は物体の熱容量に逆比例して小さくなり，溶けつつある氷のような場合には熱容量は無限大で温度上昇は0である.

7.3) ... ことによる   depends upon ..., is achieved by (means of) ...
     noun によらない   does not depend upon ..., is independent of ...

1. 機械翻訳の中間言語方式では，原言語を言語によらない概念的な構造に変換し，そこから相手言語を生成する.

2. 上の経験事実は，この線積分の値がその道筋によらないことを示したものである.

3. 成長反応は少数の活性種 (連鎖伝達体) に単量体が反応することによる.

7.4) しか

The particle しか precedes a negative verb. The combination of しか and the negative Japanese verb expresses the concept of "only," "nothing other than" or "no one other than" in combination with the affirmative meaning of the English equivalent of the Japanese verb.

1. 構文上の制約が一般に強く，固定した書き方しか許さないものが多い．

2. 本人しかできないという本来の署名と同じ機能を達成するためには，この暗号化に公開鍵方式を用いなければならない．

3. 特殊なものとしては分解能 3000 以上で，同一の質量数を有する異種のイオン (たとえば CO^+ と N_2^+) を弁別できるものもあるが，限られた分野でしか使用されていない．

7.5) 何 [なん] らかの ...   some ... or other

1. いくつかの知識の構造が何らかの意味で類似していることを検出して，それらを統合するメタ知識を形成していく方法を研究する．

2. 音声，文字，図形，画像などの対象の集合に共通に認められる何らかの特徴に注目したとき，これをその対象のパターンとよぶ．

3. ディジタル署名でよく用いられる方法は，メッセージを何らかの方法で圧縮し，さらに秘密の鍵を用いて暗号化して得られる文 (認証子) をメッセージに付加して送るという方法である．

7.6) affirmative predicate + か + negative predicate + か
This pattern is most frequently used in the middle of a sentence as a form of "embedded question," whereby the writer considers "whether or not" a specific action is carried out (if the predicate is a verb) or "whether or not" a specific characteristic is observed (if the predicate is an adjective).

1. 暗号は情報あるいは情報システムの安全性を守るため，ある知識をもつかもたないかによって，符号化や復号などの変換が効率良く行えるか行えないかを制御する仕組みである．

2. 摩擦は相対運動があるかないかによって静止摩擦と運動摩擦に，また接触界面における相対運動の種類によって滑り摩擦と転がり摩擦とに分けられる．

3. μ は 2 つの物質の種類にだけ関係する定数であるが，実際には温度あるいは接触面がぬれているかいないかにも関係する．

7.7) やがて   soon, presently, before long, in due course

1. やがて社会集団に関するデータについても確率論の適用が考えられるようになった．

2. 2つの物体を接触させておくとやがて熱平衡が成立し，マクロな物理量の時間的変化が認められなくなる．

3. 当時においては，磁気の研究は電気の研究より進んでいたが，やがて電池の発見などによって電気の研究は急速に進み，M. Ampère，M. Faraday らによって電流と磁場の関係が解明された．

Reading Selections

7-1:　　　　　　　　　　　　暗号 (情報23)

通信文の秘密を守ること (守秘) や通信文または通信相手の正当性を確認すること (認証) などにより情報あるいは情報システムの安全性を守るため，ある知識をもつかもたないかによって，符号化や復号などの変換が効率良く行えるか行えないかを制御する仕組み．この知識を鍵とよぶ．守秘のための符号化，復号を，それぞれ特に暗号化，復号という．秘密を守りたい通信文すなわち平文は鍵 K_1 を用いて暗号化され，暗号文となる．この暗号文は，ある鍵 K_2 を用いれば容易に復号されるが，そうでなければ平文を復元するのがきわめて困難であるように作っておかなけばならない．鍵 K_2 をもたずに平文を復元しようとする行為を解読という．通信文を認証するためには，通信文から認証文を鍵 L_1 を用いて生成し，鍵 L_2 を用いて検査する．認証方式は，鍵 L_2 をもたなければこの検査に合格するような認証文を作るのがきわめて困難となるように構成する必要がある．通信相手の認証は，乱数を相手に送りそれに対する認証文を生成してもらうことにより行える．このような暗号の機能は，すべて鍵に依存している．したがって，暗号においては，鍵の生成，配送，保管，廃棄，変更をどのように行うかという鍵管理の問題がきわめて重要である．鍵管理のためには，鍵を階層化することが多い．その場合，最も基本となる鍵をマスター鍵とよぶ．また，鍵配送を容易にするために，公開鍵方式や鍵事前配布方式などが考えられている．

7-2:　　　　　　(データ通信における) 暗号化 (情報23)

通信文 (メッセージ) の内容を第三者が推論できないように，特定のアルゴリズムによって通信文を変形すること．初期の暗号技術は，アルゴリズムそのものの秘密性に強く依存していたので，アルゴリズムが解読されると秘密は保てなかった．そのため最近では，アルゴリズムと鍵を併用する暗号技術が用いられている．この方式では，特定の文字列からなる鍵によってアルゴリズムの性質が変化するので，鍵を替えると暗号化されたデータの形は全く異なったものになる．したがって，1 つの鍵が解読されても，鍵の値を変えればふたたび秘密を保つことができる．一般にに，暗号化されたテキスト C は鍵 K と通信文 M の関数として $C = f(K, M)$ と表される．この関数は，K と M が与えられれば C は容易に求められるが，C が与えられても K や M を求めることは実際上は不可能であるような，一方向関数でなければならない．ふつう鍵は発着信の両端がそれを知っていて鍵を配送する必要があり，通信の途中で鍵が盗まれない工夫が必要である．これに対し，鍵の配送を必要としない公開鍵方式が実用化されつつある．これは，2 つの鍵を入力に対する一方向関数により生成するが，1 つは公開する鍵でメッセージの暗号化の鍵として使用し，もう 1 つは秘密にしてこれによって解読を防ぐという方式である．暗号化を行う OSI 参照モデルにおける階層は，物理層，トランスポート層，プレゼンテーション層で可能である．物理層で暗号化すると，メッセージのテキスト部だけでなくヘッダー部まで暗号化されるため，相手アドレスも暗号化される．そのため，復号装置を公衆がもたない現在の公衆網では使用できない．トランスポート層またはプレゼンテーション層における暗号化では，通信するエンドシステムが暗号化/復号装置を

もち，アドレス部は暗号化されない平文のまま転送される．トランスポート層が暗号化を管理するときは計算機内は平文で取り扱われるが，プレゼンテーション層が管理するときは，暗号文のままディスクに格納することが可能となる．なお，暗号技術のうち，テキストの内容は知りえても変更を加えられないようにする技術を認証とよんで区別する．

7-3: 暗号学 (情報23)

　暗号の構成法，解読法，安全性の解析，装置化法などに関する理論，技術の体系をいう．暗号の起源は古代エジプトにまでさかのぼる．暗号学はこの暗号の長い歴史の中で蓄積された膨大な経験を含む裾野の広い学問である．暗号学の中で近年急速に発展してきた数学的理論を暗号理論という．これは，数学的モデルで記述できる部分に関する理論であり，整数論，代数学，計算の理論，組み合わせ数学，情報理論などを基礎としている．暗号理論は特にネットワークにおける情報の安全性を守る有力な武器として応用されつつある．

7-4: 自然言語理解 (情報293)

　人間が言語を理解するのと同じようなレベルで，機械が自然言語を理解したといえる結果を出す計算機モデルを作る研究をいう．ここで自然言語とは，人工言語 (主としてプログラム言語) に対するものとして，われわれ人間の話す言語を指す．また理解とは何かについての本質的定義を与えることが必要であるが，それは困難なので，自然言語理解の研究においては，外部からの質問に対して人間が行うような適切な応答を出すという機能的定義を与えている．自然言語に関するすべての処理は，発話されたり書かれたりする文章の理解という立場から行われるべきであるが，理解についての上記のような機能的定義の立場から，テキスト理解や対話システムの研究が中心となっている．自然言語理解のシステムを作るためには，文法や辞書などの言語知識のほかに，われわれの世界に存在する一般的知識と，文章が述べている場面に関する情報とが必要で，これらは知識表現の問題である．さらに発話を行う話者の意図や心的態度という要因はマンマシンインターフェースにおけるユーザーモデルの問題として，文章の解釈に大きな影響をもっている．自然言語理解の過程としてはまず形態素解析，つづいて統語処理が行われる．これらのいずれにおいても曖昧性や漠然性が存在したままであり，次に行われる意味処理と文脈処理において，言語知識のほかに一般的知識や場面情報を用いて，これらの曖昧性や漠然性が取り除かれる．こうして唯一の解釈を得たあと，一般的知識や話者の意図，心的態度に関連した推論規則という形の知識を用いて関連する連想的情報を得ることが自然言語理解である．さらにはその理解した結果を文章などのに人間の理解できる形に生成することによって，システムがある理解の状態に到達していることを示すことが必要で，対話システムの研究がその代表的なものである．異なった表現の2つの文が実質的に同じ内容を示すということはよくある．これはパラフレーズの問題とよばれており，自然言語理解の研究がさらに進展しないと解決は難しい．自然言語理解には，意味を解する機械翻訳，テキストの自動抄録，データベースに関する質問応答などの多くの応用が期待されている．また音声理解や自然言語による図形の意味理解への応用もある．さらに人間-機械系において，究極的にはプログラムを組む代りに自然言

語で機能を指示したいという強い要望がある．自然言語理解の研究の歴史は 1960 年代に始まる．初期のシステム例としてはグリーン (B. Green) の BASEBALL やリンゼイ (R. Lindsay) の SAD-SAM などがある．これらは特殊な領域で特殊な技法を用いて質問応答を行うものであった．1970 年代に入ると，統語処理の技法が向上して，ウィノグラードの SHRDLU やウッズ (W. A. Woods) の LUNAR などのように，知識ベースを手続き的に構築した，がなり高度なシステムが出現した．これに対し，シャンク (R. C. Schank) の MARGIE と SAM は知識ベースを宣言的に構築している．SAM はスグリプトの最初の具体例である．1980 年代以降では，状況意味論にみられるように意味理解の形式化が盛んになるとともに，小規模モデルの試作ではなく大規模な知識ベースを地道に開発しようという気運が，アメリカとわが国を中心に高まっている．

7-5: **機械翻訳** (情報148-149)

自動翻訳ともいう．計算機を用いて異なる言語間の翻訳を行うことをいう．細かく分類すると，1) 完全自動型機械翻訳，2) 人間援助型機械翻訳，3) 機械援助型人間翻訳に分類できる．機械翻訳というときには，3) を含まないことが多い．完全自動型は翻訳の過程にいっさい人手の介入がない方式，人間援助型は人間の援助を得て機械が翻訳を行う方式，機械援助型は計算機の支援を得て人間が翻訳する方式である．完全自動型が望ましいが，現在の技術では十分な品質の翻訳結果を得ることが難しく，現存する機械翻訳システムのほとんどが，人間援助型である．この場合，人間の援助としては，翻訳すべき原言語を翻訳システムが解釈しやすいように人間が編集する前編集，機械翻訳の結果得られる相手言語の不適切な部分を後から人間が修正する後編集などがある．一方，機械援助型では，計算機を使った効率的な辞書検索，訳例検索などが考えられる．機械翻訳の方式としては，大きく分けて，原言語を解析しながら相手言語を生成していく直接方式，原言語を解析して得られた構造を相手言語の構造に変換し，変換した構造から相手言語を生成する移行方式，原言語を言語によらない概念的な構造に変換し，そこから相手言語を生成する中間言語方式などがある．中間言語方式は多言語間翻訳に適しているが，その設計は困難である．機械翻訳のアイデアを最初に示したのは，ウィーヴァーのウィーナーらへの手紙 (1947 年) とされているが，実際に大規模な研究・開発が行われたのは，1950 年代であった．ただ，この初期の機械翻訳研究は自然言語の複雑さ，言語翻訳の難しさを過小評価しており，多くの困難に直面した．結局，1966 年にアメリカ政府の自動言語処理諮問委員会 ALPAC が機械翻訳に否定的見解を示したことが契機となって，アメリカ政府からの財政的援助が打ち切られ，アメリカを始めとする多くの国での研究が中断した．しかし，カナダやフランスなどの研究グループは研究を続け，1976 年にモントリオール大学で気象通報に関する英仏翻訳システム TAUM-METEO が作られ，1978 年には実用化された．その後，計算言語学，理論言語学，自然言語処理などに関する研究の進展が契機となり，1980 年代に入ってふたたび活発な研究・開発が行われるようになった．代表的なプロジェクトに，日本の Mu プロジェクト (1982-86)，ヨーロッパの Eurotra プロジェクト (1982) などがある．

7-6: **機械翻訳用辞書** (情報149)

MT 辞書と略記することがある．原言語から相手言語へ機械翻訳するために用いる辞

書をいう．翻訳方式や翻訳処理での使われ方などによって，さまざまな種類の辞書に分けられる．例えぱ，移行方式の機械翻訳では，3 つの翻訳処理段階に対応して，原言語解析辞書，両言語対照辞書，相手言語生成辞書が使用される．解析辞書と生成辞書はそれぞれの言語の範囲内で考えればよいので単一言語辞書であるが，対照辞書は 2 言語辞書とよばれる．中間言語方式では，個々の言語に共通な中間言語 (概念とよばれることがある) が設定されるので基本的には単一言語辞書だけですむ．なお，科学技術文献や仕様書などを機械翻訳するためには，専門用語辞書が不可欠となる．実際のシステムでは，システム専用の辞書とは別に，利用者が個人的に使用したい用語や訳語を自由に登録できる利用者用辞書が用意される．機械翻訳用の辞書は，普通の辞書のように自然言語で説明されたものでなく，多くは定型的な形式 (フォーマット) をもち，記号化された情報が書き込まれている．機械翻訳の翻訳率や訳文の質は，これらの辞書の質によって直接的に影響を受けるので，その充実を図ることは重要である．

7-7: 　　　　　　　関係データベースシステム (情報134)

　リレーショナルデータベースシステムともいう．データモデルとして関係モデルを採用しているデータベースシステムをいう．単に関係データベースと略称することもあるが，関係データベースという用語はより抽象的に関係モデルを指す場合も多い．データベースシステムにはほかに階層データベースシステム，網データベースシステム，準関係データベースシステムなどがあるが，関係データベースシステムはデータ構造として関係もしくは関係の表現である表を利用する点で階層データベースシステム，網データベースシステムと区別され，関係完備な検索言語など高水準のデータ操作機能を備えている点で準関係データベースシステムと区別される．初期の関係データベースシステムの典型例としては System R や Ingres などがあり，いずれも基本的な考えをコッドが創始した関係モデルに負っている．System R は IBM 社のサンノゼ研究所で開発されたプロトタイプで，関係データベース言語 SQL をはじめ関係データベースに関する種々の手法がこの開発中に考案された．Ingres はカリフォルニア大学バークレー校で開発されたシステムで，その言語 QUEL はコッドが提案した関係データベース言語の ALPHA に類似している．

7-8: 　　　　　　　関係データベース設計 (情報134-135)

　概念モデルとして関係モデルを用いた場合のデータベース設計をいう．関係モデルの特徴の一つは，データの利用法とデータ自体のもつ性質を切り離して扱えるところにある．データの利用法は質問処理で扱われ，データ自体のもつ性質である関数従属性，多値従属性，結合従属性を扱うのが関係データベース設計である．これらの従属性は，データを更新する場合に必ず満足されるように検査する必要があり，この検査をできるかぎり容易にするのが設計の目的となる．関数従属性は 1 つの関係で表現できるが，多値従属性や結合従属性は複数個の関係で表現される．関係のキーとなる属性集合が K であるような属性集合 X_i 上の関係によって $K \rightarrow X_i$ で示される関数従属性が表せる．属性集合 X_i 上の関係 R_i の集合 R_1，$\cdots$，R_k によって，結合従属性 $* [X_1, \cdots, X_k]$ が表現できる．関係データベース設計では，与えられた従属性の集合に対して，これらを表現するできるだけ単純な関係集合を求めるのが目的となる．ここで単純さは，関係数が少な

く，同じ関係数の場合は関係に含まれる属性数が少ないことで定義される．しかし従属性集合の性質によっては必ずしもうまく設計できないことがある．このため，関数従属性の集合に制限を加え，結合従属性も非巡回でかつ1つだけという制限を設けることが多い．表現できる従属性集合を増やすために冗長な属性を追加するなどの方法も考えられている．関数従属性だけを考えた設計では，1つの関係内で表現可能な関数従属性を組み合わせて対応する関係を作る方法があり，これを合成法という．これに対して大きな1つの関係を考え，それを無損失結合の逆操作で分解して関係集合を得る方法を分解法という．分解法では得られた関係集合を無損失結合して1つの関係に戻せることが保証されており，多値従属性や結合従属性も扱うことができる．合成法は与えられた関数従属性の集合に対応する最小数の関係を得るのに適しており，まず合成法でそのような関係を作った後，それらの関係と多値従属佳，結合従属性を用いた分解法を適用するのがよい．

7-9: **(データベースの) 関係モデル** (情報135)

　リレーショナルモデル，関係データベースモデルともいう．データモデルの一つで，対象の表現に関係だけを用いるモデルをいう．関係は本来数学の概念であり，本質的には数学と関係モデルとで変りはないが，数学では主に2項関係が用いられるのに対し関係モデルでは2項に限らず一般に n 項関係を用いるところが異なる．関係モデルは創始者のコッドが初期の論文において述べたモデルを典型例とするが，その後多くの著者によって多方面の拡張がなされたため，関係モデルと一言でいってもその内容はさまざまである．データ操作には基本的に関係を組の集合とみるか述語の集まりとみるかにより，データベースの検索手段として関係代数の能力を想定するものと，関係論理の能力を想定するものとがある．一貫性制約としては各種の従属性が考えられている．関係データベースシステムは関係モデルの具体的な実現であるが，そのデータベースの操作能力は実用的な見地から定められるデータベース言語によるため，個々のシステムごとに相違がある．関係モデル以前のデータモデルを利用するには物理的な実現方法をある程度考慮に入れなければならなかったが，関係モデルを利用する際には物理的な考慮を必要とせず理解が容易である．関係モデルは，データ独立性を高めるデータモデルとして1970年にコッドが提案した．この提案が発端になって関係モデルの拡張およびそれ以外の多くのデータモデルも提案されるに至った．関係モデルに従う実用的なデータベースシステムはコッドの最初の提案から約10年後に出現し，今後，大勢を占めると予想される．関係モデルがデータベース分野に与えた影響はきわめて大きい．

7-10: **人工知能** (情報350-351)

　AIと略称する．人間の認識，判断，推論，問題解決，その結果としての発話や行動の指令，さらに学習の機能といった人間の頭脳の働きを理解することを研究対象とする学問分野をいう．究極的には頭脳の機能を機械によって実現することを目的とする．3つの分野に大別できる．

1) 外界情報の認識に関する分野：視覚による2次元パターンの認識，3次元世界の認識，音声の認識，言語の認識などを研究する．これらは，知識と推論規則を用いた探索に基

づいて行われ，画像理解，ロボットビジョン，音声理解，自然言語理解とよばれる分野を溝成する．これらと対をなす，音声合成，文章生成，ロボットの行動計画など，生成と行動に関する分野もこの範疇に含まれる．

2) 知識の体系化：各種の事実としての知識をどのような形式で計算機に記憶させるかという知識表現の問題，推論規則としての知識をどのような形式で作り，入力される情報と事実知識から推論規則を働かせて希望する結論を得るという探索の問題，定理証明などの与えられた問題を解く手順を発見する問題解決などを扱う分野．試行錯誤的探索が中心となる．探索を効率良く行うため，絶対確実ではないが多くの場合に成り立つヒューリスティックな知識を用いる．

3) 学習に関する分野：外界世界から情報を得て事実知識を増やして推論規則を自己形成する方法を明らかにし，さらにいくつかの知識の構造が何らかの意味で類似していることを検出して，それらを統合するメタ知識を形成していく方法を研究する．これは，計算機上のモデルによる心理学的研究，あるいは認知科学における認知システムの研究とみなすことができる．

　人工知能の研究は計算機の誕生とほぼ同じ時期に開始された．1950年にシャノンのチェスマシンに関する論文があり，1956年にはシャノンとマッカーシーが編集した"オートマトン研究"が発表された．同年にダートマス大学に集まった研究者が人工知能という名称のもとに人間の知的機能を模倣する機械の研究を積極的に開始した．人工知能の名称はこれに由来するといわれる．その後1960年代前半にかけて定理の自動証明，ゲームをするプログラム，一般問題解決器 (GPS) と称する解答を発明するプログラム，数式の微分，積分，因数分解などを自動的に行う数式処理のプログラムなど，多くの知能的なプログラムが作られた．1970年代に入り自然言語理解，知識表現の問題が積極的に取り上げられるようになり，ロボットの視覚と行動の研究も進展した．最近では，人工知能の応用システムの一つとしてエキスパートシステムが作られ，社会のいろいろな分野に適用されるようになった．

7-11:　　　　　　　　　**人工知能マシン** (情報351)

　人工知能応用における各種処理 (推論，学習，知識管理など) の高速化を自的として構成された専用計算機．特に推論機能を中心に考える場合，推論機械ともよばれる．エキスパートシステムなどの人工知能の応用分野では，従来の手続き型言語による記述が困難であるため，Lisp や Prolog などの非手続き型言語が利用されることが多く，これらの言語を高速実行する Lisp マシンや Prolog マシンは人工知能マシンといえる．また，意味モデルとしてプロダクションシステムや意味ネットワークが多用されるが，これらのモデルは高い並列性をもっており，並列処理を駆使したアーキテクチャーが検討されている．プロダクションシステムマシンとしてはDADO，意味ネットワークマシンとしてはNETL などがあげられる．

7-12: 人工知能向き言語 (情報351)

　人工知能システムを構築するのにとくに適したプログラム言語．Lisp, Prolog, Smalltalk などが知られている．人工知能システムの特徴は，文章，数式など思考過程にかかわる記号を操作することであり，とくに単独の記号よりも記号間の関連を扱う処理が重要である．記号間の関連は，リスト構造とよばれる柔軟なデータ構造によって操作される．このため，人工知能向き言語は，リストの合成，分解，アクセスなど強力なリスト処理機能を備えている．リスト処理機能を実現するためのもっとも重要な仕組みは，記憶管理である．リストを表現するために，記憶領域は連続した2語で構成されるメモリーセルに分割され，使われていないセルは未使用セルの連鎖として管理される．リスト合成に伴って，新たなセルが必要となると未使用セル連鎖から1つずつセルが外されて使用される．また，リストの分解に伴って不要セル(群)が生じるが，その回収のためにごみ集め処理が行われる．このような記憶管理機構によって，ゲームや定理の証明のように，枝分かれのために実行中に使用するメモリーセルの量が予測できないようなプログラムも容易に書くことができる．これは，Fortran などの既存のプログラム言語と著しく異なる特徴である．人工知能向き言語は，知識表現言語に比べて汎用性が広く低水準であり，多くの知識表現言語の処理系の実現に用いられている．

7-13: 画像処理 (情報117-118)

　広義には，画像として表現された情報の処理すべてを意味し，撮像・生成，変換，符号化，伝送，記録，蓄積・検索，特徴抽出，計測，認識・理解などを含む．狭義には，画像変換や画像からの特徴抽出を意味する．画像処理には，計算機によるディジタル画像処理のほか，レンズなどを用いて光の像を処理する光学的画像処理，テレビのビデオ信号などのアナログ信号を処理するアナログ画像処理があるが，情報科学の分野では通常ディジタル画像処理を意味する．画像の撮像・生成では，さまざまな画像入力装置が用いられ，対象を可視化し画像として記録する種々のイメージング技術が開発されている．この代表例に，人体内部の直接観測できない組織の2次元断面の像を計算によって求めるコンピュータートモグラフィーがある．画像変換には，画像強調，歪みの補正，像再生・復元などがあり，周波数領域や2次元の画像平面におけるさまざまなフィルターが用いられる．特徴抽出では，しきい値処理や，エッジ検出，領域分割による対象の切出し，テクスチュア解析や形状解析による特徴の計測がなされる．画像認識では，計測された特徴に基づき，統計的決定理論に基づくパターン認識や構造解析によって，画像に写された対象を認識する．画像処理の応用には，波形解析や医用画像処理，リモートセンシング画像処理，パターン計測などがある．

7-14: 画像処理ソフトウェア (情報118)

　画像処理のためのソフトウェアで，画像入出力装置制御プログラム，画像データ管理プログラム，画像処理プログラムライブラリーから構成される．このうち画像データ管理プログラムは，画像処理ソフトウェアを設計する上でとくに重要なもので，使用する計算機の記憶容量に応じて画像データの仮想記憶機能や大画像の分割処理機能，クオドトリーなどを用いた画像データの符号・復号化機能を実現する必要がある．画像処理ソ

フトウェアは Fortran などの汎用言語で記述されることが多いが，PAX II や VICAR などの画像処理専用言語が用いられることもある．画像処理では，処理結果を表示し，利用者の評価に応じて新たな処理を行うことが多く，画像処理ソフトウェアとしては，対話型コマンドシステムの形態をとることが多い．コマンドの指定法にはコマンド言語を用いたものとメニュー選択によるものがある．また利用者との柔軟な対話機能を実現するために，ライトペンやジョイスティック，トラックボール，マウスによる座標，形状の指定が行えるようにしなければならない．画像処理プログラムライブラリーや画像処理コマンドは種類が多く，種々のパラメーターをうまく設定する必要がある．適切なプログラムやコマンド，パラメーターの選択が容易に行えるようにするため，画像処理に関する知識を利用した画像処理エキスパートシステムが開発されている．

7-15: **パターン情報処理** (情報580)

　音声，文字，図形，画像などの対象の集合に共通に認められる何らかの特徴に注目したとき，これをその対象のパターンとよび，対象をその立場でみるとき，これを対象パターンという．対象パターンを入力，伝達，蓄積，変換，特徴抽出，認識，生成，利用する技術を総称してパターン情報処理という．特にパターンとそれが意味する概念との関係を中心に考えるときにはパターン認識，パターン理解とよぶ．対象パターンとしては，1) 音声，地震波形，心電図波形などの1次元波形，2) 文字やサインなどの約束された記号，3) 設計図面，地図などの線図形，4) 写真に代表される濃淡画像やカラー画像，5) 画像の各点に距離データを付加した3次元画像，6) 時間的に変化する対象を多数の画像として観測する動画像に分けることができる．パターン生成は多くの場合コンピューターグラフィックスという立場からとらえられる．コンピューターグラフィックスは広義のパターン情報処理に入るが，狭義のパターン情報処理は対象パターンの特徴抽出や認識を中心に考えて，コンピューターグラフィックスを含めない場合が多い．観測され認識の対象となる文字列や文章なども広義にはパターンと考えられる．対象パターンの入力，伝送，蓄積における主要課題はパターンのもつ情報量の圧縮であり，フーリエ変換などの画像変換の技術として研究される．パターン情報処理の中心的問題であるパターンの特徴抽出には，周波数分析，フィルタリング，その他多くの方法が知られている．パターンの認識は次の2つの方法に分れる．i) 統計的パターン認識：統計的決定理論などの数学的手法を用い，入力されるパターンを限られた数のクラスに分類する場合に有効である，ii) 構造的パターン認識：対象パターンの中に存在する特徴相互間の位置関係を構造的にとらえて，その同一性，類似性から認識を行う．上記の4), 5), 6) に属する対象パターンの場合には，認識の対象となる画像が非常に複雑なので，構造的パターン認識の手法を用いる．特に5), 6) の場合は対象世界に関する知議を利用しなくてはならないので，コンピュータービジョンとよばれ，人工知能の一分野をなす．
　パターン情報処理は1950年代に文字認識の研究に始まり，1970年代に入って実用システムとして広く使われるようになった．1960年代には画像処理が盛んに研究され，1970年代の後半から実用化された．1970年代からは複雑な2次元画像，3次元画像，動画像などの処理と認識の研究が行われているが，対象が無限に変化するため解析が非常に難しくまだ実用化されていない．パターン情報処理は人手にたよる部分が多く，時間がかかり，コストが高いという問題が存在する．

7-16: パターン整合法 (情報580)

　パターンマッチング法または重ね合わせ法ともいう．パターン認識における識別理論の一種．基本的には，入力された観測パターンと識別パターンの近さによって識別を行う方法をいう．観測パターンの特定の部分だけをみるようにした方法がテンプレートマッチングであり，最も簡単なパターン整合法である．識別パターンとして1個のパターンを使う方法に，単純整合法，正準整合法および単純類似度法がある．単純整合法は，識別パターンとして各カテゴリーに対応する標本パターンの平均パターンを使う方法であり，正準整合法は観測パターンと識別パターンが同じカテゴリーに属しているときはできるだけ1に近く，異なるカテゴリーに属しているときはできるだけ0に近くなるような識別パターンを使う方法である．識別パターンとして無限個のパターンを使う方法に部分空間法や複合類似度法がある．パターン整合法はパターンの部分的な変動に強く，全体的な変動に弱いなど，構造解析に対して相補的な性格をもっている．

7-17: パターン認識 (情報580-581)

　対象に認められる特徴的要素の単なる集まりでなく，各特徴要素の間に認められる位置的，時間的，機能的連関までを含んで，これらの共通的性質全体をパターンとよび，対象にそのパターンの存在を認めることをパターン認識という．この定義が示すように，特徴的要素や要素間の関連性を認識できることがパターン認識の前提となり，これ自身がパターン認識そのものであるという自己矛盾を含む哲学的，認知科学的，情報科学的課題である．パターンは，物語や人間の行動，文化などにも認められ，広義にはこれらもパターン認識の対象となるが，機械によるパターン認識はまだこのような人間的な認識のレベルに至らず，対象をあらかじめ設定されたいくつかの有限個のカテゴリー(パターンの種類)のいずれかに対応させる識別の段階にある．認識すべき外界の対象は，観測によって機械に入力される．観測されたデータの組は観測空間を構成し，入力された対象の観測データは観測空間上の1点で表される観測パターンである．観測パターンは前処理をへて特徴抽出され，特徴の順序づけられた組からなる特徴ベクトルが作られる．この特徴ベクトルが張る空間を特徴空間という．観測が特徴抽出となっている場合も多く，観測空間は特徴空間の一種とみなすことができる．特徴抽出の操作は一度に行われず，何段階にもわたって局所的特徴から大所的特徴の抽出まで順次に行われることが多く，特徴空間は一般に多数存在する．特徴空間は，認識すべきパターンの含まれている空間という意味からパターン空間ともよばれる．特徴空間内で1点を占めるこの特徴ベクトルは，特徴パターンともよばれる．また，特徴相互間を隣接関係などの関係性で関連づけたグラフ構造を特徴パターンとする場合もある．この特徴パターンの中に特徴要素の関連性が表現されている．各カテゴリーに対応する理想的な特徴パターンは識別パターンとよばれる．対象の特徴パターンと識別パターンの同一性，あるいは類似性から特徴パターンが識別される．そのために特徴空間内に導入される関数を識別関数という．識別において，特徴ベクトル間に距離を導入し，統計的決定理論によってパターンの同一性を決定する場合は，統計的パターン認識とよばれる．グラフ構造の同一性による識別の場合は構造的パターン認識という．対象に存在する特徴的要素やそれらの関連性は，多くの対象の特徴パターンのクラスタリングによりある程度発見が可能である．漢字のように識別すべき対象が数千種類もある場合には，識別は大分類，詳細分類

のように複数の段階をふむことがある．一般の画像や3次元世界におけるパターン認識は，孤立した対象の認識の場合と異なり，対象とそれが存在する環境の認識が矛盾なく行われることが必要となり，画像理解，コンピュータービジョンという言葉でよばれる．機械によるパターン認識の試みは前世紀からあったが，本格的な研究は電子計算機技術の利用によって1950年代から始まり，1950年代の終りには数字の文字読取装置が商品化されている．その後，パターン認識は，文字認識から図形認識，画像認識，3次元画像認識，動画像認識，波形認識，音声認識などに範囲を拡げ，装置もいろいろと作られるようになってきている．パターンの存在は，広く文体や社会現象，文化などにも認められる．これらのパターンの認識は，これからの情報科学にとって興味ある問題であるが，そのためにはこれらの対象から有効な特徴的要素を取り出すことが先決である．

7-18: ディジタル署名 (情報480)

　ネットワークセキュリティにおいて，発信者が正しく本人であることを確認するための手法の一つ．ディジタル署名でよく用いられる方法は，メッセージ (通信文) を何らかの方法で圧縮し，さらに秘密の鍵を用いて暗号化して得られる文 (認証子) をメッセージに付加して送るという方法である．相手は，この秘密の鍵に対応する鍵を用いて署名すなわち認証子が正しく付けられているかどうかを検証できる．本人しかできないという本来の署名と同じ機能を達成するためには，この暗号化に公開鍵方式を用いなければならない．

7-19: ファイル転送プロトコル (情報626-627)

　補助記憶装置にある情報の管理単位であるファイルを，他の計算機システムへ転送するプロトコルをいう．その主な機能には，コネクションの確立と解放，仮想ファイルへのアクセスを可能 (または不可能) な状態にすること，ファイルアクセスデータ単位の識別情報によるファイルデータの転送，仮想ファイルの管理 (生成と消滅，ファイル属性の更新)，障害回復と再開始などがある．なお，ファイル転送サービスは，障害回復処理をサービス提供者ができるだけ自動的に行う高信頼サービスと，サービス提供者は障害回復の手段だけを提供し実際の修復処理は利用者が行う利用者修復サービスに分けられる．

Lesson 8: Mechanics I
(pressure and vacuum)

圧　アツ pressing, overwhelming

| 圧縮 | アッシュク | compression |
| 圧力計 | アツリョクケイ | pressure gauge, manometer |

位　イ grade, place, rank
くらい about, approximately, grade, rank

| 位置 | イチ | position, location |
| 単位 | タンイ | unit |

液　エキ liquid

| 液化ガス | エキカガス | liquified gas |
| 液体 | エキタイ | liquid |

気　キ air, disposition, feeling, spirit, taste; ケ air, disposition, feeling, spirit, taste

| 気体 | キタイ | gas |
| 磁気ディスク | ジキディスク | magnetic disk |

空　クウ air, emptiness, sky
あ(く) to become empty {vi}; あ(ける) to empty {vt}; から emptiness; そら sky

| 空間 | クウカン | (void) space |
| 空集合 | クウシュウゴウ | empty set |

件　ケン case, item, matter

| 条件 | ジョウケン | condition |
| 初期条件 | ショキジョウケン | initial condition |

縮　シュク contracting, shrinking
ちぢ(まる) to be shortened, to shrink {vi}; ちぢ(む) to shrink {vi};
ちぢ(める) to shorten, to shrink {vt}

| 圧縮比 | アッシュクヒ | compression ratio |
| 収縮 | シュウシュク | contraction, shrinkage |

相	ショウ minister of state; ソウ aspect, phase あい- mutual, reciprocal		
	位相	イソウ	phase
	相対的な	ソウタイテキな	relative

真	シン reality, truth ま truth		
	写真	シャシン	photograph
	真空	シンクウ	vacuum

水	スイ water みず water		
	水準	スイジュン	level, standard
	水面	スイメン	water surface

測	ソク measuring はか(る) to measure		
	観測	カンソク	observation
	測定	ソクテイ	measurement

単	タン individual, one, simple, single		
	簡単な	カンタンな	simple, easy
	単純な	タンジュンな	pure

柱	チュウ cylinder, pillar, post はしら column, pillar, pole		
	円柱	エンチュウ	cylinder, column
	水銀柱	スイギンチュウ	column of mercury

弁	ベン petal, valve		
	真空弁	シンクウベン	vacuum valve
	弁本体	ベンホンタイ	valve body/casing

面	メン aspect, face, mask, plane, surface おも face, honor, reputation; おもて face, honor, reputation; つら face, surface		
	表面	ヒョウメン	surface
	面積	メンセキ	area

Grammatical Patterns

8.1) 限 [かぎ] り   **limit, constraint**

affirmative clause + 限 [かぎ] り   **as long as (affirmative clause)**

negative clause + 限 [かぎ] り   **as long as (negative clause),**
                                                unless (affirmative clause)

限 [かぎ] りなく   **without limit, without end**

1. 移送式ポンプは真空容器の内部などの特定空間より気体分子を外部に排出する形式なので，運転を続けることによって限りなく気体を排出できる．

2. ため込み式ポンプは運転時間に限りがあり，そのつど再生などの作業を要するが，動作時には外界とはまったく遮断されており，ポンプを停止させても外界からの気体の侵入はまったくない．

3. しかし，その場合にも通常は体積粘性率が小さい限り，主応力 p_1, p_2, p_3 の平均値 $(p_1 + p_2 + p_3)/3 = -p$ で与えられるスカラー p を平均圧力と定義する．

4. 静止または一様な直線運動を行う物体はこれに力が作用しない限り，その状態を持続する．

8.2) 見 [み] かけの ...   **apparent ...**

見 [み] かけ上 [ジョウ]   **apparently, outwardly, based on appearance**

1. 一度アクセスされた情報は近い将来にふたたびアクセスされる確率が高いので，次にアクセスされたときキャッシュ記憶から情報を取り出せば，見かけ上主記憶のアクセス速度を高速化することができる．

2. この効果は物体内の電荷が見かけ上変わったように，真空の偏極では荷電粒子の見かけの電荷が変わる．

3. 朝永振一郎と J. S. Schwinger は真空の偏極で生じた見かけの電気量を観測される本当の電気量として理論をくみかえるいわゆるくりこみ理論を提出した．

8.3) ところが [used as an introductory word]   **however**

ところで [used as an introductory word]   **by the way, incidentally**

1. ところで，第 2 次世界大戦後，エレクトロニクスとコンピューターの技術革新，並びに新しい計測制御機器とシステムの発明は驚異的であり，そのことが近代制御理論への道を開いた．

2. ところが，ゆらぎをもっている真空は常に存在しており，穴をあけてゆらぎのない

場所をつくることはできない.

3. ところが，物質が高温になくても何らかの刺激によって光を放出する場合があり，これをルミネセンスという.

8.4) ... にわたる   (extending) over ..., (extending) across ...
       ... にわたって   (extending) over ..., (extending) across ...
       ... にわたり   (extending) over ..., (extending) across ...
     (Note: The phrase ... にわたる modifies a noun; the phrases ... にわたって and ... にわたり modify a verb.)

1. なかでも弾性式の圧力計が多種多様な原理に基づいて考案され，圧力測定全般にわたって最も多く用いられている.

2. また管の中では入口を除き断面全体にわたり乱流となる.

3. そのすぐ外側に，かなりの範囲にわたってレイノルズ応力がほぼ一定の領域が存在する.

8.5) ... ことはない   it never happens that ..., never ...
       ... 場合 [ばあい] はない   it never happens that ..., never ...
       ... ときはない   it never happens that ..., never ...

1. ターボ分子ポンプでは，低分子量の気体に対しては圧縮比が比較的小さく，ときには問題となることがあるが，重い気体に対しては十分大きく，ほとんど問題になることはない.

2. これらの分散性弾性波の位相速度は極めて大きくなることもあるが，その群速度は無限媒質中の縦波音速を超えることはない.

3. Φ は C を貫く磁束線の本数に比例し，磁束線は途切れることがない.

8.6) およそ **and** おおよそ
     Both およそ (凡そ) and おおよそ (大凡) carry the meaning "generally," "roughly" or "approximately" when dealing with categories or numerical estimates, but both words also carry the sense of "quite," "entirely" or "altogether" when used in an emphatic statement. The latter usage frequently appears in combination with a negative predicate. およその and おおよその can be used to modify nouns, conveying the meaning "general," "rough" or "approximate."

1. 主なポンプについて，到達圧力，最大動作圧力 (大気圧以下の場合)，得られる排気速度のおおよその範囲を表に示す.

2. 高真空弁は大気圧からおよそ 10^{-5} Pa までの圧力領域で使用されている.

3. 一次冷却材のおおよその圧力・温度条件は加圧水型軽水炉の場合 16 MPa，580 K，沸騰水型軽水炉の場合 7 MPa，560 K，高温ガス冷却炉の場合 4 MPa，1273 K である．

Reading Selections

8-1:   真空 (物理968-969)

　真空技術上の立場からは，外気圧よりも低い圧力の状態を総称したものであり，理論物理学で扱われる真空とはまったく違った概念である．したがって，圧力の範囲に応じていろいろな段階に分けることができる．従来は真空の度合を表すものとして真空度ということばが用いられていたが，真空度が高い (低い) ということは低い (高い) 圧力を意味しており，真空度の高低と圧力の高低とは互いに逆である．このため最近では混乱を招くものとしてあまり用いられなくなった．しかし，真空を多くの段階に分けたときの名称には，古い習慣が残っていて，低真空，高真空といったことばがそのまま使われている．ほとんどの場合，外気圧は1気圧であるから，これ以下の圧力は広い意味では真空である．それぞれの圧力領域は単に便宜上の区分ではなく，技術的，物理的にもそれぞれの意義と特徴を有する区分が少なくない．それぞれの圧力範囲を真空技術上の立場から特徴を付記すると，以下のようである．1) 低真空：大気圧との間に圧力差のあることが，この圧力領域の唯一の特徴である．気体の性質などは大気圧の状態と本質的には変わらない．2) 中真空：流体としての空気が大気圧に比べて無視できる程度の圧力状態．しかし，気体を微視的立場から分子の集合と考えれば，十分な真空とはいえない圧力範囲．3) 高真空：極端に巨大な装置 (たとえば宇宙空間擬似装置) を除いてほとんどの真空装置で分子条件が成り立つ圧力範囲．すなわち微視的立場から見ても十分低い圧力の範囲．気体は希薄気体としての特徴的な性質をいろいろ示すようになる．4) 超高真空：高真空領域では気相において気体分子が十分に少ないといえるが，容器表面にはなお多くの気体分子が吸着されている状態といえる．超高真空の圧力領域では，容器表面上の気体分子も含めて，気体分子の存在を無視できる状態に一歩進んだ状態といえる．たとえば固体表面に入射する分子がすべて表面に付着するような条件の下でも，表面に気体分子が一分子層蓄積されるのに数十秒ないし数時間を要するのがこの圧力範囲である．5) 極高真空：超高真空よりさらに完全な真空に迫るものであるが，質的な差はあまりない．しかし，技術的には極高真空の実現，圧力計測，ともに開発途上にあるものとして特殊な圧力領域である．

8-2:   真空ポンプ (物理973-974)

　気体分子を特定の空間 (たとえば気密性容器内) から取り除く機能をもつものを，広い意味で真空ポンプという．気体分子を取り除くには，大別して次のような2通りの方法がある．第一の方法は気体分子を特定の空間の外に運び去るものである．第二の方法は特殊な固体表面を用いてそこに分子を捕獲することによって，気相から気体分子を取り除くものである．第一の方法による真空ポンプを移送式ポンプとよび，移送式ポンプはさらに容積移送式ポンプと運動量輸送式ポンプに分けられる．第二の方法による真空ポンプをため込み式ポンプとよぶ．移送式ポンプは，機能的には一般の流体輸送用のポンプと類似しており，歴史の古いポンプはほとんどこれに属する．油回転ポンプ，拡散ポンプ，ターボ分子ポンプなどは移送式ポンプであり，これらのうち油回転ポンプは容積移送式ポンプ，拡散ポンプ，ターボ分子ポンプは運動量輸送式ポンプである．ため込

み式ポンプは機能的には古くから真空技術で用いられてきたトラップと類似しており，見方によっては各種の真空用トラップもため込み式ポンプといえる．スパッタイオンポンプ，ゲッターポンプ，クライオポンプなどがため込み式ポンプに属する．移送式ポンプは真空容器の内部などの特定空間より気体分子を外部に排出する形式なので，運転を続けることによって限りなく気体を排出できる．しかし動作時は必ず外界に対して開いた状態となっており，ポンプを停止する際はバルブなどによって真空容器などと外界との遮断を行う必要がある．したがって故障などで不意にポンプが停止すると外界から気体が侵入するという欠点がある．これに対してため込み式ポンプは運転時間に限りがあり，そのつど再生などの作業を要するが，動作時には外界とはまったく遮断されており，ポンプを停止させても外界からの気体の侵入はまったくない．

　移送式ポンプは気体を移送する機構によって次のように分類される．1) 容積移送式ポンプ：限られた空間に気体を閉じ込め，機械的にその空間に膨張，移動，収縮などの変化を与えることによって，気体の吸入，移送，排出を行うもの (各種のピストン式ポンプ，油回転ポンプ，ルーツポンプなど). 2) 運動量輸送式ポンプ：気体分子に運動量を一定の方向に与えることによって，気体を輸送するもの．運動量を与える方式によって，機械式 (分子ドラッグポンプ，ターボ分子ポンプなど) と流体作動式 (拡散ポンプ，エジェクターポンプなど) に分類される．

　ため込み式ポンプは気体分子を表面で捕獲する機構によって次のように分類される．1) 収着ポンプ：表面における収着現象によって分子を捕獲するもの (ソープションポンプ，クライオソープションポンプなど). 2) ゲッターポンプ：表面における化学吸着 (ゲッター作用) によって分子を捕獲するもの (ゲッターポンプ，サブリメーションポンプ，バルクゲッターなど). 3) ゲッターイオンポンプ：電場，磁場などの利用によって，気体分子を励起または電離することによって効率を高め性能の向上を計ったゲッターポンプ (スパッタイオンポンプ，オービトロンポンプ，蒸着イオンポンプなど). 4) クライオポンプ：低温表面における気体の凝縮によるもの．

　なお以上の分類は画一的なものではない．多くの排気機構を組み合わせてあるものが多く，別の分類法もある．(たとえばクライオソープションポンプとクライオポンプを総称してクライオゼニックポンプとよぶことがある). 主なポンプについて，到達圧力，最大動作圧力 (大気圧以下の場合)，得られる排気速度のおおよその範囲が表に示してある．

8-3:　　　　　　　　　　　　　　**真空計** (物理970)

　外気圧よりも低い気体の圧力を測定する圧力計．圧力の範囲によっていろいろな測定の方法があり，種類も多い．また，混合気体の場合，単に圧力 (全圧) だけではなく，各成分気体の分圧を測ることも重要である．このような立場から，真空計は次のような，全圧だけを測る全圧計と成分気体の分圧を測る分圧計とに分類することができる．

　[1] 全圧計：直接，圧力 (単位面積当たりの法線方向の力) を力学的に測定する形式のもののほかに，圧力によって変化するほかの物理量を測定して，間接的に圧力を求める形式のものもある．分類すると次のようになる．(1) 全圧を直接測るものには，液柱圧力計 (水銀圧力計など) や，隔膜真空計などがある．(2) 気体の圧力を物理的処理によって増幅して測るものにはマクラウド真空計などがある．(3) ラジオメーター力を利用したものにはクヌーセン真空計がある．(4) 圧力によって変化するほかの物理量を測定す

ることによって間接的に圧力を測るものには，熱伝導真空計 (サーミスター真空計，熱電対真空計，ピラニ真空計など)，粘性真空計などがある．(5) 気体分子密度を測定するものには，各種の電離真空計がある．(6) そのほかの原理によるものには，ガイスラー管，空間電荷真空計などがある．以上 (1)~(6) に列挙した各種の真空計がすべて厳密な意味で全圧計とはいいがたい．厳密に全圧計といえるのは (1) および (3) のみで，ほかの真空計は気体の種類によって感度が異なるために，それぞれの成分気体の分圧に重みを掛けたうえで加算したものを圧力 (全圧) として測定していると理解すべきである．また，気体分子密度から間接的に圧力を測定する形式のものは，$p = nkT$ (p は圧力，n は分子密度，T は絶対温度，k はボルツマン定数) の関係によるものであり，気体の温度が一定 (= 常温) であることを前提としている．

　[2] 分圧計：真空領域における分圧計にはもっぱら質量分析計が用いられている．したがって動作圧力範囲は，10^{-2} Pa (10^{-4} Torr) 以下の高真空および超高真空領域である．しかし分圧測定には，質量分析に用いられるような高分解能の質量分析計は，一般には必要ではない．分圧計としで必要な機能としては，容易に操作できること，操作圧力範囲が広いこと，分圧計自身からの放出ガス，特にイオン源からの放出ガスが少ないこと，などである．分解能もそれほど高い必要はなく，弁別できる最大質量数でいえば，簡単なもので 1~30，本格的なものでも 1~200 程度で十分である．特殊なものとしては分解能 3000 以上で，同一の質量数を有する異種のイオン (たとえば CO^+ と N_2^+) を弁別できるものもあるが，限られた分野でしか使用されていない．

8-4: 真空蒸着 (物理971)

　通常 10^{-2} Pa 以下の圧力の真空中において物質を加熱して蒸発または昇華させ，その蒸気を固体の表面上で凝縮させて薄膜を形成する方法をいう．薄膜およびその基板となる固体の物質を選択する上で最も制約が少ない薄膜形成手段であって，プラスチック製品の表面被膜，光学部品の反射膜や反射防止膜，電子部品や半導体集積回路を構成する薄膜など，数 nm~数 μm の厚さの固体層形成に利用されている．真空が必要となる理由は，残留気体分子との化学反応や衝突による薄膜形成物質の化学変化を低減し，蒸気の基板への到達率を高めるためである．10^{-6} Pa 以下の圧力中で蒸着を行うと，純度の高い清浄な表面層を得ることができるので，表面物性研究に必要な清浄表面作成法としても使われる．蒸着の初期段階では島状に堆積が起り，しだいに一様な厚さの多結晶膜となるのが普通であるが，基板の種類や温度などの条件を選べば単結晶膜が得られる．蒸着膜の基板への付着力は，スパッタ膜に比べて一般には弱いが，膜厚の制御はより容易である．特に，組成と結晶性との制御を目的とした超高真空蒸着を分子線エピタキシーとよぶ．

8-5: 真空弁 (物理973)

　真空装置において真空に直接関係する部分に用いられ，気体の流れを遮断あるいは制御を行う弁のこと．機能的には一般流体用の弁と全く同じである．弁の入口，出口で流れが直角に曲げられる L 型弁，流れが変わらない直型弁などがある．真空弁がほかの一般流体用の弁と異なる点は，弁本体からの許容漏れ，および弁を閉めた状態での許容漏れに関してきびしいことと，弁内部の構成材からのガス放出量が小さいことである．

また，弁開放時のコンダクタンスが大きいことも，真空弁の性能としては重要なことである．直型弁の一種，ゲート弁では開口部が完全に開く．真空弁はその性能上，次のように高真空弁と超高真空弁とに分類することができる．(1) 高真空弁：大気圧からおよそ 10^{-5} Pa までの圧力領域で使用されるもので，真空シールにはほとんどネオプレン，バイトン A などのエラストマーが用いられ，潤滑剤として真空グリースが用いられる．このため弁の開閉過程で多少の気体が一時的に漏れることは避けられない．弁体の移動機構に金属ベローズを用い，大気との遮断を完全にした型式のものを，特にパックレス弁とよぶことがある．(2) 超高真空弁：10^{-4} Pa 以下の圧力範囲でも使用可能なもので，原則として真空に直面する部分はすべて金属で加熱脱ガスが可能であるもの．例外的にテフロン，ポリイミドなどの耐高温性の有機剤が採用されることもある．弁体の移動機構にはすべて金属ベローズが採用され，シール材として金，銅，アルミニウムなどの金属ガスケットが用いられる．(1)，(2) のほかに特殊な真空弁として，真空装置内への気体の導入を精密に制御するための可変リーク弁がある．

8-6:　　　　　　　　　　　　**真空偏極** (物理973)

　荷電粒子の存在による真空の偏極．電子と光子系を記述する量子電磁気学では，不確定性原理 $\Delta E \cdot \Delta t \approx \hbar$ により真空中でも仮想的に電子・陽電子対と光子が発生したり，消滅したりしている (量子力学的ゆらぎという)．この発生している時間は不確定性原理により $\hbar/2mc^2 = 10^{-21}$ s 程度で非常に短い．しかし荷電粒子をこの真空にもってくると，この仮想的に発生する電子・陽電子対と相互作用があるため，ちょうど物体内に電荷を入れたときに物体の電気的偏極が起きるのと同じく，真空のこのゆらぎが変化をうける．これを真空偏極という．この効果は物体内の電荷が見かけ上変わったように，真空の偏極では荷電粒子の見かけの電荷が変わる．量子電磁気学ではこの変化は無限大となり，場の理論の困難とされていた．物体内にある真の電気量を調べるには物体に適当な穴をあけて電束密度 D を測定すればよいことが電磁気学で示されている．ところが，ゆらぎをもっている真空は常に存在しており，穴をあけてゆらぎのない場所をつくることはできない．朝永振一郎と J. S. Schwinger はこの真空の偏極で生じた見かけの電気量を観測される本当の電気量として (無限大は多分将来の理論で有限になるとして) 理論をくみかえるいわゆるくりこみ理論を提出し，この無限大は解決しなくても，矛盾のない，実験をよく説明しうる理論体系を組み立てた．
　荷電粒子の電気量を測るには，その電荷のつくる電場 (真空偏極を含めた) に電子を入射させて散乱させ，小さな角度への散乱の割合から求める．散乱角が大きいところでは (すなわち荷電粒子の近くを通り大きく散乱された電子は) 真空偏極の複雑な効果，Uehling 項が重要になる．

8-7:　　　　　　　　　　　　**真空放電** (物理973)

　気体の圧力が数 Torr 程度 (1 Torr = 133.3 Pa) の気体放電を真空放電とよぶこともあるが，通常は電離衝突の平均自由行程が電極間距離より長く，放電空間での気体の電離が放電に寄与しないような高真空中での放電のことをいう．この場合でも，加速された電子の衝撃によって，陽極材質そのもの，吸蔵ガス，あるいは付着していたダストがイオン化して放出されると，これらが陰極を衝撃して二次電子を放出するという機構によっ

て放電が可能である．したがって放電開始電圧は，電極材料，表面処理のしかた，吸蔵物や吸蔵ガス量によって大きく変わる．電極材質を積極的に蒸発，電離させて，生成されたプラズマやイオンの発光を利用しようとするのが真空アークや真空スパークである．また，真空は良い絶縁体であることから，レーザー照射や第三電極の放電によって放電を誘起させ，高電圧，大電流のスイッチとして用いる真空スイッチも応用例の1つである．

8-8: 圧力 (物理20)

　物体の表面，または物体内部の任意の面上で，その面を境として両側の部分が力を及ぼしあうとき，そのうち面に垂直に押しあう力の単位面積当たりの値，すなわち作用面に向かう法線応力が圧力である．圧力の強さは一般には考える面の向きによって異なるが，静止流体では面の向きに関係なく各点ごとに一定値 p をとる．このことは，静止流体中には接線応力が現れないという性質から導かれるもので，そのとき応力テンソルは，クロネッカーの記号を δ_{ij} ($i = j$ では 1, $i \neq j$ では 0) として $p_{ij} = -p\delta_{ij}$ の形となり，これを特に静水圧という．負符号は，この力が法線の負の向きに働くことを示す．静水圧はまた，熱平衡にある流体の熱力学的状態量のひとつであって，状態方程式によって他の状態量と結びつけられ，たとえば密度 ρ，温度 T，分子量 M の理想気体に対しては $p = (R/M)\rho T$ が成り立つ (R は気体定数).

　接線応力を全く無視する完全流体の近似では，流体の運動中も静水圧だけを考えればよいが，粘性を考慮すると法線応力は面の向きと流動速度に依存し，ただ1つのスカラー p では表せない．しかし，その場合にも通常は体積粘性率が小さい限り，主応力 p_1, p_2, p_3 の平均値 $(p_1 + p_2 + p_3)/3 = -p$ で与えられるスカラー p を平均圧力と定義して，p は流動速度を含まない局所的な熱力学的圧力に等しいと仮定することができる．流体力学では，この平均圧力をふつう単に圧力とよび，その時間的変化を圧力変動，空間的変化を圧力分布，$-\mathrm{grad}\, p$ を圧力勾配などといっている．したがって，運動する粘性流体中では圧力と法線応力そのものとの区別に注意しなければならない．固体の場合はこれらと対比して負の法線応力を圧縮応力とよぶことが多く，その値は静止時と運動中を問わず一般に作用面の向きによって異なる．

8-9: 圧力計 (物理20-21)

　流体の圧力の測定に用いられる計測器．圧力計のうちで大気圧を測るものを気圧計，大気圧以下の真空圧力を測るものを真空計，数百 MPa 以上の圧力を測るものを高圧計とよび，また2つの圧力系の圧力差を測るものを差圧計，このうち，特に微小な圧力差を測るものを微圧計という．基本的な測定原理により分類すると，圧力の定義に基づく絶対測定が可能な一次圧力計と，物理現象の圧力による変化を利用し，一次圧力計による校正を必要とする二次圧力計に大別される．一次圧力計には液柱型や重錘型などの圧力計があり，圧力は液柱や重錘の重量と平衡させることにより測定される．二次圧力計には弾性式，電気抵抗式，圧電気式などの圧力計がある．弾性式の圧力計 (弾性圧力計という) の感圧素子には圧力範囲に応じて黄銅，りん青銅，ベリリウム銅，ステンレス鋼，特殊鋼などの材料を加工したブルドン管，ダイアフラム，ベローズ，空ごう (薄い円形の波打った金属板を2枚貼り合わせて外周をはんだづけしたもの) などが利用され，

これらの素子の変位またはひずみば，いろいろな方式の機械的あるいは電気的変換機構を用いて拡大され，測定または指示される．電気抵抗式はひずみゲージを上記感圧素子に接着したもの，ゲージを蒸着したもの，Si などの単結晶で作ったダイアフラム上にリソグラフィー技術により拡散抵抗線ゲージを直接形成したものなどがある．圧電気式は水晶などの圧電素子を用るもので，主として内燃機関の内圧測定に用いられる．真空計には，液柱式や弾性式のほかに，高真空用として原子や分子の電離・放電現象や熱伝導を利用する真空計がある．一般に，二次圧力計で電気的出力を有するものを圧力変換器，または圧力発信器ともいい，遠隔測定のための電気式あるいは空気圧式伝送が可能なものを圧力伝送器ともいう．

8-10: 圧力測定 (物理21)

　圧力を測る最初の実験は 1643 年に行われた有名なトリチェリの真空実験である．地球を取巻く空気の重量によってつくられる大気圧にガラス管内の水銀柱の重量をつり合わせ，水銀柱の高さから圧力を求める．この水銀柱方式は，現在でもなお大気圧付近の圧力や真空圧力および差圧の一般的測定から標準用の精密測定に至るまで広く応用され，圧力測定において重要な位置を占めている．圧力の測定法には，水銀柱方式のように圧力の定義を具体的に実現する測定原理に基づく絶対測定法と，圧力の作用によって誘起される物理現象を利用する比較測定法とがある．また，流体圧力，差圧，真空圧力，固体超高圧力，動圧力 (衝撃圧力ともいう) などの圧力の種類と範囲に応じて，それぞれに異なった原理の圧力測定法が適用されている．

　絶対測定法では，圧力はその定義に従い，ある面積に働く力の大きさを求めてこれらの量から間接的に決定される．すなわち [圧力] × [面積] = [力] の関係より圧力を力に変換し，この圧力による力を他の重力や弾性力などの既知の力とつり合わせて圧力の測定を行う．力は重力によるのが最も正確であるから，流体圧力領域では，液柱や分銅に働く重力を利用する液柱法や重錘法が圧力測定の標準となっている．比較測定法では，再現性がよくて圧力効果の大きい物理現象が利用され，これには弾性変形，ピエゾ抵抗効果，圧電効果などがある．なかでも弾性式の圧力計が多種多様な原理に基づいて考案され，圧力測定全般にわたって最も多く用いられている．衝撃圧力に対しては金属の塑性変形が用いられることもある．

　大気圧より低い圧力の真空領域では，液柱法に基づく方法が大気圧から真空側に拡張されて用いられるとともに，圧力が対象とする気体の分子数密度に比例するため，気体の分子数に依存する物理現象が利用される．気体の電離・放電現象や熱伝導現象などである．固体圧を対象とする約 2 GPa 以上の超高圧の分野では NaCl の格子定数やルビー蛍光線の波長が圧力によって変わることが利用され，それぞれ NaCl 目盛あるいはルビー目盛とよばれる．またこの領域では物質の相転移を利用した圧力定点が圧力測定の校正基準として重要な役割をする．さらに衝撃圧力は衝撃波の伝播による圧縮現象として扱われ，衝撃波が伝わる物質中の衝撃波速度と粒子速度および物質の密度より圧力が決定される．

8-11: 圧力の単位 (物理22)

　圧力の単位は，[エネルギー (力学的，熱的または電気的) の単位] / [体積の単位] の形

で定められることもあるが (ジュール毎立方メートル，カロリー毎立方センチメートルなど)，一般には，(a) [力の単位] / [面積の単位] の形で組み立てる，または，(b) 特定の密度をもつ液体が柱状をなしているとき，特定の重力加速度値を示す場でその液柱の底面に生ずる圧力を，液柱の鉛直方向の長さ (すなわち高さ) で代表させて，[長さの単位]に付加語を添えた形で表す，のどちらかで定められる.

以下，主な単位系での圧力の単位を示す. なお，真空との差圧 (絶対圧力) を表す記号 (たとえば ata) や，大気圧との差圧 (ゲージ圧) を表す記号 (たとえば at_g) などは，いわば量の種別に対する慣用記号であって，単位記号ではない.

(1) 国際単位系 (SI)：力の SI 単位ニュートン (N) と面積の SI 単位平方メートル (m^2) とから (a) 方式で組み立てられる SI 単位はニュートン毎平方メートル (N/m^2) で，これには固有の名称パスカル (Pa) が与えられている. SI では，パスカルを応力の単位にも使う.

(2) CGS 単位系：力の単位ダイン (dyne) と面積の単位平方センチメートル (cm^2) とから (a) 方式で組み立てられるダイン毎平方センチメートル ($dyne/cm^2$) がある.

(3) 重力単位系：力の単位重量キログラム (kgf または kgw)，重量グラム (gf またはgw) などと，面積の単位 m^2，cm^2 などとの粗合わせによる重量キログラム毎平方メートル (kgf/m^2) (以下記号のみを示す)，kgf/cm^2，gf/m^2，gf/cm^2 などがある. SI 単位との関係は $1\ kgf/m^2 = 9.80665\ Pa$ などである. ヤード・ポンド法には重量ポンド毎平方インチ (lbf/in^2 または psi) がある.

(4) バールとその系統の単位：$10^5\ Pa$ をバール (bar または b) といい，その系統に mbar (または mb)，μbar (または μb) などがある.

(5) 気圧とその系統の単位：101325 Pa を気圧 (atm) という，現行のこの定義は，(a) 方式で決めた Pa に数係数 101325 を掛けた形になっているが，歴史的には (b) 方式で導入されたものと解される.

(6) 水銀柱メートルとその系統の単位：(101325/0.76) Pa を水銀柱メートル (m Hg)，といい，その系統に水銀柱センチメートル (cm Hg)，水銀柱ミリメートル (mm Hg) があって，現在ではすべて Pa に数係数を掛けた形で定義されるが，名の示すとおり，歴史的には (b) 方式で導入されたものである. ただし水銀の密度，重力加速度，水銀柱の高さのそれぞれの基準値の選び方にバラエティがあった. また，トル (Torr または torr) は，今日では mm Hg の別称と解されるようになったが，1 Torr = (1/760) atm という定義もあったから，atm の定義によっては Torr ≠ mm Hg との解釈もあり得る. Torr (または torr) の系統には mTorr，μTorr などがある.

8-12:　　　　　　　　　　　　(原子炉の) 圧力容器 (物理23)

原子炉の炉心及びその付属構造材を収納し，液体または気体の一次冷却材を入れる耐圧容器. 原子炉の形式により設計製作上の問題点が異なり，軽水冷却炉の場合には厚肉の加圧クラッド鋼板がよく使用される. またガス冷却炉においては大型鋼製圧力容器の限界からプレストレストコンクリート製 (高張力鋼線によって締めあげて引張りに強くしたコンクリート) の圧力容器が使用されることが多い. 原子炉容器は高温，高圧下で使用されるだけでなく，中性子線や γ 線などの照射も受けるので，これらに対し優れた耐性をもつことが要求される. 一次冷却材のおおよその圧力・温度条件は加圧水型軽水炉の場合 16 MPa，580 K，沸騰水型軽水炉の場合 7 MPa，560 K，高温ガス冷却炉の場

合 4 MPa, 1273 K である.

8-13: 圧縮機 (物理15)

　外部から仕事を与えて気体を圧縮し圧力の高い気体を送り出す機械. 吐出圧力が 0.1 MPa 以下のものは送風機といって区別することもある. 圧縮の原理により, 容積型圧縮機とターボ圧縮機に大別される. 容積型は気体を閉じ込めた空間の体積を減少することにより気体の圧力を高めるもので, この型には往復式と回転式がある. 高圧力が容易に得られ, 圧縮効率が高いが機械が大型になり, 吐出気体の圧力に脈動があるなどの欠点がある. ターボ型は気体に運動エネルギーを与えることにより圧縮するもので, 軸流式と遠心式がある. 高速化が可能で小形であり, 吐出圧力に脈動がないなどの利点の反面, 吐出圧力が低く, 特性が設計や使用条件に左右されやすい. 高圧用では, 1 段で圧縮するもののほかに, 数種の圧縮機を組み合わせた多段圧縮のものもある. また, 扱う気体の種類により, 空気圧縮機, 水素圧縮機, 酸素圧縮機などとよぶ. 圧縮機は広い技術分野で使用されており, アンモニア, ポリエチレンなどの化学合成, 液化石油ガス (LPG), 液体窒素, 液体酸素などの液化ガス, 二酸化炭素, フレオンなどを用いた冷却などのほか, 空気分離, 貯蔵, 運搬などを目的とする高圧ガスの利用技術には欠かせない機械である.

8-14: 圧縮比 (物理16)

[1] 内燃機関のシリンダー内部容積が最も小さくなった値 (燃焼室容積) を V_C とし, 行程容積 (ピストンヘッドが動く部分の体積) を V とするとき

$$\varepsilon = (V_C + V)/V_C$$

で定義される量 ε を圧縮比という. 自動車用のガソリンエンジンでは, $\varepsilon = 6.5 \sim 10$, ディーゼルエンジンでは $e = 12 \sim 23$ 程度である.

[2] 真空ポンプのなかで, 真空容器の気体を大気側に排出する形式の移送式ポンプに対し, ポンプ吸気口側の圧力と排気口側の圧力との比を, ポンプを通しての気体流量が0の条件の下で測定された値. ポンプを通しての気体流量が 0 の場合, ポンプによって排出される気体量と, ポンプ換気口側から吸気口側へ圧力差によって逆流してくる気体量とがちょうどつり合っている. したがって, このような気体の逆流が少なければ圧縮比は大きく, 多ければ圧縮比は小さくなる. 気体の逆流量は, ロータリーポンプやルーツポンプでは, ローターとポンプケーシングのすき間などによっておおよそ決まってしまうが, ターボ分子ポンプや拡散ポンプでは, 回転翼の回転速度, ジェット噴流の速度などに依存するとともに, 気体分子の熱運動速度に大きく依存する. ターボ分子ポンプや拡散ポンプでは, 水素やヘリウムのような低分子量の気体に対しては圧縮比が比較的小さく, ときには問題となることがあるが, それ以外の重い気体に対しては十分大きく, ほとんど問題になることはない.

8-15: 油回転ポンプ (物理27-28)

　端面が閉じた円筒内で, 円柱や翼板などを偏心回転させ, 気密シールと潤滑に油を利用して気体を圧縮排気する機械式ポンプである. 到達圧力は一段で 10 Pa 台, 二段直列

形式で 10^{-1} Pa 台で，排気速度は $2 \times 10^{-4} \sim 2$ m³/s のものがつくられ，大気圧からの排気に広く用いられている．構造には次の 3 種類がある．回転翼型ポンプはゲーデ型回転ポンプともよばれ，回転円柱と，その切り割りにはめ込んだ 2 枚の翼板とが油膜を介して固定円筒面を摺動する．これらの回転部と固定円筒端面に囲まれた空間の容積変化によって気体の吸入，圧縮，吐出を行う．カム型回転ポンプ，別称センコ型回転ポンプでは，翼板とこれを押すカムとスプリングとが固定円筒に取りつけられている．キニー型回転ポンプでは横穴付の角筒がついた揺動ピストンが固定円筒内面を摺動して排気作用を行う．油回転ポンプで水蒸気を含んだ気体を排気すると，ポンプ内で凝縮して水となる．圧縮過程前半でポンプ内に大気を導入するための弁付の小孔を設けておくと，水の凝縮前に吐出弁が開くようにすることができる．この機構付の油回転ポンプをガスバラストポンプという．

Lesson 9: Mechanics II
(motion and flow)

運　ウン destiny, fate, fortune, luck
はこ(ぶ) to carry, to progress, to transport

運動	ウンドウ	motion
運用	ウンヨウ	(practical) use, operation

加　カ addition, increase
くわ(える) to add, to append {vt}; くわ(わる) to increase, to join in {vi}

加速度	カソクド	acceleration
増加	ゾウカ	increase

拡　カク expanding, spreading, wide

拡散	カクサン	diffusion
拡大	カクダイ	enlargement, magnification

混　コン blending, mixing
ま(ざる) to be blended, to be mixed {vi}; ま(じる) to be blended, to be mixed {vi};
ま(ぜる) to blend, to mix {vt}

混合物	コンゴウブツ	mixture
混乱	コンラン	confusion, chaos, disorder

擦　サツ brushing, rubbing, scouring, scraping
す(る) to rub, to frost (glass) {vt}; す(れる) to rub, to wear (down) {vi}

滑り摩擦	すべりマサツ	sliding friction
摩擦	マサツ	friction

層　ソウ floor, layer, seam (of rock), stratum

境界層	キョウカイソウ	boundary layer
層流	ソウリュウ	laminar flow

速　ソク fast, quick, speedy
はや(い) fast, quick, speedy; はや(める) to hasten {vt}; すみ(やかな) rapid, prompt

高速化	コウソクカ	increase in speed/throughput
速度	ソクド	rate, velocity

体	タイ body, form, object, substance; テイ appearance, condition		
	からだ body, health		
	体系	タイケイ	system, organization
	物体	ブッタイ	object, body

動	ドウ change, motion		
	うご(かす) to move, to set in motion {vt}; うご(く) to move, to be in operation {vi}		
	運動	ウンドウ	motion
	自動制御	ジドウセイギョ	automatic control

粘	ネン sticky		
	ねば(る) to be greasy, to be sticky, to persevere		
	粘性流体	ネンセイリュウタイ	viscous fluid
	粘度	ネンド	viscosity

物	ブツ matter, object, thing; モツ matter, object, thing		
	もの matter, object, thing		
	生物学	セイブツガク	biology
	物理学	ブツリガク	physics

摩	マ grinding, polishing, rubbing, scraping		
	摩擦係数	マサツケイスウ	coefficient of friction
	摩擦力	マサツリョク	frictional force

乱	ラン disorder, riot		
	みだ(す) to disrupt, to disturb {vt}; みだ(れる) to be confused, to be disturbed {vi}		
	乱数	ランスウ	random number
	乱流	ランリュウ	turbulent flow

流	リュウ current, flow		
	なが(す) to flush out, to wash off {vt}; なが(れる) to flow, to lapse, to pass by {vi}		
	電流	デンリュウ	electric current
	流体力学	リュウタイリキガク	fluid mechanics/dynamics

量	リョウ amount, quantity, volume		
	はか(る) to estimate, to measure, to plan		
	定量的な	テイリョウテキな	quantitative
	当量的な	トウリョウテキな	equivalent

Grammatical Patterns

9.1) ... からである   (that is) because ...
      ... のは/が ... からである   the fact that ... is because ...
      なぜなら(ば) ... からである   (if we ask why,) it is because ...
      なぜかとういと ... からである   (if we ask why,) it is because ...

1. また平均場自身に物理量の勾配があって，そこでの乱流による物理量の輸送，すなわち乱流輸送が問題になるからである.

2. すなわち全反射が起これば b の符号が正であることが明らかになるからである.

3. なぜならば，音波の伝搬方向 (y) に AE 起電力が生じ，キャリヤーは y 方向に動けないから，磁場による力を受けないからである.

9.2) connective form + みる

    A verb in the connective affirmative form followed by みる indicates that a certain action is being taken in order to "try [verb]ing" or to "[verb] and see what happens."

1. 石油を燃料とする火力発電を例にとって考えてみると，まず石油のもっている化学エネルギーは，燃焼という過程によって熱エネルギーに変換される.

2. 多数の物質について調べてみると，大多数のものでは S_0 は十分 0 に近いが，0 でないある一定の値を示す物質もある.

3. 簡単のため理想気体を考えてみよう.

9.3) あらゆる   all

1. 式 (3) は対数速度分布といい，境界層に限らず，レイノルズ応力一定の領域においてあらゆる乱流について普遍的に成り立つ法則である.

2. このように Fresnel は，そのほか多くの論文を含めて，光の波動説をあらゆる面から根拠づけた.

3. ほとんどあらゆる分子の分子内振動の基準スペクトルは普通赤外の領域にあり，赤外分光分析は広く普及している.

9.4) 前後 [ゼンゴ]

    The term 前後 can carry several different meanings. When thinking about the locations of objects or actions, 前後 can mean "in front and in back." When thinking about the occurrence of an event or a change relative to the passage of time, 前後 can mean "before and after" the event or change. When it follows a numerical value 前後 can mean "about" or "approximately." When thinking about repetitive, oscillatory movement, 前後 can mean "forward and backward" or "back and forth." Thus, in order to select the proper translation it is important for the reader to gain a clear sense of the situation that is being described.

1. しかし，実在流体では物体上の境界層が剥離するとともに伴流を生じ，渦の放出や発生などがあるため，物体の前後に圧力差が現れ，物体は圧力抵抗を受ける．

2. もしこの変位の過程が断熱的，すなわち外部との間に熱のやりとりがないように起こるならば，変位の前後におけるエンタルピーの値は同じである．

3. Al_2O_3 は 99% 以上，Na_2O が 0.3% 前後である．

9.5) ... を通 [ツウ] じて

The phrase を通じて usually means "through" or "by means of" in the sense of a medium for expressing an action or a condition. Occasionally, を通じて carries the meaning of "through" or "throughout" when considering an interval or range. (Note: There is considerable overlap between the use of ... を通じて and the use of ... を通 [とお] して, as described in pattern 6.7.)

1. 摩擦などの現象を通じて力学的エネルギーの一部が物体の内部エネルギーになる場合，力学的エネルギーと内部エネルギーの和に対してエネルギー保存則が成り立つ．

2. 赤外スペクトルの測定には以前はプリズム分光器が用いられたが，最近は回折格子分光器が近赤外，遠赤外を通じて普及している．

3. 光共振器の異なるモードの電磁場は，互いに独立であるが，レーザー媒質が存在するときには，その非線形性を通じてモード間の相互作用が生じる．

9.6) はず

Use of the noun はず indicates that the action that precedes はず in the sentence "should" happen or "is expected to" happen. The reason for this expectation could be previous experience or some kind of external information. The emphasis with はず lies in liklihood, rather than a sense of what is right or what is wrong. (Note: The reader is urged to contrast the use of はず with the use of べき, as described in pattern 4.11.)

1. エネルギーは，本来不生不滅のものであるから，変換の前後で量的変化は生じないはずである．

2. もし低温熱源を絶対零度にすることができれば，そこに捨てられる熱量も 0 になり，高温熱源で吸収した熱量をすべて仕事に変えることができるはずである．

3. たとえば，固体の熱力学的性質の測定を体積一定の条件の下で行うよりは圧力一定の条件で行う方がはるかに容易なはずである．

Reading Selections

9-1:   **運動の法則** (物理142-143)

  自然界において，物体の運動を支配する一般法則．普通ニュートンの運動の法則で代表される．歴史的には落体の運動から慣性の法則を発見した Galileo の研究に始まり，I. Newton が力と加速度の関係を 3 つの法則の形にまとめて，その基礎が確立された．その後，質点系や流体などに拡張適用されるとともに，変分原理の形で表現する諸方法，正準方程式，ラグランジュの運動方程式，ハミルトン・ヤコビの偏微分方程式なども導かれた．一方，A. Einstein によって，ニュートン力学より広い範囲の運動に一般に適用される相対論的力学への拡張も行われた．

  ニュートンの運動の法則 (1) 第一法則 (慣性の法則)：静止または一様な直線運動を行う物体はこれに力が作用しない限り，その状態を持続するという内容をもつもので，物体のこのような性質を慣性とよぶが，第一法則の意義はむしろ，このような事実を成立させる座標系すなわち慣性系を選び出す原理を示している点にある．われわれは第一法則によって運動を記述すべき慣性系をまず選択することができる．(2) 第二法則 (ニュートンの運動方程式)：1 つの質点に対して，慣性の大小を表す固有のスカラー量 m が定まる．m をその質点の (慣性) 質量といい，単位は kg である．慣性系を座標系にとるとき，ほかの物体が質点に及ぼす力学的作用は質量とその質点に生じた加速度 a の積で測れる．このベクトル量 F のことを力といい，1 kg の質点に 1 m/s^2 の加速度を生じさせる力を単位にとって 1 N (ニュートン) という．ある条件の下にある質量 m の質点に働く力 F があらかじめ決っていれば，その質点の運動は $ma = F$ による加速度 $a = d^2r/dt^2$ で定まる．このベクトルの関係式をニュートンの運動方程式という．(3) 第三法則 (作用反作用の法則)：2 つの物体間に働く力は必ず同一直線上にあって大きさが等しく，向きが反対のものからなる．この関係は物体が運動していても，相対論においても，さらに量子力学においても成り立つ．ただし電磁気的作用のように有限の速度で空間を伝わる場合には運動量保存則で置換える必要がある．

9-2:   **運動方程式** (物理143)

  物体の運動を決定する方程式で，通常微分方程式の形をとる．古典力学の質点に対するニュートンの運動方程式は最も基本的なものである．ある状態にある質量 m [kg] の質点に働く力 F [N] が既知であれば，この質点の運動は

$$ma = F \tag{1}$$

による加速度 $a = d^2r/dt^2$ [m/s^2] で決まる．これがニュートンの運動方程式 (運動の第二法則) とよばれるものである．この方程式は二階の微分方程式であるから，たとえば時刻の始めにおける質点の位置 r_0 と速度 dr_0/dt の初期条件が与えられれば，任意の時刻の運動の模様は一義的に定まる．相対論的力学の場合，質量は速度の関数となるため式 (1) を拡張して，次の形の運動方程式を立てなくてはならない．

$$dp^j/d\tau = F^j \tag{2}$$

ただし，p^j は四元運動量，F^j は四元力の成分，τ は固有時である．式 (2) は式 (1) をも含み，古典力学に対しても適用できる，より普遍的な運動方程式である．以上は質点に対

する方程式であるが, 質点系や剛体, 流体などに対してはこれらを適当に変形したものが利用される. また変分原理を用いた表現 (ハミルトンの原理など), ハミルトンの正準方程式, ハミルトン・ヤコビの方程式などはより広い適用範囲をもつ. 量子力学ではハイゼンベルクの運動方程式が使われるが, 波動力学の形式ではシュレーディンガーの波動方程式が運動方程式に相当する.

9-3: 運動量 (物理143)

質量 m の物体が速度 v で空間を運動しているとき, 両者の積 $p = mv$ のことをいう. 自由ベクトルの一種である. 角運動量に対して線形運動量ということもある. 古典力学を相対論まで拡張する場合, 速度より運動量の方がより基本的な物理量であって, 相対論的力学の運動方程式 $(dp/d\tau) = F$ (τ は固有時) として用いられるほか, 電磁場の運動量や, 四元運動量も定義される. 波動力学では位置座標を x_i, プランク定数を h とするとき, $-[ih/(2\pi)]\partial/\partial x_i$ という微分演算子で表される. 電磁場の運動量まで考慮に入れる場合, ある力学系に外力が働いていなければ, 系の運動量は保存される.

9-4: 運動量保存則 (物理145)

1つの物理的体系があるとき, 外力が作用しないが, 作用してもその合力が 0 のとき, 系の運動量は保存されるという法則. これは系の内力が作用反作用の法則に従うことを意味する. 電磁場が共存して, これを仲介として系の相互作用が行われている場合には, 物質の運動量と電磁場の運動量の和に対してこの法則を適用する必要がある.

9-5: 粘性流体 (物理1572)

流体の運動で, 粘性の影響が無視できない場合の流体をいう. 実在の流体は多かれ少なかれ粘性をもっている. 粘性は流体の変形に対する内部抵抗であり, ニュートン流体では応力が変形速度の一次関数と仮定される. この関係から, ナビエ・ストークスの方程式を得ることができる. 縮まない粘性流体の運動は連続の方程式とナビエ・ストークス方程式を基礎方程式とする. 縮む粘性流体の場合にはさらにエネルギーの方程式を加える必要がある. 粘性流体は固体壁に粘着する性質があり, 境界条件としては境界における流速が固体面の速度と等しいととられる.

粘性流体の運動は, 代表的長さ L, 速度 U, 流体の動粘性率 ν によってつくられる無次元数のレイノルズ数 $Re = UL/\nu$ によって特徴づけられる. Re が小さい場合には流れは整然とした状態に保たれ, このような流れを層流という. Re が 1 に比べて小さいときには, 速さが小さいので, ナビエ・ストークス方程式において速度について二次の項は粘性項に比べて無視できると考えられる. この近似をストークス近似とよび, これによって球の抵抗, すなわちストークスの抵抗法則が導かれる. しかしこの近似では一様流中に置かれた柱状物体を過ぎる流れについての定常解は存在しない. この点に関しては, 非線形項の一部を残して線形化したオセーンの方程式が提案され, それによってストークスのパラドックスは解決される. Re が $1\sim10^3$ の範囲にある流れについては一般に数値計算以外にナビエ・ストークス方程式の解析を行うのは困難である.

Re が大きい流線型の物体を過ぎる流れでは粘性の効く領域が境界付近に限られ, そ

れ以外では完全流体に近いふるまいをする．この粘性が効く領域を境界層とよぶ．境界層内の流れはナビエ・ストークス方程式を簡単化し圧力として完全流体の理論から求まる壁面での値をも用いる境界層方程式によって解析される．平板に平行一様流が当たる場合の境界層は L. Prandtl および H. Blasius によって扱われた．Re が十分大きい場合には，一般に非常に乱雑な流れとなり，これを乱流とよぶ．乱流の研究はレイノルズによって始められた (1880 年)．鈍い物体を過ぎる流れではその後方に乱流の伴流が生じ，流線型の物体を過ぎる流れでも，その後部では層流境界層が乱流境界層に遷移する．また管の中では入口を除き断面全体にわたり乱流となる．

境界が同じ流れで Re を大きくしていった場合に，一般に Re のある臨界値以上では流れが不安定となる．Re をさらに大きくしていけば乱流に遷移する．この臨界レイノルズ数付近の流れは線形安定理論によって解析できる．すなわち定常な層流解に時間的に変動する微小振幅の解を重ね合わせて，それが指数関数的に増加するがどうかによって安定性を判定する．これを層流安定理論という．平行流についての層流安定理論はオア・ゾンマーフェルトの方程式の境界値，固有値問題に帰着される．クエットの流れ，二次元および円管内のポアズイユの流れ，境界層の流れ (近似平行流) などについてオア・ゾンマーフェルト方程式の解析が行われ，各流れについて臨界レイノルズ数などの計算が行われている．しかし，クエットの流れおよび円管内のポアズイユの流れでは線形理論の範囲でいかなる Re についても安定という結果が得られている．

9-6: **粘弾性流体** (物理1574)

外力を加えたときに弾性的性質を示す流体．一般に流体は粘性をもつので，粘性と弾性の両方を兼ね備えた流体という意味である．粘弾性は高分子物質のクリープや，ゴム溶液の曳糸性などに見られる．理想的な弾性体では応力とひずみが，理想的な粘性流体では応力とひずみ速度がそれぞれ一価の関係にある．しかし実在の物質のほとんどすべては，弾性的でありながら粘性的にふるまい，粘性的でありながら弾性的にふるまう．前者の性質を粘弾性，後者の性質を弾粘性とよんで区別することもあるが，実際はこれらを粘弾性と総称する．粘弾性の関与する現象では時間依存性が現れるのが特徴である．また同時に変形依存性も生じうる．前者のみの場合は線形粘弾性，両者の現れる場合は非線形粘弾性とよばれる．時間依存性は遅延弾性，弾性余効などの現象に見られる．これらは弾性変形が物体内部の粘性抵抗によって遅れるものと説明される．

9-7: **非ニュートン流動** (物理1736)

流体の運動において，ずり応力 (接線応力) とずり速度 (変形速度の接線成分) が比例しない流を非ニュートン流動とよび，このような挙動を示す流体を非ニュートン流体とよぶ．両者が比例するニュートン流動に比べて理論的取り扱いがめんどうである．ずり応力とずり速度の比は見かけの粘性率とよばれ，流動状態によって変化する．高分子を含む液体や，サスペンションでは普通このような流動を示す．流動状態によって内部構造が破壊されるために生じると考えられるチクソトロピーの場合，または弾性を伴う液体 (粘弾性流体) の非定常流では，見かけの粘性率は時間的に変化する．このような場合も，非ニュートン流動に含められるが，見かけの粘性率が時間によって変化しないものだけを非ニュートン流動とするほうが普通である．非ニュートン流動は擬塑性流動，

ダイラタント流動に分けられる.

9-8: 摩擦 (物理2068)

　2つの物体が接触したまま相対運動を始めようとするとき，あるいは相対運動をしているとき，接触面で運動を阻止しようとする力が面の接線方向に働く．この現象を摩擦といい，接触物体が互いに相手から受ける力を摩擦力という．摩擦は相対運動があるかないかによって静止摩擦と運動摩擦あるいは動摩擦に，また接触界面における相対運動の種類によって滑り摩擦と転がり摩擦とに分けられる．摩擦の概念を拡張し，固体に限らず2つの部分が接触して行う相対運動や1つの連続体の内部での相対運動において，力学的エネルギーが熱に変化するような現象を摩擦あるいは内部摩擦という．2つの物体の接触面に働く摩擦力の大きさ F と，接触面を垂直に押している力すなわち垂直抗力の大きさ N との比 $\mu = F/N$ を摩擦係数という．静止摩擦係数 μ_0 と運動摩擦係数 μ の区別があり，さらに滑り摩擦と転がり摩擦の場合がある．静止摩擦力は相対運動を起そうとする力の条件によって0から最大(静止)摩擦力までのうちの任意の値をとる．斜面上に静止している物体は，斜面からの垂直抗力 N と，斜面上方に向かう静止摩擦力 F_0 を受ける．N と F_0 の合力 R を物体に対する面の抗力という．いま斜面上に物体をのせたまま，斜面の傾き θ をしだいに大きくしていくと，ある傾き θ_0 で物体は滑り出す．θ_0 のことを摩擦角といい，静止摩擦係数 μ_0 との間に $\mu_0 = \tan\theta_0$ の関係がある．物体が静止していれば，$0 < \tan\theta < \mu_0$．一般に $0 < F_0 < \mu_0 N$ の関係が成り立つ．物体が面上を滑っているときは(運)動摩擦力 F が働き，垂直抗力 N と次の関係にある．

$$F = \mu N$$

同じ接触面どうしの場合，$\mu < \mu_0$ である．転がり摩擦についても慣習上 F/N を摩擦係数といって，静止摩擦係数 μ_0 と運動摩擦係数 μ を区別する．$0 < F_0 < \mu_0 N$，$\mu_0 = \tan\theta_0$，$\mu < \mu_0$ などの関係は同様に成り立つ．摩擦係数 μ_0 や μ は接触する2物体の材料の組み合わせのほか，面の清浄度や潤滑剤の有無，あるいは温度や湿度にも関係し，大きく値を変えるので，物質定数と見ることはできない．しかしこれらの条件が一定ならば，質量の大小や接触面積の大小，あるいは相対速度の大きさに関係なく一定である．これをアモントンの法則あるいはクーロンの法則とよぶこともある．摩擦の主な原因として次の3つが挙げられる．(1) 見かけの接触面積の内部の何点かで分子間の接触が起こり凝着する．相対運動の場合は次々に凝着の破断と形成が起る．(2) 運動に伴って一方の物体が相手の面の凹凸を上下する際，力学的エネルギーの一部が熱として失われる．(3) 一方の面の凸部が相手の面を掘り起していく仕事．凝着が主因となるような滑らかな面どうしの摩擦の場合，μ は2物体のうち，やわらかい方の物体の破断の強さを E，かたさを H とすると，E/H の比に近く，この場合に近似的に，摩擦力 F は垂直抗力の大きさ N だけにより，物体の質量や接触面積，相対速度などによらないことが結論される．

9-9: 摩擦の法則 (物理2069)

　2つの物体の接触面に働く摩擦力 F はこの面に垂直な垂直抗力 N に比例する，すなわち $F = \mu N$ という法則．μ のことを2つの物質の間の摩擦係数という．上式に示されるように，μ は垂直抗力の大きさにも，見かけの接触面積の大小にも，さらに運動摩擦

係数の場合，相対速度の大きさにもよらない．このように μ は 2 つの物質の種類にだけ関係する定数であるが，実際には温度あるいは接触面がぬれているかいないかにも関係する．N があまりに大きかったり，小さかったりするとき，また運動摩擦の場合で，相対速度が小さいときには，μ の値は大きく変わることがある．この意味で摩擦の法則は近似的な経験法則というべきもので，摩擦係数は通常物理定数として挙げられていない．摩擦の法則は歴史的には 1699 年に G. Amonton が発見し，1781 年に C. Coulomb が補って導いたので，アモントンの法則あるいはアモントン・クーロンの法則とよばれることもある．接触面が滑らかで，摩擦の主因が接触面内の何点かにおける分子的凝着部の形成による場合，摩擦の法則は理論的にほぼ説明できる．

9-10: エネルギー保存則 (物理197-198)

1 つの質点の場合，これに働く力 (合力) のする仕事は質点の運動エネルギーの増加に等しく，途中の道筋や速さには無関係である．これはエネルギー保存則の最も簡単な例である．力学系に保存力が作用している場合，この系にその保存力以外の力が W だけの仕事をしたとすれば，W はその間の力学系の運動エネルギー T と位置エネルギー V の和の増加量に等しい．もし外力が働かなければ運動エネルギーと位置エネルギーの和は一定となる．すなわち $T + V = E = $ 一定．これを狭義のエネルギー保存則という．摩擦などの現象を通じて力学的エネルギーの一部が物体の内部エネルギーになる場合，力学的エネルギーと内部エネルギーの和に対してエネルギー保存則が成り立ち，途中の変化に無関係である．これは熱力学第一法則とよばれている．電磁場の場合，1 つの閉曲面 S で囲まれた体積 V に対し，V 内の荷電粒子の運動状態と電磁場で決まるエネルギーの増加分を ΔE とし，S の表面を通して V 内に流入するポインティング・ベクトルの量を P とすれば，$\Delta E = P$ が成り立ち，やはりエネルギーは新たに生じたり，途中で消滅したりすることはない．エネルギーにはほかに化学的エネルギーをはじめ，音や光のエネルギー，核エネルギーなどさまざまな形のものがあるが，いずれにしてもある物理系を考えるとき，その系のもつエネルギーの総和の増加量 ΔE は，その間に外から系に流入したエネルギーの量 P に等しく，系の変化に無関係である．これを広義のエネルギー保存則という．特に系が孤立しているとき (閉じた系の場合) 系内のエネルギーの総和は一定に保たれる．

9-11: エネルギー変換 (物理197)

ある形態のエネルギーを，ほかの形態のエネルギーに変えること．エネルギーには，力学的エネルギー (運動エネルギー，位置エネルギーなど)，熱エネルギー，化学エネルギー，電磁気エネルギー，光エネルギーなど多種多様な形態がある．また，[質量] × [光の速さ]^2 = エネルギーというアインシュタインの関係式によれば，質量もエネルギーと同等のものである．こうしたエネルギー形態間の相互変換の過程がエネルギー変換である．

石油を燃料とする火力発電を例にとって考えてみると，まず石油のもっている化学エネルギーは，燃焼という過程によって熱エネルギーに変換される．次に熱エネルギーは水に伝えられ，水は蒸気に変わる．この蒸気のもつ熱エネルギーと力学的エネルギーによって蒸気タービンを駆動し，これに直結した発電機をまわすことによって電気をつく

りだすことができるが，これは力学的エネルギーから電磁気エネルギーへの変換である．すなわち，火力発電は，化学エネルギー → 熱エネルギー → 力学的エネルギー → 電磁気エネルギーという一連のエネルギー変換過程から成り立っているといえる．

エネルギーは，本来不生不滅のものであるから，変換の前後で量的変化は生じないはずであるが，エネルギー変換の目的は，ある形態のエネルギーを，われわれが必要とする (使いやすい) 形態のエネルギーに変えることであるから，その目的とするエネルギーのみに着目すれば，変換の前後でのエネルギー量に差が生じることになる．変換して得られた目的エネルギーの量と，変換前に入力されたエネルギー量との比を，エネルギー変換効率という．その値は当然 1 よりも小さいが，特に熱エネルギーの場合には，これをほかのエネルギーに変換しようとすると，どのような方法を用いても，その変換効率は温度によって規定される最大値を超えることができない．

9-12: 　　　　　　　　　　**圧力抵抗** (物理21)

流体中を運動する物体は流体から力を受けるが，この力の物体の運動方向と逆方向の成分を抵抗という．なお，物体表面が流体から受ける力は法線応力および接線応力であり，これらのうち法線応力 (普通，圧力と考えてよい) のみが働くとして計算される抵抗を圧力抵抗という．いま，レイノルズ数が大きい流れの中に物体が置かれている場合を考えよう．亜音速流れの場合，流体は非粘性でかつ流れが物体から剥離しないと仮定すれば，圧力抵抗は 0 である．しかし，実在流体では物体上の境界層が剥離するとともに伴流を生じ，渦の放出や発生などがあるため，物体の前後に圧力差が現れ，物体は圧力抵抗を受ける．超音速流れの場合には，物体上または物体周辺に衝撃波が発生し，非粘性流体を仮定しても圧力抵抗が現れる．これは流体の運動量の一部が波のエネルギーとして消費されるためで，このような抵抗を波動抵抗または衝撃波抵抗という．一般に，大きな伴流または強い衝撃波を伴う物体ほど大きな圧力抵抗を受けるから，円柱や球のような鈍い物体の圧力抵抗は大きく，流線形物体の圧力抵抗は小さい．特に，超音速流れでは発生する衝撃波をなるべく弱くするため，物体の先端を鋭くすることが圧力抵抗を小さくするための重要な条件となる．このように，圧力抵抗は物体の形によって大きく変わるため，形状抵抗ともいう．

レイノルズ数が大きくない流れの中に物体が置かれている場合にも，(1) 流れが物体から剥離し，渦の生成や放出などがあること，(2) 流れが剥離をしないときでも物体の前後に圧力差を生ずること，などの理由から，流れに平行に置かれた平板のような特別の場合を除いて，物体は圧力抵抗を受ける．

9-13: 　　　　　　　　　　**摩擦抵抗** (物理2068)

流体中を運動する物体は流体から力を受けるが，この力の物体の運動方向と逆方向の成分を抵抗という．なお，物体表面が流体から受ける力は接線応力および法線応力であり，これらのうち接線応力だけが働くとして計算される抵抗を摩擦抵抗，また，法線応力だけが働くとして計算される抵抗を圧力抵抗という．接線応力は粘性力であるから，摩擦抵抗は粘性抵抗ともいわれる．レイノルズ数が大きい流れの中に物体が置かれている場合，円柱や球のような鈍い物体では圧力抵抗は摩擦抵抗よりはるかに大きいが，流線形物体では，衝撃波を生じない程度の速さであれば，逆に摩擦抵抗が圧力抵抗より著

しく大きくなる．なお，層流境界層は乱流境界層と比較して摩擦抵抗が相当小さいから，摩擦抵抗が抵抗の大部分を占める流線形物体では，層流境界層がなるべく多くの部分を占めるような形を選べば抵抗が小さくなる．しかし，鈍い物体では，境界層が乱流になると境界層の剥離点が後方に移動し，伴流および圧力抵抗がともに小さくなるため，層流境界層の場合より抵抗係数の下がることがある．レイノルズ数の小さい流れの中に物体が置かれたときには，鈍い物体の場合でも，摩擦抵抗と圧力抵抗とは同程度である．

9-14:　　　　　　　　　　層流 (物理1148)

　流体の連動のうち，細い管の中の遅い粘性流体の流れのように流体の各部分が互いに混ざりあうことなく，滑らかな軌跡を描くように流れるものをいう．時間的に定常な流れは層流であるが，非定常な流れであっても緩やかにしか変化しないものは層流である．層流は一般に，粘性の作用が大きいとき，すなわち流れのレイノルズ数の値が小さい場合に実現するが，レイノルズ数がある臨界値以上になると，空間的により複雑な形をもつ層流や，時間的に変化する振動流，さらには空間的時間的に不規則に変化する乱流に遷移する．これは数学的には，流体力学方程式の層流解の分岐に相当する．たとえば，真っすぐな円管を通る水流においては，管の直径 d，平均流速 $\bar{u}$，水の動粘性率 ν からつくられるレイノルズ数 $Re = \bar{u}d/\nu$ の値が約 2000 の臨界値より小さい場合には層流が安定に実現するが，臨界値を超えると一般に乱流に遷移する．

9-15:　　　　　　　　　　層流底層 (物理1148)

　壁面に沿う乱流において壁面の極めて近くの流れをいう．粘性力に比べて慣性力が大きいことが乱流の特徴であるが，壁面の近くでは摩擦力が大きく，流速は一般に小さい．その結果，慣性力は乱流中でも主要な役割を果たさず，流れの特性は層流的である．層流底層という名称はここからきているが，粘性底層あるいは境膜ともよばれることがある．層流底層では，壁面に沿う流れの平均速度 U は壁面からの距離 y と

$$U/u_\tau = u_\tau y/\nu \qquad u_\tau \equiv (\tau_w/\rho)^{1/2}$$

の関係にある．ここで τ_w は壁面の受ける応力であり，ν, ρ はそれぞれ流体の動粘性率，密度である．u_τ は摩擦速度とよばれている．壁面からさらに離れると，力はいわゆる対数速度分布則に従い

$$U/u_\tau = A \log (u_\tau y/\nu) + B$$

で与えられる．ここで A は 2.4~2.5 の程度の定数，B は壁面の粗さに関係し，壁面が滑らかなときは 5.5，粗いと 8.5 の程度の定数である．

9-16:　　　　　　　　　　乱流 (物理2206-2207)

　柱を過ぎる (高いレイノルズ数の) 流れの背後や噴流の中に見られるような流体の不規則な流れをいう．流れの模様は一般に，流れの場を代表する無次元数であるレイノルズ数 Re の値とともに変化する．Re が比較的小さい場合には流れは規則的な層流であるが，Re の極めて大きな値に対しては乱流となる．層流から乱流への遷移は，Re のある臨界値 (臨界レイノルズ数) において急激に起る場合と，臨界値以上の Re の値のある範囲にわたっていくつかの中間段階を経て緩やかに起る場合とがある．円管の中の層流

が臨界レイノルズ数を境にして乱流に変わるのは急激な遷移の典型的な例であり，同心同軸円管の間の層流が無次元パラメーターの増加とともに，まず定常な渦流の周期列に変わり，ついでこれに方位角方向に周期的ないくつかの波が加わり，最後に乱流に移行するのは緩やかな遷移の一例である．

現実に層流の状態が保たれるのは，それが外部擾乱に対して安定である場合であり，一方，層流が維持されなくなるのはそれが擾乱に対して不安定になるためである．いろいろな層流の微小擾乱に対する安定性は流れの安定性理論によって詳しく調べられており，現在，実際に重要なほとんどすべての層流について臨界レイノルズ数などの安定特性が求められている．層流の不安定性は，流体力学方程式の層流解の分岐に対応している．上の例での定常な渦流列の発生のように，分岐した解が定常解である場合を通常の分岐，これに対して，波動の発生のように周期解が分岐する場合をホップ分岐という．このようないくつかの分岐を経た後，乱流の状態が実現する．この状況はまたカオスともいうが，カオスは乱流よりも広く，非線形回路，化学反応，生態系などにおける類似の現象を表すのにも用いられる．

乱流は不規則な現象であるから，それを支配する原理は統計法則の形で与えられる．乱流の速度 $u = (u, v, w)$ を平均速度 $U = \bar{u}$ と変動速度 $\hat{u} = u - U$ $(\bar{\hat{u}} = 0)$ とに分解すれば，平行流 $U = (U(y), 0, 0)$ の場合，平均速度 U は方程式

$$\mu(\partial U/\partial y) = \rho \overline{\hat{u}\hat{v}} + y(\partial \bar{p}/\partial x) + \tau_w \tag{1}$$

によって決まる．ここで，μ は粘性率，ρ は密度，$\bar{p}$ は平均圧力，$\tau_w \equiv \mu(\partial U/\partial y)_{y=0}$ は，固体壁 $y = 0$ における粘性応力を表す．式 (1) の右辺第一項は乱流速度による応力を表し，これをレイノルズ応力という．

固体壁に沿う乱流境界層においては，壁に接して，乱流速度 $\hat{u} \approx 0$ で粘性の作用が優越する領域が存在し，これを層流底層とよぶ．そのすぐ外側に，かなりの範囲にわたってレイノルズ応力がほぼ一定の領域が存在する．この領域では粘性の影響を無視でき，式 (1) の右辺は乱れの強さ $\overline{|\hat{u}|^2}$ と壁からの距離 y だけに依存すると考えられる．このとき，次元解析により

$$\partial U/\partial y = A(\overline{|\hat{u}|^2})^{1/2}/y \tag{2}$$

と書ける．ただし，A は無次元定数である．式 (2) は直ちに積分できて

$$U(y) = A(\overline{|\hat{u}|^2})^{1/2}\log y + 定数 \tag{3}$$

となる．式 (3) は対数速度分布といい，境界層に限らず，レイノルズ応力一定の領域においてあらゆる乱流について普遍的に成り立つ法則である．一般の乱流においては，適当な物理的仮定を用いてレイノルズ応力を平均速度と関係づけ，式 (1) を解いて平均速度を求める．

乱流速度 $\hat{u}$ の統計分布が空間的に一様な一様乱流については，より精密な統計理論が可能である．乱流の速度場をさまざまな波数 k のフーリエ成分の合成と考え，乱流のエネルギー $\Omega = (1/2)\overline{|\hat{u}|^2}$ のスペクトル分解を $E(k)$ $(k = |k|)$ とすれば

$$\Omega = \int_0^\infty E(k)dk \tag{4}$$

と書くことができる．乱流のエネルギーは，波数空間内の比較的低波数の領域 $k \approx k_0$ において励起され，波数成分間の非線形相互作用によって，逐次，より高波数の領域に伝達され，最終時には極めて高波数の領域 $k \approx k_d \gg k_0$ において粘性によって散逸される．乱流のレイノルズ数 $Re = (\overline{|\hat{u}|^2})^{1/2}\rho/\mu k_0$ が極めて大きい場合には，両波数帯 k_0，k_d の間には，粘性散逸にも影響を受けない波数領域が励起機構に現れ，そこではコルモゴロフ・スペクトル

$$E(k) = C\varepsilon^{2/3}k^{-5/3} \tag{5}$$

が実現する．ここで，$\varepsilon = -d\Omega/dt$ ごは粘性によるエネルギー散逸率を表し，C は無次元定数で実験的に $C \cong 1.5$ とされている．コルモゴロフ・スペクトルは，一様乱流に限らず現実のさまざまな乱流において普遍的に成立するが，空間約に二次元の乱流および一次元のモデル乱流においては成立しない．

9-17: **乱流拡散** (物理2207)

　乱流状態にある流体の中に浮遊する粒子の集まりが流れによって広がる現象．粒子の熱運動によって生じる分子拡散と区別される．粒子の集まりの広がりの大きさをその空間分布の分 l_*^2 で表し，l_*^2 の時間微分によって拡散係数 D を $D = 1/6\,(dl_*^2/dt)$ と定義すると，通常の分子拡散では D は粒子の平均自由行程および平均自由時間で決まる定数であるが，乱流拡散の場合，D は l_* に依存する．1926 年 O. W. Richardson は大気中における気球や火山灰の拡散のデータから拡散係数 D が l_* の 4/3 乗に比例する $(D \propto l_*^{4/3})$ という経験則を導いた．これがリチャードソンの法則とよばれるものである．これは，粒子の空間分布の分散が時間の 3 乗で増大する $(l_*^2 \propto t^3)$ ことを意味する．分子拡散において分散が時間に比例する $(l_*^2 = 6Dt)$ のと対照的である．

　乱流拡散は，流体に浮遊する 2 個の粒子の間の相対距離 l の二乗平均 $\langle l^2 \rangle$ によっても特徴づけられる．これを相対拡散とよぶことがある．粒子の集まりの広がり l_* との間には $\langle l^2 \rangle = 2l_*^2$ という関係がある．発達した乱流ではエネルギー散逸速度 ε だけが現象を支配するパラメーターであるとするコルモゴロフの相似仮説を仮定すると，次元解析から $\langle l^2 \rangle \propto \varepsilon t^3$ が導かれて，リチャードソンの法則の結果が与えられる．乱流拡散は煙の拡散など日常見られるいろいろな自然現象に現れるが，特に天体現象では本質的な役割をする．天体では長さのスケールが大きいために乱流が発生しやすいこと，また平均場自身に物理量 (運動量密度，エネルギー密度など) の勾配があって，そこでの乱流による物理量の輸送，すなわち乱流輸送が問題になるからである．

9-18: **乱流加熱** (物理2207)

　乱れたプラズマの状態をつくり出し，そこでの異常輸送過程を利用してプラズマを加熱する方法．当初は，プラズマ中に大電流を流し，電子とイオン間の相対運動によりイオン音波不安定性または二流体不安定性に基づくプラズマ乱れを誘起し，電子がその乱れによる電場で散乱されて実効衝突周波数が増える，いわゆる異常抵抗 η^* により単位体積当たりの加熱率 $\eta^* j^2$ (j は電流密度) を増加させるプラズマ加熱法をこうよんだ．その後，プラズマ中に電子ビーム，イオンビームなどを打込み，また円筒状配位で方位角方向の $E \times B$ ドリフト (B は軸方向，E は半径方向に印加) により，同様の過程を起こさせるもの，さらにはプラズマの高周波加熱などにおいても乱れたプラズマ過程を介してのプラズマの温度上昇が行われるものも乱流加熱とよぶようになった．実験室プラズマでプラズマ加熱法として利用されるのみでなく，宇宙プラズマの加熱過程にも乱流加熱で説明されるものが多い．

Lesson 10: Thermodynamics I
(fundamentals)

温   オン heat, warmth
あたた(かい) cordial, warm; あたた(まる) to become warm {vi};
あたた(める) to warm {vt}

温度	オンド	temperature
高温	コウオン	high temperature

逆   ギャク inverse, opposite, reverse
さか(さま) upside down; さか(らう) to act contrary to, to oppose

可逆変化	カギャクヘンカ	reversible change
逆流	ギャクリュウ	back/reverse flow

系   ケイ connection, faction, lineage, system

系統的な	ケイトウテキな	systematic
座標系	ザヒョウケイ	coordinate system

衡   コウ measuring rod, scales

熱平衡	ネツヘイコウ	thermal equilibrium
平衡	ヘイコウ	equilibrium, balance

仕   シ official, civil service
つか(える) to serve, to work for

仕方	シかた	way, method, means
仕事	シごと	work

事   ジ matter, thing
こと business, circumstances, fact, matter, thing

事実	ジジツ	fact, truth, reality
事務所	ジムショ	office

状   ジョウ circumstances, condition, form, word

形状	ケイジョウ	form, shape
状態	ジョウタイ	state

盛 セイ flourishing
さか(る) to flourish, to prosper {vi}; さか(んな) flourishing, prosperous;
も(る) to heap up, to mark off {vt}

| 百分目盛 | ヒャクブンめもり | centrigrade scale |
| 目盛 | めもり | scale, gradations, graduation |

態 タイ appearance, condition

| 形態 | ケイタイ | form, shape, figure |
| 生態系 | セイタイケイ | ecosystem |

度 ド degree, measure, scale
たび occasion, time

| 強度 | キョウド | strength, intensity [for light] |
| 精度 | セイド | precision, accuracy |

等 トウ and so forth, class, degree, equality
など and so forth; ひと(しい) alike, equal; -ら et al.

| 等価な | トウカな | equivalent |
| 等分 | トウブン | division into equal parts |

内 ナイ among, inside, interior, within
うち among, inside, interior, within

| 内燃機関 | ナイネンキカン | internal combustion engine |
| 内容 | ナイヨウ | content(s) |

熱 ネツ enthusiasm, heat, temperature
あつ(い) hot

| 熱伝導 | ネツデンドウ | heat conduction |
| 熱力学 | ネツリキガク | thermodynamics |

平 ビョウ level, peace(ful); ヘイ level, peace(ful)
たいら(な) calm, flat, smooth; ひら(たい) even, flat, level

| 平均速度 | ヘイキンソクド | mean/average velocity |
| 平行な | ヘイコウな | parallel |

部 ブ copy (of an unbound publication), department, division, part, portion, volume

| 部品 | ブヒン | component, part |
| 部分 | ブブン | part, portion |

Reading Selections

10-1: エンタルピー (物理218)

　エントロピーと圧力を状態変数にとったときの熱力学関数. 熱関数ともよばれる. 内部エネルギーに圧力と体積の積を加えたものである. 気体の入ったシリンダーのピストンに重さ W のおもりをのせた系において, シリンダーの底から測ったおもりの位置エネルギーは, ピストンがつり合いの位置にあるならば, 気体の圧力 p と体積 V の積 pV に等しい. そこで, おもりの位置エネルギーも考慮に入れたときの系のエネルギーは気体の内部エネルギー U に pV を加えたものである. こうして得られる量 $H = U + pV$ がエンタルピーである. もし外部からこの系に熱量 ΔQ を加えるならば, それはエンタルピーの変化 ΔH に等しい. もしおもりの重さを W から W' に変えるならば, ピストンは異なる平衡位置へ変位する. もしこの変位の過程が断熱的, すなわち外部との間に熱のやりとりがないように起こるならば, 変位の前後におけるエンタルピーの値は同じである. したがって気体の定常流を高圧の部屋から低圧の部屋へ導き断熱的に膨張させるジュール・トムソン膨張ではエンタルピーが一定値をとる. 蒸気タービンや熱交換器などにおける流体の定常流の取り扱いでもエンタルピーは有効な熱力学量である. 無限小過程におけるエンタルピー H の変化 dH は

$$dH \le TdS + Vdp$$

を満足する. ここで状態変数 S, p はそれぞれエントロピーと圧力であり, また T, V は絶対温度と体積である. 等号は可逆変化に対してだけ当てはまる.

10-2: エントロピー (物理218-219)

　熱力学的系が温度 T の熱源から熱量 ΔQ を吸収する可逆な微小変化において, $\Delta S = \Delta Q/T$ だけ増加する系の状態量 S をエントロピーという. 「変換」を意味するギリシア語 $\tau\rho o\pi\bar\eta$ に従って R. J. E. Clausius が導入した (1865 年). エントロピーは次のような性質をもつ. (1) エントロピーは系の熱力学的状態だけに関係する量 (状態量) である. すなわち状態 A から状態 B への可逆変化の経路に沿って $\Delta Q/T$ を積分したものは経路に無関係に, 状態 B, A におけるエントロピーの差 $S_B - S_A$ に等しい. すなわち

$$\int_A^B \Delta Q/T = S_B - S_A$$

であり, このことを使って, ある基準の状態から測ったエントロピーを経験的に決めることができる. (2) エントロピーは加算的である. すなわち, 系 1 と系 2 のエントロピーがそれぞれ S_1, S_2 であるならば, これらの 2 つの系を合わせた系のエントロピーは, $S = S_1 + S_2$ である. すなわちエントロピーは示量変数である. (3) 体積 V が一定の条件で, 系のエントロピー S は内部エネルギー U が増すにつれて増大する. これは熱力学温度 T が正であることを考えて $(\partial S/\partial U)_V = 1/T$ の関係から明らかである. (4) 熱も仕事も外部との間に出入りのない系 (閉じた系) がひとりでに起す変化では, エントロピーはつねに増加する (熱力学第二法則). たとえば真空の部屋との間の仕切りを取り去ると, 気体はひとりでに膨張する. 自由膨張後の気体をもとの状態に戻すには仕事を加えねばならないが, 内部エネルギーを一定に保つには, 仕事を相殺するだけの熱を外部に吐出す必要がある. だから膨張後のエントロピーは膨張前より大きい. (5) 内部エネルギー

と体積が一定の条件の下では，エントロピーの極大に相当する状態が最も安定である．このことは，たとえば真空の部屋との間の仕切りを取り去った際の，自由膨張の前後における気体の状態を比較すると明らかである．(6) 絶対零度におけるエントロピーはつねに 0 である (熱力学第三法則).

　もともとエントロピーという概念は，熱力学的に導入されたものであるが，L. Boltzmann の統計力学ではエントロピー S は，その体系のエネルギー，体積，粒子数などが与えられたときの可能なミクロな状態数 W を用いて

$$S = (k) (\log W)$$

と表される．ここで k はボルツマン定数である．逆に状態数 W は

$$W = \exp (S/k)$$

と表され，エントロピーが大きい状態は，乱雑さの度合が指数関数的に大きいことを示す．乱雑さとは，確率的な概念であり，それに基づいて定義されたエントロピーも確率的な概念である．不可逆性は，このエントロピー増大の法則によって記述されるからこれも確率的な概念である．体系のエネルギー E を指定して，体系のミクロな状態数 W を $W = W(E)$ と求めることができれば，ボルツマンの公式によりエントロピー S がエネルギー E の関数として $S = S(E)$ と求まることになる．これに熱力学の公式 $\partial S/\partial E = 1/T$ (ただし，T は体系の温度) を適用すると，エネルギー E が温度の関数 $E = E(T)$ として求められる．これからエントロピー，自由エネルギー，比熱のような熱力学的量が，ミクロに計算できる．これが Boltzmann の統計力学の基本である．このように Boltzmann のエントロピーの公式は，統計力学にとって最も基礎的に重要な公式である．ちなみに Boltzmann の墓には，この公式が刻まれている．

　エントロピーという概念は，情報量を表すことにも使われる．すなわち．情報量の対数をとってそれを情報エントロピーという．厳密には，有限集合体の A のエントロピー $S(A)$ は，A の元 A の実現確率を $P(A)$ とすると

$$S(A) = - \sum_{A \in A} \{P(A) \log P(A)\}$$

で定義される．

10-3:　　　　　　　　　　　温度 (物理258-259)

　熱が 1 つの物体から他の物体へ移動する傾向の強さを指示する尺度．もともと温度は，熱い，冷たいといった人間の感覚的概念から出発したものであるが，これは人間の皮膚に相対的に，熱の移動の強さを表すものであって，このような感覚的要素を排除して計量化したものが温度である．しかしアルコール温度計，水銀温度計など，物質の体積に比例して目盛られた温度は，その計量に使用された個々の物質の熱膨張特性に関係している．温冷の感覚に個人差があるように，温度にも計量に使用される物質によって違いが出てくる．指示物質の特性に関係しない温度が絶対温度である．この温度スケールに従うことによって，たとえば物質による熱膨張の違いを比較したり，違いの出てくる理由を明らかにすることが可能になる．熱力学では温度は，数学上のことばでいえば，積分因数の逆数である．すなわち，ある平衡系へ温度 T の熱源から可逆的に流れ込んだ無限小の熱量 $d'Q$ は全微分ではないが，それを温度 T で割ったもの，すなわち $d'Q/T$ は全微分である．この全微分が系のエントロピーの無限小変化である．

　気体運動論では，温度は分子の並進運動のエネルギーと比例関係にある．このため，

重心の静止した気体における分子の運動を熱運動という．温度はこの熱運動の激しさを指示する尺度である．

　統計力学における温度を理想系について述べると，分子のエネルギー準位 ε_i に分配される分子数はボルツマン因子 exp $(-\varepsilon_i/kT)$ に比例する (k はボルツマン定数)．温度は分子の平衡分布を決めるパラメーターである．温度が高くなるにつれて，分子は高いエネルギー準位に分布するようになる．

10-4: 温度計 (物理259)

　温度を測るための測定器．広く用いられているものは，(1) 熱膨張を用いる液体封入ガラス温度計，(2) 圧力変化を用いる圧力温度計，(3) 電気抵抗変化を用いる低抗温度計，(4) 熱電対を用いる熱電温度計，(5) 熱放射を利用する光高温計と放射温度計などで，測定する温度範囲や使用目的によって適するものを選んで用いる．

　このほかの温度計として，抵抗体に生じる雑音電圧の大きさにより温度を求める雑音温度計，トランジスターのベース・エミッタ間電圧の温度による変化を利用したトランジスター温度計および，それを IC 化した IC 温度センサー，水晶振動子の共振周波数の温度変化を利用した水晶温度計，核四重極共鳴現象の共鳴吸収周波数の温度変化を利用した NQR 温度計，音波の伝搬速度の温度変化を利用した超音波温度計，コレステリック液晶の発色温度を利用した液晶温度計，主として熱力学温度の測定に用いる気体温度計などがある．

10-5: 温度測定 (物理259-260)

　温度を測ることをいう．測定には温度計が用いられ，その単位にはケルビン (単位記号 K) またはセルシウス度 (単位記号 ℃) を用いる．温度差測定も通常温度測定とよんでおり，温度差の単位も，温度と同じケルビンまたはセルシウス度である．温度測定には測定対象に温度計を接触させる接触式と，測定対象からの熱放射を用いる非接触式がある．接触式の温度計は，温度計の感温部と測定対象とが熱平衡の状態で，測定対象の温度を正しく指示するようにつくられている．実際には，この条件は満たされにくくそのことが原因して熱伝導誤差，応答遅れによる誤差などが生じる．前者は温度計内の熱の流れによる誤差，後者は温度計感温部温度の追随性が原因する誤差をさしており，温度測定における誤差の代表的なものである．これらの誤差は，温度計の熱容量や熱伝導，測定対象の熱容量，熱伝導，温度計と測定対象との熱接触など各種の測定条件に左右される．熱放射を利用した非接触式の温度計は，測定対象が黒体の場合に測定対象の温度を正しく指示し，非黒体の物体の温度測定では放射率補正を必要とする．実際の温度測定では，このような正しい温度の指示が必要な場合と，正しい温度が厳密に指示されなくても目的が達成される場合とがある．物理現象の解明のための熱力学温度の測定や，熱物性定数を決めるための温度測定などが前者に属し，後者には，体温測定や，生産工程での測定などのような，測定対象の監視，診断，管理を目的とする測定が属する．温度計と測定対象との熱平衡状態を得るには，測定対象自体が熱平衡状態であることが要求されろが，後者の測定では，測定対象自体の熱平衡状態は必ずしも必要ではなく，同じ温度分布が再現されれば測定の目的が達せられるのが特徴である．

10-6: 温度分布 (物理261)

　対象物の内部や表面または空間の温度の場所的な変化を表す分布を温度分布といい，この温度の分布が系統的な傾きをもつ場合には，その傾きを温度勾配という．系内に熱の流れがなければ，温度は，その系内では一様で，場所的には差がなく，温度分布が一様な状態はこのような状態を意味する．これに対して，温度勾配をもつ状態では，必ず系内に熱の流れを生じている．

10-7: 温度目盛 (物理261)

　温度を数値で表すための尺度．現在の温度測定は，究極的には，熱力学温度の単位ケルビンまたはセルシウス温度の単位セルシウス度を基準として (すなわち，単位の何倍に当たるかの数値を示すことによって) 行われるので，温度目盛という考えは本質的には不必要になっている．しかし，示強変数の 1 つである温度は，単位によってでなく目盛によって表されるべきだという考えも可能であるし，歴史的には，温度は高低の「順位」で表されるべきだという考えが強かったので，従来，ファーレンハイト目盛，セルシウス目盛，百分目盛，レオミュール目盛，熱力学目盛，ランキン目盛などのよび方が広く行われていた．
　一方，ケルビンまたはセルシウス度を単位とする (定義どおりの) 温度測定を正確かつ精密に実行することは，必ずしも簡単ではないから，特定の物質の特定の物性に依拠する温度目盛を設定して，その目盛で測った結果の数値がケルビン単位またはセルシウス度単位での数値と十分よく合致するように協約することがある．その種の協約のうち権威が最も高いのは「国際温度目盛 (ITS-90)」である．

10-8: 温室効果 (物理255)

　大気が可視領域の日射に対しては透明であるが，地表温度での熱放射 (遠赤外線) に対しては不透明であるため，地表近くを高温に保つ効果．温室のガラスが同様の効果をもつことに由来する．地球の場合，太陽から受ける放射エネルギーは，大気を透過して地表面を加熱する．地表面はその温度 (約 300 K) に応じた熱放射を行っているが，それはそのまま宇宙空間に放出されるのではなく，大気中の水蒸気と二酸化炭素によっていったん吸収される．一方これらの気体は，より低い温度 (約 250 K) で宇宙空間に向けて熱放射を行う．このエネルギーがちょうど日射によって地球が獲得するエネルギーとつり合っているわけで，したがってもしも地球が温室効果のある大気をもたなかったなら，地表面は 250 K になっていたであろう．金星は二酸化炭素の厚い大気 (95 atm) をもつので温室効果が著しく，大気の底の温度は 750 K に達する．近年，石炭や石油の燃焼による二酸化炭素の増加をはじめ，水田・家畜に由来するメタンの増加，人工物質であるフロン (クロロフルオロカーボン類) の大気中への蓄積のため温室効果が大きくなり，地表近くの気温が上昇することが懸念されている．現状から外挿すると 21 世紀前半には温室効果ガスの人為的増加によって，たとえば地表気温は平均で 2~3℃，極地方では数度も上昇すると推算されている．ただし，同時に産業活動の所産として大気中の微粒子が増加し，これが日射を散乱して気温を低下させる傾向も考えられる．

　マクロな系の示す熱現象を，マクロな物理量 (圧力，温度，体積，内部エネルギーなど) のみを使って記述する理論体系である．熱現象に関する最も基礎的な経験事実を熱力学第 0 法則，第一法則，第二法則，第三法則という 4 つの基本法則として集約的に表現し，すべての結論をこれら 4 法則から演繹的に導くという論理構成になっている．熱現象の起源はマクロな物体を構成している非常にたくさんのミクロな粒子 (分子，原子，電子など) が行う絶えまない運動であるが，熱力学はこのようなミクロな粒子の運動が存在することを前提としない理論である．その意味で熱力学は現象論であるといわれ，熱現象をミクロな粒子の運動によって説明しようとする統計力学とは一応独立な理論体系である．ただし，統計力学の立場から熱力学の理論体系を再構成することは可能であって，これを統計熱力学とよぶことがある．また，熱力学と統計力学を熱学と総称することもある．

　熱力学の特徴を示すものとして「2 つの物体を接触させると高温の物体から低温の物体へ熱が流れ，両者の温度が等しくなったときに熱の流れが止まって熱平衡が成立する」という命題をあげることができる．日常経験に照らして，これは一見自明のようであるが，論理的にはこの命題は第 0 法則，第一法則，第二法則を含んでいる．まず，熱現象の定量的な研究の歴史は温度計の確立 (18 世紀中ごろ) に始まるのであるが，温度計の原理となるのが熱力学第 0 法則である (ただし，第 0 法則と命名されたのは 20 世紀になってからである)．2 つの物体を接触させておくとやがて熱平衡が成立し，マクロな物理量の時間的変化が認められなくなる．これについて，3 つの系 A，B，C の A と B，A と C がそれぞれ熱平衡にあるならば B と C も熱平衡にある，という経験法則が成立する．温度という概念は，この第 0 法則に基づいて熱力学に導入される．

　現在でも日常生活では熱と温度が混同されやすいが，両者の区別は熱容量や潜熱に関する J. Black の研究 (18 世紀中ごろ) によって確立された．高温の物体と低温の物体を接触させると，前者から後者へカロリック (A. Lavoisier の考えた質量 0 の流体) が移動すると彼は考えた．ただし，等量のカロリックを吸収しても，これによって生じる温度上昇は物体の熱容量に逆比例して小さくなり，溶けつつある氷のような場合には熱容量は無限大で温度上昇は 0 である．熱を物質と見るこのカロリック説は，物体間で起る直接の熱伝導をうまく説明するが，熱的エネルギーと力学的 (電磁的または化学的) エネルギーとの相互変換，たとえば摩擦や電流による発熱 (正確には温度上昇) には通用しない．Rumford 伯は，大砲の中ぐり作業の際に摩擦によっていくらでも温度上昇が起りうることを発見し，カロリック説を否定して熱の本質は運動だと主張した (1798 年)．その後，さまざまなタイプのエネルギーの相互変換に際してエネルギーの総量は一定不変である，という一般原理としてのエネルギー保存則が，J. R. von Mayer や H. L. F. von Helmholtz の理論的考察および J. P. Joule の実験的研究などによって確立された (19 世紀半ば)．第一法則は，マクロに見て静止している物体も実は熱的エネルギー，もっと正確にいえば内部エネルギーをもち，これを考えに入れれば熱現象についてもエネルギー保存則が成立することを主張したものである．ミクロな立場から見れば物体が内部エネルギーをもつことは自明であって，物体を構成するミクロな粒子の運動エネルギーおよびポテンシャルエネルギーの総和にほかならない．物体の状態変化に伴う内部エネルギーの変化から，物体に加えられたマクロな外力 (ピストンを押す力や固体表面を摩擦する力) のなす力学的な仕事を引去った残りを，状態変化に際して物体が外部から吸

収した熱量とよぶ.

　ミクロな立場から見るならば，熱量もミクロな粒子が互いに力を及ぼしあうことによって2つの物体間に起る力学的エネルギーの移動であるが，ミクロな過程を通して移動が行われるために，(マクスウェルの魔物には可能でも) 私たちには完全に制御することのできない要素がある. これを熱力学的に表現するものが熱力学第二法則である. 2つの物体を接触させたときに，第一法則は一方の失った熱量が他方の吸収した熱量に等しいことだけを要求するのに対し，第二法則は高温の物体から低温の物体へ熱が移動することを要求する. 電気冷蔵庫のように低温 (庫内) から高温 (庫外) に熱を移す装置はあるが，この場合にはモーターを回すことによって力学的な仕事が同時になされている. 電気冷蔵庫の電力消費量を0にすることはできないというのが第二法則の主張である. 第二法則は N. L. S. Carnot の蒸気エンジンに関する理論的研究 (1824 年) に始まり，R. J. E. Clausius, Kelvin 卿によって確立された. 熱エンジンには高温の熱源 (ガソリンの爆発) と低温の熱源 (冷却剤) があり，前者から吸収した熱量と後者に放出する熱量との差額が力学的な仕事に転換される. 低温熱源に捨てられる熱量を0にできるなら，大洋や大気を熱源としてその内部エネルギーをいくらでも仕事に変換できるので，エネルギー問題は解消する. このようなエンジン (第二種永久機関) は不可能だという形に第二法則を表現することもできる. 低温熱源へ捨てる熱量が極小になるのは，エンジンを準静的に，つまり熱平衡からのずれが無限小とみなせるほどゆっくり運転する場合で，このとき高温熱源で吸収する熱量と低温熱源に放出する熱量との比は両熱源の温度だけで決まる. この比が熱源の絶対温度の比に等しいとして熱力学に絶対温度が導入される. エンジンが有限速度で運転される一般の場合の熱量の比は，絶対温度の比より小さい.

　もし低温熱源を絶対零度にすることができれば，そこに捨てられる熱量も0になり，高温熱源で吸収した熱量をすべて仕事に変えることができるはずである. しかし，この可能性は，有限回の実験操作で絶対零度に到達することはできない，という熱力学第三法則によって実際上否定される.

　第二法則および第三法則は，エントロピーを使って定式化することができる. 物体がある熱平衡状態から別の熱平衡状態へ移るときのエントロピー変化は，準静的過程ならば物体が吸収した熱量と絶対温度の比に等しく (可逆過程)，一般の場合にはこの比より大きい (不可逆過程). このように，熱力学は一般には不等式しか与えないので，有限速度で起る過程を動力学的に追跡することができない. この点で熱力学を拡張しようとするのが非可逆過程の熱力学である. ミクロな立場から見ると，物体中の粒子の運動は多少とも無秩序であり，その程度がエントロピーで表される. 第二法則は，放置すればミクロな運動はより一層無秩序になることがほとんど確実であることを意味する. また第三法則は，温度が下がるにしたがってミクロな運動は秩序を増し，絶対零度では完全な秩序状態になることを意味するのである.

10-10: 　　　　　　　　　　　　熱容量 (物理1561)

　ある物体の温度を単位温度変化させるのに必要な熱量. この定義からわかるように，熱容量はもともとは物体の大きさによる量であるが，慣用として，1 mol の物質に対する熱容量であるモル比熱 (あるいはモル熱容量) などを単に熱容量とよぶことがある. 特にアメリカではモル比熱を heat capacity とよぶことが多くなっている. 比熱と同様に，熱容量は外部条件によって異なる値をもつ. 体積を一定としたときの熱容量を定積熱容

量，圧力を一定としたときの熱容量を定圧熱容量という．また，磁場一定あるいは磁化一定のもとにおける熱容量，電場一定あるいは分極一定のもとにおける熱容量をそれぞれ区別して取り扱うこともある．

10-11: 　　　　　　　　　　　　熱平衡 (物理1560-1561)

　体系の巨視的な状態は，たとえば圧力，体積のようないくつかの物理量 (状態変数) の組によって表され，外界から孤立した体系 (孤立系) は，十分長い時間の後にはこれら状態変数が時間的に不変な一定の値をもった状態になることが，経験法則として知られている．このとき体系には熱平衡が成り立っているといい，その状態を熱平衡状態という．全系が熱平衡状態のときには，そのどの部分系も熱平衡の状態にある．また体系 A と体系 B とを合わせた系が熱平衡状態にあるとき，A と B とは熱平衡であるという．体系 A と体系 B が熱平衡であり，その同じ A と体系 C とが熱平衡であるときには，体系 B と体系 C とは熱平衡であることが経験法則として知られている (この法則を熱力学の第 0 法則ということがある)．熱平衡をさらに詳しく表せば次のようになる．圧力 p_A，体積 V_A の体系 A と圧力 p_B，体積 V_B の体系 B とが熱平衡であるということは，これらの状態変数の値の間にある 1 つの関数関係 $f(p_A, V_A, p_B, V_B) = 0$ が成り立つということである．このことから，温度という状態変数の導入が可能であることが示され，熱平衡にある体系の温度は等しいといい表すことができる．温度の異なる体系を接触させると熱エネルギーの移動が起り，熱平衡が実現すると温度が等しくなる．熱平衡の状態では A から B へ流れる熱量と B から A へ流れる熱量とが常に等しい．熱平衡でない状態は非平衡の状態とよばれる．

10-12: 　　　　　　　　　　　　状態図 (物理943)

　物質系の状態が状態変数の値によってどのように変るかを示す図である．平衡状態図ということもある．状態変数としては普通，温度 T，圧力 p，密度 ρ，多成分系ではこれらのほかに成分比などがとられる．一成分系では，相律により独立な状態変数の数は最大 2 であるから，状態図は二次元の平面に描かれる．S，L，G の領域では均一な固相，液相，気相が実現する．領域の境界線上では両側の領域で実現する相の共存が可能である．境界線は共存曲線とよばれる．同じ一成分系の状態図を T と $1/\rho$ を変数にして描くと，曲線の形が違う．このとき，ある領域では系は均一な相としては存在しえない．たとえば，温度が T_1 で平均の密度が ρ_1 と ρ_2 の間にあるとき，系は密度 ρ_1 の固相と密度 ρ_2 の気相に分かれる．二成分系では，独立な状態変数の数は最大 3 になる．状態変数としては，たとえば T，p および成分比 c をとることができる．このとき，状態図は T，p，c を 3 軸とする三次元の空間に描かれることになる．p を一定としたときの T-c 面上の状態図はまた違う形になる．このときもある領域では系は均一な相として存在しえない．温度が T_1 で平均の成分比が c_1 と c_2 の中間の c_0 のときには，系は成分比 c_1 の気相と成分比 c_2 の液相に分離する．このとき気相と液相のモル数の比は $\overline{EF}$:$\overline{DE}$ に等しくなるが，これは「てこの法則」とよばれており，状態図が与える重要な情報のひとつである．三成分系の場合，最大自由度は 4 であるが合金のような場合には，圧力の影響を無視して自由度が 3 であるかのように取り扱われる．すなわち，3 つの成分を正三角形の各頂点におき，正三角形内の点で組成を表し，この正三角形を底として，これに垂

直に温度を座標軸にとって立体的な状態図が描かれる．このように系を構成する成分の数が多くなると，独立な状態変数の数が増え，状態図は多次元の空間に描かれることになる．物質によっては，その状態が電場や磁場の影響を強く受けることがある．そのような場合には，電場や磁場の強さを状態変数のひとつにとって状態図が描かれる．

10-13: 状態方程式 (物理944)

物質の熱力学的状態を記述する式で，一般に，熱力学的な「座標」と「力」の間の熱平衡での関数関係を表すものを，状態方程式あるいは状態式という．最も簡単な例は，一成分の気体または液体で，そのときには，温度 T をパラメーターとして，系の圧力 p と密度 ρ の関係を記述する式が状態方程式で，理想気体の状態方程式 $p = k\rho T$ (k はボルツマン定数)，ファン・デル・ワールスの状態方程式などがとりわけよく知られている．最初の定義からわかるように，磁性体での磁化と磁場の関係式，誘電体での電気分極と電場の関係式なども状態方程式である．

10-14: 状態変数 (物理944)

平衡系の熱力学的状態を指定するために使われる巨視的な物理量のことをいう．気体の状態変数として圧力 p と体積 V をとることも多いが，その一方または両方を，p と V の関数である独立な量で置換えてもよい．熱力学の標準的処方では，エントロピー S と体積 V，エントロピー S と圧力 p，温度 T と体積 V，温度 T と圧力 p のいずれかが状態変数の組として使われる．実験上では，2つの状態変数のなかの1つを固定した条件の下で，他の状態変数を変化させ，この変化によって生じるある物理量の変化を測定するということであるから，制御しやすい物理量を状態変数にとるのが便利である．たとえば，固体の熱力学的性質の測定を体積一定の条件の下で行うよりは圧力一定の条件で行う方がはるかに容易なはずで，体積よりは圧力の方が便利な制御変数であり，したがって便利な状態変数だということになる．熱力学的自由度が増すにつれて，状態変数をもさらに追加する必要がある．多成分系では各成分物質のモル数が，または各成分に対する化学ポテンシャルを，電場下にある物質系では分極か電場かを状態変数として追加しなければならない．

10-15: 等温線 (物理1447)

熱力学において，物質の状態変数のうち温度 T を一定の値に保ったときの他の2つの変数 (たとえば圧力 p と体積 V) の間の関係について，これらを座標軸にとって図示した曲線を等温線あるいは等温曲線という．理想気体では，圧力は体積に反比例する (ボイルの法則) ので等温線は双曲線になる．現実の気体では，温度が高いときは理想気体と同じ双曲線になるが，温度が低いとそれからのずれが生じる．T_c は臨界温度，p_c は臨界圧，V_c は臨界体積である．T_c より高温では等温線は単調減少であり，それより低温では V 軸に平行部分があって，2つの相が共存している状態に対応している．磁性体の磁化曲線なども熱力学的には等温線の一例である．

10-16: 内部エネルギー (物理1502-1503)

　ある基準点から測った，静止した熱力学的体系のエネルギー．状態変数をエントロピーと体積にとったときの熱力学関数をいう．熱力学第一法則によれば，内部エネルギーは系のどの熱力学的状態に対しても，必ず確定した値をもつ．すなわち内部エネルギーは状態量である．さらに熱力学第一法則によれば，熱力学的系の内部エネルギーはこの系へ流れ込んだ熱量だけ増加し，系のなした仕事だけ減少する．もし，ある微小な過程によって系へ流れ込んだ熱量が ΔQ，系のなした仕事が ΔW であるならば，このときの内部エネルギーの変化 ΔU は式 (1) で与えられる．すなわち

$$\Delta U = \Delta Q - \Delta W \tag{1}$$

である．もし系がひとつの熱力学的状態から出発し，ある経路をたどって再びもとの状態に戻るならば，内部エネルギーの変化は 0 である．すなわち一巡の経路に沿っての代数的総和 $\oint \Delta U$ は 0 である．ゆえに $\oint \Delta Q = \oint \Delta W$．

　可逆な無限小変化では，系に流れ込んだ熱量は熱力学第二法則によれば TdS であり，また系のなした仕事は pdV である．ここで T は絶対温度，S はエントロピー，p は圧力，V は体積．このときの U の無限小変化 dU の式

$$dU = TdS - pdV \quad (可逆) \tag{2}$$

から温度 T と圧力 p が式 (3) によって求まる．

$$T = (\partial U/\partial S)_V, \quad p = -(\partial U/\partial V)_S \tag{3}$$

このように U が S，V の関数として与えられると，ほかの熱力学的量が求まっていく．

　不可逆な無限小変化では，系に流れ込んだ熱量は TdS より小さい．ゆえに

$$dU < TdS - pdV \quad (不可逆) \tag{4}$$

したがって，S，V が一定の条件で起る実際の変化は内部エネルギーが減少する向きに起る．そして安定な熱力学的状態は内部エネルギーが最小のものである．

Lesson 11: Thermodynamics II
(applications)

一   イチ one, same; イツ one, same
     ひと(つ) one, same

一意の	イチイの	unique
一般の	イッパンの	general

炎   エン inflammation
     ほのお blaze, flame

炎熱量計	エンネツリョウケイ	flame calorimeter
無炎燃焼	ムエンネンショウ	smokeless combustion

応   オウ all right

応用	オウヨウ	application
応答	オウトウ	response

固   コ hard, tough
     かた(い) hard, tough; かた(まる) to harden, to stiffen {vi};
     かた(める) to freeze, to harden, to strengthen {vt}

固体	コタイ	solid
固定	コテイ	fixed, set, immobilized

考   コウ consideration, thought
     かんが(える) to consider, to expect, to suppose, to think

考案	コウアン	conception, idea, plan
考察	コウサツ	discussion, consideration

三   サン three
     み(つ) three; み(っつ) three

三角行列	サンカクギョウレツ	triangular matrix
第三者	ダイサンシャ	a third party

生   ショウ birth, living; セイ birth, living
     い(かす) to give life to, to revive {vt}; い(きる) to live {vi}; う(まれる) to be born {vi};
     う(む) to give birth to, to produce {vt}; なま raw, inexperienced

生産	セイサン	production
発生	ハッセイ	occurrence, incidence

焼　ショウ burning
や(く) to bake, to burn, to print (photos) {vt}; や(ける) to be burned, to be tarnished {vi}

燻焼	クンショウ	smoldering combustion
燃焼	ネンショウ	combustion

則　ソク doctrine, law, model, rule

規則性	キソクセイ	regularity
自然法則	シゼンホウソク	natural laws, laws of nature

第　ダイ number

次第に	シダイに	gradually
第一法則	ダイイチホウソク	first law

断　ダン cutting, judgement
ことわ(る) to apologize, to decline, to warn; た(つ) to interrupt, to shut off

断熱圧縮	ダンネツアッシュク	adiabatic compression
判断	ハンダン	judgement, decision

二　ニ two
ふた(つ) two

二次構造	ニジコウゾウ	secondary structure
二乗	ニジョウ	second power, squared

燃　ネン burning
も(える) to burn {vi}; も(やす) to burn {vt}

可燃物	カネンブツ	combustible (substance)
燃料	ネンリョウ	fuel

反　ハン antagonism, anti-, opposite
そ(らす) to bend, to warp {vt}; そ(る) to curve, to warp {vi}

化学反応	カガクハンノウ	chemical reaction
反射	ハンシャ	reflection

膨　ボウ getting fat, swelling
ふく(れる) to swell

膨大な	ボウダイな	huge, enormous
膨張	ボウチョウ	swelling, expansion

Reading Selections

11-1: 　　　　　　　**熱力学第一法則** (物理1562-1563)

　　熱力学の基本法則のひとつ．熱という形を含めてエネルギー保存を主張するものであって，R. Mayer, J. Joule, Kelvin 卿, R. J. E. Clausius, H. Helmholtz らによって確立された．次に述べる経験事実としてのエネルギーの原理および，それに基づいて数学的推論により導き出される法則を区別しないで熱力学第一法則ということが多い．簡単のため，まず，物質の出入りのない体系について述べる．「仕事 W と熱 Q とを与えて，体系を熱平衡状態 (1) から熱平衡状態 (2) へ変化させるとする．(1) から (2) への変化過程はいろいろありえて，それに応じて W および Q の値が異なる．しかし両者の和 $W+Q$，すなわち，体系が外部から受取る力学的エネルギーと熱的エネルギーの和は，(1) と (2) が定まっている限り常に一定である」(エネルギーの原理)．いま (1) から (2) への状態変化を準静的過程とし，適当な状態変数の空間で考えると，この $W+Q$ はある微分形式の線積分で表される．上の経験事実は，この線積分の値がその道筋によらないことを示したものであって，このとき，その微分形式が考える状態変数のある関数 (これを E とする) の全微分として表される．線積分の値すなわち $W+Q$ は

$$E_2 - E_1 = W + Q$$

となる．ここで E_1，E_2 は E の (1) および (2) での値である．この E を体系のエネルギーと名づけ，内部の状態による部分のみに着目するとき，これを内部エネルギーとよび，普通 U で表す．熱力学第一法則は内部ェネルギーという状態量が存在することを主張する法則であるともいえる．仕事 W，熱 Q は道筋によって異なり，状態量ではない．微小変化を考える場合には $dU = d'W + d'Q$ と表す．d' は微小量ではあるが，全微分とは限らないことを示すためである．次に，体系に物質の出入りがある場合を考える．この場合にも質量的作用に基づくエネルギーの変化 $d'A$ (あるいは A) を考えることにより，全く同様に第一法則 $dU = d'W + d'Q + d'A$，$U_2 - U_1 = W + Q + A$ が成り立つことが示される．また第一法則は，エネルギーの補給を受けずに，仕事をなし続ける動力機関，すなわち，第一種の永久機関をつくることは不可能であることを意味する．

11-2: 　　　　　　　**熱力学第二法則** (物理1563-1564)

　　熱力学の基本法則のひとつである．エントロピー増大則ということもある．第一法則が状態変化においてのエネルギーの保存を述べているのに対し，第二法則は状態変化の起る方向についての基本法則である．熱力学第二法則にはさまざまな表現があり，「高い温度の部分から低い温度の部分へ熱が移動する過程は，ほかに何の変化も残らない場合には不可逆過程である」，あるいは「仕事が熱に変わる過程は，ほかに何の変化も残らないならば不可逆過程である」，あるいは「与えられた体系の任意の状態の任意の近傍に，その状態から断熱変化によっては到達することのできない状態が少なくとも1つ存在する」という形に表現される．上に述べた3つの形の原理はいずれも対等である．数学的にはエントロピーを用いて定式化できる．任意の体系の任意のサイクルにおいて，体系が吸収する熱量 Q_n をその時の供給源の温度 T_n で割ったものの総和は，クラウジウスの原理を認めるならば

$\sum\limits_{n}(Q_n/T_n) \leq 0$ であることが示される.

これを準静的過程に適用し，線積分の表式を利用すれば，状態量エントロピー S の存在が導かれる．第二法則は，「体系には状態量 S が存在し，その状態 (1) から (2) への一般の状態変化においては $S_2 - S_1 \geq \int_C d'Q/T^{(e)}$ が成り立つ」と表される．積分は道筋 C に沿っての線積分を意味し，$d'Q$ は微小熱量 (Q という関数の微分を意味するものではないことを示すために $d'Q$ とした)，$T^{(e)}$ はその供給源の温度である．微小な状態変化の場合は $dS \geq d'Q/T^{(e)}$ である．等号は変化が可逆的であるときに成り立つ．準静的過程では $T^{(e)}$ と体系の温度 T は等しいから $dS = d'Q/T$ となる．したがって第一法則とまとめて

$$dU = d'W + TdS$$

が成り立つ．断熱準静的過程では $dS = 0$ (エントロピー不変)，断熱不可逆過程では $dS > 0$ (エントロピー増大) が成り立つ.

11-3: 熱力学第三法則 (物理1563)

第 0 法則，第一法則，第二法則とならぶ熱力学の基本法則．熱力学第三法則はネルンスト・プランクの定理ともよばれ，次のようにいい表される．「単一成分をもつ均質な物体のエントロピーは，絶対零度に近づくに従い，物質の種類，相，圧力に無関係な一定の値に近づく」．エントロピーは示量性の量であるから，1 mol 当たりのエントロピーを考えると上の一定の値は普遍定数となる．実測で問題となるのはエントロピーの差であるから，この普遍定数は何にとってもよいはずである．それを 0 とすると

$$\lim_{T \to 0} S = 0$$

が成り立つ．これは第三法則を式の形に表したものということができる．第三法則から，一般的に，物質の熱容量 (C_p, C_v)，圧力の温度係数 ($(\partial p/\partial T)_v$)，磁化の温度係数 ($(\partial M/\partial T)_H$) などが，絶対零度に近づくに従い，0 に近づくことが示せる．また，「どのような物質を用い，どのような過程を工夫しても，有限回の操作では絶対零度の状態を実現することはできない」(絶対零度の到達不可能性) ことが結論される．すなわち，ある温度 T' (> 0) の状態から準静的・断熱的 (この過程が最も大きく温度を降下させる) な操作を行って，温度 T'' の状態に変化させたとする．エントロピーの変化はないから，C_p を熱容量として，$\int_0^{T''}(C_p dt/T) = \int_0^{T'}(C_p dt/T)$ が成り立つ．ここで絶対零度でのエントロピーの値が物質の状態によらないことが用いられている．$T'' = 0$ であるとすると，$\int_0^{T'}(C_p dt/T) = 0$ でなければならない．熱力学的安定性から $C_p > 0$ であるから，これは不合理である．すなわち $T'' = 0$ とすることはできない．また上の $(\partial M/\partial T)_H \to 0$ $(T \to 0)$ は断熱消磁法によって $T = 0$ に到達することが不可能であることを意味するものである.

数多くの物質について，液相，固相での状態変化，反応などの実験結果から W. Nernst は，1906 年に次の法則を提出した．「液相および固相での等温・等圧的な物理的，化学的変化において，エントロピーの変化は絶対温度とともに 0 に近づく」これはネルンストの熱定理とよばれ，第三法則の原型となるものである．この定理は，いろいろな物質のエントロピーの値を熱量測定から計算する際の不定の定数を確定するのに重要な意義をもつものであるが，絶対零度の到達不可能性の問題を議論するためには不十分である．初めに述べた，ネルンスト・プランクの定理はその点も含んでいる.

この第三法則の意味の理解を深めるためには，分子論的な考察，すなわち統計力学的

な面からの考察が有効である．ボルツマンの原理によれば，体系のエントロピーは $S = k \log W$ (k はボルツマン定数) で与えられる．ここで W は体系の巨視的 (熱力学的) 状態 (体積，エネルギー一定) において許される量子状態の総数である．ゆえに $\lim_{T \to 0} S = 0$ は，

系内の粒子数を N とするとき W が e^N と比べ十分小さいことを意味するが，$\lim_{T \to 0} S = 0$ が

厳密に成り立つには，絶対零度の巨視的状態では $W = 1$，すなわち体系に許される量子状態がただ1つでなければならない．量子力学的にいえば，体系の基底状態の縮退度が1であることに対応する．これを量子力学的に一般的に証明することはできないが，体系内の相互作用を大きいものから小さいものへ順に考慮していくと，一般に量子状態の縮退が次々と解けていくことが知られているので，その意味はよく理解できる．また，ある物質の気体状態でのエントロピー $S_g(T, p)$ は

$$S_g(T, p) - S_0 = \lim_{T_0 \to 0} \int_{T_0}^{T} (d'Q/T)$$

で計算される．S_0 は絶対零度でのエントロピーの値，$d'Q$ は体系に入る熱量すべてを表す．積分は $T \to 0$，$p \to 0$ の状態から，T, p の気体状態まで準静的な道筋について加え合わせることを示す．すなわち右辺は熱量測定から求められるエントロピーである．一方，十分温度の高い所での気体の分配関数 (したがって，ヘルムホルツの自由エネルギー) は分光学的な実験データをもとにして計算することができ，それから求まるエントロピー (分光学的エントロピーとよばれる) を $S_g(T, p)$ と考えることが許される．この考えに立てば，実験値から S_0 を定めることができる．多数の物質について調べてみると，大多数のものでは S_0 は十分0に近いが，0でないある一定の値を示す物質もある．この「凍りついたエントロピー」，それに対応する量子力学的な縮退度の問題については，実験的には凍りついたものをなんらかの方法で溶かすことが常に可能なのかどうか，理論的には縮退を分裂させるような機構が常に存在しうるものなのかどうか，いまだに十分に解明されたとはいうことができない状況にある．この意味において，第三法則をほかの基本法則とは同列に取り扱わない人もいる．

11-4: 断熱圧縮 (物理1239)

　気体を圧縮するとき，容器の壁を通して熱エネルギーが出入りすることなく圧縮する過程をいう．理想気体を断熱的に圧縮するとき，理想気体の状態方程式と熱エネルギーの出入りが0であるという関係式から，圧力 p と体積 V との間には $pV^\gamma = $ 一定の関係が成立する．ここで γ は定圧比熱と定積比熱の比であり，気体分子のもつ自由度を δ とすると $\gamma = (2 + \delta)/\delta$ で与えられる，$\delta = 3$ のときは $\gamma = 5/3$ となる．圧力は密度 n と温度 T との積 $p = nkT$ で与えられるが，$n \propto V^{-1}$ であるので，$TV^{\gamma-1} = $ 一定，あるいは $Tn^{-(\gamma-1)} = $ 一定となる．したがって気体を断熱圧縮すると温度が上昇する．プラズマを断熱的に圧縮すると理想気体と同じようにふるまい，プラズマを加熱する手段に用いられるプラズマの断熱圧縮においては，体積の圧縮時間 T_{ac} が粒子の領域通過時間 L/v_T ($L \sim V^{1/3}$，v_T は熱速度) より長く，エネルギー損失時間 τ_E より短い (圧縮時間中の熱エネルギー損失が無視できる) ことが必要である．プラズマの断熱圧縮は閉じ込め磁場 B_z を時間的に強い方向に変化させることによって行われる．プラズマの半径を a とすると，磁束保存の関係から $a^2 B_z = $ 一定，粒子保存より $na^2 = $ 一定であるので，$T \propto n^{\gamma-1} \propto n^{2/3} \propto B_z^{2/3}$ となる．

11-5: **断熱過程** (物理1239-1240)

　熱力学的過程のうちで外部との熱接触を断って行われるものをいう．代表的には準静的断熱過程というものがある．これは外部と仕事のやりとりを行うのだが，準静的変化であるので可逆である．可逆過程であればエントロピー S と熱量 Q との間には $dS = d'Q/T$ という関係があるので $d'Q = 0$ から，$S = $ 一定となり，この意味で等エントロピー過程ともいう．ただし広い意味での断熱過程は不可逆過程も含む．たとえば気体が体積 V から $V + \Delta V$ へと断熱自由膨張する場合は内部エネルギーが保存され，エントロピーは増大する過程であるので不可逆である．

　また，力学の分野では以下のように用いられる．ある力学系が周期運動をしているとしよう．この系を特徴づけるパラメーターを十分ゆっくり変化させる（たとえば振動子の弦の長さを短くする）．弦の長さに限らず，系を指定するパラメーター a を十分ゆっくり変化させたとき不変に保たれる量を，断熱不変量と名づけ J と書く．エネルギー E，振動数 ν の単振り子の場合 $J = E/\nu$ である．周期運動をしている系に対しては一般に $J = \oint p\,dq$ となり，積分は 1 周期に対して行う．

　前期量子論の時代にはエーレンフェストが断熱仮説を唱えて，量子力学形成までの過渡的方法論の基礎を与えた．すなわち，系が外部から十分ゆっくりとした変化を受けたときには，系の変化は力学の方法を用いて論じてよい，というのである．さらに変化の途中を含め，系は常に量子的状態に存在すると，この段階でゾンマーフェルトらによって与えられた量子条件は，h をプランク定数として $J = nh$（n は整数）というものであった．

　エーレンフェストの断熱仮説は適当な条件下で定理に昇格した：パラメーター a が十分ゆっくり変化するときには，系は同じ量子状態にとどまる．この定理はシュレーディンガー方程式を用いて証明される．

　さらに統計力学の分野に断熱定理を拡張すると，あるエネルギー E 以下の状態数は不変量であることが示せ，ボルツマンの関係式を援用するとエントロピーが一定となることがわかる．

11-6: **断熱自由膨張** (物理1241-1242)

　熱的には外界と相互作用を断ち切られた（断熱）容器の片方の部屋に気体を閉じ込めておく．この部屋の体積を V_i，この始状態での温度を T_i とする．右側の部屋は真空にしておく．仕切壁を取り除くと左側の部屋に充満していた気体は右側の部屋にも移っていく．これを気体の断熱自由膨張という．この容器全体の体積を V_f，最終状態での温度を T_f としよう．この系は外界と熱的には断ち切られており熱の出入りはない（$Q = 0$）．さらにこの気体は外部に仕事をしていない（$W = 0$）．したがって熱力学第一法則より内部エネルギーの変化は生じない．つまり $dU = 0$ すなわち $U(T_f, V_f) = U(T_i, V_i)$ となる．

　特に理想気体を考えれば U は V に依存しないので $U(T_f) = U(T_i)$ となり，$T_f = T_i$ が得られる．このことを実験的に確かめたのがジュールの実験とよばれるものである．

　実在気体では体積 V の変化に伴って温度変化が起る．変化の割合は，断熱自由膨張では内部エネルギー U が一定であるから $(\partial T/\partial V)_U$ で与えられるが，この量は熱力学の関係式を利用すると $(\partial T/\partial V)_U = -T^2/C_V\,[\partial(p/T)/\partial T]_V$ と表すことができる．ここで C_V は定

積モル比熱である. 特に気体の状態方程式が $pV = nRT(1 + B/V)$ (n はモル数, R は気体定数, B は第二ビリアル係数) と書けるときは $(\partial T/\partial V)_U = -1/C_V \, (nRT^2/V^2) \, dB/dT$ によって温度変化が与えられる. dB/dT は正の値をとるので実在気体は断熱自由膨張で常に冷える.

11-7: 断熱膨張 (物理1243)

　気体を外界から熱的には切離された状況 (断熱) で気体を膨張させることをいう. 簡単のため理想気体を考えてみよう. 熱力学第一法則によれば $dU = d'Q + d'W$ であるが, いまの場合 $d'Q = 0$ であるから上式は 1 mol の気体に対して $C_V dT = -pdV$ となる. ここで C_V は定積モル比熱である. 理想気体の状態方程式を用いて積分すると

$$pV^\gamma = \text{一定} \tag{1}$$

という関係式が得られる. ここで γ は, 定圧モル比熱と定積モル比熱の比 (比熱比)

$$\gamma = C_p/C_V \tag{2}$$

で定義される量で $\gamma > 1$ である.

　式 (1) は等温過程の式 ($pV = $ 一定) と比べて p-V 曲線の傾きがより激しい.

　式 (1) はまた

$$TV^{\gamma-1} = \text{一定} \tag{3}$$

と書くこともできる.

　いずれにしても, この断熱膨張によって気体は外部に仕事をし, 内部エネルギーが減少する. したがって温度が下がる. 真空への自由膨張の場合は断熱自由膨張という.

11-8: 等温変化 (物理1447)

　温度が一定に保たれたまま物質の状態が変化するとき, これを等温変化または等温過程とよぶ. 熱力学・統計力学においては, 対象とする系が熱容量の十分に大きい他の系 (熱源) との間に熱平衡を保ちつつ圧力・体積などが変化する過程のことをいう. 理想気体に対するボイルの法則は等温変化についてのものである. また, 一定の圧力の下で, 物質の 2 つの相 (たとえば気相と液相) が平衡を保ちつつその割合を変えるときは, 全体の体積が変化し, 熱の出入りもあるが, 温度は一定に保たれるので等温変化の一例といえる.

11-9: ヒートポンプ (物理1736)

　低温物体から高温物体に, 熱をくみ上げる熱機関. クーラーを逆向きに利用するとヒートポンプになる. すなわち, 通常の熱機関を逆行運転させる. 外部から仕事 W を与えて, それによって低温熱源より, Q_c の熱を吸収し, 高温物体に $Q_h = Q_c + W$ の熱を与える (理想的なヒートポンプの場合). したがって, このヒートポンプの性能 ε は

$$\varepsilon = Q_h/W = 1 + (Q_c/W) = T_h/(T_h - T_c) > 1$$

で与えられる. ただし, T_h は高温側の温度, T_c は低温側の温度である. 電熱器などにより, 直接 W をそのまま熱に変換するよりも, ヒートポンプの方がはるかに有効である. 最近の冷暖房装置は, この原理に基づいている.

11-10: **熱拡散** (化学1046)

　流体の均一組成混合物に対して温度勾配を与えたとき，混合物の組成に変化を生じる現象．物質の拡散と熱伝導とが結合した交差現象の一つで，この現象が液相中で生じる場合にはソレー効果とよばれる．他の交差現象は濃度勾配による物質の拡散によって温度勾配を生じる現象で，デュフォー効果とよばれる．また，熱拡散はこの原理によって生じる物質の分離操作を意味することもある．たとえば，1枚の金属板を高温に，他の金属板を低温に保って，金属板間に入れた均一組成の溶液中に温度勾配を生じさせる．熱拡散により濃度分布が生じ，同時に濃度分布によって通常の拡散が生じ，これらが平衡に達して，金属板間に定常的な濃度分布，すなわち成分の分離を生じる．混合気体では高分子量の成分は低温側，低分子量の成分は高温側で濃度が高くなり，電解質溶液では電解濃度は低温側で高くなる．気体混合物やアイソトープの分離に用いられる．

11-11: **熱機関** (化学1046)

　作業物質を用いて，高温の熱源 (温度 T_1) から熱 (Q_1) をとり，低温の熱源 (温度 T_2) に熱 (Q_2) を与えることにより外部に仕事 (W) をする繰り返し (循環過程) によって運転される装置で，蒸気機関，蒸気タービン，内燃機関などの装置がある．たとえば，蒸気機関では，水は熱せられて水蒸気となり，エンジンを動かしたのち凝縮器を通って水となり，ボイラーに戻る．この種の熱機関では作業物質は再生され連続的に用いられる．熱機関の効率は $\eta' = -W/Q_1$ で与えられ，可逆機関の場合には，カルノーの定理により，$\eta = (Q_1 + Q_2)/Q_1 = (T_1 - T_2)/T_1$ で与えられるが，実在する熱機関の効率 η' は常に $\eta > \eta'$ となる．冷凍機も熱機関である．

11-12: **熱起電力** (化学1046)

　2種の異なる導体 (または半導体) の両端を接合した閉回路をつくり，両接合点を異なる温度に保つとき，その回路に発生する起電力をいう．またこの起電力によって回路に流れる電流のことを熱電流という．導体の組み合わせに固有なこの現象はゼーベック効果とよばれる．この効果は，異種導体の接合点に電流を流すときにそこでジュール熱以外に熱の発生や吸収が起こるペルチエ効果と，温度勾配をもつ導体に電流を流すと導体内にやはりジュール熱以外の熱の出入りが起こるトムソン効果とによるものである．閉回路の両接合点の温度が T_1，T_2 のとき，発生する熱起電力 V は，導体 A，B のペルチエ係数を π_{AB}，おのおののトムソン係数を σ_A，σ_B とすると，T_2 から T_1 のある範囲内では一般に，

$$V = a(T_2 - T_1) + (b/2)(T_2^2 - T_1^2)$$

の形になる (a，b は導体により決まる定数)．T_1 を一定に保つと，V は $T_2 = -a/b$ (中立温度とよび，T_1 によらない) で極大となり，また $T_2 = -2a/b - T_1$ では起電力の方向が変わるので，逆変温度とよぶ．さらに，$dV/dT = a + bT$ は，閉回路の一方の接合点を一定温度に保つときに，他方の接合点の単位温度変化に対して生じる熱起電力の変化を表し，熱電能あるいは熱電率という．熱起電力を生じるこの閉回路は熱電対とよばれ，接合点の一方を基準温度に保ち他方を感温部として，温度測定や熱線検出用の素子によく用いられる．

11-13:   燃焼 (化学1056)

　被酸化性物質が熱と光を発しながら激しく酸化される現象．時には生体内燃焼など緩慢な酸化，あるいは酸化に限らず激しい発熱を伴う速やかな化学反応一般に用いられることもある．燃焼が起こるには反応物質としての燃料 (可燃物) と酸化剤，および反応を開始させるための着火エネルギーが必要である．反応が開始したのち自然に継続するかどうかは反応熱の大きさや反応生成物の性質による．気体は炎をあげて燃え，液体は蒸発により，固体は分解により気体を発生して炎をあげる．木炭などの固体は表面燃焼する．木材などは酸素供給不足などの場合は分解により生じたガスが燃えず凝縮して煙となり，炭のみが無炎燃焼する．これを燻焼という．酸化剤としては通常空気または酸素が利用されるが，過酸化物や硝石など過剰酸素を含むもの，時には二酸化炭素 (マグネシウムの燃焼)，酸化鉄 (テルミット) など酸化物の酸素やハロゲンが使われることもある．

11-14:   燃焼効率 (化学1056)

　燃焼によって発生した熱量の，燃料の熱値に対する百分率．完全燃焼では100%．石炭の燃焼のように未燃焼部分や可燃性ガスの散逸があると100%より小さくなる．

11-15:   燃焼速度 (化学1056)

　物質の燃焼する速さをいう．明確な定義はなく，場合によって表現が異なる．固体や液体の燃料では，燃焼による燃料の単位時間当たりの重量減少量を指すことが多い．気体燃料では，空気をあらかじめ混合しておくと，燃焼によって火炎面が形成され，それが一定の速さで拡がっていく．この火炎面の移動速度も燃焼速度の一表現であるが，特にこれは火炎伝播速度とよばれ，燃料によって，また空気比によって決まった値をとる．燃焼器の燃焼口への混合気体の供給速度は，火炎伝播速度より大きくしなければならない．火炎伝播速度は，ふつう毎秒数メートル程度であるが，これを越えて異常に速くなった場合が爆発に当たる．

11-16:   燃焼熱 (化学1057)

　反応熱の一種．物質が完全燃焼する際に発生する熱量．燃焼反応は完結しやすく，副反応の寄与も大きくないことが多いので，燃焼熱測定は物質の標準生成エンタルピーの実験的快定法として重要である．有機化合物に対しては酸素，無機化合物に対してはフッ素が代表的な酸化剤である．試料が液体あるいは固体の場合には定容燃焼熱量計を用いて測定するので，燃焼熱は物質系の内部エネルギーの減少量に等しい．気体物質は炎熱量計を用いて定圧 (大気圧) 下で測定するので，燃焼熱は物質系のエンタルピーの減少量 (燃焼エンタルピー) に等しい．定容燃焼熱の実測値にウォッジュバーンの補正を施して標準燃焼内部エネルギー ΔU_c° を導き，さらに近似式 $\Delta H_c^\circ = \Delta U_c^\circ + \Delta n_g RT$ を用いて標準燃焼エンタルピーに変える．ここで Δn_g は理想燃焼反応における気体化学種の物質量の変化である．たとえば，ベンゼンの場合，理想燃焼反応は $C_6H_6(l) + (15/2) O_2(g)$

$= 6CO_2(g) + 3H_2O(l)$ であるから， $\Delta n_g = 6 - (15/2) = -3/2$ となる.

11-17: 燃焼反応 (化学1057)

　可燃性物質が熱と光を発しながら激しく酸化されるときに起こる化学反応. 燃焼は最も古くから知られた化学反応の一種であり，近代化学は燃焼の研究から始まったが，この反応はきわめて複雑であるため，現在でも不明な点が多い. 可燃物は燃焼により安定な酸化物に変わり，この際大量の熱と光を発生する. しかし酸素の供給不足などの場合は安定な酸化物には至らず，一部は一酸化炭素，アルデヒド，すすなどの未燃焼部分が排出され不完全燃焼となる. 燃焼は気体の燃焼と固体の表面燃焼とがあるが，炭の場合などを除き一般には気体で燃焼することが多い. 液体および固体では燃焼による発熱により加熱されて蒸発または分解し気体となって燃え，分解残渣は木炭のように赤熱状態の表面より酸化されていく. 気体の燃焼ではあらかじめ空気と燃焼範囲内の混合気体となっているか，混合拡散により可燃性混合ガスとなって燃える拡散炎となる. 炎の中では連鎖反応により反応が進行する. 水素の燃焼では H，O，OH，HO_2 などの原子やラジカルが連鎖となって進行する. 炭化水素の燃焼ではこのほか水素引抜きなどにより生じた R•，RO_2•，ROOR'，ROOH，RO• などが連鎖となって進行すると考えられる. 発火前の誘導期には比較的遅い酸化反応が進行し，時には過酸化物，アルデヒドなどの生成蓄積により冷炎が生じることもある. 燃焼範囲内の混合気体に点火したとき，開放空間での燃焼速度は2~3 m/sec のものが多いが，密閉室では燃焼速度も速くなり爆発を起こす危険がある. 爆発の火炎伝播速度が音速以下のときは爆燃とよび，一般の燃焼と本質的には変わらないが，音速を超えると爆ごうとなり，衝撃波を伴って破壊力も著しく大きくなり，反応も変わってくる. 燃焼は化学反応だけでなく，発熱，伝導加熱・放熱などの熱移動，流れ・拡散などの物質移動を伴い，相互に影響しあう複雑な現象である.

Lesson 12: Light I
(fundamentals)

可　カ ability, approval, good

可動部	カドウブ	movable parts
可能な	カノウな	possible, feasible

外　ガイ beyond (the scope), outside; ゲ beyond (the scope), outside
そと outside; はず(す) to take off {vt}; はず(れる) to come off {vi}; ほか other, another

以外の	イガイの	other than, except for
赤外線	セキガイセン	infrared rays/radiation

吸　キュウ inhaling, sipping
す(う) to inhale, to sip, to suck

吸収	キュウシュウ	absorption
吸着	キュウチャク	adsorption

近　キン close to, friendly, near
ちか(い) close to, friendly, near; ちか(づく) to approach {vi};
ちか(づける) to allow to approach {vt}

近赤外	キンセキガイ	near infrared
最近	サイキン	recently; these days

見　ケン hoping, looking, seeing
み(える) to be visible {vi}; み(せる) to display, to show {vt};
み(る) to look at, to see {vt}

見解	ケンカイ	opinion, view
発見	ハッケン	discovery

光　コウ light
ひかり flash, gleam, light, sparkle; ひか(る) to glitter, to shine, to sparkle

光線	コウセン	light ray
分光学	ブンコウガク	spectroscopy

視　シ looking upon, regarding as

視覚	シカク	vision
微視的な	ビシテキな	microscopic

紫　シ purple, violet
むらさき purple, violet

| 紫外線 | シガイセン | ultraviolet rays/radiation |
| 真空紫外 | シンクウシガイ | vacuum ultraviolet |

色　シキ color; ショク color
いろ color, countenance, kind, tint

| 色収差 | いろシュウサ | chromatic aberration |
| 白色光 | ハクショクコウ | white light |

収　シュウ income
おさ(まる) to be paid, to be restored, to be settled {vi};
おさ(める) to collect, to pay, to supply {vt}

| 収集 | シュウシュウ | collection, acquisition |
| 収束 | シュウソク | convergence |

赤　セキ crimson, red, scarlet
あか red; あか(い) red; あか(らむ) to turn red {vi};
あか(らめる) to (raise a) blush, to redden {vt}

| 遠赤外 | エンセキガイ | far infrared |
| 赤熱状態 | セキネツジョウタイ | red-hot state |

線　セン line, route, track, wire

| 線形- | センケイ- | linear |
| 直線 | チョクセン | straight line |

長　チョウ head, manager, superiority, length
なが(い) long

| 長方形 | チョウホウケイ | rectangle |
| 波長 | ハチョウ | wavelength |

波　ハ wave
なみ wave

| 電磁波 | デンジハ | electromagnetic wave |
| 波動 | ハドウ | wave (motion) |

偏　ヘン inclining, left radical (in kanji), side
かたよ(る) to be biased, to lean

| 偏極 | ヘンキョク | polarization |
| 偏微分方程式 | ヘンビブンホウテイシキ | partial differential equation |

Reading Selections

12-1:   光 (物理1692-1693)

電磁波のうちで波長が約 1 nm~1 mm の範囲内にあるもの．このうちでほぼ l~400 nm の範囲を紫外線，400~750 nm の範囲を可視光線，750 nm~1 mm の範囲を赤外線とよぶが，短波長限界 (X 線との境界)，長波長限界 (ミリ波との境界) についてはある程度の任意性がある．測光，測色学などの分野では特に可視光線だけをさす場合もある．光の実体について，遠い昔から人々は光の作用によって目で物が見えること，光が直進すること，反射の法則に従うこと，また光の作用によって植物が成長することを知っていた．ギリシア，エジプト，アラビアなどの先達は哲学，数学ないし科学的思考を基にして光学現象を取り扱った．12 世紀ごろから神学者 Grosseteste をはじめとする西欧の人々によってレンズの光学的作用の解明，天文学的研究が発展した．17 世紀になると Galileo によって実験的事実とその数学的記述を基に，また R. Descartes によって自然哲学的思考と数学を基に，光の本質についての取り扱いが行われるようになった．Galileo は光を微小粒子と考えたが，Descartes はすべての空間を満たす “エーテル” を伝わる渦運動ないしはその運動を生じさせるものとしてとらえ，色の多様性はこの渦運動の回転速度が異なるためとした．屈折の法則は 1621 年 W. Snell van Roijen によって，フェルマの原理は 1657 年 P. de Fermat によって導き出された．薄膜が色づいて見える干渉の現象は 1665 年 R. Hooke によって，また光が幾何学的影の部分に回り込む回折の現象は同年 F. M. Grimaldi によって見いだされた．Hooke は光を非常に速い速度で伝わる振幅がきわめて小さい振動と考え，均質媒質中では一定速度で伝播して「波面」を構成するとした．この考えで Hooke は屈折の現象と色の説明を試みたが，色の基本的な性質が明らかにされたのは 1666 年 I. Newton がプリズムによる光の分散を発見したときである．Newton は光が直進して音波のようには回折現象がほとんど観測されないこと，また偏光が音波のような縦波では説明できないことから，光を発光体から発射される粒子と考えた．光の速度は 1675 年 O. Rømer によって木星の衛星による食の観測ではじめて求められた．

Hooke によって代表される初期の波動論は C. Huygens によっておおいに発展した．彼は 1690 年二次波の概念 (ホイヘンスの原理) を使って反射と屈折の法則を明確に説明した．また方解石の複屈折を，結晶内には球面状に広がる普通の二次波以外に回転楕円面状に広がる二次波が発生するという仮定で説明した．さらに複屈折で分かれた光線をもう一度方解石に通すと，この方解石の回転によって透過光が弱くなることから，偏光について本質的発見をしたが，理論的説明を与えるまでには至らなかった．

権威者 Newton の名と結びついて約 1 世紀の間物理学者の頭を支配した光の粒子説に転機を与えた論文は，19 世紀の到来とともにやってきた．T. Young は 1801 年干渉と薄膜の色について明確な説明を与えた．1808 年 E. L. Malus はガラス表面で反射された光が方解石で複屈折を行った後の光と同じ性質をもつことを見いだし，これを偏光と名づけた．1816 年 A. J. Fresnel は干渉と二次波の原理を結びつけ，「フレネルの半波長帯」を使って回折現象を明確に説明した．また透明体が速度 v で動くときエーテルは $\{1 - (1/n^2)\}v$ (n は屈折率) の速度で移動し，したがって光の速度もその分だけずれることを結論し，これは 1851 年 A. H. L. Fizeau によって実験的に確かめられた．Fresnel はまた

D. F. J. Arago とともに結晶内の複屈折の現象を取り扱い，光が横波であるとしたヤングの説の定式化に成功した．このように Fresnel は，そのほか多くの論文を含めて，光の波動説をあらゆる面から根拠づけた．

　一方電磁気学の分野では，M. Faraday が電場，磁場の概念を導入し，巧みな実験によって 1831 年電磁誘導現象，また電流の自己誘導現象など数多くの発見を行った．J. C. Maxwell は Faraday の実験結果を整理して 1864 年一連の方程式にまとめあげることに成功した．また彼はこれら場の方程式を変形すると波動方程式の形になり，しかもこの波動，電磁波は横波であることを示した．1867 年 Maxwell はまた電磁気現象の実験から得られた定数の値をこの方程式に入れると電磁波の速度の理論値が光の速度の実験値とよく一致することを示した．これから彼は光波を電磁波と推定したが，これは 1888 年 H. R. Hertz が火花放電によって電磁波をつくり出し実験的にも確認された．

　光の放出や吸収のような物質と光の相互作用を取り扱う場合は，原子，分子の内部構造についての知識を必要とする．1814~1817 年 J. Fraunhofer は太陽スペクトル中のフラウンホーファー線とよばれる暗線を発見し，これは 1861 年 R. W. Bunsen, G. R. Kirchhoff の実験によって太陽のまわりの低温ガス中を太陽からの連続スペクトル線が通過することによる吸収線として説明された．M. K. E. L. Planck は 1900 年振動する電子は電磁波としてエネルギーを連続的に放出するのではなく，振動数に比例するエネルギー量子と名づけた一定量 $\varepsilon = h\nu$（h はプランク定数，ν は振動数）ずつのエネルギーを放出するとして黒体放射の理論的説明を与えた．1905 年 A. Einstein は Planck の理論に基づいて光の粒子説を提出した．すなわちエネルギー量子に相当する光の粒子「光子」が存在すると仮定して黒体放射，光電効果，紫外線による陽極線の発生などの説明を行った．また同年彼は特殊相対性理論を取り扱いエーテルの存在を否定した．1913 年 N. Bohr は E. Rutherford の原子模型を採用して水素の線スペクトルに明確な説明を与え，1917 年 Einstein は二準位原子系と光の相互作用によってプランクの放射法則に相当する式を導き出した．1922~27 年 L. V. de Broglie は物質粒子の移動には波動が伴うとして波動説と粒子説の調和をはかり，これは後に W. K. Heisenberg, W. Pauli が基礎を確立した「場の量子論」によって統一的な一つの数学的理論形式の下に物質と光が同様に取り扱われるようになった．量子力学の発展の成果として 1958 年 A. H. Schawlow, C. H. Townes はレーザーの提案を行い，1960 年 T. H. Maiman, A. Javan によってそれそれルビー，He-Ne レーザーがはじめて発振に成功した．この結果電波と同様なコヒーレント光が得られるようになり，この分野は量子エレクトロニクスとよばれ，最近おおいに発展している．

12-2:　　　　　　　　　　赤外スペクトル (物理1082)

　可視光の長波長端の約 750 nm から約 1 mm のマイクロ波近傍に至る波長領域に現れるスペクトルを赤外スペクトルとよぶ．1800 年に F. W. Herschel が太陽スペクトルの赤色部の長波長側に熱線を発見したのに始まる．赤外スペクトルは物質を構成する分子の振動や回転の状態変化によって放出または吸収される．約 25 μm 以上の遠赤外領域には分子の純回転スペクトルがある．遠赤外スペクトルは主に吸収で，ほぼ等間隔の回転バンドスペクトルとして現れる．回転スペクトルの測定から分子の核間距離が求まる．約 0.75~25 μm の近赤外および中赤外領域には分子の振動回転スペクトルがある．分子内の原子は平衡位置のまわりに常に振動を行っており，この振動は一定の形と振動数を

もつ基準振動で表すことができる．その振動に分子の双極子モーメントの変化が伴う場合，近赤外吸収スペクトルに基本バンドといわれる強い吸収が基準振動数のところに現れ，弱い高調波が付属する．各振動バンドは P，Q，R などのいくつかの枝から成る回転線構造をもつ．振動スペクトルの測定から，分子内原子間の力，分子の解離熱が計算できる．分子内に -O-H，C=O などの原子団があれば，その原子団特有のバンドが赤外吸収スペクトル中に現れる．基準振動の数および振動数は分子構造によって決まり，吸収の強度は双極子モーメントの大きさで決まるので，赤外吸収スペクトルの測定によって分子の定性定量分析が行える．赤外スペクトルの測定には以前はプリズム分光器が用いられたが，最近は回折格子分光器が近赤外，遠赤外を通じて普及している．赤外分光における技術的問題のひとつは検出器の SN 比が小さいことである．マイケルソン型の干渉分光器を用い，フーリエ分光法によって赤外スペクトルを測れば SN 比が向上する．

12-3: 赤外線 (物理1082)

　可視光線よりも波長が長く，マイクロ波より波長の短い 0.75 μm から数 mm の範囲の光の総称．1800 年，F. W. Herschel は，彼自身のつくった世界最初のプリズム赤外分光計で太陽光スペクトルを測定中，可視スペクトルの赤の部分からさらに外方に検知される不可視光として赤外線を発見した．赤外線は温度をもつすべての物体から放射される熱放射であり，熱作用が大きく熱線ともいわれる．赤外線は測光技術の観点からさらに細分化され，波長 0.75~2 μm を近赤外線または極近赤外線，2~60 μm を (普通) 赤外線 (2~20 μm を中赤外線)，25~5000 μm を遠赤外線という．ときには 25~60 μm を中遠赤外線，60 μm 以上をサブミリ波ともいう．これらはおよその区分であり，使う人によって異なり，確定したものではない．ちなみに波長 50 μm (波数 200 cm^{-1}) の $h\nu$ (h はプランク定数，ν は光の振動数) は温度 $T = 287$ K (14℃) の kT (k はボルツマン定数) に相当する．

　ほとんどあらゆる分子の分子内振動の基準スペクトルは普通赤外の領域にあり，赤外分光分析は広く普及している．近赤外，普通赤外の光源には白熱電球，グローバー，ネルンストグローアーなどの黒体放射が，遠赤外では高圧水銀灯が主として用いられ，特に高分解分光には赤外レーザー光も使用される．最近では，シンクロトロン放射も強力な遠赤外連続光源として注目されている．赤外検出器のうち，赤外線の熱作用を利用するボロメーター，焦電気検出器，熱電対，ゴレー・セルなどは感度が波長に依存しない特徴をもつが，一般に時定数が大きい．また内部光電効果を利用するものに光伝導セル，光起電力セル，写真乾板などがあり，多種多様な形で開発されている．いずれも使用可能な波長範囲に制限があるが，時定数は短い．赤外領域では光子のエネルギーが小さく，また周囲からの熱放射により測光限界が制限されるので，低温検出器も広く用いられる．近年光波としての検出法も現れている．分光法としては，普通赤外ではプリズム，回折格子を用いた分散型分光計が多いが，このほか種々の工夫がある．赤外透過材料としては，ガラス，水晶，フッ化リチウム，蛍石，岩塩，臭化カリウム，KRS-5，ハロゲン化タリウム，ハロゲン化セシウム，シリコン，ゲルマニウム，セレン系ガラス，ポリエチレンなどがそれぞれ透過波長領域をもつが，ダイヤモンドは全領域で透明である．赤外線は学術上はもちろん，通信・軍事など極めて広い応用分野をもっている．

12-4: 　　　　　　　　　　　　紫外スペクトル (物理794)

　可視領域の短波長端の約400 nm より短い波長領域に現れるスペクトル．しかし，一般には，200 nm 以下の真空紫外領域を除いた，400~200 nm の領域に現れるスペクトルをさすことが多い．紫外スペクトルは原子や分子の電子遷移によるスペクトルである．観測波長領域で区分したこのスペクトルの名称は，可視スペクトル，真空紫外スペクトルとともに，物理的にはあまり意味がない．

12-5: 　　　　　　　　　　　　紫外線 (物理794)

　波長400 nm ぐらいから軟X線までの領域の光をいう．太陽からの放射光は強い紫外線を含んでいるが，地球の上層大気中にあるO_3 に吸収され，おおよそ300 nm よりも波長の短い紫外線は地上には到達しない．紫外線は光化学反応を生じさせる．200 nm ぐらいよりも短波長の紫外線は空気中のO_2 分子，N_2 分子などによって強く吸収されるので，この領域の紫外線の研究は真空容器の中で行う必要がある．そのため，この領域の紫外泉を特に真空紫外線という．400 nm から200 nm の間の波長領域の光を紫外線ということもある．

12-6: 　　　　　　　　　　　　可視スペクトル (物理340)

　可視光とよばれる目に見える光の波長領域 (380 nm~780 nm) に現れるスペクトル．原子や分子のスペクトルのうち，電子状態間の遷移に基づくスペクトルは可視領域から紫外，真空紫外領域に主として現れ，それぞれ可視スペクトル，紫外スペクトル，真空紫外スペクトルなどとよばれる．スペクトルが観測される波長領域に従ってつけられた名称であって，物理的にはそれほど特別な意味はない．

12-7: 　　　　　　　　　　　　可視光線 (物理340)

　眼に明るさを感じる光線．波長範囲は短い方の限界が380~400 nm，長い方の限界が750~800 nm で，多少の個人差がある．

12-8: 　　　　　　　　　　　　光電子 (物理668)

　光電離，または，光電効果によって生じた自由電子をいう．気体あるいは固体に紫外線あるいはそれより波長の短い光 (イオン化エネルギーより大きいエネルギーをもつ光子) を照射すると，気体原子・分子では光電離過程によって自由電子と正イオンとを生じ，固体では外部光電効果によって自由電子が放出される．このように光によって生じた自由電子，すなわち光電子のエネルギー分布や角度分布を測定して，原子・分子あるいは固体内の電子状態に関する情報を光電子分光法という．また固体内での内部光電効果によって生じた自由電子で，電気伝導率の変化や起電力の発生などに寄与するものも広い意味での光電子とよばれる．光電離，外部光電効果，内部光電効果などによる光電子はいずれも照射光の検出にも利用することができ，光電子の発生する数が光強度に比例するという性質を使って，光強度の精密測定ができる．このような光電子を利用した

光強度の測定は光電測光法とよばれる.

12-9: 光電効果 (物理667-668)

　物質が光を吸収して自由電子を生ずる現象，またはそれによって起る効果の総称で，外部光電効果と内部光電効果がある．単に光電効果というときには，光を吸収した固体表面から電子が放出される外部光電効果をさす．飛出す電子を光電子といい，この過程を光電子放出ともいう．原子から光電子が放出され，その結果イオンが生ずるとき，特に光イオン化という．光電効果は，放電現象の研究から，H. R. Hertz によって発見され (1887 年)，その後，W. L. F. Hallwachs，J. P. L. J. Elster，H. F. Geitel，P. E. A. Lenard などによって研究された．その結果，光電子のエネルギーは光の強度には無関係で光の振動数が大きいほど大きいこと，光の強度を大きくすると光電子の個数が増加すること，光を固体表面にあてるとすぐに光電子が放出されること，などが示された．これらの実験結果は，光を波動として取り扱うと説明が極めて困難であり，光が粒子性をもつとする A. Einstein の光量子仮説によって初めて説明できる.

　この仮説によれば，プランク定数を h，光の振動数を ν とすると，光の粒子 (光量子) のエネルギーは $h\nu$ であり，そのエネルギーを吸収した光電子のエネルギー E_{max} は $h\nu$ に等しいと考えられる．実際には，電子は固体内に束縛されており，その束縛から脱するために多少のエネルギーが費やされるので $E_{max} = h\nu - W$ なる関係が成り立つ．W は仕事関数とよばれ，固体表面から電子を取り出すのに必要なエネルギーである．固体内部から放出される光電子は，表面に到達するまでに一部のエネルギーを失うので，そのエネルギー E_e は E_{max} より小さくなる ($E_e < E_{max}$)．上式の関係は，R. A. Millikan によって実験的に確かめられ，これから h と W が求められた．こうして求めた h の値は黒体放射のスペクトルから定めた h の値とよく一致し，光量子仮説はもはや疑い得ない事実となったのである．W は金属の場合には，数 eV であるが $h\nu_0 = W$ を満たす振動数 ν_0 を光電限界振動数，ν_0 に対応する波長 $\lambda_0 = c/\nu_0$ を光電限界波長という．金属表面からの光電子放出では，金属内自由電子のフェルミ準位付近にある電子が光を吸収して飛出すことが多いが，物質の温度 T が 0 度でないとき，電子はフェルミ準位より上の状態にも存在するので $\nu < \nu_0$ の光でも光電子が放出される．その時の光電子の数 (光電流) は，近似的に $I = AT^2\phi(x)$，$x = h(\nu - \nu_0)/kT$ で与えられる．ここで，A は比例定数，$\phi(x)$ は

$$\phi(x) = \int_0^\infty \ln(1 + e^{x-y})dy$$

$\ln(I/AT^2)$ を $x = h(\nu - \nu_0)kT$ の関数としてプロットすれば，種々の T，ν の組み合わせに対しての $\phi(x)$ が 1 つの曲線として得られる．これをファウラー・プロットといい，W を決定するのに役立つ．光電子のエネルギー分布は，固体内部や固体表面の電子状態についての情報を与えるので，光電子分光として有力な実験手段となっている．光電子を放出する面を光電面または光陰極といい，入射した光子数 (または吸収した光子数) に対する光電子数の比を量子効率または変換効率という．最近は，仕事関数の小さい物質が開発されて赤外線に感応する光電面がつくられている．また，可視光に対する量子効率も 20% 以上の光電面が現れている．外部光電効果は，光電管，光電子増倍管など光を電流に変換する手段として広く応用されている.

　X 線のように波長の短い光が原子内の軌道電子によって吸収されると，電子は光電子として放出される．これは光イオン化とよばれる光電効果で，物質中における X 線の吸収過程として重要である．X 線のエネルギーが十分に高くて，K 軌道の電子を放出で

きるような場合には，光電効果の約80%はK電子によって起る．これは，光電効果が起るためには，光を吸収する電子が原子に束縛されていて，運動量保存則が原子核を含めた系で成り立つことに起因している．K殻電子による原子当たりの光電効果断面積は

$$\sigma = \sigma_{\mathrm{T}}\, 4(2)^{1/2}\, (1/134)^4\, Z^5\, (mc^2/h\nu)^{7/2}$$

で与えられる．ここでσ_{T}はトムソン散乱の断面積で666 mb，mは電子質量である．したがってσは$h\nu$が小さくなると急激に増大するが，$h\nu$がK電子の束縛エネルギーに等しいところで極大（K吸収端）になり，それより小さい$h\nu$に対してL，M，…電子のみが寄与することになる．L，M，…電子に対する断面積も，$h\nu$が小さくなると急激に増大するので，$h\nu$が小さくなるにつれて，L吸収端，M吸収端などが次々と現れる．つまり吸収端で吸収が急激に増え，高エネルギー側に尾を引いた形になる．吸収スペクトルを詳細にみると，吸収端の高エネルギー側数十eVの部分には，電子の空準位の密度分布を反映したコッセル構造とよばれる微細構造がある．さらにそこから約1000 eVの範囲には，クローニッヒ構造またはEXAFS（X線吸収端微細構造）とよばれる微細構造がある．これは吸収端を生じさせる原子の内殻から励起された光電子の球面波が周囲の原子によって散乱され，もとの原子に戻ってきた波と干渉しあい，吸収の遷移確率が増減することによる．EXAFSから吸収端にかかわる原子とその周囲の原子との距離，配位数などの情報が得られる．内部光電効果とは，絶縁体や半導体に光が吸収され，それによって伝導帯に電子，価電子帯に正孔がつくられ，その結果，電気伝導率が大きくなったり，あるいは電極との接合部に起電力を生じたりする現象で，それぞれ光伝導，光起電力効果といわれている．太陽電池はpn接合に生ずる起電力を利用する典型的な応用例である．

12-10: 　　　　　　　　　　　　　　　　　**偏光** (物理1965)

　光波の電気（あるいは磁気）ベクトルの振動方向の分布が一様でなく，偏っているもので，偏りともいう．電気（または磁気）ベクトルと光の進行方向を含む平面を電気（または磁気）ベクトルの振動面といい，振動面が一平面内に限られているものを直線偏光という．磁気ベクトルの振動面を偏光面とよぶ慣行があるが，現在では偏光の表示に電気ベクトルの振動面を用いるのが通例である．光波は，光の進行方向に垂直で互いに直交する電気ベクトル成分の和として表されるが，両成分の振幅の比と位相差が時間に無関係に常に一定な場合，この光を完全偏光という．振幅比・位相差の大きさ，すなわち電気ベクトルの終点が描く軌跡の形によって，完全偏光はさらに直線偏光，および右まわり・左まわりの円偏光と楕円偏光に分類される．位相差がランダムに変化し，$-\pi$から$+\pi$までのあらゆる値をとる場合，十分長い観測時間で観測すると，どのような方位の振動面も平等に含んだ光となる．このような光を自然光または非偏光という．完全偏光と自然光の合成とみなせる光を部分偏光といい，完全偏光成分強度と全強度の比をその偏光度という．光が移相子や偏光子を通過したり，境界面で反射したりすると，偏光状態が変化する．このことを利用して，偏光状態を調べたり，特定の偏光状態をつくったり，試料の光学定数やひずみを決めることなどができる．極めて波長の短い光であるX線に対し，これまでに可視光領域で見られるような光学活性体（振動面の回転をもたらす物質）の存在を確認した報告はない．しかし，直線偏光したX線が結晶の網平面でブラッグ反射を起すと，可視光の境界面での反射の場合のように偏光状態が変わる．さらに，完全結晶中をブラッグ反射を伴いながら通過すると，網平面に垂直な成分と平行

成分の結晶中の波長および吸収係数が異なるため，適当な厚さと入射方向の条件下で，透過反射両 X 線に対し，電気ベクトルの回転・楕円偏光の現象が見られる．シンクロトロン放射は電子の軌道面内に偏光している強い連続波長の光であるため，X 線や軟 X 線領域での偏光の実験に有効な線源である．

12-11: コヒーレント光 (物理708)

　一般には，時間的または空間的に長い間隔にわたって位相が規則的に持続する光，すなわちコヒーレンスのよい光をいう．正確にいえば，光の場の時間 (または空間) 相関関数を特徴づける相関時間 τ(または相関距離 δ) が極めて長く，時間的 (または空間的) に大きく離れた 2 つの部分を重ね合わせてもよい干渉性を示す光である．時間的コヒーレント光は鋭い単色性を，空間的コヒーレント光は鋭い指向性をもつ．時間的コヒーレンスと空間的コヒーレンスとは一応独立の性質であって，一方がよくて他方が悪い光もある．完全なコヒーレント光とは τ または δ が無限大の光で，自然界には存在しないが，単一モードレーザー光はそれに近い光である．超短光パルスは広いスペクトル幅内の周波数成分が互いに干渉し，周波数相関幅の極めて大きい，すなわち周波数コヒーレンスのよい光であって，これも広い意味でコヒーレントな光である．

　コヒーレント光は，古典物理学的には理想的な単一正弦波の電磁波で表されるが，量子力学的には消滅演算子の固有状態であるコヒーレント状態として表される．この状態は光子数 n の異なる多数の量子状態の重ね合わせでもあり，n にゆらぎのある状態である．

12-12: スペクトロメーター (物理1046-1047)

　光や，原子，分子，素粒子の波長，質量，エネルギー，運動量などを分析し，そのスペクトルを測定する装置の総称で，それぞれの分野およびその動作機能などに応じて単にスペクトロメーターとよぶほか，分光器，分光計，スペクトログラフなどの呼称も使われている．

[1] 原子や分子のエネルギー準位の測定や光のスペクトル解析において，その波長測定，エネルギー分析を行う装置を狭い意味でのスペクトロメーターまたは分光器とよぶ．目盛の読みから測定している光の波長が直接わかるようにつくられている分光器を，特に分光計ともいう．目盛は必ずしも波長直読とは限らない．波長目盛をもつものは射出スリットをつけるとモノクロメーターとして，また角度目盛をもつものは分散素子 (回折格子やプリズム) を取り除くとゴニオメーターとして用いることができる．

[2] 原子核や素粒子の実験においては，α 線，β 線 (電子線)，γ 線などの測定のほか，陽子，中性子，π 中間子，K 中間子など素粒子の質量，エネルギー，運動量の分析が必要であり，これらのエネルギースペクトルを測定する装置を総称してスペクトロメーターとよんでいる．中性子や γ 線のように中性の粒子のエネルギー測定にはそれぞれの粒子の相互作用の性質に対応した検出の手段が用いられ，それに応じてスペクトロメーターの機能や型式も異なってくる．α 線，β 線や一般の荷電素粒子の運動量分析には電磁場を利用することが多く，特に磁場を利用するタイプが最も一般的である．このタイプを特にマグネティックスペクトロメーターといい，その際用いられる電磁石をスペクトロメーター電磁石とよぶ．さらに，写真乾板などを記録媒体として，一時に広範囲のスペ

クトルを記録できるようにしたものを特にスペクトログラフとよぶ。α 線，β 線のエネルギー・運動量を高分解能で分析する装置は，特にそれぞれ α 線スペクトロメーター，β 線スペクトロメーターとよばれ，主としてマグネティックスペクトロメーターを用いるが，相対論的速度に達しない低エネルギー β 線には静電型スペクトロメーターも用いられる。α 線，β 線のエネルギー測定には，またシンチレーションカウンターや半導体検出器も用いられるが，分解能の点でマグネティックスペクトロメーターに及ばない。γ 線のエネルギーを測定する γ 線スペクトロメーターとしては，主として Ge や Si などの半導体検出器が用いられる。

Lesson 13: Light II
(wave properties)

回　カイ inning, round, time
まわ(す) to forward, to revolve, to transmit {vt};
まわ(る) to be distributed, to go around, to rotate {vi}

| 回収 | カイシュウ | recovery, retrieval |
| 論理回路 | ロンリカイロ | logic circuit |

角　カク angle, corner, square, target
かど angle, corner, edge; つの antlers, horn (of an animal)

| 角振動数 | カクシンドウスウ | angular frequency |
| 直角 | チョッカク | right angle |

格　カク capacity, character, rank, rule, status; コウ capacity, character, rank, rule, status

| 合格 | ゴウカク | success, passing, eligibility |
| 本格的な | ホンカクテキな | full-scale, genuine, real |

干　カン dry
ひ(る) to become dry, to ebb, to recede {vi}; ほ(す) to dessicate, to dry up {vt}

| 干渉 | カンショウ | interference |
| 干渉性散乱 | カンショウセイサンラン | coherent scattering |

屈　クツ bending, submitting, yielding

| 屈折 | クッセツ | refraction |
| 複屈折 | フククッセツ | birefringence |

散　サン dispersing, scattering
ち(らかす) to scatter (about) {vt}; ち(らかる) to be disordered {vi};
ち(らす) to disperse, to scatter {vt}; ち(る) to be dispersed, to be scattered {vi}

| 散乱 | サンラン | scattering |
| 分散 | ブンサン | distribution, dispersion |

射　シャ archery, shooting
い(る) to shoot

| 照射 | ショウシャ | irradiation, lighting, exposure |
| 放射能 | ホウシャノウ | radioactivity |

渉　ショウ crossing, ferrying, fording
　　　干渉縞　　　　　　カンショウじま　　　　interference fringe
　　　干渉分光器　　　　カンショウブンコウキ　interference spectroscope

焦　ショウ burning, scorching
　　あせ(る) to be in a hurry; こ(がす) to burn, to scorch {vt};
　　こ(がれる) to yearn for; こ(げる) to burn, to scorch {vi}
　　　焦点　　　　　　　ショウテン　　　　　　focal point
　　　焦平面　　　　　　ショウヘイメン　　　　focal plane

折　セツ bending, breaking, folding, yielding
　　お(る) to bend, to break, to fold, to yield {vt};
　　お(れる) to be folded, to break, to give in {vi}
　　　回折　　　　　　　カイセツ　　　　　　　diffraction
　　　屈折　　　　　　　クッセツ　　　　　　　refraction

率　ソツ coefficient, factor, index, rate; リツ coefficient, factor, index, rate
　　ひき(いる) to lead, to command (troops)
　　　確率的誤差　　　　カクリツテキゴサ　　　random error
　　　効率　　　　　　　コウリツ　　　　　　　efficiency

中　チュウ center, mean, medium, middle
　　なか inside, middle, midway
　　　中心　　　　　　　チュウシン　　　　　　center, core, heart
　　　途中　　　　　　　トチュウ　　　　　　　during, in the midst of

透　トウ penetrating, permeating
　　す(かす) to leave a gap, to make transparent {vt};
　　す(く) to be transparent, to have a gap {vi};
　　す(ける) to be transparent {vi}
　　　透過光　　　　　　トウカコウ　　　　　　transmitted light
　　　透明な　　　　　　トウメイな　　　　　　transparent

明　ミョウ next, tomorrow; メイ clear, shining
　　あ(かり) light, lamp; あか(るい) bright, cheerful, clear; あき(らか) bright, clear, distinct
　　　解明　　　　　　　カイメイ　　　　　　　elucidation, explication
　　　発明　　　　　　　ハツメイ　　　　　　　invention

粒　リュウ drop, grain
　　つぶ drop, grain, {counter for tiny particles}
　　　細粒度の　　　　　サイリュウドの　　　　fine grained
　　　粒子　　　　　　　リュウシ　　　　　　　particle

Reading Selections

13-1:　　　　　　　　　　　　　　レンズ (物理2298)

　ガラスやプラスチックのような透明媒質を2つの球面で取囲んだものを単レンズという．2つの球面の曲率中心を結ぶ直線のことを単レンズの軸という．1個の単レンズおよび数個の単レンズを組み合わせた複合レンズを総称してレンズとよぶ．レンズの性能は焦点距離によって指定される．単レンズの2つの屈折球面の曲率半径を r_1, r_2, 透明媒質の空気に対する屈折率を n, 2つの球面の頂点間の距離を 1 とすると

$$1/f' = \{(n-1)(1/r_1 - 1/r_2)\} - \{(n-1)^2 d/(nr_1 r_2)\}$$

で与えられる量 f' を，単レンズの焦点距離という．f' の値が正の単レンズを凸レンズ，負のものを凹レンズという．1個以上の単レンズが軸を共通にして組み合わされた複合レンズでは，焦点距離 f' の求めかたは複雑である．f' が正のときを正レンズ，負のときを負レンズという．

　単レンズと複合レンズに共通な性質をレンズの性質として記述する．平行光線がレンズの軸に平行に入射すると，正のレンズではレンズの後側の点に集束し，負のレンズではレンズの前側の点から発散するように進む．これらの点をそれぞれのレンズの像側焦点という．近軸光線について考えると，1点から出発した光線束はレンズを通過したのち，1点に集束または1点から発散するように進む．光が出発する点を物点，後者の点を像点という．互いに物点と像点の関係にある点の組を共役点，それらの点は互いに共役であるという．焦点は軸上無限遠の点の像点である．光線の向きを逆にして考えると，正のレンズでは前側の空間，負のレンズでは後側の空間に，もうひとつの焦点が存在することがわかる．これを物体側焦点という．焦点を通り軸に垂直な平面のことを焦平面という．物点の集合を物体と考えると，像点の集合は像である．レンズを通過後，光が集束し像のところで集まるとき，この像を実像，光が発散し光線を逆向きに延長すると像で交わるとき，この像を虚像という．フィルムを実像の位置におけば像は記録されるが，虚像の位置においても記録されない．軸に垂直な物体の像の大きさの物体の大きさに対する比を横倍率または単に倍率という．横倍率が +1 になる軸上の共役点の組を主点という．主点を通って軸に垂直な平面を主平面という．共役点の一方に入射し，他方から出射する光線の軸に対する傾きの角 u, u' の比 u'/u を，その共役点に対する角倍率という．角倍率が +1 である共役点の組を節点，節点を通り軸に垂直な平面を節平面という．物体側節点に入射した光線は，レンズを通過後像側節点を通り，入射光線に平行に出射する．以上の角倍率の定義は，光学器械などで用いられる角倍率の定義とは違っている．

　焦点，主点，節点をレンズの主要点という．2つの焦点は互いに共役ではない．主点から焦点までの距離を焦点距離という．2つの主点，焦点があることに対応し，2つの焦点距離がある．物体側，像側のものをそれぞれ物体側焦点距離 f, 像側焦点距離 f' で表す．f' のことを単にレンズの焦点距離とよぶ．

　物点，像点までの距離をそれぞれ物体側，像側主点から測って s, s', レンズの焦点距離を f' とすると

$$(1/s') - (1/s) = 1/f'$$

が成立する．このとき軸方向の距離は，光線の進む向きに測ったときを正にとる．横倍

率は $m = s'/s$ で与えられる. m が正のときは像は正立, 負のときは倒立である.

　単レンズの厚さ d が, r_1, r_2 に比べて無視できるとき, これを薄レンズといい, $d = 0$ とおくと薄レンズの公式が得られる. この場合, 主点および節点はレンズの中心と一致する. 屈折率 n は, 物質の分散のため波長によって変化する. このためレンズの焦点距離, 倍率なども光の波長によって変化し, 白色光を使用すると像に色収差が生じる. 色収差を除去するには, 分散の異なる2種類のガラスでつくった2つの単レンズで複合レンズ (ダブレット) を構成する. 2枚のレンズの分散が打消しあって, 2つの波長に対する焦点距離を一致させることができる. これをアクロマートという. 色収差を補正したレンズのことを色消しレンズという.

　もっと高級なレンズは, 5, 6枚以上の単レンズで構成されており, 色収差のほか各種の収差を実用に差支えない程度にまで小さくしてある. このうち球面収差とコマ収差を除去したレンズのことをアプラナートという. また非点収差と像面の曲がりに対して補正がなされたレンズのことをアナスティグマートという. レンズの性能を表す量としては焦点距離のほかに, 焦点距離と無限遠に対する入射ひとみの直径の比, F ナンバーが用いられる. この量はレンズを通過する光の量を定めるもので, 写真レンズの場合露出時間は F ナンバーの二乗に比例する. また像面が完全に最良の像面と一致しなくてもその前後若干の範囲内ではシャープに結像していると考えることができる. これを焦点深度という. 焦点深度は F ナンバーに反比例する. 焦点を含めた像点のことを焦点またはフォーカスとよぶいいかたがあり, これに対応して焦点面ということばもある.

13-2:　　　　　　　　　　　干渉 (物理389-390)

[1] 2つ以上の波動が同時に1点に到達したとき, その点でそれらの波動が互いに強め合い, あるいは弱め合う現象を波の干渉という. 干渉現象は波動の表す特徴的な性質のひとつであって, 波動量に対して重ね合わせの原理が成り立つことに基づいている. 最も簡単な場合として同一方向に進む, 波長, 振動数の等しい, 位相差 α の2つの正弦波 $\psi_1 = A_1 \sin(kx - \omega t)$, $\psi_2 = A_2 \sin(kx - \omega t + \alpha)$ の重なりを考える. この場合, 合成波は

$$\psi = \psi_1 + \psi_2 = A \sin(kx - \omega t + \delta)$$
$$A = (A_1{}^2 + A_2{}^2 + 2A_1 A_2 \cos \alpha)^{1/2}$$
$$\tan \delta = (A_2 \sin \alpha)/(A_1 + A_2 \cos \alpha)$$

で表される正弦波となる. これは ψ_1, ψ_2 と同一方向に進み, 波長, 振動数も同じである. ψ_1, ψ_2 の位相差が $\alpha = 2n\pi$ (n は整数) のときは, $\delta = 0$, $A = A_1 + A_2$ で強め合い, $\alpha = (2n+1)\pi$ のときは, $\delta = 0$, $A = |A_1 - A_2|$ で弱め合う. 波の強さ, すなわち波動のもつエネルギーは振幅の2乗に比例する. ψ_1, ψ_2 の強さをそれぞれ I_1, I_2, 合成波 ψ の強さを I とすれば, $I \propto I_1 + I_2 + 2(I_1 I_2)^{1/2}(\cos \alpha)$ となり強さについては加法性は成り立たない.

　波の位相差は媒質中の経路の長さによって決まる. 2つの波が干渉することができるためには, 上記の簡単な場合に見られるように偏り, 波の進行方向, 波長, 振動数, 位相角, 波束の広がりの間に確定した関係が成り立たなければならない. これを波の干渉性という. レーザー光は干渉性の高い光源の代表的なものである. 光を干渉させるためには, 1つの光源から出た光をなんらかの方法で2つに分け, 再び重ね合わせることが必要である. 干渉の効果がはっきりと観測される例として音や電気振動のうなりがある. また, 薄膜による白色光の干渉 (たとえば, 水面の油の薄膜, しゃぼん玉など) では,

波長によって位相差が異なるために干渉色や色のついた干渉縞が見られる. X 線や粒子線の結晶による回折現象も散乱波の干渉現象である.

[2] X 線の干渉：X 線も電磁波 (光) の一種であるから, その干渉現象は他の光線の場合と原理的に異なるわけではない. ただ, 波長が短く (軟 X 線 ~10 Å, 硬 X 線 ~1 Å, γ 線 ≤ 0.1 Å), 特に硬 X 線の波長は物質を構成する原子間距離と同程度であるために, ほかの光学分野では見られない干渉現象が現れるにすぎない. 結晶によるブラッグ反射 (回折) は X 線の干渉現象の最も特徴的なものであり, それを用いて広く物質の原子的・分子的構造の研究が行われている. 結晶による回折は, 小さい (≤ 10 μm) 結晶に対しては通常散乱現象として扱われる. しかし, ある程度大きい完全結晶に対しては光学的理論 (屈折・反射・干渉・回折) に似た取り扱いの方が考えやすい. 事実, 入射波はブラッグ条件を満たすと結晶表面で一種の複屈折を起し, 結晶中に 2 種類の波が発生する. この波が互いに干渉し, 干渉縞をつくる. これはペンデル縞とよばれ結晶完全性を評価するひとつの目安となる. その存在は 1917 年すでに P. P. Ewald により予見されていたが, Si の完全結晶ができるまで, 実験的検証が遅れた. 他方, 波長が短いこと, 通常の線源がもつ種々の制約, 屈折率が 1 に近いため通常のレンズがつくれないことなどの理由から, ほかの光学分野では容易に見られる干渉現象が X 線の場合観察し難い. しかし, スリットによるフレネル回折縞, ロイド鏡による干渉縞, 回折格子による回折縞が観察されている. X 線領域の真の干渉計は 1964 年になってはじめて成功した. これは 3 桔晶を用いて得られたが, 2 結晶を用いても特殊な条件の下で干渉縞が得られる. この種の干渉縞は通常モアレ縞とよばれている.

13-3: 散乱 (物理778-779)

波動または粒子が障害物や散乱体などによって自由進行を乱される現象を一般に散乱という. 光, X 線, 電磁波などの波動や微視的な粒子は散乱現象を起す. 普通, 散乱実験では, 有限領域に局在している散乱体に, 十分遠方からビーム状の波動や粒子を投入して散乱現象を引起し, 四方に散乱されて出てくる波動や粒子を, 散乱体から十分離れた場所においた検出器によって観測する. 入射ビームの強度 (単位時間に単位面積を通過する粒子数またはエネルギー) I, 単位体積当たりの散乱体の数 N, 入射ビーム方向の散乱体の厚さ t, 入射軸から極角 θ, 方位角 φ の方向の微小立体角 $d\Omega$ 内に単位時間ごとに入ってくる散乱粒子数またはエネルギー $dn(\theta, \varphi)$ などが散乱実験から直接測定される量であるが, これらの量から得られる $(d\sigma/d\Omega) = dn(\theta, \varphi)/INt$ を散乱の微分断面積という. 微分断面積は, 散乱体に入射する粒子が (θ, φ) 方向に散乱される確率を与える. 基礎的な力学法則や波動方程式から微分断面積を理論的に導出しようとするものが散乱理論である. 微視的 (ミクロ) 粒子の場合, 量子力学が基礎的な力学法則であるから, 散乱理論はシュレーディンガーの波動方程式をもとにして構成されている.

散乱はその機構や様相によって分類される. 弾性散乱とは, 入射粒子と散乱体粒子の内部状態に変化を起こさず, しかも新たに粒子や光などを発生しない散乱のことで, 散乱前後における運動エネルギーと内部エネルギーが別々に保存する. それ以外を非弾性散乱というが, 内部状態に大きな変化が起る場合や粒子・吸収などがある場合には, 特に反応とよばれることがある. 衝突という用語は, 古典的な粒子が標的にぶつかるというイメージが強いが, 散乱と同義に用いられることもある. たとえば, 原子核や素粒子の反応では, 非弾性衝突という用語がしばしば用いられるが, このときには非弾性散乱

または反応のことをさす.

　散乱は散乱角によっても分類される. 入射粒子が 90° より小さい角度に散乱されるとき前方散乱, 90° より大きい角度に散乱されるとき後方散乱とよばれる. また, 散乱体が多くの散乱粒子の集合体である場合に, 入射粒子が散乱体の中で 1 個の散乱粒子によって散乱される 1 回散乱, 数個の散乱粒子によって次々と散乱される数回散乱, 多数の散乱粒子によって繰り返し散乱される多重散乱がある.

　多くの散乱実験では, 静止標的に入射粒子を投入するので, 散乱体粒子の初期運動量が 0 である座標系を実験室系という. これに対して, 全運動量が 0 である座標系を重心系という. 両者の関係はローレンツ変換 (またはガリレイ変換) によって与えられる.

　微視的粒子の中心力による散乱は, 最も代表的な散乱問題である. 中心力の場合には, 粒子の角運動量が保存されるので, 入射波および散乱波を角運動量の量子数 l に対する部分波に分解するのが便利である. 入射粒子の波長を λ とすると, 角運動量 l の粒子は衝突径数 $l\lambda$ をもっている. 主として散乱を受けるのは, 散乱体の半径より小さい $l\lambda$ の粒子であるから, 粒子のエネルギーが低くて, λ が散乱体より大きいときには, 散乱を受けるのは主に $\lambda = 0$ の粒子, すなわち s 波のみである. 入射粒子のエネルギーが高く λ が小さいときには, 散乱体の後方に影ができる. これは影散乱または回折散乱とよばれる. また入射粒子と散乱体が共鳴状態をつくる場合があり, これは共鳴散乱とよばれる. 低エネルギーの原子核反応で見られる複合核を経由する弾性散乱はその代表的なもので, 複合核弾性散乱といわれている.

　物質中の電子による X 線の散乱は, 干渉性散乱 (弾性散乱) と非干渉性散乱 (非弾性散乱) の 2 種に大別される. 干渉性散乱は, 散乱の前後において X 線の波長が変化しない散乱である. この場合には, 散乱 X 線は入射 X 線の振動電場によって引起される電子の強制振動の結果として放出される電磁場と考えてよい. 入射 X 線の波長が原子半径よりはるかに小さい場合の散乱はトムソン散乱とよばれており, 偏りをもたない強度 I_0 の X 線が, 1 個の電子に当たるときの微分断面積は

$$d\sigma_T/d\Omega = 1/2 \, (e^2/mc^2)^2 \, (1 + \cos^2 \theta)$$
$$= 3.98 \times 10^{-26} \, (1 + \cos^2 \theta) \, [\text{cm}^{-2}\cdot\text{sr}^{-1}]$$

で与えられる. ここで m は電子の静止質量, c は光速度であって, (e^2/mc^2) は電子半径とよばれる量である. 散乱の全断面積 σ_T を求めると

$$\sigma_T = 8\pi/3 \, (e^2/mc^2)^2 = 6.66 \times 10^{-25} \, \text{cm}^2 = 666 \, \text{mb}$$

となる. これはトムソン散乱の断面積とよばれる. Z 個の電子をもつ原子に対する断面積は $Z\sigma_T$ となるが, これはかつて原子の Z を実験的に決めるのに用いられた. X 線の波長が原子の半径より長い場合には, X 線が 1 個の電子に作用するという考えは適当でなく, 原子内の電子が同時に強制振動を受けるので, 電子から放出される電磁波は干渉して強めあい, 散乱 X 線の強度は大きくなる. また, X 線の波長が短い場合でも, 散乱物質内の原子配列に規則性があれば, 散乱 X 線は干渉するので, それを利用して, 原子配列を決めることができる.

　非干渉性散乱は狭い意味でのコンプトン散乱であって, 散乱波の波長は長い方にずれ, 入射波に対して特定の位相関係をもたない. コンプトン散乱は素過程として考えると, 光子と自由電子の弾性衝突であるが, 光子が原子内電子に衝突すると, 衝突の結果, 電子は原子内から外へはじきとばされるので, 原子全体としては非弾性過程である. コンプトン散乱の断面積は, 有名なクライン・仁科の公式で与えられるが, X 線のエネルギーが増大するとともに減少し, 逆に, エネルギーの低いところでは, トムソン散乱の断

面積に一致する．物質系による X 線の散乱は，物質の構造を反映するので，X 線は物質構造を解明する重要な手段である．

13-4: 回折結晶学 (物理273)

　オングストローム程度，あるいはより短い波長をもつ波動 (X 線，g 線，電子線，中性子線) の回折・散乱・吸収現象を通じて物質の構造を原子・分子レベルで明らかにする学問分野．回折結晶学誕生の初期から，無機・有機の区別なく，鉱物，金属，半導体，高分子，さらにはタンパク質を含む生体関連物質に至る広範囲な物質が対象として扱われている．結晶学の名にかかわらず，非晶質，液体，気体をも研究対象に含めることが多い．それは結晶性物質を対象とする場合とその他の場合とで，方法論のうえで本質的差がないためである．この見方をすると，回折結晶学は研究手法によって統合された学問分野であるといえる．したがって，その研究活動は学際的性格が強く，その成果は工学，医学，薬学，農学などに直接・間接の波及効果をもつ．

　結晶性物質の場合，物質構造を階層的にとらえると，構造単位の内部構造と外部構造に分けられる．前者を一次構造，後者を二次構造とよぶ．この分類に対応し，回折結晶学も大きく2つに分類される．一次構造を研究対象とする分野は構造解析とよばれ，二次構造を対象とする分野は，古くは結晶組織の研究とよばれたが，研究対象や関心のもち方の変遷に伴い，近年は構造評価とよぶ人もいる．一次構造研究の最前線では，タンパク質のように単位胞内に1万個以上の原子を含む構造が明らかにされつつあり，この分野を特に複雑構造解析とよぶ．一方，比較的簡単な物質について精密構造解析が行われており，結晶を構成する原子の結合電子分布を測定し得る段階に達している．二次構造の研究のうち，構造評価の分野は比較的完全性の高い結晶に関心があり，格子欠陥の研究を内容とし，半導体，金属，光通信用無機材料の評価に貢献している．結晶組織の研究では，圧延金属の組織とか高分子結晶の結晶化度，セラミックスなどの結晶性粉体の組織が調べられ，非晶質の構造の研究につながっている．この分野の研究は結晶成長の研究と密接な関係をもっている．一次構造と二次構造の研究の中間には，結晶の相転移や，格子振動の研究など，物性物理学の基盤となる研究も行われている．

　回折結晶学は，用いられる波動によって，通常，X 線結晶学，中性子線結晶学および電子線結晶学に分けられる．しかし，各分野で得られる結果，理論および実験的手法の交流が活発で，一研究者が2つの分野にまたがることも少なくない．当然のことながら各分野にはそれぞれ特徴がある．X 線回折は適用範囲に普遍性があり，定量的研究を行いやすい利点がある．中性子線回折は磁性の研究，H 原子の位置決定，格子振動の動的特性の研究に欠くことができない．電子線回折は電子顕微鏡法とともに薄膜や結晶表面の研究に特徴がある．特に高分解能電子顕微鏡は，真の意味で物質の微視的構造の観察を可能にしている．

　回折結晶学は，M. von Laue，P. Knipping および W. Friedrich の X 線回折現象発見 (1912 年)，W. H. Bragg と W. L. Bragg 父子によるハロゲン化アルカリの構造解析 (1913 年) に端を発する．続いて C. J. Davisson，L. H. Germer および G. P. Thomson による電子線回折の発見 (1927 年) や，第二次世界大戦後，原子炉から得られる中性子源を用いて中性子線回折が行われるようになり，回折結晶学の内容が格段と豊富になった．また他の諸科学でも同じであるが，特に構造解析は膨大なデータの集積と処理を必要とするので電子計算機の進歩に負う所が大きい．このように回折結晶学発展の歴史をたどると，

線源や測定装置，データの処理能力の進歩とともに飛躍的発展を遂げている．近年，先進諸国でシンクロトロン放射を X 線光源として利用することが着目され，わが国でも回折・分光実験のための専用施設が筑波研究学園都市の高エネルギー加速器研究機構で稼働中である．また陽子加速器を使ってパルス状中性子源をつくり，特徴的な中性子線回折を行うことも始まっている．物質構造の解明は物質科学の基盤をなすものであるから，物質科学からの要請に伴い，回折結晶学は変貌しつつ発展する必然性をもっている．

13-5: 回折 (物理271-272)

　電磁波，光，X 線，音波などの波動が媒質中を伝播するとき，障害物の幾何学的影の部分に回り込んで伝播する現象．障害物がなくても，媒質中に振動などがあることによっても起る．また，古典力学的に考えれば物質粒子には見られない現象であるが，微視的な粒子は粒子性とともに波動性をもっているため回折現象を示す．一般に回折現象が明確に見られるかどうかは波の波長と障害物の大きさや形状によって決まる．

　光の回折現象は，衝立によって回折縞を生ずることから 1665 年，F. M. Grimaldi によって発見されたが，当時考えられていた光の粒子説ではこの現象を説明できなかった．1818 年 A. J. Fresnel は光を波動と考えると C. Huygens の二次波の概念と干渉の原理を使って回折現象が説明できることを示し，これは 1882 年，G. R. Kirchhoff によって数式化された．回折現象をマクスウェルの方程式から出発して境界条件のもとに厳密に解くことは数学的に面倒であって，A. J. Sommerfeld (1896 年) の簡単な例について厳密解があるものの，普通は近似的取り扱いが行われる．回折現象は，障害物 (または開口) の大きさと，波源および観測点から障害物までの距離との関係で 2 つに分類される．波源と観測点の両方が障害物から無限大 (十分遠い) の距離にあり，入射波と回折波を平面波と考えられる場合をフラウンホーファー回折という．これに対して，両者またはひとつが障害物から有限の距離にあり，入射波と回折波の両方またはいずれかが平面波と考えられない場合をフレネル回折という．実際にフラウンホーファーの回折像を観測する場合には，障害物 (または開口) の広がりを $2a$，波の波長を λ として，波源および観測点と障害物の距離 z が，$z \gg a^2/\lambda$ ととればよい．円開口およびスリットによるフラウンホーファーの回折像の強度分布は，円開口の直径を D とすれば，$[2J_1(kDw/2)/(kDw/2)]^2$ で与えられる．ここで J_1 は一次の第一種ベッセル関数，$k = 2\pi/\lambda$，w は入射波，回折波の方向に関係する量で，入射波が開口面に垂直に入射する場合は，入射波と回折波の進行方向のなす角を θ とすれば $w = \sin\theta$ である．回折光強度が最初に 0 になる方向 θ_1 は J_1 の 0 点から求められ，$\theta_1 = \sin^{-1}(1.22\,\lambda/D)$ となる．したがって，回折波の広がりは，波長 λ が大きいほど大きい．これが，光と比べて電波や音波で回折が容易に観察される理由である．また開口の直径が大きいほど回折波の広がりは小さい．この関係式は，望遠鏡や顕微鏡の対物レンズを開口とみなして，分解能を評価するのに用いられる．また，回折角の測定から障害物の大きさを求めることができる．

　回折格子のように周期的な構造による回折では，各周期での回折波の干渉効果が重ね合されるので，回折波の分布が鋭くなる．この現象は分光に応用されている．結晶格子による X 線の回折や，奥行のある超音波格子による光の回折のように周期構造の周期に比べて媒質の奥行 (厚さ) が十分大きい場合には，ブラッグ回折が起る．これに対して奥行が薄い超音波格子などでは，ラマン・ナス回折が起る．これらの区分はいわゆる

Q パラメーター $Q = 2\pi\lambda d/(n\Lambda^2)$ で決まり，$Q > 10$ ならブラッグ回折，$Q < 1$ ならラマン・ナス回折である．ここで d は媒質の厚さ，n は屈折率，Λ は格子間隔である．ブラッグ回折においては，格子面で回折条件を満足するだけでなく，同時に正反射の条件も満足する必要があるので，普通の回折より波長選択性，方向選択性が著しくなる．この結果，特定の波長，特定の入射角を用いないと強い回折波が得られない．X 線や粒子線などは，その波長が普通の光よりはるかに短いため，結晶，原子，原子核などによって回折現象を起す．X 線，電子線，中性子線などの回折を利用して，結晶の構造を調べるのが回折結晶学である．

　高エネルギーの核子，中間子などの弾性散乱の微分断面積は，最前方に鋭い山があって，散乱角が増えるにつれて，極小，極大になる光の回折波の強度分布と同じパターンを示す．これは入射波が不透明な標的に吸収されてできる影の部分に，標的に当たらない外側の波がまわり込んでつくる回折像であって，回折パターンとよばれている．高エネルギーのハドロン散乱を影散乱とよぶのはこういうわけである．このときの回折波の強度分布も光の場合と同じ形となり，微分断面積は，
$$(d\sigma/d\Omega) \approx (1 - \eta)^2 R^2 (Rq)^2 \cdot [J_1(qR\theta)/(qR\theta)]^2$$
で与えられる．ここで，標的は透明度 η，半径 R の円板とし，q は入射波の波数，θ は散乱角である．

13-6:　　　　　　　　　　　　　　回折格子 (物理273-274)

　光の回折を利用した分光素子の一種．平面ガラス板に Al などの金属を蒸着し，その表面に等間隔に溝を刻線したものを平面 (回折) 格子，凹球面に金属を蒸着し弦に沿って等間隔に溝を刻線したものを凹面 (回折) 格子という．凹面回折格子は非点収差など収差が大きいので，この欠点を補正するためトロイダル面や楕円面の内側に刻線したものもある．このようなものを非球面回折格子という．平面回折格子の場合，透明材質の表面に等間隔の溝を刻線し，透過回折光を利用する形式のものもある．反射光を利用する形式のものを反射型回折格子，透過光を利用するものを透過型回折格子という．分光器の分散素子として用いられている回折格子はほとんどが反射型回折格子である．

　回折格子には機械的にダイヤモンドカッターで刻線した機械刻線回折格子とフォトレジストに干渉縞を焼き付けて製作したホログラフィック回折格子とがある，市販されている回折格子はオリジナル回折格子を原型とした複製品 (レプリカ回折格子) である．回折格子は反射光あるいは透過光に周期的な振幅および位相の変化を与えるものである．写真乾板に干渉縞を焼き付けたものは透過光の振幅に周期的な変化を与える．このように振幅のみを変化させる回折格子を振幅格子という．透明な板の表面に等間隔に凹凸をつけたものの場合には，透過光の位相が周期的に変化している．このような回折格子を位相格子という．平面格子には一般に平行光束を入射させる．凹面回折格子ではローランド円上に入射スリットを置くとローランド円に沿ってスペクトルが結像する．

　回折格子からの回折光の強さの分布は溝型によって大きく影響される．特定の方向に大部分のエネルギーが回折するように溝型を鋸歯状にするなどの工夫が凝らされている．

13-7:　　　　　　　　　　　　　　屈折 (物理523-524)

[1] 波動が異なる媒質の境界面を通過する際，一般に進行方向を変える．この現象を屈

折という．同一媒質中でも，温度や組成の不均一分布に伴い屈折率が波長に比べてゆるやかに変わるとき，波動の進行方向が連続的に変わる．この現象も屈折とよぶことが多い．等方性媒質 1 から他の等方性媒質 2 に平面波が入射する場合，境界面が波長に比べ十分滑らかならば，屈折波も平面波である．一般には，媒質 1 に反射波を伴い，これも平面波である．このとき，入射波，屈折波，反射波の進行方向および境界の法線はすべて同一平面内にある．また，境界面の法線方向と入射波および屈折波の進行方向のなす角，すなわち，入射角 θ_1 と屈折角 θ_2 の間には次式で示されるスネルの法則が成り立つ．

$$(\sin \theta_1)/(\sin \theta_2) = \lambda_1/\lambda_2 = n_{12}$$

ここで，λ_1，λ_2 はそれぞれ媒質 1 および 2 における波長で，n_{12} を相対屈折率とよぶ．特に媒質 1 が真空の場合，n_{21} を単に媒質 2 の屈折率とよぶ．屈折率は一般に波長に依存する．入射波と屈折波の振幅の関係は波動の種類により異なるが，特に可視光などの電磁波の場合には，A. J. Fresnel により詳しく調べられている．等方性物質から異方性物質 (たとえば，可視光に対する結晶体) に入射すると，屈折波が 2 つの方向に分れるが，この現象を複屈折とよぶ．

[2] X 線のように著しく波長の短い電磁波に対しては，結晶体を単純に一様媒質と見ることはできないので特殊な現象が現れる．物質の屈折率 n は X 線波長領域では 1.0 よりわずかに小さい．$1 - n$ の値は通常 $10^{-5} \sim 10^{-6}$ 程度で，X 線の波長 λ の 2 乗および物質中の電子密度に比例する．異なる物質間の界面を X 線が通過すると X 線の進行方向は変化するが，これは可視光の場合と同様にスネルの法則によって表される．真空中から物質中に向かって X 線が入射する場合，$n < 1$ であるので可視光の場合とは逆に屈折角は入射角より大きくなる．プリズムによる X 線の屈折は 1926 年に大きな入射角 (小さな照射角) の場合に初めて観察され，原子構造因子の異常分散補正項の測定にも応用された．完全単結晶による X 線のブラッグ反射の場合には，屈折の効果により反射の起る角度はブラッグの法則 $2d(\sin \theta) = \lambda$ (d は回折格子面間距離，θ は X 線の入射方向と格子面のなす角) で表される θ と秒程度異なることが知られている．

[3] 中性子が媒質中に入射すると，電磁波の場合とは少し異なった形で屈折現象が起る．磁化していない媒質に入射した中性子は，吸収を無視すれば，屈折率

$$n = 1 - [(\lambda^2 N b)/2\pi]$$

を示す．ここで λ は入射中性子の波長，N は媒質の単位体積中の原子核の数，b は干渉性核散乱振幅である (磁化した媒質中に入射するときについては，中性子の複屈折を見よ)．右辺第二項は 1 に比べて一般にかなり小さいので，屈折率はほとんど 1 に近い．また H，Li，Ti，Mn などを除く大多数の原子核については b の符号が正 (散乱の際の位相差が π) であるから，光の屈折の場合とちょうど逆に $|Nb|$ の大きな物質ほど (中性子)光学的に疎となり，光学的に密な媒質 (真空，空気中など) から，そのような媒質に対して一定の臨界角以下で入射すれば全反射が起る．その臨界角 φ_c は

$$\varphi_c = \lambda\{Nb/\pi\}^{1/2}$$

で与えられ，電磁波の場合より約 2 桁以上小さな値となる．この関係式は，この分野の研究の初期の段階では各原子核の b の符号 (散乱の際の位相のずれが π であるか 0 であるか) の決定に利用された．すなわち全反射が起これば b の符号が正であることが明らかになるからである．しかし b の絶対値は φ_c があまり小さすぎてよい精度が得られないので別途求められるようになった．今では，むしろ中性子波の全反射を利用して，ある一定波長以上の中性子のみを選択的に取り出す中性子ガイド管の設計原理として重要となっている．

13-8: 屈折率 (物理525)

　真空中の光の速度 c と媒質中の位相速度 v との比 c/v のこと．絶対屈折率ともいい，通常 n で表す．均質で等方性の媒質1と2の境界で光が屈折するときにはスネルの式が成り立ち，入射角 i と屈折角 r についてその正弦の比 $(\sin i)/(\sin r) = n_{12}$ は入射角によらず一定である．n_{12} を媒質2の媒質1に対する相対屈折率といい，媒質1と2の絶対屈折率をそれぞれ n_1 と n_2 とすると $n_{12} = n_2/n_1$ である．単に屈折率という場合には絶対屈折率をさす場合が多いが，液体や固体については空気 ($n = 1.00028$) に対する相対屈折率を普通屈折率とよんでいる．透明物質については，誘電率を ε，透磁率を μ として，マクスウェルの方程式から $n = (\varepsilon\mu)^{1/2}$ が導かれる (CGS 単位系)．光のような高い振動数の電磁波では $\mu = 1$ が普通なので $n = (\varepsilon)^{1/2}$ としてよい．屈折率は一般に振動数，すなわち波長の関数で，この現象を分散という．屈折率と分極率との関係は，ローレンツ・ローレンスの式で与えられる．結晶のような異方性媒質では屈折率は方向によって異なり，一般にはテンソルで表される．吸収を伴う媒質や光学的活性体に関する屈折率は，複素屈折率によって表される．これは $\tilde{n} = n - ik$ で表示され，光がこの媒質中を位相速度 c/n で進行し，単位長さ当たり強度で測って $4\pi k/\lambda_0$ の割合で吸収されることを示す．ここに λ_0 は真空中の光の波長である．n は普通の意味の屈折率，k は消衰係数である．両者をまとめて光学定数という．n と k の間にはクラマース・クローニッヒの関係式が成り立つ．

13-9: 導波管 (物理1468-1469)

　UHF からミリ波までのマイクロ波の伝送に使われる，一様な断面形状の金属管をいう．レッヘル線や同軸伝送線のように往復の各電流を支える2つの導体に分れていないので，内部を伝わる電磁波は，電場か磁場のいずれかが進行方向 z の成分をもつことになる．前者を TM モード，後者を TE モードという．TM (TE) 波の E_z (H_z) は $(\nabla^2_t + \gamma^2_m)\psi = 0$ の解 ψ で与えられる．ただし $\nabla^2_t = (\partial^2/\partial x^2) + (\partial^2/\partial y^2)$，$\gamma^2_m > 0$ であり，管の境界で TM は $\psi = 0$，TE は $\partial\psi/\partial n = 0$ ($\partial/\partial n$ は法線方向の微分) の境界条件を満たさなければならない．ψ を用いて他の成分が導けるがそのモードは管内を $e^{j(\omega t - kz)}$ ($k^2 = \mu\varepsilon\omega^2/c^2 - \gamma^2_m$，$\mu$，$\varepsilon$ は管内媒質の透磁率および誘電率，c は真空中の光速度) のように伝播する．z 方向の単位ベクトルを e_z とすれば横方向 t の電磁場は TM について
$$E_t = (-jk/\gamma_m)\nabla_t\psi, \qquad H_t = \omega/ck\,(\varepsilon_0/\mu_0)^{1/2}\,e_z \times E_t$$
TE について
$$H_t = (-jk/\gamma_m)\nabla_t\psi, \qquad E_t = -\omega/ck\,(\varepsilon_0/\mu_0)^{1/2}\,e_z \times H_t \qquad (\nabla_t \equiv \partial/\partial x + \partial/\partial y)$$
$$(\mu_0,\ \varepsilon_0\ \text{は，真空中の透磁率および誘電率})$$
となる．管軸に垂直な断面内で直角座標のとき x，y 方向，円筒座標のとき r，θ 方向の電磁場の節の数がそれぞれ m，n であれば，それぞれ TM_{nm} 波または TE_{nm} 波とよぶ．伝播モードは自由空間波が管壁で多重反射を繰り返し進むとして理解されるが，$\omega^2 < c^2\gamma^2_m/\varepsilon\mu = \omega^2_{cm}$ で k が複素数となるため伝播できなくなる．これは管の断面に比べ自由空間波長 $\lambda = 2\pi c/(\varepsilon\mu)^{1/2}\omega$ が小さいとはいえなくなるためである．ω_{cm} ($\lambda_{cm} = 2\pi c/(\varepsilon\mu)^{1/2}\omega_{cm}$) をモード m の遮断周波数 (波長) という．管内波長 λ_g ($= 2\pi/k$) は $1/\lambda^2_g = 1/\lambda^2 - 1/\lambda^2_c$ で与えられる．個々のモードについて E_m，H_m の振幅に比例する数を V_m，

I_m とすれば，伝送線と同様に扱え，固有インピーダンス $Z_m = V_m/I_m$ が定義できる．通常矩形断面の導波管で ω_c が最小の $\mathrm{TE_{10}}$ モードがよく使われる．E_x, $H_y \propto \sin \pi y/a$, $H_z \propto \cos \pi y/a$, $E_y = E_z = H_x = 0$, $\lambda_c = 2a$ である．円形導波管における $\mathrm{TE_{11}}$ モードの場合，このモードは実用周波数領域での減衰率が大変小さい．リッジ導波管は，中央部に電磁場を集中させて，λ_c が矩形導波管の $\lambda_c = 2a$ より大きくなる利点がある．通常，伝播モードを単一にするため第 2 モードの ω_c より低い周波数帯で使用する．

Lesson 14: Light III
(applications)

起　キ awaking, occurring
お(きる) to awake, to occur {vi}; お(こす) to begin, to raise up, to promote {vt};
お(こる) to break out, to happen, to spring up

起源	キゲン	origin
誘起	ユウキ	inducing, evoking, causing

共　キョウ all, as well as, both, neither (with negative)
とも all, as well as, both, neither (with negative)

共振器	キョウシンキ	resonator
共通の	キョウツウの	common

蛍　ケイ firefly
ほたる firefly

蛍光	ケイコウ	fluorescence
蛍光灯	ケイコウトウ	fluorescent lamp/light

激　ゲキ agitation, excitement
はげ(しい) intense, severe, violent

急激な	キュウゲキな	abrupt, sudden
刺激	シゲキ	stimulation, stimulus

項　コウ clause, item, paragraph, term {math.}

項目	コウモク	item, article, section
誤差項	ゴサコウ	error term

再　サイ again, twice
ふたた(び) again, twice

再現性	サイゲンセイ	reproducibility
再使用	サイシヨウ	reuse

刺　シ calling card, piercing
さ(さる) to be stuck, to stick,{vi}; さ(す) to pierce, to stab, to thrust {vt}

外的刺激	ガイテキシゲキ	external stimulation
神経刺激	シンケイシゲキ	nervous stimulation

少	ショウ few, a little (bit)		
	すく(ない) few, scarce, seldom; そこ(し) a little (bit)		
	減少	ゲンショウ	decrease, reduction
	少数	ショウスウ	small number, few, a minority

照	ショウ shining		
	て(らす) to illuminate, to shine on {vt}; て(る) to shine {vi}; て(れる) to be bashful {vi}		
	参照	サンショウ	referring (to something)
	照射	ショウシャ	irradiation, lighting, exposure

振	シン shaking, swinging, waving		
	ふ(る) to shake, to swing, to wave {vt}; ふ(るう) to brandish, to shake, to wield {vt};		
	ふ(れる) to shake, to swing, to oscillate {vi}		
	振動数	シンドウスウ	frequency
	振幅	シンプク	amplitude

遷	セン drifting, moving into, shifting		
	遷移金属	センイキンゾク	transition metal
	変遷	ヘンセン	change

多	タ many, much		
	おお(い) abundant, frequent, many, much		
	多彩な	タサイな	various, varied
	多様化	タヨウカ	diversification

発	ハツ departure, discharge; ホツ departure, discharge		
	発達	ハッタツ	development, progress
	発展	ハッテン	development, growth

放	ホウ firing, releasing, setting free		
	はな(す) to let go, to release {vt}; はな(つ) to fire, to release, to set free {vt};		
	はな(れる) to free oneself from {vi}		
	放出	ホウシュツ	release, emission, desorption
	放電	ホウデン	(electrical) discharge

励	レイ diligence, stimulation		
	はげ(ます) to encourage, to inspire {vt}; はげ(む) to be diligent {vi}		
	熱励起	ネツレイキ	thermal excitation
	光励起	ひかりレイキ	optical excitation

Reading Selections

14-1: レーザー (物理2285-2286)

　誘導放射によって，光の増幅や発振を行う装置の総称．メーザーの動作原理を光の領域に拡張したもので，「誘導放射による光の増幅」を意味する英語 (light amplification by stimulated emission of radation) のイニシャルをとってつくられた語．多くの場合レーザー発振器を意味する．初期の段階では，可視光とその周辺の波長のもののみを意味したが，その後あらゆる波長のものの総称となった．メーザーと同様に，負温度媒質中で電磁波が増幅されることを応用したものである．1958 年 C. H. Townes と A. L. Schawlow によって可能性が予測され，1960 年に T. H. Maiman がルビーレーザーの発振に，1961 年に A. Javan や W. R. Bennette, Jr. らがヘリウム・ネオンレーザーの発振にそれぞれ成功したのが始まりである．その後，多種類の気体，液体，固体 (透明な結晶やガラスにイオンを溶解したもの)，半導体がレーザー媒質として知られるようになった．110 nm の真空紫外から数 mm のミリメートル波に及ぶ広い波長領域に多数の発振線が発見されており，そのなかにはある範囲で波長可変性をもつものも少なくない．

　レーザーの特徴は，励起された物質からの自然放射による通常の光源と異なり，光の発振器であることで，したがってレーザーからの出力光は，単色性，指向性，収束性，干渉性などに際立って優れている．レーザーの基本構成は，光共振器中に負温度分布をもつ媒質を置いたものである．負温度媒質中で発生する自然放射光が共振器中を往復しながら増幅され，利得が損失より大きいと，発振が立ち上がり，ほぼ指数関数的に振幅が増大するが，同時に飽和により増幅率が次第に減少し，損失と利得がつり合ったところで一定の振福の定在波となる．誘導放射の基本的な性質により，増幅された光は入射光と同一位相，同一周波数をもつので，あるひとつのモードで自然放射光から立ち上がった光の定在波は，位相のそろったコヒーレントな光波である．普通の大きさの光共振器では，高い周波数密度でモードが分布しているので，レーザー物質の発光スペクトルの幅のなかに多数のモードが存在し，そのままではいくつかのモードで同時に発振が起きる．単一周波数の発振を行うには，まず共振器中に絞りを入れるなどして，基本モードのみで発振が起るように調節しておく．これを単一横モード発振という．さらに，エタロンなど，分解能の高い波長選別器を共振器内に置くことによって，単一のモードのみで発振するように工夫したのが単一 (縦) モードレーザー (単一周波数レーザー) である．レーザー発振器には，3 個以上の反射鏡を使ったリング型共振器も用いられ，リングレーザーとよばれる．リングレーザーでは右まわりのモードと左まわりのモードとが独立に存在し，等しい共振周波数をもって (すなわち縮退して) いる．共振器が回転しているときには，縮退がとけて，共振周波数の差は回転速度に比例するので，ジャイロスコープとして応用される．しかし，共振器中のレーザー媒質によって縮退したモードが競合発振を行い，出力が不安定になるので，安定な発振を行うためには，ファラデー効果を利用して，一方向にまわるモードだけで発振するように工夫する必要がある．理想的な単一モードレーザーの出力は，完全な平面波あるいは球面波となるので，光学系を使って回折限界まで集光したり平行光束にしたりすることができる．また周波数も電磁場のゆらぎによって決まるわずかな幅しかもたないので，きわめて高い単色性をもつ．しかし，実際の単一モードレーザーの出力スペクトルは，共振器の機械的不安定による

ゆらぎによって決められる．これを安定化するためには，共振器の内あるいは外に鋭い吸収スペクトルをもつ吸収セルや恒温に保ったエタロンなどの周波数標準を置き，レーザーの発振周波数をそれに合わせるように共振器を制御する．このようにして，レーザーの発振周波数を 10^{-7} 以上，特に高安定を追及したものでは 10^{-12} 以上に高めることができる．

レーザーの出力波形は，一定振幅の連続出力を発生するもの (CW レーザー) と，断続するパルス波形出力を発生するもの (パルスレーザー) とに大別される．CW レーザーは，周波数安定性にすぐれ，また平均出力を高くとることができるが，高いピーク出力が必要な場合には，パルスレーザーが用いられる．種々のレーザー線のなかには，CW 発振もパルス発振も可能なものも少なくないが，パルス発振だけが可能なものも多い．特に下のレーザー準位の寿命が上の準位より長い場合は，定常的な発振が原理的に不可能なので，自己終止型レーザーとよばれ，短パルス発振のみが可能である．安定した短パルス出力を得るために特別な工夫をしたものとしては，Q スイッチレーザーやモード同期レーザーが重要である．

光共振器の異なるモードの電磁場は，互いに独立であるが，レーザー媒質が存在するときには，その非線形性を通じてモード間の相互作用が生じる．相互作用が弱い場合は，多モードの同時発振が安定に起るが，強い場合には，不安定となる．CW レーザーおよび比較的長いパルス出力のレーザーでは，このようなモード競合により，出力のパワーおよびスペクトルは不安定になる場合が多い．多モードレーザーの出力は，同時に多数の周波数のコヒーレント光を含み，出力波形には干渉 (光ビート) による周期的変化が見られる．

レーザー媒質となりうる材料としては，気体，液体，固体のいずれもが用いられている．これらのなかで，気体レーザー材料は，発振波長，出力，その他の性質について最も多様であって，代表的なものとしてはエキシマー，希ガスイオン，ヘリウム・ネオン混合系，HF，CO，CO_2，H_2O，HCN などがある．液体レーザー材料としては，溶媒で希釈した有機色素が重要である．習慣上，固体レーザー材料とよばれるのは，透明な結晶あるいはガラスに活性イオンを溶解したもので，代表的なものにルビー (Al_2O_3 に Cr^{3+} を溶解したもの)，チタン・サファイア (Al_2O_3 に Ti^{3+})，YAG やガラスに Nd^{3+} を溶解したものなどがある．半導体は，最も広い応用が期待されろレーザー材料である．

レーザーにおける負温度分布発生法 (ポンピング法，励起法) としては，まず気体媒質の場合連続あるいはパルス放電 (放電型気体レーザー，GDL)，300 keV~1 MeV の電子線 (相対論的電子ビーム，REB) の照射 (電子ビームあるいは REB 励起レーザー)，化学反応の利用 (化学レーザー)，断熱膨張の利用 (ガスダイナミックレーザーあるいは GDL) などがある．各種の放電管やレーザーを用いた光ポンピング法は，あらゆる種類のレーザー媒質に対して広く用いられる．半導体レーザーでは，電子ビームや光による励起も用いられるが，実用上最も重要なのは，pn 接合に順方向電流を流すことにより接合部に負温度の電子分布を発生する注入型レーザーである．また，気体レーザーに対する特殊な方法として，中性子によって起きる核反応の生成物によって励起を行うもの (核励起レーザー) もある．

レーザーの応用分野はきわめて広く，分光学，精密計測，加工，光通信，ホログラフィー，情報処理，臨床医学，エネルギー工学などが含まれる．

14-2: 　　　　　　　　　　**半導体レーザー** (物理1675-1676)

　GaAs などの半導体結晶を，波長の短い光や電子線などで励起すると，結晶固有の蛍光を発する．励起を十分に強くすると，伝導帯にくみ上げられた電子，価電子帯につくられた正孔の密度が大きくなり，いわゆる反転分布の状態になる．反転分布状態では，蛍光に近い波長の光が外からきたときに，外来光に誘導された発光，誘導放射が起るようになる．誘導放射が起これば，光の増幅が可能で，増幅された光をフィードバックする機構を付加すれば，光発振器すなわちレーザーができることになる．このように固体や気体のレーザーと同様，半導体を用いてコヒーレントな発光ができることは，1962年に GaAs について実証された．誘導放射を生ずる条件は，外来光のエネルギー $h\nu$ について

$$E_g < h\nu < E_{fc} - E_{fv}$$

となる．ここで E_g は半導体のバンドギャップエネルギー，E_{fc}，E_{fv} はそれぞれ励起状態における伝導帯または価電子帯の擬フェルミ・エネルギーである．すなわち反転分布の条件，$E_g < E_{fc} - E_{fv}$ が成り立っている場合に，上式に示す値の $h\nu$ をもつ外来光に対しては，誘導放射 $h\nu'$ の確率が，吸収のそれよりも大きくなることを示している．

　半導体のレーザー作用は GaAs，InAs など多数の III-V 族，ZnS などの II-VI 族，そのほか多くの半導体結晶について実証された．とくに $Ga_{1-x}Al_xAs$ のような混合結晶を用いると，組成比 x を変えて，レーザー発振波長が可変にできる．レーザー発振が起るためには，フィードバックされた光量がはじめより大きい，すなわち (増幅) > (損失) となる必要がある．直接遷移半導体では，$100\ cm^{-1}$ ($100\ \mu m$ の長さで e 倍) 程度の増幅を容易に得られるので，2 つの平行した結晶のへき開面にはさまれた光共振器を用いてフィードバックさせてもレーザー作用が得られる．このように，気体や固体のレーザーに比べて，結晶片それ自体を用いた極めて小さい ($100\ \mu m$ オーダー) レーザーができることが特徴である．さらに半導体中に pn 接合を設ければ，順方向電圧により，接合付近で，n 側から流入する伝導帯中の電子と p 側からくる価電子帯の正孔による反転分布を形成することができる．すなわちあるしきい値電流密度以上で発振が起り電気的入力 (電圧，電流) を直接レーザー光に変換できる．現在実用化されている半導体レーザーは，すべてこのような接合レーザー (ダイオードレーザー，レーザーダイオード，あるいは注入レーザーともいう) である．接合レーザーは，電流だけで，レーザー光を敏速に (ns オーダー) ON，OFF できるので光通信などに都合がよい．またバンドギャップ (1~2 V) 程度の電圧と数十 mA 程度の電流で，数ないし数十 mW 程度のレーザー出力が得られる．その効率は，他のレーザーに比べて極めて高い (数十 %)．

　最近までに，$Ga_{1-x}Al_xAs$ 系 (波長 0.7~0.8 μm) と，$In_{1-x}Ga_xAs_yP_{1-y}$ 系 (InP 基板) (波長 1.2~1.6 μm)，さらに Al InP 系 (GaAs 基板) (波長 0.6~0.7 μm) の二重ヘテロ構造半導体レーザーが商品化された．1.3~1.6 μm 系レーザーは低損失ガラスファイバーと組み合わせ，国内の公衆通信幹線系，さらに国際間の海底通信，その他 CATV 回線などの光ファイバー通信に広く用いられている．また従来の機械式の音盤 (レコード) に代って，微小に集光されたレーザー光の針を用いた音盤装置 (コンパクトディスクまたは CD) は広く用いられるようになった．これに用いる GaAlAs 系レーザー (0.7 μm) は大量生産されている．またコンピューターの入出力，すなわちレーザープリンター，大容量の光メモリー，ビデオディスクなど，半導体レーザーを利用して作られている．また赤外領域の 5~十数 μm の波長の発振は $Pb_xSn_{1-x}Te$ 系などのレーザーで行うことができ，各種公害ガスなどの検知に利用できる．

14-3: **導波路レーザー** (物理1469)

　レーザー媒質 (気体，液体，固体) を導波路に閉じ込めたレーザーのことで，小型のレーザーをつくることができる．気体や液体は中空の導波路に満たされて用いられ，固体はそれ自体が導波路として利用される．中空の導波路には断面が円形，矩形，平行平板状のものがあり，また導波路に格子を刻んだりした分布帰還型のものもある．中空の導波路を用いるレーザーとしては気体レーザーと液体レーザー (特に色素レーザー) がある．固体導波路の断面として円形や矩形状のものが用いられ，また分布帰還型のものもある．この例に，小型固体レーザーや半導体レーザーがある．導波路としては，ある波長の光に対してできるだけ伝搬損失の小さいものを採用する必要がある．たとえば，円筒中空導波路のうち，金属製導波路で伝搬損失の最小のモードはドーナツ形の電場分布をもつ TE_{01} モードであり，ガラスや石英といった誘電体製導波路のそれは直線偏光した EH_{11} モードである．たとえば，よく用いられる円形断面の開放型レーザー共振器の半径 a を次第に小さくしてゆき，フレネル数 ($F \equiv a^2/b\lambda$，ここで b は共振器の長さ，λ はレーザー光の波長) が 1 よりも小さくなると，開放型共振器としてみた場合，回折損失が非常に大きくなる．ところが，管壁の影響が無視できなくなり，導波路として作用しはじめ，伝搬損失は閉じ込め作用のために小さくなり，レーザー共振器として使えることになる．一般に，導波路レーザーは $F<1$ の場合に相当している．特に，気体の導波路レーザーでは壁への拡散が大きいために高利得が達成されている．

14-4: **ホログラフィー** (物理2044-2046)

　波動の干渉性を利用してもとの像を再生する新しい写真法．1948 年 D. Gabor が W. L. Bragg の X 線回折による結晶構造決定 (特にフーリエ合成法) の研究をヒントに，当時球面収差の大きかった電子顕微鏡の像改良を目的に考案した．二段階からなり，第一段階では点源から発散する電子線束の中に物体，またこれから十分離れた位置に乾板をおく．物体が大部分透明ならば，乾板上の任意の点には点源から出て物体をそのまま透過する電子線と物体上の散乱点で回折，散乱した電子線が到達し，これら (ド・ブロイ波と考える) は互いに干渉して乾板上に一種の干渉パターンが記録される．これをホログラムとよぶ．第二段階では，明暗を反転したホログラムを点光源で照明すると，干渉パターンが一種の回折格子として作用して光の進行方向を変え，その方向はもとの物体によって決まるのでもとの物体像が再生する．これを波面再生という．当時ホログラフィーは斬新な原理で注目されたものの，(1) 大部分透明な物体にしか適用できない，(2) 反転処理など現像処理がやっかいである，(3) 直接像 (真の像ともいう)，共役像という 2 つの像が再生され，一方に注目したとき他方のぼけた像が重なって見える，(4) 当時は干渉性のよい電子線源，光源が得られなかったなどの理由で，その後約 10 年間大幅な発展がなかった．

　1962~1964 年 E. N. Leith，J. Upatnieks は物体をそのまま透過する波動の代りに，物体を通らず直接乾板面に達する参照波とよばれる光波を，乾板面で物体からの散乱，回折波 (物体波または信号波という) と干渉させる二光線束法 (オフアクシスホログラフィーともいう) を考案し，また当時ようやく実用可能になった干渉性のよいレーザーを使用して画期的に良質な像再生に成功した．第一段階において，透過物体を考え，これをコ

ヒーレント光で照明すると乾板面には物体でフレネル回折した物体波が入射する．乾板面におけるこの光の複素振幅は一般に

$$O(x, y) = o(x, y) \exp\{-i\phi(x, y)\}$$

と表される．進行方向が yz 面内にあって z 軸と θ をなす平面波を参照波とすれば，乾板面での参照波の複素振幅は

$$R(x, y) = r \exp\{-i(2\pi/\lambda)y \sin \theta\}$$

で与えられる．ただし r は定数，λ は用いた光の波長である．物体波，参照波が干渉性をもつとき，乾板面での光の強度 $I(x, y)$ は

$$\begin{aligned}
I(x, y) &= |O(x, y) + R(x, y)|^2 \\
&= |O(x, y)|^2 + |R(x, y)|^2 + O(x, y) R^*(x, y) + O^*(x, y) R(x, y) \\
&= [o(x, y)]^2 + r^2 + 2ro(x, y) \cos [(2\pi/\lambda) y \sin \theta - \phi(x, y)]
\end{aligned}$$

ここで * は共役複素数を表す記号である．上式の最後の表示の第三項は干渉項とよばれるもので，x 軸に平行空間周波数 $\nu = \sin (\theta/\lambda)$ をもつ等間隔干渉縞が搬送波になって，これが物体波の振幅 $o(x, y)$ および位相 $\phi(x, y)$ で変調されてそれぞれ縞のコントラストおよび間隔を変え，物体波の振幅，位相が確かに乾板に記録されることになる．露光時間を適当に選び，現像処理後の乾板，すなわちホログラムの振幅透過率 $T(x, y)$ が $I(x, y)$ に比例するようにする．第二段階として，このホログラムをもとの参照波と同じ光波で照明する場合を考える．このときホログラムを透過する光の複素振幅は $R(x, y) T(x, y)$ で与えられるので

$$\begin{aligned}
R(x, y) T(x, y) &\propto R(x, y) I(x, y) \\
&= r\{[o(x, y)]^2 + r^2\} \exp\{-i(2\pi/\lambda) y \sin \theta\} \\
&\quad + r^2 o(x, y) \exp\{-i\phi(x, y)\} \\
&\quad + r^2 o(x, y) \exp\{i\phi(x, y)\} \exp\{-i(2\pi/\lambda) 2y \sin \theta\}
\end{aligned}$$

第一項は z 軸と θ をなす方向に進む，すなわちそのまま直進する光を表し，いまの場合興味がない項である．第二項は比例定数 r^2 を除けばもとの物体波とまったく同じ形であるので，この波面はもとの物体があった位置に虚像を再生する．この像は直接像とよばれる．第三項は角 $\theta' = \sin^{-1}(2\sin \theta)$ の方向へ射出しホログラムの前方に実像を再生する．この場合，再生する複素振幅は物体波と共役な $o(x, y) \exp\{i\phi(x, y)\}$ に比例するので共役像とよばれる．上で述べた第一，二，三項は進行方向が違うので，たとえば図の位置に目をおくと，ほかの方向に進む光に邪魔されず，直接像だけがホログラムを通して虚像として見える．ホログラフィーの過程は，物理的には第一段階が干渉縞の形成過程，第二段階は干渉縞が一種の回折格子として作用し，そのまま透過する光波 (0 次の回折波) のほかに，照明波の方向と搬送波の空間周波数によって決まる方向に回折する 2 つの光波 (±1 次の回折波) を生ずる過程として説明される．この回折波は物体波で変調されており，直接像，共役像が再生されるのである．物体として透過物体を考えたが，レーザーのように干渉性の非常によい光源を用いると三次元的な反射物体，しかも鏡のような物体だけでなく拡散反射物体を用いてもホログラムの作成，波面再生が可能である．像が立体的に再生していることがわかる．ホログラムは用いる波動，記録・再生方式，記録の次元，作成配置の相違によって多くの種類に分けられる．ホログラフィーは情報処理，計測，ディスプレーなどに応用される．大容量のオプティカルメモリーや磁気テープの代りにビニールテープに型押しでつくる HoloTape とよばれるビデオシステムも考えられたが，これらは実用に至らなかった．計測の例としてはホログラフィー干渉が実用化され，またディスプレーには白色光でも再生可能なリップマン・ホログラム，

レインボーホログラム，マルチプレックスホログラムなどが最近多用されている.

　1969 年，S. A. Benton が考案したレインボーホログラムは，作成方法を工夫して，点光源によってホログラム面近くに物体の実像を再生すると同時に，観測者と再生像の中間に上下方向には幅が狭く，左右方向には長さの長いスリット状の開口の像を再生するようになっている. ホログラムは上でも述べたように一種の回折格子 (その機能の 1 つは光のスペクトル分解) で，ここでは白色光源でホログラムを照明したとき，物体の像のほかに赤~紫のスペクトルに分かれたスリット像が上下に並んで再生する. このためたとえば緑のスペクトルが見えるスリット像の直後に左右の目を置いて物体の再生像を見ると，レーザーのような単色光源を用いないでも，緑の単色で横方向の視差 (立体感) をもった像がみえる. 目を上下すれば赤や青での再生像も見えるので，レインボー (虹) ホログラムとよばれる. またホログラム近くに実像が再生するイメージホログラムとよばれるタイプであるので，再生に用いる白色点光源の大きさがある程度大きくても像の解像力はそれほど低下せず，明るい再生像が得られる特徴がある. 3 枚のホログラムを重ね写したホログラムをつくればカラー再生像も得られる. リップマン・ホログラムと異なり，プラスチックスに型押ししてホログラムがつくれるなどの利点もあり，ディスプレーに多用されている.

14-5:　　　　　　　　　　**ホログラム** (物理2046-2047)

　ホログラフィーにおいて，物体を透過または反射した波に参照波を加えて干渉させ，この干渉パターンを記録材料に記録したもの. ボログラムからもとの物体が，二次元であっても三次元であっても，完全に再生されるので，物体についての情報，すなわち振幅，位相がすべて記録されているという意味で，D. Gabor はギリシア語が語源の「すべて」を意味する hólos と「書かれたもの，記録されたもの」を意味する grámma を組み合わせてこれをホログラムと命名した. 作成配置の相違によってフレネル・ホログラム，フラウンホーファー・ホログラム，フーリエ変換ホログラム，イメージホログラムなど，記録方式の相違によって振幅ホログラムと位相ホログラム，記録の次元の相違によって平面ホログラムと体積ホログラム，再生方式の相違によって透過型ホログラムと反射型ホログラムに分類される. ホログラム作成には普通干渉性のよい光源であるレーザーが用いられるが，マイクロ波，音波や，さらに電子線を用いることもある. また電子計算機を使ってホログラムをつくる計算機ホログラムもある.

14-6:　　　　　　　　　　**蛍光** (化学421)

　ルミネセンスの一種で，ルミネセンスと同義に用いられることも多い. ふつうは光の刺激による発光をいい，従来は刺激光を取り去るとただちに消滅するものを蛍光とし，発光がなお持続するものをりん光とした. 現在は，発光の機構によって定義されることも多く，無機物と有機物で多少異なる. 温度変化は蛍光では小さく，無機物でも有機物でもりん光では顕著である. 原子，二原子分子，および無機結晶の場合，発光の時間変化が，発光に直接関与する電子励起状態の寿命で決定されるものを蛍光という. 発光の寿命は 10^{-9} s から 10^{-1} s で減衰は指数関数的である. 吸収した光の波長と同波長の光を蛍光として出す現象を共鳴蛍光という. 一般には刺激光の波長より蛍光の波長は長い. このことをストークスの法則という. 金属は X 線や陰極線で蛍光を出すが，可視光や

紫外光では発光しない．有機物では同じスピン多重度をもつ電予状態間の電子遷移による発光を蛍光といい，寿命は 10^{-9} s から 10^{-6} s 程度である．一般に基底状態は一重項状態であり，凝縮相では最低励起一重項状態から基底状態への遷移によって蛍光が観測される．凝縮相では，最低励起状態のみから発光が見られることをカーシャの法則という．ただし，励起状態準位の間隔によっては，アズレンの場合のように第二励起一重項状態から蛍光が出る場合もある．気相においては最低励起一重項状態からの発光とは限らない．励起三重項状態間の遷移による発光は三重項・三重項蛍光とよばれる．蛍光現象を特徴づける重要な特性は，蛍光スペクトル，蛍光励起スペクトル，蛍光収率，蛍光減衰特性である．純度の高い単色光で単一振電準位のみを励起して得られる蛍光をSVL蛍光という．

14-7:　　　　　　　　　ルミネセンス (化学1545-1546)

白熱電球のように物質を高温にすると光が放出される．ところが，物質が高温になくても何らかの刺激によって光を放出する場合があり，これをルミネセンスという．発光ともよばれるが，熱を伴わない発光なので冷光ともいう．物質が吸収したエネルギーを光として放出する現象のうち，熱放射，チェレンコフ効果，ラマン効果，レイリー散乱は含めない．刺激エネルギーの与え方によって，ホトルミネセンス，陰極ルミネセンス，X線ルミネセンス，放射線ルミネセンス，熱ルミネセンス，音ルミネセンス，摩擦ルミネセンス，化学ルミネセンス，生物発光などに分類される．ルミネセンスを蛍光とりん光に分類することがある．この分類は無機物と有機化合物では異なる．無機発光体については，定義はまちまちで，特に蛍光はルミネセンスと同義に用いられることがある．有機化合物では，電子遷移に関与する二つの電子状態のスピン多重度によって区別し，同じ多重度をもつ電子状態間の遷移による発光を蛍光といい，そうでない場合をりん光という．原子が励起準位に励起されると，それより低いエネルギー準位に落ち，あるいはさらに低い準位に落ち，最後に基底状態に戻る．このとき励起されるときに吸収した光のエネルギーと後の過程で放射される光のエネルギーとは一致しない．分子の場合には，吸収したエネルギーの一部を分子振動の形で消費することが多い．このようにして，一般に吸収光の振動数に比べて発光の振動数は小さい．この振動数の関係 (あるいは波長の関係) を経験的に見いだした G. G. Stokes (1819~1903) の名をとって，ストークスの法則という．ルミネセンスは無機物でも有機物でも電子が励起されることによって起る現象である．スペクトル，偏光特性，残光特性，減衰特性，電場や磁場の効果，温度依存性，励起時間依存性などは発光機構や発光種にについて重要な知見を与える．

14-8:　　　　　　　　　化学ルミネセンス (化学257)

化学反応に伴うルミネセンス．化学発光ともいう．光化学反応の逆の過程と見なせる．多くは青紫，青，青緑である．化学反応に伴う反応物質の励起，励起分子または励起原子が他の分子あるいは原子に衝突してそれを励起することなどによって起る．

14-9:　　　　　　　　　ホトルミネセンス (化学1363)

ルミネセンスのなかで特に光 (紫外線，可視光線，赤外線) による刺激で生じるルミ

ネセンス．蛍光体あるいは蛍りん光体の光吸収帯域の中にある波長の光で刺激することが必要である．ホトルミネセンスには蛍光，りん光，遅延蛍光などが含まれる．ホトルミネセンスの強度を観測しながら刺激光の波長を変えていくと，刺激光の各波長に対するルミネセンスの強度変化が知れる．これを励起スペクトルといい，発光機構や発光種の同定に重要である．ルミネセンスの波長は一般に刺激光の波長よりも長波長となる．これをストークスの法則という．

14-10: 摩擦ルミネセンス (化学1390)

　機械的エネルギーを固体物質に加えることによって生じる発光現象．酒石酸，氷砂糖，水晶，マンガンで付活した硫化亜鉛蛍光体などでよく見られる．機械的エネルギーの加え方は摩擦する，圧縮してひずませる，破壊するなど種々あり，熱的ショックを加えることも，ひずみ，裂け目，相変化を与え重要な手段である．破壊部分に生じる電荷の放電が原因と考えられ，固体自身の発光のほかに，周囲にある気体の放電による発光が見られることもある．機構についてはほとんど不明である．

14-11: 生物発光 (化学748)

　生物による発光現象をいう．発光する生物は，細菌，担子菌，原生動物，種々の後生動物など広範囲にわたり散発的に見られるが，自身が発光する一次発光と，寄生や共生する生物が発光する二次発光とがある．発光の生理的な意義は不明なものが多いが，外的刺激や神経刺激に対する応答として発光するものや，蛍のように通信手段としている例もある．一般に生物発光は，酸素を要求する酸化発光の一種で，量子収率はきわめて高い．蛍のように，オキシゲナーゼの一種であるルシフェラーゼ (発光酵素) の作用によって，ルシフェリン (発光素) を酸化して発光するものが多いが，逆に，低分子物質の作用によってエクオリンのような発光タンパク質が光を出すものもある．しかしエクオリンの発色団は，ウミシイタケのルシフェリンと同一である．蛍のルシフェリン・ルシフェラーゼ系が ATP の，またエクオリンが Ca^{2+} のそれぞれ微量定量に利用されている．

14-12: りん光 (化学1534)

　ルミネセンスの一種で，ふつうは光励起による発光をいう．黄リンの発光もりん光というが，これは化学ルミネセンスの一つである．従来は刺激光を取り去るとただちに消滅するものを蛍光とし，発光がなお持続するものをりん光と称した．現在は発光の機構によって区別することが多い．しかしその定義は，発光体が無機物の結晶であるか有機物であるかによって多少異なる．無機結晶の場合には，発光の時間変化が準安定電子状態から，または結晶のトラップから，熱的活性化などによって発光に直接関与する励起状態へ遷移する確率によって支配されるものをいう．すなわち，励起された電子はまず一度準安定状態へ上がり，それから熱エネルギーを得て発光過程へ移る．温度が低くなれば準安定状態から発光状態へ励起される確率が減り，発光の立ち上がりと寿命は長くなる．りん光は刺激を続けている間でも発せられるし，りん光と蛍光を同時に発する物質もあるので，刺激中の発光が蛍光かりん光かを区別することはきわめて困難な場合が

あるので，刺激中の発光を蛍光，刺激後の発光を残光として区別することを推奨している人もいる．このことを反映して，無機物では蛍光またはりん光を発するものを蛍りん光体または単に蛍光体とよんでいる．寿命は 10^{-3} s から時として 1 day に及ぶこともある．有機化合物の場合は，電子スピン多重度の異なる電子状態間の遷移に基づく発光をりん光という．有機化合物の基底状態は一般に一重項状態であり，最低励起状態は三重項状態である．りん光は最低励起三重項状態から基底一重項状態へのスピン禁制の遷移に基づく発光である．気相でりん光を発するものはビアセチルなどごく限られており，大部分のものは凝縮相，特に分子の運動が十分に抑えられる固体の状態でりん光を発する．凝縮相では最低励起状態からのみ発光が見られることをカーシャの法則という．寿命は一般に 10^{-3} s から 10 s 程度までであるが，発光分子が原子番号の大きい原子すなわち重原子を含む場合には，10^{-6} s 以下になることもある．同様のことは溶媒として用いる物質が重原子を含む場合にも見られる．前者の場合を内部重原子効果といい，後者の場合を外部重原子効果という．重原子効果は重原子の存在によってスピン・軌道相互作用が大きくなり，スピン禁制の程度が緩和されることに基づく．純粋な有機結晶は一般にきわめて弱いりん光しか発しない．これは無放射遷移が顕著であることによる．りん光現象を特徴づける重要な特性は，りん光スペクトル，りん光励起スペクトル，りん光収率，りん光減衰特性である．α りん光というのは遅延蛍光の一種であり，β りん光はここで定義したりん光のことである．

14-13:　　　　　　　　蛍りん光体 (化学425)

蛍光とりん光を発する物質をいうが，無機物と有機物では蛍光とりん光の定義が多少異なることを反映して意味に幅がある．無機物については，りん光と蛍光を同時に出す物質が多く，蛍光・りん光の区別は難しいので，蛍光またはりん光を発する物質のことをいい，蛍りん光体または単に蛍光体とよぶことが多い．特に残光が長いものをりん光体とよぶこともある．有機物については，りん光と蛍光の区別は判然としており，りん光を発する物質には蛍光を発するものも多い．

14-14:　　　　　エレクトロルミネセンス (化学196)

狭義には交流電場励起による電場発光．銅で付活された硫化亜鉛蛍光体が最も有望であるが，それでも効率が低く寿命が短いという欠点はなかなか克服されない．表示板や光増幅器に用いられる．理論的予想値よりも 1 桁小さい 10^4 V/cm 程度の電場で発光する．半導体の pn 接合に順方向に電流を流すと，電子と正孔の再結合により発光する．これを pn 接合エレクトロルミネセンスという．発光ダイオードとして実用化されており，量子効率が高く応答が速い．電気化学発光または電解化学発光としては，まずアニオンとカチオンの間の電子移動反応によって生じた励起分子からの発光があげられる．

Lesson 15: Sound I
(fundamentals)

音   イン sound, tone; オン noise, pronunciation, sound
       おと noise, sound; ね sound, tone
音声合成	オンセイゴウセイ	speech synthesis
音声認識	オンセイニンシキ	speech recognition

横   オウ horizontal, sideways, width
       よこ side, width, woof
横軸	よこジク	horizontal axis
横波	よこなみ	transverse wave

階   カイ grade, stair(case), step, story (of a building)
階数	カイスウ	order; rank
段階	ダンカイ	stage, phase, step

楽   ガク music; ラク comfort, pleasure
       たの(しい) cheerful, joyful, pleasant; たの(しむ) to amuse onself, to anticipate, to enjoy
音楽	オンガク	music
楽器	ガッキ	musical instrument

強   キョウ might, strength; ゴウ might, strength
       つよ(い) mighty, powerful, strong; つよ(まる) to become strong {vi};
       つよ(める) to intensify, to invigorate, to strengthen {vt}
強調	キョウチョウ	emphasis, stress
強度	キョウド	strength, intensity [for light]

減   ゲン decline, decrease
       へ(らす) to decrease, to reduce {vt}; へ(る) to decrease, to dwindle {vi}
減衰	ゲンスイ	attenuation, decay
単調減少	タンチョウゲンショウ	monotonic decrease

源   ゲン origin, source
       みなもと origin, source
資源	シゲン	resource
熱源	ネツゲン	heat source

弱　ジャク weakness
よわ(い) feeble, weak; よわ(まる) to weaken {vi}; よわ(める) to weaken {vt}

強弱	キョウジャク	strength
微弱な	ビジャクな	feeble, faint, weak

縦　ジュウ height, length, vertical
たて height, length, warp

縦軸	たてジク	vertical axis
縦波	たてなみ	longitudinal wave

純　ジュン innocence, net (profit), purity

純度	ジュンド	purity
単純な	タンジュンな	pure

衰　スイ decaying, declining, weakening, withering
おとろ(える) to decay, to decline, to weaken, to wither

減衰率	ゲンスイリツ	attenuation
消衰係数	ショウスイケイスウ	extinction coefficient

弾　ダン bullet
たま bullet; はず(む) to rebound, to become animated, to tip generously;
ひ(く) to play on (an instrument)

弾性衝突	ダンセイショウトツ	elastic collision
弾性変形	ダンセイヘンケイ	elastic deformation

伝　デン biography, communicating, legend
つた(う) to follow, to walk along {vt};
つた(える) to propagate, to report, to transmit {vt};
つた(わる) to be circulated, to be transmitted {vi}

伝送速度	デンソウソクド	transmission rate
熱伝導	ネツデンドウ	heat conduction

媒　バイ go-between, intermediate

媒体	バイタイ	medium, media
溶媒	ヨウバイ	solvent

搬　ハン carrying, transporting

運搬	ウンパン	transport
伝搬	デンパン	propagation, transmission

Reading Selections

15-1: 音 (物理236-238)

　普通には空気中の縦波で，その周波数がおよそ 20~20000 Hz の範囲にあって，人間が
その耳で知覚できるものを音ということが多いが，人間の耳に聞こえるのは，一般的な
意味での音のごく一部分である．空気中だけに限定しても，可聴周波数以上の超音波，
それ以下の超低周波音などがあるが，さらに流体や固体の中を伝わる弾性波には多くの
種類がある．水など液体の中では，空気中と同様に縦波だけが存在するが，固体中では
縦波のほかに横波もできる．このように音は，波動を伝える媒質や周波数などについて，
本来非常に広い範囲の現象をいうものである．空気中にあって人間の耳に聞こえる周波
数範囲の音を中心に考えると，音は人間にとって音声による情報伝達の手段として，非
常に重要な役割を果してきた．また音楽としての音に対する関心は，人間の歴史ととも
にあった．紀元前 500 年ころに Pythagoras が行った弦の振動や音階についての研究は，
音響学のみでなく広く自然科学の数学的取り扱いの出発点になった．その後，楽器や音
楽堂などの音の問題は，常に多くの人の関心の対象になってきたが，音の物理的性質に
ついての系統的な研究が始められたのは Galileo の時代からである．その後 17~19 世紀
にかけて，M. Mersenne, I. Newton, P. S. M. de Laplace, H. L. F. von Helmholtz,
Rayleigh 卿などが，力学の問題として音波を取り扱ってきた．こうして音の物理的性質
の研究は，19 世紀の後半に基本的な部分の完成をみたということができる．20 世紀に
おける電気・電子技術の発達は，音についての実験的な研究や技術的な応用に大きな変
化をもたらした．電話，録音，放送などの技術は，マイクロホン，スピーカー，送受話
器など電気音響変換器の発達に裏づけられたものである．またオーディトリアム，スタ
ジオなどの音響特性，住宅 などの音の環境やさらに一般的な騒音環境の問題には，技
術面と並んで心理的な音の評価が重要な役割を果している．電気補聴器の開発は，聴覚
障害者に音の世界を開いたという点で大きな意義をもっている．音声の研究も音響学の
重要な一分野になっており，特に最近では，電子計算機や各種機械の音声制御，集積回
路を用いた音声合成などが実用化されている．
　音があるとき，空気は進行方向に沿って往復運動をし，この状態が空気中を伝搬する．
このように媒質の振動方向が伝搬の方向に一致する波動を縦波という．空気が密になっ
た部分の圧力は上昇し，反対に疎になった部分の圧力は低下する．すなわち，音がある
場所の気圧は，大気圧を中心にして増減を繰り返す．こうした圧力の変化部分を音圧と
いう．音圧は普通その実効値で示され，単位には Pa が使われる．通常は 20 μPa から
200 Pa 程度の音圧範囲を音といっている．これは 2×10^{-10}~2×10^{-3} atm に相当するもの
で，人間の耳に聞こえる範囲の音圧が非常に小さい圧力であり，さらにその範囲が非常
に広いことを示している．工学の分野では，音圧 p の代りに音圧レベルが使われて，
dB で表示する．
　音の発生機構は，いくつかのグループに大別される．普通のスピーカーや弦楽器，打
楽器の場合には，振動する板や膜に接した空気がそれに応じて運動し，ある条件のとき
に空気の圧縮膨張を生ずる．そしてこの空気の圧力変化が音波として周囲に伝搬する．
振動する物体から発生する音の性質には，振動の状態などが関係するので，一般的には
非常に複雑になる．

音の発生機構としてもうひとつ重要なのは，物体の振動ではなく空気の一部分に起った変動によるものである．強い風のとき電線からヒューヒューという音がでるのは，空気の流れが障害物にあたって背後の部分に乱れを生じ，そこから音が発生するものである．高圧の気体が狭いすき間や穴から吹き出すときの音もここに含まれろ．風や高圧気体による音は，一般に周期がない変動であり，広い周波数範囲にわたる成分をもった音である．ただ気流が一様であれば規則正しいカルマン渦を発生し，そのときの音は，周波数 $f = 0.2\,v/d$ (v は気体の速度，d は障害物の直径) に主要な成分をもつ音になる．これをエオルス音という．

　空気中に発生した音は，一定の速度で伝織する．静止空気中での音の伝搬速度は温度に関係し，$t°C$ のときの速度は $c = 331.5 + 0.6t$ [m/s] で与えられる．周囲に障害物のまったくない開放空間に小さな音源があるとき，これから発生した音はすべての方向に均等に伝搬し，音源を中心にした任意の球面上の音圧は一定になる．こうした音波を球面波という．この場合に球面の単位面積を通過する音のエネルギーは，音源からの距離の二乗に逆比例して減少する．音圧レベルでいえば，距離が 2 倍になるごとに 6 dB の割合で低下することになる．これを逆二乗則といい，音の伝搬における重要な原理である．実際に屋外では，地面，建造物，地形などによって，音の伝搬はさまざまな影響を受ける．音が境界面や障害物にあたると，そこで反射，吸収，散乱あるいは回折など波動としての諸現象が起る．これらの性状は，障害物などの寸法と音の波長との関係で決まる．可聴周波数の音の波長は，ほぼ 1.7 cm から 17 m の間にあって，人間の生活空間における各種寸法と同程度になる．そのために，障害物の影の部分にも回折によって音が伝わることになる．また音が純音成分を含んでいると，反射音との干渉によって音圧の極大，極小が現れる．屋外での音の伝搬，特に遠距離伝搬では，こうした波動現象の影響のほかに，気象条件すなわち温度分布や風が大きな影響をもっている．

15-2: 音の大きさ (物理238)

　感覚的な音の大きさが 2 倍，3 倍になったとき，数値が 2 倍，3 倍になる尺度を実験的に求めて音の大きさとよんでいる．その単位はソーンである．1000 Hz，40 dB の純音の大きさを 1 ソーン と決めているので，その 2 倍の大きさに聞こえろ音は 2 ソーン，10 倍の大きさに聞こえる音は 10 ソーン である．音の大きさは，加算性をもっている．すなわち，非干渉性の 2 つ以上の音が同時にあったときの音の大きさは，それぞれの音の大きさの和になる．一般に振動数の異なる 2 つの音については，音圧レベルが同じでも音の大きさは同じにならないことが多い．そのため，同じ大きさの音に同じ数値を与える尺度として，音の大きさのレベルが使われている．ある音の大きさのレベルとは，その音と同じ大きさに聞こえる 1000 Hz の純音の音圧レベルと同じ数値で，単位を ホン としたものである．たとえば 1000 Hz，80 dB の音圧レベルの音と同じ大きさに聞こえる音は，その音圧レベルに関係なく 80 ホン の大きさのレベルの音である．音の大きさのレベルは，複合音や連続スペクトルをもった音など各種の音についていうことのできるものであるが，特に純音については，振動数，音の強さのレベル，音の大きさのレベルの関係を示す等ラウドネス曲線が，H. Fletcher と W. A. Munson によって 1933 年に発表された．音の大きさのレベル L [ホン] と音の大きさ S [ソーン]との関係は，L が 20~120 ホン の範囲で次のようになる．　　　　$\log_{10} S = 0.03\,(L - 40)$ または $S = 2^{(L-40)/10}$

15-3: 音の減衰 (物理238)

音波が空気中を伝搬するとき，種々の原因によってその強さは減少する．その第一は，逆二乗の法則によるもので，音響パワーレベルが L_w の音源から自由音場に音が放射されている場合，音源から r[m] の点における音圧レベル (または音の強さのレベル) L_p は

$$L_p = L_w - 10 \log_{10} (4\pi r^2)$$
$$= L_w - 20 \log_{10} r - 11$$

で表され，距離が2倍になるごとに6dBずつ減衰する．この関係を逆二乗減衰という．このように，音源から遠ざかるにつれて音が減衰することを一般に幾何拡散減衰，あるいは単に距離減衰という．このはかに，地表面や樹木の音響吸収による減衰，空気の音響吸収による減衰，障害物による回折減衰などが生じる．

15-4: 音の高さ (物理238)

音の高低をさす心理的な要素で，音の振動数に強く依存して決まる．ピッチともいい，振動数が大きければ高く，小さければ低く感じる．しかし，振動数が同じであっても，音圧レベルや，音の継続時間が違うと音の高さとしては違って感じる場合もあり，音の高さは振動数だけで一義的に決まるものではない．楽音のように倍音構造をもった音の高さは，その基本振動数と同じ振動数の純音の音の高さに等しく感じるのが普通である．音の振動数が2倍になると，音の高さが2倍になるとは限らない．たとえば，400 Hz 純音の2倍の高さに感じる純音の振動数は 1000 Hz である．音の高さを示す単位はメルで，音圧レベルが 40 dB の 1000 Hz 純音の高さを 1000 メルと定義し，2倍の高さに感じるとき 2000 メルであるという．

15-5: 音の強さ (物理238)

音場の中の1点において，音の進行方向に垂直な単位面積を，単位時間に通過するエネルギーを音の強さという．記号としては I または J が使われ，単位は W/m² である．音源の近傍を除いては，一方向に進行する音の音圧 p と粒子速度 u は同位相になるので，それぞれの実効値で考えれば，音の強さは $I = pu = p^2/\rho c = \rho c u^2$ となる．ここで ρ は媒質の密度，c は音速である．温度 20℃ の空気については，$\rho = 1.205$ kg/m³，$c = 343$ m/s であるので，音圧レベルの定義における音圧の基準値 $p_0 = 20$ [μPa] に相当する音の強さは，0.968 pW/m² となる．そこで p_0 に対応する音の強さの基準として $I_0 = 1$ pW/m² をとって，音の強さのレベルが $L_1 = 10 \log_{10} (I/I_0)$ [dB] で定義される．音の強さのレベルと音圧レベルとの数値は，ほぼ一致する．

15-6: 音ルミネッセンス (物理239)

液体に強い超音波を照射したときに見られる微弱な発光現象．発光の強さは液体の種類とこれに含まれる溶存気体によって異なり，蒸気圧の高い液体や，溶存気体を脱気したものは発光しない．発光の機構は，超音波の負圧によって液体中にキャビテーション気泡が発生し，これが成長して急速に押しつぶされるときに気泡内の気体が断熱圧縮され，数千度の高温になり，パルス発光するものと考えられている．溶存気体は酸素や窒

素よりもキセノンのような重い気体の方が発光が強い．空気を溶存しているルミノールのアルカリ水溶液の音による発光は純粋液体の発光より極めて強いが，これはキャビテーション気泡が押しつぶされるのに伴う高温によって生じた H_2O_2 などが，二次的にルミノールを酸化発光させるもので，音化学ルミネッセンスとして区別する．

15-7: 音圧 (物理248-249)

媒質の圧力は音があるときには音のない状態での圧力を中心にして変化する．この圧力の変化部分を音圧といい，記号 p で表す．音圧の瞬時値は時間の関数になるので，音圧をいうときには，普通，時間 T についてその実効値 $[(1/T)\int_0^T p^2(t)\,dt]^{1/2}$ で示され，単位には Pa (パスカル) が使われる．空気中の音について，特に工学の分野では，音圧 p の代りに $L_p = 10\log_{10}(p^2/p_0^2)$ で定義される音圧レベル L_p が使われている．ここで p_0 は基準音圧で，$p_0 = 20\,[\mu Pa]$ とする．音圧レベルの単位は dB (デシベル) である．

15-8: 音階 (物理249)

音楽の目的にかなうように決められた各種の音程を保って高さの順に配列された音の系列である．世界の民族にそれぞれ違った言語があるように，各民族にはそれぞれ独特の音楽があって，音階もその音楽から必然的に構成されてきたものである．古今東西の音楽にそれぞれ特色があるのも，音階の違うところが大きい．現在，普通に使われている音階は，五音音階，半音階，全音階などである．西洋音楽で最も身近なものは，オクターブを5個の全音と2個の半音で構成している全音階で，半音の位置の相違によって長音階と短音階とに分けられる．長音階は第三音と第四音との間，第七音と第八音との間に半音をもち，そのほかの音程が全音である7個の音の音階である．短音階は第二音と第三音との間，第五音と第六音との間に半音をもち，そのほかは全音である7個の音の音階である．さらに，和声的短音階，旋律的短音階に区別されている．

15-9: 音源 (物理254)

音を発生する装置や機器などを総称して音源という．実際の音源には，スピーカーや楽器など音を発生することを目的としたものと，機械や車両など騒音の原因になるものとがある．音源の性状は，発生音パワーの周波数特性，指向特性によって表示される．最も単純な音源は，点音源である．実際の音源は，点音源の集合として取り扱われる．各種音響測定のなかでは，実験の目的に適合する特定の音源が使われることがある．

15-10: 音叉 (物理254)

均質な細長い金属棒を中央で U 字形に曲げ，そこに柄をつけたもの．純音に近い安定した音を出すので，周波数の標準として古くから使われている．音叉は多数の固有振動をもっているので，振動の与えかたによって発生する音の部分音の構成が変化する．まっすぐな棒の横振動に比べて，上音の周波数が基本音からはるかに離れているために，振動を与えてから非常に短い時間で，基本振動が大部分を占めるようになり，純音に近い音を出すことができる．また柄がついている部分の振動振幅が小さいので，柄を手で

持っても振動に対する影響は小さい．音叉の音の周波数安定性は，主として温度に関係する．鋼鉄製音叉の周波数の温度係数は $10^{-4}/°C$ 程度である．温度係数を小さくするには，特殊合金を使用する．

15-11:　　　　　　　　　音質 (物理255)

広い意味の電気，機械，光，音響伝送系 (通信路はもとより，マイクロホン，スピーカーの電気音響機器，電子回路，記録媒体など) を経て再現された音の品質をいう．多くの場合，音そのものに対する価値判断と同時に，その音をつくりだした伝送系の評価を意味する．一般に音にはそれぞれ特有な音色があるが，音色は音質をも包含する一層広い概念と考えられる．普通には，「このバイオリンの音色は美しい」とはいうが，「音質がよい」とはいわない．音質を左右する要素は，伝送系の振幅周波数特性，ひずみ特性，位相特性，過渡特性などといわれているが，特に高級な音質を評価する場合は，測定とすべき要素に不明の点が多く残っている．

15-12:　　　　　　　　　音場 (物理255-256)

音波の存在する空間．音場の性状は，ヘルムホルツ方程式 $(\nabla^2 + k^2)\phi = 0$ の解として与えられる速度ポテンシャル ϕ によって記述される．実際の音場は，波面の形状によって平面波音場，球面波音場，円筒波音場などに，また音波の進行状態によって自由進行波音場，定在波音場，拡散音場などに区分される．また，音源からの距離によって近距離音場と遠距離音場に区分される．

15-13:　　　　　　　　　音速 (物理257)

音波 (広義には弾性波) が媒質中を単位時間に伝わる距離を音速または音速度という．これには位相速度と群速度とがあるが，位相速度が振動数によらない範囲では，位相速度と群速度は等しい．位相速度は音波の位相の伝搬速度で，音波長と振動数の積として表される．普通，音速といえば位相速度をさす．

無限媒質中の音速は媒質に固有の物質定数であるが，温度，圧力，そのほかの条件によって変化する．気体と液体では縦波 (疎密波) だけが伝播し，媒質の密度 ρ，断熱体積弾性率 K，断熱圧縮率 $\beta (= 1/K)$ を用いて，音速 c は次式で与えられる．
$$c = (K/\rho)^{1/2} = (1/\beta\rho)^{1/2}$$
特に，理想気体では，平衡状態の圧力を p，定圧比熱と定積比熱の比を γ とすると
$$c = (\gamma p/\rho)^{1/2}$$
となる．気体の p と ρ は比例するから，c は p によらない．しかし，温度によって変化し，絶対温度を T，1 mol 当たりの気体の質量を m，気体定数を R とすると
$$c = (\gamma RT/m)^{1/2}$$
となる．一般に，媒質が流体の場合，その圧力 p と密度 ρ との関係を表す状態方程式がわかっていれば
$$c^2 = (dp/d\rho)_S$$
である．ここで添字 S は断熱状態を表す．

固体中では縦波のほか横波が伝搬でき，さらに，条件によっては両者が混合した弾性

波が存在する．これらの波動に伴う媒質の変形に関与する弾性率を M とすると，一般に

$$c = (M/\rho)^{1/2}$$

である．無限の等方性固体中では，縦波音速 c_l と横波音速 c_t が存在し，縦波弾性率 E（弾性率テンソル成分 c_{11} と同じ），剛性率 G（弾性率テンソル成分 c_{44} と同じ）を用いて $c_l = (E/\rho)^{1/2}$，$c_t = (G/\rho)^{1/2}$ となる．異方性固体中では，特定の軸方向（純粋モード軸）には純粋の縦波と横波が伝播しうるが，一般の方向には純粋でない準縦波，準横波が伝播し，波のエネルギーの伝播方向も波面に垂直とは限らない．境界のある媒質では，無限媒質中とは異なるモードの弾性波が境界に沿って伝播し，その多くは振動数（または波長）によって位相速度が変化する分散性の波である．半無限固体の表面を伝わろレイリー波は非分散性であるが，ラブ波や，板を伝わるラム波，棒を伝わる弾性波などには多くのモードがあり，いずれも分散性である．音波長より十分に細い棒（針金）を伝わる縦波の音速 c_b は，ヤング率を Y として $c_b = (Y/\rho)^{1/2}$ である．棒が太く，あるいは音波長が短くなると，位相速度の大きい高次モードが現れる．これらの分散性弾性波の位相速度は極めて大きくなることもあるが，その群速度は無限媒質中の縦波音速を超えることはない．

音速の測定法としては，既知の振動数で音波長を測る方法と，既知の距離で伝播時間を測る方法とがある．音速から弾性率を求める方法は，静的に弾性率を測る方法より，容易に高精度が得られることから，物性測定の分野で広く用いられている．

無限媒質中の音速は，普通は振動数によらないことが多いが，媒質内部に弾性率に寄与する緩和機構があると，その緩和周波数の付近で音速や吸収が変化する．これらについての議論は音波物性や分子音響学の分野における主要なテーマのひとつである．

15-14:　　　　　　　　　　　**音弾性** (物理258)

音波に対して等方的な物質中に応力が加わると，横波音波の音速が振動方向によってわずかに異なる異方性が生じ，音波の複屈折が起る．光弾性との類似から音弾性とよばれる．たとえば，平行平面板の1面に横波励振用 Y カット水晶振動子をはりつけ，数 MHz のキャリヤーをもつパルスを送る．パルスは板の中で多重反射を繰り返すので，一連のパルスエコー列が同じ振動子で受信される．板中に応力があると複屈折が起り，最初直線偏波であった横波の偏波面が伝搬するとともに回転する．Y カット振動子は特定方向の偏波のみ励振し，またその方向の偏波成分にのみ感度をもつので，光弾性実験におけるポラライザーとアナライザーの役割を果たす．応力の方向が Y カット水晶の向きと平行または直交するときは，複屈折が起らないのでエコー列は通常の指数関数的減衰を示すが，45° 傾いているときは偏波面がちょうど 90° 回転して帰ってくるエコーは受波されないので，周期的に山谷をもつエコー列が受波される．この周期は異方性の大きさと板の厚さによって決まる．45° 以外の一般の向きではこの山谷比は小さくなる．

近年この音弾性を利用して固体中の応力を非破壊的に測る研究が行われている．

15-15:　　　　　　　　　　　**音波** (物理261)

一般に，気体，液体および固体中の弾性波を総称して音波という．音波は反射，屈折，干渉，回折など波動についてのすべての性質を示し，また媒質の種類および波動の形態

に応じた伝搬速度をもっている．気体および液体中では，媒質の振動方向が波動の伝搬方向に平行な縦波の形態をもった音波だけが存在する．これに対して，固体中の音波は縦波のほかに横波の形態ももっている．普通に音波というときには，空気中の音でその周波数が人間の聴覚によって音として感ずる範囲にあるものをいうことが多い．可聴周波数以上の音波を超音波，可聴周波数以下の音波を超低周波音とよんで，狭い意味での音波と区別することがある．

15-16:　　　　　　　　　**音波吸収** (物理261-262)

　音波が媒質中を伝搬するにつれて，その振幅や強さが減衰する原因として，球面波のように音の波面が広がることによる拡散減衰，不均質媒質中での音の散乱による減衰のほか，音のエネルギーが媒質中で熱エネルギーとして失われることによる減衰があり，後者を音波吸収という．平面音波について，ある点での音の振幅を P_0，強さを I_0 とすると，そこから距離 x の点における振幅 P と強さ I は

$$P = P_0 \, e^{-\alpha x}, \qquad\qquad I = I_0 \, e^{-2\alpha x}$$

となる．ここで，α は単位長さ当たりの振幅の減衰を表し，吸収係数という．距離 x における振幅の減衰は αx neper であるといい，デシベルで表すと

$$20 \log_{10} (P/P_0) = 10 \log_{10} (I/I_0) = -8.68 \, \alpha x \text{ [dB]}$$

である．なお，この α は吸音率とは異なる．

　気体や液体中における音波吸収は古典吸収と分子吸収に大別できる．前者は主としてずり粘性と熱伝導によるもので，音の振動数の二乗に比例し，温度に依存する（アルゴン，ヘリウムなどの不活性気体や水銀のように熱伝導のよい液体ではこの種の吸収が支配的である）．一方，分子吸収は媒質分子の緩和現象によって生じる吸収で，たとえば，空気では O_2 および N_2 分子の振動緩和現象に伴う吸収が主要なものである．これは古典吸収より大きく，振動数，温度，湿度に大きく依存する．気体や液体の緩和吸収の研究は超音波領域で行われることが多く，上記以外にも種々の緩和機構があり，これらの研究は分子音響学の主要な分野となっている．固体媒質ではさらに多くの吸収機構がある．

15-17:　　　　　　　　　**音波物性** (物理262)

　音波の速度や吸収などの伝搬特性から得られる媒質の物性．音波はあらゆる物質中を伝搬し，その中の分子，原子，電子などのミクロおよびマクロな過程と相互作用するため，音波物性はほかの多くの物性分野とも関連が深い．古くは 17 世紀に I. Newton が空気中の音速を予想したが，近代的な音波物性学は，1925 年に G. W. Pierce が超音波干渉計をつくって気体中の音速分散を測定したことに始まる．測定技術の進歩に伴い，気体から液体，固体へと進み，周波数範囲も現在では数 Hz から数百 GHz にまで広がっている．

　音速と吸収はそれぞれ媒質の弾性または圧縮率と粘性を直接に反映しているが，それらの周波数依存性や，その温度，圧力などによる変化は媒質内で生じる動力学的な過程についての情報を教えてくれる．多原子分子気体中の吸収の主な原因は分子の振動緩和と回転緩和である．音波によって変動する並進エネルギーと分子内振動・回転エネルギーとの間の平衡遅れのため，その過程の緩和周波数の付近で音速分散と吸収変化が起る．

これから振動・回転励起確率が求まる．液体では，振動緩和，回転異性化反応，会合解離やプロトン移動などによる化学反応，臨界現象，高分子溶液の粘弾性などが音波吸収の原因となる．気体，液体の音波物性学は分子を対象とすることから分子音響学ともよばれる．

固体の場合は非常に多くの機構が吸収に関与する．代表的なものは，結晶粒子による散乱，ヒステリシス，熱弾性効果，熱緩和，分子結晶中の共鳴吸収，フォノン散乱，転位や点欠陥，強誘電体中の分域壁の移動や相転移，半導体や金属中の伝導電子による吸収などである．このほか，電子スピンや核スピンとの相互作用による音波常磁性共鳴，音波核磁気共鳴などもある．

測定手段は適用される周波数域によってさまざまな方法がある．低周波から順に挙げると，強制振動法，共振法，残響法，超音波干渉計，共鳴法，超音波パルス法，ブラッグ反射法，ブリユアン散乱法，マイクロ波空洞共振器を用いる方法，熱パルス法などがある．

15-18:　　　　　　　　　　　　　**音量** (物理262-263)

音がもっている空間的大きさを意味する心理的属性．ステレオ音響でいう音像の広がりとは別の意味で，実音源あるいは単一のスピーカーから出された音でも空間的な広がりを感じ，音の強さを増せば，あるいは振動数を低くすれば空間的大きさは増加する．音の強さを増すこと，あるいは振動数を低くすることは，いずれも内耳の基底膜の興奮が広い範囲になることに対応するので，内耳の興奮のしかたに関係があると考えられている．音の太さとよぶこともある．一方，電気通信関係では，音の強さを音量とよぶ習慣もあるが，もとは音響心理の概念に由来するもので，音の強さを増せば空間的な大きさが増し圧力感が増すためである．また，通信回線において特定の計器で測定した複合音信号の大きさを音量とよび，その特定の計器を音量計という．

Lesson 16: Sound II
(applications)

囲　イ enclosure
かこ(う) to encircle, to enclose, to surround; かこ(む) to encircle, to enclose, to surround

周囲	シュウイ	surroundings, environs
範囲	ハンイ	range, span

下　カ inferior, last volume (of a series); ゲ inferior, last volume (of a series)
くだ(す) to let down, to lower {vt}; くだ(る) to come down, to leave the capital {vi};
さ(がる) to abate, to hang down {vi}; さ(げる)to hang, to let go, to reduce (rank) {vt};
した lower, bottom, down; もと under (conditions/jurisdiction)

自由落下	ジユウラッカ	free fall
低下	テイカ	decrease, fall, decline

果　カ fruit, reward
は(たす) to achieve, to complete {vt}; は(て) end, fate, result;
は(てる) to end, to be finished {vi}

結果	ケッカ	result, consequence
効果	コウカ	effect

開　カイ opening
あ(く) to be open {vi}; あ(ける) to open {vt};
ひら(く) to clear (land), to convene, to open {vt};
ひら(ける) to be open, to become modernized, to develop, to grow {vi}

開発	カイハツ	development
展開	テンカイ	development, unfolding

響　キョウ echoing, reverberating
ひび(く) to become known, to echo, to reverberate

影響	エイキョウ	influence
音響学	オンキョウガク	acoustic, acoustics

向　コウ approaching, confronting, facing, opposing
む(かう) to confront, to face, to move toward{vi};
む(く) to look to, to turn (one's face) toward {vt, vi};
む(ける) to direct toward, to point at {vt}; む(こう) destination, other side

傾向	ケイコウ	tendency, trend
方向	ホウコウ	direction

効 コウ benefit, efficacy, efficiency
き(く) to be effective
| 効率 | コウリツ | efficiency |
| 有効利用 | ユウコウリヨウ | effective use/utilization |

上 ジョウ superior, first volume
あ(がる) to rise, to go up {vi}; あ(げる) to raise, to offer {vt};
うえ higher, top, up; のぼ(す) to bring up (a matter),to raise {vt};
のぼ(る) to ascend, to climb, to go to the capital {vi}
| 向上 | コウジョウ | improvement |
| 浮上力 | フジョウリョク | buoyant force, buoyancy |

声 セイ tone, voice
こえ cry (of an animal), tone, voice
| 発声 | ハッセイ | speech, utterance, vocalization |
| 連続音声 | レンゾクオンセイ | continuous speech |

析 セキ analyzing, dividing, tearing
| 数値解析 | スウチカイセキ | numerical analysis |
| 調和解析 | チョウワカイセキ | harmonic analysis |

特 トク particular, special
| 特性 | トクセイ | characteristic |
| 特定の | トクテイの | specific, specified |

配 ハイ allotment, distribution
くば(る) to allocate, to distribute, to serve (food)
| 配置 | ハイチ | arrangement, layout |
| 配列 | ハイレツ | array, arrangement |

倍 バイ double, -fold, times, twice
| 整数倍 | セイスウバイ | integral multiple |
| 倍以上 | バイイジョウ | at least twice/double |

範 ハン example, model, pattern
| 温度範囲 | オンドハンイ | temperature range |
| 適用範囲 | テキヨウハンイ | range of application, scope |

別 ベツ division, separation
わか(れる) to be divided, to diverge from, to part from
| 大別 | タイベツ | general classification |
| 特別の | トクベツの | special |

Reading Selections

16-1: 　　　　　　　　　　　音響アレイ (物理249)

　小型の音源または受波器を複数個配列したもので，各素子の位相を調整することによって種々の指向性をもたせることができる．直線上に配列したものは線形アレイとよばれ，各素子を同相で駆動すれば，配列と直角の方向に指向性を生ずる．また，各素子の位相を音波の進行と一致させると，配列方向に鋭い指向性を生じ，これを end fire アレイとよぶことがある．音源を平面上に配列した二次元アレイでは，各素子を同相で駆動することにより配列面に垂直な方向に指向性が生じ，また，適当な位相制御によって音波ビームの集束や偏向走査が可能になる．受波アレイでは各素子の位相情報から音源方向や距離が決定できる．これらのアレイは主として水中音響計測や医用超音波診断装置に用いられている．配列法には等間隔だけでなく，不等間隔，放射状配列などのほか，三次元配列もある．

16-2: 　　　　　　　　　音響インピーダンス (物理249-250)

　媒質の中にある面を考え，その面上での音圧 p と体積速度 Su (S は面積，u は粒子速度) との比 $Z_a = p/(Su)$ を音響インピーダンスという．単位は Pa-s/m^3 である．p と u とは一般には位相が一致しないので，Z_a は複素量となる．その実数部分を音響抵抗，虚数部分を音響リアクタンスという．音響抵抗は媒質の粘性によるエネルギー損失や音の放射の程度を表す．音響リアクタンスのうち，正の成分は音響的な慣性を表し，これを角周波数で除したものを音響イナータンスまたは音響質量という．音波長より十分に小さい穴や，両端の開いた短い管などは抵抗を含んだイナータンス素子である．また，音響リアクタンスの負の成分は音響的な弾性を表すもので，これに角周波数を乗じたものを音響スチフネスといい，その逆数を音響コンプライアンスまたは音響容量という．一端を閉じた短い管の内部の気体はコンプライアンス素子となる．音響インピーダンスの概念は，音響系を電気等価回路で表現し，それによって音響系の動作を解析するために使われる．音圧を電圧に対応させると，体積速度は電流に対応し，音響抵抗は電気抵抗に，イナータンスはインダクタンスに，コンプライアンスはキャパシタンスに対応する．

16-3: 　　　　　　　　　　　音響管 (物理250)

　一定の断面形状と寸法をもった管．管内の音場が理論的に取り扱いやすいものになるように，管の肉厚を大きくし，内面を平滑に仕上げた管が使われる．半径 a の円形断面管および一辺の長さ l の正方形断面管の場合，それぞれ 0.61 c/a, 0.50 c/l (c は音速) 以下の振動数では，管内の音波は軸に鉛直な波面をもった平面音波だけになる．そのために，音響管は平面音波の音場をつくる実験装置として，各種音響計測に広く使われている．またこれらの振動数以上になると，管の断面方向のモードをもった音波が存在するようになる．

16-4: **音響計測器** (物理250)

　音の物理的大きさ，周波数スペクトル，時間変動特性などを測定・分析する場合，受音装置としてのマイクロホン，計測用増幅器，フィルター，周波数分析器，レベル指示装置，レベル記録装置などが用いられる．マイクロホンとしては，感度の安定性が高く，平坦な周波数特性をもつコンデンサー型マイクロホンが一般に用いられている．周波数分析器としては，1オクターブ，1/3オクターブバンド分析器やFFT型あるいはヘテロダイン型などの定バンド型分析器が用いられている．指示装置には，音圧の実効値をデシベル目盛上にレベル表示するメーターが用いられ，レベルの時間変化を記録するには，音圧の実効値を対数化して記録するレベルレコーダーが用いられている．フィールドにおける騒音測定などの場合には，測定信号をいったん記録するために，テープレコーダーなど各種のデータレコーダーを用いることが多い．人為的に音を出す必要のある場合には，純音，白色雑音あるいはそれを帯域フィルターによって帯域制限したバンドノイズ，震音，各種のパルスなどをスピーカーから放射する．最近では，各種のディジタル信号処理技術が音響計測にも利用されるようになり，FFT分析器をはじめ各種のディジタル計測器が広く用いられている．なお騒音測定を主目的とした音響測定器として騒音計がある．

16-5: **音響光学効果** (物理250)

　音波が光に及ぼす効果，または音波と光波の相互作用のこと．通常は超音波による光の偏向，回折，変調，周波数シフト，複屈折などをさす．音波は光学的には屈折率の周期的変動が音速で移動するものであるが，音と光の波長比によって3種の効果が現れる．(1) 音波長が比較的長いとき，十分に細い光束を音の進行と直角の方向に通すと，屈折率勾配によって光線が湾曲し，音の周波数で光線が偏向走査される．(2) 音波長が短くなり，十分に広い光束を音波に垂直入射させる条件では，音波は光に対して位相格子として作用し，ラマン・ナス回折を生ずる．(3) さらに音波長が短くなると垂直入射では回折を生じなくなり，特定の入射角において強い回折光が得られるようになる．これがブラッグ回折 (反射) である．周波数 f の音波による m 次の回折光はドップラー効果により mf だけその周波数がずれる．また，その回折角 θ_m は光波長を λ，音波長を Λ とすると $\sin\theta_m = m\lambda/\Lambda$ となる．レーザー光の偏向や変調に用いる音響光学変調器 (AOモジュレーター) はこの効果を応用したものである．

　固体中の超音波ではこれらの効果のほかに，超音波の応力で誘起される光学的異方性のために，光の偏波方向によって屈折率が異なる効果 (複屈折，または光弾性効果) を生じる．このような複屈折は高粘性液体，高分子溶液，棒状または板状微粒子のコロイド溶液などでも観測される．

16-6: **音響スペクトル** (物理250-251)

　音を振動数ごとの成分に分解し，各成分の音圧あるいはエネルギーをその振動数について表示したもの．音響スペクトルは，音をフィルターで分析したり，フーリエ級数展開，フーリエ積分したりすることによって求められる．純音のスペクトルは，1つの振動数だけに成分をもっている．また複雑な波形をもった音でも，完全な周期性をもって

いるときには，そのスペクトルは基本振動数の整数倍の成分をもつ線スペクトルになる．複雑な波形でしかも周期性がなくなると，音響スペクトルはすべての振動数にわたって成分をもつ連続スペクトルになる．

16-7: 音響測定 (物理251)

　音波の物理的性状の把握，固体・液体・気体の物性研究，騒音の人間に対する影響評価など，各種の目的で行われる音波 (広くは弾性波) に関する測定．一般に空気中や水中における音波の測定では，電気音響変換器によって音圧を電気信号に変換する方法が使われる．特に空気中での音圧測定には，周波数特性や直線性に優れていること，温度特性が良好なことなどの理由から，コンデンサーマイクロホンが使われることが多い．こうした音響測定用マイクロホンについては，正確な感度校正が必要である．このための校正方法として，現在では相互校正法が基本になっている．

　マイクロホン出力は，音圧波形に比例した電気信号になっているが，通常の音響測定では波形そのものではなく，音圧の実効値 (rms 値) で表示されることが多い．実際の音の音圧波形は，簡単な正弦波形ではなく，一般に複雑な波形をもっているのが普通である．特に波高率の大きな音圧波形を測定するときには，真の実効値を算出することのできる二乗積分平均装置を使うことが重要である．時間領域における複雑な音圧波形を取り扱うためには，これを周波数ごとの音圧成分によって表示することが多い．従来はアナログ形のフィルターによる周波数分析が行われており，特に実用的な音響測定たとえば騒音の周波数分析には，1 オクターブまたは 1/3 オクターブの帯域をもったフィルターが使われている．さらに詳細な周波数分析には，ヘテロダイン方式なども使われてきた．ただこの分野についてもディジタル計測手法が実用化され，高速フーリエ変換技術を適用した周波数分析 (パワースペクトルの測定) が広く行われるようになっている．

　こうしたディジタル計測手法は，単純な周波数分析だけでなく，各種の音響計測に利用される．時間領域における相関関数，周波数領域におけるパワースペクトルやクロススペクトルを測定することによって，騒音のなかから特定の音波だけを抽出したり，直接音と反射音とを分離して測定することができる．こうした信号処理手法の応用として，音の強さの測定が実用化されている．音の強さは，音源からの音の放射理論や音場理論の基礎量として使われているために，古くから音の強さの直接測定について，多くの方法が試みられてきた．ただ音の粒子速度の直接測定が困難であるなどの理由によって，最近に至るまで実用性のある測定方法・測定器は開発されなかった．高性能マイクロホンと信号処理技術の発達によって，ようやく精度のよい音の強さの計測ができるようになっており，広い応用範囲がひらけている．

　音圧あるいは音の強さを基礎にして，実際面での各種音響測定が行われる．スピーカー，マイクロホンを中心にした音響機器の特性測定，各種材料の音響特性測定，オーディトリウムやスタジオなど室内音響特性の測定，騒音の測定などがその例である．こうした音響測定のなかには，単に存在している音圧や音の強さを測定するだけでなく，スピーカーから試験音を発生させ，その音を測定する方法がある．こうした試験音としては，純音のほかに白色雑音を帯域フィルターで区切ったものが使われる．

16-8: 音響電気効果 (物理251-252)

　導体を伝わる音波が，電子との相互作用を通じて電流または起電力を生じさせる現象．音波をフォノンビームと考えると，フォノンビームは固体中の電子と衝突して，電子をビームの伝搬方向に引張る．その結果として流れる電流を音響電気電流とよぶ．音響電気電流が流れないようにしておくと，試料の両端に起電力を生ずる．これを音響起電力とよぶ．以上のような音波による交流成分によって生ずる二次の直流効果を狭義の音響電気効果とよんでいる．音波が表面付近を伝搬する表面弾性波の場合には，その伝搬方向の縦音響電気効果ばかりでなく，伝搬方向に垂直に横音響電気効果が現れる．また，二次の直流効果ばかりでなく，左右から伝搬してきた2つの表面波 (角振動数：ω) が中央電極で衝突して，2ω の振動数の信号を生ずる．この信号はちょうど左右の表面波パルスのたたみこみ積分 (コンボリューション) に対応している．以上のほかに，表面波の信号を一時記憶しておき，別の表面波で読み出すと，相関信号 (コリレーション) をとることもできる．以上のような音波と電子の非線形相互作用を総称して広義の音響電気効果といい，それを利用したデバイスを音響電気デバイス (コンボルバ，コリレーターなど) とよんでいる．音響電気効果に関係した現象のひとつに音響磁気電気効果がある．前者を AE 効果，後者を AME 効果とよぶことがある．電子と正孔がほぼ同数ある真性半導体や半金属を考え，音波の伝搬方向が y 方向，磁場の方向が z 方向とする．磁場によるローレンツ力によって，電子は $-x$，正孔は $+x$ 方向に引張られ，x 方向に音響磁気起電力が生ずる．これが AME 効果である．1つのキャリヤーのみの場合には，簡単に考えろと，AME 効果は生じない．なぜならば，音波の伝搬方向 (y) に AE 起電力が生じ，キャリヤーは y 方向に動けないから，磁場による力を受けないからである．電子と正孔が同数ある場合には，電子と正孔の電流が打消しあいながら y 方向にドリフトできるので AME 効果がでるのである．しかし，1つのキャリヤーのみの場合にも AME 効果が現れるのが普通である．その理由は以下の通りである．音波によって y 方向に引張られる力と y 方向の AE 起電力によって $-y$ 方向に押し戻される力は電子系全体としてはつり合っているが，個々の電子に対してすべて等しいわけではない．そのため，電子の緩和時間のエネルギー依存性に敏感な AME 効果が現れることになる．

16-9: 音響電気増幅 (物理252)

　圧電型半導体中に音波を伝搬させ，その伝搬方向に直流電場を印加して電子のドリフト速度を音速以上に加速すると，音波の増幅が生ずる．これを音響電気増幅とよぶ．外部から音波を入れなくても，圧電型半導体に直流電場を印加して，電子のドリフト速度を音速以上にすると，熱フォノンの増幅が生ずる．この熱フォノンの増幅によって，電流飽和現象，陰極から陽極への高電場音響分域の形成，伝搬，消滅，それに伴う電流振動などが観測されるが，これらを総称して音響電気的不安定性とよんでいる．電子速度が音速を超えると，チェレンコフ放射と同じく，フォノンをチェレンコフ・コーン中に放出することになる．音波増幅にきくのは電子の本当の速度でなく，その全体としてのドリフト速度である．上の議論によれば熱平衡状態でもフォノン放出の不安定性が生じていそうであるが，ある電子がフォノンを放出 (増幅) しても，ほかの電子が吸収 (減衰) して，全体としては安定状態になっている．外部電場によって分布がずれて，そのずれが音速に達したとき初めて全体としての不安定性が生ずるのである．

16-10: 音響パワーレベル (物理252-253)

音源から放射される単位時間 (1 秒) 当たりの音のエネルギーを音響パワー (単位は ワット：W = J/s) といい，それを次式のようにデシベル表示した値 L_w を音響パワーレベル (単位：dB) という．

$$L_w = 10 \log_{10} W/W_0 \text{ [dB]}$$

ただし，W は音響パワー，W_0 は基準音響パワー (10^{-12} W) を表す．音響パワーレベルの測定方法としては，(1) 無響室や開けた屋外などの自由音場で，音源から一定の距離 r における音圧レベル L_p を測定し

$$L_w = L_p + 20 \log_{10} r + K$$

ただし，$K = 11$ (音源が中空にある場合)，$K = 8$ (音源が反射面上にある場合) の関係から求める方法 (自由音場法)，(2) 拡散音場の条件が近似的に成り立つ残響室 (容積 V) 内に音源を置いたときの室内の平均音圧レベル $\overline{L}_p$ と残響時間 T を測定し

$$L_w = \overline{L}_p - 10 \log_{10} T + \log_{10} V + 14$$

の関係から求める方法 (拡散音場法)，さらに，(3) 音響パワーレベルが既知の標準音源と測定対象音源をそれぞれ残響室に入れたときの室内の平均音圧レベルを測定し，そのレベル差から対象の音源の音響パワーレベルを間接的に求める方法 (置換音源法) などがある．また最近では，音源近傍における音の強さ (音圧と粒子速度の積) を測定して音響パワーレベルを求める方法も開発されている．

16-11: 音響フィルター (物理253)

音響管路の途中に挿入することにより，伝送周波数特性を変化させる装置．空調ダクト系やエンジン排気系などで音の遮断を目的として用いられる場合には消音器とよばれている．最も単純なものは，単一膨張空洞型音響フィルターで，入力側音圧と出力側音圧のレベル差 (減衰量) ΔL は，断面寸法が音の波長に比べて十分小さい条件では次式で表される．

$$\Delta L = 10 \log_{10} [1 + 1/4(m - 1/m)^2 \sin^2 kl]$$

ただし $m = $ [膨張空洞部の断面積]/[管路の断面積] $= S_2/S_1$，$k = 2\pi f/c$ (f は周波数，c は音速)，l は膨張空洞部の長さである．この減衰は，音響インピーダンスの不整合によって生じる反射による．この種類に属する音響フィルターとしては，上記の型を複数個直列にしたものが工夫されている．

16-12: 音響複屈折 (物理253)

ある種の液体や液晶中で超音波による媒質粒子の配向のために光の複屈折が生じる現象で，超音波複屈折ともいい，音響光学効果のひとつである．液体では，音波の方向に対して 45° に傾けた直交偏光子で音波をはさみ，その透過光量から複屈折の大きさを測る．グリセリンやひまし油のような高粘性液体や高分子溶液では，透過光量は超音波の振幅と振動数の積に比例し，また，この効果が粘性に比例した緩和時間をもつことから，配向作用は粘性力に起因するものとされている．一方，V_2O_5 や WO_3 のような棒状または板状粒子のコロイド溶液では，音の振幅が小さいうちは，光量は音の強さに比例し，

この効果が放射圧によることを示している．ネマチック液晶層にほぼ垂直に超音波を照射した場合には，層の厚み方向の複屈折は音の強さの二乗に比例しており，これは超音波によって液晶中に生じた直進流によるものと考えられている．固体中でも超音波によって複屈折を生じるが，これは異方性ひずみによる光弾性効果である．

16-13: 音響ホログラフィー (物理253-254)

　音波を用いて物体の映像を得る方法のうち，音響レンズなどによって直接に映像を得るのでなく，映像面以外の位置での音の振幅や位相の分布 (ホログラム) を仲介として映像を得る方法．光のホログラフィーの成功に刺激されて，1965年ころから光と類似の構想で研究が進められた．

　液面ホログラフィー法では，水中の物体に超音波を照射し，その散乱波と別につくった参照波を重畳させて，液面にレリーフをつくり，これをホログラムとして，光学的に物体の音響像を再生する．また，別の方式として，物体から散乱された音波の振幅と位相の二次元分布を小型マイクロホンで検出し，これと同期して走査されるブラウン管または小型光源を輝度変調したものを写真撮影してホログラムをつくり，光学的に再生像を得る方法も行われた．

　音響ホログラフィーでは光学ホログラフィーより長波長の音波を用いるため，ホログラム開口が相対的に小さくなり，このため上述のような方式では十分な解像が得られない．そこで，比較的少数のデータから物体像を再生するために開口合成方式の音響ホログラフィーが開発された．

　光の透過が悪い濁水中の物体の探査を目的とした超音波ホログラフィー装置では，平面上に配置した数個の送波器から超音波パルスを放射し，同じ平面に配列した多数の受波器で反射波を受け，その多チャネル信号から開口合成計算によって物体像を再生し，ブラウン管に表示する．200 kHz の超音波を用いて，数十 m の距離まで映像化できる．空気中の可聴音を用いたものとしては，騒音を出して動作している機械の中から，特定の音を出す故障部位を探し出す音源探査ホログラフィーもある．

16-14: 音響レンズ (物理254)

　音速の異なる2つの物質の界面での音波の屈折を利用して，音波を集束したり拡散させる素子をいう．強力超音波および計測や映像などで早い時期から用いられてきた．界面の形状には，光学レンズの場合と同様，球面，放物面，円筒面などがある．音波の集束用には，固体の凹面レンズが用いられる．たとえばプラスチック製の平凹レンズの平面側に金属製の半波長板を介して水晶や圧電性セラミックスを貼った素子は，超音波探傷用の MHz 域集束超音波音源として用いられる．レンズ材質としてはアクリルまたはポリスチレンが多い．また，超音波ホログラフィーや音場の可視化の分野では，アルミニウムなど金属製のレンズが用いられた例もある．周波数 100 MHz 以上の超音波顕微鏡では，サファイア単結晶の凹球面を用いる．この材料は減衰が小さいので超高周波域で使え，また音速が大きいので収差が小さいなどの優れた特長をもつ．しかし水との音響インピーダンスの差が大きいため整合が必要となる．レンズ製作にも高度な精密加工を必要とする．サファイアの代りに石英ガラスを用いることもある．音響レンズの解像力や焦点深度などの性能評価には，光の波長を超音波の波長に置換えれば，幾何光学や

フーリエ光学のレンズの公式が一応使える．ただし，集束ビームが固体に入射すると界面で縦波・横波・弾性表面波などのモード変換が生じ，複雑な現象が起るため，高性能の映像，計測，エネルギー応用などを実現する音響レンズ系の設計には，弾性波特有の現象も考慮しなければならない．

16-15: 音声 (物理256)

われわれは言語を使って自分の意志を相手に伝えているが，言語は頭の中に内在する抽象的なものであって，音声や文字によって具象化することで，初めて相手に伝えることができる．頭の中に内在する言語を，音波に変えるときの符号化の体系を音声とよぶ．また，一方では音響現象として，人の音声器官から発せられ言語情報を托された音，すなわち音声波を音声とよんでいる．くしゃみやせきなど，生理的現象として生じる無意志の音は音声とはよばない．言語は元来離散的な情報であるにもかかわらず，音声波はほとんど連続的な物理現象として表現されているのもひとつの特徴である．

16-16: 音声合成 (物理256)

意味のあることば，あるいはそれを表す音声の単位として (そのことばを母国語とする人が) 聴きとることのできるような音を，直接，人の発声によらないでつくり出すことを音声合成という．あらかじめ必要な単語音声や音節音声など音声単位を録音しておき，それらを選択編集する方法，あらかじめ音声を分析して音声情報を抽出しておき，記録してある制御情報を選択利用する分析合成の方法，あるいは音声を分析して得た情報を直接利用するのではなく，それらを組織化して一般的な変換法則を導いて合成を行う規則による合成などの方法がある．現在では，合成された音声の自然性と対応できる語りの大きさ，能力とが，対立する特徴として音声合成方式の選択の要点となる．

16-17: 音声認識 (物理256)

われわれが，音声波を聴覚器官に受入れてから，音声の意味内容，発声者の発声意図を理解する，すなわち音声を認識する過程は複雑で，その全容は明らかでない．しかし，一般に音声認識といった場合は，機械による音声の自動認識をいう場合が多い．音声から，機械によりその意味内容を抽出する処理をいう．これは，パターン認識の重要な一分野であり，1960 年ごろから活発に研究されている．すでに，語りを限定した単語音声認識は，音声入力装置として実用化されている．音声認識は，目的や条件に応じ，次のように分類される．(1) 単語音声認識：認識の単位を区切って発音された単語とする．認識対象の語りを限定すると，音素の認識を省略して単語単位の特徴パラメーターにより，語りを識別することが可能となる．特徴パラメーターとしては，周波数スペクトラム，線形予測係数，相関関数などが使われている．認識の成功率を特徴パラメーター空間にフィードバックすることにより，話者ごとに単語の特徴パラメーターを学習することも行われている．(2) 連続音声認識：話者が連続して話す文音声は，単語ごとに区切られていないばかりでなく，その単語の出現位置によって発音が異なるのが普通である．したがって，連続音声の完全な認識には，その文の構造やことばの意味，会話の内容などの理解が不可欠である．これを簡単化するため，あらかじめ話題を限定しておき，文

音声に含まれる指示や質問のみを理解する音声認識システムも研究されている．(3) 話者の認識：音声を用いて，あらかじめ登録されている人の中からその発声者を識別する．同一の単語を用いる話者識別と，長時間の会話の特徴量を用いる識別法が研究されている．用いられる特徴パラメーターは，長時間平均スペクトル，線形予測係数，スペクトルパターンなどである．

16-18: 　　　　　　　　　**音声分析** (物理256-257)

　音声の特性，特に言語情報を伝えるうえでの特徴を音声波から抽出すること．電子計算機が駆使される以前には，音声のスペクトル特性，特にそれらを特徴づけるホルマントおよびホルマント周波数が主役を務めていた関係で，音声のスペクトル分析，バンドパスフィルターによる音声成分の分析，基本振動数の抽出が主流であった．また，それらを巧妙に実施したソナグラフは著名であった．そしてこの流れは，電子計算機の活用によって高速フーリエ変換 (FFT) に変わり，合成による分析法に基づいたホルマント振動数の抽出手法が考案された．最近は，スペクトルの概念を間接的にしか使わない音声の特徴パラメーターの抽出技術，いわゆる線形予測，または偏自己相関 (パーコール) による分析が開発され．極めて有効な音声波情報処理手法として定着している．

16-19: 　　　　　　　　　**ソナー** (物理1160-1161)

　sound navigation and ranging の略称．音波を用いて水中の目標までの距離や方向を知るための船舶用の計測器．音響測深機や魚群探知機も含まれるが，狭義では音波を水平に出す方式のものをさすことがある．(1) サーチライトソナーは指向性の鋭い超音波送受波器を用い，魚群などに向けてサーチライトのように超音波パルスを照射し，反射波の到達時間から距離を，また受波感度が最大になる送受波器の向きから方位を知るものである．近距離用では 200 kHz，500 m 以上の遠距離用には 24~75 kHz の超音波が用いられる．送受波器を回転させて，レーダーのように，ブラウン管上に二次元表示することもあるが，水中音速が約 1500 m/s と遅いため，近距離用にしか使えない．(2) スキャンニングソナーはこれを解決したもので，多くの送受波素子を円筒配置し，送波時には全素子を駆動して全周方向に超音波を出し，受波時には円筒上の各素子の出力を高速で切替え，中心から外に向けて渦状掃引しているブラウン管を輝度変調して反射物の距離と方向を二次元表示する．(3) サイドルッキングソナーは超音波を船上から斜め下方に向けて発射し，海底からの反射波を船の進行とともに順次記録することによって海底形状の映像を得るものである．(4) ドップラーソナーは海底や岸壁などからの反射音の振動数変化から船の移動速度を知るものである．

　これらのソナーはいずれも送受両機能をもっており，アクティブソナーとよばれるが，これに対して受波機能だけをもつものをパッシブソナーとよび，音源の種別や方向を知るのに用いられる．

Lesson 17: Magnetism I
(fundamentals)

異 イ difference, strangeness
こと(なる) to be unusual, to differ, to vary {vi}; こと(にする) to differ from {vt}

異常な	イジョウな	abnormal
特異点	トクイテン	singular point, singularity

移 イ drifting, shifting
うつ(す) to divert, to pour into, to transfer {vt}; うつ(る) to move, to shift {vi}

相転移	ソウテンイ	phase transition
熱移動	ネツイドウ	heat transfer

極 キョク end, pole; ゴク extremely, quite, very
きわ(まる) to be in a dilemna, to reach an extreme, to terminate {vi};
きわ(める) to carry to extremes, to investigate thoroughly {vt}

極限	キョクゲン	limit
極大	キョクダイ	maximum (value)

細 サイ fine, slender, thin
こま(かい) detailed, fine(ly divided); ほそ(い) fine, slender, thin;
ほそ(る) to become thin, to taper off

細菌	サイキン	bacteria
詳細な	ショウサイな	detail, in detail, detailed

子 シ child, fruit, master; ス child
こ child, small

分子	ブンシ	molecule
粒子	リュウシ	particle

磁 ジ magnetism, porcelain

磁気テープ	ジキテープ	magnetic tape
電磁波	デンジハ	electromagnetic wave

石 シャク jewel, pebble, rock, stone; セキ jewel, pebble, rock, stone
いし pebble, rock, stone

磁石	ジシャク	magnet
石油	セキユ	petroleum, oil

場　ジョウ grounds, place
ば place, scene, seat, site, situation

| 工場 | コウジョウ | factory, plant, mill |
| 磁場 | ジば | magnetic field |

双　ソウ pair, set, {counter for pairs}
ふた pair

| 双極子 | ソウキョクシ | dipole |
| 双方 | ソウホウ | both parties, both sides |

束　ソク bundle, sheaf
たば bunch, bundle, sheaf

| 磁束線 | ジソクセン | line of magnetic induction |
| 約束 | ヤクソク | arrangement, promise |

転　テン changing, turning
ころ(がす) to knock down, to roll {vt}; ころ(がる) to roll over, to tumble {vi};
ころ(げる) to roll over, to tumble {vi}; ころ(ぶ) to fall down, to tumble {vi}

| 運転 | ウンテン | operation, driving |
| 回転式 | カイテンシキ | rotary (type), rotating (type) |

働　ドウ laboring, working
はたら(く) to act (for forces), to be conjugated, to commit, to labor, to work

| 稼働率 | カドウリツ | operating rate |
| 労働者 | ロウドウシャ | worker, laborer |

南　ナン south
みなみ south

| 南極 | ナンキョク | south pole |
| 南部 | ナンブ | sourthern part |

北　ホク north
きた north

| 磁北 | ジホク | magnetic north |
| 北極 | ホッキョク | north pole |

密　ミツ density, fineness, minuteness, secrecy

| 秘密 | ヒミツ | secrecy |
| 密度 | ミツド | density |

Reading Selections

17-1: 磁気 (物理800-801)

　物質のもっている磁気的な性質や磁気現象の根元となるものを磁気という．その量を磁気量というが，これは巨視的な量である．磁気現象のなかには電流によって生ずるものもあるが，微視的な立場で，より基本的なのは物質を構成する電子や原子核の磁気モーメントである．

　磁気は，歴史的には，古くから知られており，紀元前5世紀のころには，トルコのマグネスの町の近くで採掘された石をつるすと一定の方向を向くことが知られていた．また，11世紀どろには中国では磁針が使われていたといわれている．1269年，フランスのP. Peregrinusは磁石には2つの磁極が存在すること，また異種の極は引きあい同種の極は反発することを記録に残している．16世紀になって，W. Gilbertは磁気について詳細な研究を行い，その結果をまとめて「磁石」De Magneteを発表した (1600年)．この本は6部から成っており，鉄の化合物が強い磁性をもつこと，地球が大きな磁石であること，天然磁石と地球との間に働く力などについて詳しく述べている．Gilbertは，さらに鉄が磁石によって磁化することや，磁化した鉄を赤熱すると磁性を失うことなど重要な発見をしている．当時においては，明らかに磁気の研究は電気の研究より進んでいたが，やがて電池の発見などによって電気の研究は急速に進み，M. Ampere, M. Faradayらによって電流と磁場の関係が解明され，ついにはJ. C. Maxwellの電磁気理論によって電気と磁気は密接不可分のものとなった．一方において，物質の磁性についての研究が進み，物質のなかには，外部磁場のなかで鉄のように強く磁化する強磁性体，磁場の方向に弱く磁化する常磁性体，磁場と反対方向に弱く磁化する反磁性体が存在することが示され，これらは物質粒子のもつ磁気モーメントと外部磁場との相互作用によって起ると考えられた．今世紀になって，原子構造が明らかになって，原子の磁気モーメントは原子内での電子の運動によって生ずると考えられたが，それだけでは説明できず，実は電子自身が大きな磁気モーメントをもっていて，それが原子の磁気モーメントの重要な成因であることが示された．また，電子に比べてはるかに小さいが，原子核も磁気モーメントをもっている．原子核の磁気モーメントは，構成粒子である陽子と中性子の磁気モーメントおよび核内での陽子の運動によって生ずる．したがって，現在では，磁気にとってより基本的なものは，これらの粒子のもつ磁気モーメントである．一般に，素粒子は内部自由度のひとつとしてスピン (自転) をもっており，スピンが0でない場合には，磁気モーメントをもっている．電気の場合には，正負2種の電気があり，正電気と負電気がそれぞれ単独に存在することができるが，これまでのところ磁気は，常に2つの極が共存していて，磁気単極は発見されていない．しかしながら理論的には，磁気単極の存在が予言されており，磁気単極を検出する実験が世界各国で行われている．

17-2: 磁性 (物理842-843)

　外部から加えられた磁場によって，物質がその状態を変え，あらたに磁場をつくり出す現象を磁性という．物質を構成する素粒子の多くは電荷と固有のスピン磁気モーメントをもっている．すなわち，電荷をもつ小さい磁石であって，磁場をつくり出す．外か

ら別に磁場が加えられると，素粒子の運動とその磁気モーメントの方向が変化を受け，その結果，素粒子のつくる磁場が変化する．これが磁性の基本的な機構である．しかし，通常，磁性ということばで取り上げるのは，1個の粒子ではなくて，それらが多数個集ってできている巨視的物質が，磁場の作用を受けて磁化する現象である．その主な原因を担うのは巨視的物質を構成している原子核と電子のうちの後者である．電子の磁気モーメントは原子核のそれに比べてはるかに大きく，したがって，外部の磁場の影響も，それ自身のつくる磁場も大きいからである．

　原子，あるいはイオンのなかで軌道運動をしている1個の電子に注目すると，それは微小な閉じた電流と考えられるから，それに伴う軌道磁気モーメントが存在する．このほかに固有のスピン磁気モーメントをもっている．これは電子の自転に伴う電流によると考えることができる．この電子に対する磁場の効果には2つの機構がある．(1) 電子は磁場による力を受け，軌道運動のようすが変わる．磁場があまり強くない限り，この効果では軌道の形は不変で，その方向が磁場の方向のまわりに回転する．この付加的な回転によって新たに生じる電流は，外から加えられた磁場に逆向きの磁場をつくる向きをもっている．これは電磁気のレンツの法則によって理解される．(2) 電子の磁気モーメントは磁場による偶力を受けて，磁場に平行な方向を向こうとする，もし，この際余分になるエネルギーの受取り手があれば，磁気モーメントは実際に向きを変えることができて，加えられた磁場に平行な成分を増す．すなわち，(1) と逆に，外部からの磁場と同じ向きの磁場をつくるように変化が進む．

　これらの電子が集って原子をつくるときには，パウリの原理によって，同じ軌道の2つの電子はスピン磁気モーメントは逆向きになり，また，同じ大きさ，形で，異なる向きをもった1組の軌道を全部電子が占めると，軌道磁気モーメントも打消しあってしまう．こうして，原子やイオンのなかで，閉殻をつくっている電子は全体として，あまり磁性に寄与しない．さらに，それらが化学結合をして，分子や結晶をつくると，最外殻の電子の磁気モーメントも打消しあう．結局，巨視的物質の磁化に寄与する磁気モーメントをもつ電子はむしろ例外的な場合である．その主なものは以下の (a)~(c) のようになる．(a) 原子，イオンの内側の不完全殻の電子，特に鉄族元素の 3d 電子と希土類元素の 4f 電子．このような電子をもち，全体として磁気モーメントをもつ原子，イオンを磁性原子，磁性イオンという．(b) 金属，合金の伝導電子．(c) 総数で奇数個の電子をもつ分子．したがって，大多数の物質では全体として (1) の効果だけが現れ，外部から加えた磁場と逆向きの磁化が生じる．これを反磁性という．磁場があまり強くない限り，その磁化の強さは磁場の強さに比例する．比例定数，すなわち，磁化率は負で，超伝導体の場合のほかは小さい値をとる．一方，上で挙げた (a)~(c) のような場合には，(1)，(2) 両方の機構が働き，全体としては後者が優越する．通常の温度，磁場では電子の磁気モーメントと磁場との相互作用のエネルギーは熱ゆらぎのエネルギーよりも小さいから，各電子の磁気モーメントは絶えず向きを変えているが，平均として磁場の方向の成分が 0 でない有限の値をとる．これを常磁性，あるいはパラ磁性という．温度が極めて低い場合，磁場の極めて強い場合を除いて，常磁性体の磁化の強さは磁場の強さに比例する．その磁化率は温度とともに変化することが多い．空間的に接近した2個の電子の間には，それらのスピン磁気モーメントを平行，または反平行にしようとする強い力が働く．この交換相互作用のために，外部から磁場が働いていない場合でも，磁性原子，イオンの磁気モーメント，あるいは伝導電子の磁気モーメントが整列した構造が出現することがある．これらを総称して秩序磁性という．特に，この整列の結果，磁場力が加

えられないでも，巨視的な体積についての磁気モーメントが0でない有限の大きさとなる場合を強磁性という．強磁性の物質では磁場と磁化の強さの関係は複雑な形をとる．一方，原子，イオンの磁気モーメントが反平行，あるいはより複雑に配列し，物質全体として打消しあっている場合には，反強磁性，らせん磁性などがある．これらの場合，磁場があまり強くない限り，磁場と磁化の関係は常磁性のそれに類似している．したがって，現象論の立場では，これらも常磁性のなかに含まれる．温度が上昇すると，整列の熱ゆらぎが大きくなり，ついにある温度で秩序磁性から常磁性への相転移が起る．

17-3:　　　　　　　　**磁場** (物理864)

　磁石または電流は，周囲の他の磁石または電流に力を及ぼす．この力の場を磁場または磁界といい，それを表す基本的な量は磁束密度 B である．磁場を表す量として他に磁場の強さ H があり，これはまた磁場ベクトルあるいは単に磁場ともよばれる．磁場 H は，磁化を M あるいは磁気分極を J とすれば，$H = (B/\mu_0) - M = (B - J)/\mu_0$ で定義される．ここで，μ_0 は真空の透磁率である．磁場の SI 単位は A/m である．電磁単位系で定義された磁場 H' との関係は $H' = H \cdot (4\pi\mu_0)^{1/2}$ である．磁場は電場とよく似ているが，電場には源として単極子が存在するのに対し，磁場には存在せず，磁気双極子が基本的な存在である．また磁気双極子のつくる磁場は小さなループ電流のまわりの磁場と同じである．したがって，電場は電荷によって生じるのに対し，磁場は電流によって生じるといえる．定常電流のつくる磁束密度はアンペールの法則またはビオ・サバールの法則によって決定される．時間的に変化する電場と磁場は互いに相手を誘起する．この現象を電磁誘導という．

17-4:　　　　　　　　**磁束** (物理847)

　磁場中の閉曲線 C を縁とする任意の開曲面 S 上の各点での磁束密度を B，面積要素を dS，その法線ベクトルを n とするとき
$$\Phi = \int B \cdot n \, dS$$
を曲線 C を貫く磁束という (磁気誘導束ともいう)．Φ は C を貫く磁束線の本数に比例し，磁束線は途切れることがない ($\mathrm{div}\, B = 0$) から，曲面 S のとり方によらず，閉曲線 C を決めれば決まる量である．磁束の SI 単位は Wb (ウェーバ) である．
　超伝導体でつくられた閉回路を貫く磁束は，時間的に変化することなく一定値に保たれる．ミクロに考えると，この磁束は磁束量子 ($\Phi = h/2e$) の整数倍になっている．

17-5:　　　　　　　　**磁束密度** (物理850)

　磁場の中の定常電流 I に働く力は，I に比例し，常に電流の方向に垂直である．定常電流の微小要素を $I\,dr$ とすれば，その要素に働く力 $d\mathbf{F}$ はベクトル場 B によって $d\mathbf{F} = I\,dr \times B$ と表せる．この力をアンペールの力といい，この式によって定義されるベクトル場 B を磁束密度という．磁束密度 B は電場 E に対応する磁場の基本量であり，電場 E，磁束密度 B の中を速度 v で運動する電荷 q の荷電粒子に働く力は $q(E + v \times B)$ で与えられる．磁場の強さ H は，磁束密度 B と磁化 M から $H = (1/\mu_0)B - M$ で定義される．ここで，μ_0 は真空の透磁率である．異種物質の境界面で磁束密度の法線成分は連続で

ある．磁束密度が時間的に変化すると電場が生じる．すなわち $\partial B / \partial t = -\text{rot } E$ である．これはマクスウェルの方程式のひとつで，電磁誘導の法則の局所的な表現である．磁束密度の単位は T (テスラ) である．Wb/m² を用いることもある．電磁単位系で定義された磁束密度 B' との関係は $B' = B (4\pi/\mu_0)^{1/2}$ である．磁束密度は磁束計によって測定される．

17-6: 磁束運動 (物理847-848)

　第二種超伝導体の渦糸状態においては，内部に磁束が量子化された磁束線の形態をとって侵入している．この状態で外部磁場や外部電流などの外部変数を変化させると，磁束線は力を受けて運動を始める．これは渦糸運動の一種で磁束運動または磁束線運動とよばれる．ただ磁束線の半径や磁束線間の間隔は極めて小さいため，超伝導体内に巨視的な意味での微小領域をとってみると，その中には多数の磁束線が含まれている．したがって，超伝導体内に巨視的立場から点 r をとり，時刻 t における点 r での磁束線の面密度 $N(r, t)$ と磁束量子 Φ_0 の積として磁束密度 $B(r, t)$ を定義して，超伝導体内の磁化や交流損失などの巨視的電磁現象の理論的考察を行うことが多い．磁束運動というよびかたはこのような巨視的立場から磁束線や磁束線格子の運動を眺める場合に用いられる．磁束運動論の基礎方程式はマクスウェルの電磁方程式であるが，これと連立させる巨視的物質方程式に磁束運動論の対象である非理想第二種超伝導体の特徴が含まれている．

　非理想性が強い試料の場合，磁束密度 B と内部磁場 H の関係は真空の透磁率を μ_0 と書くと $B = \mu_0 H$ で与えられる．電束密度 D と電場 E の関係を与える物質方程式は通常使用されないが，これは上述のような単純な巨視化がよい近似になるのは外部変数が比較的ゆっくり変化する場合に限られ，その場合，変位電流の項が無視できるためである．電流密度 j と誘起電場 E との関係式は $j = j_p + \sigma_f E$ で与えられる．j_p はピン止め電流密度または臨界電流密度，s_f は磁束フロー導電率である．非理想第二種超伝導体内には多数のピン止め中心が含まれていて磁束線の運動を妨げる方向にピン止め力が働くため，試料内部には磁束密度が一様になるまで磁束が侵入できず磁束密度の傾きが生じるが，これに伴って誘起されて流れる電流がピン止め電流である．非理想性が強い超伝導平板試料に平行に加えた外部磁場をゆっくり増加させたとき，試料内で磁束密度分布がでる．試料内に電流が流れていると磁束線には単位体積当たり $j \times B$ で与えられるローレンツ力型の駆動力が働くため，外部磁場を一定に保つとこの駆動力が磁束のピン止め力にちょうどつり合った状態まで磁束が侵入して止まる．これを臨界状態とよぶ．j_p を臨界電流密度ともよぶのは，臨界状態で流れている電流という意味で，常伝導状態へ遷移するときの臨界電流とは異なった量である．

　外部変数を変化させると臨界状態が破れて磁束運動が生じ電場 E が誘起される．外部磁場を増加させたときと減少させたときでは内部の磁束分布が異なるため，磁化はヒステリシス曲線を描いて非可逆的に変化する．この場合に生じる損失は単位時間・単位体積当たり $j_p \cdot E$ で与えられるピン止め力によるヒステリシス損失と，$\sigma_f E^2$ で与えられる磁束線に含まれている常伝導電子の運動による渦電流損 (粘性損) の和となる．

17-7: 強磁場 (物理466-467)

　強い磁場のことをいう．研究分野により，また，時代によってその定義は変わるが，普通は電磁石で生じることのできる磁束密度 2~3 T 以上の磁場をいう．長時間一定の強磁場を生ずる定常強磁場発生装置としては，超伝導磁石がある．これは Nb_3Sn, NbTi などの第二種超伝導体でつくったコイルを液体ヘリウムに浸して超伝導状態にし，これに大電流を流して強磁場を発生する装置で，15~18 T もの磁場を発生することができる．大型超伝導コイルの内部に，銅線でつくった大型水冷空芯コイルを置き，これらに大電流を流して強磁場を発生するハイブリッド型コイルでは，最高 30 T の磁場を発生する．大容量のコンデンサーに電荷を蓄え，これを丈夫なコイルに放電してパルス (瞬間) 強磁場を生ずる方法では数 ~ 数十 μs の間に約 50 T の強磁場を発生することができる．また，電磁力や爆薬の力によって磁束濃縮を行うことにより数 ms の間に 100~1000 T の超強磁場を発生することができる．

　強磁場は工学の分野でもいろいろ応用されている．物性研究では，電子スピンまたは核スピンにトルクを与えることを利用して，各種の磁性，電子スピン共鳴，核磁気共鳴，スピン相移転などの研究などに，また伝導電子にサイクロトロン運動を誘起することを利用して，ド・ハース-ファン・アルフェン効果，サイクロトロン共鳴などの研究に用いられる．プラズマ物理ではプラズマの閉じ込めに，低温物理では断熱消磁によって低温を生ずるのに用いられる．また，将来は高速列車の磁気浮上に用いられることが期待されている．

17-8: 磁気モーメント (物理819)

　磁気双極子，すなわち，$\pm Q_m$ の磁極 (磁荷) の対が存在するとき，負の磁極を原点とし，正の磁極の位置ベクトルを d として，$m = Q_m d$ をその磁気双極子の磁気双極子モーメントという．$Q_m d$ を一定にし d を無限に小さくした極限で，磁気双極子モーメント m によりできる磁気ポテンシャル ϕ_m は $\phi_m = m \cdot r / 4\pi\mu_0 r^3$ となる．ここで μ_0 は真空の透磁率である．r は双極子を原点とした位置ベクトルである．一方，小さな円電流によって生じる磁場の磁気ポテンシャルは，$\phi_m = \pi a^2 I n \cdot r / 4\pi r^3$ で与えられる．ただし I は電流，n は電流の流れている面に垂直な単位ベクトル，a は円の半径であり観測点 r までの距離 r に比べてはるかに小さいとしている．したがって，円電流は磁気双極子モーメント $\pi a^2 I \mu_0 n$ をもっているとみなすことができる．現在のところ，磁気単極子すなわち磁極は単独では存在しないと考えられているので，磁荷の代りにこの円電流による磁気双極子モーメントを磁気の基本的なものとして，磁気学を構築する立場が支配的である．歴史的な事情により，$\mu = m / \mu_0$ を磁気モーメントとよぶ．荷電粒子の回転運動は円電流とみなせる．一般に荷電粒子がスピンまたは軌道角運動量 J をもつとき，それに伴う磁気モーメントは $\mu = ge J / 2m$ となる．ここで e は粒子の電荷，m は質量，g は角運動量の性質により異なる値をとる．たとえば，電子のスピンについては $g = 2$，軌道角運動量については $g = 1$ である．電子以外の粒子や原子核も電子と同じようにスピンをもち，磁気モーメントをもつ．質量 m が大きい粒子の磁気モーメントは電子の場合より小さくなる．

17-9: 透磁率 (物理1463)

　　磁性体，特に強磁性体の磁化しやすさを示す量．磁場 H 中におかれた強磁性体が磁化して磁束密度 B をもつとき，$\mu = B/H$ を透磁率とする．磁化率 $\chi = M/H$ とは，$\mu = \mu_0(1 + \chi)$ の関係にある (CGS 電磁単位系では $\mu = 1 + 4\pi\chi$)．真空の透磁率 μ_0 との比 $\mu_r = \mu/\mu_0$ は比透磁率とよばれ，無名数で，かつ CGS 単位と同じ値になって便利なため，主にこれが使われている．強磁性体の透磁率は測定磁場 H の大きさによって変わり，初磁化曲線上で H が 0 に近いときの値を初透磁率 μ_i，最大値を最大透磁率 μ_m という．H がさらに増大すれば，しだいに減少し μ_0 に近づく．直流磁場に重ねて交流磁場 ΔH を与えたときの $\mu_\Delta = \Delta B/\Delta H$ を増分透磁率，そしてこの ΔH を小さくした極限を可逆透磁率 μ_{rev} とよぶ．初磁化曲線上で $H = 0$ のときの μ_{rev} は交流初透磁率 μ_{iac} にあたる．高周波では $\mu = \mu_r' - j\mu_r''$ とする複素透磁率，また異方性物質では方向によって値が異なるテンソル透磁率が使われる．透磁率が大きく ($\mu_r = 10^2 \sim 10^5$)，磁化しやすい物質を軟磁性材料とよび，変圧器や電磁石の鉄心，磁気ヘッドなどに利用している．透磁率が大きいほど鉄心は小型になる．透磁率は構造敏感な性質であり，磁化機構に直接かかわっているため，同じ物質でも，つくりかた，取り扱いかたによって大きく変化する．一般に周波数が高くなると透磁率は低下する．温度変化も多様であるが，多くはキュリー温度の直下でホプキンソン効果とよばれる極大を示す．物質によっては，透磁率が時間とともに減少してゆく現象 (ディスアコモデーション)，光を当てる透磁率が変化する現象 (光磁気効果) などが見られる．

17-10: 磁気異方性 (物理803)

　　磁化している方向によって磁性体の内部エネルギーが異なる性質．最も基本的で重要なのは結晶が示す結晶磁気異方性で，結晶主軸を基準とし，それより自発磁化をずらしたときの内部エネルギーの増加でその量を表す．エネルギーが最も低く，したがってその方向に磁化が向きやすい方向を磁化容易方向，最も向かせにくい方向を磁化困難方向という．たとえば六方晶では c 軸を基準として自発磁化と c 軸のなす角 θ に対し，磁気異方性エネルギー E_A は，$E_A = K_{u1}\sin^2\theta + K_{u2}\sin^4\theta + \cdots$ と，また立方晶系では自発磁化の結晶主軸に対する方向余弦 (α_1, α_2, α_3) を用いて $E_A = K_1\sum a_i^2 a_j^2 + K_2\alpha_1^2\alpha_2^2\alpha_3^2 + \cdots$ と表す．K_{u1}，K_1，$\cdots$ などは磁気異方性定数とよばれ，その符号と大きさによって容易方向，困難方向が決まる．Fe では K_1 が正で <100>，Ni では負で <111> が容易方向である．六方晶は近似的に一軸異方性と考えてよいが，Co は K_{u1} が正で c 軸が容易方向である．容易方向には見かけの磁場があって，磁化を引きつけていると考えると便利なことがある．これは異方性磁場とよばれる．結晶磁気異方性は本多光太郎と茅誠司 (1926 年) によって初めて測定された．その原因には，個々の場合について，双極子相互作用，異方的交換相互作用，一イオン模型など，種々の機構が考えられている．多結晶の場合も，たとえば針状の鉄片は針の軸方向に磁化しやすく，その直角方向は磁化しにくい．それぞれ磁化容易方向，磁化困難方向に相当する．この原因は形状と自発磁化の大きさとによるもので，形状異方性とよび，針状の例では一軸異方性になる．磁歪は弾性エネルギーを通じて磁気異方性に寄与する．磁気異方性定数は磁性材料にとって磁区構造や磁化機構を支配する重要な値で，それは保磁力に比例し透磁率に反比例する．高透磁率材料には異方性定数が 0 か，それに近い物質が選ばれる．磁場中冷却，圧延加工そのほかの

処理によってつくられた異方性を誘導磁気異方性とよぶ．この原因には，特定の原子対の方向性配列を考慮したネール・谷口の理論 (1954 年) や，フェライト中では特定イオンの配置によるとする一イオン模型 (J. C. Slonczewski，1958 年) などがある．磁気余効のある種のものや，透磁率の経時減少 (ディスアコモデーション) も時間的に変化する誘導磁気異方性のためと考えられている．

17-11:   磁気振動吸収 (物理810)

　固体に磁場を印加すると，磁場に垂直な面内の電子の運動は量子化されてランダウ準位が形成されるが，価電子帯のランダウ準位から伝導帯のランダウ準位への光遷移によって吸収スペクトルは線状の吸収の集りとなる．これを磁気振動吸収という．この遷移は反射スペクトルやファラデー効果のスペクトルによっても観測できる．固体の吸収端が直接遷移のとき磁場がなければ吸収係数は $(\hbar\omega - E_g)^{1/2}$ なるフォトンエネルギー $\hbar\omega$ への依存性を示す．ここに E_g はエネルギーギャップである．磁場を印加すれば，各ランダウ準位の底の状態密度が大きいため，光スペクトルは高エネルギー側へ尾を引く磁場に比例して等間隔の吸収線群となる．間接遷移のときは同様な階段群となる．間隔は価電子帯と伝導帯とのバンド端における電子の換算有効質量に逆比例し，磁場 0 へ外挿した吸収線の位置は E_g を与える．光スペクトルでは，吸収の強さよりもスペクトルの位置の方が正確に求まるので，この吸収線群の解析は磁場のない場合の吸収端の立ち上がりの解析よりも正確にエネルギーバンドのパラメーターを与える．多くの半導体，半金属，および絶縁体について測定されている．遷移の選択規則は，通常 $\Delta n = 0$ である．ここに n はランダウ準位の量子数である．価電子帯と伝導帯とで有効質量が異なる場合や，それらのエネルギーが結晶運動量の二次形式からずれている場合は $\Delta n =$ 偶数，また反転対称を欠く結晶のように両エネルギーバンドの極が相互にずれている場合は Δn = 奇数の遷移が観測される．絶縁体の吸収端では励起子効果が強く働くので，磁気振動吸収のスペクトルから，クーロン相互作用のある場合のランダウ準位の性質を知ることができる．

17-12:   磁気双極子 (物理810)

　正負の磁極の対を磁気双極子という．電気の場合と異なり，磁気では正負の磁極は単独に切離することはできず，常に対になっているから，磁気の基本要素は磁極ではなく，磁気双極子である．小さなループ電流は磁気双極子とみなせる．その面積を S，電流の強さを I，真空の透磁率を μ_0 とすれば，ループ電流のつくる磁場は，面に垂直に磁気双極子モーメント $\mu_0 IS$ をもつ磁気双極子の磁場と同じである．
　磁気双極子モーメント m をもつ磁気双極子が相対的な位置ベクトル r だけ離れた所につくる磁場 H は
$$H = -(1/4\pi\mu_0)\, \mathrm{grad}\, (m \cdot r / r^3)$$
で与えられる．また磁気双極子モーメント m の磁気双極子は一様な磁場 H の中では $N = M \times H$ の偶力を受ける．m/μ_0 磁気モーメントということが多い．

17-13: 　　　　　　　磁気双極子モーメント (物理810)

　磁気双極子の強さを表す量. 正負の点磁荷の磁気量を $\pm Q_m$, 負磁荷の位置から正磁荷の位置へ向かうベクトルを d とするとき, 磁気双極子モーメントは $m = Q_m d$ と定義される. あるいは, ループ電流 I が面 S の周縁を流れるとき, $m = \mu_0 IS$ と定義される. S は $|S|$ が面積に等しく, 方向は電流の流れる面に垂直で, 電流が流れる向きに右ねじを回すとき右ねじの進む向きを向いている. これら 2 つの定義は, 同等である. 磁気双極子モーメントの次元は

　　　　[エネルギー] × [磁場]$^{-1}$ = [磁束] × [長さ]

などと表すことができる. 単位体積当たりの磁気双極子モーメントは磁気分極である. 磁気双極子モーメント m を真空の透磁率で割った量

　　　　$\mu = m/\mu_0 = IS$

を磁気モーメントという. 磁気モーメントの次元は

　　　　[電流] × [面積] = [エネルギー] × [磁束密度]$^{-1}$

などである. 単位体積当たりの磁気モーメントは磁化とよばれる.

17-14: 　　　　　　　　　　磁気転移 (物理815)

　ある磁気的な状態から別の磁気的な状態へ転移する現象. 磁気変態または磁気相転移ともいう. 強磁性体, フェリ磁性体の場合の転移温度であるキュリー温度, 反強磁性体の場合のネール温度以上で熱擾乱を受けて自発磁化または部分格子磁化を失い, 常磁性を示す場合が代表例である. このほかスピン再配列により磁気的秩序状態が別のそれに転移する場合なども含まれる. 熱力学的には二次相転移である場合が多いが, 一次の相転移であるときもあり, 協力現象の一例として理解される. 一般に磁気転移に際しては結晶構造の変化はないが, 比熱, 熱膨張係数, 電気抵抗の温度係数, 異常ホール係数, 弾性率などの不連続的変化を伴う. 統計力学上は磁気臨界現象として広く研究されている.

17-15: 　　　　　　　　　　磁気トルク (物理815)

　磁場が磁性体に及ぼすトルク (偶力のモーメント). 通常の実験では, 主に単結晶の円板状試料の面内, あるいは球状試料の赤道面内に一様な静磁場 H を加えて, これらの面に垂直な軸のまわりに試料を回転させようとするトルクを測定する. 強磁性体の単結晶に十分強い磁場を加え, 磁化 M と磁場 H がほぼ平行になった場合の磁気トルクの大きさ T は結晶磁気異方性エネルギーを E_a, 面内の特定の結晶軸方向と磁化のなす角を φ として, $-(\partial E_a/\partial \varphi)$ で与えられる. そこで磁場, したがって磁化の方向を変えながら T を測定すれば, 結晶磁気異方性定数が求められる. 試料の形状が軸対称でない場合には, 反磁場の効果を考慮する必要がある. また, 磁場が十分強くない場合の磁気トルクの解析は一般に複雑になる. 磁気トルクを測定する装置を磁気トルク計という. その原理は, 試料を弾性糸で鉛直につるし, トルクの大きさを糸のねじれから測定するものである. 通常は適当な方法でねじれを検出し, 糸に逆向きのトルクを加えて自動的につり合いをとる形式の装置が用いられる.

17-16: 　　　　　　　　磁気ヒステリシス (物理817)

　消磁状態にある強磁性体に0からしだいに増加する磁場を作用し，磁場を十分大きくしてからこれを減少させて初めと逆の方向に十分大きくする．次にもとの方向に向かってしだいに増加させると磁化曲線は1つの閉じた曲線になる．つまり強磁性体は前にどのような磁場が加えられていたかによって磁化の状態が異なり，磁気分極または磁化の値は磁場だけで決まらずに過去の履歴に関係している．このことを磁気ヒステリシスといい，その閉じた磁化曲線を (磁気) ヒステリシスループという．磁場 H と磁気分極 J で表したループの囲む面積 $W_h = \oint H dJ$ は磁化をループに沿って1周変化させるときの単位体積当たりのエネルギー損失を示す．これをヒステリシス損失という．ヒステリシスループの面積が大きいと電磁的エネルギーの一部分が熱となり，たとえば電力用の変圧器などではエネルギーがむだになる．小さな磁場の範囲で循環させる場合にはヒステリシスループも小さい．磁化の小さな範囲での磁化曲線の形が $J = \mu_0 \chi_a H + (1/2) \cdot \eta H^2$ で近似できるような磁場 H の範囲をレイリー範囲といい，η をレイリー定数とよぶ．χ_a は初磁化率である．その小磁場範囲のヒステリシスループを特にレイリー・ループとよび，そのヒステリシス損失は $W_h = (4/3) \eta H^3$ で表される．このように磁化曲線がループを描くことは，ヒステリシス損失を生ずるばかりでなく高周波磁心材料として用いる場合，波形ひずみを起すという欠点を生ずる．

17-17: 　　　　　　　　　　磁石 (物理838)

　磁鉄鉱 (Fe_3O_4) が鉄を引きつける性質のあることは古くから知られていた．英語の磁石 (magnet) の語源はこの磁鉄鉱の産地てあった小アジアのマグネシアという地名に由来する．一般に鉄を吸引する性質をもつものが磁石であるが，保磁力の大きい強磁性体の残留磁化を利用するのが永久磁石であり，磁性体にコイルを巻き，コイルに電流を流して磁場を発生させるものを電磁石という．また，コイルとして超伝導体を用いたものを超伝導磁石という．一般的には，磁石という言葉は磁針を用いて方向を知るために用いる計器の総称でもある．

17-18: 　　　　　　　　　磁気誘導 (物理820)

　磁石は他の磁石に力を及ぼすだけでなく，鉄片などの磁性体をも引きつける．これは磁性体が磁場によって磁化したためである．このように物質を磁場中におくと磁化する現象を磁気誘導といい，その結果生じた磁化を誘導磁化という．静電場における静電誘導と同様な現象である．別に，磁束密度のことを磁気誘導ということもある．

17-19: 　　　　　　　　　　磁極 (物理820)

　磁石には特に強く鉄を引きつける箇所があり，これを磁極という．棒磁石では両端に磁極が集中する．細い磁石で磁極が一点に集中したとみなせるものを点磁極という．点磁極の間にはクーロンの法則に従う力が働き，これによって磁極の強さが定義できる．磁極には二種類あり，一つの磁石には必ずこの二種類の磁極が同時に存在する．磁極が一つしかないものを磁気単極子といい，その存在を予測する理論もあるが，その存在は

まだ確認されていない．地球磁場により磁石は動かされ，磁極が南北を向く．北の方に引かれる磁極を N 極 (北極あるいは正極)，南の方に引かれる磁極を S 極 (南極あるいは負極) という．同種の磁極は互に反発し合い，異種の磁極は互に引き合う．

17-20:　　　　　　　　　　　　磁気分離 (物理818)

　磁場が磁性体に及ぼす力を利用して，2 種類以上の物質の混合物から特定の物質を分離する技術．一様でない静磁場 $H(r)$ に置かれた体積 V，磁化 $M(r, H)$ の粒子に働く力 F_m は次式で与えられる．

$$F_m = \int_V (M(r, H) \cdot \nabla) H \cdot dV$$

ここで簡単のため磁場が強くなる向きに x 軸をとり，磁化は一様であるとすると，

$$F_m = VM(H) (dH/dx)$$

磁性粒子と非磁性粒子との混合物が不均一磁場を通過するとき，磁性粒子の移動軌跡は磁気力 F_m の作用により非磁性粒子のそれとは必然的に異なる．この差を利用して物質を分離しようとするのが磁気分離である．磁気力以外に重力 F_g が働き，また液体分散系では液体の粘性と，液体と粒子の相対速度に比例する力 F_d が働く．これら F_g，F_d の作用下で分離効率を高めるには磁気力 F_m をできるだけ強くすればよい．それには強磁場を加えて $M(H)$ を大きくするが，dH/dx を大きくするしかない．磁場を強くするのは費用がかかり限界もあるから，dH/dx を大きくする工夫がなされている．たとえば，強磁性細線でつくった磁気フィルターを磁場中に置く．これが HGMS (high gradient magnetic separation) の基本的な考え方である．

Lesson 18: Magnetism II
(applications)

依　イ depending, relying
よ(る) to depend on, to rely on
依拠	イキョ	dependence
依存	イゾン	dependence, reliance

巻　カン book, part, reel, volume
ま(く) to coil, to roll up, to wind
巻数	まきスウ	number of turns/windings
巻線抵抗	まきセンテイコウ	wire wound resistor

緩　カン　loose, moderate, relaxed
ゆる(い) generous, lenient, loose; ゆる(む) to be unguarded, to loosen, to relax {vi};
ゆる(める) to ease, to loosen, to relax {vt}; ゆる(やか) generous, gentle, lenient
緩慢な	カンマンな	slow, sluggish
緩和	カンワ	easing, relaxation

原　ゲン original, primitive
はら field, plain, prairie
原子	ゲンシ	atom
原理	ゲンリ	principle

現　ゲン actual, existing, present
あらわ(す) to display, to express {vt}; あらわ(れる) to appear, to be revealed {vi}
現象	ゲンショウ	phenomenon
表現	ヒョウゲン	expression, representation

互　ゴ mutual, reciprocal
たが(いに) mutually, reciprocally
互換性	ゴカンセイ	compatibility
相互作用	ソウゴサヨウ	interaction

失　シツ disadvantage, error, loss
うしな(う) to lose, to miss (an opportunity)
失敗	シイッパイ	failure
伝搬損失	デンパソンシツ	propagation loss

象 ショウ image, shape; ゾウ elephant
　　　自然現象　　　　　　シゼンゲンショウ　　　　　natural phenomenon
　　　対象　　　　　　　　タイショウ　　　　　　　　subject, object, target

損 ソン disadvantage, handicap, loss
そこ(なう) to harm, to hurt, to injure; そこ(ねる) to harm, to hurt, to injure
　　　電力損失　　　　　　デンリョクソンシツ　　　　(electric) power loss
　　　誘電損失　　　　　　ユウデンソンシツ　　　　　dielectric loss

鉄 テツ iron
　　　鉄道　　　　　　　　テツドウ　　　　　　　　　railroad, railway
　　　非鉄金属　　　　　　ヒテツキンゾク　　　　　　nonferrous metal

当 トウ appropriate, fair, right
あ(たる) to dash against, to guess correctly, to shine on, to strike, to win (a prize) {vi};
あ(てる) to assign, to bombard (with), to guess {vt}
　　　当時　　　　　　　　トウジ　　　　　　　　　　at that time, in those days
　　　本当の　　　　　　　ホントウの　　　　　　　　true, actual

凍 トウ freezing, frozen (over)
こお(る) to be frozen (over), to freeze; こご(える) to be frozen (over), to freeze
　　　凍結　　　　　　　　トウケツ　　　　　　　　　freezing
　　　冷凍　　　　　　　　レイトウ　　　　　　　　　refrigeration

飽 ホウ satiation, weariness
あ(かす) to satiate, to tire{vt}; あ(きる) to become tired of {vi}
　　　過飽和　　　　　　　カホウワ　　　　　　　　　supersaturation
　　　非飽和状態　　　　　ヒホウワジョウタイ　　　　unsaturated (state)

鳴 メイ barking, chirping, crying
な(く) to bark, to chirp, to cry {vi};
な(らす) to beat (a drum), to blow (a whistle), to honk (a horn) {vt};
な(る) to chime, to ring, to roar, to strike {vi}
　　　核磁気共鳴　　　　　カクジキキョウメイ　　　　nuclear magnetic resonance
　　　電子スピン共鳴　　　デンシスピンキョウメイ　　electron spin resonance

和 ワ harmony, peace, sum
なご(む) to quiet down {vi}; なご(やか) mellow;
やわら(ぐ) to calm down {vi};やわら(げる) to ease {vt}
　　　緩和時間　　　　　　カンワジカン　　　　　　　relaxation time
　　　親和性　　　　　　　シンワセイ　　　　　　　　affinity

Reading Selections

18-1:   磁気記録 (物理808)

　磁性材料のヒステリシス特性による残留磁束を利用して，アナログ信号またはディジタル信号を記録する技術である．大きく分けて2種類あり，ひとつは磁性体を移動させながらその表面に磁気ヘッドで記録する動的なもので，磁気テープレコーダー，磁気ドラム，磁気ディスクがこれに相当する．もうひとつは静的なもので，電子計算機の記憶素子として使われている磁気コア，磁性薄膜などである．前者の磁気ヘッドによる動的なものは，磁性体の残留磁束を利用している．後者は磁気コアなどの矩形ヒステリシス特性の飽和残留磁束を利用している．

18-2:   磁気緩和 (物理807)

　常磁性体に時間的に変化する磁場を加えると，一般に磁気モーメントの変化は外部磁場には完全には追随できずに遅れを生ずる．これを磁気緩和現象という．特に常磁性を示す物質は，古典的に考えれば磁気モーメントをもつ分子の集団とみなしてよいから，角周波数 ω に依存した磁化率 (磁場 $He^{i\omega t}$ とそれによって誘起された磁化 $M(t)$ とから $M(t) = [\chi(\omega)He^{i\omega t}$ の実数部分] によって定義される) $\chi(\omega)$ は，誘電緩和に対する誘電率 $\varepsilon(\omega)$ と同様の表式で与えられる．単位体積の試料が単位時間に吸収するエネルギーは
$$A = \mu_0(\omega/2\pi) \oint MdH = \mu_0(\omega/2)\chi''(\omega)H^2$$
のように $\chi(\omega)$ の虚数部分 $\chi''(\omega)$ で表される．μ_0 は真空の透磁率である．ミクロに $\chi(\omega)$ または，その ω 依存性を特徴づける緩和時間 τ を議論するためには，磁性の根源となっている電子スピンどうしの相互作用やスピンと格子との相互作用を考慮しなければならない．磁場が弱いときは，10^{-10} s くらいの短い緩和時間でスピン間の相互作用により新しい定常状態に達するが，磁場が強くなるとスピンと格子との相互作用によりもっと長い時間 ($10^{-10} \sim 10^{-6}$ s) で緩和する．これを電子スピン緩和という．磁場の大きさが変わったときの磁化の緩和を縦緩和といい，磁場の向きが変化したときの緩和を横緩和という．特に核スピンが緩和する場合は核磁気緩和とよぶ．

18-3:   磁気損失 (物理812)

　強磁性体に外部磁場を印加すると，磁場のエネルギーが内部で消費される場合がある．このような磁性に起因するエネルギー損失を磁気損失という．磁気損失は，強磁性体の磁気・電気特性のほか物体の形状や外部磁場の周波数にも依存する．JIS によれば，磁気損失は，損失係数 $\tan\delta$ を用いて次のように表される．
$$\tan\delta = \tan\delta_h + \tan\delta_e + \tan\delta_r$$
δ は，磁場 H が交流的に変化したときの磁束密度 B の位相遅れ角に相当するものである．すなわち，磁場 $H = H_0 \cos\omega t$ に対して，磁束密度が $B = B_0 \cos(\omega t - \delta)$ に従う時間変化をするものとする．第一，二，三項は，それぞれヒステリシス損失，渦電流損失，残留損失とよばれる．ヒステリシス損失は，B が H の変化に対して履歴をもつために生ずるもので，H の変化1サイクル当たりの損失 W_h は次式で与えられる．

$$W_h = \oint H dB$$

すなわち，W_h は磁気ヒステリシスループの面積に相応する．渦電流損失は，交流磁場中に置かれた磁性体の内部では磁束変化によって誘導起電力が生じ，渦電流が流れ，ジュール熱としてエネルギーを消費するものである．この損失を W_e とすると次のように表される．

$$W_e \propto B^2 f^2 / \rho$$

ここで，ρ は比抵抗，f は交流磁場の周波数である．W_e は，試料の形状や大きさにも依存する．高周波領域で ρ の大きいフェライトを用いるのは，W_e を小さくするためである．

18-4: 強磁性薄膜 (物理466)

強磁性体の薄膜．単に磁性薄膜ということもある．パーマロイ薄膜やアモルファス希土類鉄系合金膜などが，その代表例である．強磁性薄膜は，真空蒸着法，スパッタリング法や電着法などにより作製されるが，磁性は蒸着真空度，含有不純物ガス，基板温度や基板と蒸発源の相対位置関係など作製条件に敏感であるから注意を要する．膜厚が数十原子層程度以上の薄膜の強磁性キュリー温度と飽和磁化は，バルクのものとあまり変わらないが，この膜厚以下になると，ともに急激に減少し，また，飽和磁化の温度依存性はブロッホの $T^{3/2}$ 則からずれてくる．このほか，垂直磁気異方性，角型磁化曲線，ネール磁壁やバブル磁区，磁化リップル，スピン波共鳴など強磁性薄膜特有の現象がある．1955 年にM. S. Blois, Jr. がパーマロイ薄膜の磁化反転を発見して以来，強磁性薄膜は，応用面を中心に研究が進められている．すなわち，高速電子計算機用記憶素子としての可能性から応用開発が進み，そのなかでワイヤーメモリー，平板状薄膜メモリー，磁気バブルメモリーやビームアドレスメモリーなどが開発された．しかし，均一の磁気特性をもった薄膜を大量に生産することが困難であるため，工業的には必ずしも成功しているわけではない．今日では，アモルファス希土類鉄系合金 (Tb-Fe, Dy-Fe, Gd-Co) を用いた高密度・大容量の光磁気メモリー，垂直磁化膜を利用した磁気ディスクや薄膜磁気ヘッドなどへ応用されている．単層の強磁性薄膜を積層した多層膜は，層間に磁気的相互作用が働くので，単層膜では得られない磁気特性をもつことが可能である．また，膜厚が小さくなると膜の表面の影響を無視できない (表面磁性)．この膜の表面現象を利用したものに，光変調・光スイッチなどがあり，開発が進められている．

18-5: 強磁性誘電体 (物理466)

広義には絶縁体である強磁性物質を強磁性誘電体という．大多数のイオン結晶性フェリ磁性体がその例である．強磁性誘電体として特に興味があるのは，強磁性であると同時に強誘電性を示す強磁性強誘電体である．強磁性強誘電体では自発分極と電気磁気効果 (電場に比例して磁化が，また逆に磁場に比例して電気分極が発生する現象) とが共存しているが，それが許されるのは特定の磁気結 s おいてだけである．強磁性強誘電体の例としては，鉄属イオン (M^{2+}) を含むボラサイト型化合物 ($M_3B_7O_{13}X$，X は Cl, Br, I) や，$BaMnF_4$ などが知られている．

18-6: 磁気回路 (物理807)

透磁率 m の大きな物質でつくられた環状の構造を磁気回路といい，その性質は電気回路と同じような取り扱いが許される．磁気回路に導線をまいて電流 I を流すと，そのまわりに，磁場ができるが，回路の上で m が大きいため，磁束線は集中的に磁気回路に沿って生じ，ほぼ一定の磁束 F が磁気回路を通ることになる．このときアンペールの法則により

$$\oint H \cdot dl = I$$

であるが，左辺の積分を磁気回路の内部で行うと，磁気回路の断面積を S として $\Phi = BS = \mu HS$ であるから

$$\Phi \oint (dl/\mu S) = I$$

が成り立つ．これは電気回路で I を起電力，Φ を電流，$dl/\mu S$ を長さ dl の回路の抵抗と考えたとき，オームの法則に相当している．磁気回路では I を起磁力，$\oint(dl/\mu S)$ を磁気抵抗という．単純な環状の構造をこえた複雑な構造の磁気回路では，キルヒホッフの法則が成立つ．磁気回路の考え方は電磁石や変圧器の設計・取り扱いに有用である．

18-7: 磁気抵抗 (物理813)

磁気回路において，電気回路の抵抗に相当する量を磁気抵抗あるいはリラクタンスという．磁気回路では起磁力 Ni (電流×巻数) が起電力に，磁路を通る磁束 Φ が電流に相当しており，$R_m = Ni/\Phi$ が磁気抵抗 R_m の定義である．透磁率 μ が電気伝導率に対応しているので，長さ l，断面積 S の磁性体の磁気抵抗は $R_m = l/\mu S$ で与えられる．磁気回路においても電気回路と同様にキルヒホッフの法則が成立する．したがって磁気抵抗 R_{m1} と R_{m2} の 2 つの磁性体を直列につなぎ合わせたものは $R_{m1} + R_{m2}$，並列につないだものは $(R_{m1}^{-1} + R_{m2}^{-1})^{-1}$ という大きさの磁気抵抗をもつことになる．磁場による電気抵抗の変化は磁気抵抗効果とよばれる．

18-8: 磁気抵抗効果 (物理813-814)

磁場をかけることによって電気抵抗が変化する現象．磁場が電流の向きに垂直な場合を横効果，平行な場合を縦効果といい，普通は横効果の方が著しい．通常，抵抗は磁場がかかると増加するが，減少する場合もある．減少する場合を特に負の磁気抵抗効果という．磁気中を運動する伝導電子には，運動の向きに垂直にローレンツ力が働く．しかし，電子のフェルミ面が等方的な場合には，電流の向きに垂直に磁場をかけると，ローレンツ力の効果をちょうど打消すようにホール電場が生じ，電流は磁場の影響を受けない．フェルミ面に異方性があり，フェルミ面上の位置により電子の有効質量や緩和時間が異なる場合に初めて磁場の効果が現れる．すなわち，電子が性質の異なるいくつかのグループに分けられるとすると，同じ外部電場と磁場のもとで流れる各グループごとの電流は向きが一致せず，その結果全電流の大きさが減少する．この場合，磁場により抵抗が増大する．磁場を電流に平行にかけたときも，フェルミ面が異方性的であれば抵抗が増加する．強磁場のもとで，フェルミ面上の電子はフェルミ面の磁場に垂直な切り口に沿って回転運動を行う．一般に，この切り口が閉じた軌道をなしているとき，横効果は強磁場の極限で一定の値に飽和することが示される．フェルミ面がブリユアン帯の境

界に接しているときには，磁場の向きにより開いた軌道が生じる場合がある．その場合には磁気抵抗は飽和せず，磁場とともに単調に増加する．したがって，強磁場における磁気抵抗の異方性から，フェルミ面の形について知見が得られる．負の磁気抵抗効果が生じる機構はいろいろある．磁性不純物を含む金属では，磁場をかけると不純物のスピンの向きが固定されるために，不純物スピンによる電子の散乱が弱まり，抵抗が減少する．また不純物の濃度が高い場合には，多数の不純物によるコヒーレントな散乱によって電子状態に局在の傾向が生じる (アンダーソン局在)．その効果により低温で抵抗が増大するが，磁場をかけるとそれが電子の局在を壊す働きをするために，抵抗の減少が見られる．強磁性金属では，自発磁化による内部磁場が伝導電子の運動に影響するので，抵抗に電流の向きによる異方性が生じる．これも磁気抵抗効果の一種である．

18-9: **磁気回転効果** (物理806)

　磁性体の磁化の担い手に角運動量が伴っているために，磁性体の磁化変化と磁性体全体の回転とが関係する現象，ジャイロ磁気効果ともいう．自由回転ができるように配置した強磁性体に，外部から回転軸方向に磁場を加えると，その磁性体に回転が生じる．この現象をアインシュタイン-ド・ハース効果という (A. Einstein と W. J. de Haas，1915年)．物質中の電子の軌道運動またはスピンによるミクロな磁気モーメントが電子の力学的角運動量と結びついていることに由来する．強磁性体の円柱に鏡をつけ，細い弾性糸でつるし，外側のコイルに電流を流して磁場を加え，磁性体を上向きに磁化しておき，磁性体を静止させる．次に切替えスイッチを切替えて電流の向きを変え，磁場を下向きにし，磁性体の磁化を下向きに変える．磁化に角運動量が伴っているため，磁化の反転に伴って，磁化の担い手の角運動量も反転するが，角運動量保存則に従って，全角運動量は0に保たれなければならないので，磁性体本体が磁気の担い手の角運動量変化を打消すように回転を始める．その回転は磁性体に取付けた鏡に当てた光の像のスケール上の運動で測定できる．上の説明では磁気の担い手の運動と磁性体本体との間に相互作用があることを仮定したが，もしこれがなければ，磁気モーメントは歳差運動を続けるだけで反転できない．この実験から，磁気の担い手の磁気モーメントと角運動量との比が決定できる．その結果，多くの磁性体の磁気の担い手は電子の軌道運動量ではなく，電子のスピン (自転) であることがわかった．
　アインシュタイン-ド・ハース効果の逆効果，すなわち磁化していない磁性体に回転を与えると磁化が生ずる現象の方が，やや早く 1914 年に S. Barnett によって見いだされており，バーネット効果とよばれる．

18-10: **磁気光学効果** (物理809)

　磁場による物質の光学的性質が変化する現象を磁気光学効果という．これには，磁場によるエネルギー準位の分岐現象であるゼーマン効果，磁気旋光現象であるファラデー効果，磁気複屈折現象であるフォークト効果 (コットン・ムートン効果) のほかに，磁気カー効果，磁気反射，磁気円二色性などがある．これらの現象は，微視的には磁性体中の電子の励起準位のスピン・軌道相互作用によるエネルギー分裂の大きさに比例して生じることがわかっている．

18-11: **磁気カー効果** (物理807)

　磁気光学効果のひとつ．磁性体に直線偏光を入射した場合，反射光の偏光状態が磁化 M によって変わる現象である．磁化方向が入射面および光を反射する物質表面 (反射面) となす方向によって，次のように分類される．(1) 極 (ポーラー) カー効果：磁化方向が入射面内にあり，かつ反射面に垂直な場合 (E_0 は電場の方向)．(2) 縦カー効果：磁化方向が入射面内にあり，かつ反射面に平行な場合．(1)，(2) の場合，反射光は楕円偏光になり，楕円の主軸が回転する．(3) 横カー効果：磁化方向が入射面に垂直で，かつ反射面に平行な場合．この場合は反射光の偏光面の回転は起らず，s または p 偏光 (光の電気ベクトルが入射面に垂直または平行に偏った光) の入射に対して，反射率だけが変化する．

18-12: **磁気音響効果** (物理804-805)

　磁場中の電子と音波の相互作用に起因する現象の総称．静磁場 (H) 中に置かれた，低温の金属あるいは半金属に外から超音波 (波動ベクトル q，角振動数 ω) を通すと，次のような現象が観測される．
(1) 音響サイクロトロン共鳴 ($q \perp H$)：電子がフォノンを吸収してランダウ準位間を遷移し，音波のエネルギーが共鳴的に吸収される現象．共鳴条件は $\omega = n\omega_c$ ($n = 1$, 2, $\cdots$)，ただし $\omega_c = eH/mc$ (e は電子の電荷の絶対値，m は電子の有効質量，c は光速)．
(2) 幾何学的共鳴 ($q \perp H$)：電子のサイクロトロン運動の直径 $2r_c = 2k_F \hbar c/(eH)$ (k_F はフェルミ波数，$\hbar$ はプランク定数を 2π で割った量) と音波の波長 λ が一致するとき吸収が極大になる現象．共鳴条件は $2r_c = n\lambda$ ($n = 1$, 2, $\cdots$)．
(3) 開いた軌道の電子による共鳴吸収 ($q \perp H$)：フェルミ面が開いた軌道をもつ金属では，伝導電子は実空間で周期 $\Delta x = G\hbar c/(eH)$ (G は開いた軌道の周期) の周期運動をする．この電子の運動方向に音波を通すと，$\Delta x = n\lambda$ ($n = 1$, 2, $\cdots$) が満たされるとき共鳴吸収が起る．
(4) ド・ハース-ファン・アルフェン型振動 ($q \perp H$)：フェルミ・エネルギーをもつ電子の数は H を変えるとき周期的に変化する．その結果，吸収係数も H^{-1} の周期関数となる．周期は $\Delta H^{-1} = \hbar e/(mc\varepsilon_F)$ (ε_F は電子のフェルミ・エネルギー)．この現象は，純粋に量子論的現象で，磁化率のド・ハース-ファン・アルフェン効果と同じ物理的起源をもつ．
(5) 巨大量子減衰 ($q /\!/ H$)：強磁場 ($\omega_c \gg \omega$) 中では，電子のランダウ準位の間隔が大きくなり，吸収係数は H の関数として鋭いピークを示す．吸収条件は $\varepsilon_F = \hbar\omega_c(n + 1/2)$ ($n = 1$, 2, $\cdots$)．周期 ΔH^{-1} は (4) と一致し，この現象も純粋に量子論的現象である．
　以上 (1)~(5) の現象について吸収係数の周期 ΔH^{-1} を測定することにより，フェルミ面の情報を得ることができる．

18-13: **磁気冷凍** (物理824)

　磁気冷凍は，磁性体の磁気熱量効果を利用し，冷凍サイクルを構成する冷凍方式である．磁性体が温度 T_1 で等温的に磁化される場合，不要となる磁気エントロピー ΔS_J は，熱 ΔQ_1 ($\Delta Q_1 = \Delta S_J \cdot T_1$) の形で放出される．またこの逆過程である等温消磁を温度 T_2 で行

うと，磁性体は，磁気エントロピーの増加分 ΔS_J を，熱 ΔQ_2 $(\equiv \Delta S_J \cdot T_2)$ の形で外部から取り入れる．したがって，前者の過程を高温で，後者の過程を低温で行い，これら2つの過程の間を適当な過程で結ぶと，磁気冷凍サイクルが構成される．一方，冷凍作業を行う磁性体のエントロピーは，温度 T と磁場 H の関数である磁気エントロピー $S_J(T, B)$ と，約 20 K 以上で著しく増大し温度のみの関数である格子エントロピー $S_L(T)$ との和である (この場合，伝導電子は無視している)．したがって，$S_J \gg S_L$ の低温域では，2つの等温過程の間を，断熱消磁および磁化で結ぶカルノー・サイクルが，また $S_J \leq S_L$ 領域では，蓄冷器を用いて構成される等磁場過程で2つの等温過程間を結び，S_L の効果を除くような磁気エリクソン・サイクルが用いられている．

18-14: 磁性半導体 (物理843-844)

　強磁性や反強磁性と半導体性を同時に示す物質で，半導体としての種々の性質が磁性によって強く影響されるものをいう．EuS などの NaCl 型構造をもつ希土類カルコゲナイド，$CdCrSe_4$ などのカルコゲナイドスピネルや，$NiPS_3$ などの遷移金属リンカルコゲナイドが代表的なもので，磁性を担う 3d または 4f 金属イオンが適当な化学量論比で結晶格子に入っている．これらは組成によって強磁性から反強磁性まで変わる多様な磁気的性質と，構造敏感な半導体的伝導性を備えている．キュリー温度 (またはネール温度) の近くで電気伝導率が大きく変化したり，大きな負の磁気抵抗や異常ホール効果などの特徴的な電流磁気効果を示したり，光の吸収端が特異な温度依存性や磁場依存性を示す．これらの現象は，結晶内電子の感じる周期的ポテンシャルが磁性イオンのもつ磁気モーメントの配列の様子に依存すること，および電子のスピンと磁気モーメントとの磁気的相互作用が電子の受ける散乱の原因となることに関係している．なお，II-VI または IV-VI 半導体に磁性金属不純物がランダムに入った混晶系 ($Cd_{1-x}Mn_xTe$，$Hg_{1-x}Mn_xSe$，$Pb_{1-x}Eu_xTe$ など) は半磁性半導体または希薄磁性半導体とよばれ，伝導キャリヤーと磁気モーメントとの相互作用を通じた母体のバンド構造の変化を反映した現象が見いだされている．またキャリヤー濃度を制御することにより，磁気的性質を変えることもできる．現在までに知られている磁性半導体ではそのキュリー温度が室温より低く，実用的な素子などへの応用はまだ進展していない．一方半磁性半導体では，磁性不純物の種類や濃度，外部磁場の変化に対してその半導体的性質が変わるので，半導体の新しい機能を引出すという見地から注目されており，光検知器，発光素子などへの応用が考えられている．

18-15: 磁気ダイオード (物理812)

　Si や Ge の pin 構造のダイオードで，素子内部に注入されたキャリヤーの再結合速度を磁場によって変化させ，特性を制御することができるダイオード．真性半導体領域 i の両側に p および n 領域をつくり，i 領域の片面に注入キャリヤーの再結合が極めて大きい表面の粗い領域 γ をつくり，他の面を再結合が小さい滑らかな面にする．この素子に順方向にバイアス電流を流すと，両接合から正孔，電子が注入され，i 領域の電気伝導率が増す．これに γ 領域に電流と垂直に磁場を加えると，磁場の方向によって注入された電子と正孔が再結合が大きい領域側に偏り，急速に再結合して消滅し，電流値は減少する．磁場を反転させるとキャリヤーは逆方向に曲げられ，再結合が少なくなり，電

流が増加する．ダイオードに逆バイアスを加えた場合の特性は磁場の影響がほとんどない．ゲルマニウム磁気ダイオードは，比較的弱い磁場で感度がよいが，高磁場で飽和する欠点がある．このため，無接点スイッチ，変位センサーなどに応用され，シリコン磁気ダイオードは，磁場の検出に利用される．

18-16: 磁気増幅器 (物理811)

　磁性体の非直線性を利用した増幅器．飽和しやすい強磁性体材料でつくられた三脚鉄心に中央脚に直流励磁巻線 N_C を，両側の脚に対称に交流励磁巻線 N_L を巻いて直列接続したものは直流巻線に電流を流すことによって，交流巻線の非線形インダクタンスが減少する．このように非線形インダクタンスの交流インピーダンスを直流電流で制御するようにしたものを可飽和リアクトルという．磁気増幅器はこの可飽和リアクトルを用いて増幅作用を行わせるようにしたものである．可飽和リアクトルを接続すると，直流入力電流によって交流出力電流が制御され増幅器として用いられる．出力交流電流の半波平均値 I_L と入力直流電流 I_C の間にはアンペアターンの法則 $N_C I_C \cong N_L I_L$ が成立する．これより N_C/N_L を大きくすれば小さな直流入力電流で大きな交流出力 I_L を得ることができ，増幅器として働く．可飽和リアクトルに帰還巻線を施し，交流出力電流を整流して入力電流と相加わるように帰還巻線に流すことによって正帰還を行い，増幅度を上げるようにしたものを外部帰還型磁気増幅器という．これに対して自己帰還型磁気増幅器は，帰還巻線をもたず，代りに出力回路に整流器を直列に接続することで出力巻線自体に直流成分を流し，帰還巻線と同じ効果を得るものである．そのほか，特性改善や使用目的のために種々の回路が考案されている．

18-17: 磁性超伝導体 (物理843)

　厳密には磁気的秩序をもつ超伝導体をさすが，なんらかの磁気的性質を示す超伝導体の意味にも広く使われている．磁気超伝導体ともいい，特に強磁性が問題となるとき強磁性超伝導体という．磁気イオンの性質やふるまいの違いなどにより，いくつかのタイプに分類できる．(1) 磁気イオンが格子点を規則的に占めて1つの副格子を形成しているような超伝導体．希土類元素を含むシェブレル化合物やロジウム・テトラボライドなどの三元化合物超伝導体によって代表される．これらの化合物では，その結晶構造上の理由から磁気イオンと超伝導電子間の交換相互作用が弱いため，磁気イオンが各副格子上にあるにもかがわらず超伝導が起る．磁気イオンは一般に超伝導状態中で長距離磁気秩序を起し，その磁気秩序は強磁性と反強磁性とでは全く異なった効果を超伝導に及ぼす．強磁性の場合，キュリー温度 (T_c) で一次の相転移を起して超伝導状態は壊れ，常伝導強磁性状態となる．反強磁性の場合は，ネール温度 (T_N) 近傍で超伝導状態は磁気モーメントのゆらぎの影響を強く受けるが一般に常伝導状態に戻ることなく反強磁性長距離秩序と共存する．このような磁気秩序の超伝導への影響の詳細は，たとえば異常な上部臨界磁場の温度曲線として観測される．(2) 高温で近藤効果に類似したふるまいを示すが，近藤温度以下の低温で超伝導になる物質がある．$CeCu_2Si_2$ や UBe_{13} などがこの部類に属する．その特徴として低温電子比熱の温度比例定数が通常の金属に比べて数百倍も大きく，臨界磁場の超伝導転移温度での立ち上がりが非常に大きいことなどが挙げられる．(3) (1), (2) の超伝導体の磁性は不完全な f 電子殻に由来する局在磁気モーメントに

よるが，別のタイプの磁性超伝導体として遍歴型磁性を示す遷移金属の d 電子による超伝導も考えられる．しかし，この種の磁性超伝導体の特性はいずれもまだ明らかでない．(4) 極少量の磁気イオンを置換型不純物として格子点上に不規則に含む超伝導体で，もともと超伝導への磁気不純物の効果を調べるために研究された．その超伝導転移温度は磁気イオン濃度が希薄な極限では濃度に比例して減少し，通常，数 at.% 程度の臨界濃度以上では超伝導は起らない．この種の超伝導体は本来 (1)~(3) の磁性超伝導体とは区別されるべきである．

18-18: **磁性流体** (物理844-845)

　強磁性微粒子 (直径：数 nm~ 数十 nm) を溶媒中に分散させたコロイド溶液を磁性流体といい，見かけ上強磁性液体のような振舞いを示す．たとえば，磁性流体液滴に磁場を印加すると，磁場方向に延伸して回転楕円体状に変形したり，表面にスパイク状の突起が現れる (表面不安定性)．強磁性微粒子は，粉砕法，共沈法，不活性ガス中真空蒸発法によって作成され，超常磁性を示す．このような微粒子を液体中に分散させても，粒子間の引力 (磁気力 + ファン・デル・ワールス力) のために，粒子どうしが凝集し，沈殿してしまう．これを防止するために，粒子表面にオレイン酸やリノール酸など有機高分子の表面活性剤を付着させると，高分子間に斥力が働き，微粒子は凝集しないで安定に分散していることができる．無磁場中では各粒子は回転・並進ブラウン運動をしているが，磁場を印加すると，双極子相互作用によって磁場方向に粒子が連鎖し，クラスターを形成する．よく使われている磁性流体は，前述の表面活性剤を付着したマグネタイト (Fe_3O_4) や，マンガン・亜鉛フェライトの微粒子を，水，パラフィン，アルキルナフタリンなどの溶媒中に拡散させたものである．1965 年に，S. S. Papell によって作成されて以来，製法にも組成にも改良が加えられ，現在では一成分ニュートン流体として取り扱うことができるまでになっている．当初は強磁性流体とよばれていたが，磁性流体は必ずしも強磁性を示さないので，現在では単に磁性流体とよばれている．

　媒質が導電性流体の磁性流体は導電性を有し，導電性磁性流体とよばれる．この場合は，外部磁場との相互作用には，流体の磁化と流体中を流れる電流との両方が寄与する．磁性流体固有の特性だけが現れるのは非導電性磁性流体においてであり，単に磁性流体という場合はこれをさす．前述の例はこの場合である．

　磁性流体の磁化の緩和時間は，他の流体力学的特性時間に比べて極端に小さく，磁化の強さ M は時間には直接依存しないとして取り扱うことができる．このとき，M は常に磁場の強さ H と平行であり，その大きさ M は，磁性流体の密度 ρ，温度 T および磁場の強さ H の関数となる．$M = f(\rho,\ T,\ H)$ を磁化の状態方程式とよぶ．f はそれぞれの磁性流体で決まる関数である．この取り扱いは，ラーモア振動数に近い振動数の外部交番磁場が作用する場合のように，H の時間変化が極端に激しい場合を除いて常に有効である．

　磁性流体は，回転軸受，密封，非鉄金属の比重差分離，慣性制振器，検知装置など工学的に広く利用されている．

Lesson 19: Electricity I
(fundamentals)

縁   エン affinity, connection, destiny, fate, relation
ふち brink, edge, rim, border
| 周縁 | シュウエン | periphery, border, fringe |
| 絶縁体 | ゼツエンタイ | insulator |

価   カ cost, price, value
あたい cost, price, value
| 価数 | カスウ | valence number |
| 評価 | ヒョウカ | evaluation, assessment, rating |

荷   カ load
に baggage, cargo, load; にな(う) to bear (a burden), to carry
| 電荷 | デンカ | electric charge |
| 負荷 | フカ | load |

殻   カク husk, hull, shell
から earth's crust, hull, husk, shell (egg or nut)
| 殻電子 | カクデンシ | shell electron |
| 内殻 | ナイカク | inner shell |

抗   コウ defying, resisting
| 圧力抵抗 | アツリョクテイコウ | pressure drag |
| 電気抵抗式 | デンキテイコウシキ | electrical resistance type |

差   サ difference, variation
さ(す) to carry (on the shoulder), to put up (an umbrella), to stretch out (a hand)
| 確率的誤差 | カクリツテキゴサ | random error |
| 丸め誤差 | まるめゴサ | rounding error |

自   シ oneself; ジ oneself
みずか(ら) (by) oneself, personally
| 自然言語 | シゼンゲンゴ | natural language |
| 自動制御 | ジドウセイギョ | automatic control |

絶 ゼツ cutting off, ending, eradicating
た(える); to die out, to end, to fail {vi}; た(つ) to eradicate, to shut off {vt};
た(やす) to exterminate, to root out {vt}

絶対温度	ゼッタイオンド	absolute temperature
絶対値	ゼッタイチ	absolute value

帯 タイ band, belt, zone
おび band, belt, sash; お(びる) to assume, to be armed with, to carry, to wear (at the belt)

価電子帯	カデンシタイ	valence band
伝導帯	デンドウタイ	conduction band

抵 テイ resisting, touching

内部抵抗	ナイブテイコウ	internal resistance
粘性抵抗	ネンセイテイコウ	viscous drag

電 デン electricity

電気	デンキ	electricity
電子	デンシ	electron

導 ドウ leading
みちび(く) to conduct, to guide, to lead

導体	ドウタイ	conductor
誘導	ユウドウ	induction

満 マン enough, fullness, pride
み(たす) to fill, to meet (a demand), to satisfy {vt};
み(ちる) to be full, to mature, to rise (tides) {vi}

充満帯	ジュウマンタイ	filled band
満足	マンゾク	satisfaction

由 ユ depending, relying; ユウ depending, relying
よし cause, intent, reason, significance

自由振動	ジユウシンドウ	free oscillation
理由	リユウ	reason

容 ヨウ container, form, looks

電気容量	デンキヨウリョウ	capacitance
容易な	ヨウイな	easy, simple

Reading Selections

19-1:　　　　　　　　　　　電気 (物理1379-1380)

　物質のもっている電気的な性質や電気現象の根元となっているものを電気という．物体，特に粒子がもっている電気のことを電荷という．今日では，自然界に起るほとんどすべての電気現象は，陽子のもつ正電荷と電子のもつ負電荷に起因することが知られている．動く電荷のことを電流といい，普通，電流の流れの向きは，正電荷の動く方向を正にとる．多くの場合，電流は電子の移動に起因するが，電流の向きは電子の運動と逆方向になる．電気は，運動，音，光，熱などと異なり，人間の感覚で直接捕えることが困難であるので，その発見は偶然であった．紀元前 600 年ごろ，ギリシアの哲学者 Thales は，摩擦によって琥珀が帯電することを発見したといわれている．しかし，電気が科学的研究の対象になったのは，16 世紀の W. Gilbert 以後で，彼は磁気現象や摩擦電気について研究し，ギリシア語の琥珀 $\eta\lambda\epsilon\kappa\tau\rho\sigma\nu$ にちなんで，初めて electric という語を用いた．1730 年代には，摩擦電気に正負 2 種が存在することや，電気が物体中を伝わることが知られたが，電気についての知識はまだ定性的であって，1785 年にクーロンの法則が発見されて，初めて定量的な電気学が発足した．そのころから，人工的に電気を発生する道具としての電池が開発され，電流についての研究が急速に進展した．そして，金属のように電気の流れをよく通すもの (良導体) と，木材やゴムのように電気の流れをよく通さないもの (絶縁体) があることが明らかになってきた．定常的な電池が完成したのは 19 世紀に入ってからであるが，この時代には，電流の磁気作用 (H. C. Ørsted, M. Ampère, 1820 年)，オームの法則 (1827 年)，電磁誘導 (M. Faraday, 1831 年) など今日の電磁気学の基礎となる重要な発見が相ついだ．これらをまとめて集大成したのが J. C. Maxwell の電磁気理論 (1864 年) であって，この理論は H. R. Hertz の電磁波に関する実験によって確固たるものになり，古典電磁気学は完成したのである．ここでは電気量はほかの物理量と同じく連続的な値をとるものと考えられているが，19 世紀後半になって真空放電の研究から負の電気をもつ陰極線が発見され，電気の新しい実体が徐々に明らかになった．陰極線の実体は負の電気をもつ電子であることが見いだされ (J. J. Thomson, 1897 年)，今世紀初頭には，原子は電子と正の電気をもつ物質で構成されていると考えられるようになった．E. Rutherford は，α 粒子を用いて，この正の電気をもつ物質が原子核であり，原子は原子核とそのまわりの電子でできていることを示した．J. J. Thomson は電子，さらに陽極線の比電荷を測定して，これら粒子のもつ電荷には最小単位があることを暗示し，R. A. Millikan は，油滴の実験によって電気量の最小単位，すなわち電気素量を測定した．こうして，電子は電気素量に等しい負電荷をもつこと，水素の原子核 (陽子) は電気素量に等しい正電荷をもつことが示された．また一般の原子核の電荷は，電気素量の整数倍に等しいことが知られたが，原子核が陽子と中性子で構成されることが明らかになったのは，1930 年以降のことである．このようにして電気の実体は，電子と陽子の電荷であることが解明された．自然界には電荷をもつ多くの不安定な素粒子が存在し，それらによって起る電気現象もあるが，ほとんどすべての電気現象は電子と陽子に起因している．現在では，陽子をはしめハドロンとよばれる素粒子はクォークと称するはんぱ電荷の粒子で構成されていると考えられており，電気素量の 1/3 または 2/3 のはんぱ電荷の検証がひとつの課題になっている．このように電

気の本性を追求する研究と同時に，物質の電気的性質についての研究も，今世紀に入って急速に進み，たとえば1930年には半導体が物質中の不純物に起因することが明らかになった．今日，半導体はエレクトロニクスに不可欠の要素となっている．

19-2: 電荷 (物理1374-1375)

　あらゆる電気現象と磁気現象の根源と考えられる実体．すなわち電気の実体．電荷の量すなわち電気量を単に電荷ということもある．18世紀初め C. F. Dufay は電荷には2種類あると考えた．その後，B. Franklin は電荷は1種類であって，帯電状態の違いは種類の違いではなく量の差異によると主張した．今日では Franklin の考えに従って，電荷を正負の符号をもつ量だとしている．古くはコハクを絹布でこすったときにコハクに残る電荷を正電荷とし，エボナイトを毛皮でこすったときにエボナイトに残された電荷を負電荷とした．その結果，陽子の電荷が正，電子の電荷が負となった．素粒子の電荷は陽子の電荷を e として，e, $-e$, 0 のいずれかの値のものだけが知られている．物体がもつ電荷は，ミクロには構成素粒子の電荷の代数和である．マクロな理論では，電荷を自由電荷・真電荷・分極電荷に分類する．物質を真空中に分布する電荷や電流とみなすとき，その電荷は自由電荷とよばれる．物質を構成している原子や分子に束縛されている電子が，電場などの影響で平衡の位置からずれ，分極するために生じる電荷を分極電荷あるいは束縛電荷という．分極電荷は，双極子の不均一分布で現れる電荷であるから，系全体で合計すればゼロになる．外部からもち込まれるなどして特定の原子や分子に束縛されていない電荷は真電荷とよばれる．真電荷は系外に取り出すことができるが，分極電荷は系外に取り出すことはできない．電束密度 D，電場 E，分極 P の関係式 $D = \varepsilon_0 E + P$ の両辺の発散をとれば $\mathrm{div}\, D = \varepsilon_0 \,\mathrm{div}\, E + \mathrm{div}\, P$ が得られる．電荷との関係は，真電荷密度を ρ_0，自由電荷密度を ρ，分極電荷密度を ρ_P として

$$\mathrm{div}\, D = \rho_0, \quad \varepsilon_0 \,\mathrm{div}\, E = \rho, \quad \mathrm{div}\, P = -\rho_\mathrm{P}$$

である．電荷は保存され，電荷のまわりには電場が生じ，移動すれば磁場ができる．陽子，中間子など強い相互作用をするハドロンとよばれる粒子はクォークから成り立っていると考えられ，これらのクォークの電荷 (電気量) の大きさは $e/3$ または $2e/3$ である．電荷がなぜ $e/3$ の整数倍に量子化されているかは，相互作用の大統一理論で一応理解される．

19-3: 電場 (物理1430)

　電界ともいう．空間の1点に置かれた電荷 q をもつ静止した点電荷に働く力を f とするとき

$$\lim_{q \to 0} f/q$$

を，その点での電場 E と定義する．電場は空間に生じた応力の状態を表し，エネルギーをもつ．E が時間的に変動しない場合には，静電場とよばれ，クーロンの法則と重ね合わせの原理によって，電荷の分布で定まる．電荷のまわりの空間に生じる場を漠然と指すときにも電場という．これと区別するため，E を電場ベクトルとよぶことがある．電場のSI単位は $\mathrm{V \cdot m^{-1}}$ である．静電単位系で定義された電場 E' との関係は，真空の誘電率を ε_0 として $E' = E\,(4\pi\varepsilon_0)^{1/2}$ である．

19-4: 価電子 (物理357)

1つの原子がほかの原子と化学結合をつくるとき，原子内の電子を2つに分類して，化学結合に直接関与する電子とあまり関与しない電子とに分けて考えることが近似的には許される．前者を価電子，後者を内殻電子という．価電子は原子価電子ともいい，原子の電子配置において通常最外殻を占める電子がそれに相当する．たとえばアルカリ金属やアルカリ土類金属に属する原子では最外殻にある1個あるいは2個のs電子，そのほかの原子では最外殻にあるsおよびp電子，特に第一遷移金属に属する原子では3dおよび4s電子が価電子と考えられる．

19-5: 価電子帯 (物理357-358)

半導体や絶縁体のエネルギーバンドは，電子で完全に満たされているもの (充満帯) と完全に空なもの (空帯) とがあるが，特に結晶の構成原子のもつ価電子によって満たされているエネルギーバンドを価電子帯という (価電子帯のことを充満帯とよぶこともある)．価電子は各原子の最外殻にいるから，価電子帯は電子の存在するエネルギーの最も高いエネルギーバンドであり，この上にエネルギーギャップを隔てて空帯がある．熱的にあるいは光の吸収によって，電子が空帯に励起されていれば，価電子帯には正孔が残りこれが電気伝導に寄与する．さらに結晶がアクセプターを含んでいるときには，正孔はこのアクセプター準位から価電子帯に容易に励起されうる (実際は価電子帯の電子がアクセプター準位に励起される)．価電子帯は1つとは限らないが，そのエネルギー幅はほぼ10~15 eVの程度である．価電子帯の構造はX線放出スペクトルや光電子放出スペクトルなどを用いて調べられる．

19-6: 伝導電子 (物理1429)

電気伝導の担体となる電子．狭い意味では，金属の伝導帯のフェルミ準位近くにある電子をいう．金属が絶縁体と明確に区別される物性を示すのは，すべて伝導電子の存在が原因になっている．広い意味では伝導帯へ励起されている電子のように，励起状態で電流を運びうる電子も含む．

19-7: 伝導帯 (物理1429)

結晶内電子のとるエネルギーバンドのうち，電流を運ぶ電子 (伝導電子) の存在するバンド．金属では伝導電子を含むエネルギーバンドは電子によって一部分だけ満たされている．これが金属における伝導帯で，そのなかの電子は弱い電場によって，より高いエネルギー状態に連続的に加速されうるから，電流を生ずることになる．半導体の場合には，電子はあるエネルギーバンドまで完全に満ちていて (これを価電子帯または充満帯という)，エネルギーギャップとよばれる禁止状態を隔てて，電子の詰まっていない空いたエネルギーバンド (空帯) がある (絶縁体も同様)．熱的にあるいは光の吸収などによって，電子が価電子帯や不純物準位から空帯に励起されれば，これらの電子が電流を運ぶことになる．この意味で空帯のことを伝導帯とよぶが，そこに存在する電子は励

起によってのみ生ずるから，その濃度 (およびそれに比例する電気伝導率) は活性化エネルギー型の温度変化をする．伝導帯の構造は光の吸収や反射スペクトル，サイクロトロン共鳴などを用いて調べられる．

19-8: 電位差 (物理1373)

静電場内の 2 点 P_1 と P_2 の電位差 V は，電荷を P_1 から P_2 に運ぶのに要する単位電荷あたりの仕事である．したがって，E を電場，ϕ を電位とすると

$$V = -\int_C E \cdot dr = \phi(P_2) - \phi(P_1)$$

となる．ここで C は P_1 から P_2 への任意の経路である．導線内の 2 点間の電位差や電池の電極間の電位差は，電圧ともよばれる．電位差の SI 単位はボルト (V) である．

19-9: 電流 (物理1440)

電気の流れ，すなわち電荷の移動する現象をいう．導線を流れる電流の強さは，その断面を単位時間に通過する電荷量と定義される．局所的には，空間のある点において，単位法線ベクトル n をもつ微小面積 dS を n の向きに通過する電流の強さを dI とするとき，$dI = i \cdot n dS$ によって，電流密度 i が定義される．電荷密度を ρ とすれば，電気量保存を表す連続の式 $(\partial\rho/\partial t) + \mathrm{div}\, i = 0$ が成り立つ．

電流は伝導電流と電束電流に分類され，電束電流はまた分極電流とよばれる部分を含んでいる．伝導電流と電束電流の和は全電流とよばれることもある．マクスウェルの方程式で磁場の回転 (rot H) に等しいのは，この全電流の密度 $i + (\partial D/\partial t)$ である．ここで，D は電束密度である．

時間的に変動しない電流を直流といい，正弦的に変動する電流を交流という．電気抵抗のある物体に電流が流れると電位差が生じ，ジュール熱が発生する．また電流はアンペールの法則に従って磁場をつくり，磁場によってアンペールの力を受ける．交流は電磁誘導の法則に従い電磁場を誘起し，特に電磁波の源となる．電流の単位は A (アンペア) である．

19-10: 電波 (物理1430)

波長が 0.1 mm 程度以上の電磁波．人工的にはアンテナに振動電流を流したり，放電などによって発生させる．自然界では雷放電や磁気嵐に伴うもの，太陽・銀河など他の天体から放射されているものがある．発生機構としては電流の他，荷電粒子の熱運動 (熱放射)，磁場中での荷電粒子の加速度運動 (シンクロトロン放射)，分子の定常状態間の遷移などがある．電波は波長により分類される．

19-11: 絶縁体 (物理1090)

電流または熱流を通しにくい物質のことで，電気伝導率または熱伝導率が十分に小さい．なお誘電体と同じ意味で用いられる場合もある．伝導性は物質中の電子のふるまいによって定まる．結晶中の電子の挙動はそのバンド構造によって支配されている．伝導帯が完全に空き，価電子帯が完全に詰っている物質は絶縁体である．伝導帯と価電子帯

とのエネルギー差 (バンドギャップ) がかなり大きいと, 通常の電場のもとでは電気伝導は示さない. しかし, バンドギャップの小さい物質では, 温度が上昇すると価電子帯の電子が直接伝導帯に励起されたり, バンドギャップの間にある不純物準位に捕獲されている電子や正孔が伝導帯や価電子帯に放たれ, 絶縁体といえども電気伝導が容易に生じる物質もある. これらは通常半導体とよばれている. 一方, 絶縁体をエネルギーギャップよりも大きいエネルギーをもつ光によって励起すると, 価電子帯の電子が伝導帯に光励起され, その励起電子は電気伝導に寄与する. この現象は光伝導とよばれている.

19-12:　　　　　　　　導体 (物理1464-1465)

　定常電場のもとで電流を生じる物質を導体という. 伝導体ともいう. 絶縁体でない物質である. 電場 E と電流密度 i との関係が $i = \sigma E$ と表されるとき, σ を電気伝導率という. σ の大きな物質を良導体という. 金属は代表的な良導体である. σ の逆数を比抵抗あるいは抵抗率という.

　電流を運ぶ粒子は, 金属で自由電子, 電解質溶液・熔融塩類・高温のイオン結晶で正負イオン, 半導体では電子あるいは正孔, プラズマでは電子と正イオンである. ある種の金属は, 低温でsが無限大になり, 超伝導現象を示す. 電流と電場の比例関係は電場が強くなると破れる. その限界は物質とその温度などの状態によって異なる. 絶縁体でも, 強い電場のもとで伝導性をもつことがある. また, 電場が強くなると電流が減少する物質もある.

　絶縁された導体に電荷を与えると, 電荷は表面に集まり, 導体内部の電場は消える. したがって, 導体内部のすべての点で電位は一定になる. また, 導体表面は等電位面になる. 静電気的には, これが導体の特徴である. 静電遮蔽はこの現象を応用したものである.

　金属中の自由電子は, 電荷を運ぶと同時に, エネルギーも運ぶ. したがって, 金属は熱伝導率 λ も大きい. σ と λ との比は, 電子間の相互作用を無視する近似で

$$\lambda/\sigma = \pi^2/3 \, (k/e)^2 \, T$$

となる. ここで, k はボルツマン定数, e は電子の電荷, T は絶対温度である. これをウィーデマン・フランツの法則という. 金属中に温度勾配があると, 自由電子によって電流と熱流とが生じ, 熱電気現象を引き起こす. 異種の金属を接触させると, 一方から他方へ電子が移動し, 接触電気現象を生じる.

　異方性の導体では, 電気伝導率 σ は 2 階のテンソルとなる. 交流電場に対しては, σ は周波数の関数である. 電磁波は, 導体に吸収される. 多くの良導体は, 光に対して不透明である. 電気抵抗は, 電荷を運ぶ粒子が, 結晶格子の振動, 欠陥, 不純物あるいはその他の粒子によって散乱されるために生じる.

19-13:　　　　　　　　絶縁抵抗 (物理1090)

　実際の絶縁物 (電気を通さない物質) に電圧を加えると, 表面と内部に少量の漏れ電流が流れる. この場合の電圧と漏れ電流の比を絶縁抵抗という. 表面を流れる電流は温度や表面に付着したごみにより大きく変わる. 内部を流れる電流は, 絶縁物内部の不純物によるイオン電流である. 絶縁抵抗は導体の抵抗に比べ, 非常に大きな値を持ち, 普

通メグオーム (MΩ) という単位で表される. 加えている電圧を高くしていくと, ある点で急に電流が大きく流れだす. 同時に絶縁物自身も発熱し破壊される. これを絶縁破壊という. 絶縁抵抗は表面電流による表面抵抗と内部を流れる電流による体積抵抗に分けられる.

19-14: 　　　　　　　　　**電気抵抗** (物理1383)

　導線の2点間を流れる定常電流を I, その間の電位差を V とするとき $R = V/I$ を2点間の電気抵抗あるいは単に抵抗という. 抵抗の単位は Ω (オーム) である. V または I があまり大きくないかぎり, 抵抗 R は V または I によらない定数である. R の値は物質の種類および導体の形状によって変化する. 断面が一様な導線については, R は長さ l に比例し断面積 S に反比例する. すなわち $R = \rho\,(l/S)$ である. ここで比例定数 ρ は物質に固有な量で, 電気抵抗率, 体積抵抗率, 比抵抗, 固有抵抗などとよばれる. 単に抵抗という場合, 電気抵抗をもつ回路素子をさすこともある.

19-15: 　　　　　　　　　**電気抵抗率** (物理1383-1384)

　電気伝導率の逆数. 一様な導線の場合, 電気抵抗 R は次式のように導線の長さ l に比例し, 断面積 S に反比例する.
$$R = \rho\,(l/S)$$
この比例定数 ρ を電気抵抗率とよぶ. 抵抗率, 体積抵抗率, 比抵抗ともいう. 電気抵抗率の SI 単位は Ω•m である.

19-16: 　　　　　　　　　**電気容量** (物理1386-1387)

　絶縁された物体の電位を単位量だけ変化させるのに必要な, 物体に与える (または物体から取り出す) 電気量 (電荷). 単に容量ともいう. 電荷を C (クーロン), 電位を V (ボルト) で測ったとき, 静電容量または電気容量の単位は F (ファラッド) で与えられる. 孤立した導体に電荷 Q があり, (無限遠の電位を0として) 電位が φ であれば, 電気容量は Q/φ である. また複数個の導体があり, i 番目の導体の電荷を Q_i, 電位を φ_i とすれば
$$Q_i = \sum_j (C_{ij}\varphi_j)$$
で与えられ, C_{ij} は容量係数とよばれる. 特に2導体があるときには $Q_1 = -Q_2 = C\,(\varphi_1 - \varphi_2)$ であり, $C = C_{11} = -C_{12} = C_{22} = -C_{21}$ をこの系 (コンデンサー) の電気容量という. 実用的なコンデンサーの電気容量の単位として, F は大きすぎるので, 通常 μF, pF が用いられている.
　平行平板の電気容量：同じ形と大きさをもつ平面状の導体2枚が, ある間隔をおいて平行に向い合わせに置かれているとき, これを平行平板コンデンサーという. 真空中でのこのコンデンサーの電気容量 C は板の面積 S と間隔 d で決まる. 2枚の導体にそれぞれ Q および $-Q$ の電荷を与えると, d が平面の幅や長さに比べて小さければ, 平板の向き合った内側の表面に電荷が集まり, その電荷分布は板の縁に近いところを除くと一様になる. この電荷分布による電場 E は2枚の板の間の空間のみに存在し, 板の縁に近

いところを除いて，いたるところ板に垂直であり，一定の大きさ $E = Q/S\varepsilon_0$ をもつ．ここで ε_0 は真空の誘電率である．2枚の導体の間の電位差 V は Ed なので，平行平板の電気容量は $C = Q/V = \varepsilon_0 S/d$ で与えられる．

　同軸円筒の電気容量：半径の異なる円筒状の導体2つが同軸で置かれているとき，これを同軸円筒コンデンサーという．このコンデンサーの電気容量 C は円筒の長さ l と，それぞれの半径 r_1 および r_2 で決まる．2つの導体にそれぞれ Q および $-Q$ の電荷を与えると，導体の間の間隔 $(r_2 - r_1)$ が円筒の長さ l や半径に比べて小さければ，電荷は2つの導体の向き合った内側表面にそれぞれ一様に分布する．その結果生ずる電場 E は径方向を向き，中心軸からの距離 r を用いて，$E = Q/2\pi\varepsilon_0 lr$ と表される．ここで ε_0 は真空の誘電率．導体間の電位差 V は E を r_1 から r_2 まで積分して $V = Q\ln(r_2/r_1)/2\pi\varepsilon_0 l$ となる．したがって，同軸円筒の電気容量は $C = 2\pi\varepsilon_0 l/\ln(r_2/r_1)$ で与えられる．

　同心球殻の電気容量：導体でできた互いに異なる半径の2つの球殻が中心を同じくして置かれているとき，これを同心球殻コンデンサーという．このコンデンサーの電気容量 C は2つの球殻の半径 r_1，r_2 で決まる．2つの導体にそれぞれ Q および $-Q$ の電荷を与えると電荷は2つの導体の向き合った表面にそれぞれ一様に分布する．その結果生ずる電場は2つの球殻の空間にのみ存在し，向きが径方向であり，その大きさ E は中心からの距離 r を用いて $E = Q/4\pi\varepsilon_0 r^2$ と表される．ここで ε_0 は真空の誘電率．導体間の電位差 V は E を r_1 から r_2 まで積分して $V = Q(r_2 - r_1)/4\pi\varepsilon_0 r_1 r_2$ となる．したがって同心球殻の電気容量は $C = 4\pi\varepsilon_0 r_1 r_2/(r_1 - r_2)$ で与えられる．

19-17: 　　　　　　　　電気伝導率 (物理1384-1385)

　物質中での定常電流の流れやすさを示す量で，電気伝導度，電導度などともいう (JIS では導電率という言い方を用いている)．電気抵抗率の逆数である．物質の電気伝導を担うものは，一般に物質中の自由電子である．したがって，電気伝導率は自由電子の密度とその移動度に依存する．導体中のある点での定常電流の密度を i，電場の強さを E とするとき，E があまり大きくないかぎり，オームの法則 $i = \sigma E$ が成立する．この比例定数 σ を電気伝導率といい，物質に固有の定数である．この逆数は電気抵抗率 ρ である．σ は等方性物質ではスカラーであるが，結晶などの非等方性物質では一般にはテンソルである．単位は $\mathrm{S \cdot m^{-1}}$ である．その値は物質の種類あるいは温度，圧力，磁場の強さなどの物理的条件によっても変化する．特に温度によって大きな影響を受ける．金属の電気伝導率は常温で $10^6 \sim 10^8\ \mathrm{S \cdot m^{-1}}$ と大きい．電解質溶液の電気伝導率は 1 mol に換算して，$10\ \mathrm{S \cdot m^{-1}}$ 程度の値をもつ．温度の上昇とともに，イオンの運動が活発になるので，その値は大きくなる．半導体の電気伝導率は常温で $10^{-2} \sim 10^4\ \mathrm{S \cdot m^{-1}}$ と種類によって広範囲の値をとり，温度とともに著しく増大する．絶縁体の電気伝導率は常温で，ふつう $10^{-8}\ \mathrm{S \cdot m^{-1}}$ 以下の値を示す．純水は $10^{-6}\ \mathrm{S \cdot m^{-1}}$ 程度の値をもつが，絶縁体に数えられる．

19-18: 　　　　　　　　電気伝導 (物理1384)

　物質に電場をかけると，物質中の荷電粒子は加速されるとともに周囲の抵抗を受けて運動し，その結果電流が生ずる現象をいう．荷電粒子の加速に対する物質の抵抗としてとらえる場合には，電気抵抗という．物体の両端に電圧 V をかけた場合に物体に流れる電流 I は $V = RI$ の関係 (オームの法則) を満たし，定数 R を電気抵抗という．電流が

流れる方向の物体の長さを l，それに垂直な断面積を S とすると，$R = \rho l / S$ が成り立ち，それぞれの物質に特有の定数 ρ を電気抵抗率または比抵抗といい，その逆数 $\sigma = \rho^{-1}$ を電気伝導率という．質量 m，電荷 e の荷電粒子には，電場 E による電気力とともに，速度 v に比例する抵抗力が作用して，運動方程式 $m(dv/dt) = eE - m\tau^{-1}v$ が成り立つ．その結果，初めはどんな速度であっても，一定時間 τ 以上たつと，速度 $v = \mu E$ の等速運動 ($\mu = e\tau/m$ を移動度という) に落着く．電流 I は，単位体積当たりの荷電粒子の個数を n とすると，$I = nevS = ne^2\tau m^{-1}l^{-1}SV$ と表され，$\sigma = ne^2\tau/m$ が導かれる．単位断面積当たりの電流 $j = I/S$ を電流密度といい，$j = \sigma E$ が成り立つ．金属や半導体では，荷電粒子は電子であり (電子伝導)，そのふるまいはバンド理論に基づいて解明され，電子の質量としては有効質量を用いることが必要である．電子伝導の観点からみると，導体と絶縁体との区別は原子に束縛されないで運動できる電子 (自由電子) の有無によってつけられるが，厳密にはバンド理論に基づいて検討される．半導体に光を当てて伝導性を高めうること (光伝導) もそれによって理解される．光電池に利用されるのも，この光伝導の性質である．上述の運動方程式からわかるように，電場が仕事をして粒子の運動エネルギーが増すが，同時に抵抗力によってそのエネルギーは熱になって周囲に逃出す．この熱はジュール熱とよばれ，単位時間当たりの発熱量は，単位体積当たり ρj^2，全体では RI^2 に等しい．絶縁体では電場をかけても電流は流れず，電荷が変位するだけで，その結果，分極が生じ，誘電体としてふるまう．磁荷は存在しないので，磁気には電流に該当する現象は存在しない．電子その他，自由に動ける荷電粒子は電場だけでなく，温度勾配の影響も受けて，熱伝導のほか，いろいろの熱電気現象を生じる．それを検討するには，ボルツマン方程式を用いるなど統計力学的見地を含む考え方に立つことが必要である．

イオン結晶は低温では絶縁体であるが，高温ではイオンの流れによる電気伝導 (イオン伝導) を起す．特に，超イオン導電体は高いイオン伝導性で知られる．電解質溶液では正負のイオンがそれぞれ陰極，陽極に流れ込んで，各極板に析出する．気体内の電気伝導もイオンの流れに基づき，電離が進むほど伝導度が増す．金属は融解して液体になっても電子伝導が主体である．セッケン液などのコロイド溶液では，イオンのほかコロイド粒子も寄与する．一般に液体，気体は完全に中性である限り絶縁体であり，電場を強めるか，電子や光を当てて電離させることによって伝導性が現れる．電場を極度に強くすると，加速された荷電粒子が物質内にさまざまな変化を起し，電流は電場に比例せず，さらには定常電流が保持されなくなる (絶縁破壊)．気体中のこのような電流は古くから放電現象として知られ，電子は希薄気体の放電の際に発見されたし，放電における原子の励起状態の研究は原子物理学さらに量子論の発展に寄与した．きわめて高温高密度では，原子は高度に電離した状態 (プラズマ) になり，大きい伝導性をもつにいたる．0 K に近い極低温で，多くの金属や合金の電気抵抗が全く消失する超伝導現象は巨視的な量子現象である．

以上のように，電気伝導は各物質内の各種の荷電粒子の多様な運動の仕方に起因しており，それに応じて大きさも様相もさまざまである．たとえば金属では，自由電子の密度は十分大きく，温度によらずほぼ一定である．一方，各自由電子の移動度は，温度が上昇すると格子振動や不純物による自由電子の散乱が盛んになるので減少する．電気伝導率は自由電子密度と移動度の積であるから，それは温度とともに減少するわけである．その温度依存性は絶対温度を T として $1/\sigma = \alpha + \beta T$ の形で与えられる．α，β は定数で，

特に β は温度係数とよばれ，その値は付表に与えられている．不純物を増やすとそれに比例して定数項 α は増大する．金属では電気伝導率と熱伝導率の間には相関があり，その関係式をウィーデマン・フランツの法則という．半導体では熱的に励起された少数の自由電子が電気伝導を担う．自由電子の密度はボルツマン分布に従い，$\exp(-E/kT)$ に比例するので，$\sigma = \sigma_0 \exp(-E/kT)$ という温度変化を示す．ここで σ_0 は定数，k はボルツマン定数，E は励起エネルギーであり，不純物の種類や濃度によって敏感に変化して，その混入によって ρ を減らすこともできる．ρ は，金属では $10^{-8} \sim 10^{-9}$ $\Omega \cdot m$ の程度のものが多く，純度の高いゲルマニウムは 10^{-1} $\Omega \cdot m$ 程度にもなるが，III 族 V 族の元素を混入して数けたにわたって減少調節できる．電気伝導のこのような多様な性質は，それぞれの物質類型に特有の模型に基づいて解明すべきもので一概に記述することはできないが，比熱，誘電率，磁化率など，熱平衡状態の物質定数を表す一般公式が存在するように，定常状態の物質定数である電気伝導率に対しても一般公式として

$$\sigma = \int_0^\infty dt \int_0^\beta d\lambda \, <\exp[(\lambda - i\hbar^{-1}t)H]\, j_\mu \times \exp[-(\lambda - i\hbar^{-1}t)H]\, j_\mu>$$

が成り立つ．ここで j_μ は電流密度の $\mu (= x, y, z)$ 成分，H は体系のハミルトニアンを表す演算子，$\beta = (kT)^{-1}$ であり，角括弧は熱平衡状態に関する平均値を表す．この公式によって特定の物質の伝導率を求めるには，適切な模型に基づいて計算することが必要であり，問題は一段持越されただけのようにもみえるが，公式自体が伝導率の本質を示しているという点からも，不可逆過程の一般理論の見地からも重要な意義をもつものと考えられる．

Lesson 20: Electricity II
(applications)

安 　アン ease, relief, rest
　　　やす(い) cheap, inexpensive, peaceful, quiet
　　　　　　安全　　　　　　　　アンゼン　　　　　　　　safety
　　　　　　安定な　　　　　　　アンテイな　　　　　　　stable

間 　カン among, between, interval, space
　　　あいだ among, between, interval, space
　　　　　　時間　　　　　　　　ジカン　　　　　　　　　time
　　　　　　空間　　　　　　　　クウカン　　　　　　　　(void) space

観 　カン appearance, condition, outlook, view
　　　　　　観測　　　　　　　　カンソク　　　　　　　　observation
　　　　　　観点　　　　　　　　カンテン　　　　　　　　point of view

己 　キ oneself, self; コ oneself, self
　　　おのれ oneself
　　　　　　自己形成　　　　　　ジコケイセイ　　　　　　self-organization
　　　　　　自己誘導　　　　　　ジコユウドウ　　　　　　self-induction, auto-induction

給 　キュウ gift, wage
　　　たま(わる) to bestow, to give, to grant
　　　　　　供給速度　　　　　　キョウキュウソクド　　　feed/supply rate
　　　　　　送給　　　　　　　　ソウキュウ　　　　　　　supplying, providing

弦 　ゲン bowstring, chord (in geometry)
　　　つる bowstring
　　　　　　正弦　　　　　　　　セイゲン　　　　　　　　sine (function)
　　　　　　余弦　　　　　　　　ヨゲン　　　　　　　　　cosine (function)

交 　コウ association, coming and going, mixing
　　　ま(ざる) to be blended, to be mixed {vi}; まじ(える) to blend, to mix, to exchange {vt};
　　　ま(じる) to be blended, to be mixed {vi};
　　　まじ(わる) to associate with, to mingle with {vi}; ま(ぜる) to blend, to mix {vt}
　　　　　　交流電流　　　　　　コウリュウデンリュウ　　alternating current (AC)
　　　　　　熱交換器　　　　　　ネツコウカンキ　　　　　heat exchanger

時	ジ hour, o'clock, time		
	とき hour, moment, occasion, time		
	時代	ジダイ	era, age, "the times"
	同時	ドウジ	simultaneous, concurrent

路	ジ distance, path, road, route; ロ distance, path, road, route		
	回路	カイロ	(electric) circuit
	道路	ドウロ	road, highway

直	ジキ correctness, frankness, honesty, simplicity;		
	チョク correctness, frankness, honesty, simplicity		
	ただ(ちに) immediately; なお(す) to correct, to reform, to repair {vt};		
	なお(る) to be mended, to get well, to return to normal {vi}		
	直接の	チョクセツの	direct
	直線	チョクセン	straight line

族	ゾク clan, family, race, tribe		
	芳香族基	ホウコウゾクキ	aromatic group
	民族	ミンゾク	ethnic group, people

片	ヘン flake, leaf, petal, sheet		
	かた one (of a pair), one-sided, one-way		
	片方	かたホウ	one side, one party
	結晶片	ケッショウヘン	crystal fragment

誘	ユウ asking, calling for, inviting		
	さそ(う) to ask, to call for, to invite		
	誘電体	ユウデンタイ	dielectric
	誘導期	ユウドウキ	induction period

様	ヨウ manner, method, way		
	さま circumstances, situation, Mr. or Ms. {honorific}		
	多様性	タヨウセイ	diversity, variety
	模様	モヨウ	pattern, figure, design

例	レイ case, example, precedent, usage		
	たと(える) to compare to, to illustrate (by example)		
	比例	ヒレイ	proportion, ratio
	例外	レイガイ	exception

Reading Selections

20-1: **直流** (物理1320)

　時間に対して常に一方向に流れる電流のこと．これに対して方向が周期的に変化する電流を交流という．直流の電源は電池が代表的であるが，直流発電機，交流を整流したものなどのように，流れる方向は変わらないが，大きさが時間と共に変化するものもある．これを脈流という．脈流は直流と交流の和として表すことができる．直流電流 I，電圧 E，回路の抵抗 R の関係はオームの法則により $I = E/R$ で表される．電流が抵抗を流れるときの消費電力 P は，$P = I^2R = E^2/R$ で与えられる．直流は電圧の逓昇，逓降が交流のように簡単にはできないので，電力輸送には適さないが，半導体回路，直流モーター，電気分解などの電源として広範囲に利用されている．

20-2: **直流安定化電源** (物理1320)

　直流出力電圧または電流が，負荷によらず一定に保たれた電源．直流電圧は交流を整流すれば得られるが，交流入力電圧の変動や整流回路のリップルがそのまま出力電圧や電流に含まれる．また電源の内部抵抗により員荷電流の変化のため出力電圧が変動する．これらの入力や出力の変動を検出して電圧制御回路にフィードバックして出力を安定化したものがこの電源である．また，整流する前の交流をサイリスターで制御する方法と整流作用を制御する方法がある．

20-3: **交流** (物理678-679)

　平均値 0 を中心として，時間と共に周期的に変化する電流．時間的に一定の定常電流を表す直流に対する用語．周期的に時間変化する電圧および電流の意味で，交流電圧，交流電流を総称することも多い．振動数のあまり大きくない電磁場の現象では，電磁場のエネルギーが主としてコイル，コンデンサーなどの回路素子に集中していると考える準定常電流の取り扱いができる．普通，交流とは，周期的な電流，電圧のうちで，このような取り扱いができる振動数をもつ場合をさす．

　交流の波形としては，正弦波，鋸歯状波，矩形波などがあるが，正弦波交流が代表的であり，一般の場合は，正弦波のフーリエ成分の重ね合わせで表せる．1 つの角振動数 ω で正弦的に振動する成分をとると，交流電流 $I(t)$ は I_0 を実定数として $I(t) = I_0 \cos(\omega t + \alpha)$，交流電圧 $E(t)$ は，E_0 を実定数として，$E(t) = E_0 \cos(\omega t + \beta)$ と書けるが，これらを $E(t) = \mathrm{Re}\, \underline{E} \exp(j\omega t)$，$I(t) = \mathrm{Re}\, \underline{I} \exp(j\omega t)$（Re は実数部，$\underline{E} = E_0 \exp(j\alpha)$，$\underline{I} = I_0 \exp(j\beta)$）と表し，$\underline{E}$，$\underline{I}$ などを用いて各種の量を計算することができる．これを交流の複素数表示といい，このような正弦的に振動する電流，電圧の回路理論を交流理論という（複素数表示の量であることを強調して $\underline{E}$，$\underline{I}$ のように上（または下）に点をつけることが多い）．たとえばインピーダンス Z，アドミッタンス Y は，$\underline{Z} = \underline{E}/\underline{I}$，$\underline{Y} = \underline{I}/\underline{E}$ のように複素数表示される．電圧が $E(t) = \mathrm{Re}\, \underline{E} \exp(j\omega t)$ のとき，電流 $I(t) = \mathrm{Re}\, \underline{I} \exp(j\omega t)$ が流れるとすると，これらの電流，電圧のなす仕事，つまり交流電力は，1 周期について，時間平均をして

$$P = (\omega/2\pi) \int_0^{2\pi/\omega} E(t)\, I(t)\, dt = (1/2)\, \mathrm{Re}\, \underline{E}\underline{I}^* = (1/2)\, \mathrm{Re}\, \underline{E}^*\underline{I}$$

で与えられる．電流と電圧の位相差を δ とすると，$\underline{I}/\underline{E} = |\underline{I}/\underline{E}| \exp(j\delta)$ であり，$P = (1/2)$ $|\underline{E}\,\underline{I}| \cos \delta$ となる．$\cos \delta$ を力率という．また $(1/2)\,|\underline{E}\,\underline{I}|$ を皮相電力，$P = (1/2)\,|\underline{E}\,\underline{I}| \cos \delta$ を実効電力，$(1/2)\,|\underline{E}\,\underline{I}| \sin \delta$ を無効電力とよぶ．さらに，$E_{\mathrm{eff}} = \underline{E}/(2)^{1/2}$ または $E_{\mathrm{eff}} = E_0/(2)^{1/2}$ を電圧の実効値，$I_{\mathrm{eff}} = \underline{I}/(2)^{1/2}$ または $I_{\mathrm{eff}} = I_0/(2)^{1/2}$ を電流の実効値と定義する．実効値を用いると，電力は $P = \mathrm{Re}\,(E_{\mathrm{eff}}\, I^*_{\mathrm{eff}}) = |E_{\mathrm{eff}}\, I^*_{\mathrm{eff}}| \cos \delta = E_{\mathrm{eff}}\, I_{\mathrm{eff}} \cos \delta$ と表される．わが国で一般家庭に供給される電気は振動数 50 または 60 Hz で実効電圧値 100 V の交流である．

20-4: **交流安定化電源** (物理679)

　一定電圧の交流を供給する電源．その機能により定電圧安定化電源および定電圧定周波電源がある．前者に属するものとしては，定電圧変圧器，鉄共振定電圧源，電動発電機や磁気増幅器によるものなどがあり，各種制御回路の交流電源として使われる．後者は交流を整流し直流にした後，発振器により再び交流に変換するもので，計算機のような精度の要求される装置に使用される．

　発電所から供給される同一送電線には多数の利用者があり，各利用者の電力の使用条件が変動するため送電線のインピーダンスによる電圧降下を生じ電圧が変動する．この変動を各利用者が必要に応じて安定化しなげれならない．電力利用者の発生する電圧変動は実効電力と無効電力によるが，無効電力によるものは力率に応じ進相コンデンサーを調整して補償できる．実効電力による変動は前に述べた各種の装置によって安定化される．

20-5: **インダクタンス** (物理109)

　一般に，電流の大きさ I と，これのつくる磁場の大きさ，したがって，ある回路を貫く磁束の大きさ Φ は比例するが，この比例係数 $L = \Phi/I$ をインダクタンスという (誘導係数ともいう)．単位は H (ヘンリー) で，$1\,\mathrm{H} = 1\,\mathrm{Wb \cdot A^{-1}}$．複数個の電流回路がある場合には，各回路の電流を I_i，各回路を貫く磁束を Φ_i とすると，Φ_i は各電流のつくる磁束の和で
$$\Phi_i = \sum_j L_{ij} I_j$$

と与えられる．$L_{ij}\,(i \neq j)$ は相互インダクタンス，L_{ii} は自己インダクタンスとよばれる．回路が 1 つの場合，自己インダクタンスのことを単にインダクタンスという．(自己)インダクタンス L をもつ回路の電流 I を変化させると，電磁誘導により $-(d/dt)\,LI$ の起電力が生じ，電流変化を妨げようとする．振動数 ω で正弦的に変化する電圧に対しては，インダクタンス L はインピーダンス $j\omega L$ をもち，電流の位相は $\pi/2$ だけ遅れる．このように，インダクタンスの与えるリアククンスは正である．これから，一般のインピーダンスに対して，リアクタンスが正のとき，誘導的であるという．コイルなどインダクタンスをもつ回路素子そのものをインダクターという．

20-6: **インダクタンス計** (物理109)

　自己インダクタンスを手軽に直読できる計器．比率計型計器を用い，コイル M_1 の直列回路には標準のインダクタンス L_1 を入れ，コイル M_1 の直列回路には被測定インダ

クタンス L_2 を入れる．両コイルに流れる電流の比がインダクタンスに逆比例するので，指針のふれは $L_2 = (I_1/I_2)L_1$ を与える．この他に Q メーターでも自己インダクタンスが損失抵抗とともに測定できる．自己インダクタンスや相互インダクタンスの正確な測定には交流ブリッジを使用する．

20-7: リアクタンス (物理2209)

インピーダンス ($Z = R + jX$) の虚数部の X で表される量．単位は Ω (オーム)．たとえば，純インダクタンス L は ωL，純容量 C は $-1/\omega C$ (ω は交流の角振動数) のリアクタンスをもつ．正のリアクタンスを誘導リアクタンス，これをもつことを誘導性，負のリアクタンスを容量リアクタンス，これをもつことを容量性という．誘導性のリアクタンスは電流の位相を電圧の位相より遅らせ，容量性のリアクタンスは進ませる．

20-8: インピーダンス (物理111)

交流電流の流れにくさを示す量．2つの端子間の電圧 $V(t)$，電流 $I(t)$ が正弦的に変化し，複素数表示でそれぞれ $\underline{V}$，$\underline{I}$ と表されるとき ($V(t) = \mathrm{Re}\,\underline{V} \exp(j\omega t)$，$I(t) = \mathrm{Re}\,\underline{I} \exp(j\omega t)$)，$\underline{Z} = \underline{V}/\underline{I}$ をこの2端子間のインピーダンスという．ここで ω は電流の角振動数．単位は Ω (オーム)．これは $2n$ 端子の回路網に対するインピーダンス行列の $n = 1$ の場合にあたる．Z を実数部と虚数部に分けて，$Z = R + jX$ としたとき，R を抵抗分，X をリアクタンスとよぶ．また，インピーダンスの逆数はアドミッタンスとよばれる．たとえば，純抵抗 R では $Z = R$，インダクタンス L だけのときは $Z = j\omega L$，容量 C だけのときは $Z = 1/j\omega C$ である．複数個のインピーダンス Z_i を合成したとき，その合成値は，各 Z_i が純抵抗であるときの合成値を与える式の各抵抗値に Z_i を代入した式で与えられる．インピーダンスの概念は電波，伝送線の波動インピーダンス，力学系の力学的インピーダンス (正弦的に変化する外力と，これによる系の速度を記述するベクトルの比) など各種の波動，振動現象に拡張されている．

20-9: インピーダンス関数 (物理111)

回路の周波数特性，過渡特性を表す回路網関数のひとつ．一端子対回路の入力インピーダンス $Z(s)$ は，ある条件をそなえた s の有理関数 $Z(s)$ である．これをインピーダンス関数という．s を $j\omega$ で置換えた $Z(j\omega)$ は交流理論の複素インピーダンスとなる．有理関数 $Z(s)$ が与えられたとき，これを入力インピーダンスとする回路が実在する条件は，$s = \sigma + j\omega$ としたとき，(1) $Z(\sigma)$ が実数，(2) $\sigma \geq 0$ に対して $\mathrm{Re}\,Z(s) \geq 0$，である．このような性質をもった有理関数を正実関数という．極を除く虚軸上の点で常に純虚数となる正実関数をリアクタンス関数という．

20-10: インピーダンス行列 (物理111)

交流回路において印加電圧 V と回路に流れる電流 I との比をインピーダンスという．いま，n 個の独立なループを含む回路網を考える．時計方向にとったループ電流を I_1，I_2, $\cdots$, I_n とし，ループに含まれる起電力を V_1，V_2, $\cdots$, V_n とすれば，キルヒホッフの

法則により次式が成り立つ.

$$z_{11}I_1 + z_{12}I_2 + \cdots + z_{1n}I_n = V_1$$
$$z_{21}I_1 + z_{22}I_2 + \cdots + z_{2n}I_n = V_2$$
$$\vdots$$
$$z_{n1}I_1 + z_{n2}I_2 + \cdots + z_{nn}I_n = V_n$$

行列で表せば $[z][I] = [V]$ となる. この $[z]$ をインピーダンス行列という. 対角項 z_{ii} は i 番目のループの全インピーダンスであり, 自己インピーダンスとよばれる. 非対角項 z_{ij} は I_i, I_j がともに流れる共通枝路のインピーダンスに負号をつけたもので, 相互インピーダンスとよばれ, $z_{ij} = z_{ji}$ の関係がある.

20-11: インピーダンス整合 (物理111-112)

2つの回路を接続し, 電源側から負荷側への電力供給をする場合, その接続点で, 両者のインピーダンスを等しくし電力の反射による損失がないようにすることをいう. 電源側の内部インピーダンスを ρ, 負荷側のインピーダンスを R とした場合 $R = \rho$ のときすなわちインピーダンス整合のとき, 負荷に最大電力を供給することができる. $R \neq \rho$ のときは反射損失があり, 不整合であるという. この場合には接続点にインピーダンス整合回路網を挿入して, 電源側より見た負荷インピーダンスを ρ に変換し, $\rho/R = N^2/M^2$ としてインピーダンスの整合をとることができる. パルスまたは交流回路では整合回路網にはトランスがよく用いられる. また分布定数回路, たとえば同軸ケーブルで信号を伝送する場合, 同軸ケーブルの特性インピーダンス ($50\,\Omega$ か $75\,\Omega$ が多い) と同じインピーダンスの負荷で終端しないと不整合による信号の反射が起き電源側に戻る. 負荷と直列または, 並列に抵抗を加えることにより, インピーダンスの整合をとることができる.

20-12: 電気回路 (物理1381)

電気信号やエネルギーの授受, 伝送, 変換などの目的でいくつかの回路素子を導線で結びつけたもの. 電気回路ではエネルギー源を電源, エネルギーの流れを電流とよぶ. 電気回路で扱う電源には電圧源と電流源の2種類がある. 電源の電圧または電流が時間的に変化しないものを直流回路, 変化するものを交流回路とよぶ. 電気回路を機能からみた場合には, 受動回路と能動回路に大別できる. 受動回路とは抵抗, インダクタンス, 容量などで構成される回路で, 電気的エネルギーを発生しない回路である. これに対し, 能動回路は電子管, トランジスター, リレーなどの回路素子を含む回路で, 電気的エネルギーを発生できる回路である. 能動回路は真空, 気体, 固体の中の電子の作用を利用しているため, 特に電子回路ともよばれる. 電子回路は回路を構成する主要な素子が何かによってその名前をつけて, たとえば電子管回路, トランジスター回路, リレー回路というようによばれる. 一方では使用している素子に関係なく, 回路の動作や目的から電源回路, 増幅回路, 発振回路, 変調回路, 高周波回路, 低周波回路などとよばれたりする. また回路の性質から区別することもある. 電圧と電流が比例関係にある, つまりオームの法則が成立する回路を線形回路, オームの法則が成立しない非直線形素子など

を用いている回路を非線形回路とよぶ. 抵抗, 容量, インダクタンスが個々の素子に集中していると考えられる回路を集中定数回路, 逆の場合を分布定数回路という. マイクロ波になると, 電磁波を回路内にとじ込める立体回路を用いる. 電気回路の解析に用いる基本定理はキルヒホッフの法則, 重ね合わせの原理, 相反定理, 補償定理などである.

20-13: オームの法則 (物理243-244)

導線の2点間を定常電流 I が流れるとき, 2点間には I に比例する電位差 $V = RI$ が生じる. これをオームの法則といい, 1826 年 G. S. Ohm によって発見された. 比例定数 R は電気抵抗または単に抵抗とよばれ, V および I によらないが, 物質の種類や状態 (太さ, 長さ, 温度, 磁場など) によって変る. 空間的に広がった電流については, 各点の電流密度 i および電場 E に対し, 局所的なオームの法則 $i = \sigma E$ が成り立つ. ここで, σ は電気伝導率とよばれる物質定数であり, 等方な物質ではスカラー量であるが, 非等方性物質ではテンソル量になる. 太さの一定な一様な導線では, R は導線の長さ l に比例し, 断面積 S に反比例する. すなわち $R = \rho l/S$ である. $\rho (= \sigma^{-1})$ は電気抵抗率, 比抵抗または固有抵抗とよばれ, 導線の太さおよび長さによらない定数である. オームの法則は, 金属などの良導体では非常に広い範囲の電位差の値に対してよく成り立つが, 半導体や絶縁体では電位差が大きくなると成り立たなくなる. また交流の場合には $V = RI$ の右辺にさらに時間変化率 dI/dt や積分 $\int I dt$ に比例する項が現れる.

20-14: 交流回路 (物理679)

時間とともに正弦波的に電流または電圧の大きさが変化する交流を扱う回路. 時間的に一定である直流の場合は直流電流が流れることのできる抵抗のみから回路が構成される. 交流の場合はコンデンサーを通じて電流が流れることが可能で, 電流は電圧より 90° 位相が進む. またインダクタンスに交流電圧を加えると電圧より 90° 位相がおくれて電流が流れる. このように抵抗のほかにコンデンサーやインダクタンスを含んだ回路は交流電流が流れ交流回路とよばれる. 回路内の電流と電圧はその大きさのみでなく, 互いの位相関係も重要であり, これらの関係はベクトルで表示される. 交流の電圧や電流は複素数表示され, コンデンサー C やインダクタンス L のインピーダンスは $1/j\omega C$ および $j\omega L$ で与えられ, 複雑な交流回路の計算を容易に行うことができる. 単一の周波数の交流のみでなく, 周波数が整数倍の高調波や他の周波数の交流が含まれることが多いが, それぞれの周波数成分にわけて回路計算することができる.

20-15: 電流密度 (物理1442)

単位面積あたりの電流を表すベクトル量. 電流の存在する領域に, 面積 S の微小平面を考え, この面を通過する電気量を単位時間あたり I とする. このとき, この面に垂直な方向に対する電流密度 i の成分 $i_\perp$ は, 極限

$$i_\perp = \lim_{S \to 0} (I/S)$$

によって定義される. したがって, 電流密度の SI 単位は $A \cdot m^{-2}$ である. 電流密度は一般に位置と時刻との関数で, 電流の空間的な分布状態と時間的な変化のようすを表す.

電流が点電荷の運動による場合には，i 番目の点電荷の電気量を q_i, 位置を r_i, 速度を v_i として，位置 r における電流密度は，δ 関数を用いて，

$$i = \sum q_i v_i \delta(r - r_i)$$

で与えられる．和は系の中のすべての点電荷にわたる．

マクロな意味での電流密度は次のような平均値である．上式の両辺を体積 V の領域の内部で積分し，V で割る．体積 V はその領域内に多数の点電荷が含まれる程度に大きくする．しかし，系全体の体積に比べれば十分小さい領域を考える．したがって，平均された電流密度 $\bar{i}$ は

$$\bar{i} = (\sum q_i v_i)/V$$

である．和は領域内に存在する電荷のみについて求める．特に，金属の中を電子が流れる場合には，電子の電荷を $-e$, 数密度を n, 平均速度を v として，電流密度 $\bar{i}$ は

$$\bar{i} = -env$$

と表される．

20-16: 電流増幅 (物理1441-1442)

増幅器で，入力信号電流を増倍して大きな電流を出力すること．増幅には電流を増幅するものと電圧を増幅するものがあるが，電流増幅の場合には，入力電流に対する出力電流の比，すなわち，電流増幅度は信号源および負荷インピーダンスによって変化する．理想的な電流増幅を行うための電流増幅器は，入力インピーダンスが 0 で出力インピーダンスは無限大の増幅器である．この場合には信号源および負荷インピーダンスがどのような値でも，電流増幅度は変化しない．たとえばトランジスターによるエミッター接地回路では，ベース入力インピーダンスは数百 Ω から数 $k\Omega$ 程度であまり高くなく，コレクター出力インピーダンスは数 $M\Omega$ 程度で非常に大きなインピーダンスとなり，コレクターはそこを流れる電流がベースに流れる電流によって制御される定電流源とみなすことができる．したがってコレクター電流は常にベース電流の h_{FE} 倍 (または β 倍) となり，h_{FE} は電流増幅率とよばれる．

20-17: 電気光学効果 (物理1382)

液体・固体において，外部から電場が印加されたときに，その物質の屈折率が変化する現象を電気光学効果という．その際の屈折率の変化が電場に比例する場合を，ポッケルス効果 (あるいは一次の電気光学効果) といい，電場の二乗に比例する効果を，カー効果 (あるいは二次の電気光学効果) という．圧電結晶では，印加電場の周波数が圧電共鳴周波数より低い場合は，圧電効果による結晶の弾性変形が印加電場に追従し，光弾性効果による屈折率の変化が同時に起る．周波数が高い場合は，変形が追従できず，この場合を束縛状態の電気光学効果という．この効果はレーザー光の光変調に応用され，ポッケルス効果を使った変調器をポッケルス・セル，カー効果を使った変調器をカー・セルという．

20-18: カー効果 (物理338)

電気光学効果のひとつ．電場によって物質の屈折率が変わる現象のうち，電場 E の2

乗で誘起される複屈折をいう．E に比例するものはポッケルス効果である．等方的物質では，対称性から電場による最低次の変化としてカー効果が観測される．電場に平行に偏光した波長1の光に対する物質の屈折率を $n_{\parallel}$，垂直に偏光した場合のものを $n_{\perp}$ とすると，2つの光波の位相差 Γ とカー係数 K との関係は，光路長を l として，
$$\Gamma = 2\pi(n_{\parallel} - n_{\perp})(l/\lambda) = 2\pi l K E^2$$
で与えられる．有極性液体のように双極子をもった分子で構成される物質に直線偏光した弱い光を通しても，屈折率の異方性は観測できない．これは双極子がでたらめに配向しているためである．しかし，強い電場を物質に作用させると，双極子が整列し屈折率の異方性が生ずるので，弱い光でこれを探知できる．このとき，強い電場を配向場，弱い光の場を読み出し場という．配向場の変動周期が分子の緩和時間に比べてゆるやかであれば，分子がこれに応じて配向し，カー効果が観測される．高い振動数の配向場を用いると，分子の変形によるカー効果が見られる，ニトロベンゼンなど有極性液体のカー係数は非常に大きい．電気光学的結晶もかなり大きなカー効果を示し，可変遅延板，光変調器，光シャッターや光偏向器などに用いられる．カー効果は高電圧パルスの精密測定や絶縁体中の空間電荷分布の測定にも利用されている．

20-19: 電気磁気効果 (物理1382)

電場 E によって磁気分極 J が生じ，あるいは磁場 H によって電気分極 P が生じる現象を電気磁気効果という．磁気電気効果ともいう．この現象は
$$P = \chi_{e}E + l_{em}H$$
$$J = l_{me}E + \chi_{m}H$$
で表される．電場と電気分極は極性ベクトルであり，磁場と磁気分極は軸性ベクトルであるので，係数 l_{em} と l_{me} とは空間反転によって符号が変わる．電気磁気効果をもつ物質は，シュブニコフ群に属する結晶に限られる．Cr_2O_3，Ti_2O_3，$GaFeO_3$ で観測されている．分極が場の二乗に依存する場合には，等方体でも電気磁気効果は存在し得る．また $Ni_3B_7O_{13}I$ では，磁場の変化によって自発電気分極を反転させることができる．

20-20: 電流雑音 (物理1441)

抵抗体に電流を流すと熱雑音以上に大きな雑音を発生する場合がある．このように電流を流すことによって生ずる雑音を過剰電流雑音または単に電流雑音という．金属抵抗ではこの雑音は小さいが，薄膜抵抗や接触抵抗では一般に大きい．電流雑音電圧 v_n の二乗は流す電流 I の二乗に比例して増大し，かつ周波数 f に逆比例するスペクトルを有する．$v_n^2 \propto I^2 \Delta f/f$．ここで Δf は観測する周波数帯域幅である．

20-21: 電流磁気効果 (物理1441)

電流と磁場のもとに現れる電気的，熱的効果を総称して電流磁気効果という．直方体の導体の長さ方向 x に電流を流しておいて，厚さ方向 z に磁場をかけると幅の方向 y に電圧の生ずるホール効果が代表的な例である．このほか電流の方向に対し，磁場の方向，効果が現れる方向にいろいろな場合がある．またこれに類して，一次流が熱流であるときの諸効果を総称して熱流磁気効果という．

20-22:　　　　　　　　　　　**電動発電機** (物理1429)

　発電機をモーターでまわすもので，交流から直流電源を得るものと，逆に直流から交流電源を得るものの2種類がある．高速の回転機械のため常に保守が必要である．最近はシリコン整流器やサイリスターが発達したので，これらによるほとんど保守を必要としない静止型交直変換装置を使用する場合が多い．

20-23:　　　　　　　　　　　**発電機** (物理1623)

　電磁誘導作用を利用し機械エネルギーを電気エネルギーに変換する装置．磁束密度 B の一様な磁場内で有効断面積 A のコイルが一定角速度 ω で回転するとき，磁束 ϕ は次式で与えられる．

$$\phi = BA (\cos \omega t)$$

コイルの巻数を N とすると，コイルの両端子 a，b 間に誘起する交流電圧 e は下記で求められる．

$$e = -N(d\phi/dt) = NBA\omega (\sin \omega t) = E_\mathrm{m} (\sin \omega t)$$

実用機では，コイル (電機子コイル) を回転子とし磁極 (界磁) を固定としたものを回転電機子型といい，これを反対にし磁極を回転子としたものを回転界磁型発電機という．直流発電機は回転電機子型で，整流子とブラシを用い誘起電圧を整流して直流を発生する．交流発電機は両方の型が用いられているが，回転電機子型ではスリップリングとブラシで電圧を外部へ誘導し，回転界磁型は直接外部へ取り出す．高周波発電機は商用周波数より高い，数百 Hz から 20 kHz くらいまでの高周波交流電力を発電するものであり，実用面では高周波加熱器の電源などに普及している．

20-24:　　　　　　　　　　　**誘電体** (物理2143)

　絶縁体を電場のなかに置くと，正電荷は電場ベクトルの方向に，負電荷は反対方向に微小変位し，物質の構成要素は電気双極子モーメントをもつようになる．この現象を誘電分極といい，誘電分極が起る物質を誘電体という．誘電分極は次の3つの原因によって生ずる．(1) 電子殻が原子核に対して変位する (電子分極)．(2) イオン結晶において，正イオンが負イオンに対して変位する (イオン分極)．(3) 永久双極子モーメントをもつ分子 (極性分子) または基が電場の下で配向する (配向分極)．誘電体の外部から電場 E を加えると，誘電体内部の原子または分子には局所電場 F が働き，原子または分子は分極して双極子モーメント p が生ずる．p は F に比例し $p = \alpha F$ と表される．この比例定数 α を分極率という．平行平板コンデンサーに，比誘電率 ε の誘電体を充填すれば，その静電容量は，誘電体を充填しない場合に比べて ε 倍になる．比誘電率 ε は，分極率 α と局所電場係数 γ が与えられれば，次のクラウジウス・モソッティの式から求められる．

$$(\varepsilon - 1)/(\varepsilon + 2) = (\gamma/3\varepsilon_0) \sum_j N_j \alpha_j$$

　分極率は，3つの部分に分けることができる．すなわち電子分極率 (α_electron)，イオン分極率 (α_ion)，配向分極率 (α_dipole) である．光学周波数においては，イオンや分子の慣性

のために，イオン分極率，配向分極率は分極率に寄与しない．したがって，光学周波数領域では，電子分極率のみが寄与する．紫外領域に，電子に対する共鳴型の分散がある．遠赤外領域からマイクロ波領域にかけては，電子分極率のほかにイオン分極率が寄与する．遠赤外ないし赤外領域に，結晶の格子振動による共鳴型の分散が存在する．メートル波 (VHF) より低い周波数では電子分極率，イオン分極率，配向分極率のすべてが寄与する．デシメートル波 (UHF) ないしマイクロ波領域に，デバイ型 (緩和型) の分散が現れる．

　誘電体のなかには，強誘電体とよばれる多数の結晶があり，物性物理学的に内容の豊富な研究が行われている．強誘電体は，温度を変化させると，強誘電相転移をするという特徴がある．ところで，強誘電相転移は構造相転移の一種である．誘電体のなかには，強誘電相転移以外の構造相転移をする結晶も多数あり，これらに対しても，物性物理学的に内容の豊富な研究が行われている．

20-25: 誘電率 (物理2143)

　電場 E と電束密度 D との線形関係を表す物質定数で，誘電体の特徴を示し，誘電定数ともよばれる．電場に対する誘電体の影響力を表す量として，M. Faraday によって導入された．誘電率を ε とすると $D = \varepsilon E$ と表される．電気感受率を χ_e，真空の誘電率を ε_0 とすると，$\varepsilon = \chi_e + \varepsilon_0$ の関係がある．もし誘電体に異方性があれば，ε は 2 階のテンソルになる．時間空間的に変化する場では，フーリエ変換された電場と電束密度とに同様の関係が成り立つ．この場合，誘電率は振動数と波数とに依存する．線形関係が成り立たない物質もある．

20-26: 誘電加熱 (物理2141)

　高周波加熱の一種で，被加熱物の誘電体が高周波電場中におかれると，誘電損失によって発熱する現象．使用周波数が GHz 帯に及んでいることから，この帯域のものをマイクロ波加熱ともいう．平行電極板間に誘電体力率 $\tan\delta$，比誘電率 ε_r なる物体を置き，電極板間間隙 D [cm] に周波数 f [MHz]，電圧 V [V] の電源を接続するとき，物体に吸収される単位体積当たりの電力 P は被加熱体と電極の間の空隙 $d = 0$ の場合次式で与えられる．
$$P = (5/9)\, f\varepsilon_r\, (\tan\delta)(V/D)^2 \times 10^{-12}\ [\text{W}\cdot\text{cm}^{-3}]$$
高周波電源は三極管を用いた自励発振器によるものが最も多く，その電力は，数十 W から数百 kW 程度のものまである．使用周波数は，木材乾燥，合板の接着，ゴムの加硫などは 5~30 MHz，プラスチックシートや紙の急速加熱は数十 MHz，食品熱処理は 1~3 GHz である．利点は，一様加熱が可能，温度上昇が速く制御が容易，冷却が速い，過熱のおそれが少なく含水率に左右されない，などである．

Lesson 21: Electricity III
(semiconductors and superconductors)

軌　キ model, orbit, road, rule, rut, wheel track

軌跡	キセキ	locus, track
軌道	キドウ	orbit(al)

局　キョク board, bureau, central, conclusion, duty, office

局所電場	キョクショデンば	local electric field
結局	ケッキョク	after all, eventually, in the end

型　ケイ model, mold, set form, style, type
　　かた model, mold, set form, style, type

小型の	こがたの	small (size), compact
典型的な	テンケイテキな	typical, representative

結　ケツ binding, tieing, uniting
　　むす(ぶ) to bind, to tie, to unite

結合軌道	ケツゴウキドウ	bonding orbital
結晶	ケッショウ	crystal

鉱　コウ mineral, ore

鉱石	コウセキ	ore, mineral
鉱物	コウブツ	mineral

在　ザイ country, outskirts, suburbs
　　あ(る) to be located in, to exist, to occur

現在の	ゲンザイの	present, current, now
存在	ソンザイ	existence

準　ジュン aim, corresponding to, level, quasi-, rule, semi-, standard

基準	キジュン	standard, datum, reference
標準化	ヒョウジュンカ	standardization

晶　ショウ clear, crystal
　　水晶温度計　　　　　スイショウオンドケイ　　　quartz thermometer
　　単結晶　　　　　　　タンケッショウ　　　　　　single crystal

造　ゾウ construction, cultivation, structure
　　つく(る) to build, to create, to make, to manufacture
　　構造　　　　　　　　コウゾウ　　　　　　　　　structure
　　製造工程　　　　　　セイゾウコウテイ　　　　　manufacturing process

超　チョウ super-, ultra-
　　こ(える) to exceed, to go beyond {vi}; こ(す) to cross, to spend, to (sur)pass {vt}
　　超音波　　　　　　　チョウオンパ　　　　　　　ultrasound, ultrasonic
　　超伝導体　　　　　　チョウデンドウタイ　　　　superconductor

道　ドウ prefecture, province, road
　　みち an art, duty, journey, justice, lane, moral doctrine, path, road
　　円軌道　　　　　　　エンキドウ　　　　　　　　circular orbit
　　道具　　　　　　　　ドウグ　　　　　　　　　　tool, implement

濃　ノウ concentrated, dark, thick, undiluted
　　こ(い) dark, saturated, strong (drink), thick (soup)
　　濃厚な　　　　　　　ノウコウの　　　　　　　　concentrated, rich
　　濃度　　　　　　　　ノウド　　　　　　　　　　concentration

半　ハン half, hemi-, semi-
　　なか(ば) half(way), middle, semi-
　　半径　　　　　　　　ハンケイ　　　　　　　　　radius
　　半導体　　　　　　　ハンドウタイ　　　　　　　semiconductor

不　フ bad, clumsy, ugly, {negative prefix}; ブ clumsy, ugly
　　不可能な　　　　　　フカノウな　　　　　　　　impossible
　　不連続点　　　　　　フレンゾクテン　　　　　　point of discontinuity

臨　リン bordering, confronting, facing
　　のぞ(む) to face, to meet, to rule over, to visit
　　臨界状態　　　　　　リンカイジョウタイ　　　　critical state
　　臨床医学　　　　　　リンショウイガク　　　　　clinical medicine

Reading Selections

21-1: 　　　　　　　　　　　半導体 (物理1670-1671)

　金属と絶縁体との中間的な電気抵抗をもつ物質. 典型的な金属と絶縁体とでは電気抵抗が 10^{12} 倍も異なるが, この中間の値をもち, しかも温度の上昇とともに電気抵抗の減少する物質の存在することは M. Faraday の昔から知られていた. この種の物質は金属との接触によって整流作用の生じることが 1904 年ころからわかってきた. これは鉱石検波器としてラジオの検波に使われ, セレンや亜酸化銅整流器として交流から直流電力を得るのに用いられていた. しかし半導体のモデルは, 1931 年に初めて A. H. Wilson によって確立された. このモデル (ウィルソン模型) は, 以下に示すようなものである. 量子論的固体論によれば, 結晶中の電子のエネルギーは連続的ではなく, 帯状に分れて存在し, 電子のエネルギー状態の存在が許された許容帯と存在の許されない禁止帯とに分れる. 絶縁体ではある許容帯までは電子で満たされているが, その上に禁止帯を隔てて位置する許容帯には電子が存在しない空帯となっている. 電子の満ちた充満帯では電子は動けないので電気伝導率は 0 になる. 金属ではある許容帯の中間まで電子が満たされているので電子は動くことができて電気伝導を示す. これに対し, 空帯と充満帯を隔てる禁止帯の幅が狭いときには温度が上がると熱的に充満帯から空帯に電子が励起されて, 空帯の電子も充満帯にできた電子の抜けた穴 (正孔) とともに動くことができるので, 温度とともに増加する電気伝導を生じる. これが半導体である. 一部電子の存在する空帯を伝導帯, 正孔の存在する充満帯を価電子帯とよぶ.

　半導体には種々の酸化物, カルコゲン化合物, 有機化合物そのほかいろいろな単体や化合物があるが, 特に Si, Ge の IV 族元素 GaAs などのような III 族と V 族の化合物, ZnTe のような II 族と VI 族の化合物は典型的な半導体と考えられている. これらは4つの結合の手を正四面体の方向に出し合って, ダイヤモンド型や閃亜鉛鉱型, あるいはウルツ鉱型に結晶する. これらの化合物は特に化学量論的に安定な結晶が得やすい. しかし, それでも化学量論的なずれや不純物の存在によって抵抗が下がる. たとえば Si に V 価の不純物 As などを 1 ppm 程度の微量混入すると (これをドーピングという), As が Si とおき代って電子を 1 つ放出し, これがわずかな温度の上昇で伝導帯に励起されて電気伝導を生じる. 反対に 3 価の不純物, たとえば In をドープすると, 電子を価電子帯から吸い取って, 正孔を生じ, これによって電気伝導が大きくなる. 前者は負の移動電荷 (キャリヤー) によって電気伝導を生じるから n 型 (negative), 後者は p 型 (positive) とよばれる. 電子を 1 つ捕えた 5 価の不純物をドナー, 正孔を捕えた 3 価の不純物をアクセプターとよぶ. これに対して不純物の存在しない半導体を真性半導体とよぶ. 電子の熱力学的ポテンシャルはフェルミ準位とよばれ, 真性の場合は伝導帯と価電子帯との中間に, n 型の場合は伝導帯の底とドナー準位との中間に, また p 型の場合は価電子帯の頂上とアクセプター準位との中間にくる.

　半導体に電流を流し, これに垂直な方向に磁場を加えると, ホール効果によりこれらに直交する方向にホール電場が現れる. その大きさは電流と磁場に比例し, その係数はホール係数とよばれ, $1/neq$ となるから, これよりキャリヤー濃度 n とキャリヤーの電荷 q がわかる. 半導体の電子は結晶ポテンシャルの影響を受けて, その質量は自由空間のものとは異なった有効質量をもっている. これを測るのにサイクロトロン共鳴を用い

る．磁場の磁束密度 B を強くすると，キャリヤーはフォノンや不純物によって散乱するまでに何回か円軌道を描く．その角振動数は eB/m^* で与えられる．これに同期した電気的振動を外部より加えると共鳴吸収が起る．外部から加える振動数を一定にしておいて，共鳴の起る磁場の強さを測定すれば，有効質量 m^* がわかる．

　価電子帯の電子は光を吸収して伝導帯へ励起される．このためには光子のエネルギーは少なくとも途中の禁止帯の幅，すなわちエネルギーギャップより大きくなければならない．したがって吸収係数には，このエネルギーギャップに相当する波長に鋭い立ち上がりがあって，数けた上昇する (基礎吸収)．この基礎吸収端の位置は半導体によって異なるが，物質により遠赤外領域から紫外領域に及んでいる．強磁場を加えると電子は周回運動を始めるので，状態は量子化されて，エネルギーバンドは不連続なランダウ準位に分れる．これを光で照射すると，電子は価電子帯のランダウ準位から，伝導帯のランダウ準位に励起され，吸収スペクトルに振動的変化が生じる．これが磁気振動吸収で，広く半導体の磁気光学効果という．このスペクトルよりエネルギーバンドの構造を詳しく論じることができる．

　半導体は情報工学に必須の材料として用いられているが，その基本になるのは pn 接合である．これは 1 つの単結晶のなかで片方にドナー，他方にアクセプターをドープして，n 型と p 型を接合させたものである．この場合，電圧を加えなければフェルミ準位は一定となり，エネルギーバンドには傾きが生じる．ここで外部より電圧 V を加えるとフェルミ準位は接合の部分で V だけのとびが生じる．n 領域に負電圧を加えるとエネルギーバンドの傾きが緩やかになって，n 領域から p 領域への電子流と p 領域から n 領域への正孔流は著しく増大するが，反対向きに電圧を加えると，p 領域にはもともと電子はほとんど存在しなかったのであるから p 領域から n 領域への電流は増加しない．このために整流特性が現れる．電流のよく流れる順方向に電圧を加えると，p 領域に電子が注入される．p 領域には熱平衡では電子はほとんど存在しなかったのであるから，これは熱平衡より著しくはずれた状態が出現したことになる．このような状態の出現によって，トランジスターの増幅作用が可能となる．GaAs などのような III-V 化合物では，注入された電子は正孔と再結合するとき発光する．物質を変えてバンドギャップを変えることによって，種々の色を出す発光ダイオード (LED) がつくられる．また発光ダイオードの両端にへき開によって平らな面をつくって，このなかに光を閉じ込め，強い光の電磁場によって注入されたキャリヤーの再結合を刺激して，誘導放射を起こさせると，コヒーレントな光を出すレーザーがつくられる．これが半導体レーザーである．

　これらのキャリヤーの注入効果をよくするには，注入されたキャリヤーが長い寿命をもって，相手の領域に深く侵入することが必要である．このためにはキャリヤーの散乱や再結合をできるだけ避けなければならない．このために半導体を純化する技術が実用上の要請から著しく進み，帯域溶融法などを中心とする純化技術が発達し，これが半導体のみならず，周辺の物質の純化を進め，その物理を発展させるのに大きく貢献した．

　Si はまた，表面の安定性がよいので，トランジスター，特に MOS (金属酸化物半導体) 構造の電界効果トランジスター (FET) やダイオード，抵抗などを数 mm 角のシリコンチップの上に数万から数百万個並べた集積回路 (IC) をつくるのに用いられるようになって，現在では，情報化社会の中心的な担い手になっている．そのほか III-V 化合物も光集積回路の要素として光通信には不可欠の存在になってきている．

21-2: <center>**p 型半導体** (物理1692)</center>

電流を運ぶキャリヤーが主として自由正孔である半導体. 正孔の電荷が正であるのでホール定数は正となり, p 型とよばれる. 普通はアクセプターを含む半導体であって, 価電子帯にいる電子がアクセプター準位に励起され価電子帯に自由正孔が生じるのである. ドナーを同時に含んでいても, 自由正孔の方が自由電子よりも多数いる場合には, やはり p 型である. 低温では正孔は主にアクセプターからの励起で生ずるから, p 型半導体におけるフェルミ準位は価電子帯とアクセプター準位の中間, つまりエネルギーギャップのなかで価電子帯の上端のすぐ上に位置する. このときの電気伝導率の示す活性化エネルギーがちょうどアクセプター準位の束縛エネルギーに等しい. 電子が価電子帯から伝導帯に直接熱励起されうるほどの高温になると, フェルミ準位はエネルギーギャップのなかほどの位置に移り, 半導体物質は真性半導体となる.

21-3: <center>**n 型半導体** (物理189)</center>

電気伝導に関与する主なキャリヤーが電子である半導体で, そのホール定数は負である. 普通はドナーを含む半導体で, ドナー準位に束縛されていた電子が伝導帯に励起され自由電子となるものである. アクセプターを同時に含んでいても, 自由電子の方が自由正孔よりも多数である場合には, やはり n 型である. 低温における自由電子は主にドナーからの励起で生ずるから, n 型半導体のフェルミ準位はドナー準位と伝導帯との中間, つまりエネルギーギャップのなかで伝導帯の下端のすぐ下に位置する. この場合, 電気伝導率の示す活性化エネルギーがドナー準位の束縛エネルギーに等しい. 電子が価電子帯から伝導帯に直接励起されるような高温になると, 物質は真性半導体となり, フェルミ準位はエネルギーギャップの中間に位置する.

21-4: <center>**化合物半導体** (物理338-339)</center>

2 種以上の元素から成る化合物で半導体の性質を示す物質の総称. 元素半導体に対して用いられる語であり, 異なる元素の原子数比が一定値のものと, ある範囲で連続的に変化するものとがある. さまざまな分類が可能だが, 構成元素の数によるもの (二元半導体, 三元半導体など), 構成元素の周期表の族によるもの (III-V 半導体, II-VI 半導体など), 結晶構造の特徴によるもの (黄銅鉱型半導体, 層状半導体など), 半導体としての特別な性質によるもの (微小ギャップ半導体, 磁性半導体など) などが広く行われている. 主として組成に重点を置いてよく知られた化合物半導体を分類すると次のようになる.

(1) IV-IV 半導体 : SiC, Si_xGe_{1-x} など.

(2) III-V 半導体 : BN, AlP, AlAs, GaP, GaAs, GaSb, InP, InAs, InSb など.

(3) II-VI 半導体 : MgO, ZnS, ZnSe, ZnTe, CdS, CdSe, CdTe, HgSe, HgTe など.

(4) I-VII 半導体 : CuCl, AgCl, AgBr など. (1)~(4) は IV 族の両側の元素を 1 対 1 で組み合わせたもので, いわゆる平均 IV 族化合物である. 1 原子当たり価電子数の平均が 4 なので 4 配位の共有結合をつくりやすいが, (1) → (4) に向かってイオン性を増し, (4) は典型的なイオン結晶である. 結晶構造は, ほとんどが閃亜鉛鉱型, ウルツ鉱型, 塩化ナトリウム型のどれかで, Si_xGe_{1-x} ではダイヤモンド型の格子点を 2 種の元素が入り混

じって占める．構成元素の原子番号が大きくなるとバンドギャップが小さくなる傾向があり (微小ギャップ半導体)，InSb のギャップは $0.17\,eV$，HgSe，HgTe はバンドがわずかに重なって半金属となる．

(5) II-IV 半導体：Mg_2Si，Mg_2Ge，Ca_2Si，Ca_2Pb など．立方晶系の逆蛍石型または正方晶系の結晶で一般にギャップが狭い．

(6) IV-VI 半導体：(a) GeTe，SnTe，PbS，PbSe，PbTe，$Sn_xPb_{1-x}Te$ など．イオン性の強い塩化ナトリウム型またはその置換型の結晶構造をもつが，低温で対称性の低い構造に相転移して強誘電体となるものがある．(b) $SnSe_2$，$GeSe_2$，GeS_2 など．層状構造のガラス半導体．

(7) V-V 半導体：Bi_xSb_{1-x} など．V 族の As，Sb，Bi は半金属であるが，それらの合金は限られた組成範囲で微小ギャップ半導体になる．

(8) V-VI 半導体：As_2Se_3，Bi_2S_3，As_2Te_3，Sb_2Te_3 など．ガラス状または複雑な結晶構造の低融点半導体．

(9) 磁性半導体：NiO，MnO，Fe_2O_3，V_2O_3，$CdCr_2S_4$，$CdCr_2Se_4$，EuS，EuSe，GdTe，DySe など．遷移金属または希土類元素を含む化合物で塩化ナトリウムまたは三方晶系の結晶．

(10) 半磁性半導体：$Hg_{1-x}Mn_xSe$，$Hg_{1-x}Mn_xTe$ および $Hg_{1-x}Fe_xTe$，$Sn_{1-x}Mn_xTe$ など．II-VI 化合物または IV-VI 化合物の金属イオンの一部が遷移金属イオンに置換わったもので，磁性イオンの成分比と温度によって磁気的秩序状態が出現する．

(11) 遷移金属カルコゲナイド半導体：$TaSe_2$，TaS_2，VSe_2，$NbSe_2$ など．六方または正方晶系の複雑な層状構造をもつ半導体で，電荷密度波による相転移が起る．

(12) 黄銅鉱型半導体：正方晶系の黄銅鉱 $CuFeS_2$ と同じ結晶構造をもつ半導体で，(a) I-III-VI_2 半導体 $CuGaS_2$，$AgAlTe_2$，$AgInSe_2$ などと (b) II-IV-V_2 半導体 $ZnSiP_2$，$CdGeAs_2$ などの 2 群があり，いずれも平均 IV 族の三元半導体である．

(13) 整列空格子点型半導体：(a) II-III_2-□-VI_4 半導体 $ZnAl_2S_4$，$CdGa_2Se_4$ など，および (b) I_2-II-□-VII_4 半導体 Cu_2HgI_4，Ag_2HgI_4 など，いずれも (12) に近い正方晶系の三元半導体で，空格子点□に価電子数 0 の原子 1 個を入れると平均 IV 族の化合物で黄銅鉱と同じ構造になる．

(14) 人工半導体：GaAs と AlAs の $100\,Å$ 程度の膜を分子線エピタキシーで交互に蒸着した超格子半導体など人工的に制御された化合物半導体．

(15) 有機半導体：有機化合物で半導体となるもので非常に多数知られている．例：アントラセン，ナフタレン，ピレン．

21-5: 非晶質半導体 (物理1717)

結晶状態ではなく無定形状態の構造をもつ半導体．アモルファス半導体ともいう．構造的には結晶のもつ長距離秩序，すなわち周期性は存在しないが，局所的な原子配置には結晶の場合と類似の短距離秩序がある．またダングリングボンド，原子空孔，空隙 (ボイド) などの格子欠陥をかなり含んでいる．非晶質半導体には，Si や InSb などのテトラヘドラル系と，$As_{1-x}S_x$ のようなカルコゲナイドガラスや SiO_2 などの酸化物ガラスがある．後者 (ガラス半導体ともいう) には成分原子が乱雑な配置をとるという無秩序も存在する．これらの物質は熔融状態からの急冷，蒸着，グロー放電など種々の方法で作られる．

周期性がないために結晶半導体中の電子に対するようなバンド構造は考えられないが，短距離秩序に由来する伝導帯と価電子帯に対応するエネルギー状態は存在する．これは，テトラヘドラル系では，隣り合う原子との結合で生じる結合軌道によるバンド (価電子帯) と反結合軌道によるバンド (伝導帯) である．カルコゲナイド系ではカルコゲン原子の 4 個の電子をもつ最外殻の p 軌道から生じる結合軌道，非結合軌道，反結合軌道による 3 つのバンドが形成され，非結合軌道バンドが価電子帯に，反結合軌道バンドが伝導帯となる．非結合軌道バンドの有無がカルコゲナイド系とテトラヘドラル系の違いで，それらの電気的性質に強く影響している．

周期性の欠如した非晶質半導体には明確なバンド端は存在せず，状態密度はバンドギャップ内に向かってゆるやかに減少する．このバンドのすその電子は，構造の乱れによるポテンシャルのゆらぎが大きいために，ある原子の周辺付近に局在し波動関数の広がりは高々数原子程度である．一方バンド内部の状態は波動関数が物質全体に広がった非局在状態である．非局在状態から局在状態に変わる境界は明確なエネルギー値をもつと考えられており，そこを移動度端という．非局在状態に励起されたキャリヤーの振舞いは真性半導体のものと同じである．さらにバンドギャップの中にはダングリングボンドなどの欠陥に由来するギャップ状態とよばれる局在電子状態も存在する．局在状態にいる電子はまわりの原子に飛び移りながら物質中を移動する．この運動による電気伝導はホッピング伝導とよばれ，電気伝導率 σ は $\sigma \propto \exp(-\Delta E/kT)$ という活性化型の温度依存性をもつ．ここで ΔE は近接する 2 つの原子に局在した電子のエネルギー差にだいたい等しい．この飛び移り運動にはフォノンのエネルギーの助けが必要であるので，十分低温になりフォノンが少ないときには，近接する原子に飛び移るよりも多少遠くても ΔE の小さい原子を見つけて飛び移る確率の方が大きくなり，$\sigma \propto \exp(-A/T^{1/4})$ という特異な温度依存性を示すようになる．これを可変領域ホッピング伝導という．

非晶質半導体中には欠陥が必ず存在するため，結晶半導体で行われる母体の原子と価電子数の異なる不純物のドーピングによるキャリヤーの制御は一般に困難である．ただし非晶質 Si の場合には水素を添加してダングリングボンドを不活性化させることによりこれが可能となる．このことが種々の型の素子の作成を可能にし，また太陽光に対する吸収係数が結晶 Si よりも大きいこともあって，非晶質 Si が高効率太陽電池の材料として活用される理由である．また非晶質構造は準安定な構造であり，光の照射により容易に別の構造に変わり，物性も変化する．非晶質半導体は均質な薄膜の作成の容易さ，加工性のよさ，量産性，製造コストのよさなどのために種々の応用化が進んでいる．テトラヘドラル系では，Si 太陽電池の他に光センサーなどの光電変換デバイス，薄膜トランジスター等多くの開発が行われ一部は実用化されている．カルコゲナイド系の応用例としてはその光伝導性を利用した電子複写機が有名である．さらにスイッチ素子，メモリー素子，撮像管などの応用が考案されている．なおカルコゲナイド系ではその組成比を変えることにより物性を連続的に変えられることも応用上重要である．

21-6: 有機半導体 (物理2137)

半導性を示す有機化合物で，室温における電気伝導率は 10^2~10^{-16} S•cm^{-1} 程度である．電流を担うものは主に π 電子または不対電子である．π 電子がキャリヤーとなるものとしては，多環芳香族化合物やフタロシアニン，ポリアセチレンなどの共役二重結合をもつ高分子半導体が代表的であり，不対電子がキャリヤーとなるものとしては，電荷移動

錯体や遊離基をもつ有機物がある．主として分子性結晶に属し，ホッピング伝導によって電荷が移動するが，無機化合物の半導体のようなバンド模型で考えられるものもある．電子，正孔の移動度は $1\,\mathrm{cm^2 \cdot V^{-1} \cdot s^{-1}}$ 以下で無機化合物の半導体と比べて著しく小さい．結晶構造に由来している電気伝導の大きな異方性は有機半導体のひとつの特徴でもある．また不純物や格子欠陥の影響を受けやすく，さらに各化合物に特有な光電効果を示す．これらのことは，有機化合物は成形しやすいこととあいまって，光電池をはじめ種々の応用面への利用が考えられている．

21-7: 　　　　　　　　　　　圧電型半導体 (物理17)

圧電効果を示す，つまり結晶に応力を加えたとき電気分極が現れる半導体のことで，ピエゾ半導体ともいう．反転対称性のない結晶構造をもつものに限られ，ZnS，ZnTe，CdTe，InSb などの閃亜鉛鉱型構造や，CdS，CdTe などのウルツ鉱型構造がその例である．電気分極は応力による結晶のひずみによってイオンの相対位置が変化するため起るので，普通の変形ポテンシャルだけでなく，この圧電効果を通しても電子は音響型の格子振動と強く相互作用を及ぼしあう．圧電型における格子振動による散乱での電子の移動度は，有効質量 m^*，絶対温度 T に対して $(m^*)^{-3/2}T^{-1/2}$ のような変化をする (変形ポテンシャルによる散乱に対しては，移動度は $(m^*)^{-5/2}T^{3/2}$ に比例する)．また音響電気効果が大きいので，超音波の増幅や発振現象が見いだされている．

21-8: 　　　　　　　　　　　超伝導トンネル効果 (物理1311)

十分薄い絶縁膜を挟んで導体を接合したとき，導体内の自由電子は量子力学的トンネル効果により，ある確率で絶縁膜を透過することができるので，導体間に電流を流すことができる．一方の導体が超伝導体の場合，または双方の導体がともに超伝導体の場合，このトンネル電流は印加電圧に比例せず，特異な電流・電圧特性を示す．これを超伝導トンネル効果という．超伝導トンネル効果には，電子対状態から励起された準粒子状態の間を電子が移行する準粒子トンネル効果 (ギエバートンネル効果) と，双方の導体が超伝導体の場合，一方の超伝導体の電子対が相手の超伝導体に再び電子対となって現れる，つまり電子対の移行によるジョセフソントンネル効果の 2 種類がある．いうまでもなく，一方の導体が常伝導体の場合にはギエバートンネル効果しか現れない．ギエバートンネル効果の特徴は，電流・電圧特性に超伝導状態のエネルギーギャップとギャップ近傍の準粒子状態密度が直接反映されることである．一方，ジョセフソントンネル効果ではある臨界電流まで電圧を伴わない電流が流れる．絶縁膜を挟んだジョセフソン接合では，臨界電流を超えると不連続的に準粒子トンネル効果の電流・電圧曲線に移り，電流を下げても臨界電流以下で電圧 0 の状態に戻らない場合が多い．

21-9: 　　　　　　　　　　　超伝導線材 (物理1310)

直流電気抵抗がゼロになるという超伝導体の著しい特徴を利用して，電力損失なしに電流を流すという用途に用いられる電線，およびその材料となる超伝導物質をさす．超伝導線材として用いられる超伝導材料には，高い臨界温度，高い臨界磁場，高い臨界電流密度という 3 つの条件が求められる．これらの条件から，用いられる物質は必然的に

第 II 種超伝導体ということになる．臨界温度と臨界磁場は基本的に物質固有の性質であるのに対して，臨界電流密度は磁束のピン止めの強さに依存する量であって材料の加工法などの工夫により向上させうる性格のものである．具体的には，冷間加工や粒子線照射によって積極的に欠陥や転位をつくったり，ミクロな析出物などを導入することによって磁束のピン止めを強化する方法がとられる．

　実用上の超伝導線材の信頼性という点からは，クエンチとよばれる暴走的な超伝導のやぶれに対する安定化が重要な因子である．なんらかの原因で局所的な超伝導のやぶれが発生した場合，そこにジュール熱が発生し超伝導のやぶれを加速することになる．超伝導線を流れていた電流を肩代りするとともに発生したジュール熱を速やかに逃し，クエンチの芽が広からずに消滅するようにするのが超伝導線材の安定化である．このためには電気抵抗が小さく熱伝導度が大きい材料 (通常は銅) で超伝導線を裏打ち (クラッド) することが行われる．また，残留磁束を少なくする目的や交流損失を抑える目的で，非常に細い超伝導線を多数より合わせた形状のものが用いられる．

21-10:　　　　　　　　　　　　**超伝導薄膜** (物理1311)

　膜厚 d が侵入深さ λ，あるいは侵入深さおよびコヒーレンスの長さ ξ より小さい超伝導膜をいう．薄膜では，膜面に平行にかけた磁場はほとんど一様に膜内に侵入し，また $d < \xi$ 合の場合は，秩序変数が厚さ方向に変化しえないので，諸寸法が λ と ξ より十分大きいバルク超伝導と異なったふるまいを示す．磁場を膜面に平行に印加した場合，磁場がほとんど一様に侵入するため，磁気エネルギーの増加が抑えられる．このため，常伝導状態に転移する磁場 H_T は，バルク超伝導体の熱力学的臨界磁場 H_c より高くなる．H_T/H_c は，$d \ll \lambda$ のとき，$H_T/H_c = 1 + b/d$ に従って増加することが実験的に知られている．ここで b は λ 程度の大きさで，λ と類似の温度変化を示すパラメーターである．磁場を膜面に直角に印加した場合，第一種超伝導体膜でも，膜厚が ξ 以下のある臨界膜厚 d_c 以下になると，渦糸状態が安定になり，磁場中の常伝導状態への転移も二次相転移に変わって第二種超伝導体と同様のふるまいを示す．d_c の値は実験によってばらつきがあるが，Pb で100 nm，Al で数千 nm の程度である．薄膜が電流によって常伝導状態に転移する臨界電流 I_c は，磁気エネルギーの寄与が小さいため，シルスビーの仮説に従わず，超電流の運動エネルギーと超伝導凝縮エネルギーのつり合いで定まる．I_c は，$I_c \propto (1 - T/T_c)^{3/2}$ に従って変化することが実験的にも，ギンズブルグ・ランダウ理論からも示されている．ただし臨界温度 T_c 近傍で，ゆらぎ効果のため 3/2 法則からはずれる場合もある．円筒状薄膜の円筒軸と平行に磁場を印加したとき，円筒を貫く磁束量子の磁束項に対し，環流超電流項の寄与が大きくなり，超電流の運動エネルギーによって転移温度が若干変化する．超電流は磁束量子の周期で変化するので，円筒状薄膜の転移温度も磁束量子の周期で変化する現象が見られる．

　超伝導への転移は，コヒーレンスの長さが大きいためにゆらぎが少なく，極めて鋭いが，次元性を下げるとゆらぎが現れてくる．$d \ll \xi$ の薄膜では，T_c よりも高温で $T/d(T - T_c)$ に比例するコンダクタンスゆらぎが見られる．ゆらぎがない場合の，$T < T_c$ での温度依存性は $(T_c - T)$ に比例するが，ゆらぎがあるときには，$T \approx T_c$ では高温側の $(T - T_c)^{-1}$ と低温側の $(T_c - T)$ をなめらかにつなぐように変化する．ゆらぎは，ギンズブルク・ランダウ理論の自由エネルギーから計算されるが，$T \sim T_c$ では秩序パラメーターのより高次まで取り入れなければならない．

非磁性不純物によるポテンシャル散乱は超伝導をこわさないことは，アンダーソン定理として知られていたが，散乱波間の干渉を取り入れると，高次補正として臨界温度の低下が現れる．この効果は$d \ll \xi$の薄膜で顕著に見られ，実験と理論の一致はよい．低温基板に蒸着された，さらに薄い$d \sim$数十Åでは普遍的な面抵抗 (~ 6.5 kΩ) が見られ，$T > T_c$での面抵抗がこれよりも大きいときには，$T \to 0$で抵抗は発散し，小さいときには抵抗は消滅することが観測されている．6.5 kΩは散逸のある微小なジョセフソン接合の位相差が時間的に静止するが否かを分ける抵抗値である$h/4e^2$に近いために，このように極めて薄い薄膜は，微小ジョセフソン接合の集合とみなせるのではないかと思われる．

21-11: 　　　　　　　　　　有機超伝導体 (物理2136-2137)

　有機分子を主成分として構成される物質で超伝導化するものを指す．1964年 W. A. Little は，超伝導の微視的機構を解明した BCS 理論の基礎となっている格子振動を介した相互作用を，励起子を介したものに代えることによって，室温をも上まわる転移温度をもつ超伝導体が有機高分子で実現できると提唱した．Little の提案した高分子による超伝導は実現していないが，1979年，TMTSF (テトラメチル・テトラセレナ・フルバレン) 分子をドナーとし PF_6 をアクセプターとする電荷移動塩 $(TMTSF)_2PF_6$ が，圧力下で転移温度 0.9 K の超伝導体となることが D. Jérome らにより発見された．TMTSF は平板状の分子であるが，積層して柱状の導電路をもつ準一次元導体を構成する．PF_6^- はカウンターアニオンとよばれ電気伝導には直接的なかかわりをもたず，TMTSF 分子をラジカル化させ，これを適切に配列させる役を担っている．PF_6 に代って，AsF_6，ClO_4，ReO_4 などを用いても超伝導体が得られる．特に $(TMTSF)_2ClO_4$ は常圧下で超伝導化する最初の有機物質として精力的に研究された．$(TMTSF)_2X$ の超伝導相はスピン密度波相と隣接しており，反強磁性的相互作用が超伝導電子対形成にかかわっている可能性が指摘されている．磁気的特性から第二種超伝導体であることが明らかにされており，異方性が顕著なことを除けば，トンネル接合法により求められた超伝導エネルギーギャップ，比熱などには BCS 超伝導体と質的に異なるところはみられないが，NMR 緩和の温度依存性には BCS 超伝導特有の転移点近傍での増大はみられず，異方的なギャップ構造をもつ超伝導体となっている可能性が指摘されている．

Lesson 22: Electronics I
(transistors and diodes)

界   カイ boundary, circle, limits, world

境界層	キョウカイソウ	boundary layer
限界	ゲンカイ	limit, limitation, bound

害   ガイ damage, harm, injury, interference

公害ガス	コウガイガス	pollutant gases
障害	ショウガイ	disorder, obstacle, obstruction

順   ジュン docility, obedience, occasion, order, turn

順序	ジュンジョ	order, sequence
手順	てジュン	procedure, process, protocol

障   ショウ harming, hurting, interfering
さわ(る) to harm, to hurt, to interfere

故障	コショウ	failure, fault, break-down
障害物	ショウガイブツ	obstacle

接   セツ adjoining, encountering, touching
つ(ぐ) to cement, to join, to piece together, to splice

接触	セッショク	contact
溶接	ヨウセツ	welding

達   タツ attaining, becoming expert, notifying, reaching

伝達関数	デンタツカンスウ	transfer function
発達	ハッタツ	development, progress

短   タン brevity, defect, fault
みじか(い) brief, short

短所	タンショ	weak point
短絡	タンラク	short circuit, shunt

端	タン end, origin, point		
	は border, edge, end, tip; はし border, edge, end, tip; はた border, edge, end, tip		
	先端	センタン	tip, leading edge
	端子	タンシ	terminal

得	トク advantage, benefit, profit		
	う(る) to be able to, to gain; え(る) to acquire, to be able to, to earn, to gain		
	獲得	カクトク	acquisition, possession
	電圧利得	デンアツリトク	voltage gain

突	トツ protruding, thrusting		
	つ(く) to lunge at, to pierce, to prick, to strike against, to thrust		
	弾性衝突	ダンセイショウトツ	elastic collision
	電離衝突	デンリショウトツ	ionizing collision

薄	ハク faint, light, pale, thin, weak		
	うす(い) faint, light, pale, thin, weak; うす(める) to dilute, to weaken {vt};		
	うす(らぐ) to dim, to fade, to grow pale, to thin (out) {vi}		
	希薄な	キハクな	dilute
	薄膜	ハクマク	thin film

末	バツ end, powder; マツ end, powder		
	すえ end, future, tip, youngest child		
	端末装置	タンマツソウチ	(computer) terminal
	末端間距離	マッタンカンキョリ	end-to-end distance

壁	ヘキ fence, partition, wall		
	かべ wall		
	仕切壁	シきりかべ	partition
	障壁	ショウヘキ	barrier

膜	マク film, membrane		
	蒸着膜	ジョウチャクマク	deposited film
	反射膜	ハンシャマク	reflective coating

利	リ advantage, gain, interest, victory		
	き(く) to do (someone) good, to take effect, to operate, to work		
	利点	リテン	strength, merit, advantage
	利用	リヨウ	utilization, making use of

Reading Selections

22-1: トランジスター (物理1488-1490)

　Ge，Si などの半導体の能動素子で 3 個以上の電極をもち，増幅，発振などを行うことができる．ベル電話研究所で，1947 年 W. Brattain と J. Bardeen により点接触構造で初めてトランジスター作用が発見され，1948 年 W. Shockley により接合型トランジスターが考案された．名称の語源は transfer resistor である．電子管と同じ作用が可能でしかも電子管よりはるかに小型で，寿命は長く，低電圧で動作し，フィラメント加熱が不用であるなどの利点があり，電子装置の小型化および低電力化が可能となった．この発明は電子計算機の発達など今日のエレクトロニクスを築く基礎となった．最初発明されたのは点接触トランジスターで性能が不安定であったが，半導体の pn 接合を背中合わせに組み合わせた接合型トランジスターはじめ，各種のものが開発され性能も次々と高いものが実用化された．現在多種類のトランジスターがあり分類するとこのようになる．

　　　　バイポーラートランジスター
　　　　　　合金接合型
　　　　　　　　合金型
　　　　　　　　合金拡散型
　　　　　　拡散合金型
　　　　　　　　プレーナー型
　　　　　　　　メサ型

　　　　電界効果トランジスター
　　　　　　接合型
　　　　　　　　pn 接合型
　　　　　　　　ショットキー接合型
　　　　　MOS 型

　バイポーラートランジスターは接近した 2 つの pn 接合 (J_e, J_c) により分けられたエミッター，ベース，コレクターの 3 つの領域がある．動作時には J_e は順方向に，J_c は逆方向にバイアスされる．エミッターのキャリヤーは J_e の近くのエミッターおよび空乏層のなかで一部分が再結合により失われるが，大部分はベースに注入されエミッター電流 I_e となる．ベースに注入されたキャリヤーはベースの導電型とは反対の少数キャリヤーであるために，キャリヤー拡散型では主に濃度勾配による拡散で，キャリヤードリフト型では内蔵電界により主としてドリフトでコレクターに向かう．ベースのなかでも一部は再結合により消滅するが，大部分はコレクターに到達する．コレクターに到達したキャリヤーはコレクター電流 I_c となり，エミッター，空乏層およびベースのなかで消滅した分はベース電流 I_b となる．ベース接地の電流伝達率 α は $\alpha = -\Delta I_c/\Delta I_e$ と表され，α はほぼ 1 に等しいが 1 よりは小さい．エミッター接地の電流伝達率 β は $\beta = -\Delta I_c/\Delta I_b = \alpha/(1 - \alpha)$ と表され，普通 β は数十以上である (コレクター，エミッターに流れ込む電流を正方向とする)．実際のトランジスターのコレクター電流の成分には，こ

のほかにコレクター接合の空乏層とその近傍で生成するキャリヤーによる分が加わる．これはエミッター開放時にベースとコレクター間に流れる電流でコレクター遮断電流とよぶ．コレクター遮断電流は小さい方がよい．

このような原理により，ベース接地でエミッター入力のときは J_e と J_c のインピーダンスの違いによる電圧利得が得られ，エミッター接地でベース入力のときは電圧利得と同時にベース電流とコレクター電流の比による電流利得も得られる．コレクター接合にかかる電圧と接合を流れる電流との積をコレクター損失とよび，負荷のインピーダンス整合を行えばコレクター損失と同じ電力を負荷に取り出すことができる．バイポーラートランジスターの動作には半導体中の多数キャリヤーおよび少数キャリヤー，すなわち，電子と正孔の両方が関与する．これがバイポーラーとよばれる理由で，npn 型と pnp 型とがある．

pn 接合型電界効果トランジスターの両端の電極のうち，キャリヤーをチャネルへ流入させる方をソース，キャリヤーをチャネルより流出させる方をドレインとよぶ．また，ソースとドレインの中間にある電極をゲートとよぶ．ゲート電圧による空乏層の伸びによりチャネル幅を変えて，ドレイン電流を制御する．

以上のトランジスターについて主な性能を比較してみる．合金型バイポーラートランジスターはベース幅を薄くできず，増幅素子としては 1 MHz くらいが限界であり，かつ量産性も悪いので現在は生産されていないのに対して，拡散型バイポーラートランジスターでは 10 GHz 以上まで，さらにガリウムヒ素電界効果トランジスターでは 100 GHz くらいまで使用できる．電界効果トランジスターは入力抵抗が高いが，電力増幅率はバイポーラートランジスターが大きい．そこで，リニア集積回路では入力段を電界効果トランジスター，増幅段をバイポーラートランジスターとする場合が多い．MOS 電界効果トランジスターの入力・出力の直線性はよくないが，入力抵抗はほかの型のトランジスターに比べて極めて高い．また，構造も簡単で小型につくれるのでディジタル集積回路を構成する重要な素子である．

1 つのベースのなかに多数のエミッターをもつような特殊なトランジスター (マルチエミッタートランジスター) もあるが，普通は三端子素子である．本来，トランジスターは非直線素子であるが，遮断周波数よりかなり低い周波数で，しかも小振幅動作に限定すれば，線形の能動素子と考えてよい．その動作解析には，等価回路としてトランジスターの物理的構成を反映した T 型定数 (r_e, r_b, r_c, α) によるもの ($v_c = \alpha r_c i_e$)，また，三端子のうちの 1 つを入力側と出力側の共通素子とし，残りの 2 つを入力と出力の端子にして二端子対回路で表すものがある．

トランジスターは各種回路で使用されている．しかし最近は使用頻度の高い回路，たとえばディジタル回路ではフリップフロップおよびそのほかの論理回路，アナログ回路では演算増幅回路などでは個々のトランジスターと受動素子を組み合わせるのではなく，それらを一体化した集積回路が多く使用されている．トランジスターは高温での動作が困難であるから，大きいコレクター損失を伴う電力トランジスターでは発生した熱を逃す方法が問題となる．そのため接合部の面積を大きくし，内部に不活性乾燥ガスを封入し放熱板などを使用する．

22-2:　　　　　　　**電界効果トランジスター** (物理1376)

トランジスターの一種で，ゲート，ソース，ドレインの 3 つの電極をもち，ゲートに

信号を加えるとソースとドレイン間の電流の通路 (チャネル) の幅が信号によって変わり，ドレインへの出力電流が変調される．信号電力はゲートの接合容量を充電するのみで非常に少ないのが特徴である．また，ソースはキャリヤーをチャネルへ流し込む電極で，ドレインはキャリヤーをチャネルより出させる電極である．バイポーラートランジスターのコレクター電流がベース領域を通り抜けてきた少数キャリヤーであるのに対して，電界効果トランジスターのドレイン電流はチャネルを電界により走る多数キャリヤーである．また，これらの動作には多数キャリヤーのみ関与するのでユニポーラートランジスターともよばれる．種類としては，pn 接合型，ショットキー接合型，静電誘導型および MOS 型がある．入力抵抗が極めて高いことはどの型にも共通しているが，特に MOS 型は高い．pn 接合型と MOS 型は単体の素子としてよりも，おのおのリニア集積回路とディジタル集積回路の構成素子として重要である．pn 接合型，ショットキー接合型，MOS 型のドレイン電流・ドレイン電圧の特性が飽和型 (ある値以上の電圧に対して電流が飽和してそれ以上に増加しない) であるのに対して，静電誘導型では非飽和型を示し，高耐圧，高電力増幅率の電力素子として使われる．pn 接合型，静電誘導型，MOS 型がシリコンを材料とするのに対して，ショットキー接合型はガリウムヒ素でつくられる．ガリウムヒ素では良質の半絶縁基板とショットキー接合が容易につくれることからこのような構造にする．これはマイクロ波の増幅素子として現在最も重要なもので，マイクロ波集積回路の主構成素子でもある．

22-3: MOS 電界効果トランジスター (物理2119)

絶縁ゲート電界効果トランジスターの一種で，p 型シリコン基板を用いた場合，キャリヤー源となるソース，キャリヤーの排出電極となるドレインは n^+ 領域となる．ゲートは SiO_2 膜により基板とは絶縁されており，ゲート電極に電圧を加えないとソース・ドレイン間に電流経路 (チャネル) が形成されない場合にはゲートに正電圧を加えて使用する．この動作をエンハンスメントモードと称し，ゲート電極に電圧を加えなくてもチャネルが形成されている場合には，逆にゲート電極に負電圧を加えるか，またはソースと短絡して使用することが多い．この動作をデプリーションモードという．基板に n 型シリコンを使用した場合には電圧の極性は逆になる．

22-4: 薄膜トランジスター (物理1605)

低価格の集積回路をつくるために，単結晶シリコンウエハーの表面を加工する代りに，絶縁物上に薄膜の回路をつくる試みがされてきている．その薄膜でつくるトランジスターを薄膜トランジスターという．しかし信頼性の高い薄膜トランジスター，ダイオードをつくるには困難が多い．1961 年 P. K. Weimer が提案して以来いろいろな薄膜トランジスターの試みがあるが，MOS 電界効果トランジスター (MOSFET) に相当する薄膜トランジスターが集積回路に適しているため，最も多く研究されてきている．また電界効果薄膜トランジスターは絶縁物基板上に薄膜を蒸着していくので，種々の配置のものがつくられている．

22-5: ダイオード (物理1175)

　元来陰極と陽極をもつ二極管を意味していたが，現在では主として二端子をもつ半導体素子の名称として使用されており，その応用は整流のみならず高周波の発振，検波および増幅から発光，受光，パルスのスイッチング，定電圧源など極めて広範囲に利用されている．その構造には各種のものがあり，大別すると以下のように分類される．

　(1) 点接触ダイオード：金属と半導体の接触による整流作用を利用したもので，接合容量が小さいので高周波用に適している．

　(2) ボンドダイオード：金または銀線をパルス電流で半導体に溶接したもので，点接触ダイオードより特性が安定している．線材によりシルバーボンドまたはゴールドボンドとよばれる．

　(3) 接合ダイオード：各種の方法でつくられる p 型，n 型半導体の接合によるダイオードで，製作方法により次のものがある．(a) 合金接合ダイオード，(b) 拡散接合ダイオード (メサ型ダイオード，プレーナー型ダイオード，エピタキシャル型ダイオード)，(c) ショットキー接合ダイオード，(d) 成長接合ダイオード．

　(4) pin ダイオード：p 型，n 型の間に真性半導体領域を入れたもので，高速動作に適している．

　(5) MOS ダイオード：シリコンの基板半導体と SiO_2 の絶縁膜によるもので容量・電圧特性に特徴がある．

　以上の各種のダイオードの半導体材料は Ge，Si，GaAs などを用いる．

　これらダイオードは pn 接合における両者のフェルミ準位の差による整流特性の利用から始まり，不純物濃度を高くした pn 接合のトンネル効果などによるスイッチング，高周波信号処理，光と電流との相互変換など幅広くエレクトロニクス回路に利用されている．機能や用途によって次のような種類がある．

　(1) 電源整流用ダイオード：現在はほとんどシリコンダイオードで，整流器ともよばれる．

　(2) スイッチングダイオード：パルス的に電流をスイッチングする論理回路などに使用され，Si の拡散ダイオードが多いが高速用にはショットキー・ダイオードがある．ほかにトンネルダイオード，バックワードダイオード，ステップリカバリーダイオードがある．

　(3) マイクロ波ダイオード：マイクロ波の検波，ミキサーに点接触ダイオード，ショットキー・ダイオード，増幅，周波数逓倍にバラクターダイオード，発振にガン・ダイオードが用いられる．

　(4) 定電圧ダイオード：合金またはエピタキシャル型 pn 接合の降伏現象を利用したもので定電圧源として利用され，そのゼーナー電圧の温度係数を小さくしたものが電圧標準ダイオードで，カドミウム標準電池に代わって電圧標準とされる．

　(5) 発光ダイオード：GaAs，GaP などの pn 接合に順方向電圧を加え電子と正孔の再結合発光を利用するもので，発光能率がよく寿命が長いので表示に多く用いられる．

　(6) 受光ダイオード：接合のエネルギーギャップより大きなエネルギーの光子の電子励起による電流を利用したもので，フォトダイオードともよばれ太陽電池などに利用される．

　(7) 可変容量ダイオード：pn 接合に逆バイアスを加えたときの障壁容量の電圧依存性を利用したもので，拡散，エピタキシャル接合は容量変化率が大きい．バラクターまた

はパラメトリックダイオードともよばれる.

(8) レーザーダイオード：キャリヤー注入，電子ビーム励起，衝突電離，光励起などにより pn 接合部に誘導放射を生じさせ，コヒーレント光に近い発光を得る.

22-6: ショットキー障壁 (物理960-961)

金属と半導体との接触で半導体表面に形成される空間電荷層による電子または正孔の伝導に対する障壁. 金属と半導体との接触部では金属原子と半導体の個々の性質に依存して，化学反応による界面相，半導体内に生成される格子欠陥，界面電子準位などが，ショットキー障壁形成の要因となる.

界面相，格子欠陥，界面準位などが存在しないとしたときの金属・半導体界面の電子準位模型 (ショットキーの模型) では，ショットキー障壁は金属の仕事関数 ϕ_M，半導体の仕事関数 ϕ_s，電子親和力 χ とバンドギャップ E_G で記述される. $\chi + E_G > \phi_M > \chi$ ならば，接触後の金属のフェルミ面の上 $\phi_M - \chi$ に半導体の伝導帯の下端があり，フェルミ面の下 $\chi + E_G - \phi_M$ に価電子帯の上端がある. 金属から半導体を見たときの電子に対するショットキー障壁 ϕ_{BC} は，次に示すショットキーの式で与えられる.

$$\phi_{BC} = \phi_M - \chi \tag{1}$$

同様に正孔に対するショットキー障壁は $\phi_{BV} = \chi + E_G - \phi_M$ となる. ここで半導体が n 型 (p 型) のときは $\phi_M > \phi_s$ ($\phi_M < \phi_s$) なので，半導体から電子 (正孔) が金属に移行して電気二重層ができる. このとき半導体表面に正 (負) の空間電荷層ができる. 熱平衡で空間電荷層の電位差 (界面を基準にした半導体内部の電位) は金属と半導体との接触電位差に等しく，半導体が n 型 (p 型) のとき $\varphi_{D0} = (\phi_M - \phi_s)/e > 0$ ($\varphi_{D0} = (\phi_s - \phi_M)/e < 0$) である. この空間電荷層は半導体内部に比べてキャリヤー濃度が低い空乏層なので，金属と半導体間に加えた電圧 V_a は空乏層に加えられることになり，整流作用が生ずる. 半導体が n 型 (p 型) のとき，半導体が負 (正) になるような電圧 V_a に対して空乏層の電位差は $\varphi_D = \varphi_{D0} - V_a$ ($\varphi_D = \varphi_{D0} + V_a$) となり空乏層は薄くなるので，電子 (正孔) が半導体から金属に向かって流れやすくなる (順方向). 逆の極性に対しては半導体から金属に向かう電子 (正孔) の流れは小さくなる (逆方向). いずれの極性でも V_a が小さければ金属から半導体に向かう電子流は変わらない. ドナー不純物原子濃度を N_D，アクセプター不純物原子濃度を N_A，空乏層の厚さを d，金属・半導体界面から半導体内部にとった位置座標を z としたとき，空間電荷密度 $\rho(z)$ を $0 < z < d$ の領域で $\rho(z) = e(N_D - N_A)$，$z > d$ の領域で $\rho(z) = 0$ とするショットキーの近似を用いると，空乏層の厚さ d と空乏層の面電荷密度 Q_d および空乏層の微分容量 C は，半導体の比誘電率を ε_s，真空の誘電率を ε_0 として，次式で表される.

$$d = [2\varepsilon_s\varepsilon_0\varphi_D/e(N_D - N_A)]^{1/2} \tag{2}$$

$$Q_d = [2\varepsilon_s\varepsilon_0 e(N_D - N_A)\varphi_D]^{1/2} \tag{3}$$

$$C = [\varepsilon_s\varepsilon_0 e(N_D - N_A)/2\varphi_D]^{1/2} \tag{4}$$

ショットキー障壁 ϕ_{BC} は，逆方向電流の飽和値の温度依存性と，E_G に比べてエネルギーが小さい光電流のしきい値から求められる. 熱平衡における空乏層の電位差 φ_{D0} は $1/C^2$ を V_a に対してプロットして $1/C^2 = 0$ となる V_a から求められる.

現実のショットキー障壁は (1) 式では表せない. 半導体の原子と金属原子との固体内の化学結合による界面相，界面ダングリングボンド，格子欠陥など，界面付近の電子準位が関与しているが，界面相が薄くてこれらの効果を界面準位の形式で取り込んだ界面

準位模型では，次のように記述される．金属とn型半導体との接触を考えたとき，接触以前に半導体表面に高い状態密度 D_S の表面準位が禁止帯内にあり空乏層が形成されているとし，表面におけるフェルミ準位が伝導帯の下端の下 ϕ_{c0} にあると，接触により表面準位の電荷は $\Delta Q_{SS} = -e(\phi_{BC} - \phi_{C0})D_S$ だけ変化する．このとき接触電位差 $(\phi_{BC} + \chi - \phi_M)/e$ は金属と表面準位との間に生ずるとすると，界面に厚さ δ_{eff}，比誘電率 ε_{eff} の絶縁体層があるとみなし $(\phi_{BC} + \chi - \phi_M)/e\delta_{eff} = \Delta Q_{SS}/\varepsilon_{eff}\varepsilon_0$ であるから，$\alpha = e^2\delta_{eff}D_S/\varepsilon_{eff}\varepsilon_0$ を用い，ショットキー障壁は次式で表される．

$$\phi_{BC} = (\phi_M - \chi)/(1 + \alpha) + \alpha\phi_{C0}/(1 + \alpha) \tag{5}$$

シリコンと数種類の金属の接触の実験では $\delta_{eff}/\varepsilon_{eff} \approx 0.1$ nm，$D_S \approx 2 \times 10^{18}$ m^{-2}•eV^{-1} を仮定して記述される例がある．一般に α の値はイオン結合性が強い半導体では小さく $\phi_{BC} \approx \phi_M - \chi$ であり，共有結合性が強い半導体では大きく $\phi_{BC} \approx \phi_{C0}$ となる．Si，GaAs では $\phi_{BC} \approx 2E_G/3$ となっている．

22-7: ショットキー・ダイオード (物理961)

ショットキー障壁を利用したダイオード．順方向の電圧降下が小さく，キャリヤーは電子のみで，正孔による蓄積効果がなく，高周波の特性が優れているので，高速スイッチングやマイクロ波の混合回路などに使用される．

22-8: アバランシェ効果 (物理27)

半導体結晶に高電場を加えたとき，高速に加速されたキャリヤーが格子原子に衝突することによりそこに束縛されている電子を励起し，自由電子と正孔をつくる．これらの二次キャリヤーも次々衝突電離に加わるため，なだれ状にキャリヤーの増倍が起る．このような半導体中の電流増倍作用をアバランシェ効果というが広くは固体や気体中の電子またはイオンによる繰り返し衝突電離も含まれる．半導体では pn 接合やショットキー・バリアーに存在する空間電荷領域は逆バイアス電圧を高めることにより容易に高電場になる．空間電荷領域を走行するキャリヤーは電場により加速され，やがて光学的フォノン散乱で制限される飽和速度に達するが，価電子帯の電子を伝導帯に励起するに十分なエネルギーをもつものが格子原子に衝突して電離する．単位距離当たりの衝突電離の回数をイオン化率といい，電離を起すキャリヤーのしきい値エネルギーを電離エネルギーという．電離エネルギーはバンドギャップに比例するため，バンドギャップの大きな半導体ほどアバランシェ効果を起す電場強度は高くなるが，イオン化率が 10^4 cm^{-1} になる電場強度は 200~600 kV•cm^{-1} 程度である．これ以上の高電場になる場合，すなわち不純物濃度が高い場合はゼーナー降伏が生じ，アバランシェ増倍作用はなくなる．電子と正孔のイオン化率 α，β の大小関係はバンド構造によって異なり，Si では $\alpha \gg \beta$，Ge では $\beta \geq \alpha$ である．アバランシェ効果はマイクロ波発振 (アバランシェダイオード)，光電流の増幅 (アバランシェフォトダイオード)，キャリヤーの注入 (アバランシェ注入 MOS メモリー) などに応用されている．

22-9: アバランシェダイオード (物理27)

pn 接合のアバランシェ効果による電子なだれ現象のキャリヤーと，その走行時間効

果による負性抵抗をもつダイオードで，インパットダイオードともよばれる．数～数十GHz のマイクロ波発振器として用いられ，出力は 10 W に達するものもある．アバランシェ効果を光電流増倍に用いた光検出器はアバランシェフォトダイオードとよばれる.

22-10: MOS ダイオード (物理2119)

MIS (metal-insulator semiconductor) 構造のひとつである MOS (metal-oxide semiconductor) 構造 (基板半導体にシリコン，絶縁膜に SiO_2 膜を用いたもの) の表面金属と基板半導体に電極をつけたダイオード．SiO_2/Si 界面の電気的特性を調べる有力な構造．MOS ダイオードの基本的特性は容量・電圧特性である．表面金属電極に印加される電圧 V が負の値より正の方向にしだいに増大するとき，基板シリコン表面は表面に過剰の正孔 (多数キャリヤー) が蓄積した状態 (A) より，基板内の電位が SiO_2/Si 界面まで平坦になり基板内の正味の電荷が 0 になるフラットバンド (B)，表面近傍より正孔が遠ざけられた空乏の状態を経て，さらに基板表面に電子 (少数キャリヤー) の蓄積した反転 (C) の状態に変化する．蓄積の状態では表面近傍に正孔が蓄積するため MOS ダイオードの容量はほぼ絶縁膜の容量 C_i に一致する ($C/C_i = 1$)．基板結晶内部に電荷の変動を伴うフラットバンドおよび空乏状態では，これらの電荷応答に伴う容量が絶縁膜容量に直列に加わるため全体の容量は低下する．反転層中の電子密度の変化の応答速度は主に反転層下の空乏層中における少数キャリヤーの発生・再結合速度に支配される．したがって低い周波数で容量を測定すると，表面近傍における反転層中の電子密度の変化が応答するため容量は絶縁膜容量にほぼ一致し，高周波による測定では反転層下の空乏層端における正孔密度の変化として応答するため，容量は低い値をとる.

22-11: 発光タイオード (物理1619)

半導体の pn 接合を利用して，順方向に電圧を与えると n 領域にある電子が p 領域の正孔と会合して，再結合発光を起す．この現象を利用して電流を直接光に変換する半導体素子を発光ダイオードという．エネルギーギャップ程度の電源電圧で，電子正孔が移動し pn 接合付近で会合すれば，エネルギーギャップ程度のエネルギーをもつ光子が発生する ($h\nu \approx E_g$)．一般に，直接遷移型の半導体 GaAs (赤外)，$Ga_{1-x}Al_xAs$ (～赤色)，$GaAs_{1-x}P_x$ (赤色) などを用いると高い発光効率の発光ダイオードが得られる (内部効率数十％，外部効率数％)．GaP は間接遷移であるが N_2 (緑色)，O_2 (赤色) などドープすることにより明るい発光が可能である．これらの可視または赤外発光ダイオードは大量に生産されており，主として表示用に安価に供給されている．最近 SiC または GaN を用いた青色の発光ダイオードがつくられるようになったが，GaAs などに比べて製作が面倒である．GaN では pn 接合ができないので金属・真性半導体・n 型半導体接合を用いる．光ファイバー通信用には，高輝度の発光ダイオードが要求される．光ファイバーの減衰の少ない赤外光，0.8 μm 帯 (GaAs) または 1.2～1.6 μm 帯 ($In_{1-x}Ga_xAs_yP_{1-y}$) が用いられる．高輝度にするために，いずれも半導体レーザーのような二重ヘテロ構造を利用し高い電流密度で動作させる.

22-12: レーザーダイオード (情報794)

　半導体レーザーともいう．半導体における再結合による発光を利用した，可干渉 (コヒーレント) 光を発するダイオード．発光効率の高い直接遷移半導体に不純物を多量に添加した pn 接合を用いる．順方向電流を流して注入した少数キャリヤーとその再結合による光を閉じ込めて正帰還による発振を容易にするために，ダブルヘテロ接合を用いる．発振のためのしきい値電流が低いことが望ましい．発振波長は電子が遷移するエネルギー差に反比例する．光の通過する経路の両側に結晶の劈開などで形成した反射鏡を設けて光共振器とするファブリペロー型や，単波長発振のための分布帰還型がある．GaAs/GaAlAs，InP/InGaAsP の光通信用や，PbTe/PbSnTe などの長波長計測用が実用されている．可視レーザーは情報処理，計測分野で広く応用される．多重量子井戸構造をもつレーザーの研究が盛んである．

Lesson 23: Electronics II
(other circuit elements and basic circuits)

悪　アク evil, wicked, wrong; オ evil, wicked, wrong
わる(い) bad, evil, immoral, inferior, malicious, unlucky, unsavory

害悪	ガイアク	harm, injury
最悪条件	サイアクジョウケン	worst condition

域　イキ level, limits, region, stage

帯域フィルター	タイイキフィルター	band-pass filter
領域	リョウイキ	region, domain, area

際　サイ occasion, time, when
きわ edge, side, verge

学際的な	ガクサイテキな	interdisciplinary
実際	ジッサイ	in fact, actual, practical, real

者　シャ agent, person
もの agent, person

創始者	ソウシシャ	creator, founder
利用者	リョウシャ	user

正　ショウ just(ice), punctuality, right(eousness);
セイ genuine, just(ice), positive, right(eousness)
ただ(しい) correct, just, lawful, proper, right(eous);
ただ(す) to adjust, to correct, to reform, to straighten; まさ(に) correctly, surely

校正	コウセイ	calibration
正孔	セイコウ	(positive) hole

図　ズ diagram, drawing, figure, illustration, plan; ト plan
はか(る) to design, to plan

図形	ズケイ	figure, graphic(s)
図表	ズヒョウ	figures and tables

精　セイ details, energy, ghost, purity, skill, spirit, vitality

精度	セイド	precision, accuracy
精密機械	セイミツキカイ	precision machinery

整 セイ arranging
ととの(う) to be adjusted, to be arranged, to be prepared, to be settled {vi};
ととの(える) to adjust, to arrange, to prepare, to regulate, to settle {vt}

整合	セイゴウ	matching
整数	セイスウ	integer

側 ソク leaning, opposing, regret, side
かわ row, side

出力側	シュツリョクがわ	output (side)
入力側	ニュウリョクがわ	input (side)

注 チュウ comment, notes
そそ(ぐ) to flow into, to irrigate, to pay attention to, to pour, to put in, to sprinkle

注意	チュウイ	taking care, paying attention
注目	チュウモク	attention, notice

年 ネン year
とし age, period of life, year

近年	キンネン	recent years
-年代	-ネンダイ	decade of the ...'s, the ...'s

般 ハン all, carry

一般化	イッパンカ	generalization
一般法則	イッパンホウソク	general law

負 フ minus (sign), negative
お(う) to be accused of, to bear (a burden), to owe {vt};
ま(かす) to defeat, to overcome {vt}; ま(ける) to be defeated, to be inferior,{vi}

負極	フキョク	negative pole/electrode
負符号	フフゴウ	negative/minus sign

良 リョウ fine, good
よ(い) beautiful, fine, good, pleasing, suitable

改良	カイリョウ	improvement
良否	リョウヒ	good or bad

領 リョウ dominion, possession (land), territory

可視領域	カシリョウイキ	visible region
周波数領域	シュウハスウリョウイキ	frequency domain

Reading Selections

23-1: 半導体素子 (物理1674)

　半導体を利用した各種機能素子の総称. 代表的なものは電気信号の増幅発振などを行うトランジスターである. 半導体素子は大きく分けて, 電気を扱うもの, 電気・光の変換を扱うものがある. 前者には, トランジスターのほか整流作用をもつダイオード (信号用) や整流器 (電力用) などがあり, 主にシリコン結晶を用いてつくられる. 信号用素子を1つの結晶上に集積したものが, 集積回路 (IC) で, 電子計算機などに広く用いられている. 電気を光に変換するのが発光素子で, 発光ダイオード, 半導体レーザーなどがGaAs, GaP などの結晶でつくられる, 逆に光を電気に変換するのが受光素子である. 太陽電池は太陽光を電力に変換する目的で, Si, GaAs などでつくられる. このほか温度を電気信号に変えるサーミスター, 磁場のセンサーであるホール素子も, 半導体でつくられる. 大部分の半導体素子は半導体単結晶でつくられているが, 最近非晶質半導体を用いたものがつくられるようになった. 非晶質シリコンは太陽電池などに利用される. 今日, 半導体素子はテレビ, 通信, 電子計算機などのエレクトロニクス製品の主要部品であるだけでなく, 電力用にも広く用いられ, 最近では光通信, 光信号処理などいわゆるオプトエレクトロニクスの主役にもなっている.

23-2: 半導体接合 (物理1673-1674)

　半導体結晶中の極めて狭い領域で, 異なる導電型 (n型, p型) または同一導電型で電気伝導率が急激に変化している領域を一般に半導体接合とよぶ. 特にp型からn型に変化している領域をpn接合, また同一導電型で単にドナー濃度 (アクセプター濃度) が急激に変化している領域はnn (pp) 接合とよばれる. 異なる種類の半導体が結晶格子として連続している場合を異質接合とよび, 半導体接合の一種である. この場合にもそれぞれの領域の導電型または電気伝導率の違いにより pn または nn などの接合が形成される.

　(1) pn接合: 通常, pn接合といえば均質な半導体における pn接合をさし, いわゆるダイオードで現在の半導体素子において最も広く用いられる基本的構造となっている. pn接合には熱平衡状態でn およびp領域のフェルミ・エネルギー差に相当するポテンシャル障壁が存在する. この電位差は拡散電位とよばれる. pn接合に電圧がかかっていないときはフェルミ準位がp領域およびn領域で等しいので, n領域に対してp領域に正 (順方向) の電圧 V を印加するとポテンシャル障壁は V だけ小さくなり, p領域よりn領域へ正孔が, またn領域よりp領域へ電子が流れ込む. すなわち少数キャリヤーの注入が生じ順方向電流が流れる. この順方向電流は印加電圧 V に対して指数関数的に増大する $(\exp(eV/RT))$. p(n) 領域のアクセプター (ドナー) 濃度がn(p) 領域のドナー (アクセプター) 濃度に比べ十分大きいときには, 接合を流れる電流は正孔 (電子) 電流が支配的である. また注入された少数キャリヤーは被注入領域の多数キャリヤーと再結合し, 密度を減じながら拡散により内部に移動する. その拡散による到達距離は拡散距離 $L (= (D\tau)^{1/2}$, D は拡散係数, τ はキャリヤー寿命) 程度である. n領域に対してp領域に負 (逆方向) 電圧を印加するとp領域の正孔およびn領域の電子は接合近傍より遠ざけられ接合近傍には空乏層が広がる. このとき流れる微小な逆方向電流は, 空乏層中で

熱的に発生するキャリヤーおよび n 領域，p 領域で拡散により空乏層端に到達する少数キャリヤーにより運ばれる．逆方向電圧をしだいに大きくすると，ある電圧で絶縁破壊的に急激に電流が流れ始める．これは空乏層中におけるキャリヤーのなだれ増倍またはトンネル現象による電流である．pn 接合には 2 種類の容量が付随する．ひとつは空乏層に伴う空乏層容量であり，もうひとつは注入キャリヤーの蓄積効果に伴う拡散容量である．pn 接合は整流，検波，可変容量および光電変換などの機能をもっている．複数の pn 接合を組み合わせることにより多様な機能の半導体素子が実現される．

(2) pnp 接合，npn 接合：2 つの pn 接合を背中合わせに隣接して配置した pnp または npn 構造はバイポーラートランジスターの基本構造であり，この構造によって発振，増幅，スイッチおよび光電変換などの基本的機能が実現される．

(3) pnpn 接合：3 つの pn 接合を重ねた pnpn 構造はサイラトロンに似た電流・電圧特性を示すサイリスターの基本構造である．

(4) nn 接合，pp 接合：能動素子としての機能を生むものではないが，n または p 領域への低抵抗のオーム性接触の形成に広く用いられる．すなわちオーム性接触を形成すべき n (p) 領域の表面に低抵抗な $n^+ (p^+)$ 領域を形成し，その表面に金属を接触させる．この構造により，極めて薄い空間電荷領域の金属・半導体接触が実現し，キャリヤーはトンネル現象により，この薄い空間電荷領域を容易に通過しうるため低抵抗なオーム性接触 (半導体と電極の金属との接触でオームの法則に従う) が可能となる．

23-3: サイリスター (物理749-750)

pnpn 接合をもつ半導体のスイッチング素子．電気的特性は水銀整流器やサイラトロンに似ており，順方向電圧を加えたとき，ゲート信号により通電開始時期を制御できるので，この名称が生れた．シリコン制御整流素子 (SCR) ともいう．サイラトロンなどに比べて動作が速く，効率が高く，小型軽量，長寿命などの長所があり，その電力容量も大きくなり，交流，直流の安定化電源，大電力の変換器などに広く使用されている．サイリスターの基本構造はシリコンを材料とした pnpn の四層構造である．外側の p 層に陽極を，n 層に陰極を，内側の p 層にゲート電極をつける．陽極に + 電圧を加えてもゲート電流が流れない場合は電流はほとんど流れず，オフ状態である．電圧がある値 V_{br} (ブレークオーバー電圧) 以上になると電流がオン状態となる．ゲートに電流を多く流すほどブレークオーバー電圧は小さくなる．一度オン状態になるとゲートでは制御不能で，電圧を逆にするなどにより電流を切ることができる．したがって交流を加えゲート電流を加える位相の制御により電流のオン時間を調整して整流出力の大小を制御，または出力安定化が可能である．構造的には pnp トランジスター (T_1) と npn トランジスター (T_2) を結合したものと考えられる．ゲート電流は T_2 で増幅されて T_1 のベース電流となり，さらにそれが増幅されて T_2 のベース電流となって，正帰還が起り電流が飽和状態となりスイッチングが起る．サイリスターの性能は，主に耐電圧，順方向電圧降下およびターンオン時間によって決まる．最近では 2500 V で 4000 A に耐えるサイリスターも開発され，光信号によってゲートの制御が可能なものもある．

23-4: コンデンサー (物理728)

2 つの対向した電極間に誘電体 (絶縁物) をはさんだものをコンデンサーあるいは蓄電

器，キャパシターという．この電極間に電圧 V を加えると，コンデンサーには $Q = CV$ の電荷，$W = (1/2) CV^2$ の静電エネルギーが蓄えられている．C はコンデンサーの容量で電荷を蓄える能力を示し，単位はファラド (F) である．コンデンサーに使用される誘電体にはいろいろな種類がある．それぞれのコンデンサーのよび名は使用されている誘電体の材質によって決まり，その特性は使用されている誘電体の特性でもある．コンデンサーの容量は，電極が 2 枚の平行板導体の場合，その誘電体の誘電率 ε と対向電極の有効面積 S に比例し，誘電体の厚さ d に逆比例する．　$C = \varepsilon S/d$

コンデンサーにはリード線や電極の抵抗，誘電体の絶縁抵抗などが付随する．R_s はリード線，電極の抵抗，R_p は誘電体の絶縁抵抗，L はリード線，電極のインダクタンス，C は静電容量を表す．交流電圧 V を加えると，$I = dQ/dt = j\omega CV$，すなわち電圧よりも位相が 90° 進んだ電流が流れるはずであるが，実際には上記の抵抗分のほかに，交流電場の変化に誘電体の分極が追従できないことにより，電流は d だけ遅れ，$I = (j\omega C + G)V$ となり GV^2 の電気エネルギーが消費される．そこで $\tan\delta = \tan(\omega C/G)$ を誘電損失または誘電正接とよび，コンデンサーの良否を表す目安のひとつとしている．このエネルギー損失を積極的に利用したのが高周波加熱である．n 個のコンデンサーを直列または並列に接続したときの合成容量は次のようになる．

$$1/C = \sum_i (1/C_i) \qquad \text{(直列接続)}$$

$$C = \sum_i (C_i) \qquad \text{(並列接続)}$$

コンデンサーの用途は同調，側路，直流阻止が主であるが，放電パルス回路などでは電荷の蓄積源としても用いられている．コンデンサーには使用目的によりいろいろな種類があるが，一般に使用されているものは，紙コンデンサー，プラスチック・フィルムコンデンサー，マイカコンデンサー，磁器コンデンサー，電解コンデンサー，空気コンデンサーなどである．

23-5:　　　　　　　　　インバーター (物理110)

逆変換器の意味で，通常，コンバーターが交流・直流変換器を意味するのに対して，直流電力を交流電力に変換する方式あるいは装置をいう．他励式と自励式があり，交流側に電源がある場合は他励式，インバーター自体が転流機能をもつものを自励式と名づける．インバーターは基本的にはスイッチング素子により構成されており，トランジスターやサイリスターが使われている．半導体技術の進歩によって大電力用サイリスターが開発されて産業分野でサイリスター方式が実用化されている．他励式インバーターは，サイリスターの制御角を α として 0° ≤ α < 90° では交流側から直流側に電力は変換されるが，90° ≤ α < 180° ではサイリスターの出力電圧は負となり，電力は直流側から交流側へ変換される．すなわちインバーター動作を行う．自励式インバーターでは交流側には負荷があるだけなので，サイリスターの転流を行わせるため転流コンデンサーを使っている．インバーターは無停電電源装置，定電圧定周波電源装置，周波数変換装置，直流送電などあらゆる方面でとり入れられている．

23-6: 整流回路 (物理1079)

交流電力を直流電力に変換することを整流とよび，その回路が整流回路で，電流を一方向のみに流す整流器を利用する．交流側入力によって単相，三相，六相整流回路などに分類され，また整流方式により半波整流，全波整流回路などに分類される．整流器として普通シリコン整流器が使われる．大電力装置の場合，電力は三相で受電されるため三相あるいは多相整流が使われる．整流素子にサイリスターを用いると整流器の出力電圧を制御できる．倍電圧整流回路は高圧電源用である．これらの各種整流回路の出力はリップル分を含んでいるので，リップルを減少させるため，一般に LC 平滑回路を用いる．出力電圧を一定に保つ必要がある場合は，シリーズレギュレーターまたはシャントレギュレーターを併用する．

23-7: 整流作用 (物理1080)

二極管 (電子管) や半導体ダイオードなどの二端子素子で，ある方向には電流が流れやすく，逆方向には流れにくい性質を意味し，高周波信号や交流電圧の直流への変換に利用される．電子管の場合は電子がカソードからプレートへのみ移動できるので，整流作用は容易に理解できる．半導体素子では，ショットキー障壁と pn 接合とで動作原理は異なる．

(1) 金属・半導体接合の整流作用：n 型半導体に金属をつけて半導体界面に空乏層ができると，金属側から半導体に向かって電流は容易に流れるが，その逆方向には流れにくい．p 型半導体と金属との接合で空乏層ができるときには，整流方向は逆になる．前者について，(a) 金属と接する部分の半導体の伝導帯の底と金属のフェルミ面のエネルギー差 E_B が熱エネルギー kT に比べて大きく，(b) 空乏層内で電子の散乱はない，と仮定できると，整流作用は次のように説明される．金属から半導体に向かう電子流による電流は仕事関数 E_B の金属から真空中への熱電子放出と考えて

$$J_{S \to M}(0) = A^* T^2 e^{-E_B/kT} \tag{1}$$

で表される．ここで，A^* は真空に対して $A = 120 \text{ A} \cdot \text{cm}^{-2} \cdot \text{deg}^{-2}$ の定数に半導体の伝導帯構造による補正を加えた定数である．熱平衡状態では，半導体から金属に向かう電子流による電流 $J_{M \to S}(0)$ も $J_{S \to M}(0)$ に等しい．金属が正に半導体が負になるように電圧 V を加えると，空乏層の電位差は V だけ減少するので，$J_{M \to S}$ はもとの値の $\exp(eV/kT)$ 倍となる．このとき，E_B は変わらないから $J_{S \to M}$ は変わらない．電圧 V の符号を変えてもこの関係は同じである．したがって，金属から半導体へ向かう全電流は，電圧 V の関数として

$$J(V) = J_{S \to M}(0) \left[e^{eV/kT} - 1 \right] \tag{2}$$

と表される．式 (1) は逆方向の飽和電流を表す．

(2) pn 接合の整流作用：pn 接合では，p 型半導体から n 型半導体に向かう電流は容易に流れるが，その逆方向の電流は流れにくい．電子と正孔の再結合の確率が小さくて，pn 接合内での電子と正孔の再結合が無視できる時，pn 接合の整流作用は次のように説明される．p 型側が正に n 型側が負になるように，接合の電位障壁 V_B に比べて小さい電圧 V を加えると，障壁の高さは V だけ減少する．その結果，p 型側から n 型側に正孔が，n 型側から p 型側に電子が流れ込み，遷移領域内で再結合がないとみなせると，遷移領域の n 型側の端 x_n における正孔濃度はもとの平衡濃度 p_{n0} の $\exp(eV/kT)$ 倍となり，

遷移領域の p 型側の端 $-x_p$ における電子濃度はもとの平衡濃度 n_{p0} の exp (eV/kT) 倍となる．こうして n 型側で増加した正孔，p 型側で増加した電子は，それぞれ，濃度の小さい方に向かって濃度勾配にしたがって拡散する．正孔と電子の拡散による電流を，それぞれ，J_p，J_n とすると，全電流 J はその和である．x_n における正孔電流 $J_p(x_n)$ と $-x_p$ における電子電流を計算して，それらの和として全電流は，V の関数として

$$J(V) = e[(D_p p_{n0}/L_p) + (D_n n_{p0}/L_n)](e^{eV/kT} - 1) \qquad (3)$$

と表される．ここで，D_p，D_n は，それぞれ正孔と電子の拡散定数，L_n，L_p は，それぞれ n 型内での正孔の拡散距離と p 型内での電子の拡散距離である．

23-8: 誘電コイル (物理2144)

　低電圧直流電源から高電圧の交流を得る装置で，一種の変圧器．感応コイルともいう．鉄心に数回巻かれた一次コイルと，この上の多数回巻かれた二次コイルとからなる．一次コイルと直列に接点がありこの接点の金属片は，鉄心が磁化していなければ，ばねにより接点を閉じているが，鉄心が磁化すると引きつけられて，一次回路の直流を切るようにつくられている．したがって，一次コイルに直流電源をつなぐと，接点が断続し，相互誘導により，二次側に高電圧を発生する．接点が開くときに磁場のエネルギーの一部を貯えて，自己誘導起電力による火花放電を防ぐために，接点に並列にコンデンサーをつなぐ．また，変圧器の原理と，共振現象を利用して，高電圧高周波を得るテスラ・コイルの一次側入力として，誘導コイルの振動電圧が用いられることがある．

23-9: インピーダンスブリッジ (物理112)

　インピーダンスを測定するためのブリッジ回路で基準インピーダンス Z_s と比較して求められ精度の高い測定に使用される．インピーダンスをリアクタンス X と抵抗 R の形で求めるものと絶対値 Z と位相角 θ の形で求めるものがある．あらかじめ R を調整し $\omega^2 R C_s = 1$ (ω は角周波数) となるように設定しておき，r と R_s で平衡をとれば絶対値 Z は R_s の目盛，θ は r_1，r_2 の値から直読できる．手動で平衡をとるもののほかに，インピーダンスブリッジを内蔵した測定器自身が自動的に平衡動作を行い結果がディジタル表示されるものもある．不平衡電圧 e_b を基準電圧 e と同相の成分と $90°$ の成分に分けて同期整流し，積分回路を通したそれぞれの出力で，標準の ρ_s，C_s 系統の電圧をコントロールする．こうして自動的に未知インピーダンス Z_x 系とバランスをとり，それぞれのフィードバック電圧を読むことで R と X の値が直読できる．演算回路をもてば Z ($\angle\theta$) や他の量に変換することは容易であり，使用周波数範囲も広く，高信頼度のものがつくられている．

23-10: 交流ブリッジ (物理680-681)

　電源に交流を用いたブリッジ回路で，インピーダンスや周波数の測定に用いられる．マクスウェル・ブリッジ，シェーリング・ブリッジ，キャンベル・ブリッジ，オーエン・ブリッジ，ウィーン・ブリッジがある．目的に応じて各種のブリッジが考案されているが，抵抗，静電容量，自己インダクタンス，相互インダクタンス M など，周波数によってあまり変化しない量を測るときは，一般に平衡条件に周波数が関係しない方が都合が

良い．しかし，厳密には回路素子には残留インダクタンス，浮遊容量，損失抵抗などの周波数に依存する要素を含むため，精密な測定には測定周波数を指定し，電源には高調波の少ないものを使用する．またリアクタンス，サセプタンスなど平衡条件に周波数が入る場合の測定には，電源周波数は安定なものが必要である．一般に回路素子，電源や検出装置は厳密には独立ではありえず，静電結合，絶縁抵抗，相互インダクタンスにより結合されている．実際のブリッジでは，対地アドミッタンスがあり誤差の原因となる場合があるが，これを除くためにワグナー接地装置が有効である．平衡条件に周波数が入るブリッジは，逆に周波数特性を利用し，電子回路内でフィルター回路，同調素子として広く応用されている．

23-11: 直流ブリッジ (物理1321)

　電源に直流を用いたブリッジ回路で，電気抵抗の精密測定に使用される．抵抗値の大小，種類，必要な精度によって各種の方法がとられる．ホイートストン・ブリッジは広い測定範囲 ($0.1 \sim 10^6$ Ω) と高い精度をもつため一般に広く応用されあらゆるブリッジの基本である．非常に低い抵抗値を測定するときはリード線の抵抗や接触抵抗が誤差となるため四端子抵抗を使い，これらの抵抗を補正するか無視しうる設定にしなければならない．ケルビン・ダブルブリッジは特に低抵抗の精密測定用に考案され，リード線抵抗などの影響を減らすように工夫されている．高い抵抗値を測定する場合は対地漏れ抵抗や抵抗を納めたケースに対する漏れ抵抗が問題となる．交流ブリッジで一般に使われるワグナー接地法などの原理を用いて，対地漏れ抵抗の効果を除去して測定する必要がある．

23-12: ホイートストン・ブリッジ (物理1986)

　中程度の抵抗 ($0.1 \sim 10^6$ Ω) の精密測定に広く用いられている方法で，抵抗を接続し，既知抵抗 (A，B，C) のどれかを調整して検流計 G に電流が流れない状態 (平衡状態) にすると，未知抵抗 X は平衡条件 $X = B(C/A)$ より求められる．この場合 C および A は比例辺とよばれ C，A 自身の抵抗値はかならずしも知る必要はなく，比が正確にわかっていればよい．C/A が，例えば 10^{-3} から 10^3 まで 1 けたずつ変えられ，B が小ステップで変えられる構造が一般的である．比例辺は比の値が重要なので，A，C の抵抗には周囲温度などが変化しても比が一定に保たれるように構造や配置が工夫されている．このブリッジの測定精度は 0.1~0.01% 程度である．スイッチは電源側の K_1 に続いて検流計側の K_2 を閉じる (開くときはこの逆)．このブリッジは一般の抵抗測定のほかに，物理量の変化が抵抗変化と単純な関数関係にある場合には，その物理量の測定に広く応用されている．抵抗の精密測定には直流電源を使用することが多いが，測定目的によっては交流の方が都合が良いときがあり，直流では熱起電力が生じたり，液体の場合は分極作用が起り抵抗値が実際より増加し，不安定となることがある．さらに高い安定度の増幅度は交流の方がはるかに得やすいこともあり，リアクタンス分を無視できるような低周波の交流電源を利用する方が便利なことが多い．

23-13: **電荷転送素子** (物理1379)

バケットブリゲード素子 (BBD) と電荷結合素子 (CCD) を含む半導体機能素子の総称.
これらの素子は,外部から適当な周期のクロックパルスを印加することにより,信号を
電荷のかたまりとして半導体基板内部で転送したり蓄積したりすることができる.BBD
は信号電荷を n^+ 拡散層に蓄積し,n^+pn^+ で構成される MOS トランジスターのスイッチ
ング動作により,順次隣接する n^+ 拡散層へ信号電荷を転送する.CCD は MOS ダイオー
ドを複数個,平面的に配列することにより構成され,転送電極に印加される電圧により
基板内部に空乏層を広げ,これによって生じる電位井戸に信号電荷を蓄積し,クロック
パルスの位相を切替えることにより順次隣接する電位井戸に信号電荷を転送する.CCD
には,信号電荷を Si/SiO_2 界面に沿って転送する表面チャネル CCD と,Si/SiO_2 界面よ
り数 μm 深い基板内部を転送する埋込みチャネル CCD とがある.これらの素子はアナ
ログ信号を直接処理できること,自己走査機能があることなどから,各種の信号処理装
置,メモリー,撮像素子などへ応用されている.

23-14: **電荷結合素子** (物理1378-1379)

光電変換素子にも,また記憶素子にも使える半導体デバイス.構造は p 型シリコンチ
ップ上に多数の MOS (金属・酸化物・半導体) キャパシターを直列に並べたものであり,
電極に正電圧をかけると電極下の半導体に空乏層が構成される.この空乏層に少数キャ
リヤーを注入すると電荷が蓄積されるが,次に電極に多相のクロックパルスを印加する
ことで空乏層を移動させると,蓄積電荷もこれに伴って移動し,電気信号として取り出
すことができる.アナログ信号も取り扱える.光電変換素子として使う場合は MOS キャ
パシターに光を照射して少数キャリヤーの注入を行えばよく,固体撮像装置やファクシ
ミリの読取り走査に使われている.記憶素子として使う場合には pn 接合から少数キャ
リヤーの注入を行うが,ディジタルフィルターなどに実用されている.電子計算機用の
記憶素子として,磁気バブル記憶装置より高速な情報転送が可能な,また磁場を必要と
しない素材として注目されている.

23-15: **CCD 撮像素子** (物理837-838)

電荷結合素子に小さなフォトダイオードを組み合わせた撮像用の半導体素子で,従来
の真空管型撮像素子やフィルムなどに代わるものとして急速に普及しつつある.数十
$\mu m \times$ 数十 μm の面積をもつ小さなフォトダイオードが二次元的に数百個×数百個並ん
でおり,それらに光があたり発生する電荷 (電子と空孔) を電荷結合素子で順送りにし
て読み出す.電荷結合素子でもある受光面が全面を覆う形のフレーム転送方式と,受光
面の列の横に電荷結合素子の列があるインターライン方式とに分類される.前者では表
面のほとんどが受光面となり,70% にも及ぶ高い量子効率が得られる.後者では受光
面が 50% ほどに減るため全面で平均した量子効率は低くなるが,読み出しに工夫をす
ることが可能になる.画素数は,通常のテレビあるいは高画質テレビの走査線数に合わ
せたものが多い.

構造技術の進歩で,市販の CCD の漏れ電流 (暗電流) や電荷転送のロスなどが極めて
小さくなり,ビデオカメラなど以外の多くの特殊な用途にも使えるようになってきた.

たとえばフレーム転送方式の CCD を -100℃ 程度に冷却すると，フィルムよりも高感度の画像素子として天体望遠鏡の観測に使ったり，優れたエネルギー分解能をもつ X 線検出器として使うことができる．さらにマイクロチャネルプレートなどを組み合わせ，単独の光子を識別しながら画像を得ることもできる．フレーム転送方式の CCD は荷電粒子の通過も検出できるため，加速器を使った素粒子実験でも使われている．

Lesson 24: Electronics III
(ICs)

革   カク tanned leather
     かわ fur, hide, husk, leather, pelt, shell, skin

革命	カクメイ	revolution
変革	ヘンカク	change, reform

基   キ basis, foundation, radical {chemistry}, {counter for heavy machines}
     もと basis, foundation, origin; もと(づく) to be based on, to be founded on

基準	キジュン	standard, datum, reference
基礎	キソ	foundation, basis

規   キ measure, standard

規制	キセイ	regulation, control
規模	キボ	scale, scope

技   ギ ability, art, craft, performance, skill
     わざ act, art, deed, performance, trick

実装技術	ジッソウギジュツ	packaging technology
部品技術	ブヒンギジュツ	component technology

形   ギョウ form, shape; ケイ form, shape
     かた design, form, pattern, shape; かたち appearance, form, shape

形式的な	ケイシキテキな	formal, in terms of form
変形	ヘンケイ	deformation

個   コ individual, {counter for items}

個人利用	コジンリヨウ	individual/personal use
個別-	コベツ-	individual

厚   コウ thick
     あつ(い) thick

肉厚減少	ニクあつゲンショウ	decrease in thickness
膜厚	マクあつ	film/coating thickness

術　ジュツ art, means, skill, stratagem, technique
技術革新　　　　　　ギジュツカクシン　　　technological innovation
制御技術者　　　　　セイギョギジュツシャ　control engineer

新　シン newness, novelty
あたら(しい) modern, new, novel, recent; あら(た) new, novel
更新　　　　　　　　コウシン　　　　　　　updating, renewal
新規高分子　　　　　シンキコウブンシ　　　new/novel polymer

成　セイ becoming, forming, reaching, turning into
な(す) to accomplish, to do, to form, to make {vt};
な(る) to become, to form, to reach, to turn into {vi}
成功　　　　　　　　セイコウ　　　　　　　success
成分　　　　　　　　セイブン　　　　　　　element, entry, component

積　セキ contents, measurement, product {math.}
つ(む) to accumulate, to load, to pile up, to ship, to stack {vt};
つ(もる) to accumulate, to amount to, to be piled up {vi}
体積　　　　　　　　タイセキ　　　　　　　volume
面積　　　　　　　　メンセキ　　　　　　　area

板　ハン board, plate, sheet; バン board, plate, sheet
いた board, plate, sheet
基板　　　　　　　　キバン　　　　　　　　substrate
平板　　　　　　　　ヘイバン　　　　　　　flat plate

版　ハン board, edition (of a book), impression (of a book), printing (block or plate)
活版印刷　　　　　　カッパンインサツ　　　typeset and printed
図版　　　　　　　　ズハン　　　　　　　　illustration, figure

封　フウ closing, sealing; ホウ fief
封止方法　　　　　　フウシホウホウ　　　　sealing method
密封　　　　　　　　ミップウ　　　　　　　seal

模　モ copy, imitation; ボ copy, imitation
大規模　　　　　　　ダイキボ　　　　　　　large scale
模擬　　　　　　　　モギ　　　　　　　　　simulation; imitation

Reading Selections

24-1: マイクロエレクトロニクス (情報717)

　電子回路を実現する超小型技術の総称．能動素子が従来の電子管から半導体で作られたトランジスターに代ったこと，また単品として作られていたコイル，コンデンサー，抵抗などが膜技術や半導体技術の進歩によって同時に作られるようになったことなどにより小型化や高機能化が実現できるようになった．1950年代から各種のマイクロエレクトロニクスが開発されてきたが，特に集積回路はその代表的な例である．

24-2: マイクロエレクトロニクス革命 (情報717)

　半導体集積回路技術の進歩に伴う大規模集積回路 (LSI) の微細化，低価格化の進展，広範囲な分野への LSI の利用によってもたらされる技術革新とその波及効果をいう．特にマイクロコンピューターの応用により，機械機器の制御機構の電子化，小型化が促進され，産業用ロボット，NC 工作機械，オフィスオートメーション機器などの産業が急速に拡大した．この結果，工場の生産現場や事務所で，ファクトリーオートメーション (FA)，オフィスオートメーション (OA) による自動化，省力化が進み，将来はホームオートメーション (HA) 革命が到来するといわれる．マイクロエレクトロニクス革命は，工場，事務所での労働内容や勤務形態を変革し，人を単純作業から解放して新たな知的生産活動に向ける可能性をもたらした反面，テクノストレスや VDT 障害などの問題，さらには雇用形態の変化に伴う新たな社会問題を呼んでいる．

24-3: 集積回路 (物理892-894)

　トランジスターや半導体レーザー，ダイオード，ジョセフソン接合などの電子デバイス，光デバイスおよび抵抗器，コンデンサーなどの受動部品を，それぞれ個別に作製して相互接続により回路を構成するのではなく，デバイスや受動部品を一体として分離できない状態で共通基板上に作製し，回路を構成したものをモノリシック集積回路または単に集積回路という．別個に作製された部品を他の部品が一体として作製されている基板上にとりつけて構成した回路を混成集積回路と称する．

　集積回路に含まれる主たるデバイスがトランジスター，ジョセフソン接合であるかにより，半導体集積回路，ジョセフソン集積回路と区別し，またレーザーなどの発光素子を含む場合，回路内の信号処理がすべて光で行われる集積回路は光集積回路，信号処理の一部が電気信号に変換して行われる集積回路を光電子集積回路という．

　1個の基板に集積されている部品数がおおよそ 10^3~10^4 個の集積回路を大規模集積回路 (LSI)，部品数が 10^5~10^6 個の集積回路を超大規模集積回路 (VLSI)，部品数が 10^7 個以上の集積回路を ULSI と称することが多いが，この分類はおよその目安であり，大規模集積回路という用語が一般的に LSI 以上の規模の集積回路の総称として使用されることも多い．

　現在 VLSI，ULSI が実現されているのはシリコンモノリシック集積回路で，特に MOS 電界効果トランジスターを主たる構成要素とする集積回路で MOS 集積回路といわ

れている．これに対しバイポーラートランジスターを主たる構成要素とする集積回路を
バイポーラー集積回路という．

　バイポーラー集積回路の特徴は，バイポーラートランジスターの伝達コンダクタンス
が接合寸法によらずエミッターバイアス電流で決まり，大きいので，負荷キャパシタン
スが大きい回路で信号伝搬遅延時間を短くすることができる反面，消費電力が大きく，
また素子間分離を必要とするために集積回路上でバイポーラートランジスターの占有面
積を小さくすることが容易ではない．

　npn バイポーラートランジスターの場合，コレクター領域の直列抵抗を小さくするた
めに p 型シリコン基板の上に n⁺ 埋込み層を形成し，その上に n 型エピタキシャル層を
成長させ，エピタキシャル層内にエミッター，ベース，コレクター領域を形成する．p
型シリコン基板との分離は p 型シリコン基板と n⁺ 埋込み層との間に逆バイアスを加え，
また隣り合う素子間はシリコン酸化膜により分離している．

　これに対し MOS 集積回路の特徴は，原理的にはエピタキシャル基板を必要とせず，
また MOS 電界効果トランジスター自身が基板との間に形成される空乏層によって自己
分離されるため，チップ表面上のデバイス密度を大きくすることができることで，経済
性のよい超大規模集積回路が構成される．MOS 電界効果トランジスターの伝達コンダ
クタンスは，デバイスの構造寸法やチャネル中のキャリヤーの移動度，ドレイン電圧な
どで決まり，バイポーラートランジスターに比較して小さいために，特に負荷キャパシ
タンスの大きな回路では信号伝搬遅延時間が長くなる欠点があるが，相補型 MOS
(CMOS) 回路により，MOS ゲートの信号伝搬遅延時間の負荷キャパシタンス依存性を減
少させるとともに，静止時の消費電力を無視できる程度に小さくすることができる．バ
イポーラートランジスターの高速性と CMOS の低消費電力性とを同時に活用するため
に，両者を組み合わせた BiCMOS 回路も使用されている．

　GaAs 等を基板とする III-V 族半導体集積回路では，ヘテロバイポーラートランジス
ター，ショットキー・ゲート電界効果トランジスター，高電子移動度トランジスターな
どを使用し，同じ基準寸法を使用すればシリコン集積回路よりも高速の集積回路を実現
できる．またレーザーなどの発光素子を同一基板上に集積できて，光電子集積回路を構
成することができる．

　集積回路では数多くのトランジスターなどの部品をウェーハ上につくりつけなければ
ならないので，制御性のよい微細加工技術が必要である．したがってドーパントの導入
にはイオン打込み技術が多く用いられ，パターン描画には 2~3 μm までは光学的な方法
が使用されたが，1 μm ないしはそれ以下では電子ビーム描画が主として使用されてい
る．またマスク上に描画されたパターンの転写には光学的，方法が使用されており，水
銀ランプの g 線 (436 nm) が使用されてきたが，最近では分解能を向上させるために i 線
(365 nm) や KrF エキシマーレーザー (249 nm) が使用されている．さらに分解能を良く
するために波長 10~20 Å の X 線を使用することも研究されており，X 線源としては金
属ターゲットへの電子線照射の他，プラズマ X 線源，シンクロトロン放射の利用など
が試みられている．

　半導体基板上に転写されたパターンに従って，半導体基板をエッチングするのには，
パターン寸法が 2~3 μm 以下では化学的な湿式法よりも反応性イオンエッチングやマイ
クロ波励起のプラズマエッチングが使用されている．

　大規模集積回路の設計は回路の規模が大きくなるに従って，機能設計，論理設計，回
路設計と階層化する必要があり，かつ回路設計もあらかじめ設計されているゲートやス

タンダードセルを使用するなどして，過去の技術的蓄積を利用して能率よく進めること
が必要であり，また回路の配置も配線長が短くなるようにしなければならない．さらに
大規模集積回路においては製作された回路が正しく動作しているか否か検査することも
容易ではなく，設計，配置，検査に計算機の利用が不可欠である．

24-4: MOS 集積回路 (物理2118-2119)

　MOS 電界効果トランジスター，コンデンサー，抵抗，ダイオードにより構成される
集積回路．MOS は metal-oxide semiconductor の略である．抵抗には MOS トランジスター
がよく使われる．バイポーラー集積回路と比較して，製造プロセスが容易，素子間分離
が容易などの特徴をもつ．性能指数 (＝ 速度 × 電力) がバイポーラー集積回路より有利
であることなどから大規模，高集積に適している．しかし駆動能力は小さいため，負荷
容量による速度の低下は著しく，これが大きい回路ではバイポーラー集積回路の方が容
易に高速となる．使用されるトランジスターにより P チャネル MOS 集積回路，N チャ
ネル MOS 集積回路，および回路式により CMOS 集積回路，BiCMOS 集積回路に分類さ
れる．高集積，高速という点では NMOS 型がよく，低消費電力，高速という点ては
CMOS 型がよい．ゲート電極材料によりアルミニウムゲート構造とシリコンゲート構造
に区別される．後者はゲート，ソース，ドレインが自己整合的にできるという特徴をも
っておりソース，ドレインとゲート電極との重なり容量が少なく高性能，高集積が期待
できる．さらに高性能集積回路として誘電体による素子間分離構造のものがある．代表
的なものに SOI (silicon on insulator) 構造が知られている．現在，大規模集積回路の大部
分が MOS 集積回路である．回路的にはディジタル回路が主であり，特に電卓用大規模
集積回路，マイクロプロセッサー，大容量記憶装置などに使用されている．

24-5: 光集積回路 (物理1699)

　発光・受光素子などのデバイスや光導波路，光回路等の各種の光学系を集積一体化し
た光回路．光通信システムや光情報処理に用いることを目的としたもので PIC ともよ
ばれる．その形態にはモノリシック型とハイブリッド型があり，また，集積される主な
光回路素子の種類により，能動型および受動型に分類される．さらに，トランジスター
などの光デバイスと電子デバイスの集積一体化を目的にした光電子集積回路 (オプトエ
レクトロニック集積回路；OEIC) もある．受動回路素子としては光導波路，回折格子な
どのフィルター，方向性結合器，光アイソレーター，変調器，受光器 (導波路型)，光メ
モリー機能をもつ素子など，また能動回路素子としては，集積に適した半導体レーザー
で他の光素子との結合を考慮した分布帰還型レーザー (DFB レーザー)，分布ブラッグ
反射型レーザー (DBR レーザー) などが用いられる．モノリシック能動型光集積回路や
光電子集積回路には，GaAs や InP などの半導体基板が用いられようとしている．光集
積回路の特長は，光デバイスの小型一体化のみではなく，他の光回路素子との一体化に
よる光デバイスの性能向上，生産性向上，平面波光学系にない新しい光回路の応用，光
学系不安定性の改善などがあげられる．

24-6: マイクロ波集積回路 (情報718)

　マイクロ波 (300 MHz~30 GHz) 帯で使用する集積回路をいう．高い周波数で動作するトランジスターを主体に，導波路やキャパシターを集積し，微小な面積に発振器や増幅器などの回路を形成している．高速動作，高性能のトランジスターの実現が回路構成の鍵をにぎっており，移動度の高い GaAs 系の化合物半導体を用いることが多い．

24-7: マイクロプロセッサー (情報719)

　中央処理装置 (CPU) の機能を 1 個あるいは数個のチップ上に集積した LSI をいう．これに対し，マイクロプロセッサーに ROM，RAM などのメモリーや入出力装置を付加したシステムをマイクロコンピューターとよんで区別する．1 チップマイクロコンピューターは CPU と ROM，RAM などのメモリー，それに入出力ポートを 1 チップ上に集積した計算機である．マイクロプロセッサーの内部構成は，ALU (算術論理演算器)，レジスター，プログラムカウンター，命令デコーダー，制御回路などを含む．

24-8: ウェーファープロセス技術 (情報49-50)

　集積回路の作製に用いる技術の総称．ウェーファー作製技術，酸化技術，拡散技術，イオン注入，リソグラフィー技術，エッチング，薄膜形成技術などの加工技術および配線技術からなる．1) ウェーファー作製技術．集積回路の基板を構成するウェーファーは，シリコン (ケイ素) やガリウムヒ素 (ヒ化ガリウム) などの半導体単結晶を切り出して作るが，その結晶はきわめて純度が高く (99.99999999% 以上)，欠陥の少ないことが要求される．単結晶の作製方法は液相成長法がもっとも一般的で，原料をるつぼ内で溶融させ種結晶を浸してこれを引き上げて成長させる引上げ法と，棒状の固体原料の一部を加熱して溶融し表面張力によって浮いた状態にある溶融部を移動させながら成長させる浮融帯法がある．得られた結晶 (インゴットとよばれる) は数百 μm の厚さに薄く切り出し表面は鏡面に研磨する．バイポーラー集積回路では，シリコン基板上にさらに結晶軸がそろうようにシリコンをエピタキシャル成長させたウェーファーを用いる．2) 酸化技術．半導体表面に酸化膜を形成する技術で，酸素を高温で反応させることが多く熱酸化ともよばれ，素子分離やゲート酸化膜形成などに適用される．熱酸化の方法には乾燥酸化，加湿酸化などがあり，酸化膜の厚さや性質，目的により条件を選ぶ．3) 拡散技術．ウェーファー中へ不純物を拡散させる技術で，集積回路のプロセス技術の中で数多く用いられる．たとえば，シリコン基板の集積回路における MOS トランジスターのウェル形成や多結晶シリコンへのドーピングなどに，またバイポーラートランジスターのエミッター，ベース，コレクターの形成に応用される．4) イオン注入．不純物イオンを電場で加速して基板中に導入する技術で，注入のための加速電圧によって導入する量 (打込み量) をかなりよく制御できるので，広範に用いられている．イオン注入は，シリコン集積回路では MOS トランジスタのウェル，ソース，ドレインの形成やしきい値電圧の制御に，またバイポーラートランジスターのエミッター，ベース，コレクターの形成に用いられる．5) リソグラフィー技術．ウエーファー上に目的とする集積回路のパターンを形成する技術で，設計された回路をマスクにする工程とマスクパターンをウエーファー上に転写するレジスト工程からなる．光を用いるフォトリソグラフィーが

もっとも一般的であるが，電子ビーム描画により直接ウェーファー上にパターンを形成する方法もある．6) エッチング．リソグラフィー技術で形成されたレジストパターンでおおわれている部分以外を選択的に除去する工程をいう．7) 薄膜形成技術．ウェーファー上に形成された素子の絶縁や配線を行う技術をいう．これには，気相状態での化学反応によって薄膜を形成する化学蒸着法 (CVD)，超精密制御され結晶軸のよくそろった薄膜のエピタキシャル層を物理的に形成する分子線エピタキシャル成長 (MBE)，真空中で材料を蒸発させ対向する基板に薄膜を形成する真空蒸着，アルゴンイオンなどを高速に加速してターゲットとなる材料に衝突させて原子をたたき出し対向する基板に薄膜を形成するスパッタリング法などがある．後 3 者は，物理的に原子や分子を蒸着させるので，物理蒸着法と総称される．

24-9: リソグラフィー (物理2217-2218)

　加工技術の一種．基本的には腐食液による食刻であって，その点はエッチングの作製と変わらない．これらの作製にあたっては銅板などの素材に耐食被覆を施しておいてから手描きで図を描き，食刻をした．現在最も多用されている光を用いるリソグラフィー (フオトリソグラフィー) は，耐食被覆ににフォトレジストを用い，写真法で図形を転写することにより印刷用の図版を作製するねらいで始まった技術である．現在リソグラフィーで用いられる加工形態には次の 3 種類がある．(1) 厚板表面を彫刻 (印刷用製版)，(2) 基板にはり付けた膜状物 (厚さ最大数十 μm) を加工 (プリント配線基板，集積回路)，(3) ケミカルミーリングともいい，1 mm 以下の板材を両面からエッチして打抜く (ブラウン管用シャドウマスク)．
　工程は (a) 材料板の洗浄，乾燥，(b) レジスト被覆，(c) 前段の加熱処理 (プレベーク)，(d) フォトマスクからの図形の転写．(e) 現像，(f) 後段の加熱処理 (ポストベーク)，(g) エッチング，(h) レジスト剥離，である．
　リソグラフィーは微細加工が特徴で，その限界は光の回折で決められる．この打破のため電子線，軟 X 線，イオンビームが導入された．もうひとつの限界を決める要因はアンダーカット (エッチングが等方的ならば，レジスト膜下側にも進み，材料図形が台形に細ること) であり，この解決には垂直方向エッチ速度を強調する反応性イオンエッチ，レジスト図形被覆後のメッキなどが導入された．
　リソグラフィーの第二の特徴は製品寸法が小さいとき，原版に製品図形を繰り返し配列した繰り返し原版を用い，一度に多数個の (トランジスターでは数千個) 製品を一括処理できることである．このようにして量産すれば原価や歩留りという意味で有利になる．しかし少数個の生産では原版の製作を必要とするため割高となる．この原版の製作には光学的な図形発生機，あるいは電子線描画装置を用いる．

24-10: パッケージ (情報583)

　半導体チップを収納する容器をいう．JIS では，半導体集積回路の構成部分を配置，接続，保護するための外部導線をもつ容器と定義している．材料，外形，封止方法により次のように分類される．材料では，プラスチックパッケージとセラミックパッケージに分けられ，外部リードの形状では，リードが 1 列に並んだシングルインラインパッケージと 2 列のデュアルインラインパッケージに分けられるほかピングリッドアレイやフ

ラットパッケージとよばれるタイプもある．また封止には，金属封止，ガラス封止，プラスチック封止などがある．いずれのパッケージにも，放熱性，耐湿性，組み立て性，体積などに関してそれぞれ長所と短所がある．

24-11:　　　　　　　　　　**基板実装技術** (情報157)

　実装技術のうち半導体部品などを搭載した基坂を対象とする技術をいう．実装方式により，挿入実装，面実装，ハイブリッド実装に分けられる．従来，情報機器においては挿入実装が主であったが，実装密度 (基板の単位面積 (1 cm^2) 当たりの半導体部品搭載数) の高い面実装に代わられつつある．ハイブリッド実装は特殊用途に用いることが多いが，高密度実装の実現手段としては有効である．

24-12:　　　　　　　　　　**実装技術** (情報297)

　情報機器の機能を一定の面積または一定の体積の中で実現するための技術．実装技術は情報機器の核である半導体部品を主な対象とする素子実装技術，半導体部品を搭載した基板を対象とする基板実装技術，基板を情報機器内に収容する筐体実装技術の 3 レベルに大別されるのが一般的である．実装技術の要素となる技術には，半導体部品ならびに情報機器の信頼性確保に必須である冷却技術，情報機器の安定した動作を引き出すための雑音低減技術，半導体部品および抵抗・コンデンサーなどの受動部品に関する部品技術，さらには情報機器の組み立て技術などがある．実装技術は各要素技術を結合した技術であり，各要素技術の必要度・重要度は対象とする情報機器の機能により決定される．

24-13:　　　　　　　　　　**ジョセフソン効果** (物理957-958)

　2 nm 程度の絶縁膜を挟んだ 2 つの超伝導体の間 (トンネル接合) を超伝導電子対のトンネル効果によって超電流が流れる現象．1962 年に B. Josephson が理論的に予言し，翌年，P. W. Anderson と J. M. Rowell が実験によって検証した．ジョセフソン効果は，超伝導における量子力学的位相の重要性をあらわに示すものである．一般に，超伝導体内ではクーパー対の強い干渉性のため，位相が一様になろうとする性質がある．このような性質を局部的に弱めた接合は，トンネル接合も含め，広くジョセフソン接合とよばれ，位相差に依存した超電流 (ジョセフソン電流) のふるまいが観測できる．ジョセフソン接合を通して 2 つの超伝導体が結合しているエネルギー E は，位相差 θ の関数で，$E = E_0(1 - \cos \theta)$ と表せる．接合の強さを表す E_0 は，接合の種類，厚さ，2 つの超伝導体のエネルギーギャップなどで決まる．θ は，外部から電流を流したり，磁場をかけるなどによって変えられる．このとき接合に流れる超電流の密度 j_s と θ の間には，$j_s = j_0 \sin \theta$ の電流・位相関係が成り立つ．$j_0 = 2\pi E_0/\Phi_0$ は，ジョセフソン臨界電流密度とよばれる．$\Phi_0 = h/2e$ (h：プランク定数，e：電子の電荷) は磁束量子で，2.07×10^{-15} Wb である．外部から流す電流密度 j が j_0 以下ならば，$j = j_s$ を満たす θ が存在するので，接合には電圧 0 のまま直流超電流が流れうる．これを，ジョセフソン直流効果または DC ジョセフソン効果という．トンネル接合のような接合面の広い接合に磁場 B がかかると，磁束が接合内部に侵入するため，位相差 $\theta(x)$ が接合面に沿って空間的に変化する．

そのため，接合面の位置により超電流密度も空間的変調を受けるので，接合全体について積分して求めた臨界超電流の値が接合中に入った磁束 Φ の関数となる．磁束が侵入する接合の有効厚さ d は，絶縁膜の厚さに 2 つの超伝導体への磁場の侵入深さを加えた $d = t + \lambda_1 + \lambda_2$ になる．接合の幅 L が，ジョセフソン侵入深さとよばれる特性長 $\lambda_J = (\hbar/2ed\mu_0 j_0)^{1/2}$ より小さいときは，磁束はほぼ一様な密度で侵入する．$L \gg \lambda_J$ の接合に弱い磁場をかけた場合，磁束が侵入するのは接合の両端から λ_J 程度までで，内部はマイスナー状態になる．磁場が強くなると，磁束は Φ_0 単位の渦糸となって接合内部に入っていく．このとき接合内での位相差は $\partial^2\theta/\partial x^2 = \lambda_J^{-2} \sin\theta$ に従う．このような接合の磁場特性によって，初めて，電圧 0 のまま流れる電流が絶縁膜不良で短絡したためではなく，位相差に依存する DC ジョセフソン電流であることが確認された．さらに，2 つのジョセフソン接合を並列接続した超伝導回路におけるジョセフソン干渉効果も，ジョセフソン直流効果の変形と考えてよく，ジョセフソン電流の位相差依存性を明らかにした現象である．ジョセフソン接合に電圧 V がかかると，関係式 $d\theta/dt = 2\pi V/\Phi_0$ に従って位相差が時間的に変化する．このため接合には，交流超電流が流れる．これをジョセフソン交流効果または AC ジョセフソン効果という．有限電圧のもとでは，超電流のほかに，準粒子のトンネル効果による電流や変位電流の寄与もあるので，接合に流れる電流は全体として

$$j = j_0 \sin\theta + \{g_0(V) + g_1(V)\cos\theta\}V + c(dV/dt)$$

となる．$g_0(V)$ は準粒子トンネルコンダクタンス，$g_1(V) \cdot \cos\theta$ は超電流と準粒子電流の干渉項，c は接合の電気容量 (いずれも単位接合面積当たりの) である．これらのパラメーターは接合により異なるので，電流・電圧特性も異なってくる．ジョセフソン交流効果の直接的な検証として，直流電圧バイアス V をかけた接合から，周波数 $f = V/\Phi_0 = 483.6\,V$ [MHz/μV] (ジョセフソン周波数) で 100 pW 程度の電磁波が出るジョセフソン発振が観測されている．逆に，外部から電磁波を照射しながら電流・電圧特性を測定すると定電圧ステップ構造が見られる．

24-14: ジョセフソン接合 (物理958-959)

2 つの超伝導体が電子のやりとりを通して弱く連結し，ジョセフソン効果を示す接合の総称．その構造から 3 つに大別できる．トンネル接合は，2 枚の超伝導薄膜 S の間に 2 nm 程度の絶縁膜 I を挟んだ SIS 構造をもつ．電流・電圧特性は，ジョセフソン直流効果によるゼロ電圧電流と，超伝導エネルギーギャップを反映した準粒子トンネル電流から成り，接合の電気容量が大きいためヒステリシスが見られる．超伝導マイクロブリッジは，超伝導薄膜の一部に幅 1 μm 程度あるいはそれ以下のくびれをつくったもの．特にブリッジ部を局部的に薄くしたものを variable thickness bridge，また，ブリッジ部に常伝導金属膜を重ねたものを近接効果ブリッジという．点接触型接合は，ポイントコンタクトともよばれ，超伝導ブロックに超伝導の針をたてたものであり，トンネル接合とマイクロブリッジの中間的な特性をもつ．ジョセフソン接合は，計測器や計算機素子などへの応用が進められており，ジョセフソン素子ともよばれている．また，電気容量が 10^{-15} F 以下になるような微少なジョセフソン接合の低温における振舞いは，巨視的量子トンネル効果や巨視的量子コヒーレンスの実験的検証が可能な系として，量子論と古典論の橋渡しの過程を扱う物理学の基礎分野からも注目されている．

Lesson 25: Electronics IV
(other circuits and devices)

管　カン pipe, tube, wind instrument
　　くだ pipe, tube

管理	カンリ	management, control
光電管	コウデンカン	photoelectric tube

簡　カン brevity, simplicity

簡単な	カンタンな	simple, easy
簡便な	カンベンな	simple and easy, handy

器　キ apparatus, container, instrument, tool, utensil
　　うつわ ability, capacity, container, utensil, vessel

測定器	ソクテイキ	measuring instrument
容器	ヨウキ	vessel, container

示　シ indication; ジ indication
　　しめ(す) to display, to indicate, to point out, to show

指示	シジ	indicating, designating
表示器	ヒョウジキ	display, indicator

殊　シュ exceptional, special
　　こと(に) above all, exceptionally, esspecially

特殊加工	トクシュカコウ	special machining/processing
特殊品	トクシュヒン	special(ty) product

十　ジュウ ten
　　と ten; とう ten

数十	スウジュウ	several dozen
十分な	ジュウブンな	sufficient

選　セン choice, selection
　　えら(ぶ) to choose, to elect, to prefer, to select

精選	セイセン	careful selection
選択性	センタクセイ	selectivity

増 ゾウ increasing
ふ(える) to increase {vi}; ふ(やす) to increase {vt}; ま(す) to increase {vi and vt}

増大	ゾウダイ	increase, enlargement
増幅	ゾウフク	amplification

段 ダン class, column, degree, extent, paragraph, rank, stairs, steps

初期段階	ショキダンカイ	initial stage/step
手段	シュダン	means, measure, way

調 チョウ meter, style of writing, tone, tune
しら(べる) to examine, to investigate, to search for, to test {vt};
ととの(う) to be adjusted, to be arranged, to be prepared, to be settled {vi};
ととの(える) to adjust, to arrange, to prepare, to regulate, to settle {vt}

同調	ドウチョウ	tuning, synchronization
変調	ヘンチョウ	modulation

途 ト road, way

途中	トチュウ	during, in the midst of
用途	ヨウト	application, use

同 ドウ identical, same
おな(じ) equal, identical, same

同一の	ドウイツの	identical, same
同等の	ドウトウの	equivalent

幅 フク hanging scroll, width, {counter for scrolls}
はば breadth, difference (in price) range, width

振幅	シンプク	amplitude
電流増幅	デンリュウゾウフク	current amplification

補 ホ assistant, supplement
おぎな(う) to compensate for, to make up (losses), to supplement, to supply

補間	ホカン	interpolation
補正	ホセイ	correction

漏 ロウ leaking, time, waterclock
も(らす) to betray, to divulge, to let leak, to omit {vt}; も(る) to escape, to leak {vi};
も(れる) to be disclosed, to be omitted, to escape, to leak {vi}

漏れ抵抗	もれテイコウ	leakage resistance
漏れ電流	もれデンリュウ	leakage current

Reading Selections

25-1: 電源 (物理1388)

　各種の電気機器や電子回路に電流や電圧，すなわち電力を供給するもので，交流電源と直流電源がある．交流電源は通常発電所より三相交流として送電され，一般用には単相 100 V，電力機器用には三相 200 V あるいはそれ以上の電圧 (数 kV まで) で供給される．また，動力源をもつ発電機による場合と，DC-AC コンバーターを用いる場合がある．これらは交流の周波数を変化することができる．直流電源は交流を整流して得られるが，小型機器やポータブル機器には電池を利用する．電池には充電可能なもの (鉛蓄電池など) と充電不能のもの (マンガン電池など) がある．使用目的によって出力の電圧や電流を安定化して用いる．電圧源を考えた場合，理想的には電圧降下はないが，実際の装置の等価回路は負荷電流と電源の内部抵抗により電圧降下を生じる．電源の内部抵抗により出力電流は負荷により異なる．したがって出力電圧または電流を検出し電源制御回路へフィードバックして，電源の内部抵抗を補正しその影響を補正する．

25-2: 電圧安定装置 (物理1371)

　交流あるいは直流の電圧を一定に保って負荷に供給する装置の総称．その種類は電圧安定方式や用途によって多岐にわたる．交流電圧安定化装置としては，電動発電機，定電圧変圧器，鉄共振変圧器，可飽和リアクトル，サイリスターインバーターによる定電圧安定化電源，電子回路 (発振器を使う小容量電源) などの方式がある．直流電圧安定装置としては，平滑回路 (リップル成分，速い変動を除く)，シリーズレギュレーター，スイッチングレギュレーターなどがある．

　交流安定化電源は交流送電線の電圧が不安定な場所や，安定した交流を必要とする装置があるときに使われる．また直流安定化電源の前に入れることもある．一般の電子機器は直流を使うので直流安定化電源を多く用いる．

25-3: 電圧計 (物理1371)

　電圧を測る測定器で直流用と交流用がある．測定値を指針のふれで表示するアナログ式の指示電気計器と，数字を直接表示するディジタル式の 2 種がある．アナログ式は，指針を駆動するための力学的機構を備えており，その方式によって分類される．直流用の可動コイル型と交流用の可動鉄片型，電流力計型，整流型，熱電型，静電型がある．静電型はエネルギーを消費せずに静電引力による力によって直接電圧検出をするもので直流および交流の高電圧測定に使われる．他のものは電流計に倍率器とよばれる抵抗を直列に入れて回路に接続して電圧値を電流値におきかえて測定する．この他に入力インピーダンスの大きい電子回路 (電子管，電界効果トランジスタなど) を初段に使い，その出力をアナログ計器で表示するものとして高周波測定に適した真空管電圧計，直流電位を測定するための真空管電位計がある．ディジタル電圧計にはアナログ・ディジタル変換に多くの方式があるが，いずれも電子回路のみで力学的検出は使わない．ディジタル式はアナログ式と比べると精度が高いものが得られ，読みとりの操作が楽であり個人

差がない．アナログ式は簡便で廉価である．いずれの方式でも，電圧測定の際には回路の内部抵抗に比べ電圧計の内部抵抗が十分大きいことを確かめてはじめて正しい測定ができる．高い電圧の測定には，電圧を分圧器で分割して小さい値にし，通常の電圧計で測定する．

25-4: **電流計** (物理1441)

　電流を測定する測定器で，指針のふれによって値を表示するものが多い．駆動トルクの発生方法によって直流用の可動コイル型と交流用の可動鉄片型，電流力計型，整流型，熱電型に分類される．熱電型および整流型は，それぞれ熱電対および整流器によって交流電流を直流に変換してから直流の測定を行う．大電流を測定するには，分流器とよばれる抵抗値の小さい電流分岐路を電流計と並列に接続して，電流計を流れる電流の割合を下げる．これらの電流計は適当な倍率器の使用によって電圧計に変換できる．検流計は一種の電流計であるが，電流値を測定するよりも電流の有無を検出することが主目的になっている．測定電流が直接電流計を流れるものの他に，電流がその導線のまわりにつくる磁場を検出して測定する型のフック・オン型 (クリップ・オン型) の電流計がある．これは測定のためにいったん線路を切断せずにすみ，回路に与える影響も小さいことが特徴である．これと同じような電流測定が導線中ではなく空間を走る荷電粒子流による電流に対して用いられる．粒子加速器の電流トランスやプラズマで使われるロゴスキー・コイルがこのような磁場による電流検出に用いられる．

25-5: **変圧器** (物理1959-1960)

　交流電圧の昇降圧に使用するもので，鉄心を用いた磁気回路と，これと鎖交する2個以上のコイルから構成され，電源側に接続された一次コイルから負荷に接続される二次コイルに同一周波数の交流の電圧，電流を大きさを変えて転送する．送配電および大電力機器には必ずといってよいほど使用される．一次コイル，二次コイルの巻数をそれぞれ n_1，n_2 とし，これに共通に通る磁束の最大値を ϕ_m，電源電圧と一次コイルの誘起電圧の実効値を E_1，E_1' とし，二次コイルの誘起電圧の実効値を E_2，周波数を f とする．一次コイルと二次コイルに誘起する電圧はそれぞれ次式で与えられる．

$$E_1' = E_1 = (2)^{1/2} \pi n_1 f \phi_m = 4.44 \, n_1 f \phi_m$$
$$E_2 = 4.44 \, n_2 f \phi_m$$

一次コイルと二次コイルの誘起電圧の比，すなわち，変圧比は，両コイルの巻数比 a に等しく，次式で示される．

$$E_1'/E_2 = E_1/E_2 = n_1/n_2 = a$$

一次コイルの電流のうち，I_0 は負荷に無関係に鉄心を励磁するための励磁電流，I_1' は負荷電流に比例する一次負荷電流であり，I_2 を負荷 Z を接続したときに流れる二次コイルの負荷電流とすれば，I_1' と I_2 との比，すなわち，変流比は，巻数比に反比例し，次式で与えられる．

$$I_1'/I_2 = n_2/n_1 = 1/a$$

また，入力と出力の電力は $E_1 I_1' = a E_1 \times (I_2/a) = E_2 I_2$ で等しいことから，理想変圧器は電圧を昇降する動作を行うのみである．実際の変圧器は鉄心とコイルの組み合わせから内鉄形と外鉄形の2種類の構造のものがあり，鉄心材料は透磁率および電気抵抗が高く

ヒステリシス損失の小さい 0.35 mm 厚さのケイ素鋼板が標準として使用されている. 変圧器の鉄心構造において, 鉄心磁気分路の一部に空隙 (ギャップ) を設けた変圧器を漏れ変圧器という. この型は磁気分路によって, 二次電流が増加しようとすると, 漏れ磁束が増加し, 二次電圧降下が増加し, 二次の端子が急に短絡しても短絡電流は小さく焼損防止構造にしたもので, 定電流変圧器ともいう. この変圧器はネオン管や溶接機用などのように, 起動時に高電圧を要し, 定常状態は低電圧でよいものに使用される. ギャップが可変式のものも実用されている.

25-6: **変成器** (物理1491)

2個のコイル間の電磁相互誘導作用を利用して電気信号の伝送を行う素子のこと. 原理は変圧器と同様であるが, 電源電圧を変換するものを変圧器, 高周波・低周波の電気信号の増幅・伝送に用いるものを変成器とよび区別することが多い. 両者をまたトランスともいう. 信号源に接続される一次コイルと, 負荷に接続される二次コイルおよび磁束の通路となる磁心より成り立っている. 理想トランスは, 一次コイルによりつくられた磁束が全部二次コイルを通り, しかもエネルギーの蓄積, 損失のないものである. その条件は, (1) コイルの抵抗がない, (2) 渦電流損, ヒステリシス損失がない, (3) 自己インピーダンス ($j\omega L_p$) が無限大, (4) 漏れ磁束がない, などである. しかし実際にはこれらの条件は実現困難で, 使用目的によってそれぞれに適した等価回路を構成し, 設計, 解析する. 電子回路での利用を大別すると, 信号電圧の昇圧・降圧, 極性反転, 直流と交流の分離, 2つの回路間のインピーダンス整合, 方向性をもった信号の伝送, 平衡・不平衡線路の変換などである.

25-7: **直流変流器** (物理1321-1322)

直流大電流を一定の比率で直接測定可能な値に変換する装置. 直流電流の計測では一般に 1000 A くらいまでの計測には分流器が用いられるが, それ以上数万 A の直流電流の計測には直流変流器が使用される. 普通の分流器と比較して, 直流主回路から絶縁ができ接続導線の影響がないので高電圧の回路でも測定可能, 電力損失が少なく, 温度や熱起電力に無関係, 交流に変換しているので多数の計器や継電器が使用可能で遠隔測定に便利, などの利点がある. 巻鉄心の非直線性磁化領域 (飽和領域) を利用する一種の磁気増幅器である. 一次, 二次巻数を n_1, n_2 とし, 被測一次電流 I_1 で変調された二次交流電流 i_2 の整流平均電流を I_2 とする場合, I_1 と I_2 との関係は次式で表される.

$$I_1 = (n_2/n_1)I_2$$

ここで, n_2/n_1 を変流比という.

25-8: **電子管** (物理1391-1392)

電子管の歴史は 1883 年 T. A. Edison の発見したエジソン効果に始まるといってよい. エジソン効果とは, 白熱電球に電極板を一枚挿入し, これをフィラメントに対して正電位に保つと電流が流れ, 負電位に保つと流れない現象である. この現象を起す原因は, 高温物体から放出される熱電子であることが 1899 年 J. J. Thomson により証明され, 次いで 1902 年に O. W. Richardson によって熱電子放出の機構が理論的に明確化され, 電

子管の基礎が形成された．1904 年に J. A. Fleming が熱陰極の二極管検波器を発明し，安定な検波を行った．これが電子管の実用化第一歩である．さらに 1907 年，L. De Forest が二極管にグリッドを 1 個追加した三極管を発明して，増幅作用を実現し，また 1913 年，A. Meissner は，三極管を使って発振を持続させることに成功し，電子管は一躍時代の寵児となった．その後，真空技術の発達とともに，1920 年代から本格的な電子管の実用期に入り，引き続き三極管の性能を改善した空間電荷格子四極管，スクリーングリッド四極管，さらにこれを改良した五極管，ビーム管が発明され，高周波の発振，増幅，検波など，多方面に使用されて通信，放送の発達に大きく寄与した．使用周波数が高くなり，超高周波領域での動作が要求されるようになると，電極間電子走行時間と，浮遊インダクタンスや静電容量を小さくするために管の寸法を極力小さくする改善や，新しい原理で発振，増幅を行う超高周波用電子管が発明された．なお電子管の中に，低圧の気体を封入し，これを放電させて，放電独特の電圧電流特性を利用したり，正負の荷電粒子の存在によって空間電荷が中和されるために，大電流通電が可能であることを利用する放電管も電子管の一形態である．現在，電子管は通信，放送のほかに，表示，光電変換，計測，医療などに用いられている．

　電子管を用途別に分類すると小型電子機器用の受信管，無線通信や放送用の送信管，数十 GHz までの超高周波の発振，増幅に用いるクライストロン，進行波管，マグネトロンなど，また表示としてブラウン管，光量の測定，検出用に光電管，光電子増倍管，撮像管，映像増倍管などがあり，特殊なものに X 線を発生する X 線管がある．

　(1) 受信管：ラジオ受信機，テレビジョン受像機，長距離電話やマイクロ波の中継装置などに主として用いられた．二極管，三極管，五極管，周波数変換管があり，真空容器はほとんどガラスであるが，まれに磁器や金属が用いられた．受信管は小型の電子デバイスとして 1950 年代まで広く利用されたが，その後トランジスター，IC，LSI などの半導体素子に置換えられ，現在では特殊な用途以外にはほとんど使用されていない．

　(2) 送信管：無線通信や放送の送信機，レーダー，高周波加熱装置，直流電流の高速遮断器や制御器などに用いられている．出力は数十 W ～ 数百 kW に及ぶが小出力のものはしだいに半導体素子に置換えられている．

　(3) 超高周波管：GHz ～ 数十 GHz に至る超高周波で動作する電子管で現在広く使用されているものはクライストロン，進行波管，マグネトロンである．クライストロンは超高周波電圧によって生じた電子の速度変調を，ドリフト空間を通過させることによって密度変調に変え，これを出力空洞を通じて電力を取り出す．直進型と反射型があり，前者は主として増幅用，後者は発振用として用いられる．

　(4) 表示用電子管：最も典型的なものはブラウン管である．ブラウン管は，電気信号を電子ビームと蛍光膜の作用により光像に変換し，表示する電子管である．そのほか計数放電管，静電偏向計数管，表示放電管，蛍光表示管などの表示用電子管がある．表示放電管の特殊形として，ガラス板の両面につけた透明電極間の放電を利用したプラズマディスプレーがある．

　(5) 光電変換管：光電管，光電子増倍管は，光量の測定や光信号の電気信号への変換に使用する．前者は現在固体の感光素子に置換えられているが，後者は光学用測定器や特殊な分析器に今なお使用されている．光電子増倍管は，光電管に電子の増倍作用をもたせたものである．撮像管は光学像を電気信号に変換する電子管で，光電型撮像管と光導電型撮像管に分けられる．用途は画像通信や，映像機器などである．映像増倍管は二次電子の増倍作用によって光学像をより明るい光学像に変換する電子管である．

(6) X 線管：高速電子線を物質に当てて X 線を発生させる電子管で，X 線と物質との相互作用を利用し，生体物質の内部状態や物質の構造を調査するのに用いられる．工業用，および分析用に大別される．

25-9: ソレノイド (物理1169)

一定の形をした平面内の環状電流を，平面に垂直な方向に一定のピッチで重ねて管状にしたもの，またはこのような電流を流すために，管状に巻かれたコイル (このコイルをソレノイドコイルという)．ソレノイドが無限に長ければ，その外部の磁場は 0，内部の磁場は軸に平行で一様である．内部の磁場の大きさ H は，コイルに流す電流を I，単位長当たりの巻き数を n とすれば，$H = nI$ で与えられる．十分長いソレノイドの中心付近の磁場も，近似的にこの値に等しい．

25-10: モーター (物理2120)

磁場中の電流が受ける力を利用して電気エネルギーを回転などの機械エネルギーに変換する装置で，電動機ともいう．直流機と交流機があり，いずれも可逆的電気機器である．外部から電力を供給するとモーターとなり，回転動力を発生する．また，外部から原動機で機械的動力を与え回転させると発電機となり，電力を発生する．直流モーターは磁場を与える磁極 NS をもつ固定子，電機子コイルと整流子からなっている回転子，整流子に電力を供給するためのブラシから構成された回転機である．磁石の運動は回転磁場でつくることができ，回転磁場の回転方向とコイルの回転方向とは一致する．

25-11: 交流モーター (物理681)

交流電流によって作動するモーターで，動作原理から 3 種に大別できる．誘導型は小から大容量のものまで最も多く普及し，整流子型は直流機と似た特性を必要とするときに用いられ，小容量のものに多く普及している．同期型は大容量および特殊用途用である．(1) 単相誘導モーター：主として家電用で，3/4 kW 以下のものが多い．(2) 三相誘導モーター：小容量から大容量のものまで最も多く使われ，構造簡単，堅固，低価格である．(3) 単相整流子モーター：直巻形は交直両用モーターで，万能モーターといわれている．(4) 三相整流子モーター：電圧の制御やブラシの移動で簡単に速度制御ができる．(5) 同期電動機：三相のものが多く，大容量ほど高効率で，適当な力率で運転ができる．(6) 特殊モーター：セルシンモーターやトルクモーターなどがある．

25-12: 増幅器 (物理1145-1146)

入力電力を増幅して出力とするものを増幅器という．入力・出力電力が保存されるトランスのようなものは増幅器とはいわない．電圧を増幅することを主目的とするものを電圧増幅器，電流を増幅するものを電流増幅器という．また出力電力の大きなものを電力増幅器という．電子管や半導体などの増幅素子の動作点の選び方によって A 級，AB 級，B 級，C 級増幅に分けられる．入力信号が正負いずれの場合も増幅素子がカット・オフすることなく増幅作用を行うように，グリッドやベースなどに加えるバイアス電圧

を，素子の動作点が最大出力振幅の中点に設定されるように選んで増幅素子を動作させるものをA級増幅という．バイアスを深くして増幅素子がカット・オフすれすれとなるように動作点を選び，入力信号波形の正または負のいずれかの半波のみを増幅し，逆極性の半波の期間は増幅素子がカット・オフ状態となり増幅作用がなくなるものをB級増幅という．またA級とB級の中間に動作点を選んで動作させるものをAB級増幅という．B級よりさらにバイアスを深くして増幅素子をカット・オフの状態にしておき，入力信号が正または負のある値以上になったときのみ増幅素子が動作するようにしたものをC級増幅という．電力効率はA級が最も低く，C級増幅が最も高い．A級増幅以外は波形ひずみが大きいので，AB級やB級増幅では波形ひずみを少なくするためプッシュプル回路などを用いて波形合成が行われる．C級増幅は入力信号波形の一部のみしか増幅しないために波形ひずみが著しく，出力回路に LC 共振回路を用いたり，または高調波成分を取り出したりする場合に用いられる．

　増幅器の増幅度は一定ではなく，周波数によって変化する．これを周波数特性という．特定の周波数を中心とした狭い周波数帯域の信号のみを増幅し，それ以外の周波数帯域では増幅度が減少するものを狭帯域増幅器といい，低い周波数から高い周波数まで広い周波数帯域にわたって一定の増幅度をもつものを広帯域増幅器という．増幅度が一定とみなせる周波数範囲を増幅器の周波数帯域幅といい，一般に増幅度の減少が3dB以内である周波数範囲で定義されるのが普通である．また使用される周波数領域による分類では，音声周波数領域の信号の増幅に用いるものを低周波増幅器，ラジオ波以上の高い周波数に用いるものを高周波増幅器，マイクロ波帯に用いるものをマイクロ波増幅器とよび，それぞれ目的に合った周波数特性をもっている．

　パルス増幅器やテレビジョン映像増幅器などのような広帯域増幅器では，高域周波数の増幅度が不足しがちである．一般に増幅器では利得・帯域幅積が一定で，使用する半導体や電子管などの増幅素子固有の値となり，必要な増幅度を決めると，利得・帯域幅積で決まる帯域幅以上の周波数帯域の信号に対する増幅度は減少してしまう．そこでより高い周波数帯域に対する増幅度を上げるために，増幅回路の出力回路 (コレクター回路またはプレート回路) にインダクタンスを挿入して，増幅度が減少し始める周波数に近い周波数で出力容量と共振させることによって出力容量を補償し，帯域幅を広げることが行われる．これを高域補償またはピーキングという．また低周波における増幅度低下を補うには，増幅回路の負荷抵抗に直列に適当な時定数をもつ RC 回路を入れ，低周波における負荷抵抗を高くする．これを低域補償という．

25-13: 　　　　　　　　　演算増幅器 (物理216)

　アナログ演算回路に用いられる増幅器．一般に差動入力型となっていて，非常に大きい増幅度 (60~150 dB) と高い入力インピーダンス (10^5~10^{12} Ω) をもち，低入力バイアス電流の直流増幅器である．そのような増幅器を用いて回路を構成すると，増幅器の入力インピーダンスが十分高くて入力電流が無視できるほど小さく，かつ増幅度が十分高ければ増幅器の逆相入力端子の電圧は0Vとみなすことができ，入力信号電圧 v_i による入力電流 v_i/R_i はすべて帰還抵抗 R_f を流れるので，出力電圧は

$$v_{out} = -\sum_{i=1}^{n}(R_f/R_i)v_i$$

となり，各入力電圧に帰還抵抗 R_f と入力抵抗 R_i の比で重みをつけた和の電圧が出力に

得られる．誤差を小さくするためには増幅器の増幅度 A は $A \gg R_f/R_i$ である必要がある．現在ではこのような演算増幅器の集積回路が多数市販されている．

25-14: 直流増幅器 (物理1321)

　直流成分を含んだ信号を増幅する増幅器．時間的に変化するような周期的な信号やパルス的な信号を増幅する場合は，一般に信号の直流成分は不必要な場合が多く，信号の交流成分のみを増幅する交流増幅器がよく用いられる．これに対して静的な信号や信号の直流成分を増幅する必要のある場合には直流増幅器を用いる．増幅器を構成している半導体などの増幅素子の特性は温度変化や電源電圧変化などによって変動する．直流増幅器ではこれらの変動によって大きな出力オフセット電圧の変動が生ずるため，実際の回路ではこのようなオフセット変動が極力小さくなるよう回路構成が工夫されている．npn トランジスターと pnp トランジスターを組み合わせることによって無信号時の出力電圧が 0 となるようにしている．現在ではこのような回路構成による集積回路 (IC) が演算増幅器 IC として多数製造されているので，それらを用いることで容易に直流増幅を行うことができる．特に高精度の直流増幅を行う場合は，オフセット電圧およびオフセット電圧変動が極力小さい増幅器が必要であるが，そのような場合はチョッパー型増幅器が用いられる．

25-15: 交流増幅器 (物理679-680)

　交流信号のみを増幅する増幅器．一般の交流増幅器では入力，出力および各増幅段の段間はトランスあるいはコンデンサーを通して結合されており，直流的には結合されていない．そのため信号の直流成分は増幅回路を通ることができない．直流まで増幅する増幅器では出力のオフセット電圧の不安定性があるため，微小信号の増幅で問題を生ずる場合が多い．このような場合，信号の直流成分が不要ならば交流増幅器を用いるのが望ましい．増幅素子であるトランジスターや真空管では，入力 (ベースあるいはグリッド) の直流バイアス電圧と出力 (コレクターあるいはプレート) の直流バイアス電圧は大きく異なっており，特別の工夫なしには各増幅段の出力を直接次段の入力に接続することはできない．

25-16: チョッパー型増幅器 (物理1323-1324)

　直流成分を含んだ信号を機械的あるいは電子的に断続し交流信号に変換・増幅し，同期整流して直流成分を再生して取り出す方式の増幅器をいう．直流成分まで増幅するような増幅器においては増幅素子などの特性が温度や電源電圧などの変化によって変動するため，オフセット電圧すなわち出力の基準電圧が変動する．これをオフセットドリフトとよぶ．特に増幅器の入力部分で発生したオフセットドリフトは，増幅器の利得倍に増幅されて出力に現れるので影響が大きい．したがって微小な直流信号を増幅する場合には，このようなオフセットドリフトをできるだけ小さくしなければならない．このような目的にはチョッパー型増幅器がよく用いられる．この増幅器では，入力信号を一定周期で断続して増幅器に入る前に交流信号に変換してしまう．いったん交流信号に変換

した入力信号を交流増幅器で増幅した後，同期整流回路で整流して元の信号に復調する．このような方式では増幅器では直流成分の増幅を行う必要がないため，増幅器によるオフセットドリフトの発生がなく，ドリフトの発生源は増幅した後での復調回路のみであるので影響は小さく，非常に安定度の高い増幅器が実現できる．チョッパー型増幅器の帯域幅はチョッパー周波数の約 1/2 なので，より広い帯域幅を必要とするときは高い遮断周波数をもつ交流増幅器を並列に接続する．

Lesson 26: Signals and Signal Processing I
(fundamentals)

各 カク each, every
おの-おの each, either, every, respectively

各点	カクテン	each/every point
表面各所	ヒョウメンカクショ	all over the surface

較 カク comparison

比較	ヒカク	comparison
比較的簡単な	ヒカクテキカンタンな	comparatively simple

換 カン converting, exchanging, replacing
か(える) to convert, to exchange, to replace {vt}; か(わる) to be replaced {vi}

互換性	ゴカンセイ	compatibility
変換	ヘンカン	conversion, transformation

決 ケツ decision, vote
き(まる) to be decided, to be settled {vi}; き(める) to decide, to resolve {vt}

意思決定	イシケッテイ	decision making
問題解決	モンダイカイケツ	problem solving

検 ケン investigation

検証	ケンショウ	verification
検出	ケンシュツ	detection

査 サ investigation

走査	ソウサ	scanning
探査	タンサ	inquiry, search, probe

雑 ザツ miscellaneous; ゾウ miscellaneous

雑音	ザツオン	noise
複雑な	フクザツな	complicated, complex

軸 ジク axis, axle, pivot, shaft, spindle, stalk, stem

座標軸	ザヒョウジク	coordinate axis
同軸伝送線	ドウジクデンソウセン	coaxial transmission line

種 シュ class, kind, seed, species
たね kind, quality, seed, species

種別	シュベツ	distinction, classification
変種	ヘンシュ	variety

信 シン confidence, faith, fidelity, reliance, trust

制御信号	セイギョシンゴウ	control signal
通信	ツウシン	communication

掃 ソウ brushing, gathering up, sweeping
は(く) to brush, to gather up, to sweep

掃引時間	ソウインジカン	sweep time
遅延掃引	チエンソウイン	delayed sweep

遅 チ delay, tardiness
おく(らす) to defer, to delay {vt}; おく(れる) to be delayed, to be late {vi};
おそ(い) late, slow

遅延効果	チエンコウカ	effect
遅延時間	チエンジカン	delay/retardation time

通 ツウ expert, passing
かよ(う) to attend (school), to commute, to frequent (a place);
とお(す) to let someone/something pass, to look through (a book), to pass (a law) {vi};
とお(る) to be admissible, to pass (an exam), to pass through, to reach, to walk along {vt}

通信文	ツウシンブン	message
普通の	フツウの	ordinary, usual, common

比 ヒ comparison, ratio
くら(べる) to balance, to compare, to contrast

圧縮比	アッシュクヒ	compression ratio
比例	ヒレイ	proportion, ratio

類 ルイ class, description, kind, variety

種類	シュルイ	variety, kind, sort
類似	ルイジ	similarity, analogy

Reading Selections

26-1:   信号 (物理978)

　物理系の状態に関する情報を伝達する量. 特に, 時間を独立変数とした物理量の値の変化を示す波形が信号として扱われることが多い. 信号はその波形に応じて, 正弦波信号, 変調波信号, パルス信号, 周期信号, 不規則信号などに分類される. またその信号, 形式に従ってアナログ信号やディジタル信号に分けられる. 信号は, 主に, 通信や計測, 制御などの目的で使用されるが, その目的によらずに抽象的に信号を取り扱うのが信号理論である. 信号理論は, 信号のスペクトル解析, サンプリング定理, 雑音中における信号の検出, 波形の復元, 予測, 沪波理論, 信号の符号化, 信号の情報理論などの諸テーマを含んでいる.

26-2:   信号速度 (物理979)

　電磁波の信号を送るとき, その先端が伝わる速度 (先端速度) は媒質に無関係で真空中の光速度に等しい. しかし波長によって速さの違う媒質 (分散のある媒質) では進行につれて信号の波形がくずれるため, 測定可能な振幅をもつ部分は先端よりも遅れて進む. この速さを信号速度という. 媒質の吸収帯から離れた振動数の領域では信号速度は群速度にほとんど等しい. 分散のある媒質で, ある瞬間から正弦波を送り出したとすると, その影響は先端速度で進み, 遅れてやや変形した波が信号速度で到達する. この波をフーリエ分解すれば信号を送り出す以前の状態は互いに完全に打消すような成分波の重ね合わせで表され, 時間がたつと成分波がそれぞれの速度で進ために, 正弦波ともやや異なる波がほぼ群速度で伝播することになる.

26-3:   信号対雑音比 (物理979)

　希望する信号の大きさと, 信号に混入する雑音の大きさの比を信号対雑音比またはSN 比といい, 普通はデシベル (dB) で表す. 雑音としては信号伝送系内の増幅素子や他の回路部品から発生するもの, 大気雑音などのように自然発生的なもの, 人工的な発生原因に基づくものなどがすべて含まれる. 信号対雑音比が大きいほど雑音は小さいことを意味する. 雑音の大きさをどのように決めるかは, 雑音や信号の性質などによって考え方も異なってくるので一義的に決められないが, 熱雑音などのような相関性のない不規則雑音の場合は, 雑音電圧または電流の二乗平均根をもって雑音の大きさとするのが普通である.

26-4:   信号発生器 (物理980)

　正弦波の電気信号を発生する測定器. 信号の振幅や周波数を連続的に変えられるようになっているが, さらに振幅変調, 周波数変調, 位相変調をかけられるものも多い. 市販品の周波数範囲は 10 kHz ぐらいから 10 GHz 程度までの間に多種多様である. 無線受信機の調整や試験に使われることが多いが, 各種の回路や信号伝送路の周波数特性の

測定とか物性物理学の分光実験などにも大変有用である．用途によって要求は異なるが，周波数安定度や波形ひずみが少ないこと，また広い出力レベル範囲で低雑音であることなどが重要である．

26-5:　　　　　　　　　**アナログ信号** (物理25)

　なんらかの物理量に対応して得られた他の物理量をアナログ量といい，これが時間的に変化するとき，その時系列信号をアナログ信号という．たとえば，熱電対温度計で，温度を計測する場合，ある温度範囲内では，温度に比例した電圧が得られる．しかし一般には，「アナログ」という言葉は「ディジタル」に対比して使われ，連続的な値をもつ量をアナログ量，値が連続的に変化する信号をアナログ信号と称することが多い．

　アナログ信号をディジタル信号に変換することをアナログ・ディジタル変換 (A-D 変換)，その逆を行うことをディジタル・アナログ変換 (D-A 変換) という．また，たとえば，電気信号に対し，抵抗や容量，インダクタンス，増幅器などの物理的素子 (アナログ素子) を用いて構成した信号処理回路によりフィルタリングなどの処理と行うことを，アナログ信号処理という．

26-6:　　　　　　　　　**アナログスイッチ** (物理25)

　アナログ信号の波形を損なわずに忠実に ON-OFF できるスイッチをいう．使用されている代表的な半導体素子にはダイオード，トランジスター，FET (電界効果トランジスター) がある．その他，リードリレーや水銀接点リレーなどが計測器に多く利用されていたが，速度と信頼性の点から多くが半導体スイッチに置きかえられている．FET は ON 抵抗が数十 Ω，OFF 抵抗が $10^{10}\,\Omega$ 程度で ON-OFF の比がダイオードやトランジスターよりも大きく，最もアナログスイッチに適した素子である．IC 化されているアナログスイッチでは 98% 以上が FET である．ダイオードは高周波特性の優れたスイッチ素子であるため，ダイオードブリッジ型が高速リニヤーゲート回路として利用されている．トランジスターもダイオードと同じく高周波特性の優れたスイッチ素子であるが，ベース電流が信号に影響するため誤差を生じやすい．

26-7:　　　　　　　　　**アナログ回路** (物理25)

　アナログ量 (連続量) を取り扱う回路で，入力と出力の関係が直線的な線形回路と，ある種の比例関係にある非線形回路がある．増幅器，発振器，演算回路，波形変換，コンパレーター，能動フィルター，微分回路，積分回路など信号の種類や目的によりいろいろな回路がある．取り扱う信号も直流，交流，低周波，高周波，マイクロ波にわたり，それぞれの周波数域により回路素子，構成方法が異なる．連続量を取り扱うアナログ回路に対して離散的な量を扱う回路をディジタル回路という．

26-8:　　　　　　　　　**アナログ計算機** (物理25)

　数値を連続的な物理量 (通常は電圧) に対応させ，数式 (特に微分方程式) が表現する数値間の関係とその物理量上の物理現象に置換えて計算を実行する一種のシミュレー

ター．ディジタル計算機が基本的に直列逐次演算を行うのに対し，アナログ計算機では完全同時並列演算が基本となる．通常のアナログ計算機には線形演算器 (加算，積分，ポテンショメーターなど) と非線形演算器 (乗算器，コンパレーターなど) が用意されており，これらの間を電線で接続することにより演算が行われる．したがって，与えられた問題から各種の演算器間の接続を決定し，パッチボード上でその配線を行うことが，アナログ計算機のプログラミングである．

アナログ計算機の特徴をディジタル計算機と対比すると次のようになる．(1) 演算器の機能は，その物理的な性質によって決まるため，加算器，積分器，乗算器のように機能が固定化される．(2) 問題の解析が物理現象に置換えられるため，線形的な微分方程式の解析には優れるが，汎用性には乏しい．(3) 物理現象を用いているため，問題の物理的な把握，解釈が容易となる．また，解析対象の全体の様子をつかむことも容易である．(4) 並列演算が行われるため演算が比較的速い．(5) 物理量を扱うため精度に限界があり，高々 4 けたの精度しかもたせることができない．

26-9: ディジタル信号 (物理1340-1341)

数字の列によって表現された信号．アナログ信号を適当な時間間隔でサンプリングし，アナログ・ディジタル変換器 (A-D 変換器) で量子化して，数字の列に変換する．アナログ信号のもつ情報を失わずにディジタル信号とするためには，サンプリング間隔を $T = (1/2)f_{max}$ 以下にする必要がある．ここで f_{max} はアナログ信号のもつ最大周波数成分である．

従来，信号のフィルタリングなどの処理はアナログ演算装置により行われていた．しかし，近年，アナログ信号をディジタル信号に変換してディジタル計算機や専用のディジタル演算装置を用いて処理を行うディジタル信号処理が頻繁に利用されるようになった．ディジタル信号処理の手法としては，高速フーリエ変換 (FFT) やディジタルフィルターなどが実用化されている．一方，通信系においても，SN 比の向上や情報量の圧縮などを目ざして，アナログ信号をディジタル信号に変換して伝送するディジタル通信が利用されている．

26-10: ディジタル回路 (物理1340)

スイッチの ON と OFF に対応して電圧の高，低，電流の接，断というはっきりした状態で動作する素子を用いて構成した回路のこと．ディジタル回路では ON，OFF を 1 と 0 に対応させ二進法に基づく回路構成を利用して，より複雑な論理回路を構成していく．二進法の 1 けたをバイナリーディジットといい，ディジタル量の基本となるビットはここから生まれたものである．回路素子には，電子管，トランジスター，ダイオード，リレー，パラメトロン，磁気コア，ジョセフソン素子などがある．ディジタル回路で最も基本となる論理回路は論理積 (AND)，論理和 (OR)，否定論理 (NOT) の 3 種類である．この 3 種類の論理回路が組み合って，より複雑な論理回路をつくり，高度なディジタル計測システムや計算機の回路へと発展する．フリップフロップ，カウンター，レジスター，デコーダー，エンコーダー，マルチプレクサー，メモリーといった回路もすべて基本となる 3 種類の論理回路から構成される．

26-11: 　　　　　　　　　ディジタル電圧計 (物理1341)

　未知の直流電圧を A-D 変換器によりディジタル量に変換し，数字で表示する電圧計．指針の電圧計に比べて視差による誤差がなく精度が高く，測定結果をプリンターなどに記録したり，計算機で処理するのに便利である．方式として，比較式 (追従比較型，逐次比較型) と計数式 (ランプ型，積分型) などがある．積分型は，測定時間がやや長いが，積分によって測定電圧の雑音を平均化し，また積分時間を交流電源の 1 サイタルにすることにより交流電源の影響をさけることができる．積分型にも，デュアルスロープ型，電圧・周波数変換型，パルス幅変換型などがある．最近のディジタル電圧計は，測定範囲が自動的に切りかわるものが多い．また信号入力回路を変えて，抵抗値や交流の電圧，電流などを測定するディジタル電気測定ができる．

26-12: 　　　　　　　アナログ・ディジタル変換 (物理25)

　電流，電圧などのアナログ量をディジタル量に変換することをアナログ・ディジタル変換 (A-D 変換) という．A-D 変換器には機械的なものと電子的なものがある．前者にはシャフトエンコーダーなどの機械的回転位置を数値化するものなどがあり，電子式の方式としては積分型，計数型あるいは逐次比較型，並列比較型 A-D コンバーターなどがある．二重積分型 A-D 変換は精度が高いので，ディジタル電圧計に使われることが多い．並列比較型は最も高速で，ビデオ信号などの A-D 変換に使用され，また逐次比較型は速度，精度，価格においてバランスがとれた変換方式で，現在最も多く使用されている．

26-13: 　　　　　　　ディジタル・アナログ変換 (物理1340)

　ディジタル量で表現されている量をアナログ量に変換すること (D-A 変換) をいう．D-A 変換器はこの機能をもつ素子で，多くの用途をもち A-D 変換器の心臓部ともなる．コンピューターによるアナログ信号の出力，キャラクターまたはグラフィックディスプレー装置，定電圧源，ディジタル制御装置などに応用される．原理はたとえば定電流源をディジタル入力信号で切替えて，出力にはこの電流の和，またはそれを変換して電圧として出力する．

26-14: 　　　　　　　トランスデューサー (物理1492)

　マイクロホンが音声信号を検出して電圧信号を発生したり，熱電対が温度差を検出して起電力を発生するように，ひとつの物理量を他種類の物理量におきかえる働きをする素子や装置を総称していう．変換器ともいう．検出される物理量としては変位，長さ，圧力，流量，回転数，周波数，位相，温度，光量，磁場，放射線量，超音波，成分の混合比など多種類にわたる．一方これらの量を最終的には電気的な量 (電流，電圧あるいは電気容量，インダクタンス，電気抵抗) に変換するものが最も多く用いられており，狭い意味でそれらを指している．その理由は電気量に対しては増幅，周波数変換その他の広範な電気回路の技術が応用できるのと，表示，記録，演算，伝送などの操作を容易に付加できるからである．トランスデューサーは，物理学の原理や現象が直接応用され

る点で興味深いものであると共に，実験的研究や工業計測において行われる測定で中心的な役割をはたしている．

26-15: フィルター (物理1787)

　特定の周波数範囲にある周波数の信号のみを通過し，それ以外の周波数の信号を減衰させてしまう二端子対回路．周波数 f_H 以上の信号を減衰させ，それ以下の周波数の信号は通過させる低域通過フィルター，周波数 f_L 以下の信号を減衰させ，それ以上の周波数の信号を通過させる高域通過フィルター，周波数 f_L から周波数 f_H の範囲にある信号は通過させ，それ以外の周波数の信号を減衰させる帯域通過フィルター，周波数範囲 f_L~f_H にある信号は減衰させ，それ以外の周波数の信号を通過させる帯域阻止フィルターがある．抵抗，コンデンサー，コイルなどの受動素子のみで構成された受動フィルターに対して能動素子 (増幅素子) を含むフィルターを能動フィルターという．また機械振動を利用したメカニカルフィルター，セラミックフィルターもある．波形信号をディジタル処理することによりフィルター作用を実現するものをディジタルフィルターという．

26-16: アナログフィルター (情報15)

　信号処理に用いられるフィルターのうち，信号をそのままアナログ回路によってフィルタリングするものをいう．インダクタンスとキャパシタンスを構成素子とする LC フィルター，増幅器と抵抗によるアクティブフィルター，水晶振動子による水晶フィルターなどがある．一般に，フィルターはアナログフィルターとディジタルフィルターに大別される．アナログフィルターでは，ディジタルフィルターにありがちな標本化に伴う誤差，演算の丸め誤差，高い周波数成分をもつ信号の扱いにくさがないかわりに，特性の経時変化や調整のむずかしさなどの欠点がある．フィルターの周波数特性として，減衰特性や位相特性が用いられる．

26-17: ディジタルフィルター (物理1341)

　波形信号をディジタル処理することによって通常のフィルターを使用したのと同様に特定の周波数成分を得るもの．通常のアナログのフィルターに比べて高精度，低雑音であり，理論的に可能な特性ならどんな特性も実現できるという特徴をもっている．信号を記録してから処理するため信号発生と同時処理ができず複雑な装置が必要であるという欠点もある．高速フーリエ変換を用いて周波数領域で演算するものと，入力波形を一定の時間間隔で細分し，入力波の大きさに比例するパルスの系列として，それらのフィルターのインパルス応答とのたたみこみ計算で，出力波形を求める時間領域での処理とがある．

26-18: オシロスコープ (物理232)

　時間的に変化する信号波形をブラウン管面上に輝点の軌跡波形として観測できる測定器で，各種の現象の測定や電気回路の研究に不可欠のものである．入力信号がくるまで輝点は現れず信号に同期してその掃引が始まるものはシンクロスコープともよばれる．

性能はブラウン管の性能向上およびエレクトロニクス回路の高速化，半導体利用による信頼度向上とともに進歩し，1 GHz の過渡現象も直接観測可能となっている．1 GHz 以上の高速現象にはサンプリング式を用いる．大別して画面上の波形が保持される蓄積型と非蓄積型があり，後者が多く使用されている．波形の表示方式により，信号をそのまま測定するリアルタイム式と高速で繰り返し波形の一部を時間をずらして次々とサンプリングして低速の波形に変換するサンプリング式がある．垂直軸の周波数特性が基本的な性能を決める．垂直軸増幅器で入力信号を増幅して，一定時間 (~0.1 μs) 遅延させてブラウン管の電子銃から出た電子ビームを偏向する．同時に，信号の一部を分岐して時間軸掃引回路のトリガー回路へ送る．このようにして輝点の垂直軸偏向がはじまるより先に時間軸の掃引が開始されるので，ランダムに起る現象でもその開始前からの信号波形が観測できる．また時間軸掃引を任意の時間だけ遅延 (遅延掃引) させることもできる．これにより波形の任意の部分を拡大して観測できる．一般に 2 つの現象を同時に観測可能になっており，時間軸掃引ごとに入力信号を切換える方式と，1 つの掃引時間の間で 2 波形を高速に交互にサンプリングして表示する方式があり，対象となる現象の速度によって使いわける．このような切換え方式でなく，電子銃が 2 つあり，完全に同時に 2 現象が観測できる 2 ビームのブラウン管を使用したものがある．また 2 現象をそれぞれ垂直軸と時間軸に入れ，相互の位相関係を知ることもできる．オシロスコープの性能は主に観測可能な信号の周波数帯域で決定されるが，頻度の少ない現象が直接眼で見られるかまたは写真影響できるかはブラウン管の性能，主に加速電圧と蛍光膜の性能によるので，これらも重要である．各種の使用法に適合させるため垂直軸と時間軸の回路がプラグイン方式のものもある．

26-19:　　　　　　　　ディジタルオシロスコープ (物理1340)

サンプリングオシロスコープとディジタル計数器とを組み合わせて，波形の観測と同時に，信号の周期，立上り時間，振幅などを精度よくディジタル表示で読みとれるオシロスコープ．入力波形はサンプリング回路で，波形の一部を抽出され，繰り返しの遅い相似波形としてブラウン管に入力される．掃引用の階段波と，内蔵の直流標準電圧をサンプルされた信号波を比較回路で比べ，測定された結果を表示する．マイクロプロセッサーを内蔵し，測定結果を外部に読み出したり，測定条件を外部から制御することができるものもある．

26-20:　　　　　　　　スペクトラムアナライザー (物理1043)

入力信号を周波数成分に分解し，各成分の強度を表示する装置．装置内には周波数 f_L の局部発振器をもっており，入力信号は f_L に連動したフィルターによって $f < f_L$ の周波数成分しか通過できないようになっている．混合器を通すと，信号のうち f の成分は $f_L \pm f$ の周波数に移されるが，周波数 f_{IF} $(< f_L)$ のまわりに狭い通過帯域幅をもつ中間周波数増幅器を通すと $f = f_L - f_{IF}$ の成分だけが現れる．したがって，f_L を掃引すると，信号中の各成分を検出できるが，それを検波し掃引に同期したオシロスコープに入力すれば，信号の各周波数成分が表示できる．周波数の分解能は中間周波数増幅器の帯域幅 Δf_{IF} が小さいほど上がるが，その帯域を掃引する時間 ΔT はそれに逆比例して長くしなければならない．これは幅 Δf_{IF} のフィルターに対する信号の応答には，少なくとも

$1/\Delta f_{\mathrm{IF}}$ の時間がかかるからである.

26-21: ディジタイザー (物理1340)

画面上の X, Y の座標をディジタル化し, 図形などのデータを計算機に読みとらせる装置. データタブレットともよばれ, 平板上のペンの位置を検出するのに静電式, 電磁式, 超音波式, ホログラム式, 電圧式, 圧電式などの方法がある. また, ペンが信号を発して, これを平板側で受信して位置を判定するものと, 逆に平板の各部から信号を発して, これをペンが検出して位置を判定するものとがある. 分解能は $1\sim40$ 本•mm^{-1} のものがあり, 高分解能のものは画像入力に使われ, 位置の精度は $0.25\sim0.1$ mm 程度である.

26-22: ディジタル信号処理プロセッサー (情報480)

信号処理をディジタル的に行う特殊なマイクロプロセッサーをいう. ディジタル信号処理はディジタル値の代数演算によってフィルター操作, 変復調操作, スペクトル分析, 線形予測などを行うもので, 従来のアナログ信号処理では実現が困難であった機能も高精度かつ高安定に実現できるという特徴をもつ. しかし, これを実時間に行うためには, 通常のマイクロプロセッサーの能力をはるかに越える演算処理を実行しなければならない. そのためにそれぞれの信号処理に応じた専用 LSI を作る場合と, 汎用の信号処理プロセッサーのマイクロプログラムによって目的に対応する場合とがある. ディジタル信号処理プロセッサーは一般にこの両者を指すが, 最近は特に後者の意味で使われることが多い. 高速乗算器を内蔵し, 命令とデータのための記憶装置とバスを分離するなどの工夫によってデータ転送の高速化を図っている.

26-23: マイクロ波 (物理2052)

波長が 1 mm (周波数 300 GHz) 程度から 1 m (周波数 300 MHz) 程度までの電磁波. 水などに吸収され易く, 光のように指向性が強い. 通信, 高周波加熱, レーダーなどに利用される. 通信手段として使う場合, 電離層によって反射されないので, 直接見通しのできる範囲しか電波が届かないが自然雑音は少ない. 電波望遠鏡はマイクロ波のこの性質を利用して地球の外の天体からの情報を得ようとするものである.

26-24: マイクロ波スペクトル (物理2052)

物質によるマイクロ波の吸収あるいは放出スペクトルの総称. 電子スピン共鳴や常磁性共鳴もこの意味ではマイクロ波スペクトルを与えることになるが, 大部分は気体の原子・分子によるもので, 吸収スペクトルがその大半を占める. 分子のマイクロ波スペクトルは, アンモニア分子の反転スペクトルなどわずかな例外を除くと, 回転状態間の遷移に対する回転スペクトルで, その解析から分子構造について精密詳細な情報が得られる. 一般にマイクロ波は発振器によって発生されること, また自然幅やドップラー幅がマイクロ波領域では極めて小さいことから高い分解能が容易に得られ, スペクトルの微細構造, 超微細構造が分離観測される. 電子のスピンや軌道角運動量の消失している通

常の分子では，核四極子モーメントとそれをとりまく非球対称電荷分布との相互作用，すなわち核四極子効果がその代表例である．電子スピンや軌道角運動量がある場合には，それらに回転を加えた角運動量の間に磁気的相互作用があり，スペクトル線が分裂する．その解析から分子内の電子のふるまいについて情報が得られる．一般にシュタルク効果やゼーマン効果を観測することは容易で，前者からは分子の電気双極子モーメントが決定される．さらに分子内回転や反転など大きな振幅をもつ分子内運動についても詳細な知見が得られる．またスペクトル線の幅から分子間力を論ずることもできる．電波望遠鏡により50種以上の分子のマイクロ波スペクトルが観測されており，星の生成消滅機構などについて天文学上重要な知見を与えている．

26-25: マイクロ波通信 (物理2052-2053)

　周波数 300 MHz 以上 30 GHz くらいまでの電磁波を一般にマイクロ波とよんでおり，この周波数帯の電磁波を利用する通信をマイクロ波通信という．マイクロ波は光と同様に直進性をもち，規則的な反射をするので，電話，テレビジョン信号，データなどの短距離伝送，中継による超多重長距離通信，レーダーなどに利用されている．マイクロ波通信の特徴は，(1) 伝搬特性が安定で高品質回線ができる，(2) 広帯域伝送ができる，(3) 外部雑音源が少ない，(4) 小型で高利得アンテナが使えることなどであり，近年広く用いられている．長距離通信の場合の中継間隔はフェージング (空間伝搬路の差や反射による信号強度の変動)，雑音などを考慮して 3~50 km 程度になる．変調方式は伝送路の雑音の影響を受けにくい周波数変調，パルス変調などが用いられている．さらに周波数が高いミリ波帯 (30~300 GHz) になると，大気や雨による吸収や散乱が大きくなる．静止衛星が中継ステーションに使用可能となって地球の全表面が通信範囲となった．

26-26: 光通信 (情報602)

　情報を光信号の形で送る伝送方式をいう．光をエネルギーとして用いる強度変調方式と，光を波として用いるコヒーレント通信方式がある．低損失，広帯域，無誘導の光ファイバーケーブルまたは空間を媒体として用いる．波長 (= 1/周波数) の異なる複数の光信号を束ねて伝送する多重化方式があり，光信号の波長間隔の大小により，波長多重伝送方式または周波数分割多重伝送方式とよばれる．光通信システムの構成は，電気・光変換素子と伝送路 (光ファイバーまたは空間) からなる．光通信の基礎は 1960 年代のレーザーの発明，光ファイバーの提案に端を発し，VAD 法による低損失光ファイバーの実現以降，長距離，大容量伝送方式として盛んに研究され，実用化が進められている．

26-27: 光信号処理 (情報602)

　光を物理的媒体として用いる信号処理をいう．光信号処理は電気信号処理と比較して，広帯域性，高速性，空間的並列性などに関して優れている．光信号処理は主に，1) 時系列アナログ処理，2) 時系列ディジタル処理，3) 並列アナログ処理，4) 並列ディジタル処理，に大別される．1) としては光の経路差を利用して特定の波長を選択する光フィルターなどによる処理があり，2) としては光双安定素子などを用いたディジタル回路による処理などがある．3) は 2 次元または 3 次元の画像やデータをそのまま並列的に

処理する方法で，フーリエ変換，加減乗除，微分・差分，ホログラフィー，相関演算，
空間周波数フィルタリングなどの方法がある．4) としては光の並列処理能力を利用し
た方法，画像処理専用のプロセッサーのアーキテクチャーをもとにした方法，さらに特
殊なアルゴリズムや演算素子による方法などがある．

Lesson 27: Signals and Signal Processing II
(applications)

隔 カク alternate, every other, distance
へだ(たる) to be distant from, to be separated from {vi};
へだ(てる) to interpose, to screen, to separate, to shield {vt}

遠隔測定	エンカクソクテイ	remote measurement
間隔	カンカク	space, spacing, interval

感 カン emotion, feeling, impression, sense, sentiment

感圧素子	カンアツソシ	pressure-sensitive element
感度解析	カンドカイセキ	sensitivity analysis

稿 コウ copy, draft, manuscript

原稿	ゲンコウ	manuscript
送信原稿	ソウシンゲンコウ	transmitted manuscript

最 サイ maximum, most
もっと(も) most

最初	サイショ	beginning, outset
最適値	サイテキチ	optimum value

受 ジュ receiving
う(ける) to accept, to catch (a ball), to obtain, to receive, to undergo (an operation)

受信	ジュシン	receiving (a signal)
軸受	ジクうけ	bearing

周 シュウ circuit, circumference, lap, vicinity
まわ(り) border, circumference, rotation, surroundings

周期	シュウキ	period
周波数	シュウハスウ	frequency

切 セツ carving, chopping, cutting, sawing
き(る) to break off, to cut, to disconnect, to sell below cost, to turn off (power) {vt};
き(れる) to be disconnected, to be injured, to be sharp, to break, to cut well, to snap {vi}

大切な	タイセツな	important
適切な	テキセツなあ	suitable, appropriate, proper

送 ソウ sending
おく(る) to see (someone) off, to send, to ship, to transmit

転送速度	テンソウソクド	transfer rate
伝送速度	デンソウソクド	transmission rate

続 ゾク continuation
つづ(く) to continue, to be contiguous {vi}; つづ(ける) to continue {vt}

手続き	てつづき	procedure
連続-	レンゾク-	continuous

替 タイ converting, replacing
か(える) to convert, to replace {vt}; か(わる) to be replaced {vi}

切替えスイッチ	きりかえスイッチ	on-off switch
代替品	ダイタイヒン	substitute (item/product)

点 テン decimal point, defect, detail, mark, point, run {baseball}, speck

欠点	ケッテン	weakness, fault, shortcoming
時点	ジテン	point in time, occasion

展 テン expand

進展	シンテン	progress, development
展性	テンセイ	malleability

播 ハ planting, sowing; ハン planting, sowing; バン planting, sowing
ま(く) to plant, to sow

伝播時間	ダンパジカン	propagation time
伝播損失	デンパソンシツ	propagation loss

閉 ヘイ closing, shutting
し(まる) to be closed, to be shut {vi}; し(める) to close, to shut {vt};
と(ざす) to close, to shut {vt}; と(じる) to close, to shut {vt}

開閉	カイヘイ	opening and closing
閉曲面	ヘイキョクメン	closed curve

要 ヨウ aim, essence, main point, need, secret
い(る) to need, to require

重要な	ジュウヨウな	important
要素	ヨウソ	element

Reading Selections

27-1: スイッチ (物理1006)

　手動または機械的操作で電気回路を開閉し，電流を流したり切断する機器のこと．開閉器ともよばれる．通常の電子回路に用いられるスイッチは，大電流や高電圧を扱うことが少ないので，接触部が空気中に露出されている気中開閉器が多い．特殊なものでは，接点を油の中に入れた油入開閉器，また接点と電極および水銀をガラス管内部に封入し，水銀を移動させ電極間を導通したり遮断する構造の水銀スイッチなどがある．これらは高電圧，大電流などの開閉時に生ずる火花放電によって起る電極の破損防止や，防爆用スイッチとして用いられる．

27-2: スイッチング回路 (物理1007)

　安定で識別可能な，2つの異なる状態をもつ回路の総称で，状態を表すものには電圧，電流，抵抗，周波数，位相などがある．回路素子は通常電子的に制御できるもので，トランジスター，ダイオードなどの半導体電子スイッチ，リレーやリードスイッチなどの電子・機械スイッチ，光源と光有感素子を組み合わせた電子・光スイッチがある．スイッチング回路は計数回路，演算，記憶回路などディジタル回路の基本である．

27-3: スイッチング時間 (物理1007)

　スイッチング回路において，ひとつの状態からほかの状態へ移行するのに要する時間．トランジスタースイッチでは遅延時間 t_d，立上り時間 t_r，キャリヤー蓄積時間 t_s，立下り時間 t_f が含まれる．遅延時間の生ずる理由は主として2つあり，ひとつは OFF 状態が逆バイアスで，エミッター・ベース接合の静電容量に逆方向電圧が蓄えられており，それが順方向電圧に充電されるまでの時間で，逆バイアスが大きければ遅延時間も大きい．ほかはエミッター電流がベース領域に拡散するのに要する時間である．立上り時間は直線増幅と同じく β 遮断周波数が大きいほど小さく，また順方向ベース電流が大きければ小さくなる．蓄積時間は，飽和状態であったコレクター・ベース接合から過剰少数キャリヤーを一掃するのに要する時間で，電流増幅率 h_{fe} が大きいほど，また過飽和であるほど長くなり，逆方向ベース電流が大きいほど短くなる．立下り時間は立上り時間と同じく β 遮断周波数が大きく，逆方向ベース電流が大きいほど短くなる．通常 $t_r \gg t_d$，$t_s \gg t_f$ である．スイッチング時間を短くするには，非飽和状態で動作させ $t_s = 0$ とする．

27-4: スイッチングダイオード (物理1007)

　半導体ダイオードで逆バイアスと順バイアスの切換えで，そのインピーダンスが0と∞の間を瞬間的に変化するダイオードで，電子スイッチの働きをする．そのスイッチング動作の遅れのもとになる少数キャリヤー蓄積効果を小さくするために，金，銅などの再結合中心をつくる不純物をドーピングしている．パルスの高さをそろえるクリッパー

回路などに用いられる.

27-5: スイッチングレギュレーター (物理1007-1008)

　狭義にはトランジスターなどのスイッチング素子のオン・オフ制御により DC-DC 変換を行い出力電圧を安定化する回路あるいは装置をいう. 広義には整流器も含めた直流安定化電源装置をいう. 連続制御のシリーズレギュレーターの方が安定度の点で優れているが, 電力損失が大きいのでスイッチングレギュレーターが多く使われるようになった. スイッチングレギュレーターはスイッチング周波数が商用周波数より高く, 数~数十 kHz となり, インダクタンスやトランスが小型になるので, 小型で大容量のものができ出力リップルも周波数が高いので除去しやすい. 電力の損失は素子のスイッチング損失が主となる. 計算機のような論理回路の電源にはほとんどこのタイプのものが使われている. 一方, 短所としてスイッチングノイズが出るため, 高精度アナログ回路用には不向きである.

　方式として, 制御整流方式, 直流電力を直接オン・オフするチョッパー方式, 直流を任意の周波数の交流に変換するインバーター方式がある. 回路方式から分類すると, 位相制御型, パルス幅変調型 (PWM) および周波数変調型などがある.

27-6: 光スイッチ (物理1699-1700)

　光ビームのスイッチ作用を行うものをいう. すなわち光学部品を機械的に移動させたり, 電気光学効果などを用いて光学定数を変化させることによって光ビームの切替えを行う. 光スイッチはレーザーを用いた光学系において光ビームの ON, OFF, いくつかの光路への切替えなどに利用されているが, 光ファイバー伝送が実用化されるに伴って, 予備回線の切替え, 伝送路の切替えなどに重要になってきた. マルチモード光ファイバーの切替え方式のひとつでは入射光ビーム A は 2 つの偏光に分かれて, それぞれプリズムで反射され, 第二の偏光スプリッターに達する. 第二スプリッターは偏光角の回転がなければ B 方向に向かうように配置されている. 偏光板に電圧が与えられると電気光学効果で偏光が 90° 回転して, 光ビームは C 方向にいく. 偏光面の 90° 異なった入射光に対しては, 逆 (偏光回転のないとき C 方向) になる. 一例として偏光回転板は液晶を用いたものがあるが, 応答速度は遅い (~100 ms). もう一つの方式はニオブ酸リチウム (LiNbO$_3$) 基板上に導波路を設けて, 単一モードファイバー用光スイッチで, 4 つの入力光ガイドに取付けた 5 組の電極により, 4 個の出力光ガイドへの切替えを行うことができる. この場合, LiNbO$_3$ に電場を与えることにより, 光路長が変化し, 切替えが行われる. 応答速度は速い. 磁気光学効果または音響光学効果を用いて同様の動作を行わせることも試みられている.

27-7: 光増幅器 (物理1701)

　[1] 反転分布状態のレーザー媒質中にレーザー光を注入すると, 誘導放出が共鳴放出より大きくなり, 入射した光は位相, 波長を保ったまま進行するにつれて強度が増加する. レーザー増幅器ともいう.

　[2] エレクトロルミネッセンス (EL) を利用して光を増幅する装置. おもに次の 2 つの

方法がある. (1) 二重層型光増幅器: 光導電物質とEL蛍光体とを組み合わせた二重層型の光増幅器である. 2枚の透明電極の間に不透明層を介してEL蛍光体層とCdSの光導電層をサンドイッチ状にはり合わせた構造になっている. 電極間に交流電圧を加えて, 左から光導電層に光を当てると, 光の強弱に応じて光導電層の抵抗が下がり, EL層にかかる電圧がそれに応じて上昇して発光強度を増し入射光より強い光を取り出すことができる. 光遮断層はEL層の発光が光導電層の方にフィードバックされるのを防ぐためのものである. これを取除くと, 入射光がなくなっても出力光は消えずに持続するので, 光の記憶装置として使うことができる. (2) 単層型光増幅器: エレクトロフォトルミネッセンスを利用したもので, 光で刺激されている蛍光体に電場をかけると発光状態が変化する現象を利用する. 透明電極の上にMnで活性化されたZnS蛍光体を約10 μmの厚さに蒸着し, その後に金属電極をつけ, 電極間に直流電圧を印加する. これに紫外線またはX線の像を照射すると, 入射像の5~7倍程度に増幅された可視像が得られる. このような光増幅器は増幅度はあまり大きくないが, 解像力が極めて高い特徴をもっている.

27-8: 　　　　　　　　　　　**光ファイバー** (物理1704-1705)

　ガラスを基材とした光の周波数帯の導波路である. 光が集中する中心部分 (コア) は損失の少ないSiO_2を主成分とする石英ガラスに屈折率の調整にB_2O_3, P_2O_5, GeO_2などを加えたもの, あるいはソーダ石灰ガラス, ホウケイ酸ガラスなどの多成分ガラスを用いる. 光ファイバーには屈折率分布の形状により, ステップインデックス型とグレーデッドインデックス型がある. ひとつの例は, 伝播可能な光路が1つで, シングルモードファイバーとよばれる. もうひとつは光路が多数 (≈ 1000) 存在するマルチモードファイバーである. コアとクラッドの境界で繰り返す反射回数が多いものを高次モード, 少ないものを低次モードとよぶ. マルチモードはインパルス光を入射したとき, 高次モードと低次モードの光路差により受端ではパルスの広がりを生ずる. これをモード分散という. モード分散は伝播帯域を制限する原因の1つである. コアの材質の屈折率が光の波長により変化すると, 波長に広がりがある場合, 長波長と短波長で光路差ができる. これを材料分散といい, 伝播帯域を制限する一因となる. マルチモードファイバーはモード分散や材料分散により, 伝播帯域は数十 MHz•km^{-1} 程度になる. シングルモードファイバーはモード分散による帯域制限がなく, 数GHzの広帯域伝送が可能である. しかし伝播可能な波長1はコアの径aとコアとクラッドの屈折率n_1, n_2のとき, $\lambda > 2\pi a(n_1^2 - n_2^2)^{1/2}/2.405$ で与えられ, aが数 μm 程度になり光ファイバーどうしの接続や送受端での光素子との結合が難しい. モード分散をなくすために屈折率分布を連続的に変え, コアの中心部を通る光は遅く, 周辺部は速く伝播するようにしたものもある. この結果, 伝播帯域は数百 MHz~1 GHz•km^{-1} に達する. 光ファイバーの伝播損失で固有のものは, 短波長域では屈折率のゆらぎにより生ずるレイリー散乱でλ^{-4}に比例する. 長波長域ではSi-O結合の赤外吸収による影響がある. これに材料中のOH基の振動による吸収のピークが加わる. OH基の含有量が数十 ppb 以下になると影響はほとんどなくなる. 光ファイバーは従来の導体を使用したケーブルに比べて資源的に有利であることのほかに, 広帯域, 低損失, 電磁的雑音に無関係, 漏話がない, 軽量などの利点があり, 通常のケーブルでは不可能であった分野への応用が可能である. 放射線に被曝すると, ケイ素や酸素の抜けた構造欠陥が, 被曝によって生じた正孔や電子を捕えて着色し, 透過率が低

下する.

27-9: サンプルホールド回路 (物理777)

　変動している信号のレベルを任意の時間に抽出して，その値を保持する回路で，その出力は変動速度より遅い動作の測定器でも観測できる．サンプリングオシロスコープ，アナログ・ディジタル変換器の前置回路などに用いられる．スイッチSはサンプルパルス V_c により開閉する．サンプリング時間 τ の間Sは閉じてコンデンサーCは充電され，Sを開いたときの入力信号 V_i のレベルが次のサンプリングまで保持されて残る．このサンプリング時間 T の間にアナログ・ディジタル変換などの操作が行われる．スイッチSにはトランジスター，ダイオードなど半導体電子スイッチが使用される．測定誤差は充電の時定数 rC (r は信号源とスイッチの抵抗の和) と放電の時定数 RC (R は C およびSの漏れ抵抗，C に並列に接続される増幅器などの抵抗の並列合成値) で決まり，$rC \ll \tau$, $RC \ll T$ が要求される．

27-10: 低雑音増幅器 (物理1338-1139)

　ごく微小な信号を増幅する場合に用いる雑音の少ない増幅器．一般に，増幅器ではトランジスターや電子管などの増幅素子の発生する雑音が問題になる．微小信号を扱う場合には，特に低雑音の増幅器が必要となる．多段増幅器では初段で発生する雑音の寄与が最も大きいので，初段の雑音を特に小さくすることが大切である．電子管を用いた増幅回路では，一般に相互コンダクタンス g_m の大きい電子管ほど入力換算雑音が小さい．また三極管の方が五極管より雑音が小さい．また低い周波数ではフリッカー雑音が大きくなるので，できるだけフリッカー雑音の小さい電子管を用いる必要がある．三極管ではグリッド・プレート間容量のため，高周波を安定に増幅することが難しいので，三極管をカスコード接続したカスコード増幅器が高周波低雑音増幅器としてよく用いられる．トランジスターでは，コレクター電流のゆらぎに基づく雑音，ベース電流のゆらぎに基づく雑音および周波数 f に反比例して周波数が低くなるにつれて，増加する $1/f$ 雑音がある．一般にシリコントランジスターでは $1/f$ 雑音の目だち始める周波数は，数百 Hz 程度以下であるが，低雑音トランジスターでは数十 Hz 程度以下のものがある．コレクター電流のゆらぎに基づく雑音の入力換算雑音は，トランジスターの相互コンダクタンス g_m がコレクター電流に比例することからコレクター電流の大きい方が小さくなり，また信号源インピーダンスにはほとんどよらない．一方，ベース電流のゆらぎに基づく雑音はベース電流がコレクター電流に比例することから，コレクター電流の小さい方が小さくなり，また信号源インピーダンスに比例して大きくなる．したがって，ある信号源インピーダンスに対しては入力換算雑音を最小にするコレクター電流が定まる．低雑音増幅器を設計する際には低雑音トランジスターを用い，使用する信号源インピーダンスに対して雑音指数を最小にする．コレクター電流を選ぶことが大切である．さらに低雑音の増幅器としては，パラメトリック増幅器が用いられる．パラメトリック増幅器はもともと雑音の発生しない非線形リアクタンスにより増幅作用が行われるので，低雑音のものが得られる．より低雑音とするため低温ヘリウムガスなどで冷却された低温パラメトリック増幅器が電波望遠鏡などに用いられる．また原子や分子のエネルギー準位間の誘導放射を利用したメーザーが超低雑音増幅器として用いられる．

27-11:　　　　　　　　　　高周波抵抗器 (物理651)

　高い周波数でリアクタンス成分が小さく，抵抗値が一定である抵抗器のこと．通常の抵抗器では抵抗体に抵抗値調整用にらせん状の溝を切ってあるが，これが高周波帯では抵抗に直列な自己インダクタンスとして働く．また抵抗体がもつ静電容量や表皮効果の影響なども高周波特性低下の原因となる．
　インダクタンスの影響を少なくするには，これを打消すために抵抗体を無誘導構造とした無誘導抵抗器，らせん溝のないソリッド抵抗器，金属皮膜抵抗器などがある．導電率の高い金属皮膜は薄膜にすることで表皮効果を少なくでき，炭素皮膜より特性がよい．なお抵抗値が大きいものほど高周波特性が悪くなるので，回路設計に当って条件の許すかぎり信号用負荷の抵抗値は小さいものにする配慮も重要である．

27-12:　　　　　　　　　　高周波電圧計 (物理651-652)

　高周波における電圧測定には電子管あるいは半導体の検波作用を利用した電子電圧計が使われる．入力信号はまず整流されて直流電圧に変換される．整流方式に尖頭値整流，平均値整流などの方式があるが，現在用いられるのはほとんど尖頭値整流である．測定する高周波電圧に直流電圧が重畳している場合が多いが，一般的に，知りたいのは高周波分だけであって，そのときは並列式の方がよい．ただ並列式は直列式に比べると入力インピーダンスがやや低い．高周波の測定の場合は，測定点から電圧計までの線路がもつインダクタンスと容量が無視できず，周波数が高いほど電圧計の入口の電圧は測定点の電圧と違ってくる．このため高周波電圧計では最初の整流部を小さなプローブに納め，その直流出力をケーブルによって本体の回路に送るようにしている．直流増幅には差動増幅器あるいはチョッパー型増幅器が使われる．入力信号のサンプリングが行われ，サンプル出力は増幅後ホールドされる．このホールド出力を検波整流して直流電圧が得られるが，これは高周波入力の平均値となる．なおサンプリング周期には変調をかけてランダムサンプリングをするようになっていて，サンプリングと入力信号周期が同期するのを防いでいる．

27-13:　　　　　　　　　　高周波電流計 (物理652)

　高周波の電流を測定するものであるが，通常の電流計は大きさや構造によるインダクタンスや浮遊容量の効果が大きくなるので，低周波の場合と違って電流計を線路に直接挿入することが適当ではなくなってくる．波長に比べて測定素子が小さい 10 MHz 程度までは熱電型電流計が使われる．100 MHz を超える領域では電流計の挿入により整合が乱れると，定在波による誤差が生じる．そこで電流がつくる磁場を検出する方式が使われる．高周波特性の良いフェライトでトランスをつくり，誘起される二次電流に対して熱電型と同じ測定を行う．この方式で 300 MHz までの測定ができるものもある．二次電流は一次電流の (巻線比)$^{-1}$ 倍になるので，特に大電流を測定するのに適している．二次側に熱線を入れるかわりに増幅器を入れることもよく行われ，信号波形を直接高周波用オシロスコープで観測するが，整流して直流指示計で測定する．

27-14: 高周波電力計 (物理652)

　周波数が高くなると波長が装置や回路の大きさに近づいてくるので，信号の伝送には分布定数回路や立体回路が用いられるようになる．それに伴って電流や電圧という量は取り扱いに便利でなくなり，数百 MHz 以上で直接測定される電気量としては電力が中心になってくる．マイクロ波領域での電力測定では負荷に電力を吸収させてその温度上昇を見る熱的方法が用いられる．小電力では温度係数の大きい抵抗素子 (ボロメーター) を使い，それを平衡ブリッジの一辺に入れてその抵抗変化を検出する．マイクロ波電力のないときに直流電流をボロメーターに流した状態でブリッジの平衡をとり，マイクロ波電力が入ったときにはボロメーターの温度 (つまり抵抗) を変えないように R_s を変えて直流入力を調整する．平衡時のボロメーターの抵抗を R，ボロメーターを流れる直流電流がマイクロ入力がないとき I_0 で入力があるとき I とすると，マイクロ波電力 P は $P = R (I_0^2 - I^2)$ で与えられる．ボロメーター素子には細い金属線，抵抗薄膜，半導体サーミスターなどが使われる．大電力の測定では分岐比のわかった方向性結合器により主電力の一部をとりだしてボロメーターによる測定をするか，直接，熱容量の大きい液体または固体の熱負荷に吸収させて温度の上昇を見る方法が使われる．商用周波数とマイクロ波の間の無線周波数では，C-C 型 (容量結合型) あるいは C-M 型 (容量・相互誘導型) などを用いる．

27-15: ファクシミリ (情報627-628)

　ファクスとも略称する．送信側で文字，図形などの原稿をラスター走査して電気信号に分解して伝送し，受信側でこれと同期して走査を行い，送信原稿を再生する情報の伝達方式をいう．ファクシミリの符号化方式と制御機能は，CCITT (国際電信電話諮問委員会) によって次の 4 種類の方式が勧告・標準化されている．電話回線を使ってアナログ信号により，走査密度 3.85 本/mm で A4 版原稿を約 6 分で伝送するグループ 1 (G1)，約 3 分のグループ 2 (G2)，最高 9600 bps のディジタル信号により，円筒の回転方向の主走査密度 8 本/mm，光学系の移動方向の副走査密度 3.85 または 7.7 本/mm で A4 版原稿を約 1 分で伝送するグループ 3 (G3) と，主にデータ網を使って最高 64 Kbps の高速なディジタル信号により主・副走査密度 200~400 本/inch で数秒で伝送するグループ 4 (G4) である．原稿を送受信するファクシミリ装置では，送信側は原稿をイメージセンサーを用いた読取り部で光学的に読取って電気信号に変換し，その信号を変調して回線に送り出す．受信側は回線で送り出された信号を復調して記録信号に変換し，記録部で紙に記録する．

27-16: センサー (物理1116-1117)

　センサーという用語は最近頻繁に使われているが，学術用語として定着した定義はまだない．一般にはトランスデューサー (測定量に対応して処理しやすい出力信号を与える変換器) を指す場合もあるし，トランスデューサーの構成要素である変換素子を指す場合もある．しかしセンサーそのものは古くから利用されてきた．たとえば天秤や砂時計の歴史は，古代エジプト・メソポタミアまで遡ることができる．液体の熱膨張を利用した温度計も古くから使われてきた．これらは位置の変位を出力とするセンサーである

が，現在はセンサーといえばほとんど電気信号を出力とするものを指すと考えてよい．センサーは，初め人間の感覚器官を代行するために利用されてきたが，現在ではそればかりではなく，人間に感知できない対象 (たとえば放射線や一酸化炭素ガスなど) をも感知する計器として利用され，省力化や人間の健康や安全に役立っている．将来のセンサーはマイコンとの一体化 (インテリジェント化) の方向に進むと予想されている．実用化されている代表的なセンサーの原理と特徴を示す．

(1) 機械量のセンサー：差動変圧器，ストレインゲージ，ピエゾ圧電素子，ピエゾ抵抗素子，感圧ダイオード，感圧トランジスター，空気マイクロメーターなどが挙げられる．固体素子としては，ニオブ酸リチウムや水晶などの表面弾性波の遅延効果を利用した表面波素子や，パーマロイやフェライトなどの磁歪効果を利用した素子も，ひずみの検出に用いられる．その他，よく用いられるものにポテンショメーター式変位センサーがある．これは固定された巻線抵抗の上を接点がすべるもので，接点の変位によって巻線抵抗の固定端と接点の間の抵抗値が変化する．分解能は抵抗線の直径によって決まる．欠点としてはヒステリシスが生じやすく，またごみや腐食によって抵抗値が変化するなどがあるが，比較的大きな変位の検出に用いられる．またロータリエンコーダーは，円板に符号をつけたスリットをあけ，これに光をあて透過光を検出することによって回転角をディジタル変換するために用いられる．この場合の分解能は，円周をどれぐらい分割するかで決まる．分割数として 1000~8000 が得られるが，透過率が正弦的に変化するものとして補間すれば，50 万 ~ 100 万の分解能も可能である．

(2) 温度センサー：いわゆる温度計は温度センサーと考えてよい．したがって液体封入温度計，圧力温度計，熱電対，抵抗温度計，炭素抵抗温度計，サーミスター温度計，光高温計，二色温度計，それにボロメーターも含まれる．その他の温度センサーとしては，pn ダイオードやトランジスターの温度による特性変化を利用したものがあり，ダイオード温度計や IC 温度計などとよばれ，使用温度範囲は常温からあまり広くないが，感度，直線性，価格の面で優れている．また核四極子共鳴現象で吸収端が温度変化することを利用した NQR 温度計 (40~450 K) は高精度，ディジタル出力，校正不要といった多くの特色をもつ．水晶の切削角度を工夫した水晶温度計 (-80~250℃) も NQR 温度計と似た特色をもつ．高温や原子炉中でセンサー特性が変化しやすい場合には，無雑音温度計 (0~1000℃) も用いられる．

(3) 流体のセンサー：ブルドン管圧力計，ダイヤフラム式圧力計，電磁流量計などがこれに属する．

(4) 光センサー：光電子放出，光伝導，光起電力，焦電気などの効果を利用して，各種のデバイスが光センサーとして利用されている．光伝導型センサーは，半導体に光を照射するとフォトンのエネルギーを吸収してキャリヤーを生じ，電気伝導率が変化する内部光電効果を利用したセンサーである．限界波長は真性半導体の場合にはエネルギーギャップで，不純物半導体の場合には不純物イオン化ポテンシャルで決まり，不純物半導体の方に長波長領域で有効なものが多い．これらを遠赤外領域のセンサーとする場合には，フォノンの影響を小さくするため，液体窒素や液体ヘリウムで冷却する必要があり，やや装置が大がかりになる傾向がある．この中でも最も代表的なものが CdS で紫外から可視光領域に対して有効である．これは応答時間が少し長いという欠点をもつが，小型，軽量で価格も安く，そのうえ他のセンサーに比べ数十から数百 mW と大きな電力を制御できるため，カメラの露出計，光リレー，調光器などに用いられている．光起電力効果を利用したフォトダイオードとしては，Si の pn 接合を用いたものが小型の測

光計などによく使われている．Si フォトダイオードは CdS に比べ優れた直線性をもち，微弱光にも安定に動作し，立上り時間も $2\,\mu s$ 以下ときわめて優秀なセンサーである．光起電力型は一般に光伝導型より時間応答性に優れ，レーザーパルスの観測や光通信用センサーとして用いられている．

(5) 磁気センサー：ホール素子と磁気抵抗素子が代表的である．ホール素子は，金属や半導体に電流 (I) を流し磁場 (B) を加えると，それと垂直な方向に電位差を生じるホール効果を利用した素子である．このときのホール起電力 V は

$$V = (R_H/d)(IB) \qquad\qquad (R_H：ホール係数)$$

で表される．d は素子の厚さである．実際の素子の形にもよるが，素子を十字形にすると V は B にほぼ比例することが知られている．感度は R_H/d で定まるから d はなるべく小さい方がよい．また，キャリヤーの移動度の大きい InSb や GaAs を用いれば感度は上昇する．Si は，移動度が小さいため単体としてはホール素子に適しないが，増幅回路を組み込んだ IC 化が可能で量産性がありホール IC として実用化されている．磁気抵抗素子は磁気抵抗効果を利用しており，材料としてはホール素子と同様に移動度の大きい InSb などが用いられることもあり，あるいは FeNi，NiCo などの強磁性薄膜が用いられることもある．

27-17:　　　　　　　　　**化学センサー** (化学254-255)

化学物質に応答するセンサーであり，イオンセンサー，ガスセンサー，バイオセンサーなどを含む．ガスセンサーとしては，安定化ジルコニアなどの固体電解質のイオン導電性を利用した酸素センサー，半導体に対するガス分子の吸着による電気伝導性の変化を利用した金属酸化物半導体ガスセンサーなどがある．n 型半導体である酸化スズは代表的な半導体ガスセンサーであり，家庭用都市ガス警報機などに利用されている．

Lesson 28: Computer Hardware I
(general)

央　オウ middle
中央処理装置　　　　チュウオウショリソウチ　central processing unit (CPU)
中央電極　　　　　　チュウオウデンキョク　　central electrode

会　エ understanding; カイ assembly, association, club, meeting, party
あ(う) to interview, to meet
情報化社会　　　　　ジョウホウカシャカイ　　information society
会社　　　　　　　　カイシャ　　　　　　　　company, corporation

期　キ an age, date, period, season, session, term, time
周期解　　　　　　　シュウキカイ　　　　　　periodic solution
初期　　　　　　　　ショキ　　　　　　　　　initial stage, early period

史　シ book, chronicles, history
歴史　　　　　　　　レキシ　　　　　　　　　history
歴史的発展　　　　　レキシテキハッテン　　　historical development

日　ジツ day, sun; ニチ day, Japan, sun
-か day; ひ date, day, sun
日常生活　　　　　　ニチジョウセイカツ　　　daily life
日本　　　　　　　　ニホン　　　　　　　　　Japan

社　シャ association, company, Shinto shrine
やしろ Shinto shrine
自社　　　　　　　　ジシャ　　　　　　　　　the company itself
全社的な　　　　　　ゼンシャテキな　　　　　company-wide

初　ショ beginning, first
うい first (time), beginning; -そ(める) to begin to ...; はじ(め) beginning, origin;
はじ(めて) (for) the first time, not until; はつ beginning, first, new
初期値問題　　　　　ショキチモンダイ　　　　initial value problem
初頭　　　　　　　　ショトウ　　　　　　　　beginning

装 ショウ disguising, dressing, pretending; ソウ disguising, dressing, pretending
よそお(う) to disguise, to dress, to pretend

| 記憶装置 | キオクソウチ | storage, memory |
| 入力装置 | ニュウリョクソウチ | input device |

専 セン mainly, solely
もっぱ(ら) mainly, solely

| 専門分野 | センモンブンヤ | specialized field/discipline |
| 専用- | センヨウ- | dedicated, special-purpose |

卓 タク desk, table

| 電卓 | デンタク | electronic calculator |
| 関数電卓 | カンスウデンタク | scientific calculator |

置 チ placing, putting, setting
お(く) to employ, to leave behind, to place, to put, to set

| 設置 | セッチ | installation, placement |
| 配置 | ハイチ | arrangement, layout |

汎 ハン pan-

| 汎用- | ハンヨウ- | general purpose |
| 汎用高分子 | ハンヨウコウブンシ | general-purpose polymer |

品 ヒン article, dignity, refinement
しな article, brand, character, conditions, goods, item, quality

| 品質管理 | ヒンシツカンリ | quality control/management |
| 要求品質 | ヨウキュウヒンシツ | desired/required quality |

本 ホン book, the current, the present, the same, this, {counter for long, thin objects}
もと basis, beginning, formerly , foundation, origin, principal, root (of a tree), source

| 確率標本 | カクリツヒョウタイ | random sample |
| 根本的な | コンポンテキな | fundamental, basic |

歴 レキ continuation, passing (of time)

| ひずみ履歴 | ひずみリレキ | strain history |
| 履歴現象 | リレキゲンショウ | hysteresis |

Reading Selections

28-1: ディジタル計算機 (情報479-480)

　電子計算機ともいう．離散的なパルス列を数値や記号に対応させ，それらの間の論理操作によって演算を行う機械をいう．数値を電圧などの物理量に対応させ，その変化として演算を表現するアナログ計算機と対比される．今日，アナログ計算機のもつ機能はほとんどすべてディジタル計算機でより高速かつ経済的に実現できるので，計算機といえばディジタル計算機を指すことが多い．ディジタル計算機はハードウェアとソフトウェアからなる．ハードウェアは，演算装置，記憶装置，入出力装置およびこれら全体の動作を制御する制御装置とからなる．計算機を動作させるのは命令であり，これは制御装置で解読されて計算機の他の部分の制御動作を行う．計算機に意味のある仕事をさせるための命令の系列はプログラムとよばれる．プログラムあるいはその集合，またはその有機的統合体を総称してソフトウェアとよんでいる．アルゴリズムの明確な仕事に対しては，その目的を達成するようにプログラムを作ることができる．この汎用性によってディジタル計算機は他のすべての機械と区別される．初期には10進法を採用する計算機もあったが，今日ではほとんどすべての計算機が2進法を採用している．ディジタル計算機を特徴づけるものは，使われている論理素子とメモリーの動作速度のほかに，数値の桁数と表現法，命令の種類，アドレス空間の大きさ，記憶容量，その他のいわゆる計算機アーキテクチャーとよばれるものである．これらの機能のうち計算機の演算装置と制御装置が1つの集積回路として実現されたものをマイクロプロセッサーとよび，さらに記憶装置や入出力・制御装置の一部などを含んだものを1チップマイクロコンピューターとよんでいる．1つの集積回路に収容できる素子数の制限から，初期のころは数値の桁数やアドレス空間を大きくとれず，4ビットや8ビットのマイクロプロセッサーが使われていたが，製造技術の進歩によって16，32，64，128ビットマイクロプロセッサーとなり，今日では256ビットマイクロプロセッサーが広まりつつある．計算機の利用者の立場からは，メインフレーム，ミニコンピューター，ワークステーション，パーソナルコンピューターなどがあるが，その区別は必ずしも明確ではなく，技術の進歩によって変っていく．これらの汎用計算機のほかに最近は特別な目的をもった計算機がいろいろと作られるようになってきており，その代表的なものはスーパーコンピューターである．ワードプロセッサーやゲーム機械，時計などの種々の機械の中に計算機の機能をもった集積回路が埋め込まれて使われるようになってきている．

28-2: 電卓 (情報513-514)

　電子式卓上計算機の略．キーの操作により動作を直接指示しながら計算を行う計算機で，記憶装置に格納されたプログラムにより動作する一般の計算機と区別される．電卓は，机上で四則演算を簡便に行うためのものであり，入力装置としてテンキー，出力装置として表示器を備える．初等関数が計算できる機種を関数電卓とよぶ．初等関数の計算には，ハードウェア化が容易なCORDICアルゴリズムを用いる場合が多い．計算の手順を記憶させ少ないキー操作で計算ができるようにした機種をプログラム電卓とよぶ．手順を指示するための言語は，電卓ごとに独自の言語を設定することが多い．汎用の言

語を用いてプログラミングができるものは，ポケットコンピューターとよぶ．現在の電卓は専用のマイクロプロセッサーを用いて構成され，機能の追加や変更が比較的容易なため，製品の種類は非常に多い．しかし，内部構成にはあまり変りがなく，単機能のものは，部品点数がわずか5，6点である．

28-3: 電卓の歴史 (情報514)

　電卓が出現するまでは歯車を手動や電動で動かす機械式卓上計算機によって，人間が行う四則演算を補助していた．1962年に電子的に計算を行う電子式卓上計算機が商品化された．さらに1964年にはトランジスター化された電卓がシャープ社から発売され，これが現在の電卓の原形となった．この電卓は部品点数が5000個，重さが25 kgであった．その後，回路素子としてICを用いるようになり，小型化，省電力化が進んだ．当時は機種ごとに回路を新たに設計していた．回路の変更を少なくするためにコンピューターで採用されているプログラム制御の考え方を取り入れ，プログラム部分を多数のダイオードからなるROMに記憶させた電卓も現われた．さらに小型化を推進するために日本の電卓メーカーがアメリカのインテル社と共同で開発したのが世界初のマイクロプロセッサーi4004である．マイクロプロセッサーの採用で電卓機能の追加・修正が容易になり，関数電卓やプログラム電卓など高性能の電卓が小型かつ安価に作れるようになった．LSI集積度の一層の向上に伴い，手帳機能，翻訳機能などを備えた電卓も出現している．初期の頃の電卓は表示器として真空管を用いていたが，発光ダイオード表示器を経て現在では液晶表示器が使用されている．電源も商用電源から，乾電池，さらに携帯が簡便で電池交換が不用の太陽電池へと変化している．

28-4: マイクロコンピューター (情報717)

　計算機の演算処理部を1個または数個のLSIで構成したマイクロプロセッサーに記憶装置や周辺装置とのインターフェース回路などを付加しボードに搭載した計算機をいう．略してマイコンという．1971年にインテル社が，日本の電卓メーカーの発注に応じて世界最初のマイクロコンピューターを開発して以来，プログラムによってさまざまな用途に適用できる汎用の電子部品として用途が拡大し，LSI技術の進歩によって飛躍的に発展してきた．マイクロコンピューターの応用分野は多岐にわたる．パーソナルコンピューターやミニコンピューター，工作機械や工場の工程制御用装置，オフィスオートメーション機器，自動車や家電製品への組み込みなど，あらゆる分野に適用されている．

28-5: 中央処理装置 (情報463)

　CPUと略記する．ディジタル計算機の構成要素のうち，制御装置と演算装置を併せて中央処理装置という．制御装置は，演算装置，記憶装置，入出力装置と制御信号をやりとりし，プログラムで示された処理を行うために命令制御，記憶制御，入出力制御などを行う．命令制御は，命令の取り出し，解読，オペランドアクセス，演算実行という一連の流れを制御する．入出力制御は，中央処理装置と入出力制御装置との間で割込み機能を使って通信し，入出力動作を制御する．演算装置は，加算，減算，乗算，除算や，AND，ORなどの論理演算およびシフト演算などを実行する回路とレジスターで構成さ

れ，命令制御装置が解読した結果に基づいて演算を実行する．中央処理装置の実現法には，組み合わせ論理回路だけによる配線論理と，論理回路の動作をプログラムで制御するマイクロプログラムとがある．性能や信頼性の向上のために複数の中央処理装置をもつ計算機もある．

28-6: バス (情報576)

複数の信号源からの信号をそれぞれ複数の宛先へまとめて伝送するための信号線をいう．たとえば，計算機を構成するための要素として，中央処理装置と記憶装置の間で，記憶装置のアドレスを供給する信号線をアドレスバス，データを転送する信号線をデータバスなどという．また，複数の要素から構成される計算機システムにおいては，それらの構成要素間である決まった規格によって信号のやりとりを行うための接続方式を指す．入出力バスはそのような方式の一種であり，計測用機器の接続用として標準化されたものに IEEE-488 標準バスがある．また，ミニコンピューターやマイクロプロセッサーを組み込んだシステムなどにおいては，1つの共有バスに各種のサブシステムを接続すれば，システムの構成が容易になるとともにシステムの拡張性が増すことになる．バスは本質的には1つの信号線路を複数の装置が共有して時分割的に使用するものであり，一時には1つの信号だけしか許されないのでバスを使用する権利を調停するための機能が必要となる．その機能は中央処理装置や専用のバス制御装置によって処理される．

28-7: マウス (情報720)

画面上でのカーソルや図形情報の移動に用いる位置入力装置の一つ．小さな箱状で，操作者の手元の平らな面でころがす操作による移動量を利用する．移動量の検出方式により機械式と光学式とに分けられる．機械式マウスは，直交する2方向の回転軸の車輪がマウスの下面にあるボールの移動に伴って回転する構造である．各回転軸にはシャフトエンコーダーが接続され，車輪の回転に伴って電気マウスを発生する．マウスの移動量は電気パルスを計数して求める．普通マウスの上面にはデータ入力のオン・オフを指令するプッシュスイッチが付けられている．光学式マウスは，規則的な模様の描かれた板面 (マウスパッド) 上に光を当てながら操作する．マウス内部に設けられた受光センサーで反射光の断続的な変化を検出し，光学式ローターリーエンコーダーと同様に反射光の変化に対応した電気パルスを発生させ，パルスを計数して移動量を算出する．単純な構造で安価であり，もち上げて使う必要がない利点がある．

28-8: トラックボール (情報537)

画面上でのカーソルや図形情報の移動に用いる位置入力装置の一つ．トラックボールはマウスを裏返した形状をしており，マウスと同様な機能を果す．動作原理は，回転球を手で回すように操作すると，回転球に接触した直交する2つの回転軸に接続されたロータリーエンコーダーが回転軸の回転数を算出し，その値から回転球の2軸方向の回転量を求め，それによってカーソルや図形情報の画面上での移動量を定める．ジョイスティックと異なり，回転球から手を離しても中立状態には戻らない．またマウスと比較すると，操作に必要な面積がトラックボールの設置面積だけで済む利点がある．

28-9: タッチスクリーン (情報444)

　画像表示装置の画面上に重ねて設置されるスクリーン状の位置入力装置をいう．画面上のスクリーンに直接指で触れ，その位置情報を得る装置で，位置検出方式の違いにより，感圧式，抵抗膜式，光位置検出式などの方式がある．指での画面への直接操作によるため対話性はよいが，指示精度が低く画面が汚れる欠点がある．画面と離れて設置される場合には，タッチパネルとよばれる．

28-10: ライトペン (情報767)

　表示装置の画面から出る光を検出し画面上の位置を知るペン型の位置入力装置をいう．先端部から入射する光を結像させる光学系とフォトセルで構成される．フォトセルをペン内に設けた型と，入射光を光ファイバーでペン外のフォトセルに導く型の2種の形式がある．視野内に一定輝度以上の光を検出するとフリップフロップが計算機に割込み信号を送り，その瞬間の電子ビームの画面の走査位置からライトペンが指している画面上の位置を算出する．ライトペンは，利用できる表示装置がリフレッシュ型に限られること，表示画面を直接指示するためライトペン本体または手が画面を隠してしまうこと，指示誤差が大きいこと，などの欠点がある．

28-11: レーザープリンター (情報794-795)

　電子複写機に使われている電子写真の原理を利用したノンインパクトプリンターの一種．セレン，有機光伝導体，アモルファスシリコンなどの光伝導性材料を塗布した感光ドラムを帯電させておき，その上にレーザービーム光線を使って文字パターンを照射して静電潜像を形成し，着色樹脂粉 (トナー) を静電気力で静電潜像に付着させて現像し，用紙に転写して，それを熱または圧力で定着する印刷装置をいう．エネルギーの高い微細なレーザービームを使って文字パターンを形成するため，解像度が高く，高速印字であることが特徴である．解像度は240~600 dpi，印字速度は高速機で毎分 20,000 行に達し，小型機はカットシート紙専用で毎分 8~20 枚程度である．また，レーザービームのほかに発光ダイオード (LED) を1列に並べた LED アレイを用いた LED プリンターや，蛍光灯と感光ドラムの間に液晶シャッターを用いた液晶プリンターがある．

28-12: インクジェットプリンター (情報41)

　ノンインパクトプリンターの一種．微小径のノズルから噴射されるインクを粒子化して紙に付着させて印字する方式の印刷装置をいう．加圧したインクをノズルから噴射させながら超音波振動によりインク流を粒子化し，それを帯電させて静電場により記録信号に応じてインク粒子を偏向制御する荷電制御型と，静電気力によりノズルからインクを吸引，加速させる静電加速型，記録信号に応じて圧力室内のインクに圧力パルスを与えてノズルからインク粒子を噴射するドロップオンデマンド型がある．インクジェットプリンターは，きわめて低騒音かつ高速で，普通紙に記録でき，かつカラー化が容易であるという特徴をもつためカラープリンターとして使われることが多い．

28-13: ワードプロセッサー (情報814)

　ワープロと略称する．計算機を用いて文書を作成・編集するためのシステム．作成した文書を計算機に格納することにより文書の系統的管理が容易に行えるため，計算機の日常的な利用目的としてもっとも広く普及しているシステムの一つである．専用の機械として作られているものと，汎用計算機のソフトウェアとして作られているものとがある．文書編集のための機能としては，文章の追加・削除・変更，センタリングや右寄せ・インデントなどのフォーマティング，罫線や文字拡大，禁則処理 (句読点や括弧類など特定の文字・記号が行頭行末に不自然に配置されることを避ける処理) などの基本機能のほか，数式や表組，目次作成などの高級機能を備えたシステムもある．図形や画像を含む文書を扱うことのできるものも多い．レーザープリンターや写植機などの高性能の出力装置により活版印刷なみの出力を得るといった高級化も図られている．一方では，専用機の小型化も進められ，自由に持ち運べる機種も多く作られている．打鍵による入力方式のほかに，手書き文字読取りや音声による入力が限定付きではあるが実用化されている．

28-14: モデム (情報751)

　変復調装置の略称．地理的に隔てて置かれた計算機や端末装置などのデータ端末装置 (DTE) を通信回線を介して接続するとき，DTE からのデータを変調して回線上に送り出したり回線から受信したデータを復調して DTE に送るために使用される装置をいう．データ通信速度は，300~9600 bps が一般的である．モデムには4線式回線用と2線式回線用がある．前者は主に専用回線用であり，2線ずつをそれぞれ送信回線と受信回線に分離して用いる．公衆電話回線に接続する場合には2線式回線用モデムが用いられる．このため2線式回線用モデムは回線制御装置 (NCU) を内蔵する．NCU には，自動着信・自動発信の機能をもつものが多く，その場合これらをソフトウェアで制御可能とするための制御コマンドを備える．モデムの変調方式には，周波数偏移キーイング (FSK) や位相偏移キーイング (PSK) などがあり，これらを組み合わせて用いることもある．また伝送速度 2400 bps 以上のモデムでは，誤り訂正機能やデータ圧縮機能をもったプロトコルを内蔵している．

28-15: ローカルエリアネットワーク (情報801)

　LAN と略記する．空間的規模が建物内などに限定された範囲で，私設通信回線を用いて構成されるネットワーク．サブネットワークの一つ．LAN を空間的に拡大しより高速にしたものに，光ファイバーケーブルを用いた FDDI (fiber distributed digital interface)，大都市型のメトロポリタンエリアネットワーク (MAN)，さらに拡大された規模の広域ネットワーク (WAN) がある．LAN は空間的には規模が制限されたネットワークであるが，きわめて高速な通信を実現できる．LAN はネットワークの形態によって分類でき，最も多くみられるのはバス型とリング型である．これは，ネットワークを同軸ケーブルや光ファイバーケーブルで配線する際に，これらの形態が最も線延長が短くて済み，設備経費を低く押えることができるためである．バスやリングを形成する通信

ケーブルは，これに接続されるシステムが共有使用するので，ケーブル上の情報伝送が互いに衝突しないように，衝突回避制御が必要である．この制御は互いに分散的に独立した状態で実現できるよう配慮され，これによってネットワークの信頼性が向上する．衝突回避制御は MAC (media access control) とよばれ，CSMA/CD 方式やトークンによる制御が代表的である．前者はバス型ネットワークに用いられる．後者にはバス型に用いるトークンバス方式とリング型に用いるトークンリング方式がある．LAN に収容するシステムの数が多い場合は，バス型ではバスを相互にリピーターとよばれる装置で接続し木構造のバスネットワークを構成する．リング型では多重リングを採用することもある．ほかにスター (星) 型のネットワークも用いられる．LAN の情報伝送は宛先情報をもつパケット形式で行われる．伝送中パケットに伝送誤りが生じたとき，誤りを検出し再送により回復する機能を LLC (logical link control) にもたせ，これを追加することがある．ファイルサーバーやプリントサーバーを接続し，水平型の分散ネットワークを実現する例もある．一方，メインフレームの端末を LAN に収容し，フロントエンドネットワークを実現したり，ファイルシステムや専用プロセッサーを接続してバックエンドネットワークを実現する例もある．また，ゲートウェイを介して，広域ネットワークを相互接続する運用例も多い．

28-16: ファクトリーオートメーション (情報628)

FA と略称する．明確な概念はまだ確立されていないが，"製品の計画，設計，生産準備の自動化を行うとともに，目的の製品を最適に生産するための制御，管理，運用などを自動的に行う工場の高度生産システム"を指すことが多い．狭義には工作機械やロボットなどによる生産の自動化と，生産力や生産の柔軟性の向上を目指す FMS を指す場合もある．生産における多品種少量化，納期の短縮化に対応して，受注から生産に至るまでの生産活動における生産システム全体の効率的な管理と制御を行う CIM (computer integrated manufacturing) と同義にとらえられるようになってきている．

28-17: 光コンピューター (情報601-602)

光学的技術を用いて情報を処理する計算機をいう．現在の計算機は電気信号を使って情報を処理しているが，電子より移動速度の速い光を電子の代りに使用すれば処理の高速化が可能となる．光を演算処理に使用する場合に必要となる光素子は，光を一度電子に変換してから処理し，その結果を外に取り出すという方式であるため，現時点では，理想的な性能は得られていない．

Lesson 29: Computer Hardware II
(memory and recording)

揮　キ shaking, waving, wielding
ふる(う) to shake, to wave, to wield

| 揮発性記憶 | キハツセイキオク | volatile memory |
| 発揮 | ハッキ | exhibition, display |

径　ケイ diameter, method, path

| 直径 | チョッケイ | diameter |
| 半径方向 | ハンケイホウコウ | radial direction |

隙　ゲキ chink, crevice, discord, opportunity
すき crack, gap, leisure, space; ひま dismissal, leave of absence, leisure

| 空隙 | クウゲキ | void, vacant space |
| 微小間隙 | ビショウカンゲキ | minute/microscopic pore/gap |

込　こ(む) to be crowded, to require work {vi};
こ(める) to concentrate (on), to devote oneself (to), to include {vt}

| 読み込む | よみこむ | to read in |
| 割込み | わりこみ | interrupt |

書　ショ book, handwriting, letter, note
か(く) to compose, to draw, to paint, to write

| 書換え可能な | かきかえカノウな | rewritable |
| 書籍 | ショセキ | book, bound volume |

助　ジョ help, rescue
すけ assistance; たす(かる) to be rescued, to be saved, to survive {vi};
たす(ける) to give relief to, to help, to reinforce, to rescue, to save {vt}

| 助変数 | ジョヘンスウ | parameter |
| 補助 | ホジョ | assistance, support, auxiliary |

小　ショウ minor, small
お- little, nice, pretty; こ- pretty, short, small; ちい(さい) little, small

| 極小 | キョクショウ | minimum (value) |
| 小規模 | ショウキボ | small scale |

消 ショウ erasing, extinguishing
き(える) to be extinguished, to die out, to disappear, to wear away; {vi};
け(す) to cancel out (numbers), to erase, to extinguish, to turn off {vt}

消去	ショキョ	erasing, purging, elimination
消滅	ショウメツ	disappearance, annihilation

操 ソウ manipulation, operation
あやつ(る) to manipulate, to operate; みさお chastisty, fidelity

操作	ソウサ	operation
分離操作	ブンリソウサ	separation operation/process

存 ソン believing, existing, knowing, preserving, remaining;
ゾン believing, existing, knowing, preserving, remaining

存在	ソンザイ	existence
保存	ホゾン	conservation

脱 ダツ removing
ぬ(ぐ) to take off (clothes), to undress {vt};ぬ(げる) to come off, to slip off {vi}

脱水	ダッスイ	dehydration
脱離	ダツリ	elimination

停 テイ stopping

停電	テイデン	power failure/interruption
停止反応	テイシハンノウ	termination reaction

読 トク reading; ドク reading
よ(む) to divine, to read, to understand

直読	チョクドク	direct readout
手書き文字読取り	てがきモジよみとり	reading handwritten characters

保 ホ to guarantee
たも(つ) to be durable, to hold, to keep, to maintain, to preserve, to support

保護	ホゴ	protection
保証	ホショウ	assurance, guarantee

録 ロク record

記録	キロク	record, document, recording
登録	トウロク	registration

Reading Selections

29-1: 大容量記憶装置 (情報432)

　MSS と略記する．システム当たり 10^{12} ビット程度の超大記憶容量をもつ計算機用オンライン補助記憶装置．代表的な装置は IBM 3850 で，2.7 インチ幅の磁気テープを巻いたデータカートリッジを用いる．容量はデータカートリッジ当たり 50 メガバイトであり，1 システムに収容できるデータカートリッジは数百～数千個である．テープへの書き込み・読み出しは VTR と同様に回転磁気ヘッドによるヘリカルスキャン (斜走査) 方式で行う．データへのアクセスは磁気ディスク装置を介して行われる．システムは蜂の巣状に配置されたセルをもつデータカートリッジ格納架，データの書き込み・読み出しを行うデータ記憶機構 (DRD)，データカートリッジを格納架と DRD との間で移動させるアクセス機構および全体の制御機構からなる．最近はカートリッジテープを多数収納して同様な機能をもつ集合型のカートリッジテープ装置が新しく登場しており，また将来の製品としてはアクセス速度に優れる集合型の光ディスク装置が普及する可能性がある．

29-2: 磁気記憶 (情報277-278)

　2 値的な磁化の方向により情報を記録すること，またはその方式による記憶をいう．磁場強度を負から正へ，正から負へ変化させたときに磁場強度が 0 となっても磁性体の磁化の強さ (磁化密度) は 0 とならないという磁性体の性質を利用する記憶方式である．かつては計算機の主記憶から補助記憶にいたるまで磁気記憶が主体となって用いられたが，最近では主記憶にはより高速の半導体メモリーが広く用いられるようになった．しかし現在でも，磁気ディスクやフロッピーディスク，磁気テープなどほとんどの補助記憶装置には磁気記憶が用いられている．主記憶に用いられたコアメモリーでは独立した個々のコア内の磁化方向によって記憶を行ったが，補助記憶装置の場合では帯状のトラックとよぶ連続な領域上の各ビット位置の磁化を制御して記録する．

29-3: 磁気テープ (物理814)

　音声や映像信号などのアナログ信号，計算機のディジタル信号などの波形をその強弱に応じて磁化し，信号を残留磁化として記録し，それを読み出すことができるテープ状の磁気記録媒体である．酢酸セルロース，塩化ビニル，ポリエステル，ポリエチレンテレフタレートなどのフィルム上に 1 μm 以下の磁性微粉をバインダーと混ぜ 10～15 μm の厚さに塗布したものを用いる．磁性体は保磁力が大きく自己減磁効果が小さく，残留磁束密度が大きく再生感度の高いものがよい．前者の例としてマグネタイト Fe_3O_3 (黒色)，後者の例としてガンマーヘマタイト $\gamma\text{-}Fe_2O_3$ (赤褐色) がある．テープは，磁性体の厚さが均一でむらがなく，なるべく薄いこと，表面が平滑なこと，温度，湿度の影響を受けないこと，変形，切断がなく柔軟で長期保存にも安定であること，裁断，接着が容易で長時間記録が可能であることが要求される．磁気テープは使用目的により電気的，機械的な各種の規格があり，互換性をはかるため JIS 規格に定められている．計算機用

の標準的な磁気テープはオープンリールで幅 12.7 mm (1/2 in)，厚さ 0.048 mm，テープ長は 733 または 366 m (2400 または 1200 ft) である．このテープの長手方向に沿って9本 (または7本) のトラックが設けられる．記録密度はトラックに沿って 6250，1600，800 (および 556，200) BPI (ビット / インチ) である．テープの始端と終端には光を反射するマーカーが貼りつけられており，末端検出に使われる．なお実際の記録に際してはさらにデータの区切りを示す特別な符号を書き込むことになっており，これをテープマークという．カートリッジテープとしては，1/2 インチ幅のものと 1/4 インチ幅のものがあり，ワークステーションなどの記憶媒体として利用されている．

29-4:　　　　　　　　　磁気テープ装置 (物理814-815)

　磁気テープ装置は計算機などからの指令によって，磁気テープ上にデータを記録し，また読取るために，磁気テープの駆動装置，磁気ヘッドおよびそれに付随する機構を含む．しかし制御機能の多くの部分を磁気テープ制御装置として別の箇所に組み立てることもしばしば行われる．
　標準的な磁気テープ装置の構造は，磁気テープを巻いたテープリールと，新たにテープを巻取るためのテープリールをもち，この中間に磁気ヘッドとテープ送りの機構をもつが，急速に起動，停止を行うテープの安定な走行を実現するために，テープ送り機構とテープリールの間には，テンションアームか真空コラムを設け，緩衝機構としている．読み書きの際のテープ送り速度は 0.32~6.4 m•s^{-1}，巻き戻し速度は速いものでは 16 m•s^{-1} にも及ぶ．磁気テープ装置はそれ自体電子計算機の外部記憶装置として使うほか，磁気ディスク装置との間でデータを授受する形で記憶階層を構成する．またデータの長期保存のために多用されており，テープ用の倉庫も設けられている．

29-5:　　　　　　　　　磁気ディスク (物理814)

　電子計算機の外部記憶装置のうち最も重要な磁気ディスク装置を構成する記録媒体．磁性材料で被覆された平らな円盤であり，一定の磁気記録方式によってデータを記録し，また読み出しを行う．
　装置はディスクを回転し，書き込み，読み出し用の磁気ヘッドを支え，または移動し，その他これに付随する各種要素を集約した磁気ディスク装置と，この装置と入出力チャネルの間に介在して読み書きの制御を行う磁気ディスク制御装置とに分けて構成することが多く，また1台の制御装置で複数の磁気ディスク装置を制御することが多い．
　1台の磁気ディスク装置には1枚のディスクだけが実装されるものから，12枚程度積み重ねたディスクが実装されるものまであり，またディスクが取り外せる構造になったものもある．取り外し可能なディスクが1枚のものをディスクカートリッジ，6~12枚のものをディスクパックとよび，またディスク，その回転機構の一部，およびヘッド機構を一体にして取り外せるようにしたものがあって，これをデータモジュールとよんでいる．これら取り外し可能なディスクは，主記憶装置と対になって階層記憶を構成するだけでなく，ディスクを取り外して長期間データを保存することにも使われる．
　通常ディスクの各面には数十~数百本のトラックが設けられるが，1面当たり 1~2 個のヘッドを用意し，これを半径方向に移動して読み書きを行うものが多く，このようなものを可動ヘッド磁気ディスクという．複数枚の磁気ディスクにおいて，回転軸から等

距離にあり，ヘッドを動かさずに書き込みまた読取りができるトラックの集まりをシリンダーという．

磁気ディスク装置のヘッドはスライダーと称する板状の構造体に埋め込まれ，スライダーはバネでディスク面へ向かって押しつけられる．一方ディスクの回転によってスライダーに流体力学的な浮上力が生じ，バネの力とつり合って，両者の間に微小なすき間が生じる．その値は数 μm から数分の 1 μm であるが，このような機構を採用しているため，ディスク面はスライダーに接触することなく，高速で回転することができる．

29-6: 磁気バブル (物理816)

膜面に垂直な磁化容易軸をもつ単軸異方性の磁性薄膜で，適当な強さ H_B のバイアス磁場を垂直方向に加えたときに発生する円筒型の磁区．バブルドメインともいう．このときバブル磁区外部の磁化はバイアス磁場と平行であり，内部の磁化はこれと反平行である．ある種の希土類鉄ガーネット，オルトフェライトの単結晶薄膜，ガドリニウムコバルト合金などの非晶質薄膜など，比較的自発磁化が小さく，磁気異方性の大きい材料で見られる．その半径は磁壁の表面張力とバイアス磁場および膜面に現れた磁極による反磁場の作用で決められる．前者はバブル径を小さく，後者は大きくしようとする．この結果，バブル磁区は H_B の値がある範囲内にあるときに限って存在する．H_B が大きすぎると，バブル磁区が消失して薄膜は一様磁化の状態となり，小さすぎると，帯状磁区になる．バブル磁区はバイアス磁場のわずかな傾きによって膜面内を自由に移動させることができ，また適当な方法で発生あるいは消滅させることができる．このことを利用して，バブル磁区をそろばんの玉のように用いて情報の記憶をする装置が，1969 年 A. H. Bobeck によって提案された．このバブルメモリーは大量の情報を安定に蓄えることができるのが特徴で，今日実用に供されている．

29-7: 磁気バブル記憶装置 (物理816-817)

電子計算機の記憶装置として使われる装置であって，薄板状の磁性記憶媒体の板面に垂直に磁場をかけたときに生じる，外部磁場と反対向きの磁化をもつ円柱形の磁区 (バブル) を 1 つのビットとみなして記憶に利用するもの．

磁性記憶媒体の材質によって上記バブルの直径は 0.1~10 μm になるが，現在はたとえばガドリニウム・ガリウム・ガーネット (GGG) の (111) 面の材料を用い，バブルの直径 2~5 μm 程度のものが多く使われている．この媒体面上にパーマロイ薄膜でパターンをかき，かつ媒体の面内に回転磁場をかけるとバブルはパターンに沿って移動する．それでバブルがある状態を 1 とし，ない状態を 0 とすれば，一種のシフトレジスターを構成することができる．ところで，6 mm 角程度の媒体チップ上に 64~256 K ビット程度のデータを蓄え，これを全部直列に並べたシフトレジスターをつくると，回転磁場の回転速度は 0.1~1 MHz のオーダーであるため，必要なデータを取り出すのに要する時間が長くかかりすぎる．そのことと材料の欠陥の問題から，シフトレジスターの構造を，データを書き込み，読み出しするためのメジャーループと，データを記憶するためのマイナーループに分け，1つのメジャーループから複数のマイナーループが分岐するような構造にするのが普通である．

磁気バブル記憶装置では，1つのチップ上に記憶できるデータ量がさほど大きくない

こと，外部磁場と回転磁場をかけなければならないことなどのために複数のチップをまとめてユニットとし，さらにこれをいくつか集めて装置とするのが普通である．機械的な動作部分がなく，また磁気ディスクより速いアクセス時間が期待できるということで，今後の発展が期待されている．

29-8: 磁気ヘッド (情報279-280)

　磁気ディスク，フロッピーディスク，磁気テープ装置において，磁性媒体上にデータの書き込みや読み出しを行う電磁変換素子をいう．通常は MnZn フェライトまたは NiFe 合金などの高透磁率材料を用いて，微小間隙をもつリング状部分に導体コイルを巻いて構成される．記録時はコイルに電流を印加し，その間隙から漏れ出る磁場により磁性媒体上に磁化変化を生じさせる．再生時には回転または走行する媒体上から発生する磁束をヘッドの微小間隙から拾い，コイル両端への誘導起電圧として検出する．リング状部分にある微小間隙と媒体間の距離が記録密度に大きく影響し，磁気ディスク装置ではこの間隙を一定に保つための台座をスライダーと称し，これを含めて磁気ヘッドと総称することもある．磁気ヘッドと媒体との間隙を 0.2~0.5 μm 程度離して保持するフライングヘッドでは，スライダー部分の形状は空気力学的な考慮を払われた設計となっている．

29-9: 半導体記憶素子 (物理1671-1672)

　半導体の集積回路技術を用いて製造される記憶素子．通常かなり多数の素子を 1 チップ上に集積し，パッケージに収納して供給される．半導体技術の面からは，バイポーラー系の素子と MOSFET (金属・酸化物・半導体 電界効果トランジスター) の素子とがあり，動作速度は前者が速いが，消費電力と集積度の点では後者が優れている．一般的には書き込みと読み出しが自由に行える素子が主流であり，これを RAM とよぶ．しかし用途によっては一度書き込んだ情報が失われると困る場合もあり，そのときには ROM が使われる．ROM のなかには一度情報を書き込むとそれが永久に記憶されるものと，特別な方法で情報を消去して再書き込みができるものとがある．当然，読み出しは普通の方法で行える．

　RAM には回路構成上 2 種類のものが使用されている．その第一は，1 つずつのビットを記憶するのにフリップフロップ回路をそれぞれ使うもので，スタティック RAM とよばれ，1 ビット当たりのトランジスター数は 4~8 個である．第二は，1 つずつのビットに対して原理的には 1 個のトランジスタと 1 個の微小なコンデンサーを用いるものである．情報はコンデンサーに電荷として蓄えられているが，この電荷は漏洩によって消失するので，情報を読書きする必要がなくても一定の時間，たとえば 2 ms ごとに読み出して再書き込みをしなければならない．この動作をリフレッシュといい，またこのような素子をダイナミック RAM という．ダイナミック RAM ではリフレッシュというやっかいな操作が必要であるが集積度は向上するので最も多く使われている．

　電子計算機では主記憶装置に主に MOS ダイナミック RAM が，またキャッシュメモリーにバイポーラー系のスタティック RAM が多く使われ，また制御記憶の一部などに ROM が用いられている．半導体記憶素子の集積度は年々目覚ましい勢いで向上しており，MOS ダイナミック RAM では 1 パッケージ当たり 128 M ビット，256 M ビット，さ

らに 512 M ビット以上へと進みつつある．またこれにつれて 1 ビット当たりの価格も急激に低下している．

29-10: ダイナミック RAM (情報430)

DRAM と略記する．ダイナミックメモリーともいう．随時読み出し・書き込みの可能な半導体ランダムアクセスメモリー (RAM) の一種．メモリーセル中のキャパシターに蓄えられた電荷量の多少により情報を記憶するメモリーをいう．フリップフロップをメモリーセルに用いたスタティック RAM と異なり，キャパシターに蓄えられた電荷はメモリーセルを構成するトランジスターの pn 接合のリーク電流などによって徐々に放電し失われるので，アクセスしないときでも一定時間ごとに情報をセンス増幅器で読み出して再書き込みするリフレッシュ操作が必要である．ダイナミック RAM のメモリーセルには，4 トランジスターダイナミック RAM セル，3 トランジスターダイナミック RAM セル，1 トランジスターダイナミック RAM セルがあるが，4 キロビット以上の大容量ダイナミック RAM にはもっぱら 1 トランジスターダイナミック RAM セルが利用されている．1 トランジスターダイナミック RAM セルの集積密度やキャパシターの容量値を大きくするために，以下のように種々のメモリーセル構造が導入されてきている．1) 2 層多結晶シリコンメモリーセル．2 層の多結晶シリコン技術を用い，1 層目の多結晶シリコン層をキャパシター電極とし，2 層目の多結晶シリコン層を転送トランジスターのゲート電極として採用することにより，高集積度を実現する．2) Hi-C メモリーセル．記憶キャパシター部のシリコン表面の浅い部分にドナー不純物を，深い部分にアクセプター不純物を 2 重にイオン注入して，キャパシターの容量値を大きくする．3) 溝型メモリーセル．シリコン表面に溝を掘り，溝の表面に沿って絶縁膜を介してキャパシター電極を設けて，キャパシターの対向電極面積を増加し，キャパシターの容量値を大きくする．4) スタックトキャパシターセル．立体的にキャパシターの第 1 電極層，絶縁膜，第 2 電極層をシリコン表面の外部に積み重ねて，キャパシターの対向電極面積を増加し，キャパシターの容量値を大きくする．また，ダイナミック RAM ではアドレス信号ピンを減らすため，行アドレス信号と列アドレス信号を多重化して時分割的に入力するのがふつうである．アクセスごとに行アドレス信号と列アドレス信号を与えるノーマルアクセス機能のほかに，同一行内の高速アクセス機能として，ページモード，ニブルモード，スタティックコラムモードなどをもつものがある．

29-11: 揮発性記憶 (情報157)

記憶素子に蓄えられた情報が電力供給を停止すると消滅するような記憶をいう．半導体メモリーは外部供給電力によって 1，0 の 2 値状態を保持しているので揮発性の場合が多く，停電後に記憶情報を再生できるようバックアップ用記憶を備えておく必要がある．通常は磁気ディスクや磁気テープをバックアップ用に使用する．

29-12: 不揮発性記憶 (情報638)

記憶素子に蓄えられた情報が電力供給を停止しても消滅しないような記憶をいう．磁気ディスクや磁気テープなどの磁気記憶によるメモリーは磁化が物質構造中の磁荷の相

互作用として一方に保持され続けるので，不揮発性のメモリーである．これらのメモリーは揮発性のメモリーのバックアップ用記憶として欠かせない．最近では，半導体メモリーのプログラム可能型 ROM (PROM) で電気的に情報書換え可能なメモリーが不揮発性半導体メモリーとして現われている．

29-13: 不揮発性 RAM (情報638)

電源を遮断しても記憶データ内容が消失しないランダムアクセスメモリー (RAM) をいう．物理現象を記憶原理に用いた MNOS メモリー素子などの EEPROM 素子を利用した型と，CMOS RAM などの消費電力の小さな RAM のデータを電池によって保持するバッテリーパックアップ型の 2 種類がある．前者の一種である不揮発性スタティック RAM は，MOS 型スタティック RAM のメモリーセルに MNOS トランジスターなどの不揮発性メモリーを組み合わせて，通電時は通常のスタティック RAM として動作させ，電源遮断時と電源投入時にスタティック RAM と不揮発性メモリー間で情報を一斉にやりとりさせて不揮発性を実現したものであり，シャドウ RAM ともよぶ．

29-14: 光ディスク (情報602-603)

情報の書き込み・読み出しが光学的な手段によって可能な円板 (ディスク) 状記憶媒体をいう．再生専用型，追加記録型，書換え可能型に区分され，レーザー光による微小スポットによって高密度の記録・再生が可能である．情報は，レーザー光によりディスク上に 1 μm 程度の微小な凹凸，濃淡あるいは磁化状態の差として記録され，再生は記録部の反射率の差，反射光の偏光方向の差を利用して行われる．非接触で透明な基板を通して記録・再生できるので，媒体だけの密閉が可能であり，耐環境性に優れている．再生専用型はビデオディスク，コンパクトディスク (CD) としてデータ頒布用に広く実用化されている．追加記録型，書換え可能型は文書ファイル，計算機用メモリー，画像ファイルとして開発・応用が進んでいる．

Lesson 30: Polymers I
(fundamentals)

易   イ ease; エキ divination, fortunetelling
やさ(しい) easy, simple

難易	ナンイ	(relative) difficulty
容易な	ヨウイな	easy, simple

活   カツ being helped, living, resuscitation

活性化	カッセイカ	activation
活動	カツドウ	activity, action

鎖   サ chain, connection, irons
くさり chain, connection, irons

側鎖	ソクサ	side chain
連鎖反応	レンサハンノウ	chain reaction

剤   ザイ dose, drug, medicine

潤滑剤	ジュンカツザイ	lubricant
冷却剤	レイキャクザイ	coolant

止   シ ceasing, halting, stopping
と(まる) to cease, to halt, to stop {vi}; と(める) to cease, to halt, to stop {vt}

静止摩擦	セイシマサツ	static friction
防止	ボウシ	prevention

始   シ beginning
はじ(まる) to begin, to date from, to open, to start {vi};
はじ(める) to begin, to initiate, to open, to start {vt}

開始	カイシ	initiation, beginning
創始	ソウシ	creation, founding

重   ジュウ -fold, heavy, nest of boxes, piled up; チョウ -fold, heavy, nest of boxes, piled up
-え -fold, ply; おも(い) heavy, important, massive, serious;
かさ(なる) to be piled up {vi}; かさ(ねる) to heap up, to pile up {vt}

重合体	ジュウゴウタイ	polymer
重力	ジュウリョク	gravity, gravitational force

昇	ショウ rising		
	のぼ(る) to ascend, to climb, to go to the capital {vi}		
	昇華	ショウカ	sublimation
	昇順	ショウジュン	ascending order

触	ショク touching		
	さわ(る) to touch; ふ(れる) to refer to, to strike, to touch {vt}		
	触媒	ショクバイ	catalyst
	接触	セッショク	contact

親	シン intimacy, parent, relative		
	おや parent; した(しい) familiar, intimate; した(しむ) to be intimate with		
	親水性	シンスイセイ	hydrophilicity, hydrophilic
	親和力	シンワリョク	affinity

張	チョウ lengthening, stretching, {counter for stringed instruments}		
	は(る) to put up (a tent), to spread (wings), to stretch (a rope), to be full, to swell		
	引張り強さ	ひっぱりつよさ	tensile strength
	膨張	ボウチョウ	swelling, expansion

滴	テキ drop (of liquid)		
	しずく drop (of liquid); したた(る) to drip, to drop, to trickle		
	滴定	テキテイ	titration
	油滴	ユテキ	drop of oil

百	ヒャク hundred		
	百分目盛	ヒャクブンめもり	centigrade scale
	百分率	ヒャクブンリツ	percent

略	リャク abbreviation, abridgement, omission		
	省略	ショウリャク	omission, abbreviation
	略記	リャッキ	abbreviation

連	レン clique, company, gang, group, set		
	つら(なる) to be connected with, to range, to stand in a row {vi};		
	つら(ねる); つ(れる) to join, to put in a row {vt}; to take (someone) along {vt}		
	一連	イチレン	series, sequence
	連続-	レンゾク-	continuous

Reading Selections

30-1:   高分子 (化学476)

　分子内の主鎖が共有結合で結合しており，分子量が1万程度以上の化合物を高分子化合物，高分子物質と総称し，そのような大きな分子を高分子または巨大分子とよぶ．1種または数種の構造単位 (モノマー) が繰り返し結合，すなわち重合したものが重合体または高重合体であり，重合体以外も含めたものが巨大分子であるが，高分子という用語は巨大分子と同様な意味に用いられている．分子量いくら以上を高分子とよぶかは定まっていない．高分子の種類は多く，種々の分類法があるが，まず人工的に合成された合成高分子と，自然界に存在する天然高分子とに大別できる．後者のうち，一定の構造，機能をもって生体内で特定の作用をするタンパク質，核酸などを生体高分子とよぶ．また天然高分子を化学的に処理して得たものを，天然高分子誘導体あるいは半合成高分子とよぶ．高分子物質の大部分は有機化合物であるが，アスベストのような無機天然化合物，ケイ素などを含む無機合成高分子もある．分子の構造からは，構造単位が鎖のようにつながった鎖状高分子あるいは線状高分子 (線状重合体) と，二次元あるいは三次元的に結合した網状高分子 (網状重合体) に大別できる．前者は枝分かれした分岐高分子をも含む．鎖の間が架橋結合で結合された架橋高分子は，架橋の程度によって鎖状あるいは網状に近い性質を示す．また電離基をもつものを高分子電解質とよぶ．高分子の一般的な特徴として，一部の生体高分子を除き，構造単位が同じでも分子量その他の異なる各種分子の混合物であり，同種の分子より成る低分子物質とは物理的性質が非常に異なる．分子量が不均一で分子量分布をもち，平均分子量で表すことが代表的であり，分岐や結合位置・形式の異なる構造的な不均一，共重合体や誘導体での組成の不均一，立体規則性の相違・不均一などもある．これらは試料によっても異なるので，同一名称の高分子でもその性質，用途などが非常に異なることがある．溶液中では高分子，溶媒の種類によって各種の分子形をとる．網状高分子は溶媒で溶解せずに膨潤し，架橋高分子とともにゲルとなるものも多い．近年，ゲル状高分子は物質の分離・精製に広く用いられている．高分子固体は機械的・化学的に強いものが多く，熱可塑性，熱硬化性によって成形加工し，各種の合成樹脂・プラスチックとして使用され，延伸，配向によって強度大な糸状，膜状となるので，多くの種類の繊維，フィルムとなっている．またゴム弾性，粘弾性を示すものがあり，それらは高分子独特の性質で，広い用途に利用されている．最近では特別な機能・性質を有する機能性高分子の研究・開発も盛んであり，新分野への発展も期待される．

30-2:   天然高分子 (化学937-938)

　自然界の産物である高分子物質であり，合成高分子に対していう．石綿，雲母，ダイヤモンドなどの天然無機高分子と，生体内でつくられる天然有機高分子とに大別される．後者は生体高分子ともよばれることがあり，タンパク質，多糖，天然ゴムなどのような生体組織を構成する高分子と，核酸，タンパク質などのような生体機能に関連している高分子とに分類される．一般に，生体高分子は化学的な一次構造 (構造単位の配列，結合様式，分子量など) と，機能を発現するための高次構造を有し，その生合成過程は酵

素反応により制御されている．なお，情報分子でない多糖類などを狭義の天然高分子とすることがある．

30-3: 合成高分子 (化学467)

　石油，石炭，カーバイドなどを原料として得られた低分子量化合物を，人工的に重合という化学反応で高分子量化したもの．これに対し，自然界より得られる高分子量物質を天然高分子という．例として，石油分解ガス中より得られるエチレンの付加重合により合成されるポリエチレン，エチレングリコールおよびテレフタル酸の重縮合によるポリエチレンテレフタレートがある．合成高分子は高分子科学の進歩とともに汎用高分子としてだけでなく，導電性高分子，高分子触媒，高分子膜などの機能化の方向にも広く研究が展開している．

30-4: 重合 (化学654)

　広義には，低分子化合物が結合を繰り返し重合体を生成する反応．その反応形式に従い，逐次重合と連鎖重合に大別される．1) 逐次重合：一般に二官能性の単量体 A-R-A，B-R'-B が新しい結合 Y をつくりながら段階的に高分子量化する反応で，水のような低分子成分 X の脱離を伴う重縮合と伴わない重付加がある．

$$\text{A-R-A} + \text{B-R'-B} \Leftrightarrow \text{(R-Y-R'-Y)}_n + \text{(X)}$$

ポリアミド，ポリエステル生成における重縮合，ポリウレタン，ポリ尿素生成における重付加が代表的な例である．2) 連鎖重合：少量の触媒 (開始剤) から生じた活性種に単量体がつぎつぎに結合し，連鎖的に成長する反応で，開始反応，成長反応，連鎖移動反応，停止反応の四つの素反応から成り立つ．反応を途中で停止すると，未反応の単量体と高分子量の重合体が得られるのみで逐次重合の場合のような反応途中の低重合体は得にくい．連鎖重合は，活性種の違いにより，ラジカル重合とイオン重合 (アニオン重合，カチオン重合) に分けられる．

30-5: 逐次重合 (化学845)

　縮合重合，重付加などの場合にみられる重合反応の進行形態で，反応が連続的，段階的に進むことから逐次重合といわれ，付加重合にみられる連鎖重合に対する語．この反応の特徴は，ジアミンとジカルボン酸からポリアミドを合成する例でも明らかなように，それぞれの分子種のもつ活性な官能基が他の分子種の官能基と逐次的に反応して分子量が上昇することである．したがって反応の初期の段階で単量体濃度は急激に減少し，ついで生成した低重合体どうしの反応が起こるが，時間がたつにつれて高重合体どうしの反応が主となる．つまり分子量は重合期間中連続的に上昇を続け，高分子量重合体は最終段階でのみ生成することになり，重合初期から高重合体ができている連鎖重合とは対照的である．

30-6: 縮合重合 (化学660)

　重縮合ともいう．ジアミンとジカルボン酸の脱水縮合反応によるポリアミドの合成に

代表されるように，縮合反応の繰り返しによって高分子 (縮合重合体) を生成する反応.

$$n\ H_2N(CH_2)_6NH_2 + n\ HOOC(CH_2)_4COOH$$
$$\to n\ [H_3N^+(CH_2)_6{}^+NH_3{}^-OOC(CH_2)_4COO^-]$$
$$\to 280°C \to \{NH(CH_2)_6NHCO(CH_2)_4CO\}_n$$

ナイロン 66

上記の例は同じ官能基を 2 個ずつもつ，いわゆる AA，BB 型モノマーを用いた反応であるが，AB 型でも同様に進む.

$$n\ H_2N(CH_2)_{10}COOH \to \{NH(CH_2)_{10}CO\}_n$$

ナイロン 11

テレフタル酸 (あるいはテレフタル酸ジメチル) とエチレングリコールからのポリエチレンテレフタレートの合成も縮合重合の代表例の一つである.

30-7: 連鎖重合 (化学1557)

成長鎖末端にある活性点に単量体が反応して成長し，その結果，同様な活性点を生じるという連鎖機構によって進む重合で，逐次重合に対する語. この重合は，開始反応，成長反応，連鎖移動反応，停止反応の四つの素反応から成り立っている. 連鎖重合を逐次重合と比べた場合の大きな特徴に次の点がある. 1) 成長反応は少数の活性種 (連鎖伝達体) に単量体が反応することによる. 2) 単量体濃度は重合中ゆっくり減少し，重合反応の最終段階まで単量体が残存する. 3) 重合の初期から高分子量の重合体が生成しており，分子量は重合反応の経過にほとんど依存しない.

30-8: 連鎖反応 (化学1557-1558)

いくつかの連続した素反応より成る複合反応の一形式. はじめの素反応で生じた不安定な中間体が他の反応を誘発し，安定な生成物と同時に再び不安定な中間体を生じるような場合には，不安定な中間体の生成・消滅を繰り返しながら反応が進行するから，連鎖反応とよばれる. 爆発反応やビニル化合物の重合反応はその代表的な例である. 連鎖反応は，不安定な中間体 (連鎖担体) が生じる連鎖開始，連鎖担体により同じ反応が繰り返される連鎖成長，連鎖担体が消滅する連鎖停止より成る. 連鎖担体が生成物分子や系中に存在する不純物と反応して消失する場合，反応効率は低下する. この現象は. 連鎖阻害といわれている. 特に，連鎖担体に積極的に反応して，連鎖反応を阻害する物質を連鎖阻害剤という.

30-9: 重合開始剤 (化学654)

単に開始剤ともいう. ラジカルまたはイオンを容易に生じ連鎖重合反応を開始させるのに必要な物質をいう. アニオン重合開始剤にはアルカリ金属などの求核試薬，カチオン重合にはプロトン酸，ルイス酸などの求電子試薬が用いられる. また，ラジカル重合には過酸化ベンゾイルなどの過酸化物，2, 2'-アゾビスイソブチロニトリルなどのカップリング性のないアゾ化合物，レドックス開始剤，光・放射線などが開始剤として用いられる.

30-10: **重合触媒** (化学654)

　ごく少量添加することにより重合反応を促進する物質．また，厳密には触媒とはいえないが，広義には重合開始剤も重合触媒に含まれる．これらはその機構から，ラジカル重合用，カチオン重合用，アニオン重合用，配位アニオン重合用触媒に大別される．最も代表的な触媒にチーグラー・ナッタ触媒がある．これはエチレンやプロピレンを低圧で重合させる非常に活性の高い触媒で，その多くは溶媒に不溶の不均一系触媒であり，飽和炭化水素のような不活性な溶媒中に分散させて用いられる．この触媒やアルフィン触媒は立体特異性重合を示すものとして重要である．そのほか，工業的に用いられている例としては，エチレン，プロピレンおよびブテンから高オクタン化ガソリンを製造するときに添加される固体リン酸触媒があげられる．

30-11: **重合防止剤** (化学654-655)

　重合禁止剤ともいい，ラジカル重合反応を防止するのに有効な物質．単量体の保存や蒸留，または不飽和化合物の反応の際に重合を抑えるために加える．防止剤はラジカルに対して高い反応性を示し，単量体よりも優先的に反応するため，重合は禁止される．重合を防止する機構から，防止剤は2種類に分けられる．一方は，開始剤や単量体から生成するラジカルと反応して重合を開始できない安定ラジカルとする中性分子のグループで，酸素，硫黄，キノン類，ヒドロキノン，ポリオキシ化合物，アミン，ニトロ・ニトロソ化合物などがあげられる．他方は，重合系にあるラジカルと反応して中性分子としてしまうもので，ジフェニルピクリルヒドラジル，トリ-*p*-ニトロフェニルメチル，トリフェニルフェルダジルなどの安定ラジカルがこれに当たる．

30-12: **重合熱** (化学654)

　重合反応に伴う熱．連鎖重合は反応が連鎖的に進行するため重合熱の蓄積が起こりやすく，生成する重合体の分子量制御などの面からも重合熱の除去が大きな問題となる．そのなかでも溶媒を用いない塊状重合では重合熱の除去が非常に困難である．

30-13: **付加重合** (化学1208)

　不飽和結合をもった化合物が活性種 (ラジカル，アニオン，カチオン) に付加する反応を繰り返すことによって重合体を生成する様式．
$$n\, CH_2=(CX)H \rightarrow \text{-{}CH_2(CX)H\text{-}}_n$$
付加反応は連鎖機構で進む．実際の重合例からみると，このうちのほとんどは炭素・炭素二重結合をもつビニル化合物が重合する，いわゆるビニル重合で占められる．ビニル化合物以外にも付加重合するものは多く，炭素・炭素三重結合のアセチレン，炭素・酸素二重結合のアルデヒド類をはじめとして，$C=S$，$N=O$，$S=O$，$C\equiv N$ などのヘテロ多重結合化合物や，$C=C=O$，$N=C=O$，$N=C=N$，$O=C=O$，$S=C=O$ などの化合物の付加重合の例が知られている．アセチレンをチーグラー・ナッタ触媒などで重合させると，主鎖が共役二重結合から成るポリアセチレンを生成する．

$$n \text{ CH} \equiv \text{CH} \rightarrow \text{(CH=CH)}_n$$

アルデヒド類は通常アニオンあるいはカチオン的に重合が可能で，-C-O- の繰り返しを主鎖とする重合体を与える．ホルムアルデヒドはトリフェニルホスフィンやトリエチルアミンを触媒として重合し，ポリオキシメチレン (ポリアセタール) 樹脂が製造されている．

$$n \text{ CH}_2 = \text{O} \rightarrow \text{(CH}_2\text{O)}_n$$

累積二重結合化合物の中ではイソシアナートのアニオン重合がよく調べられている．生成物はナイロン 1 である．

$$n \text{ RN}=\text{C}=\text{O} \rightarrow \text{(NRCO)}_n$$

30-14: **イオン重合** (化学102)

　成長活性種がイオンである連鎖重合で，そのイオンの電荷の種類によりアニオン重合とカチオン重合に分けられる．アニオン重合により得られる重合体にはポリブタジエン，ポリアクリロニトリルなどがあり，カチオン重合ではポリイソブチレン，ポリビニルエーテルなどが得られる．ラジカル重合と異なり，全重合反応の活性化エネルギーが小さく，低温でも重合速度が大きい．また生成する重合体は一般に枝分かれが少なく，特にアニオン重合ではそれが顕著である．成長活性種は主としてイオン対の形で存在し，解離平衡があるため，その反応性は溶媒の極性に大きく影響される．一般に溶媒の誘電率が大きいほど重合速度および重合度は増大する．また，チーグラー・ナッタ触媒などを用いるとラジカル重合では難しい立体特異性重合を起こすことができるほか，イオン重合ではラジカル重合ほど停止反応が明確でないためリビング重合の可能性が大きい．

30-15: **リビング重合** (化学1509-1510)

　連鎖停止反応や連鎖移動反応がほとんどない重合系では，成長末端の活性種が長時間保持されることがある．このような場合，モノマーがすべて重合体に入り，重合が終了した状態でも末端活性種が失活せずに生きているため，リビング重合であるといわれ，この種の活性末端を有する高分子をリビングポリマーという．極性の低い単量体を用いた，十分に精製したアニオン重合系では停止，連鎖移動反応が起こりにくいため，リビング重合を実現しやすい．この重合法によると分子量分布の狭い重合体が得られる．また，単量体が消費されて重合が終了したのち，再び単量体を加えると成長反応が再開される．もし，異種の単量体を加えるとブロック共重合体が生成する．それぞれの単量体が連続する長さを自由に調節できるのもこの方法の利点である．たとえば，ポリスチレンのリビングポリマーにブタジエンを加えるとポリスチレン・ポリブタジエンのブロック共重合体ができるし，さらに，スチレンあるいは第三の単量体を加えてつなげることもできる．リビング重合のもう一つの利点は，末端に官能基を導入しやすいことである．停止剤として二酸化炭素やエチレンオキシドを加えると末端がそれぞれカルボキシル基，ヒドロキシル基の高分子を容易に得ることができる．

30-16: **共重合** (化学346)

　2 種類以上の単量体を構成単位とした重合体を生成する反応で，この重合体を共重合

体という．重合機構によりラジカル共重合，イオン共重合，共縮合に大別される．単独
重合体の長所，短所を相補った新しい性質の重合体を与えるため合成樹脂，合成ゴム，
合成繊維などの品質改良に用いられる．また共重合は共重合体中の単量体の配列から，
配列順序が不規則なランダム共重合，2種の単量体が交互に配列した交互共重合，逆に
同種の単量体が長く連続したブロック共重合，幹となる重合体のところどころに，他種
の重合体が枝のように配列したグラフト共重合に分けられる．

30-17: 溶液重合 (化学1468)

　溶媒に単量体を溶かし，溶液状で行う重合．塊状重合に比べて重合に伴う粘度上昇が
小さく，温度制御も容易である．しかし，大量の溶媒を取り扱うことや，重合後に溶媒
除去が必要なことなどはこの方法の難点である．また，溶液状の付加重合では溶媒への
連鎖移動が起こるために生成重合体の分子量は塊状重合した場合に比べて小さくなる．
縮合重合，重付加でも広く使われている方法で，高融点の芳香族ポリアミドなどは低温
溶液重合法で製造されている．

30-18: 界面 (化学248)

　二つの相が接するとき，その二つの相の間にできる境界面をいう．物質は，その内部
の性質と最外層の性質が異なることから，2相が接するときその界面は2相の性質に大
きな影響を与える．コロイド溶液における界面は，大きく分けて2種類の界面がある．
第一には，一般の溶液や固体の境界に見られるような巨視的な界面で，気・液界面，気・
固界面，液・液界面，固・液界面，固・固界面がある．一方，コロイド粒子が気体や液
体中に分散しているときに見られるような微視的な界面がある．この微視的な界面にも
上記のような界面があるが，特にこのような微小粒子の分散系では，2相の界面の総面
積が非常に大きくなっている．このため，両相のつくる界面の性質によって，コロイド
分散系の性質が非常に影響される．

30-19: 界面化学 (化学248-249)

　二つの異なった相が接するときにできる界面や表面での状態，およびその変化に伴う
現象を取り扱う学問をいい，分散系や界面現象を取り扱うコロイド化学の一端を担って
いる．界面および表面は，その広さによって大きく二つに分けて考えられる．一つは，
一般の金属や溶液の表面などの比較的広い接触面をもつ場合で，他の一つは，微粒子が
気相中または液相中に分散・浮遊しているような場合である．特に後者の場合は分散す
るコロイド粒子が多く，その界面の総面積が非常に大きくなることから，接する界面の
性質が系全体の性質を決定するほどに大きく影響する．界面および表面においては，内
相での物理的・化学的性質だけでは解釈できない特異な現象が起こり，内部の性質とは
違った性質を現す．これらは総括して界面現象とよばれている．また物質の表面では多
くの場合，接する物質が表面に吸着したり，第三物質が表面で膜を形成するなど特異な
相を形成することから，特に表面相としてとらえることができるほど，内部とは全く違
った性質を示す．これらの事項から，物質相互の界面での反応や性質はコロイド化学の
現象を研究する基礎となっている．生物化学においても，細胞膜内外での反応や白血球・

赤血球などの血清中の挙動など生体内における多くの現象が，その界面での性質や反応性に関与して働いていることから，界面化学的に生体系を考えることが試みられている.

30-20: 界面重合 (化学249)

アミドやエステルの合成法として古くから知られているショッテン・バウマン反応を高分子合成に応用したもの. 水と混ざらない有機溶媒にジカルボン酸クロリドを溶解し，ジアミンと脱酸剤 (中和剤) を水に溶解し，両者を接触させ，その界面で重縮合する方法で，界面縮合，界面重縮合ともいう. 反応溶液を静置すると界面に皮膜が生成し，これを適当な速度で引き上げると連続重合も可能である.

30-21: 乳化 (化学1034)

水と油が混合してエマルションができる現象，またはエマルションをつくる操作をいう. 水と油をよく混ぜ合わすと乳化してエマルションになるが，この際乳化剤が存在しないとエマルションはすぐに壊れて，元の水と油とに分離してしまう. 乳化の方法としては，かきまぜ法，すりまぜ法，両者を併用する方法がある. 水と油の混ぜ方，乳化剤の種類や量の選び方によっては，外から混ぜ合わせの操作をしなくても，自然に乳化が起こることがある. これを自発乳化という.

30-22: 乳化剤 (化学1034)

エマルションをつくりやすくし，しかも，できたエマルションを安定にする物質. 一般に界面活性剤が乳化剤として用いられる. 乳化剤の作用は，水と油の界面に吸着して，その界面張力を低下させて乳化を容易にすること，および生成したエマルション中の油滴または水滴を保護してその寿命を長くすることである. そのため，乳化剤は水と油の両者に親和性をもつ界面活性剤が用いられる. さらに，油にはいろいろの種類があるので，乳化剤には広い範囲の親水性・親油性のバランスをもったものが必要とされる. それには非イオン (性) 界面活性剤が最もよい. これにイオン性界面活性剤を併用することもある.

30-23: 乳化重合 (化学1034)

重合方法の一形式で，水に不溶・難溶性のビニル化合物を，乳化剤を使って水に分散させた状態で重合させる方法. 乳化剤としてはアニオンまたは非イオン界面活性剤が用いられ，これが形成するミセル中に単量体が取り込まれている. これに開始剤 (通常は過酸化物やレドックス系の水溶性開始剤) を加えると水層でラジカルが発生して重合を開始し，ついで生成する低重合体ラジカルがミセル中に入って重合が進むと考えられている. 乳化状態で重合するために重合速度が大きく，高重合体を得やすく，重合体の分子量分布も狭く，しかも，重合系の粘度上昇もない. また，水を連続相としているために重合で発生する熱の制御が容易である. さらに，生成物はラテックス状なので，粘着性の高分子でも簡単に得られるし，重合体を単離せずにそのまま塗料その他の用途に使用できるなどの点も大きな特徴である. しかし，重合体は多くの不純物と共存している

ため，純粋な状態で単離するのは困難が伴う．

Lesson 31: Polymers II
(MW, DP, viscosity and processing)

引　イン drawing, hauling, pulling, quoting
ひ(く) to draw (a line), to haul, to pull, to quote {vt};
ひ(ける) to be able to reduce the price, to be over, to close {vi}

引力	インリョク	attractive force
吸引	キュウイン	attraction, absorption, suction

円　エン circle, yen {money}
まる(い) circular, round

円管	エンカン	circular tube/pipe
円形の	エンケイの	round, circular

押　オウ compressing, pushing, restraining, stopping
お(さえる) to restrain, to stop, to suppress, to withhold {vt};
お(す) to compress, to push, to shove, to stamp {vt}

押し出し	おしだし	extrusion
型押し	かたおし	embossing, engraving

希　キ beg, desire, dilute (acid), hope, rare

希釈	キシャク	dilution
希土類元素	キドルイゲンソ	rare earth element

求　キュウ buying, requesting, seeking, wishing for
もと(める) to buy, to request, to seek, to wish for

求核試薬	キュウカクシヤク	nucleophilic reagent
求電子試薬	キュウデンシシヤク	electrophilic reagent

球　キュウ ball, bulb, globe, sphere
たま ball, bulb, sphere

地球	チキュウ	the Earth
白熱電球	ハクネツデンキュウ	incandescent light (bulb)

均　キン average, equal, level

均一な	キンイツな	uniform, homogeneous
平均	ヘイキン	average, mean

筒	トウ pipette, tube		
	つつ gun barrel, pipe, sleeve, tube		
	円筒	エントウ	cylinder
	角筒	カクトウ	prism

抜	バツ extracting, pulling out, removing		
	ぬ(かす) to omit, to skip over {vt}; ぬ(かる) to be careless, to make a mistake {vi};		
	ぬ(く) to extract, to omit, to pull out, to remove {vt};		
	ぬ(ける) to be omitted, to come off, to fall out, to slip out {vi}		
	打抜く	うちぬく	to punch out, to stamp out
	引抜き品	ひきぬきヒン	drawn product/article

布	フ cloth		
	ぬの cloth		
	塗布	トフ	coating, application
	分布	ブンプ	distribution

普	フ generally, widely		
	普及	フキュウ	dissemination, spread
	普通の	フツウの	ordinary, usual, common

泡	ホウ bubble, foam, froth, suds		
	あわ bubble, foam, froth, suds		
	気泡	キホウ	(air) bubble
	発泡	ハッポウ	foaming

毛	モウ hair		
	け down, feather, fur, hair		
	毛管	モウカン	capillary (tube)
	毛管粘度計	モウカンネンドケイ	capillary viscometer

与	ヨ allotting, awarding, giving, imparting		
	あた(える) to allot, to award, to give, to impart		
	関与	カンヨ	participation, involvement
	寄与	キヨ	contribution

落	ラク collapsing, dropping, falling		
	お(ちる) to come off, to fail (an exam), to fall, to fall unconscious {vi};		
	お(とす) to drive away, to let fall, to make worse, to throw down {vt}		
	自由落下	ジユウラッカ	free fall
	落体	ラクタイ	falling body

Reading Selections

31-1: 平均分子量 (化学1289)

　高分子物質は一般に分子量的に不均一 (多分散) であり，構造単位あるいは単量体単位が同じで，分子量の異なる各種の分子の混合物である．したがって，ある高分子試料の分子量を一つの数値で示すには，何らかの平均値を用いる必要があり，その値を平均分子量という．数平均分子量 M_n，重量平均分子量 M_w，および z 平均分子量 M_z の3種が主に用いられる．分子量 M_i の分子種の数および重量を N_i および W_i とすると，それぞれ次の式で与えられる．

$$M_n = \sum N_i M_i / \sum N_i = \sum W_i / \sum (W_i/M_i)$$
$$M_w = \sum N_i M_i^2 / \sum N_i M_i = \sum W_i M_i / \sum W_i$$
$$M_z = \sum N_i M_i^3 / \sum N_i M_i^2 = \sum W_i M_i^2 / \sum W_i M_i$$

$M_n < M_w < M_z$ であり，その差あるいは比の大小は不均一性の大小を示す．固有粘度と分子量の関係を示す粘度式より求めた分子量は，

$$M_v = (\sum W_i M_i^\alpha / \sum W_i)^{1/\alpha}$$

となり，粘度平均分子量という．α は粘度式の分子量の指数であり，M_v は M_w に近い場合が多い．浸透圧法では M_n，光散乱法では M_w，また沈降平衡法では測定光学系により M_w か M_z が得られる．

31-2: 重量平均分子量 (化学660)

　分子量が不均一な高分子の平均分子量の一種であり，分子量 M_i の分子種の重量を W_i とすると，次の式で与えられる． $M_w = \sum W_i M_i / \sum W_i = \int_0^\infty M f(M) dM / \int_0^\infty f(M) dM$
分子量が大で連続的に分布しているとみなせる場合は，積分の式で示され，$f(M)$ は微分重量についての分子量分布関数である．主として，溶液の光散乱および超遠心機による沈降平衡の方法によって測定され，高分子の平均分子量として最も多く用いられる．高分子の各種物性と分子量の関係を示す場合なども，重量平均分子量を用いることが多い．数平均分子量 M_n あるいは z 平均分子量 M_z との比である M_w/M_n および M_z/M_w の値は，試料の分子量不均一度を示す尺度となる．なお，記号として，M_w および $\overline{M}_w$ のどちらも使われている．

31-3: 粘度平均分子量 (化学1058)

　分子量分布をもつ高分子試料に対する平均分子量の一種．記号は $\overline{M}_{r,v}$ を用いる．試料中の成分 i の分子量を $M_{r,i}$，重量分率を w_i，マーク・ホーウィンク・桜田の粘度式の指数を a とすると， $\overline{M}_{r,v} = (\sum_i w_i M_{r,i}^a)^{1/a}$
で与えられる．分子量分布のない理想的な試料に対する粘度式 $[\eta] = K M_r^a$ が与えられている場合，成分 i の固有粘度は $[\eta]_i = K M_{r,i}^a$ に従う．また試料全体の固有粘度 $[\eta]$ は，

$$[\eta] = \sum_i w_i [\eta]_i = K \overline{M}_{r,v}^a$$

となり，$[\eta]$ から $\overline{M}_{r,v}$ が求まる．

31-4: **重合度** (化学654)

　重合体 1 分子当たりに組み込まれた単量体の数．分子量と同様に高分子の大きさの尺度として用いられる．主鎖の構造が同じで，側鎖だけが異なる高分子の性質を比較する場合には，分子量より重合度で高分子の大きさを表す方が便利である．分子の大きさの分布がある普通の重合体では，平均の種類により，数平均重合度 X_n，重量平均重合度 X_w，z 平均重合度 X_z の区別を明確にしておく必要がある．

31-5: **平均重合度** (化学1289)

　高分子量重合体は一般に重合度が不均一な混合物であるため，何らかの平均値で重合度を示し，平均重合度という．数平均重合度，重量平均重合度，および z 平均重合度の 3 種が用いられる．分子量を重合度に置換えれば，平均分子量の各式と同様な関係式により，各平均重合度が定義される．相互の関係なども平均分子量と同様である．

31-6: **重量平均重合度** (化学660)

　重合度不均一な高分子の平均重合度の一種で，重合度 P_i の分子種の数および重量を，N_i および W_i とすると，次式で与えられる．　　$P_w = \sum W_i P_i / \sum W_i = \sum N_i P_i^2 / \sum N_i P_i$
重合度を分子量に置換えれば，重量平均分子量と同じである．なお，P_w 以外の種々の記号も用いられている．

31-7: **連鎖長** (化学1557)

　連鎖反応の際に連鎖担体が生じて失活するまでに繰り返される素反応の平均数．連鎖担体が生起してから停止するまでに生成した生成物の数に対応するから連鎖反応の効率を表す尺度になる．ラジカル重合では，開始剤から生じたラジカルがビニルモノマーに次々と付加したのちに停止するから，連鎖移動反応がない場合には，重合度と密接な関係がある．停止反応が再結合の場合には重合度は連鎖長の 2 倍，不均化反応の場合には連鎖長と一致する．

31-8: **高分子鎖のモデル** (化学476-477)

　溶液中における高分子鎖の広がりを検討するためのモデル．高分子鎖の構成要素 (セグメント) の大きさを無視して酔歩問題と同様な統計的扱いをすると，末端間距離の二乗平均が結合数に比例し，末端間距離の分布がガウス分布となる．このときのモデルをガウス鎖とよぶ．セグメントの大きさを考慮するとガウス鎖とは異なる広がりをもつようになり，このことを排除体積効果という．ガウス鎖を構造面から細分すると次のようなモデルがある．1) 自由連結鎖：長さ l のセグメント間の結合角がすべて任意の鎖で，結合数を n とすると平均二乗末端間距離は，$\langle r^2 \rangle = nl^2$ (一般には，$\langle r^2 \rangle = \sum_i n_i l_i^2$) となる．2) 自由回転鎖：隣接結合角 $(\pi - \theta)$ が一定で内部回転が自由な鎖．n が十分大きいとき $\langle r^2 \rangle = nl^2 \cdot (1 + \cos \theta)/(1 - \cos \theta)$ となる．3) 束縛回転鎖：内部回転にも制限がある鎖．内部回転角の余弦の平均値を $\langle \cos \phi \rangle$ とすると，$\langle r^2 \rangle = nl^2 (1 + \cos \theta)(1 + \langle \cos \phi \rangle)/(1 - \cos$

θ) (1 - <cos ϕ>) となる.

31-9: 結晶性高分子 (物理583-584)

　結晶領域を形成できる高分子をいう. 結晶は通常多くの乱れを含んだ不完全なもので, 微結晶である. 融液より結晶化させると球晶とよばれる微結晶の集合体を形成するものが多い. 結晶部分では分子鎖はその方向を揃えて配列しているが, 一本一本の高分子鎖全体が規則的に配列して結晶部分を形成しているのではなく結晶は部分鎖によって構成されている. 結晶解析によって決められる構造は, 高分子鎖全体の構造ではなく, 単量体を基本単位とする局所的構造である (球状タンパク質等の生体高分子には高分子鎖全体が特定の一定の形状を示すものがあり, この場合は鎖全体の構造が決定できる). 結晶性高分子には結晶した部分とともに多くの非晶部分が含まれている. 結晶化を阻害する因子として, ビニル系高分子では, 高分子鎖中における単量体の頭・頭結合, 尾・尾結合や立体化学的構造不規則性などがあげられる. ポリ (スチレン) やポリ (メチルメタクリレート) に見られるように, アイソタクチックやシンジオタクチックの立体規則性高分子は結晶性がよく, アタクチックのものは結晶しない. ポリ (ビニルアルコール) やナイロンのように分子間の水素結合が強く働き結晶化するものもある. また延伸により分子鎖が配列して結晶化するものもある. 高分子の溶液または融液を外部応力下で結晶化させるとシシカバブ構造とよばれる特異な結晶モルホロジーを提する配向結晶化が起る.

　高分子鎖の全長に比べて結晶の分子鎖軸方向の長さがけた違いに小さいことと, 結晶・非晶の二相構造という2つの事実を説明しうるものとして, 房状ミセル構造は長い間高分子結晶の唯一の形態と信じられていた. 1957年に, 希薄溶液から生成したポリエチレンの単結晶が, 厚さ約100Å程度の薄い板状晶 (ラメラ晶) で, 厚さの方向に分子鎖が配向 (板面に垂直) していることが, 電子顕微鏡および電子線回折によって実証され, それを説明するものとして高分子鎖が高分子結晶の界面で折りたたまれた形態をとる折りたたみ構造が提唱された. その後この構造は単に希薄溶液からの結晶化に限らず, 融液からの通常の結晶化の場合も含めて, 高分子の結晶の形態として普遍性をもつことが明らかにされている. この折りたたみ部分が特定の形態 (コンフォーメーション) をとっているのか (シャープフォールド), 不均一な数の構造単位が非晶的なループを形成しているのが (ルーズフォールド) については現在でも定説はない. 折りたたまれる鎖の長さは結晶の厚さと密接に関係している (シャープフォールドでは両者はほぼ等しい) が, 結晶化条件, 特に過冷却度に大きく依存し, 大きいほど短くなる. 伸び切り鎖結晶は高圧下の結晶化で生ずるもので, 分子鎖が折りたたまれずに伸び切った形態をとるものである.

31-10: 粘性 (物理1570-1571)

　水あめやグリースのような流体中では物体を動かすと大きな抵抗を愛ける. このように実在の流体は, 多少の差はあるが内部抵抗すなわち「ねばさ」という性質をもっている. この性質を粘性という. 流体の微小体積の運動は並進, 回転, 変形に分解して考察することができるが, 並進と回転のような剛体的運動は粘性に関与せず, 変形に対する内部抵抗として粘性が表される. ニュートン流体では一般に流動応力が変形速度の一次

関数と仮定されその一次の比例定数を粘性率という．粘性流体の変形運動においては必ず運動エネルギーが熱エネルギーに変換する．これをエネルギー散逸という．液体ヘリウムは臨界温度 2.2 K 以下では粘性がなくなる．この現象を超流動といいこの状態のヘリウムは液体ヘリウム II とよばれる．

31-11: 固有粘度 (化学491)

極限粘度数ともいう．低分子液体に高分子物質を溶かすと，粘度の増加が起こる．特に高分子どうしの接触による影響が無視できるような希薄溶液では，溶液中の高分子の大きさと形が，そのままこの粘度増加に反映する．このような条件下で求めた高分子の単位濃度当たりの粘度増加率を固有粘度とよび，記号 $[\eta]$ で表す．溶液粘度を η，溶媒粘度を η_s，高分子の重量濃度を C で表すと，

$$[\eta] = \lim_{c \to 0} (\eta - \eta_s)/\eta_s C$$

である．$[\eta]$ は濃度の逆数の次元をもち，ふつうは単位として cm^3/g を用いる．

31-12: 粘性率 (物理1571)

粘性流体中における粘性応力は一般に変形 (ひずみ) 速度の一次関数と仮定されるが，そのときの係数をいう．たとえば，平行 2 平板間 (間隔 a) にある粘性流体において一方の板を止め，他方の板をその平面内で速度 U で動かしたときの流れであるクエットの流れにおいては，板に平行な面における接線応力 τ は $\tau = \mu du/dy = \mu U/a$ で与えられる．速度勾配 du/dy に対するこの比例定数 μ をその流体の粘性率とよぶ．これは粘度または粘性係数ともいわれる．平面衝撃波ではその前後で波面に対する法線速度の大きなとびがある．弱い衝撃波の構造を考える場合に，法線速度 u だけの一次元流と考えると法線速度の勾配 $\partial u/\partial x$ に対して法線応力 σ は $\sigma = -p + (\lambda + 2\mu)\partial u/\partial x$ で表される．p は応力で，λ は第二粘性率とよばれる．λ は縮む流体の場合に効果が現れる．$\mu' = \lambda + (2/3)\mu$ を体積粘性率という．なお λ を体積粘性率，μ' を第二粘性率ということもある．$\lambda = -(2/3)\mu$ ($\mu' = 0$) とおくのが普通であり，これをストークスの関係式といい，高圧，高密度，高分子量の場合を除き近似的に成立する．単位は SI 単位系では $N \cdot s/m^2$，CGS 単位系では P (ポアズ)，1 P = 1 $g/cm \cdot s$ である．またこれを密度で割ったものを動粘性率という．気体の粘性率は温度とともに増加するが，液体では減少する．

31-13: 粘度式 (物理1574-1575)

液体，溶液，サスペンションの粘性率 η と温度，濃度，分子量などとの関係式をいう．球形剛体粒子の希薄サスペンションに対するアインシュタインの粘度式 $\eta = \eta_0(1 + 2.5\phi)$ は有名である．ここで η_0 は溶媒の粘性率，ϕ は溶質粒子の体積分率である．高分子の存在が学問的に初めて認知される際に，その根拠のひとつになったのが，シュタウディンガー・野津の式

$$[\eta] \equiv \lim_{c \to 0} (\eta - \eta_0)/\eta_0 c = KM$$

である (1931 年)．ここで c は高分子の重量濃度，M はその分子量，K は定数，$[\eta]$ は固

有粘度である．その後この式を拡張して提出されたのがマーク・ホーウィンク・桜田の式

$$[\eta] = KM^a$$

である (1940 年). ここで K は高分子種や溶媒，温度にはよるが，M には関係しない定数，a は高分子の形状，屈曲性による指数である．棒状高分子では $a = 2$，半屈曲性分子では $1 < a < 2$，線状糸まり高分子では $0.5 \leq a < 1.0$，星型およびくし型高分子では $0 < a < 0.5$，剛体球分子では $a = 0$ となる．ガウス鎖に対する理論的粘度式として，鎖の構成要素間の流体力学的相互作用を考慮したカークウッド・ライズマンの粘度式

$$[\eta] = \Phi [<r^2>_0/M]^{3/2} M^{1/2} G(h)$$

がある．Φ は定数，$<r^2>_0$ は両端間距離の二乗平均，h は $M^{1/2}$ に比例する流体力学相互作用パラメーターで，非すぬけ度ともいう．G は h の関数であり，$h \to 0$ では溶媒流は高分子内部へ浸入し，G は h に比例し，$[\eta] \propto M$ となる．$h \to \infty$ では溶媒流は浸入せず $G \to$ 定数となり，$[\eta] \propto M^{1/2}$ となる．一方，排除体積効果を考慮に入れた理論も発展している．

温度に関した粘度式としては，ドーリトルの粘度式やアンドレードの粘度式 $\eta = A \exp(E^*/RT)$ がある．ここで E^* は流動に対する活性化エネルギー，R は気体定数である．

31-14: 粘度計 (物理1574)

流体の粘度を測定するための計器．各種のものがあるが，測定原理から毛管，落体，回転，振動，平行平板の各粘度計に大別される．(1) 毛管粘度計：毛管中に流体を流したときの流量，または毛管両端の圧力差を測定してポアズイユの法則をもとに粘度を求める．一定体積の流体が液柱差により毛管を通して自然流下するのに要する時間から粘度を求める方式のものが多い．(2) 落体粘度計：流体中に球，円柱などの物体を落下させたときの物体の落下速度から粘度を求める．球を利用した落球粘度計は代表的なもので，ストークスの法則を応用している．傾斜させた円筒管中で球を転落下させる方式のものもある．(3) 回転粘度計：流体中で物体を回転させるか，または流体を回転流動させたときの物体面の受ける粘性によって生ずるトルクの測定から粘度を求める．共軸二重円筒，単一円筒，円錐・平板などの粘度計がある．いずれも回転速度を変えるとずり速度 (速度勾配) が変わり，非ニュートン流体の流動特性の測定に適用できる特徴がある．(4) 振動粘度計：流体中で球体などにねじり回転振動を与えたときの減衰の程度を検知して一定の共振周波数を維持するのに要するエネルギーの測定から粘度を求める方式や，弾性細線につるされた円板などにねじり回転自由振動をさせたときの周期と対数減衰率の測定から粘度を求める方式があり，後者は気体にも適用されている．(5) 平行平板粘度計：2 つの平行に置かれた平板間に流体を挟み，一方の板を定荷重で移動させたときの板の移動速度から粘度を求める方式などがある．

31-15: 粘性流 (物理1571)

管内をその軸に沿って粘性流体が流れるとき，その流体の各部が互いに混ざりあうことなく滑らかな軌跡を描く場合，すなわちクヌーセン数 $K (= \lambda/D) < 0.01$ で，かつレイノルズ数 $Re (= Dv\rho/\eta) < 1200$ の範囲の流れを粘性流という．ここで D は管の断面に関する代表的な長さ，v は流速，λ は流体分子の平均自由行程，ρ および η はそれぞれ流

体の密度および粘性係数である．したがって粘性流は管内を流れる層流の一種であるが，$K \geq 1$ の場合のいわゆる希薄気体の流れすなわち分子流と対比して，K が十分小さいことを強調する意味でしばしば粘性流という表現が用いられる．特に，管が十分長い一様な太さの円管の場合の粘性流は，ポアズイユの流れとして知られている．

31-16: <center>**粘弾性** (化学1057-1058)</center>

　高分子物質は典型的な例であるが，固体でありながら弾性のほかに粘性をもっているとしなければ説明できない応力緩和やクリープなどの現象を示し，逆に高分子の溶液や融液は液体でありながら顕著な弾性を示す．このような弾性と粘性との組み合わせを粘弾性あるいは弾粘性といい，粘弾性を示す物体 (または物質) を粘弾性体という．粘弾性の現象論は，1850 年代から研究され，古くはマクスウェル要素やフォークト要素 (またはケルビン要素) から成る力学模型が理解を助けるためによく使われたが，1940 年代から 50 年代にかけて緩和時間および遅延時間の連続分布の概念に基づいた線形粘弾性の理論が確立された．高分子物質については，粘弾性の分子論もいろいろ提出されている．粘弾性体を弾性体と比べたときの最も大きい特徴は，変形およびそれの原因となる応力が時間 (あるいは動的測定における周波数) に強く依存し，弾性率，その逆数であるコンプライアンス，粘性率などの粘弾性関数が時間または周波数の関数になることである．

31-17: <center>**チキソトロピー** (化学845)</center>

　ある種のコロイド系，特に懸濁液は容器に入れられた状態で撹拌されると液状 (ゾル) になり，撹拌を止めて静置すればゲル状を呈する．このような現象に対し T. Péterfi (1927) がチキソトロピーという名称を与えた．その後 1930 年代には多くのコロイド科学者によってこの現象が研究されたのであるが，構造の破壊と再生を伴う現象であるため，その現れ方も実験方法によって異なり，真相の把握が容易でなかった．現在，レオロジー的見地からは，等温状態においても変形のために見かけ粘度が一時的に低下する現象と考えられる．

31-18: <center>**膨潤** (化学1350)</center>

　架橋された高分子固体が液体に浸されたとき，大量の液体を吸収して，体積を顕著に増大させる現象のこと．微量の液体を吸収する場合，または際限なく液体を吸収して固体の性質を失う場合は，それぞれ吸収または溶解とよび，膨潤とはいわない．高分子固体全体が膨潤状態にとどまるためには，臨界架橋度以上の密度の架橋が分子間に形成される必要がある．膨潤状態にある固体をゲルという．ある溶媒の中で 2 官能性モノマーと多官能性モノマーを共重合させると，その溶媒で膨潤した高分子架橋ゲルが得られる．このゲルを他の溶媒中に浸して放置すると，ゲル中の溶媒置換が進むにつれてゲル体積が変化し，やがて新しい溶媒中での平衡状態に到達する．新旧の溶媒中におけるゲル体積の比 V/V_0 を平衡膨潤比という．当初の溶媒が高分子に対する良溶媒であり，これと非溶剤との混合液体中で膨潤比を測定すると，当然 $V/V_0 < 1$ となる．中性高分子の場合，膨潤比は混合溶媒中の非溶剤濃度の滑らかな減少関数になる．イオン性の解離基をもつ

— 360 —

高分子の架橋ゲルについて，同様の実験を行うと，非溶剤濃度がある値に達したところで膨張比は不連続的に減少する．すなわち，ゲルは収縮状態へ相転移を行う．相転移に伴う膨張比の変化量は，高分子鎖上の解離基密度が減少するにつれて減少し，解離基密度がある臨界値以下になると，中性高分子ゲルと同様な挙動に移る．田中豊一 (1978) は，ポリアクリルアミドのゲルの部分的加水分解を行った試料を用いて，この相転移を発見した．中性高分子および高分子電解質の架橋ゲルの膨潤挙動は，ゴム弾性と高分子溶液論を組み合わせた P. J. Flory の理論 (1950, 1953) によって説明できる．溶媒や温度の変化によるイオン性高分子ゲルの体積変化は，倍率にして数百倍，数千倍に及び，高吸水性材料として広く利用されている．

31-19:　　　　　　　　　　**押し出し** (物理231)

　工具のくぼみまたはコンテナの中にある材料に高い圧力を加え，すき間から材料を流出させることにより，一定断面をもつ製品をつくる加工法をいう．押し出す方向により前方または後方押し出しに分けられるが，金属材料では歯磨チューブなどの管状のもの，複雑な断面形状をもつアルミサッシ，ステンレス管などがこの方法でつくられている．高分子材料やセラミックスなど非金属材料でも多く用いられている．金属材料の場合通常熱間加工で行われるが，広義には小さな素材の一部を押し出し，押し残り部分を合わせた鍛造加工も含まれ，この場合には冷間押し出しされる場合も多い．押し出し加工の際，工具により拘束された材料は周囲から高い圧縮力を受けながら成形されるため，材料に大きな変形を与え緻密な材質を得ることができるものの，加工に高圧を要するため大容量の加圧装置を要し，工具はいたみやすい．

31-20:　　　　　　　　　　**高分子の成形** (物理1060)

　通常の線状高分子の場合には，基本的には 3 つの方法が用いられる．(1) 非晶性高分子ではガラス転移点，結晶性高分子では融点以上に昇温し流動性を与え，型の中に封入するが，型を通過させるなどの手段で形を与えたのち冷却・固化する方法．これには押し出し成形，射出成形がある．(2) 熱分解のため上記の手法が応用できない場合や，製品の品質的要請がある場合には，溶媒で濃厚な溶液として流動化し，上記の方法に準じて形を与え，脱溶媒により固化する方法．これにはキャスト成形がある．(3) これら 2 つの方法が使えない場合には焼結法が用いられる．現在のところこの方法により成形される例はポリテトラフルオロエチレンのみである．

　一方網状高分子の場合には，高分子になると流動性が失われるので，上記のいずれの方法も用いられない．形を与えた状態で重合するという方法がとられている．これをモノマーキャストという．なお，ゴムの加硫を伴う成形もこの範疇に入る．

31-21:　　　　　　　　　　**引抜き** (物理1708)

　ダイスと称する孔あき工具の孔に少し太目の材料を通すことにより，素材の断面積を塑性変形により減少させ，ダイス孔形状と同一断面を得る塑性加工方法をいう．引抜きはほとんどの場合冷間で行われ，引抜き品の寸法精度は高く，表面は極めて滑らかで，細い線材では直径 10 mm 程度までもつくることができる．しかも連続的に生産できる

ので生産性は高く，高精度の細い直径の金属線はほとんど引抜きでつくられている．またダイスの形状を変えることにより，円形以外の変わった断面形状をもつように材料を加工することもできる．引抜きは伸線機により線を引張ることによって行われるが，引張力はその材料の弾性限を超すことはできないので，1回の引抜きで可能な断面減少率は20〜60%以下で，細径まで引抜くにはかなり多数の引抜き回数を要し，その間に中間焼なましを必要とする．引抜き時の摩擦力は引抜き力を増し，工具への焼付き摩耗を生ずるので，引抜き時には強制的潤滑を含めて十分な潤滑を必要とする．

Lesson 32: Polymers III
(properties and applications)

以   イ because, by, by means of, compared with, in view of, with

     以外の   イガイの   other than, except for

     以降   イコウ   thereafter, from that point on

維   イ fiber, rope, tie

     維持   イジ   maintenance, preservation

     繊維   センイ   fiber

有   ウ being, existence; ユウ possession

  あ(る) to be contained in, to be located, to exist {inanimate subject}, to have, to occur

     有機色素   ユウキシキソ   organic dye/pigment

     有機半導体   ユウキハンドウタイ   organic semiconductor

塩   エン salt

  しお salt, seasoning

     塩基性   エンキセイ   alkalinity, basicity

     食塩水   ショクエンスイ   salt water

架   カ hanging, mount, shelf, support

  か(かる) to hang {vi}; か(ける) to hang {vt}

     架橋   カキョウ   crosslinkage, crosslinking

     格納架   カクノウカ   (storage) rack

橋   キョウ bridge

  はし bridge

     架橋ゲル   カキョウゲル   crosslinked gel

     架橋高分子   カキョウコウブンシ   crosslinked polymer

脂   シ fat, rouge

  あぶら fat, grease, lard

     イオン交換樹脂   イオンコウカンジュシ   ion-exchange resin

     合成樹脂   ゴウセイジュシ   synthetic resin

樹　ジュ tree, wood

樹脂含浸	ジュシガンシン	resin impregnation
着色樹脂粉	チャクショクジュシフン	toner

潤　ジュン charm, favor, profiting by, wet
うるお(う) to be watered, to become rich {vi}; うるお(す) to profit, to water {vt};
うる(む) to be clouded, to be wet, to become muddy {vi}

湿潤剤	シツジュンザイ	wetting agent
膨潤	ボウジュン	swelling

繊　セン fine, slender, thin kimono

合成繊維	ゴウセイセンイ	synthetic fiber
天然繊維	テンネンセンイ	natural fiber

塑　ソ modeling, molding

可塑剤効果	カソザイコウカ	plasticizer effect
熱可塑性樹脂	ネツカソセイジュシ	thermoplastic resin

着　チャク arrival, finish (of a race), {counter for suits}
き(せる) to blame, to clothe, to plate (metal) {vt}; き(る) to wear {vt};
つ(く) to adhere, to arrive, to reach {vi}; つ(ける) to append, to fasten, to put on {vt}

吸着	キュウチャク	adsorption
接着	セッチャク	adhesion

白　ハク white; ビャク white
しろ(い) blank (paper), fair (skin), gray (hair), spotless, white

空白	クウハク	(empty) space, void, null
白濁した	ハクダクした	cloudy, slightly opaque

芳　ホウ fragrance
かんば(しい) favorable, fragrant

芳香族化	ホウコウゾクカ	aromatization
芳香族基	ホウコウゾクキ	aromatic group

油　ユ oil
あぶら oil

潤滑油	ジュンカツユ	lubricating oil
灯油	トウユ	kerosene

Reading Selections

32-1: **機能性高分子** (化学332)

　主鎖または側鎖中に反応性の高い官能基を有する高分子化合物．従来の高分子化学が，ポリマーを材料として扱い，その力学的性質に重点を置いていたのに対し，機能性高分子の研究では，合成したポリマーを高分子量の"化合物"として扱っている．機能性高分子は，1) 官能基またはその前駆体を単量体中に導入し重合する方法，あるいは，2) 高分子反応によってポリマー中に官能基を導入する方法によって合成される．よく知られる機能性高分子には，高分子触媒，感光性高分子，イオン交換樹脂，導電性高分子などがある．最近では，機能性高分子の物理的・化学的機能のほか，生理的機能に着目して生体類似機能を有する新規高分子を合成し，生体反応を模倣するのみならず，生体高分子の反応機構を解明するのに役立てる方向にも進展しつつある．なお広義の機能性高分子には，酵素などのタンパク質，核酸，多糖類のような高度な反応性をもつ生体高分子も含まれる．

32-2: **ゴム** (化学491)

　室温において小さな力で大きい変形を起こし，力を除くと急速にほとんど元の形に戻る性質．すなわちゴム弾性を示す物質あるいはこのような物質にすることのできる原料高分子をいう．天然ゴムがイソプレンの重合体であることはすでに19世紀中ごろに判明し，それ以来イソプレンからゴムを合成する試みが行われたが，チーグラー触媒やリチウム触媒の発見により，ついに天然ゴムとほとんど同じ構造をもつ *cis*-1，4-ポリイソプレンが合成された．一方，最初に工業化された合成ゴムはドイツで生まれたメチルゴム (2，3-ジメチルブタジエンの重合体) であった．その後次々と新しい合成ゴムが発表され，天然ゴムでは得られない高性能工業材料として認められ，第二次大戦後ますます発展し今日に至っている．

32-3: **ゴム弾性** (化学491)

　ゴム状態の高分子物質に観測される大きな弾性変形挙動をゴム弾性という．これは加硫ゴムに顕著にみられる．ある長さの試料を等温下で dl だけ引き伸ばすとき，それに逆らう復元力を f とすると，熱力学第一法則より，
$$dU = TdS - pdV + fdl$$
U は系の内部エネルギー，S はエントロピーである．変形が比較的小さく，また変形に伴う分子鎖の伸び切り効果が無視できる変形範囲では，内部エネルギーは一定温度では変形に依存せず，また一，二軸変形下ではゴムの体積変化はほとんど無視できるので，
$$f = -T(\partial S/\partial l)_T$$
となり，f は変形に伴う系のエントロピーの変化によって生じ，絶対温度 T に比例する．この弾性をエントロピー弾性という．ゴム弾性はエントロピー弾性によって説明されている．内部エネルギーの変化が f に影響する場合の弾性をエネルギー弾性とよぶ．

32-4: 　　　　　　　　　　**合成ゴム** (化学467-468)

　石油その他を原料として化学的に合成されたゴムをいう．初めは天然ゴムの供給不足を補う代替品を工業的に合成するという必要性，さらに天然ゴムでは得られない諸性質を有する新しいゴムを合成しようという意欲によって合成ゴムの研究が進められてきた．世界最初の合成ゴムは 1914 年，ドイツで工業化されたメチルゴム (2，3-ジメチルブタジエンの重合体) であった．天然ゴムとほとんど同じ構造をもつ *cis*-1，4-ポリイソプレン (イソプレンゴム，合成天然ゴム) の合成は 1954 年に成功した．天然ゴムにはみられない耐熱，耐寒，耐酸化，耐薬品，耐油などの諸特性をもつ各種の特殊合成ゴムも開発され，主な合成ゴムだけでも二十数種類に達する．代表的市販合成ゴムとして，ジエン系ゴム (スチレン・ブタジエンゴム，ブタジエンゴム，イソプレンゴム，クロロプレンゴム，アクリロニトリル・ブタジエンゴムなど)，オレフィン系ゴム (ブチルゴム，エチレン・プロピレンゴム，エチレン・酢酸ビニルゴム，クロロスルホン化ポリエチレン，アクリルゴムなど)，ウレタンゴム，シリコーンゴム，フッ素ゴム，多硫化ゴムなどがある．これらの固形ゴムのほかに，液状ゴム，粉末ゴムや熱可塑性ゴムがある．

32-5: 　　　　　　　　　　**合成樹脂** (化学468)

　石油，石炭，天然ガスのような化石資源を原料とした低分子量の化合物から，重合，重縮合，重付加などによって得られる高分子量 (分子量 1 万以上) の樹脂状物質．加熱すると軟化して塑性を示し任意の形に成形できるが，冷却すると固化する過程を可逆的に行うことができる熱可塑性樹脂が主で，ポリエチレン，ポリプロピレン，ポリ塩化ビニル，ポリスチレンがその例である．また，加熱すると反応が起こって三次元高分子を生成すると同時に硬化を起こし，可塑性を再現できない熱硬化性樹脂があり，フェノール樹脂，メラミン樹脂，尿素樹脂，などがその例である．家電部品，パネル，パイプ，フィルムのような成形品のみでなく，接着剤，塗料，クッション材として合成樹脂はわれわれの日常生活のあらゆる分野に広く使用されている．

32-6: 　　　　　　　　　　**化学繊維** (化学254)

　動植物および鉱物資源から取り出した化合物を原料とし，化学的製造工程を経てつくられた繊維で，人造繊維ともいう．化学繊維は有機繊維と無機繊維に大別され，有機繊維はさらに再生繊維，半合成繊維，合成繊維に分類される．セルロース，タンパク質などの本来繊維状である物質を，そのまま特殊な溶剤に溶かすなり，または化学処理により誘導体の形で溶剤可溶にし，紡糸液を凝固浴中へ押し出して繊維状にしたとき，一次構造の主成分が，もとのセルロース，タンパク質などの原料成分に戻っているものを再生繊維 (レーヨンが代表的)，戻らずに誘導体の状態のものを半合成繊維 (アセテート繊維など) という．また，原料の高分子化合物を低分子から合成し，これを繊維化したものを合成繊維という．

32-7: 　　　　　　　　　　**合成繊維** (化学468)

　低分子化合物を原料として化学的に合成された高分子物質を繊維化したもので，化学

繊維の一種．天然繊維と異なり繊維の長さ，太さ，断面形状から官能基の種類などの物理的・化学的性質を人為的に変えられるので，超高強力繊維，耐熱性繊維，光学繊維など自然界にはない新しい機能をもつ繊維もつくられる．本来，合成繊維は以上の特性を生かして，製品性能の均一性，保管維持の容易さ，丈夫さが特長であったが，製品につきまとう人工的な冷たさを拭うため，近年は制御されたばらつきを加味され，温かみを帯びた手づくりの天然繊維に感触を近づける工夫もなされている．ナイロンは適度の弾性と弾性回復率，アラミドは超高強力性と耐熱性が特長，ビニロンは吸湿性，ビニリデンは重さと難燃性，ポリエステルは混紡性のよさ，アクリルは共重合による改質の多様性と嵩 (かさ) 高性，ポリウレタンはその大きな弾性に特長がある．

32-8: 熱可塑性樹脂 (化学1046)

　加熱により反応が起こることなく軟化して，塑性を示し成形できるが，冷却すると固化する樹脂．冷却と加熱を繰り返した場合，塑性が可逆的に保たれる樹脂が熱可塑性樹脂である．樹脂を合成反応別に分類すると，付加重合系のポリエチレン，ポリプロピレン，ポリ塩化ビニル，ポリスチレン (以上を四大樹脂という)，ポリ塩化ビニリデン，フッ素樹脂，ポリメタクリル酸メチルなど，重縮合系のポリアミド，ポリエステル，ポリカーボネート，ポリフェニレンオキシド，重付加系の熱可塑性ポリウレタン，開環重合系のポリアセタールなどがあり，これらの合計は全樹脂の 80% 以上を占めている．熱可塑性樹脂はペレット，粉末の形で提供され，熱および圧力をかけて成形加工され目的物に仕上げられる．

32-9: 形状記憶高分子 (化学423)

　ある形の成形物を別の形に変形し，冷却してその形を固定することができ，それを加熱してもとの形に戻すことのできる高分子．例にポリノルボルネンがある．ポリノルボルネンの成形品を分子運動が凍結されるガラス転移温度 35℃ 以下の室温で変形すると，分子鎖のからみ合いのためその形が保たれる．40℃ 以上に加熱すると分子運動の凍結が解除され，もとの形に戻る．ギブス，異形パイプの接合，パイプのライニングなどへの利用が考えられている．

32-10: 熱硬化性樹脂 (化学1047)

　熱硬化性プラスチックともいう．そのもの単独または第二の物質を加えて加熱することにより三次元構造または網状構造となり不融不溶の樹脂になる，すなわち硬化するので熱硬化性樹脂という．熱硬化性樹脂の代表例は尿素樹脂，メラミン樹脂，フェノール樹脂であり，付加縮合によってつくられる．尿素樹脂，メラミン樹脂は合板の接着剤として多量使用される．このとき木板のセルロースのヒドロキシル基との反応も縮合反応中に起こる．また，熱硬化性樹脂は一般に三次元構造をとるので，耐熱性，耐薬品性，耐候性，接着性，耐摩耗性，硬度が高いので塗料，接着剤として使用されることが多い．樹脂相互の相溶性，混和性がよいのみでなく，相互に反応しあうので，エポキシ樹脂をメラミン樹脂で熱硬化させるというように相互の長所を出しあった使い方が数多く行われている．

32-11: **高分子電解質** (化学477)

　多数のイオン性解離基をもつ巨大分子のことで，イオン性高分子ともいう．水溶液中では巨大な電荷をもつマクロイオンあるいは高電荷イオン と，反対符号の小さな電荷をもつ多数の対イオンに解離する．一つの分子中に酸性解離基と塩基性解離基をもつものを両性高分子電解質という．低分子の強電解質の場合，濃度を下げていくと各イオンのまわりのイオン雰囲気は拡散し，ついにはすべてのイオンが独立に運動するようになる．高分子電解質の場合は，マクロイオンの鎖に沿う電荷の線密度がきわめて高く，鎖を包む筒状の空間内に入った対イオンが獲得する静電エネルギーは熱エネルギー kT の数倍にも達する．したがって，対イオンのかなりの部分はこの筒状空間に捕らえられ，より外側の空間に効果を及ぼす高分子鎖の有効電荷は，化学量論的な電荷の10~20% 程度に低下する．この現象をイオン凝縮という．高分子電解質の鎖は，この有効電荷とそれに見合う対イオンの静電相互作用により，一般にきわめて大きな広がりを示すが，低分子塩を添加すると最終的には中性高分子の広がりの程度まで収縮する．このような膨潤性や架橋性を利用してイオン交換樹脂，粘度上昇剤として利用されている．

32-12: **高分子半導体** (化学477)

　常温における電気伝導率が 10^2~10^{-9} S•cm^{-1} 程度で，その温度依存性が半導体に特有の挙動を示す高分子物質．一般に，主鎖または側鎖に広く共役した π 電子系を有しており，その化学結合または空間を通しての π 電子系の重なりを通したホールまたは電子の移動が半導性を生じるものといわれている．高分子半導体とみなされているものは数が多いが，これを分類するとポリアセチレンのように共役ポリエン系高分子，熱処理したポリアクリロニトリルに代表される多核芳香族系高分子，ポリ N-ビニルカルバゾールのように側鎖に大きな共役 π 電子系を有する高分子，ポリビニルピリジン，テトラシアノキノジメタン (TCNQ) のような高分子の電荷移動錯体に大別できる．高分子半導体は，通常，非晶性である場合が多く，その特性を利用した応用開発が進められている．

32-13: **感光性高分子** (化学306)

　光の照射により化学反応を起こす高分子．橋かけ，分解，着色などがあるが，単量体からの重合を起こさせるものを含む．高分子単独でこのような作用を行う場合以外に，増感剤，重合開始剤，単量体などを添加した系が多い．広義には光電荷発生，電荷輸送の光物理過程を示す光導電性高分子を含む場合もある．光による橋かけを起こす感光性基としては光二量化を起こすケイ皮酸基，光分解によりラジカルを生成するジアゾ基，光により活性なニトレンに変換するアジド基などが知られている．アルキル，アリールケトン，スルホンを含む高分子は光により分解反応が起こる．o-キノンジアジド化合物は光照射により窒素分子の脱離に続いてカルボキシル基が生じる．この官能基を含む高分子は光照射によりアルカリ水溶液に可溶となる．感光性高分子はホトレジストとして用いられる．電子線，X 線により化学反応を誘起される高分子を含むこともある．

32-14: 　　　　　　　　　　　　　液晶 (化学156)

　　ある種の有機化合物結晶を熱すると，一定の温度で融解し白濁した粘稠な液体になるが，さらに熱すると一定の温度で透明な液体になる．白濁した液体は光学的に異方性があり，光学的に等方的な通常の液体と区別して，液晶 (液状結晶) という．液晶を示す分子は一般に一次元棒状あるいは細長い葉状のものが多い．融点で分子の重心位置の三次元的周期性が失われた後も，分子配向の秩序が残っている状態が液晶である．液晶に対比されるものに柔粘性結晶があり，これらを中間相とよぶこともある．分子の配列の仕方に従ってネマチック液晶，スメクチック液晶，コレステリック液晶に大別される．同一物質が2種類以上の液晶状態を温度変化により示す例も多い．石油ピッチやコールタールの炭化過程で現れる液晶状態では，平板状の多環芳香族化合物がラメラ構造をとっており，カーボネイシャス中間相という．分子が二次元円盤状の場合には積層柱状配列の液晶相が出現することが最近見いだされ，カラム状中間相あるいはディスコチック中間相とよび，従来の液晶と区別している．スメクチック液晶やカラム状液晶には多くの種類が存在するので，液晶状態を特定するには偏光顕微鏡による光学模様の観察と，X線や中性子線回折による構造解析が必要となる．単成分から成る物質の温度変化で出現する液晶状態をサーモトロピック液晶とよび，溶媒に溶かしたときに現れる多成分系のリオトロピック液晶と区別している．単独成分では液晶にならない電子供与体と受容体の液体を混合すると，ある混合領域で分子間電荷移動錯体が形成され，液晶状態を示す例が知られている．これは単成分系ではないが，サーモトロピック液晶に分類される．他方，ある種の高分子も固相あるいは希薄溶液中で液晶状態になり，特に高分子液晶として分類されることが多い．液晶状態での分子配列や配向は磁場，電場，圧力，温度，純度などの影響を敏感に受け，また液晶と他の物体の接触界面の状態にも依存する．特にコレステリック液晶の薄層の干渉色はこれらの要因により鋭敏に変化する．そのため，液晶ディスプレイ，サーモグラフィー，非破壊検査，温度指示器，超音波強度分布測定，圧力検知器，ガス検知器など多彩な応用がなされている．また液晶の配向性という特徴を利用して，立体規則性高分子の合成の場として，液晶を溶媒に用いることがある．生体組織の中には液晶形態をとるものも多く，生体機能と液晶性の関係について多くの研究が進められている．

32-15: 　　　　　　　　　　液晶ディスプレイ (化学157)

　　液晶の電気光学効果を利用した画像表示法でLCDと略称される．さまざまな方法が開発されているが，代表的なものは 1) ネマチック液晶中を電流が流れるとき，ある限界値を越えると乱流を生じ光を散乱することを利用する動的散乱法．2) 表面を擦った2枚の透明電極面を直交させ，その間に電気双極子モーメントが分子の長軸と平行であるネマチッグ液晶分子を $10\,\mu m$ ほどの厚さに注入したねじれネマチックセルをつくる．これを十字ニコル (あるいは並行ニコル) の間に挿入し透過光を観察すれば，視野は明るく (暗く) なる．印加電圧の強弱で視野の明暗を制御するねじれネマチック効果 (TN効果) 法．3) ネマチック液晶に二色性色素分子を 0.1~1% 溶解し，電圧印加により色素分子を強制的に液晶分子の配向にそろえるゲスト・ホスト効果法．4) コレステリック液晶のら旋ピッチを電場によって増減させる方法．LCDの長所は薄型で低電圧作動，低消費電力にある．欠点は光に弱く，応答速度が遅く表示密度が小さいことである．

32-16: 薄膜 (化学1081)

　10~100 μm 程度以下の厚さをもつ膜をいい，特に 0.1 μm (100 nm) 程度以下の厚さをもつ膜を超薄膜という．一般に膜の機能は数個から数十個の分子が積層した状態で発現し，一方，透過速度や応答速度は膜厚が小さいほど速くなり，膜の機能は高度化するので，近年薄膜への関心が高まっている．薄膜化の極限として生体膜があり，その厚さは 6~10 nm で，そのモデルとなるリポソームや黒膜のリン脂質二分子膜の厚さは 6~8 nm である．大面積になると，それ自身の形状を保持するために必要な機械的強度をもたないので，一般に適当な支持体の上につくられる．製法としては，真空蒸着，液面製膜などの薄膜形成法や，界面重合，紫外線，電子線重合，プラズマ重合などの直接重合法などがある．ラングミュア・ブロジェット法による累積膜は代表的な例である．超沪過などの精密分子分離のほか，圧電・焦電膜，ホトクロミック膜，エレクトロクロミック膜，光導電性膜など種々のエネルギー変換素子としての利用が考えられている．

32-17: 薄膜の電気抵抗 (物理1605-1606)

　膜厚が比較的厚い連続膜と，島状に近い構造の非常に薄い膜厚とでは，金属薄膜の電気的性質は異なっている．また，得られる知見も異なる．

　連続膜の領域で膜厚を薄くしていくと，電気抵抗率 ρ は増加する．これは膜厚が電子の平均自由行程と同程度では，薄くすると表面で電子散乱が多く起きるためである．ρ は表面の粗さなどの巨視的な表面構造に敏感であり，膜を構成している結晶粒の界面での散乱も効いてくる．

　表面に気体が吸着すると ρ は増加する．ρ と気体の表面被覆率 θ の関係は，一般に単純な θ の一次式では表せない．θ の増加に伴う ρ の増加は，化学吸着によって生じる結合に金属内の伝導電子がとられて減少することと (θ に比例する)，吸着種が新たに散乱体となることにより説明できる．すなわち，自由電子模型が良い近似になっている．しかし，実験結果を定量的に説明するには至っていない．たとえば，Au への CO の吸着のような物理吸着であっても，ρ の変化は大きい．このことは，電流磁気効果など極低温で物理量を測定する場合，残留気体の吸着が及ぼす誤差を十分に検討する必要があることを示している．

　非常に薄い不連続膜の領域では，ρ の印加電圧依存性，遷移金属薄膜での磁気抵抗効果，異常表皮効果，渦電流などの電流磁気効果の測定値は膜厚，膜の構造，吸着気体などに強く影響される．

　誘電体膜の膜厚が非常に薄い場合，膜厚方向にトンネル効果による電気伝導が生じる．このトンネル電子電流は低電圧の場合は印加電圧に比例し，膜は一定の抵抗値をもつが，高電圧では印加電圧を増すと電流が急激に減少する．すなわち，負の抵抗特性を示す．

32-18: イオン交換 (化学100)

　固体または液体中のイオンがそれと接する外部溶液中にある同符号のイオンと交換する現象，およびその応用を目的として取り扱う方法．特にイオン交換体の示すイオン交換反応を中心とし，そのほかイオン交換膜のイオン透過性やその電気化学的性質，種々

の吸着作用，触媒作用やイオンふるい効果などを含む．原理的には，表面において電気的吸引力によって保持されているイオンが外部溶液にあるイオンと当量的に交換する現象と応用を含んでいる．分析化学や分離科学で特徴的な分野を形成しているほか，工業的には水精製，糖の精製，希土類元素の分離，海水の脱塩や濃縮などに応用されている．最近では，無機イオン交換体などのようにある特定なイオンに選択性をもつものや温度変化によって吸脱着する熱再生樹脂など新しい機能性をもつ物質が研究されている．

32-19: 　　　　　　　　**イオン交換樹脂** (化学100)

　イオン交換可能な酸性基 (陽イオンを交換する基) または塩基性基 (陰イオンを交換する基) をもつ不溶性樹脂の総称．一般に陽イオン交換樹脂 (陽イオンを交換可能)，陰イオン交換樹脂 (陰イオンを交換可能) と両性イオン交換樹脂 (酸性で陰イオン交換，アルカリ性で陽イオン交換．中間では両方のイオンを交換可能) がある．構造的には，三次元的網目構造の樹脂に共有結合でイオン交換基が保持された形となっている．網目構造の橋かけ度は重合剤 (たとえばジビニルベンゼン) の割合を変えることによって変えることができる．基体は疎水性であるので，イオン交換基を共有結合させて親水性にする．イオン交換基としては $-SO_3H$ (強酸性基)，$-COOH$ (弱酸性基)，$-CH_2N^+(CH_3)_2(C_2H_4OH)$ (強塩基性基)，$-CH_2N^+H(CH_3)_2$ や $-N^+H_3$ (弱塩基性基) が一般的である．高速液体クロマトグラフィーの発達から，粒子のごく表面のみにイオン交換基を導入したものも市販されている．色は白，黄，褐，黒など各種あり，特に染色したものもある．一般に半透明または不透明であまり固くない．液との摩耗性の少ない球状のものが市販されている．見かけの密度は 0.6~0.9，水で膨潤したものの真比重は 1.1~1.4 で，水分含有率は交換イオン形によって異なるが約 30~50% である．用途としては水の軟化・脱塩，放射性廃液処理，製塩，金属の回収・精製，糖類の精製や転化，疾病の診断・治療，医薬品の精製，希土類元素の分離，分析化学などに広く利用されている．

32-20: 　　　　　　　　**界面活性剤** (化学249)

　水に溶けて水の表面張力を低下させる作用を界面活性というが，少量で著しい界面活性を示す物質を界面活性剤または表面活性剤という．セッケンは界面活性剤の一つである．界面活性は水と空気の界面に界面活性剤などが吸着することによって起こる．界面活性剤は水と空気の界面だけではなく，水と油の界面，水と固体の界面にもよく吸着する．界面活性剤の特性は，その分子が親水基と親油基 (疎水基) とで構成されていること，親油基を構成する炭化水素基の長さがある程度 (炭素数で約 8) 以上であること，親水性と親油性があるバランスを保つことである．この特性により，界面活性剤は界面に吸着し，水溶液中でミセルをつくって，水に溶けにくい物質を溶かし込む．また，固体のぬれ方を変える．これらの作用のため，界面活性剤は泡立て剤，乳化剤，分散剤，湿潤剤などとして用いられる．洗剤はこれらの作用の総合効果である．界面活性剤の親油基は主として，脂肪族炭化水素基であるが，フッ化炭素基の場合もあり，芳香族基を含むこともある．親水基としては，イオン性基と非イオン性基とがある．親水基の種類によって界面活性剤は，アニオン界面活性剤，カチオン界面活性剤，非イオン性界面活性剤，両性界面活性剤の 4 種に分類されている．

ポリマーアロイ (化学1374)

　2種以上の重合体を混合または化学結合させて得られたもので，一方のポリマーが他のポリマー中に適当に分散して，巨視的には均一相を呈している多成分系高分子をポリマーアロイという．微視的にみると，ポリマーコンプレックスのように均一な場合もあるが，一つのポリマー相が他のポリマー相に適当に分散して不均一な構造をつくる場合もある．このような状態になった高分子多成分系は成分ポリマーの単なる平均的性質に加えて，新たな物性が生じるので樹脂やゴムの改質に広く利用されている．たとえば，ゴムは弾性を有しているが硬さがない．一方，ポリスチレンのようにガラス転移点が常温以上の無定形ポリマーは硬いがもろい．両者を適当な割合で混合して生じるポリマーアロイは硬くて，耐衝撃性のある物質になる．

Lesson 33: Materials I
(ceramics; fundamentals)

科　カ course (of study), department (in a university or a hospital), family {biology}
    材料科学　　　　　ザイリョウカガク　　　materials science
    自然科学　　　　　シゼンカガク　　　　　natural science

過　カ error, excess
あやま(ち) error, fault; あやま(つ) to err, to make a mistake {vi};
す(ぎる) to elapse, to exceed, to go past {vi};
す(ごす) to go through, to overdo, to pass (time) {vt}
    過剰の　　　　　　カジョウの　　　　　excess
    過程　　　　　　　カテイ　　　　　　　process

核　カク core, kernel, nucleus, seed
    核磁気共鳴　　　　カクジキキョウメイ　nuclear magnetic resonance
    原子核　　　　　　ゲンシカク　　　　　atomic nucleus

陥　カン caving in, falling (into), sinking, sliding (into)
おちい(る) to lapse (into), to slide (into) {vi}; おとしい(れる) to ensnare, to tempt {vt}
    格子欠陥　　　　　コウシケッカン　　　lattice defect
    構造欠陥　　　　　コウゾウケッカン　　structural defect

欠　ケツ gap, lack
か(ける) to be broken (off), to be chipped, to be missing, to be vacant {vi};
か(く) to break, to fail in, to lack, to neglect, to omit {vt}
    欠点　　　　　　　ケッテン　　　　　　weakness, fault, shortcoming
    不可欠の　　　　　フカケツの　　　　　indispensable

材　ザイ log, lumber, material, talent, wood
    材料　　　　　　　ザイリョウ　　　　　material
    資材　　　　　　　シザイ　　　　　　　materials, supplies

称　ショウ fame, name, praise, title
    俗称　　　　　　　ゾクショウ　　　　　common/popular name
    対称　　　　　　　タイショウ　　　　　symmetry

製	セイ making, manufacturing		
	製造	セイゾウ	manufacturing
	製品	セイヒン	manufactured/finished goods

全 ゼン all, complete, entire, pan-
まった(く) completely, entirely, perfectly, truly

	完全性	カンゼンセイ	completeness, perfection
	全体	ゼンタイ	all, entirety, whole, total

組 ソ taking part in
くみ class, gang, group, pack (of cards), set;
く(む) to assemble, to braid, to construct, to fold (arms)

	組立て	くみたて	assembly
	組織	ソシキ	tissue, texture, organization

非 ヒ injustice, misdeed, mistake, wrong, {negative prefix}

	非接触式	ヒセッショクシキ	non-contact type
	非線形回路	ヒセンケイカイロ	nonlinear circuit

複 フク composite, compound, double, multiple

	複合材料	フクゴウザイリョウ	composite material
	複数の	フクスウの	multiple, plural

粉 フン dust, powder
こ flour, meal, powder; こな flour, meal, powder

	粉砕法	フンサイホウ	grinding
	粉末	フンマツ	powder

野 ヤ field, opposition (party), plain, rustic, wild
の field, plain, wild

	視野	シヤ	field of vision, outlook
	専門分野	センモンブンヤ	specialized field/discipline

料 リョウ charge, fee, materials, measuring, rate

	試料	シリョウ	sample, specimen
	燃料	ネンリョウ	fuel

Reading Selections

33-1: 材料科学 (物理750)

工学の対象である材料・エネルギー・情報の三大分野のうち，材料に関する科学を扱う学問を材料科学とよぶ．各材料の基底に共通的に横たわっている性質を研究する工学の基礎部門であり，物理学，化学，数学，生物学などの純理学と，半導体，金属，高分子などの工学の応用部門との間の橋渡し役をする．したがって，これは応用理学的であって，物理学の大きな部門である物性物理学とは必ずしも判然たる区別をつけがたいが，物性物理学がより純理学的であるのに対し，材料科学は，より工学基礎的であるといえよう．つまり材料科学という学問は，工業界における応用を念頭に入れ，そのニーズに沿った材料を創造，合成，開発するのに必要な基礎的領域を研究する部門である．したがって対象とする材料は，単に純粋な材料だけでなく，複雑な組織をもつ工業材料をも含めた広い範囲にわたる．破壊現象1つを調べるにも，結晶ばかりでなく非晶質や粘稠体の破壊をも共通的に調べるものである．また微小不純物が材料に重大な効果を及ぼすが，その対象材料は，金属，半導体，磁性体，誘電体，超伝導体，セラミックス，非晶質体，高分子，複合材料体，粘稠体，液体，ガス体，生物体などにまで及ぶ．アメリカでは，materials science と名づけた学部や学科が大学の中に多く存在するが，物性物理学や材料科学の間に日本でいうほどの差異はない．

33-2: 複合材料 (物理1813)

2種以上の素材を複合してできた不均一な多相材料で，複合によりなんらかの有効な機能を生み出した材料をいう．素材の組み合わせは多種多様で，金属材料，無機材料，有機材料の可能な組み合わせはもとより，固体，液体，気体などの性状の組み合わせも可能である．そして素材を複合，成形する過程も多様でそれによって複合体の構造が制御される．以上の結果として，単一の素材では生み出せなかった性質が種々の複合効果によって現れる．古くは，壁材として土にわらを混合したり，砂，石とセメントを固めたコンクリートがあり，天然の木材，竹，骨なども複合材料の一種である．近年，材料科学の発展と，材料への要求性能の高度化に対応し，各種の複合材料が研究，開発されるようになった．構成は，固体のマトリックスと分散剤または強化材からなる．マトリックスとしては，金属，セラミックス，高分子 (プラスチックス，ゴム) などがあり，分散剤の状態は固体，液体，気体 (発泡体) がある．大部分の複合材料は固体どうしの組み合わせであるが，分散剤が金属，ガラス，セラミックス，高分子などからなる粒子，繊維，層状形態をとる場合が多い．これらの組み合わせにより各種の略称が用いられている．マトリックスベースで分類すると，金属系では，繊維強化金属 (FRM)，粒子分散強化金属 (PRM)，無機系では，サーメット，繊維強化セラミックス (FRC)，繊維強化コンクリートなどがあり，高分子系では，繊維強化 (熱硬化性) プラスチックス (FRP)，繊維強化熱可塑性プラスチックス (FRTP)，粒子充填プラスチックス (PFP)，ポリマーアロイ，繊維強化ゴム (FRR)，粒子分散強化ゴム (PRR) などがある．代表的な複合材料としては，ガラス繊維またはカーボン繊維とエポキシ樹脂からなる FRP，ボロン繊維とアルミニウム合金からなる FRM，カーボンブラック微粒子とゴムからなる PRR，プラス

チックス中にプラスチックスとゴム分子をグラフト重合した物質を分散させたポリマーアロイなどが挙げられる．複合材料としての機能が十分発揮されるためには，マトリックス，分散剤のみでなく，それら界面の物理・化学的性質，相互作用の問題が解かれねばならない．そのため材料科学の各種の手法が総合的に応用されて複合材料が生み出されている．

33-3: 結晶 (化学429)

固体であって，その内部構造が三次元的に構成原子 (またはその集団) の規則正しい繰り返しでできているものをいう．狭義には一定の外形をもつ単結晶を指すこともある．結晶はその対称によって七つの結晶系のどれかに属する．一般に方向によって性質が異なる (これを異方性という)．そのような性質としては屈折率，光の吸収，弾性率などの力学的性質，誘電率や電気伝導度などの電気的性質などがある．熱分解などの化学変化を起こさない場合には明確な固有の融点をもつので，物質同定の目的に使われる．構成する単位によって，金属結晶，イオン結晶，分子性結晶に分類され，さらにダイヤモンドのような共有結合結晶，氷のような水素結合結晶を上の分類に加えることがある．いろいろな性質に注目した分類も便宜的に行われている (単軸結晶と複軸結晶，絶縁体結晶，強誘電性結晶など)．結晶の構造は生成条件によって異なる場合があり (多形の現象)．それらが相互に，あるいは一方向のみに転移を起こす．理想的には固定した組成をもつが，FeS_{1-x} のような非量論的化合物も結晶として存在しうる．2 物質 A，B が混合して可変組成の結晶 (固溶体) や定組成の結晶をつくることがある．後者は分子間化合物あるいは金属間化合物であって，融点がその組成で極大をもつ相図を与える．固溶体では A，B は通常乱雑に混合しているが，A と B を区別しなければ三次元的な規則配列が保たれている．包接化合物は A がつくる規則正しい空洞のある結晶内に B 成分が収容された形の可変組成の結晶である．タンパク質などの生体物質も結晶になるものが多数あるが，合成高分子化合物は一般に結晶性の部分と非晶質の部分を含んでいる．結晶の構造を決定する方法としては X 線や中性子線の回折が最も主要である．結晶と液体との中間的な状態として，液晶 (p-アゾキシアニソールなど)，柔粘性結晶 (ショウノウ)，ガラス性結晶 (シクロヘキサノール) が知られており，また三次元規則性が完全には成立しない不整合構造 (K_2SeO_4) も知られている．

33-4: 結晶化 (化学430)

気相，液相 (液体，溶液，溶融体など)，あるいは不安定な固相から安定な固相 (結晶) への移行を結晶化または晶出という．結晶生成は結晶核の発生と核からの結晶の成長との二つの現象に分けられる．結晶核の発生は圧力，温度，その他の原因で過飽和となり，平衡の破れた状態でのゆらぎの現象として統計理論で取り扱われる．結晶核は必ずしも同種結晶とは限らず，異種結晶の微粒子が核となることもある (たとえばエピタクシーによる結晶成長)．ゆらぎによる結晶核の発生，すなわち結晶核となる程度まで結晶構成粒子 (分子・原子・イオンなど) が集まるのに要する時間，実験的には過冷却とが過飽和とかの非平衡条件が与えられてから観測にかかる程度の大きさの結晶析出が認められる期間を結晶化誘導期間とよぶ．なお，結晶核になる前の段階の少数の構成粒子の集まりを萌芽または胚種という．発生した結晶核からの結晶の成長は，結晶析出の条件す

なわち過飽和度および粘度が適当であると，結晶核に粒子が付着して進行し，観測が可能な程度の大きさの結晶となる．一般に二つ以上の結晶変態のある多形物質の結晶化では過飽和，過冷却が著しい場合，その温度において不安定形である方の変態が先に析出し，ついで安定形が析出することがしばしばあることが古くから知られている．溶解度の大きいものでは，不安定形がしだいに安定形に変わることもある．合成高分子固体は非晶質の部分と結晶質の部分とを含むのが普通である．これを加熱するとある温度領域で結晶部分が急速に増大する．これを結晶化温度という．一方，タンパク質結晶学の発展は微量のタンパク質試料の結晶化を必要とし，そのため多くの苦心が払われている．

33-5: **結晶化度** (化学430)

結晶性高分子の固体のように，部分的に結晶化した物体において結晶領域が占める割合をいい，重量分率 x_c あるいは容積分率 ρ_c で表す．結晶と非晶の二つの領域から成るモデル (2 相モデル) を仮定すると，それぞれの密度を d_c と d_a，固体の密度を d とすれば，

$$x_c = d_c(d - d_a)/d(d_c - d_a), \qquad \rho_c = (d - d_a)/(d_c - d_a)$$

で与えられる．ある温度での d_c と d_a の値がわかっている場合には，d の実測値から結晶化度が計算できる．d_c は単位格子の大きさとその中に含まれる各原子の数から，d_a は液体の密度をその温度に補外して得られる．結晶化度の測定法として，ほかに融解エンタルピーの測定値から求める方法，X 線回折図の強度分布を結晶および非晶領域による回折に分離してその面積比から求める方法，X 線小角散乱の絶対強度から求める方法，赤外・ラマンスペクトルに現れる結晶領域に特有なバンドの強さから求める方法などがある．高分子固体は複雑な名相構造をとっているために 2 相モデルは一つの近似にすぎない．したがって，測定法によって結晶化度の数値は異なり，またその値も違った意味をもつ．

33-6: **結晶形** (物理582)

自由な空間内で液相や気相から成長した結晶は，平坦な結晶面で囲まれ，多面体の形をとる．実際の結晶では，同価な結晶面とはいえ，発達の程度がさまざまで晶癖がある．しかし，全く等方的な環境で成長が行われるならば，同価な結晶面はすべて同じ大きさに発達するはずである．実際の結晶は単一の同価面ばかりで囲まれているわけではなく，何種類かの同価面が組み合わされてできており (同価面どうしは同じ大きさ)，これを理想形という．結晶の外形には内部構造の対称性が反映される．点群の対称操作を結晶の (hkl) 面に作用させ，得られた同価な面の集合 $\{hkl\}$ により囲まれる多面体を結晶形という．結晶形は理想形とは異なり 1 種類の同価面でできている．結晶形は完面像，半面像など全部で 47 種ある．結晶が成長した後，その外形を保ったまま構造転移などで変質し，その結晶本来の結晶形とは異なる別の結晶形を呈していることがある．これを仮像という．

33-7: **多結晶質** (セラ268-269)

ある固体物質が多数の微小な単結晶で構成されている場合，この固体物質を多結晶質

であるという．一般に固体は結晶体と非晶体に分類されるが，結晶体をさらに分類すると構成原子が規則正しく配列し，かつある構造単位が三次元的に無限にならんでいる単結晶と，多数の単結晶が無秩序に集合している多結晶に分けられる．単結晶にはダイヤモンド，水晶，方解石などがあるが，通常の結晶体の大部分は多結晶である．多結晶を構成している単結晶を結晶粒またはグレインと呼び，それぞれの境界を結晶境界または粒界という．結晶粒は粒界付近で原子配列の周期性が欠落していて，粒界自体は転位など格子欠陥の集合体と考えられる．また，不純物濃度が高くなりやすく，不純物によって他の相が析出することもあり，粒界での物性は結晶粒内とかなり異なっている．このような粒界の性質を積極的に利用したものにセラミックバリスターがある．

33-8: 　　　　　　　　　　結晶成長 (物理584-585)

　過飽和の蒸気や溶液からの結晶の析出や，過冷却の融液の凝固のことをいう．人工的に結晶をつくる方法としては，(1) 普通の気相成長，(2) 水溶液法やフラックス法による溶液成長．(3) ブリッジマン法，結晶引上げ法，ゾーン溶融法などの融液成長，(4) 再結晶法などの固相成長がある．ミクロに見て，それぞれの原子・分子が結晶に取り込まれる過程を考察するには，成長結晶と接するまわりの環境を，希薄環境相 (気相，溶液相) と濃厚環境相 (融液相，固相) に大別するのが便利である，前者では，低指数の結晶表面は原子的尺度で見て凹凸の少ない滑らかな面で構成されるが，後者では，数格子面にわたって凹凸の多い荒れた面で構成される場合が多い．

　多面体結晶の各面がそれぞれの面方位を維持しながら安定に成長する過程では，環境相の過飽和度または過冷却度に応じて定まる結晶成長を促進する熱力学的駆動力に対して，各面が平行に移動する成長速度がどのようになるか，といった速度論的考察が課題になる．これには，両極端として，成長速度が主として環境相内での物質輸送や熱輸送で支配される拡散律速と，成長速度が主として成長界面上の付着原子の表面二次元拡散で規定される界面律速とが区別される．荒れた面では前者が優先し，滑らかな面では後者が優先する．界面律速で規定される場合には，環境相から成長界面に入射する原子のうち，有効に結晶相に組み込まれるものはその一部分に過ぎない．これは，滑らかな面上では，表面拡散をする付着原子はステップ上のキンク点に到達して初めて有効に結晶相に組み込まれたことになるので，いったん表面に付着した原子でも，キンク点に到達しないものは，再蒸発や再溶解の形で環境相に戻るためである．このように，付着原子の有効な取り込み口として作用するステップ構造を維持するしくみとしては，理想的な完全結晶の場合の二次元核機構と，少数の転位を含む準完全結晶の場合のらせん転位機構とがある．

　イオン結晶，III-V 化合物結晶，II-VI 化合物結晶そのほかの多元系結晶では，まず状態図を参考として熱力学的駆動力を求め次に速度論的考察を行うが，物質輸送の担い手となる「成長単位」の実体がどの原子であるかといった事情は必ずしも明らかではない．また，結晶化の素過程についても，希薄環境相の場合は原子が1個ずつ順次析出するとみてよいが，濃厚環境相の場合はクラスター状の集団原子が凝固する可能性がある．

　安定成長での多面体結晶の外形も結晶成長の重要な話題である．同じ水溶液成長でも，場合によって (100) 面で構成された正六面体になったり (111) 面で構成された正八面体になることがあり (晶相変化)，また等価な結晶面で囲まれたものでも，ひげ結晶のように，ある軸方向の細長い外形をとることもある (晶癖変化)．晶相変化，晶癖変化はい

ずれも各面の成長速度の面方位依存性によると考えられている．これに対して，雪の華のような樹枝状結晶は不安定成長の特徴で，これは，過飽和度または過冷却度が大きすぎる場合，成長界面が平面を維持できなくなるためである．摂動論的に，仮に平面上に，あるマクロな波長の凹凸をつくったとすると，表面張力の不利のため凸出は押えられるが，他方，より過飽和または過冷却の領域に入った凸出は助長される．この相反する2つの効果の兼合いとして，不安定成長の起る臨界条件が求められる．ただし，表面張力の異方性を考慮した取り扱いは確立していない．

33-9: 結晶構造 (物理582)

結晶は一般に不純物，欠陥などの存在により構造に不完全性が存在するが，理想的には原子またはイオンがつくる単位の構造が三次元的に規則正しい配列をして空間格子を形づくる．単位構造は3本の基本並進ベクトルを3稜とする平行六面体，すなわち単位胞の構造をさすが，基本並進ベクトルの選択には任意性があり，単位胞としてたとえばウィグナー・ザイツ・セルをとってもよい．主に鉱物結晶の外形上の規則性から結晶内の原子の周期的な配列が古くから意識されていたが M. Laue らは 1912 年周期配列原子による X 線回折の理論と実験によりこれを証明した．1913 年に W. H. Bragg と W. L. Bragg の父子により X 線回折を用いた最初の結晶構造解析が NaCl，KCl，KBr などについて行われて以来，現在でも X 線回折は結晶構造決定の最有力手段となっている．空間格子あるいはブラベ格子は 14 種あり，これと回転軸 5，らせん軸 11，鏡映面，映進面 5，回反軸，対称心の計 24 種の対称の要素を組み合わせてできる独立な対称の数は 230 であり，そのおのおのが空間群とよばれる．結晶内の原子配列の対称性は空間群のひとつを指定することにより記述される．また空間格子はその対称に従って 7 種に大別されるが，これが 7 種の結晶系 (または晶系) に対応する．ある結晶の構造は格子定数，軸間角，空間群，単位胞内の非対称単位の原子種とその座標が定まれば完全に記述できる．簡単な結晶構造は金属や希ガス元素結晶に見られ，Cu，Ag，Ne などは面心立方構造，Mg，Zn，He などは六方最密構造，K，Mo，Ba などは体心立方構造をとる．しかし他方では，合金や鉱物に見られる長周期規則構造や固溶体の形成など，複雑な現象も多い．またダイヤモンドとグラファイトのように多形を示すものも多い．固体はその凝集機構の違いによってイオン結晶，共有結晶，分子性結晶，金属結晶に分けられるが，それぞれに比較的特徴的な構造を示す場合も多い．塩化ナトリウム型構造，蛍石型構造はイオン結晶に多いし，ダイヤモンド型構造は共有結晶，そして有機化合物などでは分子の形をあまり変えることなく結晶化して分子性結晶となる．

33-10: 非晶質 (物理1716)

[1] 結晶構造がくずれ，原子の配列には全く規則性はないが，液体の流動性も示さないような固体状態を一般に非晶質という (無定形質ともいう)．その典型的な例はガラスである．金属，半導体，磁性体，高分子固体など各種の固体に非晶質が出現する．
[2] 単に非晶質といった場合，非晶質の高分子固体をさすことがある．しかし高分子鎖自体が分子軸方向に関して大きな異方性をもつものであり，低分子化合物のガラス化した状態と同一であるという見方は必ずしも成立しない．ポリエチレンテレフタラートを溶融状態から急冷するとガラス状態が得られる．G. S. Y. Yeh，P. H. Geil (1967 年) は高

分解能電子顕微鏡で直径約 10 nm の微小粒子構造を検出し，粒子の中心に秩序構造があると提案した．一方，P. J. Flory らは理論的背景から，θ 溶媒中の分子コイルと同様の非摂動状態にある分子形態をとり，そのままガラス化するという見解をとってきた (スイッチボード模型)．高分子バルクのマトリックス中に重水素化した同族分子鎖を少量混合し，中性子散乱より分子の広がりを，H. Benoit ら (1974 年) がポリスチレン鎖について測定した結果は，θ 溶媒の場合と全く一致する．しかしこのようなガウス鎖のなかに局所的に秩序構造が存在する可能性も否定できない．多数の研究者が X 線小角散乱法を用いて，ポリエステルのほかにポリカルボナート，ポリ塩化ビニルなどについて検討しているが，2 つの見解に分かれたままである．粒子構造はノジュール構造，ボール構造などともよばれ，粒子に対するイオンエッチング効果，熱処理効果，可塑剤効果などが観測されているが，粒子構造は高分子の表面効果によるという見解も他方にある．電子線，広角 X 線回折法で動径分布関数の測定がなされ，分子間の近距離効果は検討されているが，長距離秩序については情報が不足である．

33-11:　　　　　　　　　セラミックス (化学763)

　基本的成分が無機酸化物で構成され，高温での焼成によって得られる成形体を従来はセラミックスとよんでいたが，近年はシリコンのような半導体や，炭化物，窒化物，ホウ化物などの無機化合物の成形体や膜状材料などもセラミックスに含まれるようになった．セラミックスという用語は，粘土焼成物を意味するギリシヤ語のケラモスに由来する．わが国では，窯を使う工業 (窯業) の製品という意味で窯業製品とよばれていたが，現在では，セラミックスという言葉が広く使用されている．陶磁器，耐火物，建築用粘土質製品，ガラス，ほうろう，セメント，炭素製品，研磨材のような古くから身の回りにある製品ばかりでなく，磁性体，絶縁体，集積回路用基盤，誘電体，半導体などのエレクトロニクスの分野で使用される製品やエンジン用部品，切削工具などの機械構造用部品から人工歯根，人工骨などの骨材代替材料など広範囲の製品まで含まれる．数多くの物質が対象となり，粉体を成形焼結した多結晶材料，粉体自身，単結晶，非晶質，厚膜，薄膜，繊維など各種の形態を有する材料が含まれる．セラミックスは，1) 化学組成，2) 鉱物組成，3) 製造方法，4) 機能性，5) 用途などで分類されるが，多種多様で適切な分類は困難である．粘土焼成物の土器から始まったセラミックスは，歴史的発展の観点から，主にケイ酸塩のような天然産原料から成る陶磁器，耐火物，セメント，ガラスなどを伝統的セラミックス，または古典的セラミックスともいう．人工あるいは合成原料から成るセラミックスをニューセラミックス，または特殊セラミックスということがある．ニューセラミックスは独特な優れた電気・電子的，機械的，光学的，熱的，生体などの各機能に対する要求を満足させるセラミックスであり，それぞれ機能に応じてエンジニアリングセラミックス，エレクトロニクセラミックス，バイオセラミックスなどの用語が使用されている．総称としてファインセラミックス，アドバンストセラミックス，テクニカルセラミックス，機能性セラミックスともよばれ，統一を欠く俗称のため繁雑である．

33-12:　　　　　　　　ニューセラミックス (化学1035)

　セラミックスの進歩・発展の過程において，天然原料を主体とした素地から成る伝統

的セラミックスに対して，優れた耐火性，機械的性質，特殊な電気特性や優れた耐薬品性に対する要求を満足させるための人工あるいは合成原料から成る素地のセラミックスをいう．ニューセラミックスとよばれるものは，それぞれの時代に一般的なセラミックスより優れた性質をもった新しい製品を意味している．

33-13:　　　　　　　エンジニアリングセラミックス (化学212)

耐熱性，高強度，耐摩耗，高弾性，高硬度，潤滑性などの主として機械的性質を利用したセラミックスで，高温構造材料として注目されている．エンジン用部品，切削工具，耐摩耗部品などの応用面がある．一般的に酸化物セラミックスではアルミナ (Al_2O_3) 質，ジルコニア (ZrO_2) 質が，非酸化物セラミックスでは窒化ケイ素 (Si_3N_4) 質，炭化ケイ素 (SiC) 質が代表例である．Si_3N_4，SiC などの共有結合性の高い非酸化物セラミックスは，1) ヤング率が大きく，常温，高温強度が大きい，2) 融点，分解温度が高く，耐熱性に優れる，3) 硬度が大きく，耐摩耗性が良い，4) 化学的に安定である，などの特長がある．1970 年代から米国，西独，日本などで積極的に研究開発が行われ，エンジン部品などのエネルギー効率を高める分野で重要な役割を担うものと期待されている．実用材料として使用されるため，原料合成技術から信頼性評価技術，セラミックスの特長をいかした設計技術に至る一連の材料工学が確立しつつある．

33-14:　　　　　　　エレクトロニクセラミックス (化学196)

エレクトロニクスの分野で用いられるセラミックスである．送電線の碍子や自動車の点火栓で代表される電力線および電気構成部品の絶縁体として使用されるセラミックスをエレクトロセラミックスとよび区別するが，一般には総称してエレクトロニクセラミックスという．Al_2O_3 質セラミックスの集積回路用の絶縁基板，MgO-TiO_2 系，$BaTiO_3$ 系，$SrTiO_3$ 系などのコンデンサー，$PbTiO_3$-$PbZrO_3$ 系の圧電材料，MnO や CoO，NiO などの遷移金属酸化物を用いたサーミスター，TiO_2-SnO_2 系，$MgCr_2O_4$-TiO_2 系などの湿度センサー，高周波用カーボン・ソリッド抵抗，ZrO_2 系や β-アルミナなどの固体電解質，Mn-Zn 系および Ni-Zn 系フェライトなどのコイル磁心や磁気ヘッド用材料，光伝送用のガラスファイバーなど，以上のように電気・電子的，磁気的，光学的または化学的機能を備えたセラミックスである．これらのセラミックスは，目的機能を発揮するように物質自体の特性，粒界の特性，あるいは物質表面の特性を利用するため，組織と微細構造が精密に制御されている．

33-15:　　　　　　　ファインセラミックス (化学1185)

高度に精選された原料を用い，精密に調整された化学組成をもち，よく設計された構造と優れた寸法精度をもつ高性能セラミックスである．その機能は，電磁気的，光学的，熱的，機械的，生物・化学的などと多彩であるが，熱的および機械的機能を強調したエンジニアリングセラミックスや，エレクトロニクセラミックスが代表例である．また，ファインセラミックスは高級な，微細な，精巧な，洗練されたもっと広く美しいなどの意味で，主に食器用や美術工芸用のセラミックスにも使われている．

33-16: セラミック粉体 (セラ247)

　無機物の微細な固体粒子の集合体．粒子の大きさは一般に数 mm 以下である．焼結体作製の原料として使用されるほか，粉体のままで研磨材，顔料，固体潤滑剤，充填材，磁性粉体，触媒，断熱材などに使用される．セラミック粉体の特性評価として，化学組成，粒子形状，粒度分布，比表面積，安息角，タップ密度などがある．

Lesson 34: Materials II
(ceramics; applications)

火   カ fire
       ひ blaze, fire, flame

耐火材料	タイカザイリョウ	refractory material
点火	テンカ	ignition

瓦   ガ tile
       かわら tile

耐火煉瓦	タイカレンガ	refractory brick, firebrick
粘土煉瓦	ネンドレンガ	clay brick

灰   カイ ashes
       はい ashes

火山灰	カザンばい	volcanic ash
石灰	セッカイ	lime

滑   カツ gliding, sliding, slipping
       すべ(る) to fail (an exam), to glide, to skate, to slide, to slip; なめ(らかな) smooth

潤滑	ジュンカツ	lubrication, lubricating
平滑な	ヘイカツな	smooth

岩   ガン crag, reef, rock
       いわ crag, reef, rock

火成岩	カセイガン	igneous rock
岩石	ガンセキ	rock, crag

具   グ ingredients (in a recipe), means, tool, vessel, {counter for suits and sets of furniture}

具体的な	グタイテキな	tangible, specific, definite
工具	コウグ	tool

硬   コウ constant, hard, solid, steady, stubborn, tough
       かた(い) constant, hard, solid, steady, stubborn, tough

硬化	コウカ	hardening, setting, curing
硬度	コウド	hardness

耐	タイ enduring		
	た(える) to endure, to resist, to support, to withstand		
	耐久性	タイキュウセイ	endurance, durability
	耐火性	タイカセイ	resistance to fire, fire resistant

担	タン carrying, raising		
	かつ(ぐ) to shoulder (a load) {vt}; にな(う) to bear (a burden) {vt}		
	担体	タンタイ	carrier, support
	連鎖担体	レンサタンタイ	chain carrier

土	ト earth, ground; ド earth, ground		
	つち earth, ground, soil		
	アルカリ土類金属	アルカリドルイキンゾク	alkali earth metal
	土壌	ドジョウ	soil

沸	フツ boiling, fermenting, seething		
	わ(かす) to boil, to heat up (a bath), to melt {vt};		
	わ(く) to be in an uproar, to boil, to seethe {vi}		
	沸石	フッセキ	zeolite
	沸点	フッテン	boiling point

磨	マ brushing, polishing, scouring		
	みが(く) to brush (teeth), to improve (skills), to polish, to scour, to train (the mind)		
	研削・研磨工具	ケンサク・ケンマコウグ	grinding and polishing tools
	研磨材	ケンマザイ	abrasive

窯	ヨウ furnace, kiln, oven, stove		
	かま furnace, kiln, oven, stove		
	窯業	ヨウギョウ	ceramics industry
	窯炉	ヨウロ	kiln, furnace, oven

錬	レン drilling (troops), polishing (speech), refining (metals), tempering (metals), training		
	ね(る) to drill (troops), to polish (speech), to refine (metals), to temper (metals), to train		
	金属精錬	キンゾクセイレン	metal refining
	転炉溶錬	テンロヨウレン	converter smelting

煉	レン kneading (over a fire), refining (metals)		
	ね(る) to knead (over a fire), to refine (metals)		
	焼成煉瓦	ショウセイレンガ	burned/baked/fired brick
	耐火断熱煉瓦	タイカダンネツレンガ	insulating firebrick

Reading Selections

34-1: セメント (化学763)

　広義には接着材を意味するが，一般的には狭い意味の無機質粉末を水で練ったとき，硬化する性質を示す無機接着材を意味する．さらに狭義にはセメント中で大部分を占めるポルトランドセメントを意味する場合が多い．歴史的にはピラミッドにせっこう，ギリシャ，ローマの建造物には石灰，火山灰 を主体とするセメントが利用された．J. Smeaton が粘土を含む石灰石を焼いた石灰が水硬性をもつことを発見し (1756)，J. Aspdin の特許 (1824) に至って，現在のポルトランドセメントが完成した．セメントが硬化する機構の多くは，ケイ酸カルシウム，アルミン酸カルシウムなどのカルシウム化合物が水と反応して，微細なコロイド状水和物を生成し，硬化するタイプが多い．土木・建築用，塗装用，歯科用，耐火材接合用などセメントの種類により広範囲に用いられる．

34-2: セルフストレスセメント (セラ247)

　コンクリートが膨張および硬化の過程で拘束されると，乾燥収縮が起きてもなお余分の圧縮応力が内部に残り，著しく高い曲げ強度をもつ．このような目的に用いられる膨張力の大きいセメントをいい，このようなコンクリートをケミカルプレストレス導入コンクリートという．曲げ強度および付着強度を向上する．

34-3: 焼結アルミナ (セラ190)

　バイヤー法で得られた水酸化アルミニウムを軽焼し，適当な結合剤を加えて成形後シャフトまたはロータリーキルンで約 2000℃ に焼成したものを普通いう．Al_2O_3 は 99% 以上，Na_2O が 0.3% 前後で，構成相は α-アルミナを主とし，β-アルミナを随伴し，主に耐火物用に使用される．ただ Na_2O の存在は電気絶縁用セラミックスには不適当なため，各種の処理で含有量を 1 けた低下させたものが使用され，また切削工具用に Al 金属から製造したものも製造されている．

34-4: ゼオライト (化学749)

　沸石ともよばれる．一般式は $M_{2/n}O \cdot Al_2O_3 \cdot xSiO_2 \cdot yH_2O$ (M = Na，K，Ca，Ba，n は価数，$x = 2\sim10$，$y = 2\sim7$)．(Al，Si)O_4 四面体が頂点を共有してつくる三次元的網目構造中の空孔にアルカリ・アルカリ土類金属，水分子の入った構造．水分子は連続的に脱水・復水し (ゼオライト水)，陽イオン交換能がある．代表的なものは，1) 方沸石，ゼオライト P (等軸晶系)，2) 菱沸石，ゼオライト X，Y (三方晶系)，3) ソーダ沸石，モルデン沸石，ゼオライト T (斜方晶系)，4) 輝沸石，束沸石，濁沸石 (単斜晶系) など．塩基性火山岩の割れ目や空洞，熱水変質物，凝灰岩，海底堆積物などに産する．低度変成岩にも見られる．工業的に合成され，分子ふるい，触媒，吸着剤，廃水処理剤，土壌改良剤，紙の充填剤，などに用いられる．加熱すると発泡して溶融するところから名がついた．

34-5: 沸石 (セラ401)

　テクトケイ酸塩に属する鉱物群の一つで結晶構造中にチャンネル (空隙) を持つ特徴がある．シリカ・アルミナ四面体の縮合形式によりチャンネルの大きさと形状が異なり，方沸石亜群，ソーダライト亜群，菱沸石亜群，ソーダ沸石亜群，モルデン沸石亜群に分類される．化学式は一般に $(Na_2, K_2, Ca)[(AlSi)O_2]_n xH_2O$ と書けるが，天然には Ba, Mg, Sr, Li, Cs の入ったものもまれに産する．SiO_2/Al_2O_3 比は種類によっ異なり高シリカ沸石と低シリカ沸石に区分される．また，H_2O の量も種類によって異なるが，その一部は沸石水と呼ばれる．天然では比較的低温・低圧条件下で生成しわが国にも広く産出する．沸石は結晶構造と化学組成にもとづくイオン交換能，分子ふるい，吸着能，触媒性能，固体酸特性などの特性があり，天然に産するものも利用されているが，多くの種類がこの目的で合成され市販されている．

34-6: ゼオライト触媒 (化学749-750)

　ゼオライトのカチオン交換能および分子ふるい作用などを利用した触媒．カチオン交換能を利用して，プロトンあるいは多価のカチオンを導入すると固体酸性が発現する．また，リチウムを除くアルカリ金属カチオンを導入すると固体塩基性が発現する．遷移金属カチオンを導入すると，ゼオライト結晶格子が巨大配位子として作用し，錯体類似の触媒作用を示す．周期表第8~10族金属をカチオンで導入し，適当な条件で還元すると非常に微細な金属粒子が得られ，高分散金属触媒が調製できる．これらの触媒機能と分子ふるい作用を結合すると形状選択性触媒が調製できる．導入されるカチオンの種類と交換率，ゼオライトの結晶構造を形成しているケイ素とアルミニウムの比，細孔の大きさと形状などを調整することにより，各種の反応に適応した触媒を調製することができる．石油の接触分解，灯・軽油の脱ろう，キシレンの異性化，芳香族のアルキル化などで高選択性触媒として使われる．

34-7: 石英 (化学750)

　ケイ酸鉱物の一つ．組成式 SiO_2．三方晶系．Si の一部は Ge によって GeO_2 $0.n\%$ 程度まで置換される．無色~白色でガラス光沢をもつ．ただし包有物によって着色されることも多い．条痕は無色に近い白色．密度 2.6 g/cm^3．硬度 7．劈開なし．自形は錐面と柱面とからなる六角柱状．底面の発達することはない．産状はきわめて広範囲にわたり，酸性の各種火成岩，変成岩，堆積岩，熱水鉱脈などのほか，二次的に濃集したケイ砂のような形をとることもある．ガラス，セメントをはじめ各種工業原料として用いられるほか，ケイ素の原料ともなる．また紫水晶，黄水晶など着色したものは飾石として用いられる．

34-8: セラミック薄膜製造法 (セラ245)

　反応を伴なわない方法 (PVD) としての真空蒸着，イオンプレーティング，スパッタリング法など，および反応を伴なう方法としての化学蒸着法 (CVD)，化学輸送法 (CVT)，基板反応法などがある．前者は一般に蒸気圧を高くするために加熱をするので

分解が起こり，主として陰イオン分圧の制御が必要である．後者は原料ガス，または液体を流し基板上で反応をさせるため，基板温度 (反応温度) が前者に比べて高くエピタキシャル成長をしやすい．両者共に基板の清浄化が重要な因子である．

34-9: セラミック溶射 (セラ247)

微粉末あるいは棒状，板状のセラミックスを高温で瞬間的に溶融し，基盤上に吹き付けて，耐食性，耐酸化性，耐摩耗性などの保護膜を形成する方法である．溶射法には，プラズマアーク法，ガス火炎法，爆発溶射法などがある．

34-10: セラミックコーティング (セラ244)

各種の金属または黒鉛に対して，耐酸化性，耐熱性，耐食性，耐摩耗性，遮熱特性，電気絶縁性などを目的として，セラミックスを被覆すること．被覆には主としてほうろう，CVD (化学蒸着法)，PVD (物理蒸着法)，溶射の方法が行われる．ほうろうは古くからある技術で，金属基質にガラス質の釉薬を被覆するものである．CVD は原料ガスをキャリアガスとともに流入し，高温の基質表面で反応させて固体反応生成物を堆積させるものである．これには第 3 成分の存在下で金属ハロゲン化物を水素還元する方法，熱分解による方法，基質自体が反応の一成分となる拡散法などが含まれる．PVD には，真空中で原料を蒸発させこれを基質上に凝縮させる真空蒸着法，イオン銃で原料から原子やクラスターを叩き出しそれを基質上に析出させるスパッタリング法，原料を蒸発，イオン化させて負電圧を印加した基質上に堆積させるイオンプレーティング法などがある．溶射は，セラミック粉末または焼結体をプラズマジェットや酸素・アセチレン炎で加熱溶融し，微滴を基質表面に吹き付ける方法である．

34-11: 耐火物 (セラ261)

1500℃ 以上の耐火度をもつ非金属物質またはその製品をいい，一部金属が使用されているものも含む．耐火物は建築界でいう防火材料ではなく，高温で溶け難い物，高熱に耐える物の意味で，高温に耐え，容積変化小さく，機械的強度も十分で，温度の急変にも強く，接触するガス，スラグ，金属などの侵食，摩耗にも抵抗性のあることが要求される．耐火物の種類は原料，化学組成，性能，用途により種々に分類されているが，元来は耐火煉瓦が耐火物を代表し，SiO_2，Al_2O_3，MgO などの酸化物が主体であったが，近年各種施工法の開発とともにそれに適応した不定形耐火物が発達し，その使用量が急増し，またジルコン，ジルコニア，スピネルなどの特殊酸化物，炭素質物 ($MgO\text{-}C$，$Al_2O_3\text{-}C$ 系)，炭化物 (SiC)，窒化物 (Si_3N_4) などを原料とした新種耐火物が出現し，従来の耐火物とは様相を一変している．

34-12: 耐火コンクリート (セラ260)

キャスタブル耐火物をいう．すなわち，耐火骨材にアルミナセメントを混合したもので，水を添加，混練して型わくに流し込み，振動を加えてコンクリートと同様に硬化させる．耐火性のあるコンクリートの意味でこの名がある．

34-13: **耐火粘土** (セラ260-261)

　一般には耐火度 SK26 (1580℃) 以上の粘土の総称である．わが国の主な耐火粘土はカオリンおよび頁岩質粘土である．構成鉱物はいずれもカオリン鉱物を主体とし，そのほか石英，雲母質粘土などの鉱物を伴う．木節粘土は可塑性が大きく結合粘土として用いられる．蛙目粘土は石英を多量に含んでおり，水ひ分級により石英を除去して結合粘土ならびにシャモット原料として用いられる．木節粘土，蛙目粘土は愛知県瀬戸，岐阜県多治見，三重県上野の各地区などに産出する．頁岩質粘土は低気孔性でよく焼きしまるので塊状のまま焼成され，シャモットとして利用される．頁岩質粘土は岩手県岩泉，福岡県筑豊地区，福島県磐城などに産出する．耐火粘土は一般に焼成すると 400~600℃ で結晶水を放出し，1100℃ 以上でムライトとクリストバライトになるが，高温焼成を行うと含まれる少量のアルカリその他の成分は SiO_2 と反応し，ガラス状物質を形成する．

34-14: **耐火煉瓦** (セラ261-262)

　耐火物のうち窯炉の築造に都合のよい形状をそなえたもので，粉末状などの不定形耐火物に対比される．形状は並形煉瓦 (230 × 114 × 65 mm) を中心にして標準形煉瓦，異形煉瓦に分類され，製造工程上より焼成，不焼，電鋳煉瓦に分類される．

34-15: **耐火断熱煉瓦** (セラ260)

　熱伝導率の低い耐火煉瓦で，窯炉表面からの熱損失を軽減する目的で使用される．用途により，窯炉の内張り用耐火煉瓦と鉄皮または普通煉瓦との中間に使用される低温用のものと，直接炉の内壁，天井部に使用されるものに分けられ，前者には珪藻土を主原料とし，強度は小さいが断熱性のよいもの，後者には断熱性はやや劣るが，耐火度，強度がやや強いもので，耐火粘土を主体とし，原料中に可燃物を配合して焼成したものと，膨張蛭石，高アルミナ質などの特殊原料を主体とし，さらに強度を要する箇所に使用される．これら3種を普通，珪藻土質煉瓦，粘土質煉瓦，特殊耐火断熱煉瓦と呼称する．

34-16: **セラミック発熱体** (化学763)

　半導性を有するセラミックスの耐熱性を利用した発熱体で，SiC 質，$MoSi_2$ 質，$LaCrO_3$ 質，ZrO_2 質，ThO_2 質，炭素質などの高温発熱体と，PTC 効果を利用した定温ヒーターとしての $BaTiO_3$ 系半導体セラミックスとがある．発熱体として使用されるセラミックスの溶融点は高いものが多く，溶融点が高いほど発熱体としての使用温度が高温まで可能となる．これらのセラミック発熱体は，耐酸化性，耐食性，機械的強度を向上させるために，添加物または元素の一部置換が試みられている．たとえば ZrO_2 においては，単斜晶 ⇔ 正方晶の可逆的転移による崩壊現象をなくすために，CaO，MgO，Y_2O_3 などを添加し，またランタンクロマイト $LaCrO_3$ においても，La の一部を Ca で置換することによって抵抗率を小さくし，常温からの通電を可能にしている．

34-17: セラミックヒーター (セラ246)

　一般にはセラミック発熱体と同義であるが，絶縁性セラミックスを加熱してこのセラミックスを熱放射体とするヒーターの場合もセラミックヒーターという．後者の場合のセラミックスの材質はアルミナ，β-スポジュメン，ジルコンなどがあり，またヒーター構造は管状セラミックスの中に熱源を入れたもの，電気抵抗体を層状にして封じ込んだものなどがあり，遠赤外線ヒーターとして特徴がある．

34-18: 研磨剤 (セラ124)

　研磨材 (金属，木材などを削り，すりへらし，または磨くために使用する高硬度物質の総称) に潤滑性を付与するなど合目的的な媒体を配合した研磨材製品をいう．その態様には，固形，ペースト状，液状のものなどがある．媒体の組成的見地から大別すると，エマルジョン型，油脂型，非油脂型の三つに分けることができる．例えば，ラビングコンパウンド，固形バフ研磨剤，液状バフ研磨剤，ラップ剤，バルブグラインディングコンパウンド，ダイヤモンドペーストなどがある．

34-19: 研磨布紙 (セラ125)

　研磨材，基材，接着剤の3構成要素からなり，布や紙などの可撓性平板状基材の面上に研磨材が平面的に分布し，かつ，接着剤，基材によってある程度弾性的に支持固定された構造をもっていることを特徴とする研削・研磨工具．金属，木材，その他一般の研削・研磨加工に使用する．形状としては，シート，ロール，ベルト，ディスク，異形品などがあり，塗布される研磨材としては，溶融アルミナ，炭化ケイ素，エメリー，ガーネットなどが一般である．基材としては，布，紙，バルカナイズドファイバー，プラスチックフィルムなどが，接着剤としては，にかわまたは合成樹脂接着剤が一般に使用されている．

34-20: セラミック工具 (セラ244)

　刃部にセラミックを用いた切削工具．焼結工具の1種であり，一般にはアルミナ系工具，アルミナTiC系工具のことを指すが，最近になってcBN工具，焼結ダイヤモンド工具，窒化ケイ素系工具などの新しいセラミック工具がつぎつぎに開発されている．セラミック工具の一般的特徴は，セラミックが高温で硬くて強いことにあり，これが近年の工作機械の進歩に伴う高速切削・重切削への要望に相応して新しい工具の中心的存在となっている．

34-21: セラミックコーティングチップ (セラ244)

　超硬合金などの切削工具の表面に，耐摩耗性を改善するために，炭化物・窒化物・酸化物などのセラミックを物理的，あるいは化学的に強固に被覆したチップ．手法としてはCVD法，PVD法などがある．

34-22: セラミックエンジン (セラ243-244)

　ディーゼルエンジンやレシプロエンジンの燃焼室などを金属から耐熱性，断熱性のよいセラミックスでおきかえたり，ガスタービンの燃焼器，静翼，動翼などをセラミックス部品でおきかえることによって作製されるエンジン．セラミックエンジンは，金属では不可能な高い作動温度が実現できるので，熱効率を高めることができ，また冷却を必要とせず，軽量であることから，省エネルギーエンジンとして注目されている．材料としては，窒化ケイ素，炭化ケイ素，サイアロン，部分安定化ジルコニアなどが研究されている．

34-23: セラミック触媒担体 (セラ244)

　触媒成分を保持するとともに，反応効率も高めるのに充分な表面積を持つセラミックス材料．球状，輪状および蜂の巣形状などで使用され，材料は熱的，化学的および機械的条件で選択する．

34-24: セラミックファイバー (セラ246)

　耐火物としての実用温度が 1000℃ 以上の酸化物系耐熱繊維を慣用的にセラミックファイバーと呼称している．溶融繊維化法および前駆体繊維化法の 2 種類の製造方法があるが，生産量の大半は前者によっており，最も一般には圧縮空気を用いたブローイング法が採用されている．この製法による繊維は，アルミナ，シリカがそれぞれ 40~60% の組成をもち，平均繊維径 2~3 μm，最大長さ 250 mm 程度の短繊維で一般的には非晶質である．1960 年代以降工業窯炉のライニング材料としての用途が定着増加しており，軽量・断熱性能などの特長が活用されている．このアルミナ・シリカ繊維のみを指してセラミックファイバーとよぶこともある．前駆体繊維化法によって製造されるセラミックファイバーは最近 10 年余りの開発によるものであるが，耐熱性・化学的安定性に優れたアルミナ繊維などの短繊維，連続繊維，紡織品が市販されている．

34-25: セラミックフィルター (セラ246)

[1] 圧電性セラミックスの共振現象を利用した圧電セラミック素子のみでフィルター特性を得るもの．圧電性セラミックスは機械的 Q 値が高いので，フィルターとしての選択度または減衰度が急峻にでき，通過帯域幅は組成を変えることより任意に変えることができる．中心周波数は圧電セラミック素子の振動モードを選ぶことにより変わる．AMラジオ用は 455 kHz で径方向振動，FM ラジオ用 10.7 MHz はエネルギー閉じ込めモードを使用しているものが多い．
[2] 磁器，アルミナ，珪砂などの粒をガラス質フラックスの結合剤で結合させ，多数の細孔を持たせたもので，懸濁液の分離，液体，気体，粉体の拡散，吸収などの装置に用いられる．

34-26: セラミックパッケージ (セラ245)

電気配線が施されたセラミック基板上に，半導体素子を搭載してセラミックキャップで封止した容器．容器からの入出力端子の取り出し方によってデュアルインラインパッケージ (DIP)，フラットパッケージ (FP)，アキシャルピンパッケージ (ピングリッドアレイ)，チップキャリアなどがある．

34-27: アイシーパッケージ (セラ1)

IC を電子部品として完成させるための IC チップの実装をいう．パッケージ工程は IC チップを固定するダイボンディング，IC と端子を電気的に接続するワイヤボンディングおよび外部環境から IC を保護するためのハウジング工程からなっている．ハウジングの種類によりプラスチック，セラミック，キャン (金属) パッケージに分けられる．

34-28: セラミック振動子 (セラ244)

セラミック振動子は圧電型の $BaTiO_3$，PZT 系振動子と磁歪型のフェライト系振動子に大別される．圧電型の PZT 系振動子は誘電率が大きいため振動子の内部インピーダンスが小さいこと，電気機械結合係数，変換能率が大きいなどの特徴がある．さらにセラミックスのため，形，大きさが比較的任意にでき，耐湿性が良い．フェライト振動子は Ni-Cu-Co 系フェライトが主流．高い絶縁抵抗をもっているので高い周波数まで渦電流損失がなく良好な能率をしめす．

34-29: セラミック半導体 (セラ246)

各種セラミックスを半導体化し，それぞれ特徴のある電気抵抗体が開発された．温度センサーとなる NTC サーミスター，キュリー点で電気抵抗値が急激に立上る PTC サーミスター，非直線性抵抗体のバリスター，小形大容量の半導体コンデンサー，などはいずれもセラミック半導体による成果であり，こうした材料開発はさらに期待される．

Lesson 35: Materials III
(glass, carbon and diamond)

鉛　エン lead (metal)
なまり lead (metal)

| 鉛直 | エンチョク | perpendicular |
| 鉛蓄電池 | なまりチクデンチ | lead storage battery |

凹　オウ dented, hollow, sunken

| 凹凸 | オウトツ | unevenness, roughness |
| 凹レンズ | オウレンズ | concave lens |

業　ギョウ achievement, business, conduct, industry, occupation, service, studies, trade
わざ act, art, deed, performance, trick, work

| 化学工業 | カガクコウギョウ | chemical industry |
| 業績 | ギョウセキ | accomplishment, achievement |

広　コウ broad, reaching, spreading
ひろ(い) broad, extensive, spacious; ひろ(がる) to extend, to spread out {vi};
ひろ(げる) to enlarge, to stretch, to widen {vt};
ひろ(まる) to become popular, to pervade, to spread {vi};
ひろ(める) to disseminate, to enlarge, to popularize {vt}

| 広帯域 | コウタイイキ | broad bandwidth |
| 幅広く | はばひろく | extensively, widely, broadly |

黒　コク black, dark
くろ(い) black, dark, dirty

| 黒鉛 | コクエン | graphite |
| 黒体放射 | コクタイホウシャ | black body radiation |

削　サク curtailing, reducing, paring, planing, sharpening, whittling
けず(る) to curtail, to reduce, to pare, to plane, to sharpen, to whittle

| 金属切削加工 | キンゾクケッサクカコウ | metal cutting and machining |
| 切削工具 | セッサクコウグ | cutting tool |

産　サン childbirth, fortune, native (to a place), product, property
う(まれる) to be born {vi}; う(む) to give birth, to produce, to yield (interest) {vt}

| 産業 | サンギョウ | industry |
| 大量生産 | タイリョウセイサン | mass production |

炭　タン charcoal, coal
　　すみ charcoal
　　　　石炭　　　　　　　　セキタン　　　　　　　　　coal
　　　　炭素　　　　　　　　タンソ　　　　　　　　　　carbon

窒　チツ obstructing, plugging up
　　　　液体窒素　　　　　　エキタイチッソ　　　　　　liquid nitrogen
　　　　窒素　　　　　　　　チッソ　　　　　　　　　　nitrogen

適　テキ agreeable, appropriate, fitting, suitable
　　　　適当な　　　　　　　テキトウな　　　　　　　　suitable, adequate, appropriate
　　　　適用　　　　　　　　テキヨウ　　　　　　　　　application

天　テン air, celestial sphere, destiny, God, heaven, Nature, sky, top, weather
　　あめ heaven, sky
　　　　天然高分子　　　　　テンネンコウブンシ　　　　natural polymer
　　　　天然ゴム　　　　　　テンネンゴム　　　　　　　natural rubber

凸　トツ beetle brow
　　　　凸出　　　　　　　　トッシュツ　　　　　　　　projection, protrusion
　　　　凸レンズ　　　　　　トツレンズ　　　　　　　　convex lens

乳　ニュウ the breasts, milk
　　ちち the breasts, milk
　　　　乳化剤　　　　　　　ニュウカザイ　　　　　　　emulsifier
　　　　乳化重合　　　　　　ニュウカジュウゴウ　　　　emulsion polymerization

優　ユウ actor, gentleness, superiority
　　すぐ(れる) to be excellent, to excel, to surpass;
　　やさ(しい) affectionate, gentle, graceful, kind, tender
　　　　優秀な　　　　　　　ユウシュウな　　　　　　　excellent, superior
　　　　優先　　　　　　　　ユウセン　　　　　　　　　precedence, priority

炉　ロ furnace, hearth, kiln, (nuclear) reactor
　　　　原子炉　　　　　　　ゲンシロ　　　　　　　　　nuclear reactor
　　　　電気製鋼炉　　　　　デンキセイコウロ　　　　　electric-arc furnace

Reading Selections

35-1: ガラス (化学286-287)

　非晶質の固体物質．狭義には二酸化ケイ素を主成分とし，ソーダ石灰や三酸化二ホウ素などの酸化物を副成分として含む非晶質の固体を指す．光学的に透明なこと，遷移金属を混入させることにより着色が可能なこと，また加熱することにより容易に変形できることなどから，古くから装飾用や食器などの実用器具として用いられてきた．化学実験でよく用いられるガラスには，i) ソーダ石灰を含む軟質ガラス，ii) これにカリ成分を加え化学的安定性を増した同じ軟質系のカリガラス，iii) ホウケイ酸系でコバール (ガラス封入用合金) やモリブデンと似た線膨張係数をもつ硬質二級，iv) タングステンに近い線膨張係数をもつタングステンガラス，v) ホウケイ酸系ガラスでは最も線膨張係数の小さい硬質一級 (超硬質ともいわれる)，vi) 100% 二酸化ケイ素の石英ガラスなどがある．従来化学実験には，カリガラス系のいわゆる化学硬質ガラスが好んで使われていたが，現在ではほとんど硬質ガラス，それも硬質一級に変わりつつある．石英ガラスは耐熱性が高いので，電気炉中で反応を行うときなどに用いられる．また，可視部から近紫外部まで広い波長領域にわたって光学的透明度が高いので，分光光度計のセルや光ファイバーとしても用いられている．

35-2: ガラス化 (化学287)

　結晶質固体を適当な方法で液体や気体に変えたのち，結晶化させないでガラス転移温度以下の固体にすること．結晶質固体を加熱溶融したのち急冷するのが最も一般的な方法である．各種の実用ガラス，釉薬，ほうろうの製造や，冶金スラグの生成などはその例である．気相を経る方法 (蒸着法，スパッター法，グロー放電法など) やゲルを経る方法 (ゾル・ゲル法) でガラス化させることも行われている．

35-3: ビトレアス (セラ383)

　ガラス状を意味する．この語は高度のビトリフィケーションの結果気孔率がきわめて小さくなったセラミック製品に適用する．アメリカでは ASTM C242 で「床タイル，壁タイルおよび低圧碍子を除き吸水率が 0.5% 以下の製品」を意味する．タイルと低圧碍子では吸水率が 3% をこえないときにビトレアスであると見なされる．

35-4: 天然ガラス (化学937)

　天然の岩石の組成はケイ酸塩ガラスのガラス化範囲内にあるものが多い．したがって，岩石が何らかの原因で融点以上に加熱され急冷されるとガラスが生成する．これが天然ガラスである．地下岩しょうが急冷されて生じた黒曜岩が代表的なものである．また，隕石との衝突で急熱急冷されてできるインパクトガラスがある．月のガラスもこれに属すると考えられている．

35-5: 焼結ガラス (セラ190)

　ガラスを粉砕してつくった粉末，すなわち，フリットを成形して，ガラスの溶融温度よりも低い温度で焼結したガラス体をいう．焼結温度が低いと多孔質となり，高いとガラス状になる．粉末ガラスの封着体やほうろう，ガラスフィルターも焼結ガラスである．

35-6: ガラス性結晶 (化学287)

　分子配向が極度に乱れた中間相である柔粘性結晶を急冷すると，低温秩序相への転移点を通り越して準安定のまま過冷却され，ある温度域でガラス転移と同じ挙動を示す．これより低温の状態は残余エントロピーを示し熱力学第三法則に従わない．分子重心は結晶格子を形成してラウエ斑点を与え，明瞭な融点を示す点では結晶であるが，分子配向が乱雑なまま非平衡凍結状態にあるので，新しい集合状態としての認識からこの命名が与えられた．シクロヘキサノール，2，3-ジメチルブタンなど，多くの実例が知られている．

35-7: ガラスセラミック (化学287)

　結晶化ガラともいう．均一なガラスを軟化点付近で制御されたスケジュールに従って再加熱し，微細な結晶の集まりに変える方法でつくられる陶磁器．析出する結晶の種類や大きさにより透明なものから不透明なものができる．不慮の事故でガラス中に結晶が析出する失透とは区別される．発明者 S. D. Stookey の提案によりデビトロセラミックともよばれ，パイロセラムの名で市販されている．微細な結晶の集合体にするため核形成助剤として金，白金，TiO_2，ZrO_2，P_2O_5 などが添加されることが多い．Li_2O-Al_2O_3-SiO_2 系ガラスから β-スポジュメンや β-石英固溶体を析出させた不透明あるいは透明低膨張ガラス (熱衝撃に強く調理用食器に用いられる)，高膨張の $Li_2Si_2O_5$ を析出させたものがある．雲母の微細結晶を析出させたものは機械的な切削が可能な陶磁器として知られている．$BaNb_2O_6$ などの強誘電相を析出させたものは誘電体に使われている．

35-8: ガラス繊維 (化学287)

　ガラスファイバーともいう．粘稠な状態で融液を引っぱって 5~15 μm 径の繊維状にしたガラス．工業的には溶融したガラスを多数の細孔をもつ金型から引き出してつくる．用途・目的に応じて種々の組成のものがつくられるが，通常は耐水性，電気絶縁性に優れた E ガラス (SiO_2 53.5，Al_2O_3 15.0，CaO 17.5，MgO 4.5，B_2O_3 8.5，アルカリ酸化物 0.4，Fe_2O_3 0.2 重量 %) が用いられる．形により長繊維と短繊維に分けられる．光通信 (光ファイバー，断熱材，吸音材，沪過材，セパレーターに用いられるほか，プラスチックやセメントと複合化し，ガラス繊維強化プラスチック (FRP) やガラス繊維強化セメント (コンクリート) (GRC) がつくられている．

35-9: ガラス繊維強化プラスチック (化学287)

　略称 FRP．ガラス繊維をプラスチックの中に入れることによって，強度，耐熱性を

強化したものである．用途は，倉庫，ガレージなどの屋根材，浴槽，タンク，ボート，自動車ボディーなどに広く使用される．

35-10: ガラス電極 (化学287-288)

ガラス膜を感応部とするイオン選択性電極．代表的なものは水素イオンに選択的に応答する pH 測定用ガラス電極で，1906 年 M. Cremer が溶液の酸性度にガラス膜が感応することを認めたのに始まる．ガラス膜の組成を変えて，水素イオン以外の 1 価カチオンに応答する電極もつくられている．ガラス電極の感応部は球状のものが多く，内部参照電極 (カロメル電極または銀・塩化銀電極) と内部液 [一定濃度の応答イオンと参照電極の電位決定イオンを含む溶液 (塩化カリウム溶液など)] が入っている．ガラス電極の電位は，応答する水素イオンや 1 価カチオンの活量に対してネルンストの式の形に従うので，pH や 1 価カチオンの活量の測定，滴定などに有用である．特に pH 用ガラス電極は今日最も信頼できる pH 測定法として利用されている．

35-11: ガラスレーザー (物理374)

光学ガラス中に希土類元素を数 % 溶解したレーザー媒質をレーザーガラスという．これを光励起してレーザー光の発振・増幅を行う装置がガラスレーザーである．希土類元素の中で Nd^{3+} が最もレーザー効率が高い．レーザーガラスの性質は母体ガラス，修飾イオンの種類などに依存するが，リン酸塩系 Nd：レーザーガラスの場合，発振波長は 1.054 μm，上準位の蛍光寿命は約 300 μs である．励起は通常パルス動作のキセノン放電管で行われる．結晶状態の Nd：YAG と比べ非晶質の Nd：ガラスは，光学的均質度が高く，かつ任意の形状に加工できる．蛍光スペクトルは不均一に広がっており，このため誘導放射断面積は約 4×10^{-24} m^2 と小さい (Nd：YAG の約 1/20)．したがって小信号利得係数が小さいので，レーザー媒質内で寄生発振を生ずることなく大きなエネルギーを反転分布として蓄えることができる．これらの性質のため Nd：ガラスレーザーはパルス動作の大出力レーザーに適している．多段増幅を行い，かつ多ビーム配置とすることにより，パルス幅 1 ns で出力エネルギーが 10 kJ 級のレーザー装置が実現されている．

また希土類元素をドープしたガラスファイバーをファイバーレーザーという．小さな励起入力で発振あるいは増幅が得られる．波長可変発振器，光増幅器等として，光通信などへの応用が期待されている．

35-12: 炭素材料 (セラ280)

炭素質原料を主体とする工業材料で，標準的な製造工程によるものとしては，コークスなどの粉末をピッチなどの結合剤を用いて成形，焼成して得られる炭素質．これをさらに黒鉛化して得られる人造黒鉛質が最も代表的なものである．これらの炭素材料は通常は多孔質であり，必要に応じて合成樹脂，金属などを含浸して不通気性とし，また原料に金属その他の他種物質を配合して必要機能の向上をはかる．このほかに特殊の製法によるものとして熱分解炭素，ガラス状炭素，繊維状炭素，可撓性黒鉛その他がある．また他種材料との複合材も多種つくられている．炭素材料固有のおもな特徴としては，

耐熱性，耐熱衝撃性が抜群で溶融，軟化することがなく高温ほど強度が増大する．熱膨張率が小さい．潤滑性に優れる．電気，熱の伝導性がよい．耐食性に優れるが酸化には弱い．一般に強度の絶対値は小さくかつもろい．耐熱，断熱，導電，伝熱，耐食，潤滑などを目的とした幅広い用途に利用される．

35-13: 　　　　　　　　**多結晶黒鉛** (セラ268)

黒鉛単結晶が多数，不規則に集合してできた組織構造体．工業材料としての炭素，黒鉛はすべて多結晶黒鉛であるが，多結晶体を構成する個々の結晶の大きさ，集合状態，結晶間の結合様式などの違いにより材料としての物性は大幅に変わる．例えば，比較的大きい結晶が同じ方向に配列すれば異方性の大きい黒鉛材が得られ，結晶が小さく，かつ無秩序に混じり合い，しかもそれらが三次元の架橋をもって結合されているときには等方性の硬質炭素となる．

35-14: 　　　　　　　　**多孔質炭素** (セラ269)

特に均一な気孔径をもつように製造された全気孔率 50% 以上の炭素材料．平均孔径 20~150 μm 程度の比較的孔径の大きいものは沪過やガス拡散吹込み用などに利用される．ガス拡散電極として燃料電池などに用いられる多孔質炭素電極では平均孔径は通常，数ないし数十 nm と小さく，かつ気・固・液三相の平衡帯を構成するための気孔径分布の均一性が特に要求される．電極では正極 (酸素極) として利用されることが多く酸素の活性吸着性能が重視されることがある．

35-15: 　　　　　　　　**無定形炭素** (化学1411)

非晶質炭素あるいは非黒鉛質炭素ともいう．炭素の同素体のうち，有機物の加熱炭化に際して縮合多環型平面分子が三次元規則的に積層せず，乱層構造の結晶子として発達したものの総称．コークス，カーボンブラック，木炭などがある．縮合多環平面分子層間の距離は，342~344 pm と黒鉛完全結晶の 335.4 pm より大きい．密度は，黒鉛より小さく，比表面積が大きく，気体，液体，塩類などの吸着剤として重要である．

35-16: 　　　　　　　　**ガラス状炭素** (化学287)

セルロースあるいは各種の熱硬化性樹脂などの成形．硬化物を固相状態でゆるやかに炭素化することによって生成する典型的な難黒鉛化性炭素．組織は強固な架橋結合によって構成されているが，黒鉛結晶子が大きく発達した部分はほとんど認められず，微小な分散した閉気孔を有し，密度は 1.4 g/cm³ 前後と低い．等方的で破面がガラス状の外観を呈し，ガラスと同程度に気体透過度がきわめて低い．2500℃ 以上の高温熱処理によっても黒鉛結晶子の顕著な成長はみられず，熱分解炭素とは全く対照的存在といえる．硬度，強度は大きい．

35-17: 炭素前駆体 (セラ281-282)

　有機物が熱処理によって炭素化する過程で脱水素，重縮合，炭素原子の環化，芳香族化が順次に進行するが，巨大芳香族分子を主体とする構造が生成する 550℃ 前後では不融状態になり，それ以上の温度では分子の配列などの大幅な変化は起こりえず，炭素の基本構造はほぼこの時点で決定される．このような状態にある炭素の基本構造の母体となる素地物質を炭素前駆体という．

35-18: 炭素工業 (セラ280)

　炭素質物あるいは炭素化合物を主原料として炭素あるいは炭素を主体とする工業製品を製造する工業．工業分野としては窯業あるいは電熱化学工業に属し，標準的な製造工程としては粉体を取り扱う粉砕，ふるい分け，混練，成形および窯炉による焼成，電気炉による黒鉛化がおもなものであり，全工程に通常 3~4 ヶ月を要する．カーボンブラックや活性炭の製造も同じく炭素を取り扱う工業であるが，これらは無機薬品工業に分類され炭素工業とは区別されるのが普通である．

35-19: 炭素製品 (セラ281)

　炭素材料の加工あるいは組み立てによってつくられる各種の工業製品．材質には炭素質，黒鉛質のほか多種にわたる複合材がある．代表的な製品を次に例示する．
(i) 冶金用：電気製鋼炉用電極，自焼成電極用ペースト，炉内張り用ブロックおよび煉瓦，電気炉発熱体，るつぼ，鋳型，治具，黒鉛管，断熱材．
(ii) 光源用：分光分析用電極，映写用カーボン．
(iii) 電気化学用：電解用陽極，電池用電極，放電加工用電極．
(iv) 電機用：ブラシ，集電体，接点，抵抗体，電子管陽極．
(v) 機械用：軸受，パッキング，ガスケット，ベーン，固体潤滑剤，摩擦材．
(vi) 化学装置用：熱交換器，塔，槽，ポンプ，エゼクター，配管部品，充填物，破裂板，沪過材．
(vii) 原子力用：減速材，反射材，燃料さや．
(viii) その他：宇宙航空機材，レジャースポーツ用品，電波吸収体，生体用材料．

35-20: 炭素繊維 (化学824)

　有機高分子繊維を 800~3000℃ の一連の段階的加熱処理によってもとの繊維形状を保ったまま炭素化するか，または紡糸したピッチを熱処理することによって得られる繊維．炭素繊維は本来等方性で配向性に乏しいものであるが，熱処理過程において繊維に張力をかけて延伸することにより，繊維軸方向に配列し弾性率や強度が向上する．炭素繊維は，その物質面から高強度高弾性炭素繊維と低弾性 (あるいは普通質) 炭素繊維に大別され，前者は主に繊維強化複合材料用として，後者は断熱材，発熱体，パッキングなどに使用される．また有機繊維原料の種類によってセルロース系，PAN (ポリアクリロニトリル) 系，ピッチ系などに分けられる．釣竿やラケットのようなスポーツ用品から航空機材料まで幅広い用途があり，新素材として注目を浴びている．

35-21: 炭素繊維強化複合材料 (セラ281)

炭素繊維を強化繊維に用いた複合材料．炭素繊維は比強度，比弾性，耐熱性が他種繊維にくらべ抜群に優れていて，軽量で高強度，高弾性の複合材が得られるので各種マトリックスのものが製造される．マトリックスがプラスチックスのものを CFRP，金属のものを CFRM，セラミックスのものを CFRC，炭素のものを CCM または C-C コンポジットとよぶ．このほかセメントやゴムをマトリックスとするものもある．このうち最も代表的で実用化されているのは CFRP で，プリプレグによる積層成形法またはフィラメントワインディング法によってつくられる．製品中に占める炭素繊維の容積率は通常50~70% である．CFRP 製のおもな製品には航空宇宙機器用の構造部品，高速回転体の回転胴，ゴルフクラブ，釣竿，ラケットほかのレジャー用品，医療 X 線用ヘッドレストやベッドなどがある．また炭素繊維織布やフェルトに樹脂含浸したものはロケットのノーズコーンやノズルスロートに，機械部材としてシールにも用いられる．

35-22: 炭素・炭素複合材料 (セラ282)

炭素繊維強化複合材料のうちで母材 (マトリックス) も炭素からなっているもの．製法には炭素繊維強化プラスチックを熱処理して母材プラスチックを炭素化させる方法と，繊維の間隙に化学蒸着法によって熱分解炭素を沈積させる方法とがある．きわめて強度の大きい炭素材料が得られ，ホットプレス用型や航空機のブレーキシューに用いられるほか，燃料電池用電極その他各種の応用面が研究されている．C-C コンポジット，CCM と略称されることがある．

35-23: 炭素繊維布 (セラ281)

炭素繊維により構成された布で，形態としては織布と不織布 (フェルト) とがある．普通はレーヨン，ポリアクリロニトリルなどの有機繊維でつくった布をその形状を保ったまま加熱処理によって炭素化してつくるが，使用目的によっては炭素繊維のフィラメントヤーンを編組して製造する場合もある．

35-24: 炭素ガスケット (セラ279)

配管，機器などの継ぎ手部の固定シールとして用いられる炭素製品．炭素は耐熱，耐食性に優れているので高温あるいは腐食性流体のシールに適している．炭素質あるいは黒鉛質の一般の炭素材料でつくられるもののほか，近年ではフッ素系樹脂処理を施した炭素繊維製のシートや可撓性黒鉛のシートが開発され広く利用されるようになった．両者はいずれも可撓性で圧縮復元性に優れているので良好なシール特性が得られる．

35-25: パッキング (セラ282)

運転軸に沿っての流体の漏れを遮断する目的に使用されるリング状の炭素製品．材質には炭素質，黒鉛質および複合質など各種のものがあり使用条件に適したものが用いら

れる．主な使用例としてはオイルレス圧縮機のロッドパッキング，蒸気タービンおよび発電機水車用のパッキング，ポンプ，撹拌機，ブロアなどのグランドパッキングなどである．グランドパッキングには樹脂加工した炭素繊維編組品や可撓性黒鉛成形品が用いられる．

35-26: 炭素軸受 (セラ280)

炭素製のすべり軸受で，使用条件に応じて各種の材質がある．炭素は自己潤滑性に富み耐熱性，耐食性にも優れているので，給油が不可能な場合，高温または液中での使用で潤滑油が使えない場合あるいは取り扱い流体に油が混入することをきらう場合など，無給油で使用できるのが特徴である．炭素は熱膨張率が金属にくらべ小さいので，使用温度における運転すきまを適切な値に設計することが必要である．

35-27: 炭素電極 (化学824)

炭素を電極材料として用いた電極．炭素は電気伝導性，熱伝導性に富み，化学的に安定で高温に耐える軽い非金属元素という多くの特長をもつ．さらに触媒活性もあり，多孔質体や緻密な固体などつくり方により性状を変えることができる便利さもあって，各分野で広く電極として使用されている．すなわち，電解工業，電気製鋼，電解合成，電池あるいはアーク放電，電気接点などの工業分野から電気分析などの研究用まで広範囲に利用されている．ことにアノード材料として大切である．燃料電池や空気電池の電極体は多孔体で触媒活性を有する．マンガン乾電池では正極集電体に炭素棒を用いている．研究用には，合成高分子を焼成したガラス状カーボンや，炭素繊維なども利用されている．

35-28: ダイヤモンド (セラ266)

単一の元素 (炭素) で構成されている元素鉱物で，等軸晶系．代表的な結晶形は八面体．その他6面体，12面体，24面体，48面体のものなどもある．天然ダイヤモンドは，自然界に存在する物質のうちで最も硬く，屈折率が大きく，熱伝導率が高いなどの優れた性質があり，古くから最高の宝石として珍重されてきた．また，硬さ，耐摩耗性などに著しく優れていることから，工業用として産出原石の65%以上が消費されている．1955年アメリカのGE社から人造ダイヤモンドが発表されて以来，ダイヤモンドホイールなどには，広く一般に人造ダイヤモンドが使用されるようになっている．

35-29: 焼結ダイヤモンド工具 (セラ190)

ダイヤモンドの微粉末に金属，炭化物，窒化物などの粉末を結合剤として添加し，超高圧・高温で焼結した切削工具．硬度が高く，耐摩耗性に優れているのを特徴とする．

35-30: ダイヤモンド砥石 (セラ266)

ダイヤモンドを砥粒とする研削砥石．ダイヤモンドは最も硬い物質であり，硬質の材

料の研削に適している．しかしダイヤモンドは本質的には炭素であり耐熱性に乏しく，金属に対して拡散摩耗しやすいため，鉄系の金属などの研削には不向きで，ガラス・石材・超硬合金・各種セラミックスなどの硬脆材料の研削に適している．一般砥粒では炭化ケイ素が硬脆材料の研削に適しているが，硬度や強度の点ではるかに優れたダイヤモンドを固結した砥石の方が切れ味，耐久性ともはるかに優れている．結合剤としては金属および樹脂が用いられ，無気孔のマトリックス型砥石である．ダイヤモンドの耐久性が優れているため，無気孔でも切粉の排出が可能である．高価であるため有効使用部分はわずかな層に限られる．使用するダイヤモンドは目的により靭性の高いものや破砕性の高いものが用いられ，樹脂結合剤のものには金属被覆のダイヤモンドが多く用いられる．

Lesson 36: Materials IV
(metals)

環　カン circle, ring
環境　　　　　　カンキョウ　　　　　　environment
循環　　　　　　ジュンカン　　　　　　cycle, circulation

急　キュウ emergency, haste, suddenness
いそ(ぐ) to hasten, to hurry
急激な　　　　　キュウゲキな　　　　　abrupt, sudden
急冷　　　　　　キュウレイ　　　　　　quenching

境　キョウ boundary, condition, region, stage
さかい border, boundary, frontier, place
境界条件　　　　キョウカイジョウケン　boundary condition
使用環境　　　　シヨウカンキョウ　　　environment of use

金　キン gold, money; コン gold, money
かな metal; かね metal, money
合金　　　　　　ゴウキン　　　　　　　alloy
針金　　　　　　はりがね　　　　　　　wire

銀　ギン silver
高圧水銀灯　　　コウアツスイゲントウ　high pressure mercury lamp
水銀温度計　　　スイギンオンドケイ　　mercury thermometer

鋼　コウ steel
はがね steel
炭素鋼　　　　　タンソコウ　　　　　　carbon steel
低合金鋼　　　　テイゴウキンコウ　　　low-alloy steel

食　ショク eating, food meal, provisions
く(う) to consume, to eat, to gnaw {vt}; く(らう) to drink, to eat {vt};
た(べる) to eat {vt}
食刻　　　　　　ショッコク　　　　　　etching, engraving
腐食　　　　　　フショク　　　　　　　corrosion

伸 シン stretching
の(ばす) to extend, to let (hair) grow, to postpone, to straighten, to stretch {vt};
の(びる) to be postponed, to extend, to grow, to lengthen, to stretch {vi}

延伸	エンシン	extension, drawing
伸展	テンシン	extensibility

属 ゾク being among, belonging to, genus {biology}, subordinate official

圧延金属	アツエンキンゾク	rolled metal
付属	フゾク	attached, affiliated, belonging

銅 ドウ copper

黄銅	オウドウ	brass
銅線	ドウセン	copper wire

疲 ヒ becoming tired, growing weary
つか(らす) to exhaust (one's energy), to weary (one's mind) {vt};
つか(れる) to become tired, to grow weary {vi}

疲労強度	ヒロウキョウド	fatigue strength
疲労限度	ヒロウゲンド	fatigue limit

腐 フ corroding, decaying, rotting
くさ(らす) to let corrode, to let decay {vt}; くさ(る) to corrode, to decay {vi};
くさ(れる) to corrode, to decay {vi}

耐腐食性	タイフショクセイ	corrosion resistance/resistant
腐食液	フショクエキ	corrosive liquid

防 ボウ defending, protecting, resisting
ふせ(ぐ) to defend, to protect, to resist

反射防止膜	ハンシャボウシマク	antireflective coating
防止剤	ボウシザイ	inhibitor

冶 ヤ melting

乾式冶金	カンシキヤキン	pyrometallurgy
湿式冶金	シッシキヤキン	hydrometallurgy

労 ロウ labor, toil, trouble

疲労亀裂	ヒロウキレツ	fatigue crack
疲労試験	ヒロウシケン	fatigue test

Reading Selections

36-1: 金属 (化学361)

　金属光沢を有し，展性，延性に富み，電気と熱の伝導性の著しい単体および合金をいう．単体が金属である元素を金属元素，あるいは単に金属という．一般に金属は密度が高く，強度が大きく機械的加工を施すことができる．融点は Hg, Cs, Ga のように低いものもあるが，高いものが多い．沸点は一般に高く，蒸発熱が大きい．電気抵抗は温度が高くなると大きくなるのが特徴である．金属固体中の原子配列は，面心立方，体心立方，六方最密のうちのいずれかをとっており，原子間には金属結合が働いている．金属の特性は，金属結合，自由電子の存在に由来する．元素全体の約 2/3 は金属元素であり，周期表ではホウ素とアスタチンを結ぶ斜めの線の左下方に位置している．右上方には非金属が位置しているが，境界付近の元素には，半導体，半金属，メタロイドなどがある．金属元素は陽性であり，正の酸化数をとりやすい．酸化物および水酸化物は一般に塩基性である．金属単体のうち，イオン化傾向の大きいものは酸と反応して，金属カチオンと H_2 を生ずる．金属カチオンはルイス酸である．金属元素どうしは金属間化合物あるいは合金を，金属元素と非金属元素とはイオン性化合物をつくることが多い．金属は，重金属と軽金属，貴金属と卑金属，典型元素の金属と遷移金属のように分類される．周期表の各族に対応してアルカリ金属，希土類金属などのようにも分類される．

36-2: 非晶質金属 (物理1716)

　結晶性の金属と異なり，平均原子間距離の数倍以上の広い範囲にわたる秩序性をもたない，ランダムな原子配列をもつ金属をいう．どんな固体材料でも，非晶質状態よりも安定な結晶相が少なくとも1つ存在することが経験的に知られている．非晶質金属は，熱力学的に完全な安定相ではなく，自発的に結晶化する傾向がある．ただし，室温程度の温度では，その速度は著しく小さく，完全な結晶化が達成されるためには地質学的年代を経過する必要があると考えられている．しかし，個々の非晶質金鷹に特有なある温度以上になると，急激な結晶化が起る．非晶質金属は，液体状態からの急冷，金属蒸気または溶液中の金属イオンの低温表面への蒸着または電着，高エネルギー粒子線による結晶金属の照射などの方法によってつくられる．これらのなかで，液体を急冷する方法が非晶質金属材料をつくる最も一般的な方法である．その際，結晶核が成長する余裕を与えないほど急速に冷却する必要がある．この条件が満たされると，過冷却液体はガラス転移点とよばれる温度で固体となり非晶質化する．実際には，溶融金属を高速で回転する金属ローラー表面に吹きつける，いわゆる溶融紡糸法などの方法が用いられる．このような超急冷法によって種々の非晶質合金がつくられている．しかし，超急冷法による純粋金属の非晶化はまだ成功していない．超急冷法によってつくられる非晶質金属は，金属ガラスまたは超急冷金属ともよばれる．非晶質金属は，原子配列の無秩序性を反映して，張力などの異方的な外力に強い，酸などに侵されにくい，軟磁性特性に優れている，放射線損傷を受けにくい，などの種々の性質を示す．非晶質金属の示すこれらの特性を利用して新機能材料としていろいろな応用が考えられている．

36-3: 合金 (化学460)

　2 種以上の金属元素を融解・凝固させたものをいう．金属元素のほかに非金属や半金属元素を含むものも広い意味で合金とよぶ．合金の組織状態としては成分元素の混ざり方から固溶体や金属間化合物をつくる場合とそれらの混合物をなす場合がある．また，合金は成分原子の配列の仕方から置換型合金と侵入型合金とに大別できる．ふつう金属どうしから成る合金は置換型であるが，金属元素と H，C など原子半径の小さな軽元素とは侵入型である．合金の固溶範囲は金属元素の種類によって左右され，置換型固溶体の固溶限を決める主因子として金属原子半径の差，電気陰性度の差，価電子濃度などがあげられる．差異の少ないものは広い範囲で固溶し，差異の大きいものは固溶しにくい．非常によく固溶する場合は全濃度範囲で全率固溶体を形成する．Ni-Cu，Co-Ni，Au-Ag などがその例である．これに対し Al-Zn，Pb-Sn，Cu-Sn などは混合の割合により固溶体，金属間化合物，あるいはそれらの混合物となる．この関係は実験的に求められた合金状態図により判定できる．合金の諸性質はこの組織状態により大いに異なる．したがって金属を適当な割合で混合することにより，成分金属と異なる物理的・化学的性質を与えてその実用的価値を増進させることができる．混合物である共融合金は一般に融点が低く，湯流れがよいのでダイカスト合金 (Zn 側の Al-Zn 合金) や可融合金として利用される．金属間化合物は一般にもろいが，いろいろの興味ある性質を示すのでそれぞれの特性を利用した種々の実用材料が開発されている．たとえば超伝導材料 (Nb_3Sn)，磁石 ($SmCo_5$)，超合金 (Ni_3Al)，半導体材料 (GaAs) などがあげられる．また固溶体や金属間化合物には温度変化に伴い種々の変態を起こすものが多く，これを利用して合金の性質を向上させることができる．これが熱処理であり，ジュラルミン (Al-Zn 合金) の時効硬化や，鋼の焼入れ，焼戻しなどが代表的なものである．

36-4: ガラス合金 (化学287)

　構成原子が不規則に乱れた配列をもつ合金．非晶質合金の別称である．液体の構造と同じように，短範囲では隙間の多い不均一な構造であるが，長範囲では等方的な構造である．製造方法としては，気相物質からの真空蒸着法，スパッター法，化学蒸着法 (CVD) と，液相状態からの電着法，液体急冷法，および結晶相への中性子照射法，衝撃波法，イオンインプランテーション法がある．非晶質化による性質の一般的変化として，1) 電気伝導およびその温度係数は常温で小さくなり，極低温では超伝導性を示す合金もあること，2) 熱膨張係数も減少し，3) 弾性率も低下し，4) 強磁性が軟磁性となる合金や磁歪が小さくなるものもあること，5) 硬くて強いが粘さを生じ，6) 化学的に活性であるので水素を吸収する作用や触媒としての作用が高まるが，孔食や隙間腐食に対しては強くなることなどがある．

36-5: 非晶質強磁性体 (物理1716-1717)

　液相や気相状態の合金を冷却速度 $10^{6\sim10}$ K/s で急冷固化させると，合金は結晶化しないで，無秩序な原子配置をもった無定形状態の合金が得られる．これを非晶質合金，アモルファス合金といい，このうち室温で強磁性を示すものを非晶質強磁性体，アモルファス強磁性体という．このほか，結晶合金と同様に，フェリ磁性や反強磁性，スピン

グラス磁性などを示すものもある.

・非晶質合金は，主として原子半径が大きく異なる元素を複数組み合わせたものや，共晶点付近の組成で低融点の合金で得られやすい. 作成法には，蒸着法 (スパッタリング法や真空蒸着法)，液体急冷法 (遠心急冷法，単ロールや双ロール急冷法：液体急冷法で作成した非晶質合金を薄帯とよぶ)，電気メッキ法などがある. これらの方法でつくられている非晶質強磁性体は，鉄族金属 (Fe，Co，Ni) を主体に，半金属・半導体 (B，C，Si，P など：これらの元素をメタロイドという)，4d や 5d 金属 (Zr，La，Hf など)，および希土類金属との合金の 3 種類に大別される. このような非晶質合金の一般的な特徴として，(a) 熱的に安定な平衡相の合金だけでなく，熱的に準安定な準平衡状態の合金であり，平衡相では得られない組成の合金も得られる. (b) 結晶粒界がない均質な合金である. (c) 結晶のすべり面がないので機械的強度が強いうえ，耐腐食性に優れている. (d) 特定の温度 (結晶化温度) 以上に加熱すると，結晶化が起こり物性が非可逆的に変化し上述の特徴を失うが，結晶化温度以下であっても徐々に物性に経年変化を生じる.

　以上の非晶質合金の特徴は，磁性に次のように反映する. (1) 原子間距離が一定でないので交換相互作用が分散し，一般に強磁性キュリー温度は結晶よりも低下するが，逆に上昇するものもある. (2) 理想的な非晶質合金には結晶磁気異方性が存在せず，主として非晶質作成時に導入される誘導磁気異方性 (異方的な原子対分布，応力，ひずみ，磁歪，柱状構造) が存在する. 組成比を適当に選ぶと磁歪と保磁力が小さく透磁率の大きい軟磁性を示す (($Fe_8Co_{62}Ni_{30})_{75}B_{10}Si_{15}$ など). さらに非晶質合金は電気抵抗率が大きいので渦電流損失も小さく，高周波特性に優れている. このため電力用トランス，磁気ヘッド，モーターに利用される. (3) 重希土類金属 (Gd，Tb，Dy，Ho) と遷移金属 (Fe，Co) からなる合金は，結晶相では金属間化合物をつくり固溶しないが，非晶質相では広い範囲で固溶し大きな誘導磁気異方性をもつので，垂直磁化膜として光磁気材料に使われている. 結晶粒界がないので，低雑音で高密度の磁気記録が可能である (Tb-FeCo).

36-6:　　　　　　　　　**金属性液体** (化学363)

　液体金属ともいい，水銀のような金属の溶融体をいう. 金属性液体においては自由電子によるいわゆる金属結合が凝集力の本性と考えられる. 蒸発熱，表面張力などは分子性液体の数十倍から数百倍程度の大きさをもつ. 一般に典型的な金属では電気抵抗率は溶融により 1.5~2.2 倍に増加するが，液体でもその値は金属特有の小さい値であるので，電子は液体中を自由に移動していると考えられる.

36-7:　　　　　　　　　**非鉄合金** (化学1144)

　鉄以外の金属を主成分とした合金をいう (鉄を主成分とした合金は鉄合金あるいは鋼という). 主として次のように分類される. i) 銅合金. 1) 高銅合金：銅含有量が 96~99.3% で伸展材となる. Cu-Be 合金は析出硬化により，実用銅合金中最大の強度を示す. 2) 黄銅：Cu-Zn 二元合金で Zn 2% 以下を丹銅，30% 以上を黄銅という. 3) スズ青銅：Cu-Sn 二元合金で鋳物として古くから用いられてきた. 4) アルミニウム青銅：Cu-Al 二元合金. 適当量の As，Fe，Ni，Mn，Sn，Si などを添加して用いる. α 相合金は耐食性，冷間加工性が良く，伝熱管などに用いる. β 相合金は高力材料として用いる. 5) キュプロニッケル：Cu-Ni 合金で Ni 量の増大とともに耐食性と強度が増す. 6) 洋白：

Cu-Ni-Zn 合金.　ii) アルミニウム合金.　伸展材と鋳物材とに分けられる.　それぞれ
Al-Si, Al-Mg 系合金 (非熱処理型合金) および Al-Cu-Mg, Al-Mg-Si 系合金 (熱処理合金)
などが主なものである.　iii) マグネシウム合金.　1) 鋳造用：大別して次の三つに分ける.
第一は Mg-Al 系で実用化の初期に開発され, 現在も中心となっている.　第二は Mg-Zn
系で, Zr の結晶粒微細化作用によって優れた強度を示す, 第三は Mg-希土類元素ある
いは Mg-Th 系で耐熱性を特長とする.　2) 伸展用：常温での塑性変形が困難なため, 冷
間圧延による薄板製造は制限される.　iv) チタン合金.　目的別に三つのグループに分類
される.　第一は α (六方晶) 型で, 5Al-2.5Sn-Ti 合金.　高温領域でも安定な組織をもつ.
第二は $\alpha + \beta$ (立方晶) 型で, 6Al-4V-Ti 合金.　板, 棒, 線などの伸展性のほかに鋳造性
も良く溶接も可能である.　第三は β 型で, 熱処理により Ti 合金中最も強力な合金を得
ることができる.　v) コバルト, ニッケル合金.　Co 基合金は複炭化物の析出硬化により
高温強度を得ることが可能である.　さらに高温の高応力に耐える合金として, ThO_2 を
分散した Ni (棒, 薄板) や Ni-Cr (薄板) などは粉末冶金法により得られる.　vi) 低融点合
金.　Zn, Pb, Sn および Bi 合金.　vii) 貴金属合金.　Au, Ag, Pt, Pd, Ir, Rh, Os および
Ru 合金.　viii) 高融点合金.　V, Nb, Ta, Cr, Mo および W 合金.

36-8:　　　　　　　　　　　形状記憶効果 (物理566)

　金属材料の大きな特徴は成形性がよく, しかも, いったん所定の形状に成形したら,
その形状を永久に保持できるということにある.　しかし, ある種の金属材料はそのよう
な一般的特徴とは異なって, 一度変形したあと 10~30ºC 程度加熱すると, 過去を記憶し
ていたかのように変形前のもとの形状に戻る現象を示す.　これが形状記憶効果であり,
熱弾性型マルテンサイト変態を起す合金系でそれが現れる.　この同じ材料を少し高い温
度 (M_s 点より上の母相状態) で変形すると, 変形量がフックの法則の弾性限界を超えて
いても, 応力を除去しただけで変形前のもとの形状に戻る.　これを変態擬弾性とよぶ.
変形が転位の運動に基づく塑性変形であったとしたなら, 加熱あるいは応力除去で変形
前の形状に戻るはずがない.　形状記憶効果および変態擬弾性の変形はマルテンサイト変
態で起きたものである.　マルテンサイト変態は母相格子のせん断変形によるから, 変態
した部分は形状変形を受ける.　個々のマルテンサイト晶は小さく, 種々の方位のものが
あるから, それらの形状変形は平均化されて巨視的な外形変化に現れない.　しかし, 外
力を加えるとひとつの方位のマルテンサイト晶に再配列し, その形状変形が外形変化に
現れる.　これは加熱あるいは応力除去の際の母相への可逆的逆変態, すなわち逆向きの
せん断変形によって消失する.　これが形状記憶効果あるいは擬弾性の現れる機構である.
その特異な性質のエネルギー機器, 各種工業機器および医療機器への利用が活発に検討
されている.

36-9:　　　　　　　　　　　形状記憶合金 (化学423)

　形状記憶効果を示す合金で, 現在 Ti-Ni や Cu-Zn-Al 合金などが代表的実用材料である.
これらの合金は β 相 (ヒューム・ロザリー) 合金に属するものが多いが, 最近では
Fe-Mn-Si 合金などの鉄系 (合金) 材料も現れた.　実用合金は超弾性および可逆形状記憶
効果を利用したものが多い.　この可逆形状記憶効果は 2 方向形状記憶ともよばれ, 臨界
温度の高温側および低温側で記憶された形状が, 冷却, 加熱に伴って可逆的に変化する

現象である．Ti-Ni 合金で発見された全方位形状記憶効果もこのカテゴリーに入る．一般にバネ形状のものが多く使われるが，線状，棒状および板状のものもある．応用範囲は，1) 家電分野，2) 車両分野，3) 建築関連分野，4) エネルギー分野，5) 産業機械分野および 6) 医療分野にわたっている．

36-10:　　　　　　　　　　冶金 (化学1456)

　広義では金属学全般を示すが，狭義では金属製錬の意味で，原料中に化合物の形で存在する金属元素を還元し，中性遊離金属として得ることをいう．還元法には 1) 炭素質あるいは水素による還元．2) ある不純物元素に対してより親和力の強い金属成分による還元．3) 水溶液中での還元や電気分解，その他熱解離による金属製錬も冶金に含まれる．また，製錬手法による分離としては 1) 燃料や電熱による高温製錬を乾式製錬 (乾式冶金)，2) 常温付近の水溶液のような溶媒による抽出，置換，還元を行う湿式製錬 (湿式冶金)．また以上のうち，電熱や電解を利用する製錬をまとめて電気冶金という．乾式冶金は精鉱，焙焼鉱，焼結鉱などを高温炉内で溶融製錬し，目的金属を粗金属にするか，あるいはマット，スパイスなどの中間生成物にいったん濃縮し，不純物はスラグとして分離する方法で，溶融状態では密度の差によって粗金属，スパイス，マットあるいはスラグが分離して存在する．スラグ以外のものはさらに最終目的金属を得るために転炉溶錬，その他の方法で製錬される．炉内には主原料のほか溶剤，燃料，還元剤，空気なども導入され，すべてが融体に達するようにする．一方，湿式冶金は適当な水溶液溶媒に鉱石または精鉱中の目的金属を溶解し，この溶液から化学的または電気化学的に金属イオンを還元して金属を採取するか，あるいは目的金属の純粋化合物を晶出沈殿させる方法で，金銀鉱，ウラン鉱，バナジウム鉱，ボーキサイト，酸化銅鉱＋亜鉛鉱の浸出は古くから用いられ，最近は低品位鉱にも適用されるようになった．

36-11:　　　　　　　　　　電気冶金 (化学925)

　一般に電解を利用した金属製錬をいう．この製錬には水溶液もしくは溶融塩の電解浴が利用され，元素によって相違するアノード溶解またはカソード析出の難易の差を応用し，純金属を製造する技術である．このとき使用される電解浴中での不純物イオンに対する難溶塩の生成反応も同時に利用される．粗金属を陽極として，陰極に純金属を析出させる電解精製の例として金，銀，銅，鉛，ニッケル，ビスマス，スズがある．一方，鉱石から目的金属を適当な溶媒に浸出し，浸出液を電解液として陰極に粗金属を経ないで純金属を析出させる電解採取には亜鉛，カドミウム，銅，マンガン，コバルト，クロム，ニッケルがある．またアルカリ金属 (Li，Na，K)，アルカリ土類金属 (Be，Mg，Ca，Sr，Ba)，Al などでは溶融塩電解が使われ，特にアルミニウムは大規模に工業的生産が行われている．

36-12:　　　　　　　　　　展性 (化学936)

　Au，Ag，Sn，Al のような物質は圧力や打撃によって破壊されることなく平面的に広げられ，薄い箔にすることができる．このような性質を展性という．一般に展性に富む物質は柔らかく，硬さの大きい物質は展性が小さい．弾性限度を越えた力により物質が

破壊されることなく変形する場合に，一次元的に細長く引き延ばされる性質が延性，二次元的に薄く広げられる性質が展性である．展性は物質の種類だけではなく，圧力や打撃のかけ方や温度にも関係する．一般に低温ではもろさが現れやすく，また，変形速度が急激すぎてももろさが現れる．

36-13:　　　　　　　　　**焼入れ** (化学1456)

　金属材料を高温度に加熱して急冷し，準安定状態の過飽和固溶体の金属組織を得る操作．たとえば，鋼では炭素を固溶したオーステナイト状態から急冷すると，セメンタイトの析出が阻止され，マルテンサイト組織とよばれる硬化組織が得られる．したがって，炭素鋼の焼入れのことを特に焼入れ硬化ということがある．鋼の焼入れでマルテンサイト組織が得られるためには，ある臨界の速度以上で冷却することが必要である．この速度は鋼の化学成分とオーステナイトの結晶粒度に依存する．また，Ni，Cr，Mn，Mo などの合金元素を含む鋼は臨界冷却速度が小さく，焼入れ性が良好となる．焼入れ性の良好な鋼は，大形寸法のものでも中心部まで硬化が可能で，質量効果の小さい鋼とよばれる．

36-14:　　　　　　　　　**焼なまし** (化学1456)

　アニーリングともいう．鉄または鋼について目的に沿うような性質を得るため，適当な温度に加熱した後ゆっくり冷却 (5.5×10^{-3} K/s 以下) する操作．その目的によって焼なましの方法が異なる．内部応力の除去を目的とするひずみとり焼なまし，軟化を目的とする中間焼なまし，結晶粒の微細化を目的とする完全焼なましなどがある．

36-15:　　　　　　　　　**焼戻し** (化学1456)

　焼入れした鋼の靱性を増大させ，また硬さを減じるため，変態点以下の適当な温度に加熱したのち冷却する操作．しかし，焼入れした鋼を焼戻しによってさらに硬化させる場合もある．たとえば，高速度鋼などがその例であり，特殊炭化物 (W_2C，Mo_2C など) の析出によって硬化するので，焼戻し硬化といって普通の焼戻しと区別している．焼戻して軟化する方の焼戻しを tempering，硬化する方の焼戻しを drawing という．このほか焼戻しはその方法によって，乾式焼戻し，湿式焼戻し，直接焼戻しなどの種類がある．

36-16:　　　　　　　　　**表面硬化** (物理1756)

　金属材料特に鋼材について表面層のみ硬化させ，耐摩耗性や疲労強度を向上させる方法．材料は一般に硬化させるとそれに応じて，もろくなる性質をもつが，衝撃的負荷を受ける部品には表面だけ硬化し内部は靱性をもつ材料が適しており，自動車部品の歯車や回転部品などに表面硬化処理は広く用いられている．鋼材の表面硬化法としては，低炭素鋼部品を高温で浸炭剤や浸炭ガス中に置き，炭素を部品表面層に拡散させ，表面層の焼入れを増した後で焼入れ処理をする浸炭法，同様に表面層に窒素を拡散させ硬質の窒化物層を生成させる窒化法がある．また焼入れのとき高周波加熱や火炎加熱により表層部だけ加熱焼入れ処理する表面焼入れ法もよく使われる．特殊なものでは，これらの

窒化や表面焼入れを空中放電を利用して行う場合もある．このほか亜鉛，クロム，アルミニウムといった金属を鋼の表面層に拡散浸透させ，耐食性を増す方法，ショットピーニシグといって表面層に加工硬化層と圧縮残留応力を残し，疲労強度を増す方法なども表面硬化のひとつに数えられる．

36-17: <center>加工硬化 (物理338)</center>

金属材料等の延性の高い材料の塑性変形領域において，ひずみを増加させると，この変形に要する応力が増加する．すなわち硬化する現象をさす．ひずみ硬化ともいう．いいかえれば，横軸にひずみ，縦軸に応力をとった場合，塑性変形領域における応力・ひずみ曲線が正の傾きをもつことに相当する．一度加工硬化した材料を再負荷すれば，あらかじめ負荷の最終段階で硬化していたとほぼ同じ応力から塑性変形が始まり，さらに加工硬化が進行する．こういう性質であるから，板の圧延や針金の線引きなどの塑性変形を伴う加工を施しておくと，塑性変形が起りにくくなり，材料を改善することができる．

金属の場合の加工硬化の主な機構は，塑性ひずみによって多くの転位や障害物が発生し，それが転位の運動に対して障害となるためである．なお加工硬化した金属を高温で焼なましすれば，回復という現象により加工硬化する以前の状態に近づく方向に軟化する．なお金属以外の無定形材料，たとえばプラスチックスなどでも加工硬化が認められるが，これは高分子鎖が大きな変形によって特定の方向に多数配向しその相互作用により変形がしにくくなるなどの機構が考えられている．

36-18: <center>金属の成形 (物理1060)</center>

大別して6つの方法がある．(1) 鋳造，すなわち高温で流動状にした金属を，所要の形状につくられた型の中に注入してから冷却して固化させる方法．(2) 鍛造，絞り加工，押し出し成形，プレス加工，爆発成形などの塑性加工．(3) 溶接．(4) ボール盤，旋盤，フライス盤などを用いる切削加工．(5) 粉体を圧力によって固めてから融点以下の温度で焼結させる粉末冶金法．(6) そのほか，超音波加工，ショットピーニング，放電加工，電子ビーム加工などの特殊加工．

36-19: <center>腐食 (物理1821)</center>

広義の化学作用により，主として金属材料がその表面から損耗すること．広い意味における腐食では化学作用のほか，力学的作用などを含めたり，金属材料以外の材料一般を対象としたり，表面だけでなく内部を考えたりする場合もある．腐食による損耗の形態は多様である．材料の一部が失われるという形の腐食についてだけでも，まず材料表面に沿って一様に溶失する，または浅いなだらかな不規則凹凸面をつくるように流失する全面腐食または一般腐食がある．また表面各所に円孔状または半球状ピットや溝が不規則に発生・成長し残り部分は原表面の形状を保つ孔食などを含む各種の局部腐食があり，さらに腐食による割れに至るまで各種の形態がある．腐食を生じる接触環境としては，液相も気相も固相もあるが，その際の腐食の原因に着目し，主として電気化学的溶失による湿食と，主として表面の酸化による乾食に腐食を大別することもある．腐食は

材料にとっては一般に有害な作用として扱われ，肉厚減少，凹凸による応力集中に基づく材料の強度低下や進行性局部腐食による貫通漏洩や材料の割れなどが特に問題とされる．腐食の強弱は，板厚の減少速度，ピット深さの増加速度，重量減少速度などを尺度として記述することが多く，腐食速度，腐食率，侵食率など各種の表現が用いられる．金属材料を長期間使用するためには，この腐食を抑制・制御して使う必要があり，これを防食という．防食の方法としては，メッキや塗装など各種の金属・非金属被覆を用いる以外に，電気防食や抑制剤などがある．腐食に対する強弱は，材料とその接触環境との組み合わせによる．たとえば，常温・中性程度の水環境中にある材料としては，貴金属，純チタン，耐食性銅合金，耐食性ニッケル・クロム合金鋼などは腐食しにくい．このように，使用材料の選択も広い意味での防食方法のひとつと考えられている．

36-20: 電食 (物理1417)

主に直流電気鉄道や直流送電地域に発生する電流による金属の腐食現象．直流式電車の負荷電流がレールから大地に漏電し，付近の地下埋設金属 (水道管，ガス管，電力および電話ケーブル) などに流入し，再び大地に流出すると，その埋設金属の流出部に電気化学的な腐食現象が発生する．これを電食という．電食は流出電流の大きさと持続時間の積に比例する．交流電流では電流が同一点で流入流出を繰り返すため電食は可逆的でその被害は小さく問題にならない場合が多い．電食の原因としては，直流電流のほかに周囲の土壌による局部電池作用によるものなどが考えられている．防止対策としては，漏れ電流を吸収する電線の併設や，排流法を採用し，正電流が直接大地へ埋設金属から流出しないようにしている．特にガス管などでは人命に関する大事故につながるのでおろそかにできない．

36-21: 防食 (化学1350)

金属材料の腐食の防止．実用金属材料は多くの環境下で，熱力学的にみて自然に腐食する傾向をもっているので，使用に際して腐食防止対策が必要である．基本的立場からみて，腐食防止の方法は次の三つに分類される．1) 材料における対策：使用環境下で耐食性の大きい金属材料を選定する．2) 環境側からの対策：環境中の酸化剤あるいは腐食性媒体を除去する．たとえば，水から酸素および二酸化炭素を，高温ガスから SO_2 および HCl を，有機溶媒から水を除く．3) 金属・環境の相境界における対策：金属と環境媒体との直接接触を避けるため，耐食性金属めっき，非金属被覆塗膜，腐食抑制剤吸着被膜などの表面処理を行う．金属の電極電位を制御して，熱力学的に腐食しない電位域に保持するカソード防食，および不動態電位域に保持するアノード防食などの電気防食も原理的には相境界制御防食法の分類に入る．

36-22: 腐食抑制剤 (化学1214)

防食剤ともいう．環境中に少量加えて，その物理的・化学的作用で金属の腐食を防止または軽減させうる化学物質またはその混合物．通常，有機インヒビター，無機インヒビター，気化性インヒビターの3種に分類される．無機インヒビターにはしばしば金属を不動態化させるものがあり，これらは不動態剤とよぶ．また，インヒビターの作用機

構の上からは，金属のアノード溶解反応を抑制するアノード防食剤と環境酸化剤のカソード還元反応を抑制するカソード防食剤に分類される．

36-23: 腐食疲労 (物理1821)

　腐食環境特に電解質溶液による溶解性腐食環境に置かれた金属材料は，繰り返し応力を受けて疲労破壊を起す場合，通常の大気中での疲労に比べて，疲労強度や疲労寿命(疲労破断繰り返し数)が異常に低下することがある．この現象を腐食疲労という．大気中では，鋼のS-N曲線には疲労限度が存在し，これ以下の応力を鋼に繰り返し与えても破壊を招かないが，腐食疲労では疲労限度が消失し，S-N曲線が無制限に低下するといわれている．腐食疲労が起る条件は，繰り返し応力と腐食作用が同時に加わることである．過去に腐食を受けた材料に対し大気中で疲労試験を行うと，腐食を受けなかった材料より疲労限度は，一般に低下するが，消失はしない．この場合は，腐食した材料の疲労であり，腐食疲労とは区別される．腐食疲労をまったく起こさない金属材料はまだ発見されていない．純水中，海水や食塩水中あるいは希酸中における炭素鋼・低合金鋼などの普通鋼の腐食疲労はよく知られている．その場合，大気中の疲労とは異なり，応力繰り返し速度 (Hz, cpm) を低下したり平均応力を増加すると腐食疲労強度は著しく低下する．また材料の寸法を増加すると強度は向上する．腐食疲労の防止または緩和対策としては，塗装・電気防食・インヒビターなどにより腐食を防ぐ方法と，高周波表面焼入れや窒化を用いたり，材料表面に圧縮残留応力を与えるなどして亀裂の発生や進展を防ぐ方法とがある．

　破壊力学では，応力拡大係数範囲 ΔK の関数として疲労亀裂成長速度 da/dN を記述する．この ΔK と da/dN の関数関係だけでなく亀裂成長の下限界応力拡大係数範囲 ΔK_{IH} の値も環境によって影響を受けて変化するが，これらを含めて破壊力学では腐食疲労とよんでいる．一般に腐食性環境は疲労亀裂の発生・成長を促進し，亀裂の入った材料の疲労強度を下げる傾向があるが，その反対の効果を与える場合もある．

Lesson 37: Materials V
(material processing)

延 エン stretching
の(ばす) to extend, to let (hair) grow, to postpone, to straighten, {vt};
の(びる) to be postponed, to extend, to grow, to lengthen {vi};
の(べる) to lengthen, to stretch, to widen {vt}

圧延加工	アツエンカコウ	rolling
延長	エンチョウ	extension, elongation

却 キャク all the more, instead, on the contrary

過冷却度	カレイキャクド	degree of supercooling
冷却剤	レイキャクザイ	coolant

距 キョ distant

焦点距離	ショウテンキョリ	focal length
末端間距離	マッタンカンキョリ	end-to-end distance

経 キョウ sutra; ケイ longitude, sutra, warp
へ(る) to experience, to elapse, to pass (through)

経験	ケイケン	experience
経路	ケイロ	path, pathway, route

後 ゴ back, behind, rear; コウ back, behind, rear
あと after, back, behind, later; うし(ろ) back, behind, rear;
おく(れる) to be late, to lag behind; のち after, future, since then

後者	コウシャ	the latter
今後	コンゴ	henceforth, from now on

持 ジ holding, maintaining
も(つ) to carry, to have, to hold, to last long, to maintain, to possess, to wear well

維持	イジ	maintenance, preservation
持続	ジゾク	continuation, persistence

蒸 ジョウ steamy, sultry
む(らす) to heat with steam, to steam {vt};
む(れる) to become musty, to become stuffy{vi}; む(す) to heat with steam, to steam {vt}

真空蒸着	シンクウジョウチャク	vacuum deposition
蒸発	ジョウハツ	evaporation, vaporization

前 　ゼン before
　　まえ before, front, head (of a line), previous
　　　　前者　　　　　　　ゼンシャ　　　　　　　the former
　　　　前半　　　　　　　ゼンハン　　　　　　　first half

総 　ソウ all, general, total, whole
　　　　総合的な　　　　　ソウゴウテキな　　　　integrated, comprehensive
　　　　総称　　　　　　　ソウショウ　　　　　　generic name, general term

鋳 　チュウ casting (metal)
　　い(る) to cast (metal), to coin, to mint
　　　　鋳物　　　　　　　いもの　　　　　　　　casting, cast metal
　　　　鋳造　　　　　　　チュウゾウ　　　　　　casting, founding

噴 　フン emitting, flushing out, spouting
　　ふ(く) to emit, to flush out, to spout
　　　　噴射　　　　　　　ブンシャ　　　　　　　spray, injection, jet
　　　　噴出　　　　　　　フンシュツ　　　　　　spewing, spouting, eruption

融 　ユウ dissolving, melting
　　　　融解　　　　　　　ユウカイ　　　　　　　melting, fusion
　　　　融点　　　　　　　ユウテン　　　　　　　melting point

離 　リ separation
　　はな(す) to disconnect, to isolate, to release, to separate {vt};
　　はな(れる) to become free, to come off, to digress, to separate {vi}
　　　　電離　　　　　　　デンリ　　　　　　　　ionization
　　　　分離　　　　　　　ブンリ　　　　　　　　separation

硫 　リュウ sulphur
　　　　加硫　　　　　　　カリュウ　　　　　　　vulcanization
　　　　硫酸　　　　　　　リュウサン　　　　　　sulfuric acid

冷 　レイ cold, cool
　　つめ(たい) chilly, cold, coldhearted; ひ(える) to cool down, to grow cold {vi};
　　ひ(やす) to cool, to refrigerate {vt}
　　　　冷間圧延　　　　　レイカンアツエン　　　cold rolling
　　　　冷却　　　　　　　レイキャク　　　　　　cooling

Reading Selections

37-1:　　　　　　　　　　　**摩砕** (セラ439)

　圧縮作用，せん断作用，衝撃作用と並ぶ粉砕作用の一つで，粉砕媒体間あるいは媒体と壁間との摩擦作用を利用して粉砕を行うこと．古くはひき臼が摩砕の一例である．実際の粉砕機ではいくつかの粉砕作用が組み合わされて粉砕が進行するが，ボールミル，特に低速回転のボールミル，アトリッションミルで摩砕の効果が大きいとされている，粉砕粒度的には，一般に微粉砕に適する．

37-2:　　　　　　　　　　　**ガラス転移** (化学287)

　ガラスを加熱したときに，熱容量，比容，熱膨張率などの性質の温度依存性が，ある温度範囲で急に変化する現象．力学緩和，誘電緩和などの性質にも同様の変化が見いだされる．それが起こる温度をガラス転移温度またはガラス転移点という．ガラス転移は，熱力学的な相転移ではなく，加熱や冷却の速度によって影響を受け，比較的狭い温度範囲での連続的な変化として観測される．ガラス転移温度以下では結晶化が抑制される．ガラス転移温度以下の状態をガラス状態といい，その状態にある物質をガラスとよぶ．ガラス転移温度以上では過冷却液体の状態になる．ガラス状態においては，構成粒子の並進，回転などの運動エネルギーが，配列がえのためのポテンシャルエネルギーを超えることができなくなって，乱れたまま凍結した状態であると考えられている．液体，液晶，柔粘性結晶，合成高分子固体などを冷却したときに出現することがある．ガラス状態は非平衡な状態である．

37-3:　　　　　　　　　　　**ガラス状態** (物理373)

　溶融液体から急冷して，過冷却液体，ガラス転移点を経てつくられた物質のとる状態をいう．広い意味では，無定形状態，すなわち原子(または分子)が結晶格子を組んでいない非晶質のうち熱的に非平衡状態にあるものをいうが，さらに広義には，非晶質全体を指すこともある．またガラス状態は，ガラスとほぼ同意に用いられる．ガラス状態が得られる物質は，ケイ酸塩ガラス，カルコゲナイドガラスなど数多くある．溶融液体から過冷却液体を経てガラス状態へ移るガラス転移では，いろいろな物理的性質が変化する．たとえば粘性は，溶融液体から過冷却液体へ移ると急激に増大し，粘性率はガラス転移点に達すると 10^{13}P 付近になる．そしてガラス状態では，原子(または分子)の拡散がほとんど起らなくなり，その運動は凍結される．また比熱は，ガラス状態から過冷却液体へ移るとき著しく増加するので，比熱を測定することからガラス転移点を検出することもできる．

　有機物で，ガラス状態が見られる典型的なものに高分子がある．温度が高い状態では高分子鎖はミクロブラウン運動を行っていり，元の位置を中心にヘビののたうち運動のような状態を示しているが，十分温度が高くなると元の位置よりずれたマクロブラウン運動を生ずるようになる．十分低い温度下では，あたかも冬眠下のヘビのように，じっとしておりミクロブラウン運動も行わない．すなわち，このような条件下では自由体積

が非常に小さくなり，熱エネルギー kT もまた，高分子セグメントの回転および並進ジャンプに対するポテンシャルエネルギー障壁の高さに比べて小さくなり，上記運動が凍結される．そしてこの状態下の高分子セグメントの原子団は理想固体と同様に振動運動のみを行う．このような状態をガラス状態という．

37-4:　　　　　　　　成形 (セラ226)

　陶磁器の場合，泥漿，練土あるいはその他の状態の塊を規定の形状のものにつくり上げる工程をいう．成形方法は成形される物質の性質と希望する形によって分類される．最も基本的には坏土の含水量によって，(1) 乾式加圧成形，(2) 塑性成形，(3) 泥漿鋳込み成形および (4) 硬い塊を切出して形をつくる方法とがあり，これらはさらに用いられる手段や方法などによって細分類される．
　耐火物の場合，成形法は泥漿鋳込み成形，手打成形，機械成形に大別する．(1) 鋳込み成形は泥漿状態の坏土を石膏型などに鋳込む方法で特殊品に採用され，また電気炉で溶融した原料配合を黒鉛鋳型に鋳込む電鋳煉瓦もこの部に入る．(2) 手打成形は近年減少したが，複雑な形状の粘土煉瓦に主に利用される．(3) 機械成形はフリクションプレス，トグルプレス，油圧プレス，ロータリープレスなどの成形機を使用して成形するが，成形圧力が強く，添加水分も少ないため，形状正確，高強度，高能率で次第に増加の方向にある．

37-5:　　　　　　　　製錬 (化学749)

　英語の smelting は溶融製錬あるいは略して溶錬と訳されるのが普通である．製錬とは，広義には英語の process metallurgy あるいは extractive metallurgy を意味し，鉱石中に含まれる目的の金属を脈石や不純物から分離して，純金属または合金として取り出す操作のことである．狭義には電解精製を意味する精錬として使われている．乾式製錬とは鉱石を還元剤やフラックスと高温で反応させ，脈石や不純物をスラグとして分離し，目的金属 (上述のようにマットやスパイスの中間物から粗金属を得る場合も含む) を得ることである．湿式製錬とは，酸やアルカリ溶液など適当な溶媒を使って鉱石から目的金属を溶かし出し，その溶液から化学的または電気化学的にその金属を取り出す方法である．後者は電気冶金とよばれ，電解精錬，電解採取などの方法がある．

37-6:　　　　　アイソスタティックプレス (セラ1)

　セラミックスや金属粉などの成形で，粉体をゴム，プラスチックス，薄肉金属などでつくった容器中に封入し，これを水，油，気体などの圧力媒体中に入れ，媒体を加圧することによって被成形体に均一な圧力がかかるようにした圧縮成形機，また，その操作をいう．等方性で均質な成形体を得るのに適している．また最終製品に近い形状に成形することもできる．冷間で行うものをラバープレスあるいは CIP，高温で行うものをHIP とよぶことがある．

37-7: ホットアイソスタティックプレス (セラ430)

　粉体あるいは予備成形体を，高温においても被覆体を形成する金属はくなどに封入脱気したのち容器内に挿入し，不活性雰囲気媒体を通じて等方的に加圧しながら加熱焼結する方法で，ホットプレスが一軸方向の加圧に対し等方加圧のためより均質高密度の焼結体が低温焼結で得られる．あらかじめ理論密度の95%程度に予備焼結し，オープンポアをなくしておけば，被覆体なしで同様な効果が得られ，欠陥除去や接合にも利用される．

37-8: 焼結 (セラ189-190)

　粉体を融点以下にあるいは一部液相を生ずる温度に加熱した場合に，焼き締まってある程度の強度を持つ固体になる現象をいう．粉体中のある2粒子に着目すると，接触して存在する2個の粒子は表面エネルギーが最小でなく，熱力学的には非平衡状態にある．そのため，物質の移動のための活性化エネルギーが与えられれば，表面エネルギーの減少する方向に物質移動が起こる．一般にこの系を融点以下の温度に加熱することでその活性化エネルギーは与えられ，物質移動が起こる．表面エネルギーの減少は，すなわち表面積が減少することであり，2粒子間に結合が起こる．このとき新たに生成する界面の持つエネルギーとの関係で，その系全体の自由エネルギーが極小となるところまで進行する．一般に焼結はその速度論から，初期，中期，終期の三段階に分けて考えられている．代表的な焼結機構として，表面拡散，粒界拡散，体積拡散，蒸発・凝縮，粘性流動，液相焼結などが提案されている．

37-9: 焼結工具 (セラ190)

　刃部の材料に焼結体を用いた切削工具．具体的には超硬合金工具，サーメット工具，セラミック工具を指す場合が多いが，金属系の切削工具でも粉末冶金法で作られたものはこれに含まれる．

37-10: 圧延 (物理15)

　回転する2つのロールの間に材料を挿入し，塑性変形を利用して厚さまたは断面積を減少させる加工法．この作業は常温または熱間で行われ，材料はロールとの間の摩擦力によって引込まれながら連続的に圧縮延伸されるので，ロールで圧延された材料は，主として長手方向に伸び，冷間圧延を受けた材料は圧延繊維組織を呈し，加工硬化して強度は上昇するが延性は低下する．そのため再度加熱焼なまして出荷されることが多い．大量生産に適し，自動車用外板から造船用鋼板まで金属材料の大半は圧延で製造されており，非金属材料でも種々の形態で利用されている．圧延で溝付きロールを用いたり，側方からのロールと組み合わせると丸棒や異形断面形材をつくることができる．さらに特殊な圧延機を使うことによりリング状製品を圧延したり，プラグまたはマンドレルを使ってせん孔，圧延して管状製品をつくることにも利用されている．

37-11:　　　　　　　　　　　化学蒸着法 (化学254)

　略称 CVD. 高温の基板上に反応性のガスを流し，基板表面上に固体層を析出させる方法. $TiCl_4$-CH_4-H_2 系のガスから 1000℃ 付近で炭化チタンが，また $TiCl_4$-N_2-H_2 系から 1050℃ 付近で窒化チタンが析出するなど金属，半導体，絶縁体の蒸着に広く使われている.

37-12:　　　　　　　　　　　MOCVD (化学188)

　気相合成法の一つである化学蒸着法 (CVD) の一つで，従来の無機化合物を主原料にした CVD と異なり，アルキル化合物などの有機金属化合物を原料とする場合，あるいはアルコキシドなどの金属有機化合物を利用するものの総称として使われている (厳密には有機金属化合物を利用する場合は OMCVD という). 比較的低温で合成が可能であることなどから，半導体，誘電体などの合成に用いられており，最近では ALE とよばれる単原子層膜の合成にも応用されている.

37-13:　　　　　　　　　　　化学気相成長法 (物理300)

　メタン，プロパン，ベンゼンなどの炭化水素気体を 1600℃ 以上で熱分解すると，下地とほぼ平行に六方多環面が配向した層状炭素が得られる. これを加圧焼なましすると，c 軸のまわりの配向は乱れているが，他はグラファイトと同じパイロリティックグラファイトができる. また，SiH_4 気体を H_2，Ar などで希釈し，PH_3 または B_2H_6 を混入して 500~650℃ で熱分解すると，n 型または p 型のアモルファスシリコンが得られる. このように，気体の熱分解により膜を生成する方法を化学蒸着法，ないしは化学気相成長，略して CVD という. 気相成長法，反応性蒸着などともよぶ. 上記のもののほかに，SiO_2，Si_3N_4，Al_2O_3，SiC，GaAs，$Al_xGa_{1-x}As$ など主に半導体工業で用いられている膜の作成に利用されている. このうち GaAs，$Al_xGa_{1-x}As$ などの生成は，AsH_3 のほかに $(CH_3)_3Ga$，$(CH3)_3Al$ などの有機金属を用いるため，有機金属熱分解気相成長 (MOCVD)，有機金属気相成長法などとよばれている. そして，GaAs-$Al_xGa_{1-x}As$ ヘテロ構造の多層膜である半導体レーザー素子の製作などに広く用いられている.

37-14:　　　　　　　　　　　プラズマ (化学1236-1237)

　自由に運動するほぼ同数の正負の荷電粒子が共存して，電気的にほぼ中性を保つ状態をいう. 物質を加熱していくと，固体から液体へ，液体から気体へ変化するが，さらに高温になると気体分子の解離，気体原子の電離が起こり，気体イオンと電子とが共存するプラズマが生成する. したがって，プラズマを物質の第四の状態ともいう. プラズマは熱的に生成するだけでなく，光などの放射線の作用や放電によっても生成する. 一般に原子の電離エネルギーは 10 eV の程度であるので，完全に電離させには 10^5 K 程度以上の高温が必要であり，このように完全に電離したプラズマを完全電離プラズマとよぶ. プラズマ粒子の運動エネルギーが keV 程度以上の超高温では，イオンの相互衝突により核反応が起こる. これを熱核反応とよび，軽い元素どうし (たとえば ^2H と ^3H，または ^2H と ^2H) の融合反応は熱核融合反応とよばれる. これに対して蛍光放電管内な

ど低圧気体放電によってつくられるプラズマは電離度が小さく，電子の運動エネルギーはいくらか高められるが，粒子間衝突は不十分なため熱平衡に達せず，電子温度，イオン温度，中性粒子温度の順に低くなる．プラズマは気体法則に従って多くの点で気体のように挙動するが，導電体であるので磁場をかけると特異の挙動をする．超高温プラズマを直接閉じ込める物質は存在しないが，磁場によって閉じ込める方法が核融合炉の開発で研究されている．金属または半導体内の自由電子と格子イオンまたは自由電子と正孔の系も，室温あるいはそれ以下の温度であるが，一種のプラズマとみなすことができ，固体プラズマとよばれる．

37-15: プラズマ CVD (化学1237)

気相合成法の一つである化学蒸着法 (CVD) の中でも特にプラズマ状態を利用するもので，平衡プラズマを利用する熱プラズマ法と，非平衡プラズマを利用する低温プラズマ法とに大別される．熱プラズマ法では，比較的高い圧力下でのプラズマジェットや高周波誘導加熱により反応が進められる．一方，低温プラズマ法では，数 hPa 以下の低圧力下での放電により，高い電子温度と低いガス温度条件が作り出されることから，より低温度での反応が可能となる．

37-16: プラズマ重合 (化学1237)

有機化合物の気体をプラズマ状態にし，基板の上に重合体として析出させる方法．真空下でモノマーとなる気体を通しながらグロー放電するとプラズマが発生し，ラジカル的な再結合が繰り返される結果，橋かけされた重合体の膜を形成する．この方法によれば，モノマーとして不飽和化合物に限らず，炭化水素，フッ素化合物などの一般の有機化合物や有機金属化合物も使うことができ，しかもピンホールのない均質な超薄膜をつくれるなど，従来の重合法にない利点がある．

37-17: プラズマジェット (化学1237)

アーク放電によって得られた高温の高速電磁流体であるプラズマを，冷却した金属電極ノズルから噴流させたもの．プラズマを外部から冷却すると，アーク表面積をできるだけ小さくし，熱損失を防ごうとアークは収縮する．その結果，中心の電流密度，温度が上昇する (熱ピンチ効果)．電流密度が非常に大きい場合，上記のほかにアーク中を流れる電流がつくる磁場により磁気的にアークが収縮する磁気ピンチ効果が加わり，プラズマ温度はさらに上昇し超高温が発生する．プラズマジェットは，材料の加工，化学反応を利用した物質の製造，コーティングなど工学の広い分野に応用されている．

37-18: プラズマ溶射 (化学1237)

プラズマコーティングともいう．アーク電力でプラズマを発生させ，噴出するプラズマ炎中にセラミック粉末を送給して微滴化し，基材上に吹きつけて被覆する方法．電力は 10~500 kW で，プラズマガスにはアルゴンまたは窒素・水素混合ガスが用いられる．セラミックスには Al_2O_3，Cr_2O_3，TiO_2，ZrO_2，WC，TiC，ZrC，TiN，$MoSi_2$ などのほか，

複合合金サーメットが 100~400 メッシュの粉末として用いられる．基板は溶射機から 8~13 cm 離して保持される．基板温度が低いこと，被覆速度が速いこと，大型材料にも被覆できることなどの利点もあるが，気孔が多く表面が粗いなどの欠点もある．

37-19: プラズマ炉 (化学1237)

　気体をイオン化し，生成したプラズマを利用する炉．プラズマの発生方法により，プラズマジェット炉とプラズマトーチ炉に分類される．前者は直流電源によるアーク放電を利用するため電極を有するが，後者は高周波誘導加熱により気体をイオン化し，プラズマを発生させるので無電極である．後者は前者に比べ電極に付随する難点がないため，酸素や空気のような電極を侵食する気体をプラズマ化することが可能である．

37-20: プラズマエンジン (物理1844)

　高温のプラズマを加速噴射することにより推進力を得るロケットエンジンを総称してプラズマエンジンとよぶ．プラズマを加速する原理によりいくつかに分類される．(1) 通常のロケットで使用しているラバールノズルを用いて，流体力学的に高温プラズマの熱エネルギーを並進エネルギーに変換するもの．これにはアークプラズマエンジンや核分裂炉や将来の核融合炉などを用いたロケットエンジンが考えられている．人工衛星などの姿勢制御用として実用化試験がなされているテフロンスラスターは，テフロンの表面に沿ってパルス大電流を流し，テフロンプラズマを生成し熱膨張させるプラズマエンジンである．(2) 電流と磁場との相互作用を利用してプラズマを加速するものは電磁流体加速 (MHD 加速) とよばれ，外部コイルを用いて磁場を印加するものと，プラズマを生成するために流した電流自身がつくる自己磁場を利用するものとに分かれる．前者にはホール加速機，後者には MPD 加速機や，短い大電流パルスを用いたパルスプラズマ加速機がある．(3) プラズマ中のイオンを静電的に加速した後，質量の小さい電子を注入し荷電中和させ高速プラズマビームにするものはイオンエンジンとよばれる．重い水銀イオンを用いたイオンエンジンはすでに人工衛星の姿勢制御用として実用化されている．これら種々のプラズマエンジンは，推力と比推力 (質量流量当たりの推力で，秒の単位で表される) が大きく異なっており，宇宙空間における推進機としての用途も異なってくる．(1)，(2)，(3) の順に推力は小さくなるが，比推力は大きくなる，すなわち噴射速度が大きくなり噴射燃料消費率が低いので長期間飛行や最終到達速度が高い必要のある場合に威力を発揮する．

37-21: プラズマ加熱 (物理1845)

　プラズマ中の特定の電子およびイオンに外部からエネルギーを注入して，その電子またはイオンのエネルギーを増大させ，粒子間衝突などの緩和過程を通して，プラズマ全体の電子またはイオンの熱運動エネルギーを増加させて，プラズマの温度を上昇させることをいう．プラズマの温度上昇は加熱効率のほか，閉じ込め時間にも依存するので，効率のよい加熱法と同時に，よい閉じ込めが必要である．エネルギーの注入方法と吸収過程によっていろいろな加熱があるが，主なものをあげると次のとおりである．
(1) ジュール加熱：プラズマの電気抵抗を利用して，プラズマ中に誘起された電流によ

るジュール熱 (I^2R) による加熱.

(2) 断熱圧縮加熱：外部から強い磁場を加えて, プラズマを磁気圧によって断熱的に圧縮し, 磁気エネルギーを熱エネルギーに変換するもの.

(3) 波動加熱：外部から電磁場を加えて, プラズマ中に波を励起し, ランダウ減衰, サイクロトロン共鳴など, プラズマ粒子と波との相互作用によって粒子のエネルギーを増大させる加熱.

(4) 高エネルギー粒子による加熱：高エネルギー粒子をプラズマに入射し, その運動エネルギーを衝突過程によってプラズマ粒子の熱運動に変換する方法や, ビームによって波を励起し, ランダウ減衰やパラメトリック過程によって波から粒子にエネルギーを変換する方法がある.

(5) 乱流加熱：プラズマ中に速い立上りの電流を誘起し, 電子を広い振動スペクトルをもつ電場との相互作用で加熱するもの.

37-22:　　　　　　　　　プラズマ源 (物理1845-1846)

　自然界には多くのプラズマ状態が存在するが, これらを実験室で利用することはできない. したがって, 放電などの手段でプラズマを発生させ実験に利用できるようにする装置が必要である. 実験で要求される種類の原子または分子のイオンから成るプラズマを, なんらかの閉じ込め容器に生成する装置をプラズマ発生装置といい, 特にそのうちのプラズマ生成部をプラズマ源という. プラズマ源はプラズマを発生させる手段や発生機構によって分類され, パルスプラズマ源, 準定常プラズマ源, 定常プラズマ源, 直流放電プラズマ源, 高周波プラズマ源, PIG プラズマ源などがある. 多くは放電による気体の電離によってプラズマを発生させるが, アルカリプラズマのように金属面の接触電離を用いたものや, レーザー光による電離を用いたものもある. プラズマ源の性能を表す重要なパラメーターは, (1) 電離度, (2) プラズマの密度, (3) 電子およびイオン温度, (4) 持続時間, (5) プラズマの大きさ, (6) 密度の一様性やパラメーターの再現性, (7) プラズマの内部に擾乱など振動が少ないこと, (8) 閉じ込め磁場の有無, (9) 近接性, などである. しかし発生機構によって, 生成されるプラズマのパラメーターは多様で, 密度は $10^4 \sim 10^{15}\,\mathrm{cm}^{-3}$, 電子温度 0.1~数 keV とさまざまで, 1 つのプラズマ源ですべてのパラメーター範囲を満たしうるものはなく, 実験目的に応じて選ぶ必要がある. 必ずしも標準的なものはないが, 一般に, 比較的小規模の物理実験でよく用いられるものとしては, (1) 陽光柱, (2) 水銀アーク, (3) 高周波またはマイクロ波放電管, (4) ショックチューブ, (5) アルカリプラズマがあげられる.

37-23:　　　　　　　　　プラズマ銃 (物理1846)

　プラズマを生成・加速し高真空の磁気閉じ込め容器中に打込むために, プラズマ物理・核融合研究の分野で開発されたパルス的なプラズマ加速機である. 代表的なものとして, (1) チタンワッシャープラズマ銃, (2) 同軸プラズマ銃 (マーシャルガン), (3) ピンチ銃などがあげられる. チタンワッシャー銃はチタンのワッシャーに水素を含浸させておき, トリガー放電およびこれに引続くパルス大電流放電により, ワッシャーから放出された水素ガスを電離させると同時に加速するものである. 電離度の高い高速のプラズマが得られる反面, チタンがプラズマ中に不純物としてかなり大量に混入してしまうこ

と，また，放電回数が 1000 回以上になると水素が出にくくなりワッシャーを取換える必要がある．

　同軸プラズマ銃は同軸状に配置された円筒状電極と中心に置かれた棒状電極とからなり，中心電極の中央部付近に設けられた孔から，高速ガスバルブを用いて，短時間内に電極間にガスを噴射し，パルス大電流放電によりプラズマを生成・加速する．半径方向に流れる円環状シート電流と，中心電極を流れる電流がつくる周方向磁場との相互作用で，プラズマは電磁流体加速を受ける．チタンワッシャー銃と異なり，種々のガスを採用できる．プラズマの量は，ほぼ銃身を満たしたガス量で決まる．パルス放電の持続時間は通常，電流シートが銃底から銃口まで進む時間に電流が最大になるように決められる．ガスの噴射時間および放電の持続時間を長くした場合は，プラズマストリーム銃とよばれているが，この作動モードは定常あるいは準定常的にプラズマを加速する MPD アークジェットと同じ作動となり，本来のガンモードとは異なる．電極をレール状に並べた 2 本の板あるいは棒にしたものはレール銃とよばれる．

37-24: 　　　　　　　　　プラズマディスプレー (物理1847)

　気体のプラズマ放電光を利用して，文字や数字などを表示する表示器である．動作形式により記憶機能をもつものと，外部に記憶機能をもったリフレッシュ方式のものとがある．2 枚のガラス板に透明電極 (書き込み電極) を縦横に配列し，その間に電極が交差する点に，ネオンガス (数百 Torr) を封入するための孔 (セル) があるガラスシートをはさみ込んで，一体化したものである．縦，横の書き込み電極にパルス信号を加えると，対応する電極間で放電し，電極内側のガラス壁面に電荷を生じる．この電荷は，セル内の電場強度を下げ，放電維持電圧以下になると放電は停止する．次に負の半サイクルでは，壁面の電荷と数百 kHz の放電維持電圧とが重なり合って再度放電する．このようにして一度書き込まれたセルは，放電維持電源のみで繰り返し放電が持続される．

Lesson 38: Materials VI
(material properties)

壊　カイ breaking
こわ(す) to break, to destroy, to tear up {vt};
こわ(れる) to be broken, to be demolished, to fall into ruin {vi}

絶縁破壊	ゼツエンハカイ	dielectric breakdown
破壊	ハカイ	failure, collapse, fracture

亀　キ tortoise, turtle
かめ tortoise, turtle

亀裂	キレツ	crack
表面亀裂	ヒョウメンキレツ	surface crack

曲　キョク composition, fault, melody, music, tune
ま(がる) to be crooked, to bend, to curve, to decline {vi};
ま(げる) to bend, to bow, to distort, to pawn {vt}

曲線	キョクセン	curve
等温曲線	トウオンキョクセン	isotherm

撃　ゲキ attacking, conquering, defeating
う(つ) to attack, to conquer, to defeat

衝撃	ショウゲキ	impact, shock, impulse
熱衝撃	ネツショウゲキ	thermal shock

験　ケン effect, testing

経験則	ケイケンソク	empirical law
実験室	ジッケンシツ	laboratory

砕　サイ crushing, pulverizing, smashing
くだ(く) to crush, to pulverize, to smash {vt};
くだ(ける) to be crushed, to crumble, to go to pieces {vi}

粉砕機	フンサイキ	grinder, crusher, mill
粉砕作用	フンサイサヨウ	grinding/crushing action

試　シ testing
こころ(みる) to attempt, to try {vt};
ため(す) to attempt, to experiment, to sample, to test {vt}

試験片	シケンヘン	specimen, test piece
試作	シサク	prototype

衝 ショウ brunt, collision, important point

衝撃波	ショウゲキハ	shock wave
衝突	ショウトツ	collision

侵 シン invading, raiding, trespassing, violating
おか(す) to invade, to raid, to trespass, to violate

侵食	シンショク	corrosion, erosion
侵入深さ	シンニュウふかさ	penetration depth

寸 スン measuring

基準寸法	キジュンスンポウ	reference dimensions
製品寸法	セイヒンスンポウ	product dimensions

破 ハ breaking, crushing, destroying, tearing
やぶ(る) to break, to crush, to destroy {vt};
やぶ(れる) to be broken, to be defeated, to collapse {vi}

破断	ハダン	rupture
破面	ハメン	fracture (surface)

被 ヒ putting on, receiving, wearing
こうむ(る) to be subjected to, to receive, to sustain

被害	ヒガイ	damage, injury
被曝	ヒバク	exposure

覆 フク covering, overthrowing, overturning
おお(う) to conceal, to cover, to wrap {vt};
くつがえ(す) to disprove, to frustrate, to overthrow {vt};
くつがえ(る) to capsize, to fall, to overturn {vi}

耐食被覆	タイショクヒフク	corrosion-resistant coating
表面被覆率	ヒョウメンヒフクリツ	surface coverage

耗 モウ decreasing

耐摩耗部品	タイマモウブヒン	abrasion-resistant component
摩耗	マモウ	abrasion, wear

裂 レツ cracking, ripping, tearing
さ(く) to crack, to split, to tear {vt}; さ(ける) to crack, to split, to tear {vi}

亀裂成長	キレツセイチョウ	crack growth
分裂	ブンレツ	division, fission, split

Reading Selections

38-1: 応力 (化学220)

変形などにより物体中に生じる内力を表す概念. 物体中の微小な面を通じて, 片方の物体が他方に及ぼす力 (単位面積当たり) を応力ベクトルとよぶ. 面の法線ベクトル n に平行な成分を法線応力, 垂直な成分を接線応力とよぶ. 応力ベクトルは面の方向 n により変化する. その係数は対称テンソル (応力テンソル) となる.

38-2: 応力緩和 (化学220)

粘弾性体にひずみ γ_0 を瞬間的に与えたのちそれを一定に保つとき, 応力 $\sigma(t)$ が時間とともに減少し一定値に近づく現象をいう. クリープ実験とともに粘弾性物質に対する代表的な静的実験法である. 緩和する応力 $\sigma(t)$ は $\sigma(t) = G(t)\cdot\gamma_0$ と書くことができ, $G(t)$ は時間に依存する弾性率で緩和弾性率である. マクスウェル要素 (G, η) では,

$$G(t) = G\exp(-t/\tau), \qquad \tau = \eta/G$$

となる. τ を緩和時間という. 時間 t の十分長いところで $\sigma(t)$ または $G(t)$ はゼロに近づくが, 物質によっては有限値 $\sigma(\infty)$ に近づく場合もある. この有限値 $\sigma(\infty)$ を残留応力という. 完全弾性体では応力緩和は起こらない.

38-3: 応力・ひずみ曲線 (化学220)

一定長の繊維, フィルムあるいは板状の試料をふつうは一定速度で引張り, 刻々増大する荷重と伸びを測定または記録し, 荷重は応力に, 伸びはひずみに換算して両者を直角座標にプロットして得られる曲線を応力・ひずみ曲線という. 引張りでなく圧縮についても同様に応力・ひずみ曲線を得ることができる. 応力・ひずみ試験は, ふつう試料が破壊するまで続けられる. 諸種の材料の応力・ひずみ曲線は, あるところ (比例限界または弾性限界) までほとんど直線であり, その勾配が弾性率に相当する. 比例限界を超えると, 曲線は複雑な形を示す. 変形が弾性変形から塑性変形に移り変わる降伏点と, 試料が最後に破壊する点とは特徴的で, それらの点における応力は, 降伏値 (または降伏応力) および引張り (または圧縮) 強さ (または破壊強さ, 極限強さなど) とよばれる. 応力・ひずみ曲線によって囲まれる面積は, 試料が破壊するまでに吸収するエネルギーに相当し, 粘り強さとよばれる. これが大きい試料は粘り強く, 小さい試料は脆い.

38-4: ひずみエネルギー (化学1135-1136)

分子が平衡位置からずれて変形することによって生ずる分子内のエネルギーの変化量を, 総称してひずみエネルギーという. ある一つの分子の立体化学的なエネルギー状態を表すためには, 分子内の非結合原子間の相互作用エネルギー E_{nb}, 結合距離の変化により生ずるエネルギー $E(l)$, 結合角の変化により生ずるエネルギー $E(\theta)$, あるいは内部回転角の変化により生ずるエネルギー $E(\phi)$ などを考えると便利である. 分子が平衡位置からずれて変形すると, これらのエネルギーはそれぞれ変化してひずみエネルギーを

与える．上記各エネルギーは，以下の式で表される．

$$E_{nb} = B \exp(-\mu r) - Ar^{-6}$$
$$E(l) = (1/2) \, k_1 \, (l - l_0)^2$$
$$E(\theta) = (1/2) \, k_\theta \, (\theta - \theta_0)^2$$
$$E(\phi) = (1/2) \, E^0{}_\phi \, (1 + \cos 3\phi)$$

ここで A，B，μ は各原子固有の定数，r は原子間距離，k_1 は伸縮振動の力の定数，l_0 は平衡時の結合距離，k_θ は変角振動の力の定数，θ_0 は平衡時の結合角，$E^0{}_\phi$ は重なり形配座が余分にもつエネルギー，ϕ は二面角をそれぞれ示す．実際の計算には，これらの高次の項も考慮に入れられることが多い．

38-5: ひずみ計 (化学1136)

物体に外力を加えたときに現れる長さ，面積，体積の変化分をひずみというが，このひずみを定量的に測定する装置をいう．ひずみ計はその原理の違いにより分類される．現在最も多く利用されているのは，金属線の抵抗の伸びによる変化を利用した抵抗線ひずみ計で，これを試料にはりつけて抵抗を測定する．通常これを strain gauge とよんでいる．抵抗線としてはコンスタンタン線，マンガニン線，ニクロム線などが用いられるが，抵抗の温度変化や導線に対する熱起電力などにも注意を要する．

38-6: ひずみ速度 (化学1136)

せん断速度，ずれ速度ともいう．外力により物体が変形する際の速度 (e_{ij})．ただし，直交座標系 $x_1 x_2 x_3$ に対する速度を (u_1，u_2，u_3) とすると，$e_{ij} = (1/2) \, (\partial u_i/\partial x_j + \partial u_j/\partial x_i) \, 2e_{ii}$ を伸長速度，$2e_{ij} \, (i \neq j)$ をせん断速度とよぶ（単に e_{ii}，e_{ij} を指すこともある）．それぞれ，物体とともに動く2平行平面間の距離およびずれの変化速度を表す．通常，ひずみ速度は単純せん断流動 ($\dot{\gamma} x_2$，0，0) における速度勾配 $\dot{\gamma}$ を意味することが多い．

38-7: 弾性率 (セラ279)

加えられた応力 (σ) とそれによって生じる弾性ひずみ (ε) との関係を示す物質定数で σ/ε で与えられる値をいう．ひずみの対象となる変形の種類によって，ヤング率，体積弾性率，ずれ弾性率 (剛性率) がある．等方性物質については上記3者の間に一定の関係のあることが知られており，通常はヤング率で代表されることが多い．異方性物質では加えられる応力の方向およびひずみの生じた一方向によって弾性率は異なる．

38-8: 弾性係数 (セラ278)

弾性体に加えた応力 a と弾性ひずみ e が比例関係にあるとき，$a = Ee$ となる比例定数 E を弾性率と呼ぶ．この式をフックの法則という．この弾性率 E をそのまま弾性係数ということもあるが，一般には異方性結晶のように方向によって性質が異なるものへフックの法則を拡張することによって得られる式，

$$a_i = \sum_{j=1}^{b} c_{ij} e_j, \quad (i = 1, 2, \cdots 6), \quad (c_{ji} = c_{ij})$$

における c_{ij} を弾性係数という．ここに a_i, e_j は各モードにおける応力，弾性ひずみを表し，これは縦波と横波に対する x, y, z の 3 方向成分と示す．そのため応力とひずみの成分は 6 個となる．$c_{ij} = c_{ji}$ より独立な弾性係数の数は 21 個となる．ただし結晶の対称性によりその数は減少する．例えば最も対称性の低い三斜晶系では 21 個だが，単斜晶系では 13 個，六方晶系と立方晶系では 3 個，等方体では 2 個となる．弾性係数 (弾性率) の測定法には共振法などがある．

38-9: 弾性限界 (セラ278)

固体に外力を加えた場合，応力が小さい範囲では変形にフックの法則が成立し外力を除くともとの形に戻る．このような応力範囲の最高値を弾性限界という．外力がこれを超えると脆性材料では破壊，塑性変形では塑性流動と永久変形が生ずる．

38-10: 引張り強さ (化学1144)

材料試験用語の一つ．材料の引張試験片が切断されるまでに耐えた最大荷重を変形前の試片の断面積で割った商を引張り強さあるいは抗張力という．材料の強さを表すときに広く使用される．試験片の形状，切欠き，引張速度などにより影響される．材料の用途に応じて JIS 規格規定の形状および寸法に試片を仕上げ，引張試験を行う．試片の単位断面積当たりの荷重を引張応力，試片の標点間の距離の増加量を変形前の距離で割った商をひずみという．引張応力とそのときのひずみとの関係を測定して描いた曲線を応力・ひずみ曲線とよび，この試験を引張試験とよぶ．

38-11: 圧縮応力 (セラ5)

物質の内部において，原子間距離を縮める方向に働く力を単位面積当たりの値で表したものである．物質内の原子に働く力 ϕ は，その原子のもつポテンシャルエネルギー U を原子間距離 r で微分した $-\partial U/\partial r$ で与えられる．ここで原子間の引力を $f < 0$ として定義している．平衡位置にある原子の U はその極小値 U_0 にあり，そのとき $f_{U=U_0} = -(\partial U/\partial r)_{U=U_0}$ となり原子間には力は働かない．外部からの力が働いていない場合，物質内の組織，組成が均一であれば物質内に応力は存在しないが，不均質な組織や相をもつ物質内にはしばしば各相の熱的な体積変化の違いなどにより相間にひずみ応力が発生する．物質を 2 種以上の相からなる複合組織体とし，その相間に圧縮応力を生じさせその強度を高めたガラスやジルコニアセラミックスなどがある．外部からの物質の体積を縮めるような力をかける場合，物質内のあらゆる部分に圧縮応力がかかる．この応力は平衡時よりも縮まった原子間距離を元に戻そうとする反作用力 ($f > 0$) と釣り合っている．

38-12: 　　　　　　　　　　耐圧試験 (セラ259)

　静荷重によっ試験片の圧縮強さ，圧縮弾性率，降伏点，圧縮による変形およびその速度の関係を測定する試験をいう．圧縮試験ともいう．試験片に徐々に静荷重を加えて，破壊にいたるまでの最大応力を測定することによっ得られる，圧縮強さについてのみの試験を耐圧試験と呼ぶこともある．

38-13: 　　　　　　　　　　圧縮強さ (セラ5)

　材料の機械的強さの一つであり，その材料の外部からの圧縮力に対する抵抗性を示す数値である．材料の圧縮試験は，通常，立方体，円柱状，角柱状などの形状をもつ試験片の平行平面に圧力を加える方式によって行われる．試験片の一組の平行平面に圧縮荷重をかけ，破壊にいたる最大荷重 P をその加圧断面積 A で除した値 σ_c $(\sigma_c = P/A)$ をその材料の圧縮強さという．圧縮試験に際しては，試験片の加圧面の平行度および平滑度が測定値に大きな影響を与えることに注意を要する．また，試験条件 (試験片の形状，寸法，加圧速度など) によっても変わるので試験方法を確立することが重要である．構造用材料として重要ないくつかの耐火物についてはその試験法が JIS によって定められている．脆性材料では一般にその圧縮強さは，引張りや曲げ強さに比べ大きな値をとる．これは破壊における亀裂の伝播の仕方の違いを考察することによって理解される．

38-14: 　　　　　　　　　　曲げ試験 (セラ438)

　材料の機械的強さの一つである曲げ強さを求める破壊試験をいう．曲げ試験は通常，円柱状または角柱状の試験片に対して3点曲げ法あるいは4点曲げ法を用いて行われる．この試験法では応力の支点となる治具の形状や荷重の印加速度もその曲げ強さに大きな影響を与えることが知られており，その試験法の確立が重要となる．試験機は通常荷重速度がある範囲内で自由に変えられるものが用いられる．

38-15: 　　　　　　　　　　曲げ強さ (セラ438-439)

　機械的強さを評価する場合，最もよく用いられる特性である．曲げ強さの測定は3点曲げあるいは4点曲げ法を用いた曲げ試験によって行われる．曲げ強さは，通常，室温で静的あるいは動的荷重をかけて，そのときの破断荷重から求められるが，高温強度セラミックス材料のようなものでは高温での曲げ強さが重要となるので，1000℃以上の高温下での曲げ試験も行われる．試験片は通常円柱状か角柱状で，その曲げ強さ σ_f は，
$$\sigma_f = M/Z = My/I$$
で与えられる．ここで M は破断荷重に対する最大曲げモーメント，Z は断面係数 $(= I/y)$，I は断面二次モーメント，y は中立軸から試料表面までの距離である．例えば角柱状試料を3点曲げ法で試験する場合，$M = PL/4$，$I = bh^3/12$，$y = h/2$ となる，ここで P は荷重，L は下部支点間スパン，b およぴ h は角柱断面の幅と高さである．

38-16:   **破壊靭性** (セラ355)

　臨界応力拡大係数のことであり，セラミックスの機械的機能性を評価するのに重要となる材料定数の一つである．セラミックスの破壊強度はグリフィスによれば材料内に潜在する亀裂の大きさに依存しており，$\sigma_f = K_{IC}/(\pi c)^{1/2}$ で表されるという．ここで σ_f は亀裂が成長して破壊にいたる引張強度であり，c は表面亀裂の長さあるいは内部の円形亀裂の半径である．K_{IC} を応力拡大係数の臨界値として臨界応力拡大係数または破壊靭性値と呼ぶ．K_{IC} はまた，$(2E\gamma)^{1/2}$ に等しく $N/m^{3/2}$ を単位として表される．ここで E はヤング率，γ は表面エネルギーである．この破壊靭性は通常の機械的強さにおける靭性とは異なっていることに注意を要する．

38-17:   **衝撃試験** (セラ189)

　材料の靭性，脆性を評価するために衝撃荷重を用いて行う材料試験法の一種．試験片の切断に要する時間が，0.001~0.005 秒程度の荷重速度で急激に破壊して試験する．衝撃試験には単一衝撃試験と繰り返し衝撃試験があるが，一般には単一衝撃試験を指す．これは1回の衝撃で材料を破壊し，その破壊に要する仕事量を測定するものである．セラミックスの衝撃試験法としては，落錘型試験法が多く用いられるが，陶磁器では振り子型試験法を用いることもある．

　自由研削用砥石は使用中，機械的衝撃によって破壊する危険があるため，衝撃強度を求める必要がある．とくにオフセット砥石はこの必要性が高く，振り子によって側面をたたいて衝撃値 (kg•m であらわす) を求める．

38-18:   **耐衝撃性** (セラ263)

　建築用ボード類の物理的性質の一つで，衝突物などによって起こる衝撃力に耐える程度をいい，砂の上に試験片を表面を上にしておき，その表面の中央部に鋼球を所定の高さから落下させ，くぼみの直径を測定するとともに，亀裂の状態を観察する．JIS A 6911 "化粧せっこうボード" および A 6913 "無機繊維強化せっこうボード" ではくぼみの直径が 25 mm 以下で，かつ亀裂が貫通しないことと規定している．試験方法は JIS A 1421 "建築用ボード類の衝撃試験方法" に規定されている．

38-19:   **衝撃強さ** (セラ189)

　衝撃試験により求まる材料の靭性，脆性の程度をいい，切り込みのある曲げ試験片を槌で衝撃して破壊し，槌がはねかえる高さにより試験片の吸収する破壊エネルギーの大きさを測定し，これにより判断する．ただし，破壊においては試験片の形状が吸収エネルギー量に与える影響が大きいために，形状と試験法を同一にしなければ衝撃強さを比較することは困難である．そのため衝撃値は，例えばシャルピー衝撃値，アイゾット衝撃値というように試験法を明記する方がよい．

38-20: 摩耗 (セラ440-441)

　材料が主に摩擦によっ消耗する現象．広義には侵食を含める場合もある．従来セラミックスでの摩耗は耐火物の炉内において挿入原料との衝突によって耐火物が損傷することを扱っていた．近年工具材料として実用化されるに従い，純機械的性質としての耐摩耗性の向上が考慮されるようになった．二つの物体が互いに接触する場合，実際には微細な凸部が接触している．すなわち2物体の面圧を凸部で支えていることになる．この時両物体がすべるためには凸部を剪断する過程が必要となる．剪断による物質の欠落が摩耗である．剪断力は凸部のみにかかるのではなくより深い部分にもかかっていることが内部クラックの発生からわかる．よって欠落した凸部に後には新しい凸部が生成し，摩耗が進行する．よって耐摩耗性の向上のためには，硬い材料を使用することはもちろんのこと，内部へのクラックの進行を妨げるような表面処理法が必要である．

38-21: 摩耗試験 (セラ441)

　摩擦による物質の損失量を形状的，重量的に測定し，摩耗性を調べる試験．物質に対する摩擦のかけ方は種々提案されている．ボールミル状試験機に鉄球とともに試料を入れ一定時間後の重量を測定する方法，サンドブラストで砂をぶつける方法，回転盤状に一定荷重をかけた試料をおき，研磨剤を流して一定時間後の形状変化を測定する方法などがある．もちろん実際に利用する環境に近い方法で試験することが最も望ましい．

38-22: 耐摩耗性 (セラ265-266)

　一般に，摩擦作用によって固体表面が減量する現象を摩耗といい，摩耗に対する抵抗性を耐摩耗性という．耐火物の場合，炉壁への固体摩擦による摩耗がおこる．またサンドブラストノズル，ロケットノズル，人工衛星気圏突入面，MHDチャネルなどでは高速気流のみによってもおこる．硬度，弾性率，強度が高温にいたるまで大きいものは耐摩耗性も大きい．砂や炭化ケイ素粉末を吹きつけて試験をする．

38-23: 摩擦係数 (セラ439)

　二物体が圧力 P で重なっているとき，両者の摩擦力が F であるとすると，摩擦係数 μ は，$\mu = F/P$ として定義される．よって摩擦力に抗して物体を動かすためには，μP の力を接触面に平行にかける必要がある．摩擦係数には動いている物体に対する動摩擦係数，静止している物体に対する静止摩擦係数とがある．動摩擦係数は静止摩擦係数より小さい．摩擦係数は物体の種類，表面状態，周囲の環境によっ支配される．

38-24: 耐剥離性 (セラ265)

　せっこうボードのコアと紙の接着の程度を表す性質で，JIS に指定されたすべてのせっこうボードについて規定されている．試験片 (長さ方向 120 mm，幅方向 50 mm) の長さ方向の端から 20 mm の線にそってナイフで表面紙を切って折り曲げ，折り曲げ部分に 2 kg のおもりを取りつけ，静かに手を放し，剥離するかどうかを観察する．ボード

の表紙および裏紙ともせっこうと剥離しないことと規定している．試験方法は JIS A 6901 "せっこうボード" に規定されている．

38-25: 耐風化性 (セラ265)

　器物を大気中にさらしたときに生ずる物理的化学的な変化に対する抵抗性をいう．陶磁器の場合軟質うわぐすりでは風化によって光沢の減少や色調の変化をきたすことがあるが，実際に外部にさらされて使用する建築用粘土製品や碍子などの耐風化性は大きく，長年の使用に耐える．

38-26: 耐水性 (セラ264)

　各種温度・圧力の水に対する材料の抵抗性・安定性をいう．ガラスの試験法には粉末法と表面法があり，一定量または一定面積の試料を時間，温度を適当に定め，一定容積の水中に浸漬した後の試料の重量減少，または溶出したアルカリ量を単位重量または単位面積で表すものである．JIS R 3501 には化学分析用ガラス器具に対するアルカリ溶出試験法がある．近年，放射性廃棄物のガラス固化の面から新しい評価法がいくつか提出されている．

38-27: 耐熱高強度材料 (セラ264)

　耐熱性でかつ高強度の材料をさすが，セラミックスでは超耐熱鋼の使用限界温度以上，すなわち約 1000℃ 以上で高強度な材料をいう．具体的には，酸化物ではアルミナやジルコニア，ムライトセラミックスなどが，非酸化物では炭化ケイ素や窒化ケイ素，そのほかサイアロンなどが対象となる．酸化物系は耐熱的に，非酸化物系は耐酸化性に問題が残っている．真空雰囲気中では炭素製品が優れた性質をもつ．

38-28: 耐熱衝撃性 (セラ264)

　耐火物が急熱急冷による熱変化を受けたとき，内外の温度差によって熱膨張差が生じるため材料内部に熱応力が発生し，その大きさが材料の強度限界を越えると破壊するが，このような急激な熱変化に耐える性質をいう．耐熱衝撃性は一般に熱膨張率，弾性率が小さく，熱伝導率，強度が大きいものほど大きい．耐火材料のうちでは黒鉛材料の耐熱衝撃性は抜群に大きい．

38-29: 耐久性 (セラ262)

　ガラスの水，酸，アルカリ水溶液に対する耐食性をいう．試験法は粉末法とバルク法に大別でき，前者はガラスを粉砕して一定の粒度にふるい分けしたものを一定量とり，一定温度で一定時間上記いずれかの溶液に浸漬したあとの試料の重量減少か，溶液中に溶出したアルカリ量 (アルカリ侵食の場合を除く) を定量する．バルク法はガラス容器，板，棒などを一定温度で一定時間侵食させたときの単位表面積当たりの重量減少か，アルカリ溶出量 (アルカリ侵食は除く) を求めるものである．水と酸 (フッ酸を除く) によ

る侵食はガラス中からのアルカリ溶出に律速され，アルカリ溶液やフッ酸の侵食はガラス表面から Si-O 網目構造が順次破壊されていくことによる．ガラスが長時間風雨にさらされたり，高温多湿に置かれると，表面が変質し着色したり白い斑点となる．これは "やけ" と称せられ，水による侵食の一種であるが，やけのないことも耐久性の一つに含められる．

38-30: 耐酸化性 (セラ262)

空気中の酸素成分と反応して材料の表面が酸化して強度が低下したり，崩壊したりするのに対する抵抗性をいう．低原子価遷移元素，例えば 2 価の Fe は酸化しやすい．炭化物，窒化物など非酸化物および炭素材料は 600℃ 以上で酸化する．表面を他の物質で被覆したり，また B や Si を含有する非酸化物が酸化によって B_2O_3 や SiO_2 を含むガラス質を作り表面が被覆されると耐酸化性が向上する．

38-31: 耐酸化性黒鉛 (セラ262)

酸化を抑制するために他種物質を複合した黒鉛材料．黒鉛に二ケイ化モリブデン，二ホウ化チタンその他複数の無機化合物を配合してつくる．配合成分は空気中では 1000~1300℃ で素材の表面にガラス質の酸化抵抗皮膜を形成する．この素材はたとえ外的要因で一部に欠損が生じても表面に再び抵抗皮膜が生成するという自癒性能を有するので内部への酸化の進行が抑制される．

Lesson 39: Interdisciplinary Topics I
(magnetic and electrical interactions)

印 イン mark, seal, stamp
しるし badge, emblem, mark, souvenir, symbol, trademark

印加電圧	インカデンアツ	applied/impressed voltage
印刷	インサツ	printing

鏡 キョウ mirror
かがみ mirror

顕微鏡	ケンビキョウ	microscope
望遠鏡	ボウエンキョウ	telescope

駆 ク advancing, running
か(ける) to advance, to run {vi}; か(る) to actuate, to drive (a car), to spur on {vt}

駆使	クシ	free use
駆動力	クドウリョク	driving force

群 グン crowd, flock, gang, group, herd, swarm
む(れ) cluster, crowd, flock, gang, group, herd, swarm;
む(れる) to crowd, to flock, to swarm

鉱物群	コウブツグン	mineral group
命令群	メイレイグン	group of instructions

顕 ケン displaying, appearing, revealing

顕著	ケンチョ	striking, marked, noteworthy
電子顕微鏡	デンシケンビキョウ	electron microscope

写 シャ photographing, projecting (onto a screen)
うつ(す) to copy, to duplicate, to photograph {vt};
うつ(る) to be copied, to be photographed, to be projected (onto a screen) {vi}

写真	シャシン	photograph
電子複写機	デンシフクシャキ	photocopier, electronic copier

遮 シャ intercepting, interrupting, obstructing
さえぎ(る) to intercept, to interrupt, to obstruct

遮断周波数	シャダンシュウハスウ	cut-off frequency
遮断波長	シャダンハチョウ	cut-off wavelength

針 シン needle
はり fishhook, (clock) hand, needle, pin, staple
| 探針 | タンシン | probe |
| 針金 | はりがね | wire |

静 セイ inactivity, peace, quiet
しず(か) peaceful, placid, quiet; しず(まる) to become quiet, to subside {vi};
しず(める) to calm, to quell, to soothe, to suppress {vt}
| 静止摩擦 | セイシマサツ | static friction |
| 静水圧 | セイスイアツ | hydrostatic pressure |

潜 セン concealing, hiding
ひそ(む) to lie concealed, to lurk; もぐ(る) to crawl into, to dive into
| 潜像 | センゾウ | latent image |
| 潜熱 | センネツ | latent heat |

走 ソウ fleeing, running, rushing
はし(る) to become, to flee, to run, to rush
| 走査法 | ソウサホウ | scanning method |
| 走査密度 | ソウサミツド | scanning density |

探 タン exploring, searching
さが(す) to search {vt}; さぐ(る) to explore, to look for, to search, to sound out {vt}
| 探索 | タンサク | search |
| 超音波探傷 | チョウオンパタンショウ | ultrasonic defect detection |

備 ビ furnishing, preparing, providing
そな(える) to equip, to prepare, to provide {vt};
そな(わる) to be endowed with, to be furnished with {vi}
| 設備経費 | セツビケイヒ | facilities/equipment cost |
| 予備焼結 | ヨビショウケツ | pre-sintering |

蔽 ヘイ covering, overthrowing, overturning
おお(う) to conceal, to cover, to shelter, to wrap
| 静電遮蔽 | セイデンシャヘイ | electric shielding |
| 電磁遮蔽 | デンジシャヘイ | electromagnetic shielding |

無 ブ nil, nothing, {negative prefix}; ム nil, nothing, {negative prefix}
な(い) none
| 無機材料 | ムキザイリョウ | inorganic material |
| 無限大の | ムゲンダイの | infinitely large |

Reading Selections

39-1: 強磁性体 (化学346)

電子スピンによる磁気モーメントが平行に整列し，外部磁場を与えなくても大きな自発磁化を示す物質をいう．電子スピン間に働く交換相互作用の符号が正で，磁気モーメントが互いに平行に配列した磁気秩序状態が強磁性である．強磁性は電子スピン間の協力現象であり，ある転移温度 (キュリー温度) 以上では常磁性となる．強磁性を示す単体とそのキュリー温度の例は Fe (1043 K)，Co (1400 K)，Ni (631 K)，Gd (292 K)．合金や化合物で強磁性を示す例としては，Cu_2MnAl (710 K)，CrO_2 (352 K)，CrTe (339 K) などがある．ただし，反平行の磁気モーメントを含むフェリ磁性体や角度配置が存在しても大きな自発磁化をもつ場合でも，広い意味で強磁性に含めることが多い．単一方向に磁気モーメントが整列している領域を磁区といい，磁区と磁区の間，すなわちスピンの方向が徐々に変化している部分を磁壁という．異方性が強く，磁化も大きい物質 (たとえば Sm_2Co_{17} や $Nd_2Fe_{14}B$) が永久磁石材料として用いられ，制御しやすい程度の異方性をもつ物質 (たとえばた Fe_2O_3) が磁気記録材料に利用される．

39-2: 圧電効果 (物理17-18)

ある種の結晶に，特定の方向に力を加えると応力に比例した電気分極が発生し，一対の結晶表面に正負の電荷が生じる．この現象を圧電気，圧電効果または正圧電効果という．このような結晶に電場をかけると電場に比例したひずみが生じる．これを逆圧電効果とよぶ．歴史的には圧電効果は電気石について，J. Curie, P. Curie 兄弟により 1880 年に発見された．結晶が圧電効果を示すか否かは結晶の点群対称性によって決まり，32 の晶族のうち圧電効果を示すものは 20 晶族である．それらは，(1) 焦電性を示す 10 の晶族，すなわち，三斜晶系：C_1，単斜晶系：C_s，C_2，斜方晶系：C_{2v}，正方晶系：C_4，C_{4v}，三方晶系：C_3，C_{3v}，六方晶系：C_6，C_{6v} と，(2) そのほか 10 の晶族，すなわち，斜方晶系：D_2，正方晶系：D_4，D_{2d}，S_4，三方晶系：D_3，六方晶系：D_6，C_{3h}，C_{3h}，立方晶系：T，T_d である．分極 (または電場) と応力 (またはひずみ) の間の比例関係を表す係数を圧電率という．分極ベクトルの成分を P_i ($i = 1$，2，3)，応力テンソルの成分を σ_i ($i = 1$，$\cdots$，6) とするとき，$P_i = \sum d_{ij}\sigma_j$ となり，d_{ij} が圧電率である．圧電率テンソルは 3 階のテンソルであり 18 個の成分をもつが，結晶の対称性が高くなるに従い 0 でない成分の数は減少する．たとえば立方晶系の T，T_d では，d_{ij} のうち，$d_{14} = d_{25} = d_{36}$ のみが有限で，他はすべて 0 である．圧電性の物質としては，ロッシェル塩 ($KNaC_4H_4O_6 \cdot 4H_2O$，室温で $d_{14} \cong 7 \times 10^{-10}$ C/N)，KDP (KH_2PO_4，室温で $d_{36} \cong 2 \times 10^{-11}$ C/N)，チタン酸バリウム ($BaTiO_3$，セラミックスの場合に室温で，$d_{15} \cong 4 \times 10^{-10}$ C/N) などがある．圧電効果，逆圧電効果は，機械的変位と電気信号との相互変換に利用され，トランスデューサー，マイクロホン，ピックアップなどに用いられる．圧電率の測定法としては，結晶に静的な応力を加えたとき発生する電荷を電位計で測定するような，いわゆる静的な方法も用いられるが，現在最も精度が高いとされているのは共振法である．
閃亜鉛鉱型構造の ZnS やウルツ鉱型構造の CdS などの半導体では，圧電効果はその半導性に大きな影響を与える．たとえば，弾性ひずみが電気分極を伴うため，半導体中

の電子は音響型格子振動とも長距離型の電気的相互作用をする．これは通常の半導体における短距離型の変形ポテンシャルによる相互作用と比べると，高温になるほどその効果が相対的に大きくなってくる (圧電型相互作用による電子の移動度は絶対温度 T の -1/2 乗に比例，変形ポテンシャルによる電子の移動度は T の -3/2 乗に比例).

　圧電効果は限られた晶族に属する結晶において認められる現象であるが，微結晶と非晶域が混在するような高分子固体においてもその存在が確認された．高分子固体における圧電効果には次の二種類がある．(1) 力を加えたときの電気分極の変位と巨視的な力学変位とに差があることに由来するもの (結晶構造に由来する本来の圧電性)．(2) 高分子固体中 (結晶域あるいは非晶域) に不均一な電荷分布 (自発分極ないしは真電荷) が存在することによるもの．(1) の例としてはセルロースやその誘導体の配向結晶，合成ポリペプチドの配向結晶，コラーゲンなどのタンパク質などが知られており，生体組織の電気現象との関連で詳しく研究されている．(2) の例ではポリフッ化ビニリデンの β 型配向結晶を含むフルムを高電場でポーリングし自発分極を形成させたエレクトレットがよく知られている．これは，大きな圧電率をもつ大面積の薄膜という特性を利用して，マイクロホンや超音波センサーなどへ応用されている．高分子回体は粘弾性体であるので圧電率は一般に複素量となって振動応力の周波数に対する依存性をもち，圧電緩和現象を示す．圧電効果を示す高分子固体の多くは焦電効果をも示し，温度変化によって大きな電気分極の変化が誘起されることが多い．

39-3:　　　　　　　　　　　**圧電性高分子** (物理18-19)

　微結晶と非晶質からなる高分子固体では，多くの場合，微結晶の配向分布が中心対称性をもつので，結晶が圧電的であっても巨視的な圧電効果を示さない．しかし，なんらかの手段で圧電性微結晶の配向分布を中心対称性のないようにできると，固体高分子は圧電効果を示す．大きい圧電動果をもつ高分子を圧電性高分子という．

　圧電性高分子には，一軸配向した光学活性高分子 (たとえば生体高分子や合成ポリペプチドの配向体)，および，強い外部電場でポーリングして双極子を配向させた極性高分子がある．強い圧電効果をもつのは後者であり，次の 4 種が知られている．
(1) PVDF：フッ化ビニリデン (VDF) のホモポリマー，(2) P(VDF-TrFE)：VDF と三フッ化エチレンの共重合体，(3) P(VDF-TeFE)：VDF と四フッ化エチレンの共重合体，および (4) P(VDCN-VAc)：シアノビニリデンと酢酸ビニルの交互共重合体．これらの高分子の圧電効果は，(1)，(2)，(3) では CF_2 の，また，(4) では CN の配向分極に起因している．(1)，(2)，(3) は一次の相転移をもつ強誘電体である．特に，P(VDF-TrFE) の膜は，よく発達したラメラ結晶からなり，顕著な強誘電特性と強い圧電効果を示す．また，これらの圧電性高分子は実用的な焦電体でもある．

　圧電性高分子は 0.2~0.3 の範囲の電気機械結合係数をもつ．また，無機圧電材料に比較して，音響インピーダンスが小さく，加工性がよい．これらの特徴を利用して，広い周波数帯域特性と短いパルス応答特性をもつ電気音響変換材料としての応用が進んでいる．超音波探傷 (5~100 MHz)，超音波診断 (3~50 MHz)，超音波顕微鏡 (50~1000 MHz) のトランスジューサーなどはその例である．また，極低温から 400 K までの温度範囲で電気機械結合係数はほぼ一定の値をもつので，音波物性測定用の超音波変換子としても利用できる．

39-4: **圧電気振動** (物理17)

　圧電効果を通して電気的に励振された機械振動をいう．圧電性結晶から結晶軸に対して特定の角度で切り出した板または棒の特定の一対の面に電極を付け，これに交流電圧を印加すると，逆圧電効果によって結晶内に交流の応力場が発生する．そのため結晶板は機械的な振動を起す．この結晶板を圧電振動子という．印加する交流電場の振動数が，結晶板の機械的共振周波数に等しくなると，結晶板は機械的な共振を起す．その際，結晶内の交流応力場は正圧電効果によって交流電気分極を生じるので，共振点では電極に大きな電流が流れ込む．すなわち機械的共振点付近では，電極端子から見た圧電振動子は1つの電気共振回路と等価である．この等価回路はインダクタンス L，電気容量 C，抵抗 R の直列共振回路に，もうひとつの電気容量 C_0 を並列に接続したもので近似できる．これらの回路素子は，結晶の密度，誘電率，圧電率，弾性率，機械的 Q 値と，振動子の寸法によって決まるので，共振点付近の圧電振動子の電気インピーダンスの測定からこれらの物質定数を求めることができる．この方法は特に圧電率の測定によく用いられ，共振法とよばれる．振動のモードは振動子の形状，結晶軸に対する方位，および電極の位置によって決まる．圧電振動子は電気機械変換素子として，超音波用送受波器，電気発振回路の周波数安定化素子，沪波器，遅延回路素子などに用いられる．

39-5: **圧電素子** (物理19)

　ひずみまたは応力を加えると電荷が誘起され，逆に電圧を加えると，ひずみまたは応力が生ずる性質をもつ素子．圧電素子には単結晶と多結晶がある．単結晶素子は水晶，ロッシェル塩，$LiTaO_3$，$LiNbO_3$ が代表的である．$LiTaO_3$，$LiNbO_3$ は三方晶系で無色透明，電気機械結合係数が大きく，Q も高く，高周波帯での変換素子，共振子，フィルター，遅延線，表面波デバイスに用いられる．圧電セラミック素子は粉末を焼成し多結晶体とし，これに直流高電圧を印加し残留分極を生じさせ，圧電性を得る．チタン酸バリウム ($BaTiO_3$)，ジルコン酸鉛・チタン酸鉛 ($PbZrO_3$，$PbTiO_3$)，ニオブ酸塩 ($NaNbO_3$，$KNbO_3$，$PbNb_2O_6$) が代表的である．電気機械結合係数が大きく，形状，振動モードをかなり自由に選択できるのが特徴である．振動モードは縦，横，すべりモードがある．チタン酸バリウム系は魚群探知，ソナー用に，ジルコン酸鉛・チタン酸鉛は添加物により特性を大幅に制御でき，フィルターその他応用範囲が広い．ニオブ酸塩は誘電率が小さいので，VHF 帯でのフィルターなどに用いられている．

39-6: **圧電変換器** (物理19)

　圧電効果を利用して変位，ひずみ，応力，加速度等の力学量を電気信号に変換し，または逆に電気信号を力学量に変換するための素子をいう．静的あるいはそれに近い用途としては圧電マイクロメーターやガス点火用高電圧発生素子があり，振動的用途としては振動計用ピックアップやマイクロホン，超音波用送受波器などが主なものである．特に狭義には，超音波用の送波器と受波器をさすことが多い．圧電変換器には共振型と非共振型があり，前者は高感度であるが周波数帯域が狭く，後者は低感度，広帯域である．低周波用にはランジュバン振動子やバイモルフ素子も用いられる．実用圧電材料としては水晶，$LiNbO_3$ などの単結晶材料のほか，$Pb(Zr-Ti)O_3$ 系圧電磁器が広く用いられ，ま

た，ポリフッ化ビニリデン系高分子圧電膜も用いられている．

39-7: 圧電アクチュエーター (物理16-17)

　電場によって誘電体に誘起されるひずみには，電場に比例するもの (圧電的ひずみ) と，電場の二乗に比例するもの (電歪ひずみ) の2種類があり，これらのひずみを利用するセラミックアクチュエーターをそれぞれ，圧電アクチュエーター，電歪アクチュエーターとよぶ．近年，光学，精密機械，小型モーターの3分野で新方式変位素子の必要性が急増しており，これらアクチュエーターが脚光を浴びている．従来，圧電体はブザーやスピーカーの振動子，超音波発生源として，おもに共振子として利用されてきた．一方，アクチュエーターとして利用する場合には，大きな電場 (~1 kV/mm) の印加によって，大きなひずみ (~10^{-3}) や応力 (~100 kgf/cm^2) が発生する．したがって材料に対しては，ひずみ量が大きいことに加えて，絶縁破壊強度，機械的強度が特に要求されるため，既存の圧電性セラミックスとは異質のものが開発されている．圧電材料としてはジルコン酸鉛・チタン酸鉛 (PZT) を基にしたものが中心である．印加電場が小さいうちは，ほぼ電場に比例するひずみを生ずるが，大きくなると電場の上下サイクルで強誘電的分極の履歴現象に対応して歪みが一致しない現象を示し，使いづらい．そこで新しく開発されたものが，マグネシウムニオブ酸鉛 (PMN) 系の電歪材料である．二次的な効果でありながら，10^{-3} に達するひずみを示し，加えて原理的には履歴がない点が注目されている．
　圧電・電歪アクチュエーターの一般的特性としては，(1) 数十 μm までの変位量を 0.01 μm の精度で制御が可能である，(2) 応答速度は 10 μs 程度である．(3) 発生力は 400 kgf/cm^2 である，(4) 電気的にみると容量性であるために駆動に要する電力は小さく，電磁式アクチュエーターの 1/10 以下である，ことがあげられる．
　圧電・電歪アクチュエーターは駆動方式から，印加する電場に対して静的に生ずる変位を利用するものと，交番電場に対する機械的共振に伴う変位を利用するタイプ (超音波モーター) に大別される．前者はさらに，変位をサーボ駆動するものと，オン・オフ的に駆動する素子に分類される．素子材料的にいうと，超音波モーターの場合には，在来の圧電振動子用でまかなえるが，静的変位を生じる場合には別の特性が要求される．サーボ駆動用には，電場の変化に伴うひずみ履歴の極力小さい電歪材料 (PMN 系) が望まれ，パルス駆動用には若干の履歴はやむをえないとして，誘電率の小さなソフト圧電材料 (PZT 系) が使用される傾向にある．
　代表的な応用例を3つ紹介する．i) 可変型鏡：光波の位相制御用として注目されている．ガラス鏡という弾性板に，電歪セラミックス板3枚を貼り合わせた多層二次元バイモルフ形式が提案されており，PMN 板に誘起されるひずみに応じて，鏡表面はさまざまに変形する．変形姿態は，電極形状と印加電場分布によって決定される．ii) 超音波リニアモーター：基本構成は，積層アクチュエーターにコの字形音叉を取付けたものである．積層素子の縦振動と音叉のたわみ振動が重畳されて，音叉の先端は楕円軌道を描く．その足先をレールに押付けて推進力を得る．音叉の2本の足をわずかに変えて製作することで，2本の足の振動に適当な位相差を生じさせることができ，周波数の若干の変化で移動方向を切換えることができる．

39-8: 電磁遮蔽 (物理1399)

　電磁場を遮断する目的で空間の2つの領域間におかれた金属のつい立てである．外部の雑音源から隔離するために機器，回路などを包む場合と，雑音を発生する源を包んで外部に放出しないようにする場合がある．電磁波が空間を伝播し媒質の異なる領域につき当たると，一部は反射し，他は新しい媒質中に入り吸収 (減衰) されながら伝播していく．媒質中では渦電流損失により電場 E，磁場 H はそれぞれ，$E = E_0 \cdot \exp(-t/\delta)$，$H = H_0 \cdot \exp(-t/\delta)$ となる．t は媒質の深さ，δ は表皮の深さを表し，μ を媒質の透磁率，σ を電気伝導率，電磁場の角振動数を ω とすると $\delta = (2/\omega\mu\sigma)^{1/2}$ である．低周波では吸収が少なくなり，シールドが難しくなる．

　媒質の境界での反射は媒質の波動インピーダンスで与えられ，波動インピーダンスは $Z = E/H = (j\omega\mu/(\sigma + j\omega\varepsilon))^{1/2}$ で，絶縁物では $(\mu/\varepsilon)^{1/2}$，導体では $(\omega\mu/\sigma)^{1/2}$ である．$E_1 = \{4Z_1Z_2/(Z_1 + Z_2)\}E_0$，$E_t = \{2Z_1/(Z_1 + Z_2)\}E_1$，すなわち，$E_t = \{4Z_1Z_2/(Z_1 + Z_2)^2\}E_0$ となる．磁場 H も同様に $H_t = \{4Z_1Z_2/(Z_1 + Z_2)^2\}H_0$ となる．シールド媒質中の多重反射は厚い場合は吸収が大きいので無視できる．通常シールド媒質が金属，周囲は空気，すなわち $Z_1 \gg Z_2$ なので $E_t = (4Z_2/Z_1)E_0$，$H_t = (4Z_2/Z_1)H_0$ となる．電場に対しては $Z_1 \rightarrow Z_2$ の境界で大きな損失を生ずる．これは薄板で十分であることを意味する．磁場に対しては $Z_2 \rightarrow Z_1$ での反射が大きい．

　通常，雑音源との距離は波長 λ に比べて小さい場合が多い．そのような場合，棒状アンテナのように電場が主体の点電源では空間の波動インピーダンスは $Z_1 = 1/\omega\varepsilon r$ で反射損失 $E_t/E_0 \leq 1/4\omega\varepsilon rZ_2$ となる．ループアンテナのように磁場が主体の場合は $Z_1 = \omega\mu r$ で反射損失は $\leq \omega\varepsilon r/4Z_2$ となる．磁性体をシールド媒質として用いると $\mu \rightarrow$ 大，$\sigma \rightarrow$ 小であるから吸収は大きく，反射は小さくなる．したがって，低周波の電場に対しては反射損失が効果的なので，磁性体によるシールドは有効でない．低周波の磁場では反射損失より吸収損失が大きいので，μ の大きい媒質によるシールドが有効である．一層のシールドで不十分の場合は多層シールドが必要となるが，銅と鉄の二重シールドでは，低周波では内側に鉄を，高周波では銅を内側におくのが効果的である．

39-9: 電子写真 (物理1399)

　光導電体の表面に光電効果により露光してつくった静電潜像を利用する画像記録方式．目に見えない静電潜像を着色樹脂粉の静電吸着現象により現像し可視像化して用紙に転写・定着するもので，複写機，プリンターなどに利用されている．カールソン方式 (ゼログラフィー) のプロセスは代表的な方式のひとつである．まず導電性基板上に光導電体を積層し，この感光体表面をコロナ放電により一様に帯電させる．次に画像明部の電荷を露光により除き，静電潜像をつくる．電荷をもった着色樹脂粉であるトナーを静電潜像に静電吸着させると像が見える．最後にトナー像を用紙に転写し熱や圧力を加えて定着させる．感光体に使う光導電材料は，初期の電子写真では非晶質 Se や ZnO 樹脂分散系が使われていたが，現在では Se-Te，Se-As，CdS 樹脂分散系などが実用化されている．

39-10: **電子顕微鏡** (物理1395)

　電子線を用いて試料を拡大して観察する装置．いろいろな形の装置があるが，試料を透過した電子線をレンズ系を用いて結像する透過型電子顕微鏡，試料表面から反射した電子線を結像する反射型電子顕微鏡，集束された電子線を試料表面上に走査して，試料の各走査点から放出される電子を検出器で受けて増幅し，これを試料上の走査と同期させてブラウン管上に像を映し出す走査型電子顕微鏡がよく知られている．

　通常の電子顕微鏡に用いられる電子線の加速電圧は 20 kV から 200 kV のものが多いが，加速電圧が 500 kV 以上のものを特に超高圧電子顕微鏡とよび，現在 3 MV の加速電圧のものまで製作され用いられている．電子線の結像は軸対称の電場または磁場による電子レンズを用いて行われる．電子レンズは光学レンズに比べて球面収差が大きく，この難点を避けるため，結像に用いる電子線の開き角を 10^{-3} rad ぐらいに小さくして用いる．電子レンズは，レンズ電極の電位または励磁電流を制御することによりその焦点距離を可変にすることができるため，広範囲の倍率を連続的に変化させることが可能である．これら電子レンズを安定に動作させるためには，加速電圧とともに 10^{-6} 程度の電源安定度が要求される．

　透過型電子顕微鏡法においては，試料は電子線を透過して像のコントラストを得るために厚さの制限があり，通常の 100 kV の加速電圧の装置ではその厚さは高々 1000 Å である．このため，金属試料に対しては電解研磨法を，またその他一般の試料に対しては化学研磨法またはイオン衝撃法などを用いて薄片試料を作製する．また生物試料に対しては超薄切片法が多く用いられる．また試料表面の凹凸や形状の観察には試料表面の型をとって薄片試料を作製するレプリカ法が用いられる．現在，透過型電子顕微鏡の分解能は 3 Å 以上に達している．

　走査型電子顕微鏡法においては，二次電子検出器を用いて，バルク試料の表面の形態を観察する．試料がうすい場合は検出器を透過した後において走査型透過電子顕微鏡 (STEM) として使用することもある．現在，走査型電子顕微鏡の分解能は通常 20~30 Å 見当である．

39-11: **走査型電子顕微鏡** (物理1136)

　入射波として平行電子線を用い，結像に電子レンズを用いる通常の電子顕微鏡に対して，集束された電子線を試料表面上に走査して試料の各走査点から放出される電子を検出器に受けて増幅し，これを試料上の走査と同期させてブラウン管上に像を映し出す装置．略して，SEM ともいう．この場合，試料以降には結像電子レンズを必要としない．このうち特に試料を透過した電子を検出器に受けて映像する装置を走査型透過電子顕微鏡 (STEM) とよぶ．この装置はまた試料の走査点から放出される二次電子のほか，背面散乱電子，オージェ電子，特性 X 線などを選別してとらえ，微小分析装置としても広く応用されている．

39-12: **走査トンネル顕微鏡** (物理1136-1137)

　走査トンネル顕微鏡 (STM) は，1982 年に G. Binnig と H. Rohrer により開発された表面構造分析顕微鏡である．鋭くとがった探針を試料表面に近づけ (~1 nm)，探針・試料

間の距離を一定に保ちながら表面 (x-y 面) を走査し，原子スケール (0.01 nm) で，その表面の凹凸を観測する．STM は O'Keefe が 1956 年に提唱した near-field microscope の一種で，分解能の基本となる細孔を細い探針先端から局所的に出るトンネル電流で実現しているユニークな顕微鏡である．探針と試料表面に流れる真空トンネル電流 J は，その距離 z，印加するバイアス電圧 V，平均的なポテンシャル障壁を $<\phi>$，物理定数から得られる定数 A を用いて，$J < V \exp(-A<\phi> z)$ と表される．これは 0.1 nm の距離の変化に対して電流が 1 けたも変わるため，この敏感さを用いると，トンネル電流の制御によって 0.001 nm の程度の精度で表面の凹凸を詳しく調べることが可能となる．Tersoff と Hamann の理論によれば，探針の曲率半径を R，表面の凹凸を Δz，真空中での波動関数の減衰距離の逆数を k，表面の逆格子ベクトルを G として，STM の面内分解能 δ_{xy} と面に垂直な方向の分解能 δ_z は，それぞれ

$$\delta_{xy} \sim \{(R + z)/k\}^{1/2}$$
$$\delta_z \sim \Delta z \exp\{-\beta(R + z)\}$$
$$\beta \sim G^2/4k$$

と表されるので，距離 z と探針の曲率半径 R を < 1 nm に抑えることができれば，原子レベルで表面構造を観測できることになる．Binnig 達は，ピエゾ素子を用いて x, y, z 方向の探針の動きの制御を高い精度で行ったが，探針の曲率半径は，せいぜい 10 nm 程度の制御が限界と考えて，3 nm 程度の分解能を予測して開発を行った．そして走査実験中に偶発的に原子レベルの解像力のあるイメージを得た．このように見かけ上大きな曲率半径をもつ探針でも，原子レベルの解像力が得られる理由は，トンネル電流の流れる領域が探針先端の数個の原子の範囲に局在しているために探針の実効的な曲率半径が極めて小さくなっているためと考えられている．

走査トンネル顕微鏡は，トンネル電流を測定しているので，観測される凹凸は，表面の局所電子状態を反映していて，原子配列の形状とは必ずしも一致しない．この事実に注目して走査中に探針を一時止め，バイアス電圧を変化させるとその位置での局所的な電子分光も可能となる．これを走査トンネル分光法 (STS) とよぶ．すなわち，STM/STS は原子スケールでの顕微鏡と分光法を兼ね備えた表面研究手法で，既存の手法には匹敵するものがまったくないほど強力・有用であるばかりでなく，表面研究のこれまでの概念すらも変えつつあり，半導体・超伝導体・金属など広い範囲の物質の研究に用いられている．この手法から派生したものとして，磁性体探針を用いて試料の磁気的性質を測る磁気力顕微鏡 (MFM)，トンネル電流を流さない絶縁物の表面・生体高分子の形状などを観察できる原子間力顕微鏡 (AFM)，半導体物理で重要な研究対象である界面でのショットキー障壁の測定を可能にする弾道電子放射顕微鏡 (BEEM) などが最近開発され，新しい研究分野となりつつある．

STM の特徴のひとつに，探針と試料の間が絶縁性であれば，真空以外の環境下でも動作する特性があり，大気中，溶液中での観察も条件さえそろえば可能で，トライボロジー，電気化学などの分野で活発な研究が進みつつある．このように有用・強力な顕微鏡であるが，分解能を大きく左右する探針先端の原子配列の評価・制御に難しさが残っており，稼働率，像の再現性でいっそうの改良が望まれている．これについては，探針の評価・制御を STM に内蔵した電界イオン顕微鏡 (FIM) で行い，この困難を克服した装置なども注目されている．この STM の開発で，Binnig と Rohrer は 1986 年のノーベル物理学賞を受賞した．

Lesson 40: Interdisciplinary Topics II
(electrochemical, biochemical and bioelectronic interactions)

陰 イン earth, female, moon, negative (electrode), nighttime, yin principle
かげ (your) assistance, back, shade; かげ(る) to be obscured, to cloud up, to darken

| 陰イオン交換 | インイオンコウカン | anion exchange |
| 陰極 | インキョク | cathode, negative electrode |

乾 カン dry
かわ(かす) to dessicate, to dry {vt}; かわ(く) to be dry, to dry out, to dry up {vi}

| 乾燥 | カンソウ | drying |
| 乾電池 | カンデンチ | dry cell, battery |

還 カン coming again, coming back, returning

| 還元剤 | カンゲンザイ | reducing agent |
| 分布帰還型 | ブンプキカンがた | distributed feedback (type) |

含 ガン holding, including
ふく(む) to bear in mind, to contain, to include {vt};
ふく(める) to include, to instruct, to make one understand {vt}

| 含浸 | ガンシン | impregnation |
| 含水率 | ガンスイリツ | water/moisture content |

元 ガン first year of an era, New Year's Day, origin;
ゲン first year of an era, New Year's Day, origin
もと basis, beginning, cause, cost, foundation, (raw) material, root (of a tree), source

| 元来 | ガンライ | originally |
| 次元 | ジゲン | dimension |

供 キョウ offering, presenting
そな(える) to dedicate, to offer, to sacrifice; とも attendant, companion, retinue

| 供給速度 | キョウキュウソクド | feed/supply rate |
| 提供 | テイキョウ | providing, sponsoring |

酸 サン acid, bitterness
すい acid, sour, tart

| 酸化剤 | サンカザイ | oxidant, oxidizing agent |
| 酸素 | サンソ | oxygen |

省	ショウ conservation, (government) department, (government) ministry, reflection; セイ conservation, (government) department, (government) ministry, reflection かえり(みる) to examine oneself, to look back, to reflect, to review {vt}; はぶ(く) to curtail, to economize, to omit {vt}		
	省略	ショウリャク	omission, abbreviation
	省力化	ショウリョクカ	reduction of labor

浸	シン bathing, immersing, soaking ひた(す) to immerse, to moisten {vt}; ひた(る) to be flooded, to immersed in {vi}		
	浸透圧	シントウアツ	osmotic pressure
	浸入	シンニュウ	infiltration

進	シン advancing すす(む) to advance, to progress {vi}; すす(める) to speed up, to stimulate {vt}		
	進歩	シンポ	progress, advancement
	促進	ソクシン	acceleration, promotion

池	チ basin, pond, pool, reservoir いけ basin, pond, pool, reservoir		
	太陽電池	タイヨウデンチ	solar cell/battery
	燃料電池	ネンリョウデンチ	fuel cell

蓄	チク accumulating, amassing, storing up たくわ(える) to keep, to save, to store up		
	蓄積	チクセキ	accumulation, storage
	蓄電池	チクデンチ	storage/secondary battery

目	モク class, division, item, order {biology} め eye, gaze, mesh, notice, sight, viewpoint, vision		
	項目	コウモク	item, article, section
	目的	モクテキ	purpose, goal, target

陽	ヨウ daytime, heaven, male, positive (electrode), sun, yang principle		
	陽イオン交換	ヨウイオンコウカン	cation exchange
	陽極	ヨウキョク	anode, positive electrode

両	リョウ both, two, {counter for vehicles}		
	両側	リョウがわ	both sides, either side
	車両	シャリョウ	vehicle, rolling stock

Reading Selections

40-1: 　　　　　　　　　　　　**電解質** (化学919)

　水などの溶媒に溶けて溶液がイオン伝導性を示す物質をいう．電離度の大小により強電解質と弱電解質に区別される．なお，α-AgI のように固体の状態でイオンが主要な担体となって電気伝導を行う物質を固体電解質とよんでいる．

40-2: 　　　　　　　　　　　　**電気分解** (物理1385)

　電流を流すことによって生じる化学反応．また，それを進行させる方法．電気的エネルギーを供給するため，自由エネルギーが増加するような，普通の化学反応では起りえない反応も起すことができる．イオン伝導によって電荷が運ばれる導体 (電解質溶液，融解塩など) に一対の電極を挿入し，適当な電圧をかけると陰極に陽イオン，陽極に陰イオンが集まり，そのまま析出あるいは電極表面で反応し新たな物質が生成される．必要な電気量は生成される物質の量に比例し，単位物質量あたり zF である．ここで z はイオン 1 個が分子 1 個になるときに関与する電子の個数，F はファラデー定数である．電気分解はさまざまな分野で応用されている．その主なものは，電気精錬，電解加工，電気めっき，電解研磨，電解コンデンサーなどである．

40-3: 　　　　　　　　　　　　**電解電流** (化学919-920)

　電極反応の進行に伴って流れる電流．ファラデー電流ともいい，その大きさはファラデーの法則に従う．$O + ne^- \leftrightarrow R$ で表される電極反応による電解電流 I は，その反応速度 v (SI 単位は mol/s) に比例する．酸化方向 $R \to O + ne^-$ に対応する電流を部分アノード電流 I_a，還元方向 $O + ne^- \to R$ に対応する電流を部分カソード電流 I_c とすると，全電解電流 I は $I = I_a + I_c$ で与えられる．ただし，アノード電流の符号を正 ($I_a > 0$)，カソード電流の符号を負 ($I_c < 0$) と約束する．I_a および I_c と酸化および還元方向の反応速度 v_{ox} および v_{red} との間には，次の関係が成立する $I_a = nFv_{ox}$ および $I_c = -nFv_{red}$．n は電極反応の電荷数，F はファラデー定数である．

40-4: 　　　　　　　　　　　　**電解槽** (化学919)

　電解質の溶液や融解物に電気エネルギーを与えて電気分解反応を起こさせて目的物を得るための装置．電解容器 (電槽)，電極，隔膜をはじめ電解液の注入口，排出口，発生気体の取り出し口，冷却器などから構成される．また電解に使用される電解質溶液 (融液) を電解浴という．

40-5: 　　　　　　　　　　　　**電極** (化学925-926)

　電解質溶液，固体電解質または気体などの系に外部から電流を通すため，あるいはこれらの系から電流を外部に取り出すため，あるいは真空または誘電体などの系に電場を

与えるための導体 (電子伝導体) を一般に電極という．電気の入口となる電極と出口となる電極の，少なくとも 2 個の電極があるのが普通である．電極には用途に応じていろいろな形状・大きさのものがあり，材料としては金属，合金，炭素，金属酸化物，半導体などの種々の電子伝導体が用いられる．電気化学においては，金属などの電子伝導体の相と電解質溶液などのイオン伝導体の相とを含む，少なくとも二つの相が直列に接触している系を電極 (または電極系) という．狭義には，イオン伝導体に接している電子伝導体の相のみを電極という．正の電荷が電極からイオン伝導体相に流れ込む電極をアノードまたは陽極といい，逆に正電荷がイオン伝導体相から流れ込んでくる方の電極をカソードまたは陰極という．したがって，アノードでは酸化反応が，またカソードでは還元反応がそれぞれ支配的に起こる．電池においては，従来からの慣習で，外部回路に向って正の電荷が流れ出す電極を正極または + (プラス) 極，逆に外部回路から正の電荷が流れ込む電極を負極または - (マイナス) 極というが，この場合，電池の放電時において正極はカソード，負極はアノードであり，また充電時には正極はアノード，負極はカソードとなり，混乱しやすいのでカソード，アノードを用いるのがよい．真空管などの電子管においては，アノードのことをプレートともいい，また単に電子の流れを制御したりするための導体も電極とよばれている．X 線発生装置ではアノードのことを対陰極ともいう．

40-6: 電解研磨 (化学919)

電解質溶液中での金属のアノード溶解現象を利用して，平滑な金属鏡面を得る方法．電解研磨用電解質溶液には，リン酸系，硫酸系，および過塩素酸系などがあり，一般に濃厚酸で粘度が大きく，金属イオンと錯化合物を形成しやすい溶液が用いられる．電解研磨溶解に伴い金属表面近傍に粘着液体層が生じ，この粘着層中への金属イオンの溶出と拡散が表面の平滑化に寄与し，一方金属表面に生成する厚さ約 1 nm の酸化物皮膜が表面光輝化に役立つ．

40-7: 電析 (化学936)

電解析出，電着ともいう．電気化学系において，電極をある電位に分極すると，電解質中から電極面へ特定の物質が析出してくる現象．めっきや，塗料のアノードコーティングなどはこの現象を積極的に利用したものである．有機不飽和化合物など，電極表面に重合膜をつくって析出するものもある．通常カチオンは，$M^{n+} + ne \rightarrow M$ により金属を析出させるが，$Mn^{2+} + 2H_2O \rightarrow MnO_2 + 4H^+ + 4e$ のように酸化物をアノード側に電析する例もある．

40-8: めっき (化学1435)

主として金属であるが，このほかプラスチックなどの表面に他の金属あるいは合金，化合物などを被覆することをいう．これによって，被覆前になかった特性，装飾性，防食性，機能特性が得られる．工業的機能特性は範囲が広く，次のものがあげられる．1) 機械的特性：耐摩耗性，高硬度，潤滑性，肉盛性，型離れ性，低摩耗係数．2) 電気的特性：磁性，高周波特性，低接触抵抗，ヒューズ特性，電磁波遮蔽特性．3) 光学的

特性：反射防止性，光選択吸収性，光反射性，耐候性．4) 熱的特性：耐熱性，熱吸収性，熱伝導性，熱反射性．5) 物理的特性：ハンダ付性，ボンディング性，多孔性，非粘着性，塗装密着性．6) 化学的特性：耐薬品性，汚染防止，殺菌性，耐刷力．めっきの方法には電気めっき，無電解めっき，溶融めっき，衝撃めっき，真空めっき (PVDなど)，化学蒸着法 (CVD) などがある．

40-9: 電気めっき (化学925)

目的金属イオンを含む水溶液中へ被処理物を浸漬し，これをカソードとし，適当な可溶性または不溶性アノードとの間に直流電流を通し，被処理物の表面に目的金属の膜を電解析出させる方法．

40-10: 無電極めっき (化学1411)

主なものには亜鉛，スズ，アルミニウムなど溶融金属内に品物を入れて被覆する溶融めっき，真空蒸着やスパッタリング法，イオンプレーティングなどの真空めっき，品物を金属イオンを含む溶液に単に浸漬するだけでめっきを行う無電解めっきなどがある．

40-11: 無電解めっき (化学1411)

電流を流すことなくめっきする方法．ニッケル，コバルト，銅のイオンを含む水溶液に還元剤として次亜リン酸ナトリウムまたはホウ水素化ナトリウムを加え，90~100℃に加熱することにより液中の基板に金属がめっきされる．析出層中にリンまたはホウ素が相当量含まれる．析出速度は電気めっきより遅いが，均一性がきわめて良好である．ガラス，ほうろう，ポリプロピレンなどには析出しないので，これらを容器や配管材料に使用する．

40-12: 電解硬化 (化学919)

鋼の熱処理による硬化法の一種．鋼を陰極として電解槽内に浸漬する．極間電圧を100 V 以上に高めると，陰極表面に発生したガス膜を通してアークが発生し，電解液中で陰極が赤熱される．これで鋼に焼入れの効果が生じる．電解液としては，火花がアークとなる電圧の低い Na や K の塩類の溶液が使用されている．本法の特長は非酸化の雰囲気中で加熱できる点である．

40-13: 電解合成 (化学919)

電気化学合成ともいい，電気化学的な酸化あるいは還元反応を利用して，目的物質を合成すること．金属精錬や食塩電解には電気化学反応が常用されているが，有機化合物でも，ナイロン 66 の原料であるアジポニトリルは，アクリロニトリルの電解還元二量化により合成される．電気化学反応は，電圧と電流の制御により反応条件が精度よく制御できるので，ファインな化合物の合成のみならず，低コスト化の点でも新たに見直されている．

40-14: 電池 (物理1428)

　電気化学的方法により，化学エネルギーを電気エネルギーに変換する装置を一般に電池という．ほかに，放射エネルギー，たとえば，光，放射線，熱などを電気エネルギーに変換する太陽電池，アイソトープ電池，熱起電力電池など物理現象を利用するものを物理電池とよぶ．単位となる電池を素電池とよぶ．素電池とそれを直列あるいは並列に組み合わせた集合電池を含めて，一般に電池という．

　電気化学電池の基本構成要素は陽極，陰極，電解液である．陽・陰両電極が接している場合，あるいは2種類の電解液を必要とする場合は接触を防ぐため多孔質の隔離板を挿入する．陽・陰両極を導線で接続すると，電流が流れ陰極は電子を放出して酸化し，陽極は電子を吸収して還元する．このとき化学変化を起す物質を活物質という．陰極活物質は還元剤，陽極活物質は酸化剤である．

　無負荷時の起電力 E_0 は，陽極と電解液の界面における電位差 E_P と，陰極と電解液との電位差 E_N の差 $E_0 = E_P - E_N$ である．普通に用いられている陰極活物質では $E_N = 0\sim1.5$ V，陽極活物質では $E_P = +0.2\sim1.7$ V で，素電池の起電力は各種の活物質の組み合わせを考慮しても最高 3 V 程度である．作動電圧 E_a は電池の反応の抵抗 (分極電位降下) と内部の抵抗損により $E_0 > E_a$ となる．

　放出可能な電気量はアンペア・時 (Ah) で表し，ファラデーの法則 (1 グラム原子の析出で 26.8 Ah) より極大値を推定できる．実用的には，端子電圧が所定の終止電圧に降下するまでに取り出しえた電気量をその電池の容量という．電気化学的方法による化学エネルギーの電気エネルギーへの変換は，直接的なので非常に効率がよく 85% 以上に達する．化学電池は活物質の組み合わせ，電解液の選択により多くの種類があり，その放電特性，容量，貯蔵性，温度特性などが異なり，それぞれに適用分野がある．

40-15: 化学電池 (化学255)

　電極 (I) | 電解質 | 電極 (II) のような電気化学系により，化学反応のエネルギーを直接電気エネルギーに変換して取り出すことのできる装置を化学電池とよぶ．化学電池では電気分解の場合と逆に，アノードが負極 (-)，カソードが正極 (+) となる．電子はアノードすなわち (-) の極から導線を伝わり外部回路を経てカソード (+) の極へ流れ込む．マンガン乾電池，リチウム電池などの一次電池をはじめ，ニッケル・カドミウム電池，鉛蓄電池などの二次電池，燃料電池，生物電池などはすべて化学電池に属する．これに対し物理電池があり，太陽電池，原子力電池，光電池，熱電子電池などがこれに属する．

40-16: 電池反応 (化学937)

　ガルバニ電池の放電に伴って，電池内で進行すると考えられる化学反応の総和を電池反応とよぶ．ガルバニ電池の起電力の符号の決定の任意性を避けるため，現在は対象とする電池の電池図を書き，その内部を左から右へ正の電気が流れるとき進行する電池反応を，その方向も含めてその電池の電池反応とよぶ慣行が行われている．ガルバニ電池は一般に半電池 (単極) とよばれる二つの電極系を組み合わせてつくられる．たとえば，ダニエル電池は Cu^{2+}/Cu と Zn^{2+}/Zn の二つの電極系から構成される．その電池図を，

$$Zn \,|\, Zn^{2+} \,\|\, Cu^{2+} \,|\, Cu$$

と書けば，この電池内を左から右に正の電気が流れるとき，右側と左側の電極では，

右側：$Cu^{2+} + 2e^- \rightarrow Cu$

左側：$Zn \rightarrow Zn^{2+} + 2e^-$

の反応がそれぞれ進行する．それぞれの反応を半電池反応とよび，両反応の総和である．

$$Cu^{2+} + Zn \rightarrow Cu + Zn^{2+}$$

を，電池反応とよぶ．電池図を逆に書けば，電池反応の方向も逆になる．

40-17:　　　　　　　　　蓄電池 (物理1261)

電池の放電により電池内の活物質が消費されても，充電により再生し繰り返し使用できる電池．二次電池ともいう．1859 年に G. Planté によって発明された鉛蓄電池，1899 年 V. Jungner による水酸化ニッケルとカドミウム，1901 年に T. Edison による水酸化ニッケルと鉄粉を用いたものが蓄電池の主流となっている．ドイツで 1945 年に開発された焼結式アルカリ蓄電池は，高負荷に耐え低温での充放電特性に優れており，完全密閉形の Ni-Cd 電池は充電できる電池として小容量の機器に多用されている．このほか Ag-Cd，Ag-Zn など高出力の蓄電池もある．蓄電池の容量はアンペア・時 (A-h) またはワット・時 (平均放電電圧 V × 放電電流 A × 放電時間 h) で表す．電池は放電電流によって容量が異なるので放電電流を時間率で表す．たとえば 10 時間連続放電できる電流を 10 時間率という．

40-18:　　　　　　　　　リチウム電池 (物理2218)

陰極活物質にリチウムを用いる乾電池で，電解液に有機電解液 ($LiClO_4$ のプロピレンカーボネート溶液，$LiBF_4$ の γ-ブチロラクトン溶液など) や固体電解質 (LiI) などの非水電解質を用いる．陽極の活物質は，公称電圧 3 V 用はフッ化炭素，二酸化マンガン，ヨウ素など，1.5 V 用は酸化銅，硫化鉄を用いる．陽極にフッ化炭素を用いたものは，放電の進行に伴い，導電性炭素粉末に変わり，電池の内部抵抗の増大を防ぎ，放電特性が平坦になる．陽極で生成したフッ素イオン (F^-) は陰極で生成したリチウムイオン (L^+) と結合し極めて安定な LiF となる．エネルギー密度はマンガン電池の 5~10 倍と高く，耐漏液性にすぐれ，自己放電が極めて少ないので長期使用の電源として信頼性が高い．低温特性も良く -20ºC でも使用可能である．腕時計，電卓，半導体メモリー，電気浮子などに用いられる．

40-19:　　　　　　　　　燃料電池 (物理1575)

陰陽 2 つの電極の間に電解液をみたし，それぞれの電極に燃料 (還元剤) と酸化剤を連続的に供給し，燃料の酸化エネルギーを直接電気エネルギーに変換する装置．燃料に水素，酸化剤に酸素を用いた例を考えよう．電極は両極とも焼結ニッケルや多孔性炭素を用いる．300ºC 以下の低温型では気体反応を円滑にするため電極に触媒を付与する．水素極 (陰極) には白金，酸素極には銀，銅などを用いる．両極の間に水酸化カリウム (KOH) の電解質溶液 (30~50%) を入れる．この形式では寿命は触媒できまり 100 mA/cm^2 以下の連続放電で約 1~2 年である．

電極における反応は，
　　　　　水素極では $H_2 + 2OH^- \rightarrow 2H_2O + 2e$
　　　　　酸素極では $(1/2) O_2 + H_2O + 2e \rightarrow 2OH^-$
　　　　　電池全体としては $H_2 + (1/2) O_2 \rightarrow H_2O$
である．起電力は，水素の燃焼反応のギブスの自由エネルギーの変化量 $-\Delta G$ より $E = -\Delta G/nF$ で与えられる．n は反応時に1個の分子から放出される電子数，F はファラデー定数 (23 kcal/mol⁻)．水素では $\Delta G = -56.7$，$n = 2$ で $E = 1.23$ V となる．作動時の電圧は分極，内部抵抗のため 0.8 V 程度である．還元剤の燃料は水素，一酸化炭素，アルコール，ヒドラジン (N_2H_4) など，酸化剤は酸素，空気などである．電解液は反応性，実用性からアルカリ水溶液が多いが酸性電解液もある．いずれの組み合わせでも素電池の出力電圧は 1 V 以下なので直列積層化が必要であるが 1 kW 程度の移動用電源から数 MW の大型システムまでが実用あるいは開発されている．燃料電池は他の電池に比べて活物質が外部から供給されるので体積，重量当たりの出力が大きく，またエネルギー変換効率が高い，有害ガスを発生しないなどの特徴がある．

40-20:　　　　　　　　　**シリコン光電池** (物理965)

　シリコンの pn 接合を利用して光エネルギーを電気エネルギーに変換する光電池．光の測定よりも太陽電池としてよく利用される．厚さ 0.3~0.5 mm の n 型シリコン単結晶を化学処理をして高温中に置き，酸化ホウ素を単結晶板表面に熱拡散させて p 型層を形成させ，シリコンの表面から 2 μm 程度の深さの所に pn 接合をつくる．逆に，ベースの方に p 型シリコンを使用し，n 型薄層を形成させるものがあり，この方が放射線による損傷が少ない．シリコン光電池の1個当たりの出力電圧は開放端で約 0.55 V，理論的最大効率 (電気的出力／入射光エネルギー) は約 22% である．

40-21:　　　　　　　　　**太陽電池** (化学800)

　太陽光のエネルギーを受けて電力を発生する目的のためつくられた光電池 (光起電力セル) をいう．光起電力をもつ固体素子は原理的にはすべて光エネルギーを電力に変換するが，太陽電池は太陽光を特に高い効率で変換するよう設計，製作されたものである．現在最もよく使われる太陽電池は高純度単結晶シリコンの薄い板にリンとホウ素を混ぜて生じる p-n 接合を利用したもので，太陽光のエネルギーを電力へ変換する効率は 12~14% である．アモルファスシリコン，リン化ガリウム，CdS/Cu_2S などが開発されている．

40-22:　　　　　　　　　**バイオセンサー** (化学1070)

　生体物質を構成要素とするセンサー．生体物質の分子識別機能を利用するため，優れた選択性を発現する．構成要素となる生体物質の種類によって，1) 酵素センサー，2) 微生物センサー，3) 免疫センサーなどに分類される．生体物質が測定対象物質を識別すると，その変化が電気信号に変換されるようにデバイス化されている．グルコースを選択的に検出する酵素センサーはすでに実用化されている．過酸化水素電極または酸素電極の先端に，グルコース酸化酵素を結合した膜が取付けられている．臨床化学検査，

食品検査などに応用される．同様の原理で，コレステロール，尿酸，尿素などの酵素センサーも可能．酵素に代わり，微生物を利用したバイオセンサーが微生物センサーである．BOD (生物化学的酸素要求量) 測定などに威力を発揮．抗体を利用した免疫センサーは，ホルモンなどの超微量測定を実現する．最近は半導体デバイスを導入したバイオセンサーの研究開発が活発化している．

40-23:　　　　　　　　　**バイオエレクトロニクス** (化学1070)

バイオテクノロジーとエレクトロニクスとの融合を指向して形成された新領域．1980年代初頭に提唱されたバイオチップ (バイオ素子) の構想は，バイオエレクトロニクスの社会的関心を急速に高めた．バイオエレクトロニクスの第一の重要な目標は，生体物質を利用した新しい機能素子の創出である．バイオセンサーの研究開発は最も先行している．これまでの電子デバイスでは難しい分子認識機能が，生体物質によって実現された．バイオセンサー以外のバイオ素子構想も急速に進展している．特にバイオ素子構築のための分子アセンブル技術に重点を置いた基礎研究の進展が目覚ましい．第二は，脳・神経に学び新しい情報処理系を実現することである．バイオコンピューターが目標となる．第三は，人工感覚，人工神経，人工臓器など生体機能を実現するデバイスである．さらに第四は，生体機能と電子機能との相互作用の追求である．

40-24:　　　　　　　　　**バイオチップ** (化学1070)

バイオ素子ともいう．単独の分子または分子集合体の状態を制御してつくられる夢の電子デバイス．分子素子の一種．次のような分類を含む．1) 生物化学プロセスを利用した分子構築によってつくられる分子素子，2) 生体物質を部分的あるいは全体的に利用して構成される分子素子，3) 脳・神経のアーキテクチャー・アルゴリズムに基づき構成された分子素子．バイオコンピューター素子となりうるようなバイオチップは概念づくりが重要な段階である．

40-25:　　　　　　　　　**バイオコンピューター** (化学1070)

脳の情報処理機能の工学的実現を目ざして研究開発されているコンピューター．脳の情報処理の特徴は，システムとしての柔軟性，パターン認識，連想記憶，多重情報処理機能などの高速性，学習による自己組織化などである．バイオコンピューターは現在のコンピューターの優れた機能を置換えようとするものではなく，現在のコンピューターの課題である．これら脳の機能の実現を目標としている．次のような研究の流れがある．1) 脳のアルゴリズムあるいはアーキテクチャーに学んだコンピューター，2) 脳の微視的構成をまねたコンピューター，3) 脳の高次機能そのものに学んだコンピューター．神経回路網をシミュレートして脳のアルゴリズムを実現しようとするバイオコンピューターはニューロコンピューターともよばれ，急速に研究が展開されている．

Index of
Grammatical Patterns

Grammatical Pattern	Pattern Number
あげる	6.1
上 [あ] げる	6.1
挙 [あ] げる	6.1
あらかじめ	4.12
あらゆる	9.3
或 [ある] いは	1.7
言 [い] い換 [か] えると	2.9
いかなる	1.15
いずれか	5.4
いずれにおいても	5.4
いずれにしても	5.4
いずれにせよ	5.4
いずれの	5.4
いずれの場合 [ばあい] も	5.4
いずれも	5.4
一方 [イッポウ]	5.2
おおよそ	8.6
主 [おも] な	5.1
主 [おも] に	5.1
およそ	8.6
及 [およ] び	1.14
限 [かぎ] り	8.1
限 [かぎ] りなく	8.1
かつ	1.13
必 [かなら] ず	1.12
必 [かなら] ずしも	1.12
... からである	9.1
... からなる	1.10
... ことがある	2.8
... ことが多 [おお] い	2.1
... ことがわかる	2.14
... ことになる	5.10
... ことによる	7.3
... ことはない	8.5
さえ	2.7
し	4.10
しか	7.4
しかし	3.4
しかしながら	3.4
しかも	2.13
したがって	3.4

Kanji Index

ー き ー